Teubner Skripten zur
Mathematischen Stochastik

Helmut Pruscha
Angewandte Methoden der
Mathematischen Statistik

Teubner Skripten zur Mathematischen Stochastik

Herausgegeben von
Prof. Dr. rer. nat. Jürgen Lehn, Technische Hochschule Darmstadt
Prof. Dr. rer. nat. Norbert Schmitz, Universität Münster
Prof. Dr. phil. nat. Wolfgang Weil, Universität Karlsruhe

Die Texte dieser Reihe wenden sich an fortgeschrittene Studenten, junge Wissenschaftler und Dozenten der Mathematischen Stochastik. Sie dienen einerseits der Orientierung über neue Teilgebiete und ermöglichen die rasche Einarbeitung in neuartige Methoden und Denkweisen; insbesondere werden Überblicke über Gebiete gegeben, für die umfassende Lehrbücher noch ausstehen. Andererseits werden auch klassische Themen unter speziellen Gesichtspunkten behandelt. Ihr Charakter als Skripten, die nicht auf Vollständigkeit bedacht sein müssen, erlaubt es, bei der Stoffauswahl und Darstellung die Lebendigkeit und Originalität von Vorlesungen und Seminaren beizubehalten und so weitergehende Studien anzuregen und zu erleichtern.

Angewandte Methoden der Mathematischen Statistik

Lineare, loglineare, logistische Modelle
Finite und asymptotische Methoden

Von apl. Prof. Dr. rer. nat. Helmut Pruscha
Universität München

2., überarbeitete und erweiterte Auflage

 B. G. Teubner Stuttgart 1996

apl. Prof. Dr. rer. nat. Helmut Pruscha

Geboren 1943 in Teplitz-Schönau. Von 1964 bis 1969 Studium der Mathematik und Physik
an den Universitäten Bonn, Freiburg i. Br. und München. 1969 Diplom, 1975 Promotion
und 1985 Habilitation im Fach Mathematik an der Universität München. Von 1969 bis 1978
Stipendiat bzw. Assistent am Max-Planck-Institut für Psychiatrie in München. 1975/76
Gastaufenthalt an der Universität Laval (Québec). Seit 1978 Akademischer Rat und Ober-
rat am Mathematischen Institut der Universität München.

Die Deutsche Bibliothek – CIP-Einheitsaufnahme

Pruscha, Helmut:
Angewandte Methoden der mathematischen Statistik ; lineare,
loglineare, logistische Modelle ; finite und asymptotische
Methoden / von Helmut Pruscha. – 2., überarb. u. erw. Aufl. –
Stuttgart : Teubner, 1996
   (Teubner-Skripten zur mathematischen Stochastik)

ISBN 978-3-519-12726-0   ISBN 978-3-322-90903-9 (eBook)
DOI 10.1007/978-3-322-90903-9

Softcover reprint of the hardcover 1st edition 1996
Herstellung: Druckhaus Beltz, Hemsbach/Bergstraße
Umschlaggestaltung: M. Koch, Reutlingen

VORWORT

Der Begriff "angewandt" hat in der Mathematik im allgemeinen und in der mathematischen Statistik im besonderen eine schillernde Bedeutung; er wird in Situationen verwendet, die von der tatsächlichen Anwendung ganz unterschiedlich weit entfernt sind. Wir wollen hier unter "angewandten Methoden" der mathematischen Statistik ein Teilgebiet der mathematischen Statistik verstehen, welches nach den Bedürfnissen des numerischen Anwenders ("Endverbrauchers") ausgerichtet ist und diesen auch mit Formeln und Verfahren versorgen kann. Tatsächlich werden die meisten Methoden, die im folgenden besprochen werden, von der statistischen Software wie SPSS, SAS und BMDP unterstützt. Das Programm, das im vorliegenden Text verwirklicht werden soll, ist demnach das folgende: Aus den mathematischen Grundlagen der Stochastik heraus werden die einzelnen Verfahren bis zur anwendbaren Formel hin mathematisch deduktiv abgeleitet, und praxisbezogene Hinweise sowie Fallstudien illustrieren die numerische Anwendung. Damit soll eine Brücke gespannt werden von theoretischen Darstellungen der mathematischen Statistik (wie etwa Witting (1985); Witting & Nölle (1970)), deren optimierungstheoretischer Standpunkt hier nicht übernommen werden kann, bis zu Anwendungsbüchern (wie etwa Hartung et al (1982), Linder & Berchtold (1982)), auf deren Methodenvielfalt und Beispielfülle hier ebenfalls verzichtet werden muß. Angesprochen werden soll der mathematische Stochastiker, der den Weg zur Anwendung in der ihm gewohnten Weise - nämlich der deduktiven - gehen will (der historische Weg verlief natürlich in umgekehrter Richtung), als auch der ehrgeizige Anwender der Statistik, der etwas von den Hintergründen der von ihm benutzten Verfahren kennenlernen will.

Vorausgesetzt wird beim Leser ein Grundkurs in der mathematischen Stochastik, wie ihn die meisten Hochschulen inzwischen anbieten und wie er etwa in der Darstellung von Behnen & Neuhaus (1984) verwirklicht ist. Der Großteil der benötigten Begriffe und Resultate wird auch im ersten Kapitel des vorliegenden Textes zusammengestellt bzw. im ANHANG ergänzt, so daß eine einsemestrige Vorlesung als Vorbereitung genügen könnte. Entsprechend den geforderten Vorkenntnissen bewegt sich die Darstellung auf einem mittleren mathematischen Niveau.

Im vorliegenden Text steht zunächst das lineare Modell der Statistik mit seinen vielseitigen Anwendungsmöglichkeiten (Varianz-, Regressionsanalyse) im Mittelpunkt. Dann werden - als ein zweiter Schwerpunkt - asymptotische statistische Methoden präsentiert, mit deren Hilfe wichtige nichtlineare Modelle einheitlich behandelt werden können. Darunter sind die Modelle mit Linkfunktionen (wie z.B. der logistischen), die auch verallgemeinerte lineare Modelle genannt werden, als auch log-lineare Modelle zur Auswertung von Kontingenztafeln.

Die vorliegende Darstellung beschränkt sich auf parametrische statistische Verfahren; nichtparametrische (verteilungsfreie) Methoden sind nicht aufgenommen worden. Das mag manchem unentschuldbar erscheinen, denn parametrische Verfahren gehen mit Verteilungsannahmen einher. Doch kann man sich diesen oft durch Transformieren der Ausgangsdaten nähern, oder aber man kann ihre Wichtigkeit durch Erzielen eines großen Stichprobenumfangs und durch Wahl asymptotischer Methoden abschwächen. Erfahrungsgemäß ziehen die meisten Anwender diesen Umweg (über Datentransformation und / oder Asymptotik) der Benutzung nichtparametrischer Verfahren vor. Letztere sind nämlich in der Statistik-Software nur schwach vertreten und bieten wohl auch (noch) nicht diese Methoden- und Interpretations-Vielfalt, wie es die parametrischen Verfahren tun. Die zukünftige Entwicklung der Statistik-Software, basierend auf immer leistungskräftigeren Rechnern, könnte die Einstellung der Anwender ändern.

Der Stoff der vorliegenden Darstellung ist Vorlesungen entsprungen, die der Autor an den Universitäten München und Hannover gehalten hat. Er kann in einer zweisemestrigen Vorlesung vorgetragen werden. Dabei kann im ersten Semester

$$\text{Kap I 1,2} \quad \text{Kap II 1} \quad \text{Kap III} \quad \text{Kap IV} \quad \text{Kap V}$$

(die beiden letzten ganz oder teilweise) behandelt werden, während

$$\text{Kap I 3,4} \quad \text{Kap II 2,3} \quad \text{Kap VI} \quad \text{Kap VII} \quad \text{Kap VIII}$$

dem zweiten Semester vorbehalten sind. Die in den Text eingestreuten Fallstudien stammen aus statistischen Beratungen und Praktika, die der Autor seit Jahren am Mathematischen Institut der Universität München (Lehrstuhl Prof. Dr. P. Gänssler) durchführt.

Naturgemäß wurden die einzelnen Kapitel durch diejenigen Bücher (Artikel) beeinflußt, mit deren Hilfe ich mich in die Materie einarbeitete. So lernte ich lineare Modelle vor allem durch Nollau (1975) und Schach & Schäfer (1978) kennen, die asymptotische Maximum-Likelihood Theorie zuerst durch Billingsley (1961) und Feigin (1975), verallgemeinerte lineare Modelle (also Modelle mit Linkfunktionen) durch Fahrmeir & Hamerle (1984, Kap. 7), Fahrmeir & Kaufmann (1985), log-lineare Modelle zur Kontingenztafel-Analyse durch Bishop et al (1975) und Christensen (1987, Chap. XV).

Viel zur Verbesserung des Textes beigetragen haben Zuhörer meiner Vorlesungen; insbesondere danke ich Herrn K. Ziegler. Frau Sauer und Frau Haitz-Sutor schrieben Vorfassungen des Textes; das endgültige Manuskript erstellte Frau A. Kottmayr mit Hilfe des Textsystems SIGNUM 2 in einem derartigen Tempo, daß ich oft mit dem Nachschub in Verzug kam.

München, im Januar 1989 .

Vorwort zur zweiten Auflage

Für die vorliegende zweite Auflage wurden zunächst der ganze Text durchgesehen und alle bekannt gewordenen Druckfehler korrigiert. Unter Benutzung von SIGNUM 3 konnte das Druckbild des Textes -hoffentlich- verbessert werden.

Ferner wurden einige Ergänzungen vorgenommen. Die varianzstabilisierenden Transformationen aus II.2 werden nun durch ein numerisches Beispiel illustriert. In der Theorie des linearen Modells, siehe III.1, werden jetzt zwei Beweismethoden parallel angeboten: Neben der Benutzung kanonischer Basen tritt gleichwertig die Verwendung von Projektionsmatrizen. Dazu sind in I 2.4 und I 2.5 jeweils ein Satz 2 und im Anhang A der Punkt 1.5 über Projektionsmatrizen hinzugetreten (Stoff, den man bei Verwendung kanonischer Basen nicht braucht). Die varianzanalytischen Methoden wurden in IV.2 um Split-Plot Designs vermehrt, die regressionsanalytischen Methoden in V.5 um das nichtlineare Regresssionsmodell. Zu den verallgemeinerten linearen Modellen in Kap. VII wurden weitere Rechenformeln und Spezialfälle beigesteuert.

Eine besondere Erweiterung erfuhren die asymptotischen Methoden. Das für die asymptotische Statistik zentrale Kap. VI wurde in mehrfacher Hinsicht erweitert:

1. Ausgangspunkt sind nun allgemeine Schätzfunktionen und Schätzgleichungen, welche die -in Kap VI bislang allein behandelten- log Likelihoodfunktionen bzw. Maximum-Likelihood Gleichungen als Spezialfall enthalten.

2. Die asymptotischen Kovarianzmatrizen, die in Zusammenhang mit der ersten und zweiten Ableitung der Schätzfunktion auftreten, werden nicht länger als identisch angenommen.

3. Neben den Teststatistiken vom Typ des log Likelihood-Quotienten werden noch solche vom Waldschen Typ und vom Score-Typ analysiert.

Anwendungen der asymptotischen Methoden finden sich nun zusätzlich in III.1 und V.5 auf den Minimum-Quadrat Schätzer des linearen bzw. des nichtlinearen (Regressions-)Modells und in V.2 auf ON-Reihen Schätzer einer Regressionsfunktion. An dieser Stelle wird der Kontakt zur nichtparametrischen Kurvenschätzung hergestellt, einer Disziplin, die in den letzten Jahren in den Anwendungen mächtig an Bedeutung gewonnen hat, deren Aufnahme den Rahmen dieses Bandes allerdings sprengen würde.

Zu Dank verpflichtet bin ich den Herren Dr. A. Ziegler (Marburg), Dr. K. Ziegler, Dr. F. Strobl, U. Wellisch, A. Luhm (alle München) sowie Frau C. Dohlus (Garmisch-Partenkirchen). Sie haben Fehler entdeckt, Verbesserungsvorschläge gemacht und ergänzenden Stoff beigesteuert.

München, im November 1995   Helmut Pruscha

INHALTSVERZEICHNIS

8

VERZEICHNIS HÄUFIG WIEDERKEHRENDER SYMBOLE

$\mathbb{N}$ natürliche Zahlen , $\qquad\qquad$ $\mathbb{N}_0 = \mathbb{N} \cup \{0\}$

$\mathbb{R}$ reelle Zahlen , $\qquad\qquad$ $\mathbb{R}_+$ nicht-negative reelle Zahlen

$\mathbf{x} = (x_1,...,x_n)^T$ $n\times 1$-Spaltenvektor (^{T} bedeutet Transponieren)

$\mathbf{A} = (a_{ij}, 1 \le i \le p, 1 \le j \le q)$ $p \times q$-Matrix

$\text{Diag}(\lambda_i)$ Diagonalmatrix mit Elementen $\lambda_1, \lambda_2,...$ $\mathbf{I}_p$ $p\times p$-Einheitsmatrix

$|\mathbf{x}| = \sqrt{\Sigma_{i=1}^{n} x_i^2}$, $|\mathbf{A}| = \sqrt{\Sigma_{i=1}^{p} \Sigma_{j=1}^{q} a_{ij}^2}$ Euklidische Norm eines Vektors bzw.
einer Matrix

$\overset{\circ}{\mathcal{U}}_\delta(\mathbf{x})$, $\mathcal{U}_\delta(\mathbf{x})$ offene bzw. abgeschlossene δ-Umgebung von $\mathbf{x}$ bez. der Euklidischen Norm

$\mathscr{L}(\mathbf{a}_1,...,\mathbf{a}_n)$, $\mathscr{L}(\mathbf{A})$ von den Vektoren $\mathbf{a}_1,...,\mathbf{a}_n$ bzw. von den Spaltenvektoren
von $\mathbf{A}$ aufgespannter linearer Teilraum

$\mathbb{P}$ Wahrscheinlichkeit

$\mathbb{E}$ Erwartungswert

Var Varianz, Cov Kovarianz , $\mathbb{V}$ Kovarianzmatrix

$N(\mu,\sigma^2)$ Normalverteilung mit Parametern μ und σ^2

χ_m^2 χ^2-Verteilung mit m Freiheitsgraden

t_m t-Verteilung mit m Freiheitsgraden

$F_{m,n}$ F-Verteilung mit m und n Freiheitsgraden

u_γ, $\chi_{m,\gamma}^2$, $t_{m,\gamma}$, $F_{m,n,\gamma}$ γ-Quantile der $N(0,1)$-, χ_m^2-, t_m- und $F_{m,n}$-Verteilung

$1(X \in A)$, 1_M Indikatorfunktion des Ereignisses $\{X \in A\}$ bzw. M

$\overset{\mathbb{P}}{\longrightarrow}$, $\overset{\mathcal{D}}{\longrightarrow}$, $\overset{L_1}{\longrightarrow}$ stochastische Konvergenz, Verteilungskonvergenz,
L_1-Konvergenz

$l_n(\boldsymbol{\theta})$ log Likelihoodfunktion bzw. Schätzfunktion

$\mathbf{U}_n(\boldsymbol{\theta}) = \frac{d}{d\boldsymbol{\theta}} l_n(\boldsymbol{\theta})$ Scorevektor bzw. Gradient der Schätzfunktion, $\mathbf{W}_n(\boldsymbol{\theta}) = \frac{d^2}{d\boldsymbol{\theta}^2} l_n(\boldsymbol{\theta})$

$\mathbf{I}_n(\boldsymbol{\theta}) = \mathbb{E}_\theta(\mathbf{U}_n(\boldsymbol{\theta}) \cdot \mathbf{U}_n(\boldsymbol{\theta})^T)$ Fisher-Informationsmatrix

$\qquad$ [$\mathbf{U}_n(\boldsymbol{\theta})$ und $\mathbf{I}_n(\boldsymbol{\theta})$ sind zu unterscheiden von $\mathcal{U}_\delta(\boldsymbol{\theta})$ und $\mathbf{I}_n$]

$B(n,p)$ Binomialverteilung mit Parametern n und p

$NB(m,p)$ negative Binomialverteilung mit Parametern m und p

$P(\mu)$ Poissonverteilung mit Parameter μ

$M_m(n,\mathbf{p})$ Multinomialverteilung mit Parametern n und $\mathbf{p} = (p_1,...,p_m)$

VERZEICHNIS HÄUFIG VERWENDETER ABKÜRZUNGEN

ANOVA   Analysis of variance

BLUE   best linear unbiased estimator

EE   Schätzgleichung (estimation equation)

f.a.   für alle

FG   Freiheitsgrade

f.s.   fast sicher

GdgZ   Gesetz der großen Zahlen

GLM   generalized linear model

GM   Gauß-Markov

i.a., i.d.R., i.f., i.S.   im allgemeinen, in der Regel, im folgenden, im Sinne

IPF   iterativ proportional fitting

LM (NLM)   Lineares Modell (mit Normalverteilungs-Annahme)

LQ   Likelihood Quotient

l.u.   linear unabhängig

ML (MLG)   Maximum Likelihood (Gleichung)

MQ   Minimum Quadrat

NB   Nebenbedingungen

NG   Normalgleichungen

NZP   Nichtzentralitätsparameter

o.E.   ohne Einschränkung

RA (VA)   Regressions- (Varianz-) Analyse

Schemata P, M, PM   Poisson-, Multinomial-, Produkt-Multinomial-Schema

se   standard error

ZGWS   Zentraler Grenzwertsatz

EINLEITUNG

Komplexere Daten aus den Natur- oder Sozial-Wissenschaften umfassen eine ganze Reihe von Beobachtungsvariablen unterschiedlichster Art. Mit Hilfe statistischer Methoden versucht der Statistiker, Beziehungen zwischen diesen Variablen aufzudecken. Um eine Übersicht über die geläufigsten statistischen Verfahren zu erhalten, unterscheiden wir Situationen, in denen eine der Variablen als ein Kriterium ausgezeichnet ist, von denen, in denen es eine solche ausgezeichnete Variable nicht gibt.

Ist eine der Beobachtungsvariablen, nennen wir sie y, Kriteriumsvariable (andere Namen: abhängige-, response-Variable) so spielen die anderen, nennen wir sie x_1, $x_2,...,x_m$, die Rolle von Begleit- (Erklär-, Regressor-, Faktor-, unabhängigen-) Variablen. So wird in der Fallstudie IV 2.22 der pH-Wert von Bodenproben (= Kriterium) in Abhängigkeit von den Faktoren Kalkungs- und Beregnungsart studiert, während in V 1.12 der Erosionsschaden auf Almen die Rolle des Kriteriums spielt und Meereshöhe, Hangneigung etc. Regressoren sind.

Eine Einteilung der Verfahren kann man nach der Skalennatur der Variablen vornehmen. Wir unterscheiden hier zwischen intervall-skalierten und nominal-skalierten Variablen. Erstere nennt man auch metrisch oder quantitativ, letztere auch kategoriell oder qualitativ. Eine Zwischenstellung nehmen ordinal-skalierte Variablen ein, auf die wir hier nicht eingehen wollen (wohl aber in VII 2.8).

ÜBERSICHT

Begleitvariablen $x_1,...,x_m$

Kriteriums- **variable** y	sämtliche intervall-skaliert	teils intervall- teils nominal-sk.	sämtliche nominal-skaliert
intervall-skaliert	lineare Regressions-analyse	Kovarianzanalyse	Varianzanalyse
nominal-skaliert	logistische Regres-sionsanalyse		Logit-Analyse (innerhalb log-linearer Modelle)

Im leeren Feld kann man entweder die logistische Regressionsanalyse eintragen, wenn für die nominal-skalierten Begleitvariablen dichotome, das sind 0-1-wertige,

Variablen erzeugt werden (dichotome Variablen toleriert man üblicherweise als intervall-skaliert); oder es kann die Logit-Analyse eingetragen werden, wenn die intervall-skalierten Begleitvariablen durch Klasseneinteilung zu nominal-skalierten
gemacht werden.

Liegt eine Situation vor, in der m+1 Variablen $x_0, x_1, ..., x_m$ gleichberechtigt sind und
keine von ihnen die Rolle einer Kriteriumsvariablen spielt, so ist die

   Korrelationsanalyse

die Methode der Wahl, falls alle x_i intervall-skaliert sind, oder die

   log-linearen Modelle (Kontingenztafel-Methoden)

anzuwenden, falls alle x_i nominal-skaliert sind.

So einheitlich diese Übersicht geschrieben werden kann, so unterschiedlich fallen
die statistischen Methoden selber und ihre mathematischen Herleitungen aus. Die
Methoden der

   Varianz-, linearen Regressions-, Kovarianz-, Korrelations-Analyse

(Kap. IV, V) lassen sich im linearen Modell (LM) der Statistik einheitlich und recht
elegant behandeln (Kap. III), doch ist ihr Zugang durch ziemlich restriktive Voraussetzungen, die man mit den Stichworten Normalverteilung und Varianzhomogenität
umschreiben kann, verengt (vgl. dazu die vorbereitenden Methoden in Kap. II). Das
Verfahren der

   logistischen (allg. link-linearen) Regressionsanalyse

wird innerhalb des verallgemeinerten linearen Modells (GLM) der Statistik behandelt (Kap. VII), während eine dritte Methodenfamilie zur

   Kontingenztafelanalyse

innerhalb der log-linearen Modelle angesiedelt ist (Kap. VIII). Den weniger restrik-
tiven Voraussetzungen der letzten beiden Modelle (GLM und log-lineare Modelle)
steht die Tatsache gegenüber, daß die zugehörigen statistischen Verfahren (im Gegensatz zu denen des LM mit Normalverteilungsannahme) nur approximativ für
großen Stichprobenumfang gültig sind. Zu ihrer Herleitung benötigen wir folglich
die -mathematisch etwas anspruchsvolleren- asymptotischen statistischen Methoden (Kap. VI).

I GRUNDLAGEN AUS DER STOCHASTIK

0. VORBEMERKUNG

Im ersten Kapitel sollen Hilfsmittel aus der Wahrscheinlichkeitstheorie (insbesondere mehrdimensionale Zufallsvariablen und Verteilungen, Exponentialfamilien) und aus der mathematischen Statistik (Maximum-Likelihood-Methode) bereitgestellt werden, die nicht unbedingt in einführenden Stochastik-Texten zu finden sind. Weitere Hilfsmittel werden in den späteren Kapiteln ad hoc eingeführt oder im ANHANG nachgetragen. Nicht sämtliche benötigten mathematischen Sätze können hier bewiesen werden. Manchmal kann aus vielerlei Gründen (Platzersparnis, Einheitlichkeit und Lesbarkeit des Textes, Einhalten eines mittleren mathematischen Niveaus) nur eine Beweisskizze gebracht werden oder gar nur ein Literaturzitat angeführt werden.

1. MEHRDIMENSIONALE ZUFALLSVARIABLEN

1.0 Die für das folgende grundlegenden Begriffe des Zufallsvektors und seiner Verteilungsfunktion und Dichte, seines Erwartungswertvektors und seiner Kovarianzmatrix werden bereitgestellt sowie der für die gesamte Stochastik wichtige Spezialfall der Unabhängigkeit der Komponenten behandelt. Doch werden wir auch Zufallsvektoren mit abhängigen Komponenten begegnen (siehe die Multinomialverteilung in 3.6).

1.1 Zufallsvektor

Gegeben seien p reellwertige Zufallsvariablen
$$X_1, X_2, \ldots, X_p$$
auf einem Wahrscheinlichkeitsraum $(\Omega, \mathcal{F}, \mathbb{P})$. Dann heißt der $\mathbb{R}^p$-wertige Vektor
$$\mathbf{X} = (X_1, \ldots, X_p)^T$$
eine p-dimensionale Zufallsvariable oder ein Zufallsvektor. Mit
$$F_{\mathbf{X}}(x_1, \ldots, x_p) \equiv F(x_1, \ldots, x_p) = \mathbb{P}(X_1 \leq x_1, \ldots, X_p \leq x_p)$$

wird seine *Verteilungsfunktion* (auch gemeinsame Verteilungsfunktion der $X_1,...,X_p$ genannt) definiert. Existiert eine nichtnegative Funktion $f_X(x_1,...,x_p) \equiv f(x_1,...,x_p)$ mit

$$F(x_1,...,x_p) = \int_{-\infty}^{x_p} ... \int_{-\infty}^{x_1} f(u_1,...,u_p)\,du_1\,...\,du_p \ ,$$

so heißt $f(x_1,...,x_p)$ *Dichte* von **X** (auch: gemeinsame Dichte der $X_1,...,X_p$). Es gilt

$$F(\infty,...,\infty) = \int_{-\infty}^{+\infty} ... \int_{-\infty}^{+\infty} f(x_1,...,x_p)\,dx_1\,...\,dx_p = 1.$$

Auch für die Argumente von F und f führen wir die Vektornotation

$$\mathbf{x} = (x_1,...,x_p)^T$$

ein und schreiben: $f(\mathbf{x})$, $F(\mathbf{x}) = \int_{-\infty}^{\mathbf{x}}...\int f(\mathbf{u})\,d\mathbf{u}$ usw.

1.2 Randverteilung und bedingte Verteilung

Schreiben wir einen $p+q$ dimensionalen Zufallsvektor **Z** mit Verteilungsfunktion $F(\mathbf{z})$ und Dichte $f(\mathbf{z})$ in der Form $\mathbf{Z} = \begin{pmatrix} \mathbf{X} \\ \mathbf{Y} \end{pmatrix}$, wobei **X** und **Y** p- bzw. q-dimensionale Zufallsvektoren sind, so heißen

$$F_X(\mathbf{x}) = F(\mathbf{x},\infty,...,\infty) \ , \quad \mathbf{x} \in \mathbb{R}^p,$$

und

$$F_Y(\mathbf{y}) = F(\infty,...,\infty,\mathbf{y}) \ , \quad \mathbf{y} \in \mathbb{R}^q,$$

*Rand*verteilungsfunktionen von **X** bzw. **Y** , während

$$f_X(\mathbf{x}) = \int_{-\infty}^{+\infty} ... \int_{-\infty}^{+\infty} f(\mathbf{x},\mathbf{y})\,d\mathbf{y}$$

und entsprechend $f_Y(\mathbf{y})$ Randdichten von **X** bzw. **Y** heißen. Für jedes $\mathbf{x} \in \mathbb{R}^p$ wird durch

$$f(\mathbf{y}|\mathbf{x}) = \frac{f(\mathbf{x},\mathbf{y})}{f_X(\mathbf{x})} \ , \quad \text{falls } f_X(\mathbf{x}) > 0 \ \ (= 0 \text{ sonst}) \ ,$$

die *bedingte* Dichte von **Y**, gegeben $\mathbf{X} = \mathbf{x}$, definiert und durch

$$F(\mathbf{y}|\mathbf{x}) = \int_{-\infty}^{\mathbf{y}}...\int f(\mathbf{u}|\mathbf{x})\,d\mathbf{u}$$

die bedingte Verteilungsfunktion von **Y**, gegeben $\mathbf{X} = \mathbf{x}$. Es gilt $F(\infty,...,\infty|\mathbf{x}) = 1$.

1.3 Unabhängigkeit

Die p- bzw. q-dimensionalen Zufallsvektoren **X** und **Y** heißen (stochastisch) *unab-*

hängig, falls für die Verteilungsfunktion $F(\mathbf{z})$ bzw. Dichte $f(\mathbf{z})$ von $\mathbf{Z} = \left(\begin{smallmatrix}\mathbf{X}\\\mathbf{Y}\end{smallmatrix}\right)$ gilt

$$F(\mathbf{x},\mathbf{y}) = F_{\mathbf{X}}(\mathbf{x}) \cdot F_{\mathbf{Y}}(\mathbf{y})$$

bzw.

$$f(\mathbf{x},\mathbf{y}) = f_{\mathbf{X}}(\mathbf{x}) \cdot f_{\mathbf{Y}}(\mathbf{y}) \ .$$

In entsprechender Weise wird die Unabhängigkeit mehrerer Zufallsvektoren definiert. Speziell sind die Zufallsvariablen $X_1,\dots,X_p$ unabhängig, falls für ihre gemeinsame Verteilungsfunktion F bzw. Dichte f gilt

$$F(x_1,\dots,x_p) = F_{X_1}(x_1) \cdot \dots \cdot F_{X_p}(x_p)$$

bzw.

$$f(x_1,\dots,x_p) = f_{X_1}(x_1) \cdot \dots \cdot f_{X_p}(x_p) \ .$$

1.4 Transformationssatz für Dichten

Satz Der p-dimensionale Zufallsvektor $\mathbf{X}$ habe eine Dichte $f(\mathbf{x})$. Sei U eine offene Menge aus $\mathbb{R}^p$ mit $\int_U f(\mathbf{x})\,d\mathbf{x} = 1$.

Sei $\phi : U \longrightarrow \mathbb{R}^p$ eine Abbildung mit den Eigenschaften

$$\phi : U \longrightarrow V \equiv \phi(U) \quad \text{bijektiv}$$

$$\phi \ \text{und} \ \phi^{-1} \ \text{stetig differenzierbar} \ .$$

Dann hat der Zufallsvektor $\mathbf{Y} = \phi(\mathbf{X})$ eine Dichte $g(\mathbf{y})$, $\mathbf{y} \in V$, mit

$$g(\mathbf{y}) = f(\phi^{-1}(\mathbf{y})) \cdot |J(\mathbf{y})| \ ,$$

wobei

$$J(\mathbf{y}) = \det\left(\frac{\partial \phi_i^{-1}}{\partial y_j}(\mathbf{y})\right) \ .$$

Bemerkungen

(i) Oft berechnet sich die sog. Jacobideterminante $J(\mathbf{y})$ leichter aus

$$1/J(\mathbf{y}) = \det\left(\frac{\partial \phi_i}{\partial x_j}(\phi^{-1}(\mathbf{y}))\right) \ .$$

(ii) Es gilt $\int_V g(\mathbf{y})\,d\mathbf{y} = 1$ für die offene Menge $V = \phi(U)$.

Beweis Krickeberg & Ziezold (1977, S. 124)), Behnen & Neuhaus (1984, S. 211). []

Beispiel zum Transformationsatz:

Sei ϕ die lineare Abbildung $\mathbf{y} = \phi(\mathbf{x}) = \mathbf{A}\mathbf{x} + \mathbf{b}$ mit $\mathbf{b} \in \mathbb{R}^p$ und mit einer $p \times p$-Matrix $\mathbf{A}$, $\det \mathbf{A} \neq 0$. Es ist

$$\phi^{-1}(\mathbf{y}) = \mathbf{A}^{-1}(\mathbf{y}-\mathbf{b}) \ , \quad J = \det\left(\frac{\partial \phi_i^{-1}}{\partial y_j}\right) = \det(\mathbf{A}^{-1}) = \frac{1}{\det(\mathbf{A})} \ .$$

Deshalb stellt

$$g(\mathbf{y}) \;=\; \frac{1}{|\det(\mathbf{A})|}\, f(\mathbf{A}^{-1}(\mathbf{y}-\mathbf{b}))$$

die Dichte von $\mathbf{Y}$ dar, wenn f die Dichte von $\mathbf{X}$ bezeichnet. Insbesondere ist für $p = 1$

$$g(y) \;=\; \frac{1}{|A|}\, f\!\left(\frac{y-b}{A}\right) .$$

1.5 Erwartungswert-Vektor $\mathbb{E}\,\mathbf{X}$

Sei $\mathbf{X} = (X_1,\dots,X_p)^T$ ein p-dimensionaler Zufallsvektor mit Dichte $f(\mathbf{x})$. Der Erwartungswert jeder Komponente, d.i.

$$\mathbb{E}\,X_i \;=\; \int_{-\infty}^{+\infty} x\cdot f_{X_i}(x)\,dx \;,$$

möge existieren und endlich sein. Dann definieren wir

$$\mathbb{E}\,\mathbf{X} \;=\; \begin{bmatrix} \mathbb{E}\,X_1 \\ \vdots \\ \mathbb{E}\,X_p \end{bmatrix}$$

als den p-dimensionalen Erwartungswertvektor von $\mathbf{X}$. Ist $\mathbf{A}$ eine q×p-Matrix und $\mathbf{b}$ ein q-dimensionaler Vektor, dann gilt

$$\mathbb{E}(\mathbf{A}\cdot\mathbf{X} + \mathbf{b}) \;=\; \mathbf{A}\cdot\mathbb{E}\,\mathbf{X} + \mathbf{b}.$$

Sind $\mathbf{X}$ und $\mathbf{Y}$ zwei Zufallsvektoren wie in 1.2, so verstehen wir unter dem bedingten Erwartungswert $\mathbb{E}(g(\mathbf{X})|\mathbf{Y})$ von $g(\mathbf{X})$, gegeben $\mathbf{Y}$, die folgende Funktion in der Variablen $\mathbf{y}$

$$\mathbb{E}(g(\mathbf{X})|\mathbf{Y})(\mathbf{y}) \;=\; \int_{-\infty}^{\infty}\!\!\dots\!\int g(\mathbf{u})\,f(\mathbf{u}|\mathbf{y})\,d\mathbf{u} \;.$$

1.6 Kovarianzmatrix $V(\mathbf{X})$

Gegeben sei ein p-dimensionaler Zufallsvektor $\mathbf{X} = (X_1,\dots,X_p)^T$.
Die Varianzen

$$\sigma_i^2 \;=\; \mathrm{Var}(X_i) \;=\; \mathbb{E}(X_i - \mathbb{E}\,X_i)^2$$

jeder Komponente X_i mögen endlich sein. Definiere die Kovarianz

$$\sigma_{ij} \;=\; \mathrm{Cov}(X_i,X_j) \;=\; \mathbb{E}\{(X_i - \mathbb{E}\,X_i)\cdot(X_j - \mathbb{E}\,X_j)\}$$

von X_i und X_j und die p×p-Varianz-Kovarianzmatrix von $\mathbf{X}$ (kurz: Kovarianzmatrix von $\mathbf{X}$)

$$\boldsymbol{\Sigma} \;\equiv\; V(\mathbf{X}) \;=\; \begin{bmatrix} \sigma_{11} & \cdots & \sigma_{1p} \\ \vdots & & \vdots \\ \sigma_{p1} & \cdots & \sigma_{pp} \end{bmatrix}.$$

Dann gilt

(a) $\sigma_{ii} = \sigma_i^2$.

(b) Jede Komponente σ_{ij} von $\boldsymbol{\Sigma}$ ist endlich.

In der Tat, die Cauchy-Schwarz Ungleichung liefert

$$[\mathbb{E}\{(X_i - \mathbb{E}X_i)\cdot(X_j - \mathbb{E}X_j)\}]^2 \le \mathbb{E}(X_i - \mathbb{E}X_i)^2 \cdot \mathbb{E}(X_j - \mathbb{E}X_j)^2 = \sigma_i^2 \cdot \sigma_j^2 < \infty \cdot$$

(c) $\boldsymbol{\Sigma} = \mathbb{E}\{(\mathbf{X} - \mathbb{E}\mathbf{X})\cdot(\mathbf{X} - \mathbb{E}\mathbf{X})^T\}$,

wobei die Bildung von $\mathbb{E}$ elementweise zu verstehen ist.

(d) $V(\mathbf{AX} + \mathbf{b}) = \mathbf{A}V(\mathbf{X})\mathbf{A}^T$ für jede $q\times p$-Matrix $\mathbf{A}$ und jeden $q\times 1$-Vektor $\mathbf{b}$.
In der Tat, (c) und 1.5 liefern

$$V(\mathbf{AX} + \mathbf{b}) = \mathbb{E}\{(\mathbf{AX} - \mathbf{A}\mathbb{E}\mathbf{X})\cdot(\mathbf{AX} - \mathbf{A}\mathbb{E}\mathbf{X})^T\}$$

$$= \mathbf{A}\mathbb{E}\{(\mathbf{X} - \mathbb{E}\mathbf{X})\cdot(\mathbf{X} - \mathbb{E}\mathbf{X})^T\}\mathbf{A}^T = \mathbf{A}V(\mathbf{X})\mathbf{A}^T.$$

(e) $\boldsymbol{\Sigma}$ ist symmetrisch und positiv-semidefinit.

In der Tat, für ein $\mathbf{b} \in \mathbb{R}^p$ ist nach (d): $\mathbf{b}^T V(\mathbf{X})\mathbf{b} = V(\mathbf{b}^T\mathbf{X}) \ge 0$.

(f) Sind die Komponenten $X_1,...,X_n$ unabhängig, so ist

$$V(\mathbf{X}) = \mathrm{Diag}\,(\sigma_i^2) \, .$$

In der Tat, für $i \ne j$ ist wegen der Unabhängigkeit

$$\mathbb{E}\{(X_i - \mathbb{E}X_i)(X_j - \mathbb{E}X_j)\} = \mathbb{E}(X_i - \mathbb{E}X_i)\cdot\mathbb{E}(X_j - \mathbb{E}X_j) = 0\,.$$

X_i und X_j heißen *unkorreliert*, falls $\sigma_{ij} = 0$ $(i \ne j)$. Sind also $X_1,...,X_p$ unabhängig, so sind sie paarweise unkorreliert.

1.7 Kovarianzmatrix $\mathrm{Cov}(\mathbf{X},\mathbf{Y})$

Allgemeiner als in 1.6 definieren wir für einen p-dimensionalen Zufallsvektor $\mathbf{X}$ und einen q-dimensionalen Zufallsvektor $\mathbf{Y}$ die $p\times q$-Kovarianzmatrix

$$\mathrm{Cov}(\mathbf{X},\mathbf{Y}) = \mathbb{E}\{(\mathbf{X} - \mathbb{E}\mathbf{X})\cdot(\mathbf{Y} - \mathbb{E}\mathbf{Y})^T\} = \begin{bmatrix} \mathrm{Cov}(X_1,Y_1) & ... & \mathrm{Cov}(X_1,Y_q) \\ \vdots & & \vdots \\ \mathrm{Cov}(X_p,Y_1) & ... & \mathrm{Cov}(X_p,Y_q) \end{bmatrix}$$

Es gilt, teilweise analog zu 1.6,

(a) $\mathrm{Cov}(\mathbf{X},\mathbf{X}) = V(\mathbf{X})$

(b) $\mathrm{Cov}(\mathbf{AX}+\mathbf{a},\mathbf{BY}+\mathbf{b}) = \mathbf{A}\,\mathrm{Cov}(\mathbf{X},\mathbf{Y})\,\mathbf{B}^T$

(c) $\mathrm{Cov}(\mathbf{X},\mathbf{Y}) = \mathrm{Cov}(\mathbf{Y},\mathbf{X})^T$

(d) $V(\mathbf{Z}) = \begin{bmatrix} V(\mathbf{X}) & \mathrm{Cov}(\mathbf{X},\mathbf{Y}) \\ \mathrm{Cov}(\mathbf{Y},\mathbf{X}) & V(\mathbf{Y}) \end{bmatrix}$ für $\mathbf{Z} = \left(\begin{smallmatrix}\mathbf{X}\\\mathbf{Y}\end{smallmatrix}\right)$

(e) $V(\mathbf{X}+\mathbf{Y}) = V(\mathbf{X}) + V(\mathbf{Y}) + \mathrm{Cov}(\mathbf{X},\mathbf{Y}) + \mathrm{Cov}(\mathbf{Y},\mathbf{X})$,   falls $p = q$

(f) $\mathbb{C}\mathrm{ov}(\mathbf{X},\mathbf{Y}) = 0$,   falls $\mathbf{X}$ und $\mathbf{Y}$ unabhängige Zufallsvektoren.

1.8 Korrelation ρ

Für 2 Zufallsvariablen X,Y definieren wir den Korrelationskoeffizienten

$$\rho_{XY} = \frac{\mathrm{Cov}\,(X,Y)}{\sqrt{\mathrm{Var}(X)\cdot\mathrm{Var}(Y)}}\,, \qquad \text{falls}\ \ \mathrm{Var}(X)\cdot\mathrm{Var}(Y) > 0\,.$$

Es gilt

(a) $\rho_{XY} = 0$, falls X und Y unabhängig

(b) $|\rho_{XY}| \leq 1$

(c) $\rho_{XY} = \begin{cases} 1 \\ -1 \end{cases}$ genau dann, wenn $Y = b\,X + c$ f.s. und b $\begin{cases} >0 \\ <0 \end{cases}$.

1.9 Charakteristische Funktion $\Phi_{\mathbf{X}}$

Ist $\mathbf{X}$ ein p-dimensionaler Zufallsvektor mit Dichte $f(\mathbf{x})$, dann ist die charakteristische Funktion von $\mathbf{X}$ definiert als die folgende Funktion von $\mathbf{t} \in \mathbb{R}^p$:

$$\Phi_{\mathbf{X}}(\mathbf{t}) = \mathbb{E}\,e^{i\mathbf{t}^T\mathbf{X}} = \int_{-\infty}^{\infty}\!\!\cdots\int e^{i\mathbf{t}^T\mathbf{x}}\,f(\mathbf{x})\,d\mathbf{x}\,.$$

Für eine lineare Transformation $\mathbf{Y} = \mathbf{A}\mathbf{X} + \mathbf{a}$ rechnet man

(1) $\Phi_{\mathbf{Y}}(\mathbf{t}) = e^{i\mathbf{t}^T\mathbf{a}} \cdot \Phi_{\mathbf{X}}(\mathbf{A}^T\mathbf{t})\,.$

Eindeutigkeitssatz Zwei p-dimensionale Zufallsvektoren haben genau dann dieselbe charakteristische Funktion, falls sie dieselbe Verteilung (d.h. dieselbe Verteilungsfunktion oder Dichte) besitzen.

Einen **Beweis** findet man bei Bauer (1968, Satz 48.4, S. 206), Gänssler & Stute (1977, Satz 8.7.1, S. 354).

Cramér-Wold Satz Die Verteilung eines p-dimensionalen Zufallsvektors $\mathbf{X}$ ist eindeutig bestimmt durch die Menge der Verteilungen der reellwertigen Zufallsvariablen $\mathbf{t}^T\cdot\mathbf{X}$, wenn $\mathbf{t}$ den $\mathbb{R}^p$ durchläuft.

Beweis Setzen wir $Y = \mathbf{t}^T\cdot\mathbf{X}$, so ist nach (1)

$$\Phi_Y(s) = \Phi_{\mathbf{X}}(s\mathbf{t}) \ , \quad \text{d.h.} \quad \Phi_Y(1) = \Phi_{\mathbf{X}}(\mathbf{t}) \ ,$$

so daß der Eindeutigkeitssatz die Behauptung liefert. []

Die charakteristische Funktion der N(0,1)-Verteilung (d.h. einer N(0,1)-verteilten Zufallsvariablen) lautet

$$\Phi(t) = \exp\left(-\tfrac{1}{2}\, t^2\right).$$

Dichte der $N_2(0,I_2)$-Verteilung

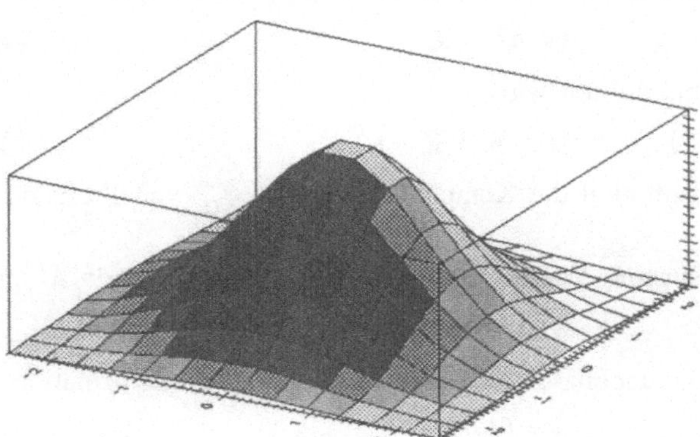

2. MEHRDIMENSIONALE NORMALVERTEILUNG

2.0   Die mehrdimensionale Normalverteilung ist die grundlegende Verteilungsannahme der klassischen parametrischen statistischen Verfahren (vgl. die Theorie des linearen Modells, Kap. III). In Fällen, in denen wir die Annahme der Normalverteilung nicht benötigen, wie in den Kapiteln VII, VIII, taucht sie als Grenzverteilung diverser statistischer Größen auf. Bezüglich positiv-definiter Matrizen verweisen wir auf ANHANG A1.

2.1 Definition der p-dimensionalen Normalverteilung

Wir nennen die Funktion

$$(1) \qquad f(\mathbf{x}) = \frac{1}{(2\pi)^{p/2}(\det \boldsymbol{\Sigma})^{1/2}} \, \exp\left\{-\tfrac{1}{2}(\mathbf{x} - \boldsymbol{\mu})^T \boldsymbol{\Sigma}^{-1}(\mathbf{x} - \boldsymbol{\mu})\right\} \ , \quad \mathbf{x} \in \mathbb{R}^p,$$

wobei $\boldsymbol{\mu} \in \mathbb{R}^p$ und $\boldsymbol{\Sigma}$ eine positiv-definite p×p-Matrix ist, Dichte der p-dimensionalen (auch multivariaten) Normalverteilung. Ein p-dimensionaler Zufallsvektor **X** heißt *p-dimensional normalverteilt* mit Parameter $(\boldsymbol{\mu},\boldsymbol{\Sigma})$ oder $N_p(\boldsymbol{\mu},\boldsymbol{\Sigma})$-verteilt, falls er eine Dichte der Gestalt (1) besitzt.

Man beachte, daß sich (1) im Fall p = 1 auf die Form

$$f(x) = \frac{1}{\sqrt{2\pi}\,\sigma} \, \exp\left\{-\tfrac{1}{2}\left(\tfrac{x-\mu}{\sigma}\right)^2\right\}$$

reduziert, d.i. die Dichte der $N_1(\mu,\sigma^2) = N(\mu,\sigma^2)$-Verteilung.

2.2 Standardisieren, Parameter μ und Σ

Lemma Sei X $N_p(\mu,\Sigma)$-verteilt. Ist A eine invertierbare p×p-Matrix mit

$$A \cdot A^T = \Sigma \qquad\qquad\qquad [A \textit{ Wurzel aus } \Sigma]$$

und setzen wir

$$(2) \qquad Y = A^{-1}(X - \mu) \qquad\qquad [Y \textit{ Standardisierte von } X]\,,$$

dann sind die Komponenten $Y_1,...,Y_p$ von Y unabhängig und $N(0,1)$-verteilt.

Beweis Wegen $(A^{-1})^T A^{-1} = \Sigma^{-1}$ ist für $y = A^{-1}(x-\mu)$

$$y^T y = (x - \mu)^T \Sigma^{-1}(x - \mu)\,.$$

Die Jacobideterminante der linearen Transformation (2) ist nach 1.4

$$J = (\det \Sigma)^{1/2}\,.$$

Schreiben wir (1) in der Form

$$f(x) = (1/J)\cdot g(y)\,,\quad g(y) = \frac{1}{(2\pi)^{p/2}}\ e^{-(1/2)y^T y}\,,$$

so liefert der Transformationssatz 1.4, daß Y die Dichte $g(y)$ hat. Wegen

$$g(y) = \prod_{i=1}^{p}\Big(\frac{1}{\sqrt{2\pi}}\,e^{-(1/2)y_i^2}\Big) = \prod_{i=1}^{p} g_{Y_i}(y_i)$$

folgt über 1.3 die Behauptung. □

Für eine invertierbare p×p-Matrix A mit $A \cdot A^T = \Sigma$ schreiben wir auch $\Sigma^{1/2}$, für A^{-1} auch $\Sigma^{-1/2}$.

Satz Für $N_p(\mu,\Sigma)$-verteiltes X gilt

$$\mathbb{E}X = \mu\,,\quad V(X) = \Sigma.$$

Beweis Für den Zufallsvektor Y aus (2) gilt

$$\mathbb{E}Y = 0\,,\quad V(Y) = I_p\,.$$

Wegen $X = \Sigma^{1/2}Y + \mu$ folgt mit 1.5 und 1.6

$$\mathbb{E}X = \mu \quad\text{und}\quad V(X) = \Sigma^{1/2} I_p\, (\Sigma^{1/2})^T = \Sigma\,.\ \ □$$

Bemerkung Man nennt dieses Ergebnisses wegen die $N_p(\mu,\Sigma)$-Verteilung auch p-dimensionale Normalverteilung mit Erwartungswert-Vektor μ und Kovarianzmatrix Σ .

2.3 Charakterisierung

Wir formulieren eine Charakterisierung der mehrdimensionalen Normalverteilung mit Hilfe 1-dimensionaler Verteilungen. Dazu brauchen wir die charakteristische Funktion der $N_p(\mu,\Sigma)$-Verteilung.

Lemma Die charakteristische Funktion der $N_p(\mu,\Sigma)$-Verteilung lautet

$$\Phi(t) = \exp\left(it^T\mu - \tfrac{1}{2}t^T\Sigma t\right)$$

Beweis Sei X $N_p(\mu,\Sigma)$-verteilt und sei $Y = \Sigma^{-1/2}(X - \mu)$, d.h.

$$X = \Sigma^{1/2}Y + \mu \ .$$

Wir haben nach 1.9

$$\Phi_X(t) = e^{it^T\mu} \cdot \Phi_Y((\Sigma^{1/2})^T t) \ .$$

Wir setzen $s = (\Sigma^{1/2})^T t$. Es ist wegen der Unabhängigkeit der Y_i

$$\Phi_Y(s) = \prod \Phi_{Y_j}(s_j) \ .$$

Da Y_j $N(0,1)$-verteilt ist, gilt $\Phi_{Y_j}(s_j) = \exp(-\tfrac{1}{2}s_j^2)$. Also zusammengesetzt

$$\begin{aligned}
\Phi_X(t) &= e^{it^T\mu} \exp(-\tfrac{1}{2}s^T s) \\
&= \exp\left(it^T\mu - \tfrac{1}{2}t^T\Sigma^{1/2}(\Sigma^{1/2})^T t\right). \ \square
\end{aligned}$$

Satz Die p-dimensionale Zufallsvariable X ist genau dann p-dimensional normalverteilt, wenn die reellwertige Zufallsvariable $a^T \cdot X$ für jedes $a \in \mathbb{R}^p$, $a \neq 0$, normalverteilt ist.

Beweis

(i) Sei $a \neq 0$ und $Y = a^TX$, mit $N_p(\mu,\Sigma)$-verteiltem X. Die charakteristische Funktion von Y ist nach 1.9 und dem Lemma gleich

$$\Phi_Y(t) = \Phi_X(t\cdot a) = \exp\{it(a^T\mu) - \tfrac{1}{2}t^2(a^T\Sigma a)\}.$$

Dies ist die charakteristische Funktion einer (eindimensionalen) $N(a^T\mu, a^T\Sigma a)$ -Verteilung.

(ii) Sind alle a^TX normalverteilt, so ist nach dem Cramér-Wold Satz 1.9 die Verteilung von X eindeutig aus dieser Tatsache bestimmt. Da nach (i) die $N_p(\mu,\Sigma)$ –Verteilung ein Kandidat für die Verteilung von X ist, so ist auch die Umkehrung des Satzes bewiesen. $\square$

2.4 Linearformen

Satz 1 Sei $\mathbf{X}$ $N_p(\boldsymbol{\mu},\boldsymbol{\Sigma})$-verteilt, sei $\mathbf{A}$ eine $q \times p$-Matrix ($q \le p$) mit Rang q und $\mathbf{b} \in \mathbb{R}^q$. Dann ist die q-dimensionale Zufallsvariable

$$\mathbf{Y} = \mathbf{AX} + \mathbf{b}$$

$N_q(\mathbf{A}\boldsymbol{\mu}+\mathbf{b}, \mathbf{A}\boldsymbol{\Sigma}\mathbf{A}^T)$-verteilt.

Beweis Zweimalige Anwendung von Satz 2.3 zeigt, daß $\mathbf{Y}$ q-dimensional normalverteilt ist. Die Parameter

$$\mathbb{E}\,\mathbf{Y} = \mathbf{A}\boldsymbol{\mu}+\mathbf{b} \quad \text{und} \quad \mathbb{V}(\mathbf{Y}) = \mathbf{A}\boldsymbol{\Sigma}\mathbf{A}^T$$

berechnen sich dann sofort aus 1.5, 1.6. []

Korollar Sei $\mathbf{X}$ $N_p(\boldsymbol{\mu},\boldsymbol{\Sigma})$-verteilt.

(i) Die Komponente X_i von $\mathbf{X}$ ist $N(\mu_i,\sigma_i^2)$-verteilt.

(ii) Ist $\boldsymbol{\Sigma} = \text{Diag}(\sigma_i^2)$, so ist die Zufallsvariable $\sum\limits_{i=1}^p X_i$
$$N(\mu_1+ \dots +\mu_p, \sigma_1^2+ \dots +\sigma_p^2)\text{ -verteilt.}$$

(iii) Ist $\boldsymbol{\Sigma} = \sigma^2\mathbf{I}_p$, $\boldsymbol{\mu} = (\mu,\dots,\mu)^T$, so ist die Zufallsvariable $\frac{1}{p}\sum\limits_{i=1}^p X_i$
$$N(\mu,\sigma^2/p)\text{-verteilt.}$$

Beweis (i) Wähle im Satz 1 die $1\times p$-Matrix $\mathbf{A} = (0,\dots,0,1,0,\dots,0)$ mit 1 an der i-ten Stelle und $\mathbf{b} = 0$.

(ii) Wähle im Satz 1 die $1\times p$-Matrix $\mathbf{A} = (1,\dots,1)$ und $\mathbf{b} = 0$. Die Behauptung folgt aus $\mathbf{A}\boldsymbol{\mu} = \mu_1+ \dots +\mu_p$ und $\mathbf{A}\boldsymbol{\Sigma}\mathbf{A}^T = \sigma_1^2+ \dots +\sigma_p^2$.

(iii) Wähle im Satz 1 die $1\times p$-Matrix $\mathbf{A} = \frac{1}{p}(1,\dots,1)$ und $\mathbf{b} = 0$. []

Satz 2 Sei $\mathbf{X}$ $N_p(\boldsymbol{\mu},\mathbf{I}_p)$-verteilt, $\mathbf{A}$ eine $q\times p$-Matrix, $\mathbf{B}$ eine $r\times p$-Matrix. Die Zufallsvektoren $\mathbf{AX}$ und $\mathbf{BX}$ sind unabhängig genau dann, wenn $\mathbf{AB}^T = 0$.

Beweis (i) Sind $\mathbf{AX}$, $\mathbf{BX}$ unabhängig, so ist nach 1.7

$$0 = \mathbb{C}\text{ov}(\mathbf{AX},\mathbf{BX}) = \mathbf{A}\cdot\mathbb{V}(\mathbf{X})\cdot\mathbf{B}^T = \mathbf{AB}^T.$$

(ii) Zum Beweis der Umkehrung nehmen wir zunächst an, daß $\mathbf{A}$ und $\mathbf{B}$ vollen Rang q bzw. r besitzen.

Aus $\mathbf{AB}^T = 0$ folgt dann, daß die $(q+r)\times p$-Matrix $\mathbf{C} = \begin{bmatrix} \mathbf{A} \\ \mathbf{B} \end{bmatrix}$ den Rang $q+r \le p$ besitzt. Nach Satz 1 hat

$$\mathbf{CX} = \begin{bmatrix} \mathbf{AX} \\ \mathbf{BX} \end{bmatrix} \text{ eine } N_{q+r}(\mathbf{C}\boldsymbol{\mu},\mathbf{C}\cdot\mathbf{C}^T)\text{-Verteilung.}$$

Bezeichnet $f_Z(\mathbf{x},(\boldsymbol{\mu},\boldsymbol{\Sigma}))$ die in (1) oben angegebene Dichte eines $N_p(\boldsymbol{\mu},\boldsymbol{\Sigma})$ - verteilten Zufallsvektors $\mathbf{Z}$, so läßt sich wegen

$$\mathbf{C}\cdot\mathbf{C}^T = \begin{bmatrix} \mathbf{A}\mathbf{A}^T & 0 \\ 0 & \mathbf{B}\mathbf{B}^T \end{bmatrix}$$

schreiben

$$f_{(\mathbf{AX},\mathbf{BX})}(\begin{pmatrix}\mathbf{u}\\\mathbf{v}\end{pmatrix},(\mathbf{C}\boldsymbol{\mu},\mathbf{C}\mathbf{C}^T)) = f_{\mathbf{AX}}(\mathbf{u},(\mathbf{A}\boldsymbol{\mu},\mathbf{A}\mathbf{A}^T))\cdot f_{\mathbf{BX}}(\mathbf{v},(\mathbf{B}\boldsymbol{\mu},\mathbf{B}\mathbf{B}^T)),$$

woraus die Unabhängigkeit von $\mathbf{AX}$ und $\mathbf{BX}$ folgt.

(iii) Hat $\mathbf{A}$ den Rang $q_1 \le q$ und $\mathbf{B}$ den Rang $r_1 \le r$, so können wir o.E.

$$\mathbf{A} = \begin{bmatrix} \mathbf{A}_1 \\ \mathbf{A}_2 \end{bmatrix} \ , \quad \mathbf{B} = \begin{bmatrix} \mathbf{B}_1 \\ \mathbf{B}_2 \end{bmatrix}$$

setzen, mit Matrizen $\mathbf{A}_1$ und $\mathbf{B}_1$ vom vollen Rang q_1 bzw. r_1. Aus $\mathbf{A}\mathbf{B}^T = 0$ folgt insbesondere $\mathbf{A}_1\mathbf{B}_1^T = 0$, so daß Teil (ii) die Unabhängigkeit von $\mathbf{A}_1\mathbf{X}$ und $\mathbf{B}_2\mathbf{X}$ liefert. Da sich jede Zeile von $\mathbf{A}_2$ als Linearkombination der Zeilen von $\mathbf{A}_1$ schreiben läßt, ist $\mathbf{AX}$ eine Funktion von $\mathbf{A}_1\mathbf{X}$. Analog ist $\mathbf{BX}$ eine Funktion von $\mathbf{B}_1\mathbf{X}$, so daß die Unabhängigkeit von $\mathbf{AX}$ und $\mathbf{BX}$ folgt. $\square$

2.5 Quadratische Formen

Satz 1 Für $N_p(\boldsymbol{\mu},\boldsymbol{\Sigma})$-verteiltes $\mathbf{X}$ gilt: Die Zufallsvariable

$$U = (\mathbf{X} - \boldsymbol{\mu})^T\boldsymbol{\Sigma}^{-1}(\mathbf{X} - \boldsymbol{\mu})$$

ist χ_p^2 -verteilt.

Beweis Setzen wir wie in Lemma 2.2

$$\mathbf{Y} = \boldsymbol{\Sigma}^{-1/2}(\mathbf{X} - \boldsymbol{\mu}) \ ,$$

so ist

$$U = \mathbf{Y}^T\mathbf{Y} = \Sigma_{i=1}^p Y_i^2 \ .$$

Da die Y_i aber nach Lemma 2.2 unabhängig und $N(0,1)$-verteilt sind, ist U nach Definition der χ^2-Verteilung χ_p^2 -verteilt (vgl. ANHANG B 1.1). $\square$

Ähnlich beweist man, daß die Zufallsvariable $\mathbf{X}^T\boldsymbol{\Sigma}^{-1}\mathbf{X}$ eine nichtzentrale χ_p^2 - Verteilung besitzt, mit Nichtzentralisationsparameter $\delta^2 = \boldsymbol{\mu}^T\boldsymbol{\Sigma}^{-1}\boldsymbol{\mu}$ (kurz: eine $\chi_p^2(\delta^2)$-Verteilung besitzt, vgl. ANHANG B 1.1). Im folgenden werden quadratische Formen betrachtet, die eine Projektionsmatrix (vgl. ANHANG A 1.5) enthalten.

Satz 2 Für eine $N_p(\boldsymbol{\mu},\mathbf{I}_p)$-verteilte Zufallsvariable $\mathbf{X}$ und eine $p\times p$-Projektionsmatrix $\mathbf{P}$ vom Rang r gilt: Die Zufallsvariable

$$U = (\mathbf{X}-\boldsymbol{\mu})^T \mathbf{P}(\mathbf{X}-\boldsymbol{\mu})$$

ist χ_r^2-verteilt.

Beweis Nach ANHANG A 1.5 gibt es eine $p\times r$-Matrix $\mathbf{Q}$ vom Rang r mit

$$\mathbf{P} = \mathbf{Q}\cdot\mathbf{Q}^T \quad \text{und} \quad \mathbf{Q}^T\cdot\mathbf{Q} = \mathbf{I}_r \ .$$

Setzen wir $\mathbf{Y} = \mathbf{Q}^T(\mathbf{X}-\boldsymbol{\mu})$, so ist $U = \mathbf{Y}^T\mathbf{Y}$. Da $\mathbf{Y}$ nach Satz 1 aus 2.4 $N_r(0,\mathbf{I}_r)$-verteilt ist, folgt die Behauptung. $\square$

Ähnlich beweist man, daß die Zufallsvariable $\mathbf{X}^T\mathbf{P}\mathbf{X}$ $\chi_r^2(\delta^2)$-verteilt ist, mit $\delta^2 = \boldsymbol{\mu}^T\mathbf{P}\boldsymbol{\mu}$ (Christensen, 1987, Th. 1.3.3).

2.6 Unabhängigkeit

Satz Die Komponenten $X_1,\ldots,X_p$ eines $N_p(\boldsymbol{\mu},\boldsymbol{\Sigma})$-verteilten Zufallsvektors $\mathbf{X}$ sind unabhängig genau dann, wenn sie paarweise unkorreliert sind, d.h. wenn $\boldsymbol{\Sigma} = \mathrm{Diag}(\sigma_i^2)$ ist.

Beweis Sind die X_i unabhängig, so hatten wir bereits in 1.6, daß

$$V(\mathbf{X}) = \boldsymbol{\Sigma} = \mathrm{Diag}(\sigma_i^2) \ .$$

Gilt umgekehrt diese Gleichung, so hat $\mathbf{X}$ gemäß 2.1 die Dichte

$$f(\mathbf{x}) = \left(\frac{1}{\sqrt{2\pi}}\right)^p \frac{1}{\sigma_1\ldots\sigma_p} \exp\left\{-\tfrac{1}{2}\sum_i (x_i - \mu_i)^2/\sigma_i^2\right\}$$

$$= \prod_i \frac{1}{\sqrt{2\pi}\,\sigma_i} \exp\left\{-\tfrac{1}{2}(x_i - \mu_i)^2/\sigma_i^2\right\} = \prod_i f_{X_i}(x_i) \ .$$

Tatsächlich bilden die $f_{X_i}(x_i)$ die Randdichten von $\mathbf{X}$, vgl. Kor. 2.4 (i), so daß die $X_1,\ldots,X_p$ nach 1.3 unabhängig sind. $\square$

2.7 Bedingte Verteilung

Satz Sei $\mathbf{Z}$ $N_{q+p}(\boldsymbol{\mu},\boldsymbol{\Sigma})$-verteilt. Zerlege wie folgt in die Dimension q und p:

$$\mathbf{Z} = \begin{pmatrix}\mathbf{Y}\\\mathbf{X}\end{pmatrix}, \quad \boldsymbol{\mu} = \begin{pmatrix}\boldsymbol{\mu}_y\\\boldsymbol{\mu}_x\end{pmatrix}, \quad \boldsymbol{\Sigma} = \begin{bmatrix}\boldsymbol{\Sigma}_{yy} & \boldsymbol{\Sigma}_{yx}\\\boldsymbol{\Sigma}_{xy} & \boldsymbol{\Sigma}_{xx}\end{bmatrix} \ .$$

Die bedingte Verteilung von $\mathbf{Y}$, gegeben $\mathbf{X} = \mathbf{x}$, ist eine

mit $\qquad N_q(\boldsymbol{\mu}_{y|x},\boldsymbol{\Sigma}_{y|x})$-Verteilung

$$\mu_{y|x} = \mu_y + \Sigma_{yx}\Sigma_{xx}^{-1}(\mathbf{x} - \mu_x)$$
$$\Sigma_{y|x} = \Sigma_{yy} - \Sigma_{yx}\Sigma_{xx}^{-1}\Sigma_{xy} \ .$$

Beweis Mardia et al. (1979, p. 63), Fahrmeir & Hamerle (1984, S. 27). □

Bemerkungen

1. $\mu_{y|x}$ kann man als bedingten Erwartungswert $\mu_{y|x} = \mathbb{E}(\mathbf{Y}|\mathbf{X} = \mathbf{x})$ schreiben.

2. Im Fall q = p = 1 reduziert sich der Satz auf die folgende Aussage:

Hat $\binom{Y}{X}$ eine $N_2(\mu,\Sigma)$-Verteilung, mit $\mu = \binom{\mu_y}{\mu_x}$, $\Sigma = \begin{bmatrix} \sigma_y^2 & \sigma_{xy} \\ \sigma_{xy} & \sigma_x^2 \end{bmatrix}$,

dann ist die bedingte Verteilung von Y , gegeben X = x, eine
$$N\big(\mu_y + \beta(x-\mu_x), \sigma^2\big)\text{-Verteilung}$$
mit
$$\beta = \sigma_{xy}/\sigma_x^2 \ , \quad \sigma^2 = \sigma_y^2 - \sigma_{xy}^2/\sigma_x^2 = \sigma_y^2(1 - \rho_{xy}^2) \ .$$

3. EXPONENTIALFAMILIEN

3.0 Viele bekannte Verteilungen, und zwar sowohl stetige als auch diskrete, lassen sich - wie wir jetzt sehen werden - einheitlich als Mitglieder der sogenannten Exponentialfamilien von Verteilungen schreiben. Während die Annahme einer Normalverteilung besonders oft bei den linearen Modellen (Kap. III-V) getroffen wird, spielt die viel weniger restriktive Annahme einer Exponentialfamilie bei verallgemeinerten linearen Modellen (Kap. VII) eine dominierende Rolle. Am Ende dieses Abschnittes werden dann diverse spezielle Verteilungen (zusammen mit ihren Momenten) für die spätere Benutzung bereitgestellt (Poisson-, Binomial-, Multinomial-, negative Binomial-Verteilung). Im Fall diskreter Verteilungen hat man i.f. den Begriff Dichte als Zähldichte aufzufassen.

3.1 Definition und Bemerkungen

Es bezeichnen $b(\theta), c(\theta), a(y), t(y)$ reellwertige (meßbare) Funktionen auf $\mathbb{R}$. Eine Verteilung gehört zur Exponentialfamilie in $c(\theta)$ und $t(y)$, falls sie eine Dichte der Form

(1) $f(y,\theta) = \exp\{c(\theta)\,t(y) + a(y) - b(\theta)\}, \quad y \in \mathbb{R} \ ,$

besitzt. Gilt $t(y) = y$, so sprechen wir von einer Exponentialfamilie in *kanonischer* Form. Der Parameter $c(\theta)$ wird auch *natürlicher* Parameter der Verteilung genannt.

Bemerkungen

1. Da $f(y,\theta)$ eine Dichte darstellt, ist für jedes θ

$$1 = \int f(y,\theta)\,dy = e^{-b(\theta)} \int e^{c(\theta)\,t(y)+a(y)}\,dy$$

oder

$$(2) \qquad e^{b(\theta)} = \int e^{c(\theta)t(y)+a(y)}\,dy\ ,$$

wobei hier und im folgenden die Integralgrenzen unterdückt werden: $\int = \int_{-\infty}^{\infty}$.

2. Als *natürlichen* Parameterraum Z definiert man die Menge aller $z \in \mathbb{R}$ mit

$$\int e^{z\,t(y)+a(y)}\,dy < \infty\ .$$

Unter der in 3. stehenden Voraussetzung bildet Z ein (nicht zum Punkt entartetes) Intervall; das Innere $\overset{\circ}{Z}$ von Z ist also nicht leer. I.f. wird stets stillschweigend $c(\theta) \in Z$ angenommen. Im Fall $c(\theta) = \theta$ bezeichnen wir den natürlichen Parameterraum mit Θ anstatt mit Z und es wird immer $\theta \in \Theta$ vorausgesetzt.

3. Um die Abhängigkeit vom Parameter θ zu betonen, schreiben wir auch $\mathbb{E}_\theta$, Var_θ usw., wenn die Berechnung dieser Größen auf der Dichte (1) basiert. Wir werden $\mathrm{Var}_\theta(t(Y)) > 0$ für alle θ mit $c(\theta) \in Z$ vorausetzen, wobei Y eine Zufallsvariable mit einer Dichte (1) ist.

3.2 Ableitungen nach θ

Satz Die Zufallsvariable Y habe eine Dichte aus der Exponentialfamilie (1) mit $c(\theta) = \theta$, d.h. eine Dichte

$$(3) \qquad f(y,\theta) = \exp\{\theta\,t(y)+a(y)-b(\theta)\}\ .$$

Dann gilt

(i) Ist $\phi(y)$ eine reellwertige Funktion mit

$$\mathbb{E}_\theta|\phi(Y)| = e^{-b(\theta)}\int|\phi(y)|\,e^{\theta t(y)+a(y)}\,dy\ <\ \infty\ ,$$

so ist die Funktion

$$\int \phi(y)\,e^{\theta t(y)+a(y)}\,dy$$

in $\theta \in \overset{\circ}{\Theta}$ beliebig oft differenzierbar und die Differentiation kann unter dem $\int$-Zeichen vorgenommen werden (Insbesondere ist nach (2) die Funktion $b(\theta)$ beliebig oft differenzierbar).

(ii) $\qquad \mathbb{E}_\theta\, t(Y) = d\,b(\theta)\,/\,d\theta$

$\qquad\qquad \mathrm{Var}_\theta(t(Y)) = d^2 b(\theta)\,/\,d\theta^2$

Beweis (i) Lehmann (1959, p.52); Witting (1985, S.152); Pfanzagl (1994, p.24).

(ii) Man rechnet wegen (i) und Formel (2)

$$\mathbb{E}_\theta \, t(Y) = e^{-b(\theta)} \int t(y) \exp(\theta \, t(y) + a(y)) \, dy = e^{-b(\theta)} \int \frac{d}{d\theta} e^{\theta \, t(y) + a(y)} \, dy$$

$$= e^{-b(\theta)} \frac{d}{d\theta} \int e^{\theta \, t(y) + a(y)} \, dy = e^{-b(\theta)} \frac{d}{d\theta} e^{b(\theta)} = \frac{d}{d\theta} b(\theta) ,$$

$$\mathbb{E}_\theta (t(Y))^2 = e^{-b(\theta)} \int (t(y))^2 \exp(\theta \, t(y) + a(y)) \, dy = e^{-b(\theta)} \int \frac{d^2}{d\theta^2} \exp(\theta \, t(y) + a(y)) \, dy$$

$$= e^{-b(\theta)} \frac{d}{d\theta^2} \int e^{\theta \, t(y) + a(y)} \, dy = e^{-b(\theta)} \frac{d^2}{d\theta^2} e^{b(\theta)}$$

$$= \frac{d^2}{d\theta^2} b(\theta) + \left(\frac{d}{d\theta} b(\theta) \right)^2 .$$

Es folgt $\mathrm{Var}_\theta \, t(Y) = \mathbb{E}_\theta (t(Y))^2 - (\mathbb{E}_\theta \, t(Y))^2 = \frac{d^2}{d\theta^2} b(\theta)$. □

3.3 Gemeinsame Dichte

Proposition Sind $Y_1, \dots, Y_n$ unabhängige Zufallsvariablen mit Dichten aus einer Exponentenfamilie, d.h. mit Dichten

$$(4) \qquad f_{Y_i}(y, \theta_i) = e^{c(\theta_i) t(y) + a(y) - b(\theta_i)} \quad , \quad i = 1, \dots, n \ ,$$

so lautet die gemeinsame Dichte $f(\mathbf{y}, \boldsymbol{\theta})$ des Zufallsvektors $\mathbf{Y} = (Y_1, \dots, Y_n)^T$

$$(5) \qquad f(\mathbf{y}, \boldsymbol{\theta}) = \exp\{ \textstyle\sum_i (c(\theta_i) t(y_i) + a(y_i) - b(\theta_i)) \} \ ,$$

wobei wir $\boldsymbol{\theta} = (\theta_1, \dots, \theta_n)^T$ gesetzt haben.

Beweis Aus 1.3 folgt $f(\mathbf{y}, \boldsymbol{\theta}) = \prod_i f_{Y_i}(y_i, \theta_i)$ und damit (5). □

Die Gestalt der Dichte (5) gibt Anlaß, mehrparametrige Exponentialfamilien zu definieren.

3.4 d-parametrige Exponentialfamilie

Es sei $\boldsymbol{\theta} \in \mathbb{R}^d$, $\mathbf{t} \colon \mathbb{R}^n \to \mathbb{R}^d$, $b \colon \mathbb{R}^d \to \mathbb{R}$, $a \colon \mathbb{R}^n \to \mathbb{R}$. Eine n-dimensionale Verteilung gehört zur d-parametrigen Exponentialfamilie in $\mathbf{t}(\mathbf{y})$, falls sie eine Dichte der Form

$$(6) \qquad f(\mathbf{y}, \boldsymbol{\theta}) = \exp\{ \boldsymbol{\theta}^T \cdot \mathbf{t}(\mathbf{y}) + a(\mathbf{y}) - b(\boldsymbol{\theta}) \} \ , \ \mathbf{y} \in \mathbb{R}^n \ ,$$

hat. Im Fall 3.1 spricht man auch von *ein*parametrigen Exponentialfamilien. Falls $n = d$ und $\mathbf{t}(\mathbf{y}) = \mathbf{y}$, so liegt die *kanonische* Form der d-parametrigen Exponentialfamilie vor. Gilt $c(\theta_i) = \theta_i$ und $t(y) = y$ in (4), so hat (5) die kanonische Form einer n-parametrigen Exponentialfamilie, wobei $a(\mathbf{y}) = \Sigma_i\, a(y_i)$, $b(\boldsymbol{\theta}) = \Sigma_i\, b(\theta_i)$. Wir setzen stets positiv-definites $V_\theta\big(\mathbf{t}(\mathbf{Y})\big)$ voraus, wobei der Zufallsvektor $\mathbf{Y}$ eine Dichte (6) besitzt.

Bemerkungen

1. Aus (6) folgt wie in 3.1, daß $\quad e^{b(\boldsymbol{\theta})} = \displaystyle\int_{-\infty}^{\infty}\!\!...\int_{-\infty}^{\infty} e^{\boldsymbol{\theta}^T\cdot\mathbf{t}(\mathbf{y})+a(\mathbf{y})}\, d\mathbf{y}$.

2. Den natürlichen Parameterraum $\Theta \subset \mathbb{R}^d$ definiert man als die Menge aller $\boldsymbol{\theta} \in \mathbb{R}^d$ mit

$$\int_{-\infty}^{\infty}\!\!...\int_{-\infty}^{\infty} e^{\boldsymbol{\theta}^T\cdot\mathbf{t}(\mathbf{y})+a(\mathbf{y})}\, d\mathbf{y} < \infty \ .$$

Die Menge Θ ist konvex und das Innere $\overset{\circ}{\Theta}$ von Θ ist nicht leer, vgl Witting (1985, S. 150-153), Pfanzagl (1994, S. 22-24).

3. Wir erhalten analog zu Satz 3.2 (ii) für einen Zufallsvektor $\mathbf{Y} = (Y_1,..,Y_n)^T$ mit Dichte (6)

$$\mathbb{E}_\theta\, \mathbf{t}(\mathbf{Y}) = \frac{d}{d\boldsymbol{\theta}}\, b(\boldsymbol{\theta}) = \begin{bmatrix} \partial/\partial\theta_1\, b(\boldsymbol{\theta}) \\ \vdots \\ \partial/\partial\theta_d\, b(\boldsymbol{\theta}) \end{bmatrix}$$

$$V_\theta\, \mathbf{t}(\mathbf{Y}) = \frac{d^2}{d\boldsymbol{\theta}^2}\, b(\boldsymbol{\theta}) = \left(\frac{\partial}{\partial\theta_i}\frac{\partial}{\partial\theta_j}\, b(\boldsymbol{\theta})\ ,\ i,j=1,...,d\right).$$

3.5 Beispiele (einparametrig)

Die folgenden ersten drei Verteilungen hängen jeweils von zwei Parametern ab, wovon einer als vorgegeben (i.S. der Statistik als "bekannt") angesehen wird und der andere in das θ der Definition (1) eingeht. f(y) und $\tilde{f}(y)$ bezeichnen i.f. Dichten von Y (bei verschiedenen Parametrisierungen) bzw. - im Fall diskreter Zufallsvariabler Y - Wahrscheinlichkeitsfunktionen $\mathbb{P}(Y=\cdot)$, auch Zähldichten genannt.

a) Normalverteilung. Die Dichte der $N(\mu,\sigma^2)$-Verteilung lautet für $y \in \mathbb{R}$

$$\tilde{f}(y,(\mu,\sigma^2)) = \exp\big\{-\tfrac{1}{2}\big(\tfrac{y-\mu}{\sigma}\big)^2\big\}\big/ \sqrt{2\pi\sigma^2}\ .$$

Setze $\theta = \mu/\sigma_0^2$ ($\sigma = \sigma_0 > 0$ wird als gegeben vorausgesetzt, für den zweiparametrigen Fall siehe g). Dann hat für $\theta \in \mathbb{R}$

$$f(y,\theta) \equiv \tilde{f}(y,(\theta\sigma_0^2,\ \sigma_0^2)) = \exp\big\{\theta y - y^2/(2\sigma_0^2) - \theta^2\sigma_0^2/2 - \ln\sqrt{2\pi\sigma_0^2}\big\}$$

die Form einer Dichte aus einer Exponentialfamilie der kanonischen Form mit

$$a(y) = -y^2/(2\sigma_0^2),\quad b(\theta) = \theta^2\sigma_0^2/2 + \ln\sqrt{2\pi\sigma_0^2}\ .$$

Man verifiziert via 3.2 (ii), daß

$$\mathbb{E}_\theta Y = b'(\theta) = \theta\,\sigma_0^2 = \mu$$
$$\mathrm{Var}_\theta Y = b''(\theta) = \sigma_0^2 \; .$$

b) Gamma(Erlang)Verteilung. Die Dichte der $\Gamma(\alpha,\beta)$-Verteilung, wobei $\alpha>0$, $\beta>0$, lautet

$$\tilde{f}(y,(\alpha,\beta)) = \alpha^\beta y^{\beta-1} e^{-\alpha y} / \Gamma(\beta) \; , \quad y > 0 \, .$$

Setze $\theta = -\alpha$ ($\beta = \beta_0$ als gegeben vorausgesetzt). Dann hat für $\theta < 0$

$$f(y,\theta) \equiv \tilde{f}(y,(-\theta,\beta_0))$$
$$= \exp\{\theta y + (\beta_0-1)\ln y + \ln((-\theta)^{\beta_0}/\Gamma(\beta_0))\}$$

die Form einer Dichte aus einer Exponentialfamilie der kanonischen Form mit

$$a(y) = (\beta_0-1)\ln y \; , \quad b(\theta) = -\beta_0 \ln(-\theta) + \ln\Gamma(\beta_0) \, .$$

Man verifiziert via 3.2 (ii), daß

$$\mathbb{E}_\theta Y = b'(\theta) = \beta_0/\alpha \; , \quad \mathrm{Var}_\theta Y = b''(\theta) = \beta_0/\alpha^2 \, .$$

Im Spezialfall $\beta_0=1$ liegt eine Exponentialverteilung $E(\alpha)$ mit Parameter α vor:

$$\tilde{f}(y,\alpha) = \alpha e^{-\alpha y} \; , \quad \mathbb{E}\,Y = 1/\alpha \; , \quad \mathrm{Var}\,Y = 1/\alpha^2 \, .$$

c) Binomialverteilung. Die $B(n,p)$-Verteilung wird für $y=0,\dots,n$ durch

$$\tilde{f}(y,(n,p)) \quad = \binom{n}{y} p^y (1-p)^{n-y}$$
$$= \exp\{y \ln\!\left(\tfrac{p}{1-p}\right) + \ln\binom{n}{y} + n \ln(1-p)\}$$

definiert. Setze $\theta = \ln\!\left(\tfrac{p}{1-p}\right)$ ($0<p<1$, n als bekannt vorausgesetzt). Dann ist

$$p = e^\theta/(1+e^\theta), \quad 1-p = 1/(1+e^\theta)$$

und

$$f(y,\theta) \equiv \tilde{f}(y,(n, e^\theta/(1+e^\theta)))$$
$$= \exp\{\theta y + \ln\binom{n}{y} - n \ln(1+e^\theta)\}$$

hat die kanonische Form einer Exponentialfamilie mit

$$a(y) = \ln\binom{n}{y} \; , \quad b(\theta) = n \ln(1+e^\theta) \, .$$

Es ist

$$\mathbb{E}_\theta Y = b'(\theta) = n e^\theta/(1+e^\theta) = np \; ,$$
$$\mathrm{Var}_\theta Y = b''(\theta) = n \frac{e^\theta}{(1+e^\theta)^2} = np(1-p) \, .$$

d) Poissonverteilung. Die $P(\lambda)$-Verteilung ist für $y = 0,1,\dots$ und $\lambda > 0$ durch

$$\tilde{f}(y,\lambda) = \lambda^y e^{-\lambda}/y! = \exp\{y \ln\lambda - \ln y! - \lambda\}$$

gegeben. Mit $\theta = \ln\lambda$ haben wir die kanonische Form einer Exponentialfamilie,

$$f(y,\theta) \equiv \tilde{f}(y,e^{\theta}) = \exp\{\theta y - \ln y! - e^{\theta}\}$$

mit

$$a(y) = - \ln y! \quad \text{und} \quad b(\theta) = e^{\theta}.$$

Man hat

$$\mathbb{E}\,Y = b'(\theta) = \lambda \; , \quad \text{Var}\,Y = b''(\theta) = \lambda.$$

e) Negative Binominalverteilung (Pascalverteilungen). Die $NB(m,p)$-Verteilung wird durch

$$\tilde{f}(y,(m,p)) = \binom{m+y-1}{y} p^{m}\,(1-p)^{y} \; , \; y = 0,1,\dots$$

definiert. Die $NB(1,p)$-Verteilung heißt auch geometrische Verteilung:

$$\tilde{f}(y,(1,p)) = p\,(1-p)^{y} \; .$$

Setzen wir $\theta = \ln(1-p)$, d.h. $p = 1-e^{\theta}$ $(0<p<1)$, und $C_{m,y} = \binom{m+y-1}{y}$, so hat

$$f(y,(m,\theta)) \quad \equiv \tilde{f}(y,(m,1-e^{\theta}))$$
$$= \exp\{\theta y + \ln C_{m,y} + m \ln(1-e^{\theta})\}$$

die kanonische Form einer Exponentialfamilie mit

$$a(y) = \ln C_{m,y} \; , \quad b(\theta) = - m \ln(1-e^{\theta}) \; .$$

Es folgt

$$\mathbb{E}_{\theta}\,Y = b'(\theta) = \; m\frac{1-p}{p} \equiv \mu \; ,$$

$$\text{Var}_{\theta}\,Y = b''(\theta) = \; m\frac{1-p}{p^{2}} = \frac{\mu}{p} \; .$$

Führen wir neben $\mu = m(1-p)/p$ noch den Parameter $d = \mu/m = (1-p)/p$ ein (beachte, daß $\text{Var}\,Y = \mu(1+d)$ gegenüber $\text{Var}\,Y = \mu$ bei der Poissonverteilung), so ergibt eine elementare Rechnung

$$\tilde{\tilde{f}}(y,(\mu,d)) \quad \equiv \tilde{f}\big(y,(\tfrac{\mu}{d},\tfrac{1}{d+1})\big)$$
$$= \mu\cdot(\mu+d)\cdot\ldots\cdot(\mu+(y-1)d)\cdot(1+d)^{-(\mu/d+y)}/y! \; .$$

Der Grenzübergang $d \to 0$ liefert nun die Poissonverteilung $P(\mu)$:

$$\lim_{d \to 0} \tilde{\tilde{f}}(y,(\mu,d)) = \mu^{y} e^{-\mu}/y! \; .$$

3.6 Beispiele (mehrparametrig)

f) Multinomialverteilung. Die $M_{m}(n,\mathbf{p})$-Verteilung, mit

$$\mathbf{p} = (p_1,\dots,p_m)^{T} \; , \; p_i > 0 \; , \; \Sigma_1^m p_i < 1 \; ,$$

ist für $\mathbf{y} = (y_1,\dots,y_m)^{T}$, $y_i \in \mathbb{N}\cup\{0\}$, $\Sigma_1^m y_j \le n$ durch

$$f(\mathbf{y},(n,\mathbf{p})) = C(\mathbf{y})\cdot\Big(\prod_{i=1}^{m} p_i^{y_i}\Big)(1 - \Sigma_1^m p_j)^{n-\Sigma_1^m y_j}$$

$$= \exp\{\Sigma_1^m \ln \frac{p_i}{1-\Sigma_1^m p_j} \cdot y_i + \ln C(\mathbf{y}) + n \ln(1-\Sigma_1^m p_j)\}$$

gegeben, wobei wir

$$C(\mathbf{y}) = \frac{n!}{y_1! \ldots y_m! (n - \sum_1^m y_j)!}$$

gesetzt haben. Diese Dichte gehört einer m-parametrigen Exponentialfamilie (6) in kanonischer Form an, mit

$$\theta_i = \ln\Big(\frac{p_i}{1-\Sigma_1^m p_j}\Big) , \quad i = 1,\ldots,m,$$

$$a(\mathbf{y}) = \ln C(\mathbf{y}) , \quad b(\boldsymbol{\theta}) = -n \ln(1-\Sigma_1^m p_j) = n \ln(1+\Sigma_1^m e^{\theta_j}) .$$

Für den $M_m(n,\mathbf{p})$- verteilten Zufallsvektor $(Y_1,\ldots,Y_m)$ erhalten wir nach Bem.2 in 3.4 über die Beziehungen

$$p_i = e^{\theta_i}/(1+\Sigma_1^m e^{\theta_j}) , \quad 1-\Sigma_1^m p_j = 1/(1+\Sigma_1^m e^{\theta_j})$$

(die in der letzten Gleichung schon verwendet wurden) die Formeln

$$IE_\theta Y_i = \partial b(\boldsymbol{\theta})/\partial\theta_i = np_i$$

$$Var_\theta Y_i = \partial^2 b(\boldsymbol{\theta})/\partial\theta_i^2 = np_i(1-p_i)$$

$$Cov_\theta(Y_i,Y_j) = \partial^2 b(\boldsymbol{\theta})/\partial\theta_i\partial\theta_j = -np_ip_j \quad (i\neq j) .$$

g) Normalverteilung $N(\mu,\sigma^2)$, zweiparametrig, vgl. Bsp. 3.5 a). Wir definieren die Vektoren

$$\boldsymbol{\theta} = \Big(\frac{\mu}{\sigma^2} , -\frac{1}{2\sigma^2} \Big)^T , \quad \mathbf{t}(y) = (y,y^2)^T$$

der Dimension 2 und können die Dichte der $N(\mu,\sigma^2)$-Verteilung in der Form (6) einer 2-parametrigen Exponentialfamilie schreiben, nämlich

$$f(y,\boldsymbol{\theta}) = \exp\{\boldsymbol{\theta}^T \cdot \mathbf{t}(y) - b(\boldsymbol{\theta})\}$$

mit

$$b(\boldsymbol{\theta}) = \frac{\mu}{2\sigma^2} + \ln\sqrt{2\pi\sigma^2} .$$

h) Gammaverteilung $\Gamma(\alpha,\beta)$, zweiparametrig, vgl. Bsp. 3.5 b). Mit Hilfe der Vektoren $\boldsymbol{\theta} = (-\alpha,\beta)^T$, $\mathbf{t}(y) = (y,\ln y)^T$, kann die Dichte in der Form (6) der 2-parametrigen Exponentialfamilie geschrieben werden, wobei

$$b(\boldsymbol{\theta}) = -\beta \ln\alpha + \ln\Gamma(\beta) .$$

4. MAXIMUM-LIKELIHOOD METHODE

4.0 Im ANHANG B 2.9 werden Eigenschaften diskutiert, die einen Schätzer für θ auszeichnen können und evtl. zu einem brauchbaren Schätzer machen. Ein ganz anderes Problem betrifft die Methode, nach der man brauchbare Schätzer gewinnen kann. Wir werden im wesentlichen zwei Methoden kennenlernen: die Minimum-Quadrat (MQ) Methode im Zusammenhang mit linearen Modellen (Kap. III-V) und die Maximum-Likelihood (ML) Methode im Zusammenhang mit verallgemeinerten linearen und log-linearen Modellen (Kap. VII, VIII) und mit diversen anderen asymptotischen Schätz- und Testproblemen (vgl. II 2.8, V 3.2, 3.10).

4.1 Likelihoodfunktion und ML-Schätzer

Gegeben sei eine Teilmenge des $\mathbb{R}^d$,

$$\Theta \subset \mathbb{R}^d \ , \ d \in \mathbb{N}, \qquad\qquad\qquad [\textit{Parameterraum}]$$

und eine n-dimensionale Zufallsvariable $\mathbf{X} = (X_1,\dots,X_n)^T$, welche eine Dichte $f(\mathbf{x},\boldsymbol{\theta})$, $\mathbf{x} = (x_1,\dots,x_n) \in \mathbb{R}^n$, besitze, die von $\boldsymbol{\theta} \in \Theta$ abhängt. Stellt $\mathbf{x}$ eine Realisation von $\mathbf{X}$ dar, und rückt der Parameter $\boldsymbol{\theta}$ in den Mittelpunkt des Interesses, so schreiben wir auch $L(\boldsymbol{\theta},\mathbf{x})$ anstelle von $f(\mathbf{x},\boldsymbol{\theta})$ und nennen

$$L_n(\boldsymbol{\theta}) \equiv L(\boldsymbol{\theta},\mathbf{x})$$

die *Likelihoodfunktion* der Beobachtung $\mathbf{x}$, die Funktion

$$l_n(\boldsymbol{\theta}) = \log L_n(\boldsymbol{\theta})$$

die log-Likelihoodfunktion. Ein Wert

$$\hat{\boldsymbol{\theta}}_n \equiv \hat{\boldsymbol{\theta}}_n(\mathbf{x}) \in \Theta \ ,$$

für den

$$L_n(\hat{\boldsymbol{\theta}}_n) \geq L_n(\boldsymbol{\theta}) \quad \text{für alle } \boldsymbol{\theta} \in \Theta,$$

bzw. äquivalent

$$l_n(\hat{\boldsymbol{\theta}}_n) \geq l_n(\boldsymbol{\theta}) \quad \text{für alle } \boldsymbol{\theta} \in \Theta$$

gilt, heißt *ML-Schätzer* für $\boldsymbol{\theta}$. ML-Schätzer sucht man unter den lokalen Maxima von $L_n(\boldsymbol{\theta})$ [bzw. $l_n(\boldsymbol{\theta})$] im Innern von Θ und unter den Werten auf dem Rand von Θ. Erste erfüllen die sog. *ML-Gleichungen* in $\boldsymbol{\theta} = (\theta_1,\dots,\theta_d)^T$, nämlich

$$\text{MLG} \qquad \partial l_n(\boldsymbol{\theta}) / \partial\theta_j = 0 \quad \text{für } j=1,\dots,d .$$

Lösungen von MLG liefern lokale Maxima, falls die $d \times d$ Matrix $(\partial^2 l_n(\boldsymbol{\theta})/\partial\theta_j \partial\theta_k)$ negativ definit ist.

Bemerkungen 1. Likelihoodfunktionen und ML-Schätzer lassen sich natürlich in gleicher Weise auch im Fall von q-dimensionalen Zufallsvektoren $\mathbf{X}_1,\dots,\mathbf{X}_n$, mit

$$\mathbf{X}_i = \begin{bmatrix} X_{i1} \\ \vdots \\ X_{iq} \end{bmatrix},$$

aufstellen, welche eine gemeinsame Dichte $f(\mathbf{x},\theta)$, $\mathbf{x} = (\mathbf{x}_1,\dots,\mathbf{x}_n)$, haben.

2. Ist $\tilde{\boldsymbol{\theta}}_n$ eine suffiziente Statistik für $\boldsymbol{\theta}$, so hängt aufgrund des Neyman-Kriteriums (vgl. ANHANG B 2.9) der ML-Schätzer $\hat{\boldsymbol{\theta}}_n$ nur über $\tilde{\boldsymbol{\theta}}_n$ von der Beobachtung $\mathbf{x}$ ab.

4.2 Invarianzprinzip für ML-Schätzer

Für eine Funktion $\mathbf{f} : \mathbb{R}^d \to \mathbb{R}^c$ führen wir die Bezeichnungen

$$\Delta = \mathbf{f}(\Theta), \quad \Theta_\eta = \{\boldsymbol{\theta}: \mathbf{f}(\boldsymbol{\theta}) = \boldsymbol{\eta}\} \quad \text{für } \boldsymbol{\eta} \in \Delta,$$

ein. Die durch $\mathbf{f}$ induzierte Likelihoodfunktion auf Δ wird dann durch

(1) $\qquad M(\boldsymbol{\eta}) = \sup_{\boldsymbol{\theta} \in \Theta_\eta} L(\boldsymbol{\theta})$, $\quad \boldsymbol{\eta} \in \Delta$,

definiert.

Satz Sei $\mathbf{f} : \mathbb{R}^d \to \mathbb{R}^c$ eine meßbare Funktion und $\hat{\boldsymbol{\theta}}$ ML-Schätzer für $\boldsymbol{\theta} \in \Theta$. Dann ist

$$\hat{\boldsymbol{\eta}} = \mathbf{f}(\hat{\boldsymbol{\theta}}) \quad \text{ML-Schätzer für } \quad \boldsymbol{\eta} = \mathbf{f}(\boldsymbol{\theta}) \in \Delta$$

(i.S. der in (1) eingeführten Likelihoodfunktion: $M(\hat{\boldsymbol{\eta}}) \geq M(\boldsymbol{\eta})$ für alle $\boldsymbol{\eta} \in \Delta$).

Beweis nach Zehna (1966).

Mit $\hat{\boldsymbol{\eta}} = \mathbf{f}(\hat{\boldsymbol{\theta}})$ gilt einerseits wegen $\hat{\boldsymbol{\theta}} \in \Theta_{\hat{\eta}}$

$$M(\hat{\boldsymbol{\eta}}) = \sup_{\boldsymbol{\theta} \in \Theta_{\hat{\eta}}} L(\boldsymbol{\theta}) \geq L(\hat{\boldsymbol{\theta}}),$$

und andererseits wegen $\Theta_{\hat{\eta}} \subset \Theta$

$$M(\hat{\boldsymbol{\eta}}) \leq \sup_{\boldsymbol{\theta} \in \Theta} L(\boldsymbol{\theta}) = L(\hat{\boldsymbol{\theta}}).$$

Folglich ist $M(\hat{\boldsymbol{\eta}}) = L(\hat{\boldsymbol{\theta}})$, und wegen

$$M(\hat{\boldsymbol{\eta}}) = \sup_{\boldsymbol{\theta} \in \Theta} L(\boldsymbol{\theta}) \geq \sup_{\boldsymbol{\theta} \in \Theta_\eta} L(\boldsymbol{\theta}) = M(\boldsymbol{\eta})$$

für jedes $\boldsymbol{\eta} \in \Delta$ ist die Behauptung bewiesen. $\quad \square$

4.3 Beispiel Normalverteilung

Gegeben seien n unabhängige $N(\mu,\sigma^2)$-verteilte Zufallsvariablen $X_1,\ldots,X_n$. Ihre Likelihoodfunktion lautet in Abhängigkeit von $\theta = (\mu,\sigma^2)$

$$L_n(\theta) = \frac{1}{(2\pi)^{n/2}\sigma^n}\, \exp\left\{-\tfrac{1}{2}\Sigma_{i=1}^{n}\left(\tfrac{x_i-\mu}{\sigma}\right)^2\right\}.$$

Logarithmieren führt zu

$$l_n(\theta) = -\tfrac{n}{2}\ln(2\pi) - \tfrac{n}{2}\ln\sigma^2 - \tfrac{1}{2}\Sigma_{i=1}^{n}(x_i-\mu)^2/\sigma^2.$$

Die ML-Gleichung für $\mu \in \mathbb{R}$, d.i.

$$\partial l_n(\theta)/\partial\mu = \Sigma_i(x_i-\mu)/\sigma^2 = 0,$$

liefert

$$\hat{\mu} \equiv \bar{x} = \Sigma_i x_i/n.$$

Die ML-Gleichung für $\sigma^2 > 0$, d.i.

$$\partial l_n(\theta)/\partial\sigma^2 = -n/(2\sigma^2) + \Sigma_i(x_i-\mu)^2/(2\sigma^4) = 0,$$

liefert nach Einsetzen von $\hat{\mu} = \bar{x}$

$$\hat{\sigma}^2 = \Sigma_i(x_i-\bar{x})^2/n.$$

Nach dem Invarianzprinzip 6.2 ist dann $\hat{\sigma} = \sqrt{\hat{\sigma}^2}$ ML-Schätzung für σ. Die Matrix der zweiten Ableitungen von $l_n(\theta)$ an der Stelle $\hat{\theta} = (\hat{\mu}, \hat{\sigma}^2)$ lautet

$$\begin{bmatrix} -n/\hat{\sigma}^2 & 0 \\ 0 & -n/(2\hat{\sigma}^4) \end{bmatrix}$$

und ist negativ definit. Am Rand $\{(\mu,\sigma^2)\colon \sigma^2 = 0\}$ von Θ ist $l_n = -\infty$, so daß dort kein Maximum vorliegt.

Sind n unabhängige $N_q(\mu,\Sigma)$-verteilte q-dimensionale Zufallsvektoren $\mathbf{X}_1,\ldots,\mathbf{X}_n$ gegeben, so lautet die log Likelihoodfunktion in Abhängigkeit von $\theta = (\mu,\Sigma) \in \mathbb{R}^{q+q^2}$

$$l_n(\theta) = -\tfrac{nq}{2}\ln(2\pi) - \tfrac{n}{2}\ln(\det\Sigma) - \tfrac{1}{2}\Sigma_{i=1}^{n}(\mathbf{x}_i-\mu)^T\Sigma^{-1}(\mathbf{x}_i-\mu).$$

Ähnlich wie im Fall q = 1 erhalten wir die ML-Schätzung

$$\hat{\mu} \equiv \bar{\mathbf{x}} = \tfrac{1}{n}\Sigma_i\mathbf{x}_i \quad \text{bzw.} \quad \hat{\mu}_j \equiv \bar{x}_j = \tfrac{1}{n}\Sigma_i x_{ij} \quad (j=1,\ldots,q).$$

Etwas komplizierter ist die Herleitung der ML-Schätzung

$$\hat{\Sigma} = \tfrac{1}{n}\Sigma_{i=1}^{n}(\mathbf{x}_i - \hat{\mu})\cdot(\mathbf{x}_i - \hat{\mu})^T$$

für Σ, vgl. Mardia et al. (1979, sec 4.2.2).

4.4 Scorefunktion, Fisher-Information

Der d-dimensionale Vektor $\mathbf{U}_n(\boldsymbol{\theta}) \equiv \mathbf{U}(\boldsymbol{\theta}) = (U_1(\boldsymbol{\theta}),...,U_d(\boldsymbol{\theta}))^T$ mit

$$\mathbf{U}(\boldsymbol{\theta}) = d l_n(\boldsymbol{\theta})/d\boldsymbol{\theta} \, , \quad U_j(\boldsymbol{\theta}) = \partial l_n(\boldsymbol{\theta})/\partial\theta_j \, ,$$

heißt *Score*vektor(-funktion). Ferner bezeichne $\mathbf{W}_n(\boldsymbol{\theta}) \equiv \mathbf{W}(\boldsymbol{\theta}) = (W_{jk}(\boldsymbol{\theta}))$ die $d \times d$-Matrix der zweiten Ableitungen von $l_n(\boldsymbol{\theta})$:

$$\mathbf{W}(\boldsymbol{\theta}) = d^2 l_n(\boldsymbol{\theta})/d\boldsymbol{\theta}^2 \, , \quad W_{jk}(\boldsymbol{\theta}) = \partial^2 l_n(\boldsymbol{\theta})/\partial\theta_j\partial\theta_k \, .$$

Die ML-Gleichungen liefern ein lokales Maximum bei $\hat{\boldsymbol{\theta}}$, falls

$$\mathbf{U}(\hat{\boldsymbol{\theta}}) = 0 \, , \quad \mathbf{W}(\hat{\boldsymbol{\theta}}) \text{ negativ-definit.}$$

Von nun an betrachten wir $\mathbf{U}(\boldsymbol{\theta})$, $\mathbf{W}(\boldsymbol{\theta})$ als Funktionen der Zufallsvariablen $X_1,...,X_n$, wodurch sie selber zufällige Größen werden. Die deterministische $d \times d$-Matrix

$$\mathbf{I}_n(\boldsymbol{\theta}) \equiv \mathbf{I}(\boldsymbol{\theta}) = \mathbb{E}_\theta\big(\mathbf{U}(\boldsymbol{\theta})\cdot\mathbf{U}^T(\boldsymbol{\theta})\big) \, , \quad I_{jk}(\boldsymbol{\theta}) = \mathbb{E}_\theta\big(U_j(\boldsymbol{\theta})U_k(\boldsymbol{\theta})\big) \, ,$$

heißt Fisher-*Information*smatrix. Im folgenden wird stets stillschweigend vorausgesetzt, daß alle auftretenden Ableitungen nach $\boldsymbol{\theta}$ existieren und stetig sind und daß die Elemente von $\mathbf{I}(\boldsymbol{\theta})$ existieren und endlich sind.

4.5 Vertauschbarkeit

Im folgenden bezeichne $\int ... d\mathbf{x}$ stets das n-fache Integral $\int_{-\infty}^{\infty}...\int_{-\infty}^{\infty}...dx_1...dx_n$. Wir werden folgende Eigenschaften benötigen

V1 $\qquad \frac{d}{d\boldsymbol{\theta}} \int f(\mathbf{x},\boldsymbol{\theta})\,d\mathbf{x} = \int \frac{d}{d\boldsymbol{\theta}} f(\mathbf{x},\boldsymbol{\theta})\,d\mathbf{x}$

V2 $\qquad \frac{d^2}{d\boldsymbol{\theta}^2} \int f(\mathbf{x},\boldsymbol{\theta})\,d\mathbf{x} = \int \frac{d^2}{d\boldsymbol{\theta}^2} f(\mathbf{x},\boldsymbol{\theta})\,d\mathbf{x} \, .$

Man beachte, daß wegen $\int f(\mathbf{x},\boldsymbol{\theta})d\mathbf{x} = 1$ die linken Seiten von Haus aus gleich Null sind.

Satz

(i) Unter V1 gilt $\qquad \mathbb{E}_\theta\,\mathbf{U}(\boldsymbol{\theta}) = 0 \, .$

(ii) Unter V2 gilt $\qquad \mathbf{I}(\boldsymbol{\theta}) = -\mathbb{E}_\theta\,\mathbf{W}(\boldsymbol{\theta}) \, .$

Bemerkung Aus (i) folgt, daß wir die Informationsmatrix als Kovarianzmatrix des Scorevektors schreiben können:

(2) $\qquad \mathbf{I}(\boldsymbol{\theta}) = \mathbb{V}_\theta\,(\mathbf{U}(\boldsymbol{\theta})) \, .$

Beweis

(i) Wir benutzen die Identität $\dfrac{d}{d\theta}\log f(\mathbf{x},\boldsymbol{\theta}) = \dfrac{\frac{d}{d\theta}f(\mathbf{x},\boldsymbol{\theta})}{f(\mathbf{x},\boldsymbol{\theta})}$ und rechnen mit V1

$$\mathbb{E}_\theta\, \mathbf{U}(\boldsymbol{\theta}) = \int \frac{d}{d\theta}\log f(\mathbf{x},\boldsymbol{\theta})\cdot f(\mathbf{x},\boldsymbol{\theta})\,d\mathbf{x} = \int \frac{d}{d\theta} f(\mathbf{x},\boldsymbol{\theta})\,d\mathbf{x} = 0\ .$$

(ii) Wegen $\dfrac{d^2}{d\theta^2}\log f(\mathbf{x},\boldsymbol{\theta}) = \dfrac{\frac{d^2}{d\theta^2}f(\mathbf{x},\boldsymbol{\theta})}{f(\mathbf{x},\boldsymbol{\theta})} - \dfrac{\frac{d}{d\theta}f(\mathbf{x},\boldsymbol{\theta})\cdot(\frac{d}{d\theta}f(\mathbf{x},\boldsymbol{\theta}))^T}{(f(\mathbf{x},\boldsymbol{\theta}))^2}$

erhält man mit V2

$$\mathbb{E}_\theta\, \mathbf{W}(\boldsymbol{\theta}) = \int \frac{d^2}{d\theta^2}\log f(\mathbf{x},\boldsymbol{\theta})\cdot f(\mathbf{x},\boldsymbol{\theta})\,d\mathbf{x}$$

$$= \frac{d^2}{d\theta^2}\int f(\mathbf{x},\boldsymbol{\theta})\,d\mathbf{x} - \int \frac{d}{d\theta}\log f(\mathbf{x},\boldsymbol{\theta})\cdot(\frac{d}{d\theta}\log f(\mathbf{x},\boldsymbol{\theta}))^T f(\mathbf{x},\boldsymbol{\theta})\,d\mathbf{x}$$

$$= -\mathbb{E}_\theta\left(\mathbf{U}(\boldsymbol{\theta})\mathbf{U}^T(\boldsymbol{\theta})\right)\ .\quad \square$$

4.6 ML-Methode in Exponentialfamilien

Gegeben seien n unabhängige, d-dimensionale Zufallsvektoren $\mathbf{X}_1,\dots,\mathbf{X}_n$ mit (nicht notwendig identischen) Dichten

$$f_{\mathbf{X}_i}(\mathbf{x},\boldsymbol{\theta}) = \exp\{\boldsymbol{\theta}^T\cdot\mathbf{x} + a_i(\mathbf{x}) - b_i(\boldsymbol{\theta})\}\ ,\quad \mathbf{x}\in\mathbb{R}^d\ ,$$

einer d-parametrigen Exponentialfamilie (vgl. 3.4) mit identischem $\boldsymbol{\theta}\in\mathbb{R}^d$. Die log Likelihoodfunktion lautet

$$\ell_n(\boldsymbol{\theta}) = \sum_{i=1}^n\{\boldsymbol{\theta}^T\cdot\mathbf{x}_i + a_i(\mathbf{x}_i) - b_i(\boldsymbol{\theta})\}\ ,$$

während der Zufallsvektor der Scorefunktion wegen $d\,b_i(\boldsymbol{\theta})/d\boldsymbol{\theta} = \mathbb{E}_\theta\mathbf{X}_i$ die Gestalt

$$\mathbf{U}(\boldsymbol{\theta}) = \sum_{i=1}^n(\mathbf{X}_i - \mathbb{E}_\theta\mathbf{X}_i)$$

hat. In Übereinstimmung mit Satz 4.5 gilt $\mathbb{E}_\theta\mathbf{U}(\boldsymbol{\theta}) = 0$ (man beachte, daß wegen Satz 3.2 die Voraussetzungen V1, V2 erfüllt sind). Für die $d\times d$-Matrix $\mathbf{W}(\boldsymbol{\theta})$ erhalten wir über 3.4 und der Unabhängigkeit der $\mathbf{X}_i$

$$\mathbf{W}(\boldsymbol{\theta}) = -\frac{d^2}{d\theta^2}\sum_i b_i(\boldsymbol{\theta}) = -\sum_i \mathbb{V}_\theta(\mathbf{X}_i) = -\mathbb{V}_\theta(\sum_i \mathbf{X}_i)\ ,$$

so daß $\mathbf{W}(\boldsymbol{\theta}) = \mathbb{E}_\theta\mathbf{W}(\boldsymbol{\theta})$ deterministisch ist und in Übereinstimmung mit Bemerkung (4.5)

$$\mathbb{E}_\theta\mathbf{W}(\boldsymbol{\theta}) = -\mathbb{V}_\theta(\sum_i \mathbf{X}_i) = -\mathbb{V}_\theta(\mathbf{U}(\boldsymbol{\theta}))$$

gilt. Wir erhalten die ML-Gleichung

$$\text{MLG}\qquad \mathbf{U}(\boldsymbol{\theta}) = \sum_{i=1}^n(\mathbf{X}_i - \mathbb{E}_\theta\mathbf{X}_i) = 0\ ,\quad \text{d.h.}\quad \sum_{i=1}^n\mathbf{X}_i = \mathbb{E}_\theta\left(\sum_{i=1}^n\mathbf{X}_i\right),$$

I.a. liefert MLG die eindeutige ML-Schätzung, vgl. E.B. Andersen (1990, sec. 3.3) oder Fahrmeir & Hamerle (1984, S. 63).

4.7 Weitere Beispiele

a) Exponentialverteilung $E(\alpha)$, vgl. 3.5 b). Mit $\theta = -\alpha < 0$ heißt die Dichte

$$f(x,\theta) = \exp\{\theta x + \ln(-\theta)\} \ .$$

Für n unabhängige Wiederholungen haben wir wegen $\mathbb{E}_\theta X_i = -\frac{1}{\theta}$

MLG $\qquad\qquad \sum_{i=1}^{n} x_i = -\frac{n}{\theta}$,

d.h. den ML-Schätzer $-\hat\theta = \hat\alpha = 1/\bar x$. Nach dem Invarianzprinzip 4.2 ist dann $\bar x$ (erwartungstreuer) ML-Schätzer für $1/\alpha$.

b) Binomialverteilung $B(n,p)$, vgl. 3.5 c). Mit $\theta = \ln\left(\frac{p}{1-p}\right)$ heißt die Dichte

$$f(x,\theta) = \exp\{\theta x + \ln\binom{n}{x} - n\ln(1 + e^\theta)\} \ .$$

Auf der Grundlage einer Realisation x haben wir wegen $\mathbb{E}_\theta X = np = n\dfrac{e^\theta}{1+e^\theta}$

MLG $\qquad\qquad x = np$,

d.h. den ML-Schätzer $\hat p = x/n$ (*relative Häufigkeit*) bzw. $\hat\theta = \ln\left(\frac{x}{n-x}\right)$.

c) Multinomialverteilung $M_m(n,\mathbf{p})$, vgl. 3.6 f). Mit $d = m$ und

$$\theta_i = \ln\left(\frac{p_i}{1 - \sum_1^m p_j}\right) , \quad i=1,\dots,m,$$

lautet die Dichte

$$f(\mathbf{x},\boldsymbol{\theta}) = \exp\{\boldsymbol{\theta}^T\cdot \mathbf{x} + \ln C(\mathbf{x}) + n\ln(1-\textstyle\sum_1^m p_j)\} \ .$$

Auf der Grundlage einer Realisation $\mathbf{x} = (x_1,\dots,x_m)^T$ haben wir wegen

$$\mathbb{E}X_i = np_i = n\frac{e^{\theta_i}}{1 + \sum_1^m e^{\theta_j}}$$

die Scorefunktion

$$U_j(\boldsymbol{\theta}) = x_j - np_j(\boldsymbol{\theta}) , \quad j=1,\dots,m,$$

und die MLG

$$x_j = np_j .$$

Also sind $\hat p_j = x_j/n$ (*relative Häufigkeit*) bzw. $\hat\theta_j = \log\left(\frac{x_j}{n-x_j}\right)$ ML-Schätzer für p_j bzw. θ_j . Die Fisher-Informationsmatrix ist hier die $m\times m$-Matrix $\mathbf{I}(\boldsymbol{\theta}) = \mathbb{V}_\theta(X_1,\dots,X_m)$ mit

$$I_{jj}(\boldsymbol{\theta}) = np_j(1-p_j) , \quad I_{jk}(\boldsymbol{\theta}) = -np_jp_k \quad (j \neq k).$$

d) Negative Binomialverteilung NB(m,p), vgl. 3.5 e) . Mit $\theta = \ln(1-p)$ und als bekannt vorausgesetztem m haben wir

$$f(x,\theta) = \exp\{\theta x + \ln C_{m,y} + m \ln(1 - e^{\theta})\} \ .$$

Auf der Grundlage einer Realisation x erhalten wir wegen $\mathbb{E}_{\theta}X = m e^{\theta}/(1-e^{\theta})$ die

MLG $\qquad m e^{\theta}/(1-e^{\theta}) = x \ ,$

und damit die ML-Schätzer

$$\hat{p} = \frac{m}{x+m} \ , \quad \hat{\theta} = \ln\left(\frac{x}{x+m}\right)$$

für p bzw. θ.

II VORBEREITENDE VERFAHREN

0. VORBEMERKUNG

In diesem Kapitel wollen wir einige vorbereitende Aspekte besprechen, die mit der Planung und Auswertung von Versuchen zusammenhängen. Vor der Stichprobenerhebung steht die Frage nach dem nötigen (Mindest-)Stichprobenumfang, der eine gewisse Genauigkeit der statistischen Ergebnisse garantiert. Schon auf dieser Stufe ist eine Vorstellung von den später anzuwendenden statistischen Verfahren nötig. Nach der Datenerhebung gilt es, die Erfüllung derjenigen Voraussetzungen sicherzustellen, welche das ins Auge gefaßte Verfahren verlangt. Dabei ist es oft notwendig, das Verfahren zunächst in einem Diagnoselauf auf die Daten anzuwenden, um Verletzungen einzelner Voraussetzungen festzustellen, wie fehlende Varianzhomogenität oder zu starke Abweichung von der Normalverteilung. Darauf kann der Versuch folgen, Abhilfe zu schaffen, etwa durch eine geeignete Transformation der Variablen. In einem erneuten Diagnoselauf werden die Auswirkungen studiert, idealerweise - aber meistens nicht zu realisieren - mit einem neuen Datensatz. Deshalb wird in diesem Kapitel das Thema Variablentransformation behandelt und - als Diagnosehilfsmittel - Anpassungstests vorgestellt. Einige statistische Kenntnisse werden in diesem und den folgenden Kapiteln vorausgesetzt, und zwar im Rahmen des im ANHANG B.2 skiziierten Stoffes.

1. PLANUNG DES STICHPROBENUMFANGS

1.0 In diesem Abschnitt unterstellen wir, daß der Statistiker vor der Notwendigkeit steht und auch die Möglichkeit hat, vor der Datenerhebung den (*Mindest-*)*Stichprobenumfang* festzulegen. Das Kriterium, das es dabei zu erfüllen gilt, ist eine Minimalanforderung an die Genauigkeit der statistischen Aussage, eine Aussage in Form eines Signifikanztests oder eines Konfidenzintervalls. Wird eine obere Grenze der zu erwartenden Länge eines Konfidenzintervalls vorgegeben, so kommt man mit den zentralen χ^2, t, F-Verteilungen aus, wird dagegen für einen Signifikanztest eine Mindestschärfe bei bestimmten Abweichungen von der Nullhypothese verlangt, so kommen nichtzentrale Verteilungen ins Spiel.

Da bei der Bestimmung eines Stichprobenumfangs naturgemäß auf ganze Zahlen gerundet werden muß und oft Toleranz nach oben besteht, kommt man in den meisten Fällen mit approximativen Werten für die schwer erhältlichen Quantile der nichtzentralen Verteilungen aus.

Wir behandeln in diesem Abschnitt Ein- und Zwei-Stichprobentests bei normalverteilten und bei endlichen Grundgesamtheiten. Formeln für den benötigten Stichprobenumfang bei der einfachen Varianz- und Regressionsanalyse werden unten in IV 1.3 und III 5.6 abgeleitet.

1.1 Kriterium: Vorgegebene Testschärfe

In der Situation eines Signifikanztests B 2.1 zum Prüfen der Hypothese $H_0 : \theta = \theta_0$ versus $H_1 : \theta \neq \theta_0$ zum Signifikanzniveau α fordern wir, daß die Wahrscheinlichkeit $\beta(\theta) = 1 - G(\theta)$ für einen Fehler 2. Art die (vorgegebene) Zahl β, $0 < \beta < 1$, nicht überschreitet, wenn ein bestimmter Wert θ_1, $\theta_1 \neq \theta_0$, zugrundeliegt:

$$(1) \qquad\qquad \beta(\theta_1) \; \leq \; \beta \; .$$

Man erhebt mit (1) also die Forderung, daß die Wahrscheinlichkeit, die Hypothese H_0 (d.i. $\theta = \theta_0$) fälschlich nicht zu verwerfen, für den Parameterwert θ_1 höchstens β sein darf. Falls $\theta_1 > \theta_0$ und die Gütefunktion im Intervall $[\theta_1,\infty)$ monoton wächst, so folgt aus (1), daß $\beta(\theta) \leq \beta$ für alle $\theta \geq \theta_1$. Falls $G(\theta)$ zusätzlich noch symmetrisch bezüglich θ_0 ist, wie in den Fällen B 2.3, 2.4, und falls $\theta_1 = \theta_0 + d$, $d > 0$, so schreibt sich (1)

$$(1)' \qquad\qquad \beta(\theta) \; \leq \; \beta \quad \text{für alle } \theta \text{ mit } |\theta - \theta_0| \geq d.$$

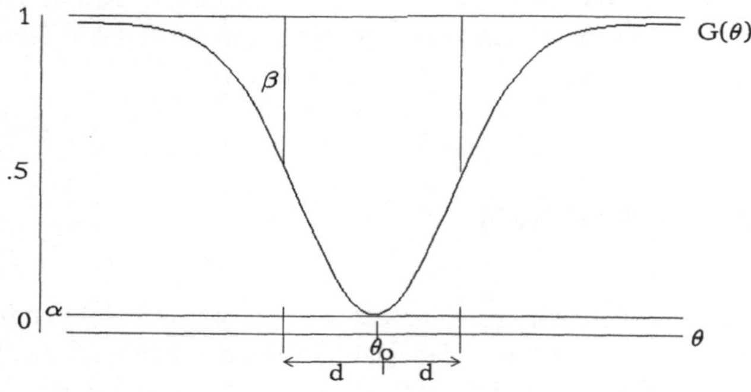

1.2 Gauß-Test

Für den zweiseitigen Gauß-Test B 2.3 zum Prüfen der Hypothese $\mu = \mu_0$ haben wir die Gütefunktion

$$G(\mu) = \Phi(\lambda - u_0) + \Phi(-u_0 - \lambda) \, ,$$

wobei $u_0 = u_{1-\alpha/2}$ und $\lambda = \lambda(\mu) = \sqrt{n}(\mu - \mu_0)/\sigma$ gesetzt wurde.

Mit der Abkürzung $\delta = \Phi(-u_0 - \lambda)$ beläuft sich also die Forderung (1)' auf

$$1 - G(\mu_0 + d) = 1 - \Phi(\lambda - u_0) - \delta \leq \beta$$

bzw. wegen $\lambda = \sqrt{n}\, d / \sigma$ auf

$$\Phi(-u_0 + \sqrt{n}\, d / \sigma) \geq 1 - \beta - \delta .$$

Es folgt $-u_0 + \sqrt{n}\, d/\sigma \geq u_{1-\beta-\delta}$ und daraus die Abschätzung

$$(2) \qquad n \geq \frac{\sigma^2}{d^2}\left(u_{1-\beta-\delta} + u_{1-\alpha/2}\right)^2$$

für den Stichprobenumfang n. Die rechte Seite der Ungleichung stellt nun den Mindeststichprobenumfang dar. In den meisten Fällen kann man $\delta \approx 0$ setzen.

1.3 t-Test

Für den zweiseitigen t-Test B 2.4 a) leiten wir die Gütefunktion

$$G(\mu) = 1 - F_{n-1}(\lambda, t_0) + F_{n-1}(\lambda, -t_0)$$

ab, wobei $F_{n-1}(\lambda, x)$ die Verteilungsfunktion der nichtzentralen $t_{n-1}(\lambda)$-Verteilung bezeichnet und

$$t_0 = t_{n-1, 1-\alpha/2} \,, \qquad \lambda = \lambda(\mu) = \sqrt{n}(\mu - \mu_0)/\sigma .$$

Die Forderung (1)' bedeutet hier $1 - G(\mu_0 + d) = F_{n-1}(\lambda, t_0) - \delta \leq \beta$, wobei wir δ = $F_{n-1}(\lambda, -t_0)$ gesetzt haben und $\lambda = \sqrt{n}\, d/\sigma$ ist . Es folgt

$$(3) \qquad t_{n-1, 1-\alpha/2} \leq t_{n-1, \beta+\delta}(\lambda) ,$$

woraus n zu bestimmen wäre. Approximiert man gemäß B 1.2 $t_{m,\gamma}(\lambda) \approx t_{m,\gamma} + \lambda$, so wird aus (3)

$$t_{n-1, \beta+\delta} + \lambda \geq t_{n-1, 1-\alpha/2}$$

oder wegen $t_{m,\gamma} = -t_{m, 1-\gamma}$

$$(4) \qquad n \geq \frac{\sigma^2}{d^2}\left(t_{n-1, 1-\beta-\delta} + t_{n-1, 1-\alpha/2}\right)^2.$$

Zur Auswertung dieser Bestimmungsgleichung für einen Mindeststichprobenumfang n braucht man eine Vorausschätzung für σ^2 . Wie in 1.2 läßt sich meistens $\delta \approx 0$ setzen. Für $\gamma > 1/2$ ist $t_{n-1,\gamma} > u_\gamma$, so daß (2) i.d.R. ein kleineres minimales n liefert als (4).

1.4 2-Stichproben t-Test

Im Fall des 2-Stichproben t-Tests stellen wir an die von $|\mu_1 - \mu_2|$ abhängige Gütefunktion $G(\mu_1 - \mu_2) = 1 - \beta(\mu_1 - \mu_2)$ die Bedingung

$$\beta(d) \leq \beta \, , \quad d = |\mu_1 - \mu_2| \, ,$$

und fragen nach den Mindestwerten für die Stichprobenumfänge n_1 und n_2. Die Gütefunktion des zweiseitigen Tests lautet mit $t_o = t_{n_1+n_2-2,\,1-\alpha/2}$ nach B 2.4 b)

$$G(\mu_1-\mu_2) = 1 - F_{n_1+n_2-2}(\lambda,t_o) + F_{n_1+n_2-2}(\lambda,-t_o) \, ,$$

wobei $F_m(\lambda,x)$ die Verteilungsfunktion der nichtzentralen $t_m(\lambda)$-Verteilung mit

$$\text{NZP} \qquad \lambda = \sqrt{\frac{n_1 n_2}{n_1 + n_2}} \, (\mu_1 - \mu_2)/\sigma$$

bedeutet. Völlig analog zu (3) gelangt man zu der Bestimmungsgleichung

$$t_{n_1+n_2-2,\,\beta+\delta}(\lambda) \geq t_{n_1+n_2-2,\,1-\alpha/2}$$

für n_1,n_2, wobei wir $\delta = F_{n_1+n_2-2}(\lambda,-t_o)$ gesetzt haben. Mit $n = n_1+n_2$ und $d = |\mu_1 - \mu_2|$ liefert die Approximation der nichtzentralen t-Verteilung

$$(5) \qquad n_1 \cdot n_2 \geq n \frac{\sigma^2}{d^2} \left(t_{n-2,\,1-\beta-\delta} + t_{n-2,\,1-\alpha/2} \right)^2 .$$

Die rechte Seite ist eine Funktion $f(n)$, die mit n wächst (denn $n \cdot t^2_{n-2,\gamma}$ wächst für $\gamma > 1/2$), während die linke Seite für jedes n maximal wird bei einer solchen Aufspaltung von n in n_1+n_2 , bei der $n_1 = n_2$ ist. Ein minimales n erhalten wir also unter $n_1 = n_2$. Es folgt dann aus (5)

$$(5)' \qquad n_1 = n_2 \geq 2 \frac{\sigma^2}{d^2} \left(t_{2n_1-2,\,1-\beta-\delta} + t_{2n_1-2,\,1-\alpha/2} \right)^2 .$$

1.5 Kriterium: Breite des Konfidenzintervalls

Zunächst läßt sich aufgrund der dualen Bedeutung der Gütefunktion (siehe B 2.7) feststellen, daß die Forderung $\beta(\theta_1) \leq \beta$ aus 1.1 für Konfidenzintervalle folgendes bedeutet: Die Wahrscheinlichkeit ist $\leq \beta$, daß der Parameterwert θ_0 überdeckt wird, wenn θ_1 der richtige (zugrundeliegende) Wert ist. Hängt $\beta(\theta)$ nur von $|\theta - \theta_0|$ ab, wie bei den zweiseitigen t-Tests, und ist $d = |\theta_1 - \theta_0|$, so bedeutet dies, daß mit einer Wahrscheinlichkeit $\leq \beta$ auch noch ein Parameterwert überdeckt wird, der im Abstand d vom richtigen Wert entfernt liegt.

Bei der Konfidenzintervall-Methode läßt sich aber noch ein anderes Kriterium aufstellen. Man kann auch nach dem Mindestwert von n fragen, für welchen das Konfidenzintervall [A,B] für θ zum Niveau $1-\alpha$ die Eigenschaft erfüllt, daß der Erwartungswert für das Quadrat der Intervallbreite den (vorgegebenen) Wert von $(2L)^2$ nicht überschreitet. Das bedeutet, daß für die beiden zufälligen Intervallgrenzen $A = A(X_1,...,X_n)$ und $B = B(X_1,...,X_n)$ gilt

(6) $\mathrm{I\!E}(B - A)^2 \le 4L^2$.

Für die zu den beiden t-Tests B 2.4 gehörenden Konfidenzintervalle haben wir im Einzelnen:

Konfidenzintervall für μ: Mit $A = \bar{X} - t_0 S/\sqrt{n}$ und $B = \bar{X} + t_0 S/\sqrt{n}$, wobei $t_0 = t_{n-1,1-\alpha/2}$ gesetzt wurde, führt (6) wegen $\mathrm{I\!E}S^2 = \sigma^2$ sofort zu

(7) $n \ge \dfrac{\sigma^2}{L^2}\, t^2_{n-1,1-\alpha/2}$.

Im Vergleich zur Formel (4) wird $\beta + \delta$ gleich $\frac{1}{2}$ und L übernimmt die Rolle von d .

Konfidenzintervall für $\mu_1 - \mu_2$: Mit $\left.\begin{matrix}A\\B\end{matrix}\right\} = (\bar{X}_1 - \bar{X}_2) \mp t_0 S/\nu$, wobei wir

$$\nu = \sqrt{\dfrac{n_1 n_2}{n_1 + n_2}} \quad \text{und} \quad t_0 = t_{n_1 + n_2 - 2,1-\alpha/2}$$

gesetzt haben, läuft (6) auf die Ungleichung

$$\frac{n_1 n_2}{n_1 + n_2} \ge \frac{\sigma^2}{L^2}\, t^2_0$$

hinaus. Mit dem gleichen Argument wie in 1.4 schließen wir auf eine günstigste Aufspaltung von $n = n_1 + n_2$ in $n_1 = n_2$, so daß wir

(8) $n_1 \ge 2\, \dfrac{\sigma^2}{L^2}\, t^2_{2n_1 - 2,1-\alpha/2}$

erhalten (vergleiche wieder (8) mit (5)').

1.6 Endliche Grundgesamtheit

Wir behandeln nun den Fall, daß eine Stichprobe

$$Y_1, \dots, Y_n$$

vom Umfang n aus einer endlichen Grundgesamtheit

$$\Omega = \{x_1, \dots, x_N\}$$

vom Umfang N ($n < N$) gezogen wird (ohne Zurücklegen, gleiche Wahrscheinlichkeiten). Mit

$$\mu = \sum_{i=1}^{N} x_i/N , \quad \sigma^2 = \sum_{i=1}^{N}(x_i - \mu)^2/(N\text{-}1)$$

bezeichnen wir den Mittelwert und die Varianz der Grundgesamtheit, während

$$\bar{Y} = \sum_{i=1}^{n} Y_i/n$$

das Stichprobenmittel bezeichnet. Man weist nach, daß

$$\mathbb{E}\,\overline{Y} = \mu \ , \quad \mathrm{Var}\,\overline{Y} = \frac{N-n}{Nn}\,\sigma^2 \ .$$

Für die Standardisierte von $\overline{Y}$, nämlich

$$Z \ = \ \frac{\overline{Y} - \mathbb{E}\,\overline{Y}}{\sqrt{\mathrm{Var}\,Y}} \ = \ \sqrt{\frac{Nn}{N-n}}\ \frac{\overline{Y}-\mu}{\sigma} \ ,$$

gilt nun bei geeignet gekoppelten Grenzübergängen $N \to \infty$, $n \to \infty$ der zentrale Grenzwertsatz (siehe Hajek (1960)): Z ist asymptotisch $N(0,1)$-verteilt. Mit dem Quantil $u_{1-\alpha/2}$ haben wir also die approximative Formel

$$\mathbb{P}(-u_{1-\alpha/2} \le Z \le u_{1-\alpha/2}) \approx 1-\alpha \ ,$$

aus der durch einfache Umformung ein approximatives Konfidenzintervall für μ zum Niveau $1-\alpha$ der Form

$$\overline{y} - \sigma\,u_{1-\alpha/2}/\nu \ \le \ \mu \ \le \overline{y} + \sigma\,u_{1-\alpha/2}/\nu \ , \quad \nu = \sqrt{\frac{Nn}{N-n}}$$

abgeleitet wird. Die Forderung nach einer Konfidenzintervall-Länge $\le 2L$ führt zu $1/\nu \le L/(\sigma\,u_{1-\alpha/2})$ bzw. zu

$$(9) \qquad n \ \ge \ \frac{Nu_{1-\alpha/2}^2}{N(L/\sigma)^2 + u_{1-\alpha/2}^2}$$

als Bestimmungs-Ungleichung für den Mindest-Stichprobenumfang. Eine Vorausschätzung von σ^2 muß vorliegen. Oft liegt eine solche für den Variationskoeffizienten σ/μ vor, dann gibt man sich eine relative Genauigkeit L/μ vor.

1.7 Anwendungsbeispiel Waldschadensinventur

Formel (9) findet sich (mit t_{n-1}-Quantilen statt $N(0,1)$-Quantilen) in der Waldschadensinventur Bayern (Kennel (1983, S. 10)). Bei einer durchschnittlichen Anzahl von $N = 1500$ Bäumen pro Bestand (= "natürliche Planungs- und Bezugseinheit unserer Forsteinrichtungen"), bei einem bekannten Variationskoeffizient σ/μ von ungefähr 0.35 (bezogen auf die Kriteriumsvariable Schadensklasse eines Baumes, welche die Werte 1 bis 5 annimmt), bei einer gewünschten relativen Genauigkeit L/μ von 0.1 und bei einem $\alpha = 0.05$ erhalten wir mit $u_{1-\alpha/2} \approx t_{n-1,1-\alpha/2} \approx 2$

$$n \ \ge \ \frac{1500 \cdot 2^2}{1500\cdot\left(\frac{0.10}{0.35}\right)^2 + 2^2} \ = \ 47.4 \ .$$

Bei den Waldschadensinventuren in Bayern wurden seit 1983 ca. 50 Probebäume pro Bestand ausgewählt und auf ihre Schadensklasse hin untersucht.

2. VARIABLENTRANSFORMATION

2.0 Bei vielen der in den nächsten Kapiteln zu besprechenden statistischen Modellen werden die Beobachtungsvariablen $Y_1,...,Y_n$ in der Gestalt

$$Y_i = \Sigma_{j=1}^P x_{ij}\,\beta_j + e_i \, , \quad i=1,...,n$$

eines linearen Modells geschrieben, wobei $\beta_1,...,\beta_p$ die unbekannten Modellparameter sind. An die Fehler-(Residuen-)Variablen e_i werden neben $\mathbb{E}\,e_i = 0$ die folgenden Voraussetzungen gestellt

1. $e_1,...,e_n$ unabhängig

2. $\mathrm{Var}\,e_i = \sigma^2$ für alle $i=1,...,n$

3. jedes e_i normalverteilt .

Während 1. in der Regel durch die Art der Versuchsdurchführung begründet (oder verletzt) wird (vgl. Anwendungsbeispiel V 3.18 für eine Prüfung dieser Voraussetzung), stellen 2. und 3. einschränkende Voraussetzungen dar, deren Gültigkeit überprüft und gegebenenfalls durch eine geeignete Transformation der Kriteriumsvariablen y (angenähert) erreicht werden kann. Zunächst werden wir uns mit der Voraussetzung 2. der Varianzgleichheit ('Varianzhomogenität' oder 'Homoskedastizität') beschäftigen, deren praktische Bedeutung i.d.R. größer als Vorausetzung 3. ist, und ein relativ grobes Diagnostikverfahren zum Erkennen einer günstigen Transformation

$$z = \Phi(y)$$

vorstellen. Dann werden wir ein feineres (aber aufwendigeres) Verfahren von Box und Cox besprechen, welches Voraussetzungen 1.-3. gleichzeitig angeht, und welches auf der Likelihoodfunktion der n Beobachtungswerte basiert.

2.1 Varianzstabilisierende Transformation

Wir nehmen an, daß die Varianz σ^2 der Kriteriumsvariablen Y eine Funktion ihres Erwartungswertes $\mu = \mathbb{E}\,Y$ ist,

$$\sigma = g(\mu) \, .$$

Zum Beispiel ist bei einer B(n,p)-verteilten Variable Y

$$\sigma^2 = \mathrm{Var}\,Y = np(1-p) \, , \quad \mu = \mathbb{E}\,Y = np \, ,$$

so daß $\sigma = \sqrt{\mu(1-\mu/n)} = g(\mu)$. Wir suchen eine streng monotone Transformation

$$z = \Phi(y) \, ,$$

so daß $\mathrm{Var}\,Z = \mathrm{Var}\,\Phi(Y)$ nicht mehr von μ abhängt. Wir geben zunächst eine auf groben Näherungen basierende Herleitung der Funktion Φ an. Mit $z_0 = \Phi(\mu)$ schreiben wir nach dem Mittelwertsatz der Differentialrechnung

$$(z-z_0)^2 = (y-\mu)^2\,[\Phi'(\eta)]^2 \, , \quad |\eta-\mu| \le |y-\mu| \, .$$

Setzen wir für z und y die entsprechenden Zufallsvariablen Z und Y ein und bilden wir den Erwartungswert, so erhalten wir (η jetzt Zufallsvariable)

$$\mathbb{E}(Z - z_0)^2 = \mathbb{E}\{(Y-\mu)^2[\Phi'(\eta)]^2\} \ .$$

Nun führen wir die zwei Näherungen

$$\Phi(\mu) \approx \mathbb{E}\,Z \ , \quad \Phi'(\eta) \approx \Phi'(\mu)$$

durch, die als exakte Gleichungen für lineare Funktionen Φ gelten (welche allerdings hier völlig uninteressant sind). Mit dieser Näherung ist

$$\mathrm{Var}\,Z = \sigma^2[\Phi'(\mu)]^2 \ ,$$

so daß die Forderung, daß Var Z nicht von μ abhängt, zu

$$(1) \qquad \Phi(y) = \int \frac{dy}{g(y)}$$

führt, wobei hier und i.f. multiplikative und additive Konstanten weggelassen werden.

2.2 Asymptotische Begründung

Nach dieser approximativen Herleitung der Formel (1) 'von unten' geben wir nun eine asymptotische Begründung 'von oben' mit Hilfe der δ-Methode (ANHANG B 3.12). Sind die Beobachtungsvariable $Y_1, Y_2, \ldots$ unabhängige, identisch verteilte Zufallsvariablen mit

$$\mathbb{E}\,Y_i = \mu \ , \quad \mathrm{Var}\,Y_i = g^2(\mu) \ ,$$

so setzt man

$$\overline{Y}^{(n)} = \Sigma_{i=1}^n Y_i / n \ ,$$

und der zentrale Grenzwertsatz (ANHANG B 3.10) garantiert die Verteilungskonvergenz ($n \to \infty$)

$$\sqrt{n}(\overline{Y}^{(n)} - \mu) \xrightarrow{\ \mathcal{D}\ } N(0, g^2(\mu)) \ .$$

Ist nun Φ stetig differenzierbar und $\Phi'(\mu) \neq 0$, so liefert die δ-Methode

$$\sqrt{n}[\Phi(\overline{Y}^{(n)}) - \Phi(\mu)] \xrightarrow{\ \mathcal{D}\ } N(0, (\Phi'(\mu)g(\mu))^2) \ .$$

Soll nun die asymptotische Varianz, d.h. $(\Phi'(\mu)g(\mu))^2$ unabhängig von μ sein, so haben wir Φ so zu wählen, daß

$$(\Phi'(\mu)g(\mu))^2 = c^2 \ , \quad \text{d.h.} \quad \Phi(y) = c_1 \int (1/g(y))\,dy + c_2 \ ,$$

womit die Formel (1) reproduziert ist.

2.3 Spezielle Verteilungen

a) Binomialverteilung B(n,p). Wie schon oben ausgeführt, ist hier

$$\sigma = g(\mu) = \sqrt{\mu(1-\mu/n)} \ ,$$

also gemäß (1)

$$\Phi(y) \ = \ \int \frac{dy}{\sqrt{y-y^2/n}} \ = \ \sqrt{n}\,\arc\sin\!\left(\frac{2y}{n}-1\right) \qquad [\text{arc sin-Transformation}].$$

b) Poissonverteilung P(λ). Aus $\mathbb{E}\,Y = \operatorname{Var} Y = \lambda$ folgt

$$\sigma = g(\mu) = \sqrt{\mu} \ ,$$

so daß

$$\Phi(y) \ = \ \tfrac{1}{2}\int \frac{dy}{\sqrt{y}} \ = \ \sqrt{y} \qquad\qquad [\text{Wurzel-Transformation}].$$

Die gleiche Transformation ist bei der negativen Binomialverteilung angebracht, bei der $\sigma^2 = (1+d)\mu$ ist.

c) Bei Verteilungen mit $\sigma = c\cdot\mu$ ($\mu > 0$, z.B. bei der $N(\mu,c^2\mu^2)$-Verteilung) erhalten wir

$$\Phi(y) \ = \ \int \frac{dy}{y} \ = \ \ln y \qquad\qquad [\text{Logarithmus-Transformation}].$$

d) Bei Verteilungen mit $\sigma = g(\mu) = c\mu^b$ ($\mu > 0$) erhalten wir aus (1)

$$\Phi(y) \ = \ \begin{cases} y^{1-b} & b \neq 1 \\[2mm] \ln y & b = 1 \end{cases}$$

2.4 Anwendungshinweise

In den meisten Anwendungsfällen dürfte - anders als in den Beispielen 2.3 - der funktionale Zusammenhang zwischen σ und μ unbekannt sein. In diesen Fällen berechnet man für homogene Stichprobenuntergruppen - z.B. in der Situation der einfachen Varianzanalyse für die einzelnen Stufen des Faktors - jeweils Mittelwert m und Standardabweichung s und trägt die (m,s)-Wertepaare in einem Diagramm ("s-m Plot") auf, wodurch eventuell ein funktionaler Zusammenhang $\sigma \approx g(\mu)$ erkannt und damit eine varianzstabilisierende Transformation Φ bestimmt werden kann. Eine weitere Möglichkeit besteht darin, $\ln s$ über $\ln m$ aufzutragen und aus einem Zusammenhang $\ln s \approx \ln c + b\cdot\ln m$ auf $\sigma \approx c\mu^b$ zu schließen (vgl. 2.3 d)).

Implementierung: BMDP 7D

Anwendungsbeispiele findet man in IV 1.9 und IV 3.12.

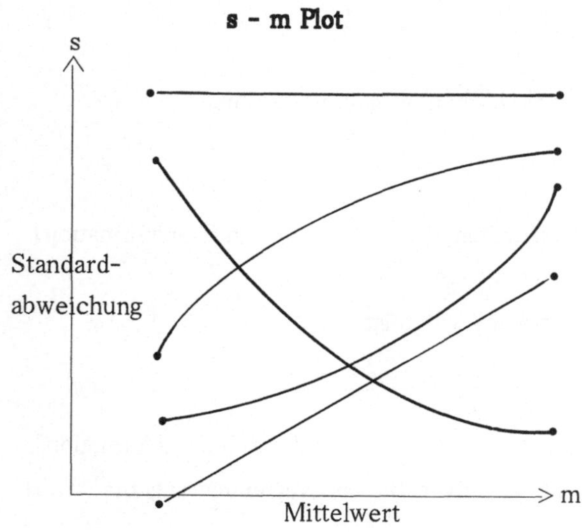

keine Transformation

$z = \sqrt{y}$

$z = 1/y$

$z = \log y$

$z = y^2$

2.5 Parametrisierte Transformation

Für das Box-Cox Verfahren, das unten in 2.6 vorgestellt wird, betrachten wir
eine Familie

$$y^{(\lambda)} = \Phi(y,\lambda)$$

von möglichen Transformationen, die von einem reellwertigen Parameter $\lambda \in \mathbb{R}$ abhängen. Zwei Beispiele werden behandelt.

1. Potenztransformation

$$y^{(\lambda)} = \left\{ \begin{array}{ll} \dfrac{y^\lambda - 1}{\lambda} & \lambda \neq 0 \\[2ex] \ln y & \lambda = 0 \end{array} \right\}, \qquad y > 0 .$$

Für $\lambda \in \mathbb{Z} \setminus \{0\}$ kann beliebiges $y \neq 0$ zugelassen werden. Für jedes y ist $y^{(\lambda)}$ stetig
in $\lambda \in \mathbb{R}$.

2. Gefaltete Potenztransformation

$$y^{(\lambda)} = \left\{ \begin{array}{ll} \dfrac{y^\lambda - (1-y)^\lambda}{\lambda} & \lambda \neq 0 \\[2ex] \ln \dfrac{y}{1-y} & \lambda = 0 \end{array} \right\}, \qquad 0 < y < 1 .$$

Auch hier ist wieder $y^{(\lambda)}$ stetig in λ für jedes y, weil

$$\lim_{\lambda \to 0} \; (y^\lambda - (1-y)^\lambda)/\lambda \; = \; \ln y - \ln(1-y) \; .$$

Potenztransformation   Gefaltete Potenztransformation

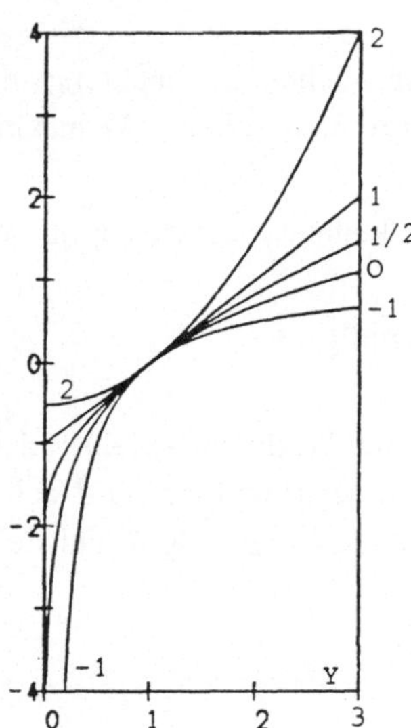
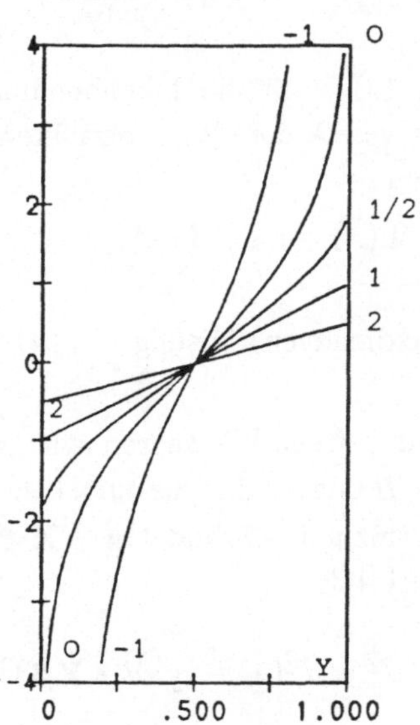

2.6 Maximum-Likelihood Schätzung für λ

Wir folgen nun Box & Cox (1964) und gehen davon aus, daß die im Vektor
$$\mathbf{Y}^{(\lambda)} = (Y_1^{(\lambda)}, \ldots, Y_n^{(\lambda)})^T$$
zusammengefaßten transformierten Beobachtungsvariablen einem linearen Modell
$$\mathbf{Y}^{(\lambda)} = \mathbf{X}\boldsymbol{\beta} + \mathbf{e}$$
unterliegen (siehe unten III 1.1), wobei $\mathbf{X}$ eine $n\times p$-(Design-)Matrix und $\boldsymbol{\beta}$ ein $p\times 1$-Vektor der unbekannten Parameter darstellen, und wobei der Vektor $\mathbf{e}$ der Fehlervariablen einer $N_n(0, \sigma^2 \mathbf{I}_n)$-Verteilung gehorcht, σ^2 ebenfalls ein unbekannter Parameter. Die Likelihoodfunktion für einen transformierten Beobachtungsvektor $y^{(\lambda)} = (y_1^{(\lambda)}, \ldots, y_n^{(\lambda)})^T$ lautet dann gemäß I 2.1

$$(2) \qquad L(\mathbf{y}^{(\lambda)}) = \frac{1}{(\sqrt{2\pi}\,\sigma)^n} \, \exp\left\{ -\frac{1}{2\sigma^2} (\mathbf{y}^{(\lambda)} - \mathbf{X}\boldsymbol{\beta})^T \cdot (\mathbf{y}^{(\lambda)} - \mathbf{X}\boldsymbol{\beta}) \right\} \; .$$

Aufgrund des Transformationssatzes I 1.4 für Dichten lautet dann die Likelihoodfunktion $L(\lambda) = L(\mathbf{y}, \lambda)$ des (zurück-transformierten) Beobachtungsvektors $\mathbf{y} = (y_1, \ldots, y_n)^T$

(3) $$L(\lambda) = L(\mathbf{y}^{(\lambda)}) \cdot |J(\mathbf{y}^{(\lambda)}, \lambda)|$$

mit $L(\mathbf{y}^{(\lambda)})$ wie in (2) und mit der Jakobischen Determinante

$$J(\mathbf{y}^{(\lambda)}, \lambda) = \det\left(\frac{d\mathbf{y}^{(\lambda)}}{d\mathbf{y}}\right) = \prod_{i=1}^{n} \frac{dy_i^{(\lambda)}}{dy_i} \ .$$

Gleichung (3) stellt die Likelihoodfunktion der tatsächlichen Beobachtung in Abhängigkeit von λ dar. Wir betrachten einen Parameter λ, welcher $L(\lambda)$ maximiert, als geeignet:

(4) $\qquad L(\hat{\lambda}) = \max_\lambda L(\lambda)$ $\qquad$ [$\hat{\lambda}$ Maximum-Likelihood Schätzung für λ].

Zur (approximativen) Lösung von (4) gehen wir zweistufig vor.

a) Für jedes (feste) λ setzen wir zunächst in (2) die Maximum-Likelihood (ML) Schätzung $\hat{\boldsymbol{\beta}}$ und $\hat{\sigma}^2$ für die unbekannten Modellparameter $\boldsymbol{\beta}$ und σ^2 ein. Nach dem Invarianzprinzip I 4.2 bildet $\hat{\boldsymbol{\mu}} = \mathbf{X} \cdot \hat{\boldsymbol{\beta}}$ die ML-Schätzung für $\boldsymbol{\mu} = \mathbf{X} \cdot \boldsymbol{\beta}$ und deshalb auch nach I 4.3

$$\hat{\sigma}^2 \equiv \hat{\sigma}^2(\lambda) = (\mathbf{y}^{(\lambda)} - \mathbf{X}\hat{\boldsymbol{\beta}})^T \cdot (\mathbf{y}^{(\lambda)} - \mathbf{X}\hat{\boldsymbol{\beta}})/n \equiv S^2(\lambda)/n$$

die ML-Schätzung für σ^2 , wobei $S^2(\lambda)$ die Residuenquadratsumme bez. der Variablen $\mathbf{y}^{(\lambda)}$ bedeutet (vgl. unten III 3.5). Wir schreiben

$$\hat{\ell}(\lambda) = \ln \hat{L}(\lambda) \ ,$$

wobei $\hat{L}$ andeutet, daß wir in L die Parameter $\boldsymbol{\beta}$ und σ^2 durch ihre ML-Schätzungen ersetzt haben, und erhalten dann aus (2) und (3) mit der Abkürzung $J(\lambda) = J(\mathbf{y}^{(\lambda)}, \lambda)$

(5) $$\hat{\ell}(\lambda) = -\frac{n}{2} \ln \hat{\sigma}^2(\lambda) + \ln |J(\lambda)| + \text{const.}$$

Wir können (5) noch in einer anderen Gestalt schreiben, wenn wir von den $y_i^{(\lambda)}$ zu den *normalisierten* Variablen

$$z_i^{(\lambda)} = y_i^{(\lambda)} / |J(\lambda)|^{1/n} \ , \quad \mathbf{z}^{(\lambda)} = \mathbf{y}^{(\lambda)} / |J(\lambda)|^{1/n}$$

übergehen. Dann wird aus (5)

(6) $$\hat{\ell}(\lambda) = -\frac{n}{2} \ln \hat{\sigma}_z^2(\lambda) + \text{const} \ ,$$
wobei
$$\hat{\sigma}_z^2(\lambda) = \frac{\hat{\sigma}^2(\lambda)}{|J|^{1/n} |J|^{1/n}} = \frac{1}{n} S_z^2(\lambda) \ ,$$

$J = J(\lambda)$ und $S_z^2(\lambda)$ die Residuenquadratsumme bez. der Variablen $\mathbf{z}^{(\lambda)}$ bedeutet.

b) Für die log-Likelihoodfunktion $\hat{l}(\lambda)$ aus (6) oder (5) wird nun die ML-Schätzung $\hat{\lambda}$ gesucht,

$$\hat{l}(\hat{\lambda}) = \max_\lambda \hat{l}(\lambda) \ .$$

Im Spezialfall der Potenztransformation kann die Ableitung von $\hat{l}(\lambda)$ explizit angegeben werden, siehe 3. unten.

2.7 Beispiel Potenztransformationen

Einige der in 2.6 auftretenden Größen lassen sich für die (gefalteten) Potenztransformationen aus 2.5 explizit angeben.

$$1.\ \text{Im Fall} \qquad y^{(\lambda)} = \left\{ \begin{array}{ll} (y^\lambda - 1)/\lambda & \lambda \neq 0 \\[2ex] \ln y & \lambda = 0 \end{array} \right\}, \qquad y > 0,$$

rechnet man $dy^{(\lambda)}/dy = y^{\lambda-1}$ für alle λ und

$$\ln |J(\mathbf{y}^{(\lambda)},\lambda)| \ = \ (\lambda-1)\, \Sigma_{i=1}^{n} \ln y_i$$

für alle λ . Bezeichnet $G(a)$ das geometrische Mittel $(\Pi\, a_i)^{1/n}$ der n positiven Zahlen $a_1,\dots,a_n$, so berechnen sich die normalisierten Variablen $\mathbf{z}^{(\lambda)}$ wegen $|J(\lambda)|^{1/n}$ $= (\Pi y_i^{\lambda-1})^{1/n} = (G(y))^{\lambda-1}$ zu

$$\mathbf{z}^{(\lambda)} = \frac{\mathbf{y}^\lambda - 1}{\lambda(G(y))^{\lambda-1}} \quad (\lambda \neq 0) \quad \text{bzw.} \quad \mathbf{z}^{(\lambda)} = \ln \mathbf{y} \cdot G(y) \quad (\lambda = 0).$$

$$2.\ \text{Im Fall} \qquad y^{(\lambda)} = \left\{ \begin{array}{ll} (y^\lambda - (1-y)^\lambda)/\lambda & \lambda \neq 0 \\[2ex] \ln (y/(1-y)) & \lambda = 0 \end{array} \right\}, \qquad 0 < y < 1,$$

rechnet man $dy^{(\lambda)}/dy = y^{\lambda-1} + (1-y)^{\lambda-1}$ für alle λ und

$$\ln |J(\mathbf{y}^{(\lambda)},\lambda)| = \Sigma_{i=1}^{n} \ln (y_i^{\lambda-1} + (1-y_i)^{\lambda-1})$$

für alle λ. Die normalisierten Variablen $\mathbf{z}^{(\lambda)}$ ergeben sich hier wegen $|J(\lambda)|^{1/n} = G(y^{\lambda-1} + (1-y)^{\lambda-1})$ zu

$$\mathbf{z}^{(\lambda)} \ = \ \frac{\mathbf{y}^\lambda - (1-\mathbf{y})^\lambda}{\lambda G(y^{\lambda-1} + (1-y)^{\lambda-1})} \quad (\lambda \neq 0) \quad \text{bzw.} \quad \mathbf{z}^{(\lambda)} = \ln \frac{\mathbf{y}}{1-\mathbf{y}} \cdot G(y(1-y)) \quad (\lambda = 0) \ .$$

3. Im Fall 1. wollen wir auch noch die Score-Funktion

$$\hat{U}(\lambda) = d\,\hat{l}(\lambda)/d\lambda$$

berechnen, deren Nullstelle die ML-Schätzung $\hat{\lambda}$ liefert. Im folgenden habe die $n{\times}p$-Matrix $\mathbf{X}$ vollen Rang. Führen wir die $n{\times}n$-Matrix (vgl. III 3.5)

$$\mathbf{A} = \mathbf{I}_n - \mathbf{X}(\mathbf{X}^T\mathbf{X})^{-1}\mathbf{X}^T$$

ein, so haben wir zunächst $\hat{\sigma}^2 \equiv \hat{\sigma}^2(\lambda) = \mathbf{y}^{(\lambda)T}\mathbf{A}\,\mathbf{y}^{(\lambda)}/n$ und damit über (5)

$$\hat{l}(\lambda) = -\frac{n}{2}\ln\left(\mathbf{y}^{(\lambda)T}\mathbf{A}\,\mathbf{y}^{(\lambda)}/n\right) + (\lambda-1)\,\Sigma_{i=1}^n \ln y_i \; .$$

Setzen wir für $\lambda \neq 0$

$$u_i^{(\lambda)} = \ln y_i \cdot (y_i^{\lambda}/\lambda) \;, \quad \mathbf{u}^{(\lambda)} = (u_1^{(\lambda)},...,u_n^{(\lambda)})^T \;,$$

so erhalten wir

$$d\left(\mathbf{y}^{(\lambda)T}\mathbf{A}\,\mathbf{y}^{(\lambda)}\right)/d\lambda = \left[d\mathbf{y}^{(\lambda)}/d\lambda\right]^T\left[d\left(\mathbf{y}^{(\lambda)T}\mathbf{A}\,\mathbf{y}^{(\lambda)}\right)/d\mathbf{y}^{(\lambda)}\right]$$

$$= \left[\mathbf{u}^{(\lambda)} - \mathbf{y}^{(\lambda)}/\lambda\right]^T\left[2\mathbf{A}\mathbf{y}^{(\lambda)}\right] = 2\mathbf{u}^{(\lambda)T}\mathbf{A}\,\mathbf{y}^{(\lambda)} - 2\mathbf{y}^{(\lambda)T}\mathbf{A}\,\mathbf{y}^{(\lambda)}/\lambda \;.$$

Also ist

$$\hat{U}(\lambda) \;=\; -\frac{n}{2}\frac{d\left(\mathbf{y}^{(\lambda)T}\mathbf{A}\,\mathbf{y}^{(\lambda)}\right)/d\lambda}{\mathbf{y}^{(\lambda)T}\mathbf{A}\,\mathbf{y}^{(\lambda)}} \;+\; \Sigma_{i=1}^n \ln y_i$$

$$=\; -n\frac{\mathbf{u}^{(\lambda)T}\mathbf{A}\,\mathbf{y}^{(\lambda)}}{\mathbf{y}^{(\lambda)T}\mathbf{A}\,\mathbf{y}^{(\lambda)}} \;+\; \frac{n}{\lambda} \;+\; \Sigma_{i=1}^n \ln y_i \;.$$

2.8 Asymptotische ML-Theorie

Die asymptotische ML-Theorie (Kap. VI) kann herangezogen werden, um approximative Tests und Konfidenzintervalle für λ aufzustellen, vgl. A.C. Atkinson (1985, sec. 6.3).

1. Zum Prüfen der Hypothese $H_0 : \lambda = \lambda_0$ kann man sich der in VI 2.2 angegebenen Teststatistiken bedienen. I.f. bedeuten $\hat{U}(\lambda) = d\hat{l}(\lambda)/d\lambda$, $\hat{W}(\lambda) = d^2\hat{l}(\lambda)/d\lambda^2$, und das Zeichen $\sim$ steht für "asymptotisch verteilt".

log likelihood-ratio-Test:

$$2(\hat{l}(\hat{\lambda}) - \hat{l}(\lambda_0)) \;\sim\; \chi_1^2 \quad \text{(unter } H_0\text{)}$$

Wald-Test:

$$-(\hat{\lambda} - \lambda_0)^2\,\hat{W}(\hat{\lambda}) \;\sim\; \chi_1^2 \quad \text{(unter } H_0\text{)} \;,$$

Score-Test:

$$-\hat{U}^2(\lambda_0)[\hat{W}(\lambda_0)]^{-1} \;\sim\; \chi_1^2 \quad \text{(unter } H_0\text{)} \;,$$

wobei $\hat{\lambda}$ gar nicht benötigt wird.

2. Zum Aufstellen eines Konfidenzintervalls für λ verwendet man VI 1.9: Mit $\hat{v} = [-\hat{W}(\hat{\lambda})]^{-1}$ bildet

$$\hat{\lambda} - u_{1-\alpha/2}\sqrt{\hat{v}} \le \lambda \le \hat{\lambda} + u_{1-\alpha/2}\sqrt{\hat{v}}$$

ein asymptotisches Konfidenzintervall für λ zum Niveau $1-\alpha$.

2.9 Numerisches Beispiel

Wir beschränken uns auf eine 1-Stichproben Situtation, in der die $n = 10$ Werte

$$(y_1,...,y_n) = (187,7,1,84,2,13,7,3,12,262)$$

vorliegen mögen. Unter Anwendung der Potenztransformation 1. aus 2.7 und nach Formel (5) aus 2.5 wird das Minimum des Kriteriums

$$\text{Box-Cox:} \quad F_3(\lambda) = -\frac{n}{2}\ln\hat{\sigma}^2(\lambda) + (\lambda-1)\sum_{i=1}^{n}\ln y_i$$

gesucht, wobei $\hat{\sigma}^2(\lambda)$ die empirische Varianz der transformierten Stichprobe $(y_1^{(\lambda)},...,y_n^{(\lambda)})$ bedeutet.

Zum Vergleich wenden wir noch zwei weitere Kriterien an, nämlich

$$\text{Skewness:} \qquad F_1(\lambda) = |\text{Skew}(\lambda)|$$

$$\text{Skewness \& Kurtosis:} \quad F_2(\lambda) = |\text{Skew}(\lambda)| + |\text{Kurt}(\lambda) - 3|$$

wobei $\text{Skew}(\lambda)$ und $\text{Kurt}(\lambda)$ die empirische Schiefe (*skewness*) a_3 bzw. empirische Wölbung (*kurtosis*) a_4 der transformierten Stichprobe $(y_1^{(\lambda)},...,y_n^{(\lambda)})$ bedeuten. Diese Koeffizienten a_3 und a_4 sind -für eine beliebige Stichprobe $(x_1,...,x_n)$- wie folgt definiert:

$$a_3 = \frac{1}{n}\sum_{i=1}^{n}(x_i - \overline{x})^3 / s^3 \;, \quad a_4 = \frac{1}{n}\sum_{i=1}^{n}(x_i - \overline{x})^4 / s^4 \;,$$

wobei $s = \sqrt{s^2}$ die Standardabweichung der Stichprobe $(x_1,...,x_n)$ bedeutet (s^2 mit dem Faktor $1/n$ berechnet). In Bezug auf die Kriterien F_1 und F_2 beachte man, daß die Schiefe und die Wölbung der Normalverteilung gleich 0 bzw. 3 ist.

Wir erhalten als Minimumstellen λ_i von F_i

$$\lambda_1 = -0.16, \quad \lambda_2 = -0.58, \quad \lambda_3 = -0.13,$$

mit einem Nebenminimum von F_2 an der Stelle $\lambda_2 = -0.19$. Ein Vorschlag für eine Transformation der y-Werte könnte

$$y \;\rightarrow\; \frac{1}{y^{0.15}}$$

lauten. Anwendung dieser Transformationsmethoden auf geologische Lagerstätten-Daten findet man bei Langer (1989).

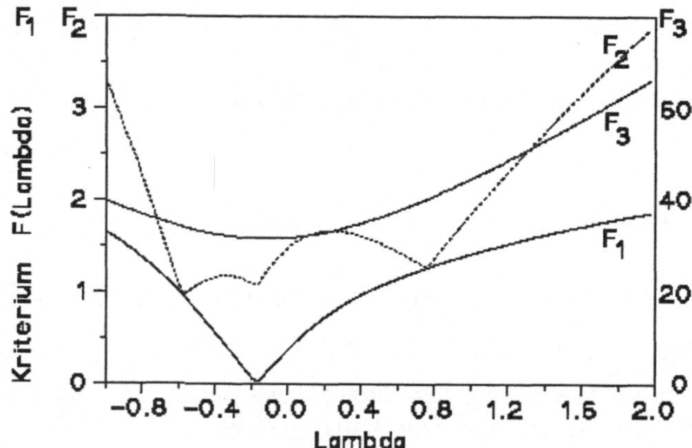

$$F_1 = |Skew|, \quad F_2 = |Skew| + |Kurt-3|, \quad F_3 = \text{Box-Cox}$$

3. χ^2-ANPASSUNGSTESTS

3.0 Bei vielen statistischen Verfahren, die in den nächsten Kapiteln abgehandelt werden, wird eine Annahme über die Verteilung der zugrundeliegenden Beobachtungsvariablen gemacht (''Verteilungsannahme''). Anpassungstests (*goodness-of-fit-tests*) versetzen den Statistiker in die Lage, eine Verteilungsannahme als Nullhypothese eines Signifikanztests zu formulieren und eine Abweichung der Wirklichkeit von dieser Annahme gegebenenfalls aufzudecken. Wir beschränken uns hier allein auf die Familie der χ^2-Anpassungstests und gehen insbesondere nicht auf die nichtparametrischen Anpassungstests, die auf den Konzepten der *Ordnungsstatistiken* bzw. *Rangstatistiken* basieren, ein.

Beim Testen zusammengesetzter Hypothesen in 3.5 werden wir einen Vorgriff auf VI.4 machen müssen.

3.1 Hypothese über p im Multinominalmodell

Gegeben sei ein $(m-1)$-dimensionaler Zufallsvektor

(1) $\mathbf{X}^{(n)} = (X_1^{(n)}, ..., X_{m-1}^{(n)})^T$,

der $M_{m-1}(n,\mathbf{p})$-verteilt ist, wobei

$$\mathbf{p} = (p_1, ..., p_{m-1}) , \quad p_j > 0 , \quad \Sigma_1^{m-1} p_j < 1 .$$

Die Zufallsvariable $X_j^{(n)}$ gibt dabei an, wie oft die Alternative j bei n-maliger, unabhängiger Wiederholung eines $M_{m-1}(1,\mathbf{p})$-verteilten Zufallsexperimentes auftritt. Wir setzen noch für die m-te Alternative

$$X_m^{(n)} = n - \Sigma_{j=1}^{m-1} X_j^{(n)}, \quad p_m = 1 - \Sigma_1^{m-1} p_j .$$

Wir wollen nun die Hypothese prüfen, daß die Wahrscheinlichkeiten $p_1,...,p_m$ der $M_{m-1}(n,\mathbf{p})$-Verteilung gewisse Werte $p_{o1}, ...,p_{om}$ besitzen, daß also

$$H_0 : \quad \mathbf{p} = \mathbf{p}_0$$

gilt. Auf der Grundlage einer Realisation

$$X_1^{(n)} = n_1,...,X_m^{(n)} = n_m$$

des Zufallsvektors (1) berechnet man die sog. *Pearson-Teststatistik*

$$\hat{\chi}_n^2(\mathbf{p}_0) = \Sigma_{j=1}^m \frac{(n_j - np_{oj})^2}{np_{oj}} = \Sigma_{j=1}^m \frac{n_j^2}{np_{oj}} - n$$

und verwirft H_0, falls

$$\hat{\chi}_n^2(\mathbf{p}_0) > \chi_{m-1,1-\alpha}^2 .$$

Alternativ kann man auch die sog. *log LQ-Teststatistik*

$$\hat{T}_n(\mathbf{p}_0) = 2\Sigma_{j=1}^m n_j \log\left(\frac{n_j}{np_{oj}}\right)$$

benutzen und H_0 bei $\hat{T}_n(\mathbf{p}_0) > \chi_{m-1,1-\alpha}^2$ verwerfen. Man beachte, daß diese beiden Teststatistiken die beobachteten Häufigkeiten (*observed frequencies*) $n_1,...,n_m$ in Vergleich zu den sog. erwarteten Häufigkeiten (*expected frequencies*) $np_{o1}, ...,np_{om}$ setzen. Bei der Anwendung dieses Tests wird vorausgesetzt, daß n groß genug ist (vgl. unten 3.4). Die mathematische Grundlage dieses Tests bildet der nun folgende Satz von Pearson über die asymptotische Verteilung von $\hat{\chi}_n^2(\mathbf{p})$. Bezüglich $\hat{T}_n(\mathbf{p})$ und eines zweiten, gänzlich anderen Beweises des Satzes von Pearson siehe VI 2.1 und VI 4.4.

3.2 Asymptotische Verteilung von $\hat{\chi}_n^2(p)$

Satz (Pearson, 1900) Ist der Zufallsvektor $(X_1^{(n)},...,X_{m-1}^{(n)})$ multinominal verteilt mit Parametern n und $(p_1,...,p_{m-1})$, so gilt für die Zufallsvariable

$$\hat{\chi}_n^2(\mathbf{p}) = \Sigma_{j=1}^m (X_j^{(n)} - np_j)^2/(np_j)$$

bei $n \longrightarrow \infty$ die Verteilungskonvergenz

$$\hat{\chi}_n^2(\mathbf{p}) \xrightarrow{\mathcal{D}_p} \chi_{m-1}^2 .$$

Beweis Betrachte die m Zufallsvariablen

$$Z_j^{(n)} = (X_j^{(n)} - np_j)/\sqrt{n} \ , \quad j=1,\dots,m \ .$$

Wegen
$$\Sigma_{ij} \equiv \mathrm{Cov}(Z_i^{(n)}, Z_j^{(n)}) = \begin{cases} - p_i p_j & i \neq j \\[2mm] p_i(1-p_i) & i=j \end{cases}$$

sagt der mehrdimensionale zentrale Grenzwertsatz (vgl. ANHANG B 3.11), daß bei $n \to \infty$

(2) $\qquad (Z_1^{(n)},\dots, Z_m^{(n)}) \overset{D}{\longrightarrow} N_m(0,\boldsymbol{\Sigma}) \ , \quad \boldsymbol{\Sigma} = (\Sigma_{ij}) \ .$

Die Variable $\hat{\chi}_n^2(\mathbf{p})$ ist eine stetige Funktion der $Z_j^{(n)}$; in der Tat, es gilt

$$\hat{\chi}_n^2(\mathbf{p}) = F(Z_1^{(n)},\dots,Z_m^{(n)}) \ , \quad F(x_1,\dots,x_m) = \Sigma_{j=1}^m \frac{x_j^2}{p_j} \ .$$

Mit Hilfe des continuous mapping Theorems B 3.8 schließt man aus (2), daß

$$\hat{\chi}_n^2(\mathbf{p}) \overset{D}{\longrightarrow} F(Z_1,\dots,Z_m)$$

mit $N_m(0,\boldsymbol{\Sigma})$-verteilten Vektor $(Z_1,\dots,Z_m)$.

Wir geben nun unabhängige, $N(0,1)$-verteilte Zufallsvariablen $Y_1,\dots,Y_m$ an, für die

(3) $\qquad \Sigma_{j=1}^{m-1} Y_j^2 = F(Z_1,\dots,Z_m)$

gilt, womit der Satz bewiesen wäre. Zur Konstruktion der Y_j : Es seien $\xi_1,\dots,\xi_m$ unabhängig und $N(0,p_j)$, $j=1,\dots,m$, verteilt. Setze

$$Z_j = \xi_j - p_j \cdot (\Sigma_{i=1}^m \xi_i)$$
$$\tilde{\xi}_j = \xi_j / \sqrt{p_j} \ .$$

Die $\tilde{\xi}_1,\dots,\tilde{\xi}_m$ sind unabhängig und $N(0,1)$-verteilt. Der Vektor $(Z_1,\dots,Z_m)$ ist $N_m(0,\boldsymbol{\Sigma})$-verteilt, denn man rechnet

$$\mathbb{E}Z_j = 0 \ , \quad \mathrm{Var}(Z_j) = p_j(1-p_j) \ , \quad \mathrm{Cov}(Z_i,Z_j) = -p_i p_j \quad (i \neq j) \ .$$

Nun führen wir im $\mathbb{R}^m$ eine Transformation mit Hilfe einer orthogonalen $m \times m$-Matrix $\mathbf{A}$ durch, welche die letzte Zeile

$$(\sqrt{p_1},\dots, \sqrt{p_m})$$

besitzt. Wir definieren den (Spalten-)Vektor $(Y_1,\dots,Y_m)^T$ als den in dieser Weise transformierten (Spalten-)Vektor $(\tilde{\xi}_1,\dots,\tilde{\xi}_m)^T$,

$$(Y_1,\dots,Y_m)^T = \mathbf{A} \cdot (\tilde{\xi}_1,\dots,\tilde{\xi}_m)^T \ ,$$

und leiten die folgenden Eigenschaften ab:

(i) $\qquad$ Die Variablen Y_j sind unabhängig und $N(0,1)$-verteilt $\quad$ [vgl. I 2.4, 2.6]

(ii) $\qquad \Sigma_{j=1}^m Y_j^2 = \Sigma_{j=1}^m \tilde{\xi}_j^2 \qquad\qquad$ [Orthogonalität der Transformation]

(iii) $\qquad Y_m = \Sigma_{j=1}^m \tilde{\xi}_j \sqrt{p_j} \qquad\qquad$ [letzte Zeile von $\mathbf{A}$].

Da man außerdem rechnet

$$F(Z_1,\dots,Z_m) = \Sigma_{j=1}^m \tilde{\xi}_j^2 - (\Sigma_{j=1}^m \tilde{\xi}_j \sqrt{p_j})^2 \ ,$$

folgt die Gleichung (3) aus (ii) und (iii). $\square$

3.3 Andere Verteilungsmodelle

In der Situation der $M_{m-1}(n,\mathbf{p})$-Verteilung wird ein Zufallsexperiment mit $M_{m-1}(1,\mathbf{p})$- verteiltem Ausgang n-mal unabhängig wiederholt. In Verallgemeinerung werde nun ein Zufallsexperiment n-mal unabhängig wiederholt, dessen Ausgang nach einer Verteilungsfunktion $F(x)$, $x \in \mathbb{R}$ (und nicht mehr notwendig gemäß einer $M_{m-1}(1,\mathbf{p})$- Verteilung) verteilt ist. Dann teilt man die reelle Achse in m disjunkte Intervalle $(a_{j-1},a_j]$ ein,

$$\mathbb{R} = \bigcup_{j=1}^{m} (a_{j-1},a_j] \; , \quad a_0 = -\infty \; , \quad a_m = \infty$$

(lies $(a_{m-1},\infty]$ als (a_{m-1},∞)), bestimmt n_j als die Anzahl der ins Intervall $(a_{j-1},a_j]$ gefallenen Beobachtungen und berechnet p_j durch

$$p_j = F(a_j) - F(a_{j-1}) \; , \quad j=1,\dots,m \; .$$

Sind also $X_1,\dots,X_n$ unabhängig und gemäß F verteilt, so setzt man

(4) $\qquad X_j^{(n)} = \Sigma_{i=1}^{n} 1_A(X_i) \; , \quad j=1,\dots,m \; , \quad A_j = (a_{j-1},a_j] \; ,$

(n_j bildet gerade die Realisierung von $X_j^{(n)}$) und erhält:

(5) $\qquad (X_1^{(n)},\dots,X_{m-1}^{(n)})$ ist $M_{m-1}(n,(p_1,\dots,p_{m-1}))$-verteilt.

Durch (4) und (5) wird ein sog. *gruppiertes Modell* definiert. Man beachte, daß in der Intervallzerlegung eine gewisse Willkür enthalten ist.

3.4 Anwendungsregeln

Für den Anwender bleibt die Frage, welcher Stichprobenumfang n als groß genug für eine Anwendung des χ^2-Anpassungstests gilt. Zu dieser Frage gibt es deshalb keine Patentantwort, weil die Güte der Übereinstimmung zwischen der Verteilungsfunktion $F_n(m-1,\mathbf{p})$ der Zufallsvariablen $\hat{\chi}_n^2(\mathbf{p})$ und der Verteilungsfunktion $F(m-1)$ der χ_{m-1}^2-Verteilung vom zugrundeliegenden Parameter $\mathbf{p}$ und vom Signifikanzniveau α abhängt. Letzteres heißt, daß die Übereinstimmung nicht für alle Wertebereiche von F gleich gut ist. Anwendungsempfehlungen basieren auf Monte-Carlo-Simulationen und werden meistens in der Form

(∗) $\qquad$ erwartete Häufigkeit $np_i \geq z_i \; , \quad i=1,\dots,m$

ausgesprochen. Eine alte Regel aus der Vor-Computerzeit setzt alle $z_i = 5$. Eine andere setzt alle $z_i = 1$, doch 80 % der z_i gleich 5 (Cochran 1954), was aber im Licht jüngerer Arbeiten als übertrieben vorsichtig erscheint. Diese tendieren - zumindest bei $\alpha = 0.05$ und größerer Alternativenanzahl m - zu "alle $z_i = 2$" (vgl.

v.d. Waerden (1971, § 56); Fienberg (1980, APP IV)). Ist die Anwendungsregel (∗)
verletzt, so bleibt der Ausweg, Alternativen in geeigneter Weise zusammenzufas-
sen.

3.5 Zusammengesetzte Hypothesen über p im Multinominalmodell

In der Situation 3.1 wollen wir nun die zusammengesetzte Hypothese prüfen, daß
sich der Parameter $\mathbf{p}$ der zugrundeliegenden Multinominalverteilung $M_{m-1}(n,\mathbf{p})$ in
ganz bestimmter Weise als Funktion eines anderen Parameters $\boldsymbol{\eta}$, d.h. in der Form

$$H_0 : \qquad p_j = p_j(\boldsymbol{\eta}), \quad j=1,..,m-1 \ , \quad \boldsymbol{\eta} \in \Delta \subset \mathbb{R}^c \text{ offen}, \quad c < m-1 \ ,$$

schreiben läßt (voller Rang der Matrix $(\partial p_j / \partial \eta_k)$ vorausgesetzt). Gemäß VI 2.3, 4.3
berechnet sich die ML-Schätzung $\hat{\boldsymbol{\eta}}$ für $\boldsymbol{\eta}$ aus der Gleichung

$$(6) \qquad \sum_{j=1}^m X_j^{(n)} \frac{1}{p_j(\boldsymbol{\eta})} \frac{d}{d\boldsymbol{\eta}} p_j(\boldsymbol{\eta}) = 0 \ ,$$

wobei wir wieder $X_m^{(n)} = n - \sum_{j=1}^{m-1} X_j^{(n)}$ und $p_m(\boldsymbol{\eta}) = 1 - \sum_1^{m-1} p_j(\boldsymbol{\eta})$ gesetzt
haben. Mit Hilfe dieses ML-Schätzers bildet man die *Pearson-Fisher-Teststatistik*

$$\hat{\chi}_n^2 = \sum_{j=1}^m \frac{(X_j^{(n)} - np_j(\hat{\boldsymbol{\eta}}))^2}{np_j(\hat{\boldsymbol{\eta}})}$$

bzw. alternativ die sog. log LQ-Teststatistik

$$\hat{T}_n = 2 \sum_{j=1}^m X_j^{(n)} \log\left(\frac{X_j^{(n)}}{np_j(\hat{\boldsymbol{\eta}})} \right)$$

und verwirft H_0 , falls

$$\hat{\chi}_n^2 > \chi^2_{m-1-c,1-\alpha} \quad \text{bzw. falls} \quad \hat{T}_n > \chi^2_{m-1-c,1-\alpha} \ .$$

Es gilt auch hier das in den Anwendungsregeln 3.4 Gesagte, wobei die erwarteten
Häufigkeiten jetzt $np_j(\hat{\boldsymbol{\eta}})$ heißen. Die mathematische Grundlage dieser Tests bildet
der Satz VI 4.6 über die asymptotische Verteilung von $\hat{\chi}_n^2$ bzw. $\hat{T}_n$.

3.6 Poissonmodell

Bezeichne nun $X_j^{(n)}$ die Anzahl der Ergebnisse j, die bei n-maliger unabhängiger
Wiederholung eines $P(\eta)$-verteilten Zufallsexperiments beobachtet werden:

$$X_j^{(n)} = \sum_{i=1}^n 1(X_i = j) \ , \quad j=0,1,...$$

$X_1, X_2,...$ unabhängig und $P(\eta)$-verteilt.

Im Sinne von 3.3 betrachten wir die disjunkte Zerlegung

$$\mathbb{N}_0 = \{0\} \cup \{1\} \cup \dots \cup \{m\text{-}1\} \cup A_m \, , \quad A_m = \{m, m\text{+}1, \dots\} \, .$$

Setzt man

$$p_j(\eta) = \frac{\eta^j}{j!} \, e^{-\eta} \, , \quad j \geq 0 \, ,$$

so unterliegt

(7) $(X_0^{(n)}, X_1^{(n)}, \dots, X_{m-1}^{(n)})$

einer $M_{m-1}\big(n, (p_0(\eta), \dots, p_{m-1}(\eta))\big)$-Verteilung. I.f. bezeichne

$$\overset{*}{X}_m^{(n)} = \Sigma_{j=m}^{\infty} \, X_j^{(n)} \quad \text{bzw.} \quad p_m^*(\eta) = \Sigma_{j=m}^{\infty} \, p_j(\eta)$$

die Häufigkeit bzw. Wahrscheinlichkeit der durch Zusammenfassen der Alternativen $m, m\text{+}1, \dots$ entstandenen "Restgruppe" A_m . Das Vorliegen des Modells (7) (*gruppiertes Poissonmodell*), wollen wir nun durch den in 3.5 bereitgestellten Anpassungstest prüfen, wozu wir nur noch den ML-Schätzer $\hat{\eta}$ für η ermitteln müssen. Gleichung (6) liefert

$$\Sigma_{j=0}^{m-1} \, X_j^{(n)} \Big(\frac{j}{\eta} - 1 \Big) + \overset{*}{X}_m^{(n)} \frac{1}{p_m^*(\eta)} \, \Sigma_{j=m}^{\infty} \, p_j(\eta) \Big(\frac{j}{\eta} - 1 \Big) = 0 \, .$$

Die ML-Schätzung $\hat{\eta}$ für η des gruppierten Poissonmodells (7) berechnet sich also aus

$$\eta = \frac{1}{n} \Sigma_{j=0}^{m-1} \, j \, X_j^{(n)} + \overset{*}{X}_m^{(n)} \Big(\frac{\Sigma_m^{\infty} \, j \, p_j(\eta)}{\Sigma_m^{\infty} \, p_j(\eta)} \Big) .$$

Bei festen n gibt es für jede Realisierung ein m mit $\overset{*}{X}_m^{(n)} = 0$, so daß

$$\hat{\eta} \longrightarrow \overline{X} = \Sigma_{i=1}^{n} X_i / n \quad \text{bei } m \rightarrow \infty \, .$$

Für große Klassenzahl m bildet das Stichprobenmittel $\overline{X}$, das ist die ML-Schätzung für η im ungruppierten Poissonmodell, eine gute Approximation für die ML-Schätzung $\hat{\eta}$ für η im gruppierten Modell (vgl. auch Cramér (1954, p. 435)).

3.7 Normalverteilungsannahme

Die Zufallsvariablen $X_1, \dots, X_n$ seien unabhängig und $N(\mu, \sigma^2)$-verteilt, wobei μ und σ^2 unbekannt sind. Gemäß 3.3 stellten wir mit $\mathbb{R} = \cup \, (a_{j-1}, a_j]$, $a_0 = -\infty$, $a_m = \infty$, eine disjunkte Zerlegung der reellen Achse her und bezeichnen mit $X_j^{(n)}$ die Anzahl der Beobachtungen X_i , die ins j-te Intervall $A_j = (a_{j-1}, a_j]$ fallen. Die Wahrscheinlichkeit, daß eine Beobachtung ins Intervall A_j fällt ist

$$p_j \equiv p_j(\boldsymbol{\eta}) = \frac{1}{\sqrt{2\pi}\,\sigma} \int_{A_j} \phi(x) \, dx \, ,$$

wobei wir zur Abkürzung

$$\boldsymbol{\eta} = (\mu,\sigma) , \quad \phi(x) \equiv \phi(x,\boldsymbol{\eta}) = \exp\left\{-\frac{(x-\mu)^2}{2\sigma^2}\right\}$$

gesetzt haben. Gleichung (6) liefert

$$\Sigma_{j=1}^{m} X_j^{(n)} \frac{\int_{A_j} (x-\mu)\phi(x)dx}{\int_{A_j} \phi(x)dx} = 0$$

$$\Sigma_{j=1}^{m} X_j^{(n)} \frac{\int_{A_j} (x-\mu)^2\phi(x)dx}{\int_{A_j} \phi(x)dx} - n\sigma^2 = 0$$

und damit die folgenden Gleichungen zur Berechnung der ML-Schätzung $(\hat{\mu},\hat{\sigma})$ für (μ,σ) im *gruppierten Normalverteilungsmodell*:

$$\mu = \frac{1}{n} \Sigma_{j=1}^{m} X_j^{(n)} \frac{\int_{A_j} x\phi(x)dx}{\int_{A_j} \phi(x)dx}$$

$$\sigma^2 = \frac{1}{n} \Sigma_{j=1}^{m} X_j^{(n)} \frac{\int_{A_j} (x-\mu)^2\phi(x)dx}{\int_{A_j} \phi(x)dx} .$$

Bezeichnen wir mit c_j die Mittelpunkte der Intervalle A_j, $j=2,\ldots,m-1$, und sind a_1 und a_{m-1} geeignet so gewählt, daß in A_1 und A_m keine Beobachtung fällt, dann löst man dieses Gleichungssystem approximativ zu

$$\hat{\mu} = \frac{1}{n} \Sigma_{j=1}^{m} X_j^{(n)} c_j , \quad \hat{\sigma}^2 = \frac{1}{n} \Sigma_{j=1}^{m} X_j^{(n)} (c_j - \hat{\mu})^2 ,$$

was das Stichprobenmittel und die Stichprobenvarianz der gruppierten Stichprobe darstellen. Im Fall äquidistanter Klasseneinteilung mit Intervallbreite b empfiehlt Cramér (1954, p. 438) die sog. *Sheppard-Korrektur* $-b^2/12$ für $\hat{\sigma}^2$.

3.8 Anwendungshinweise

(a) χ^2-Anpassungstests werden (wie übrigens Tests von Verteilungsannahmen ganz allgemein) von den Statistik-Paketen stiefmütterlich behandelt. SPSS NPAR TESTS CHISQUARE z.B. rechnet nur die Formel $\Sigma(n_j - e_j)^2/e_j$ aus, die expected frequencies $e_j = np_j(\hat{\eta})$ allerdings muß der Benutzer i.d.R. selber beisteuern; ihre Bestimmung ist aber i.a. das rechnerisch Aufwendigste (siehe z.B. 3.6 und 3.7).

(b) Wird die Verteilungsannahme verworfen, kann der Benutzer durch geeignetes Transformieren der Beobachtungsvariablen versuchen, die Güte der Übereinstimmung zu verbessern. Ein diagnostisches Hilfsmittel dazu ist im Fall der Normalverteilungsannahme der sog. *normal probability plot*, in welchem

$$\Phi^{-1}\left(\frac{i-1/3}{n+1/3}\right) \quad \text{über} \quad x_{(i)}, \quad i=1,...,n$$

aufgetragen wird ($x_{(1)},...,x_{(n)}$ bezeichnet die vom kleinsten zum größten Wert hin *geordnete* Stichprobe, vgl. BMDP 5D, SAS PROC UNIVARIATE). Die Güte der Anpassung an die durch ($\overline{x}-s,-1$) und ($\overline{x}+s,1$) gehende Gerade signalisiert die Nähe zur Normalverteilung.

Je größer der Stichprobenumfang n ist, desto mehr sollte diesen optischen Diagnosen der Vorzug vor den Signifikanztests gegeben werden. Wegen der großen Testschärfe bei großen n wird nämlich die Verteilungsannahme selbst bei substantiell unwesentlichen Abweichungen von der Annahme in aller Regel verworfen. Verzichtet der Anwender dann auf die Durchführung der Verfahren mit Verteilungsannahme und steht ein adäquates nichtparametrisches Verfahren nicht zur Verfügung (oder ist die Rechenzeit beim Ordnen der umfangreichen Stichproben zu groß), so ist er zur inferenz-statistischen Untätigkeit verurteilt.

(c) Bei Verfahren innerhalb der linearen Modelle (wie bei Varianz- und Regressionsanalyse), bei denen ja die Modellgleichung $y_i = \mu_i + e_i$ (e_i's unabhängig und $N(0,\sigma^2)$-verteilt) herrscht, hat man nicht die Beobachtungswerte $y_1,...,y_n$ einem Anpassungstest auf Normalverteilung zu unterwerfen, sondern die Residuenwerte $\hat{e}_1,...,\hat{e}_n$, wobei $\hat{e}_i = y_i - \hat{\mu}_i$ (vgl. III 3.5).

(d) Wird der Anpassungstest angewandt, um bei Nicht-Verwerfen der Verteilungsannahme mit derselben weiterzuarbeiten (wie es etwa in der Situation (c) der Fall ist), so sollte zur Absicherung ein größeres α als üblich gewählt werden, vgl. ANHANG B 2.5 1b).

III DAS LINEARE MODELL DER STATISTIK

0. VORBEMERKUNG

Das lineare Modell der Statistik bildet die theoretische Grundlage der beiden wohl populärsten statistischen Verfahren, der Varianz- und Regressionsanalyse. Es stellt damit einen klassischen Lehrstoff der angewandten mathematischen Statistik dar. Wir werden in diesem Kapitel die wichtigsten Sätze zur Schätz- und Testtheorie im linearen Modell beweisen. Wert gelegt wird auf die Herleitung der sog. simultanen statistischen Verfahren, welche eine Feinanalyse der Daten ermöglichen. Wir werden diese in der Form von simultanen Konfidenzintervallen formulieren (vgl. Abschnitt 5). Im zweiten Abschnitt findet man diverse Spezialfälle des linearen Modells, doch werden innerhalb dieses Kapitels III nur die beiden einfachsten Modelle - die der einfachen Varianz- und Regressionsanalyse - als Beispiele mitgeführt. In den nächsten beiden Kapiteln IV und V werden die gewonnenen Ergebnisse auf die beiden großen Methodenfamilien der Varianz- und Regressionsanalyse angewandt.

Das lineare Modell stellt sich als abgeschlossenes und recht elegantes Theoriengebäude dar. Der Grund dafür liegt in dem reibungslosen Zusammenspiel zwischen mehrdimensionaler Normalverteilung und linearen Teilräumen und Transformationen, das uns bereits in I 2.4 begegnet ist und das auch den Hauptteil des ersten Abschnitts bilden wird.

1. EINFÜHRUNG IN DAS LINEARE MODELL

1.0 Die grundlegende Vorstellung, die hinter dem linearen Modell steht, ist die folgende: Der n-dimensionale Beobachtungsvektor $\mathbf{Y}$ kann additiv aufgespaltet werden in einen Mittelwertsvektor $\boldsymbol{\mu}$ und einen Fehler-(Residuen-)Vektor $\mathbf{e}$. Dabei ist vom Vekor $\boldsymbol{\mu}$ nur bekannt, daß er aus einen bestimmten linearen Teilraum des $\mathbb{R}^n$ ist. Der Vektor $\mathbf{e}$ besteht aus unkorrelierten Zufallsvariablen mit Erwartungswert 0 und unbekannter Varianz σ^2. Erst in 3.11 lassen wir für $\mathbf{e}$ eine beliebige Kovarianzmatrix $\mathbf{V(e)}$ zu.

1.1 Die Elemente des linearen Modells

Das lineare Modell der mathematischen Statistik, welches i.f. mit LM abgekürzt wird, umfaßt folgende Vektoren und Matrizen:

n-dimensionaler *Beobachtungs*-(Stichproben-) Vektor **y** , der als eine Realisation des Zufallsvektors **Y** aufgefaßt wird und der die n Beobachtungen $y_1,...,y_n$ der Kriteriumsvariablen umfaßt.

$$\mathbf{y} = \begin{bmatrix} y_1 \\ y_2 \\ \vdots \\ y_n \end{bmatrix} , \quad \mathbf{Y} = \begin{bmatrix} Y_1 \\ Y_2 \\ \vdots \\ Y_n \end{bmatrix}$$

p-dimensionaler *Parametervektor* $\boldsymbol{\beta}$ (p < n), der die (unbekannten) Parameter $\beta_1,...,\beta_p$ umfaßt.

$$\boldsymbol{\beta} = \begin{bmatrix} \beta_1 \\ \beta_2 \\ \vdots \\ \beta_p \end{bmatrix}$$

n × p-Matrix **X** der (bekannten) Kontroll- oder Einflußgrößen, auch *Designmatrix* genannt. Wir setzen
$$r = \text{Rang} (\mathbf{X}) .$$

$$\mathbf{X} = \begin{bmatrix} x_{11} & \cdots & x_{1p} \\ x_{21} & \cdots & x_{2p} \\ \vdots & & \vdots \\ x_{n1} & \cdots & x_{np} \end{bmatrix}$$

n-dimensionaler Zufallsvektor **e** der *Fehler*- (Residuen-, Stör-)Größen $e_1,...,e_n$. Wir setzen im folgenden stets voraus, daß die e_i Erwartungswert 0 und identisch gleiche Varianzen σ^2 haben (σ^2 ein weiterer unbekannter Parameter), und daß die e_i paarweise unkorreliert sind. Vektoriell:

$$\mathbf{e} = \begin{bmatrix} e_1 \\ e_2 \\ \vdots \\ e_n \end{bmatrix}$$

(1)
$$\mathbb{E}\,\mathbf{e} = 0$$
$$\boldsymbol{\Sigma}_e \equiv V(\mathbf{e}) = \sigma^2 I_n$$

1.2 Definition und einfache Folgerungen

Ein lineares Modell (LM) wird durch die Gleichung

(2) $\quad \mathbf{Y} = \mathbf{X}\boldsymbol{\beta} + \mathbf{e}$

gegeben, wobei **Y**, $\boldsymbol{\beta}$, **X** und **e** in 1.1 eingeführt wurden und Voraussetzung (1) gelten soll. Komponentenweise bedeutet (2)

$$Y_i = \sum_{j=1}^{p} x_{ij}\,\beta_j + e_i , \quad i=1,...,n.$$

Von einem LM mit *Normalverteilungs-Annahme* (kurz: NLM) sprechen wir, wenn

(3) $\mathbf{e}$ eine $N_n(0, \sigma^2 I_n)$-Verteilung besitzt.

Einfache Folgerungen sind

1. Für das LM gilt $\mathbb{E}\mathbf{Y} = \mathbf{X}\boldsymbol{\beta}$, $\mathbb{V}(\mathbf{Y}) = \sigma^2 I_n$.

Für die 3 Kennzahlen $p = \dim \boldsymbol{\beta}$, $n = \dim \mathbf{Y}$, $r = \text{Rang}(\mathbf{X})$ des LM gilt

$$r \le p < n.$$

2. Im NLM sind darüberhinaus die $Y_1, \dots, Y_n$ unabhängig und

$$Y_i \text{ ist } N(\textstyle\sum_{j=1}^p x_{ij}\beta_j, \sigma^2)\text{-verteilt} \quad (i=1,\dots,n).$$

I.f. schreiben wir für den Erwartungswert-Vektor von $\mathbf{Y}$ auch

$$\boldsymbol{\mu} = \mathbb{E}\mathbf{Y} .$$

1.3 Der lineare Teilraum $L = \measuredangle(\mathbf{X})$

Es bezeichne

$$\measuredangle(\mathbf{X}) = \{\mathbf{X}\cdot\mathbf{a}\colon \mathbf{a} \in \mathbb{R}^p\}$$

den linearen Teilraum des $\mathbb{R}^n$, der durch die p Spalten der Matrix $\mathbf{X}$ aufgespannt wird. Für $\measuredangle(\mathbf{X})$ werden wir auch kürzer L schreiben. Nach Definition von $r = \text{Rang}(\mathbf{X})$ gilt

$$r = \dim \measuredangle(\mathbf{X}) .$$

In einem LM gilt also für den Erwartungswert $\boldsymbol{\mu}$

(4) $\boldsymbol{\mu} \in L .$

Die Definitionsgleichung (2) läßt sich nun so interpretieren, daß jede Beobachtung $\mathbf{y}$ gerade um einen Fehlervektor $\mathbf{e}$ aus dem linearen Teilraum L abgelenkt wird. Offensichtlich läßt sich ein LM in äquivalenter ("koordinatenfreier") Weise auch durch

(5) $\mathbf{Y} = \boldsymbol{\mu} + \mathbf{e} , \boldsymbol{\mu} \in L ,$

definieren, wobei $\mathbf{Y}$ und $\mathbf{e}$ oben eingeführt wurden, Vorausset-

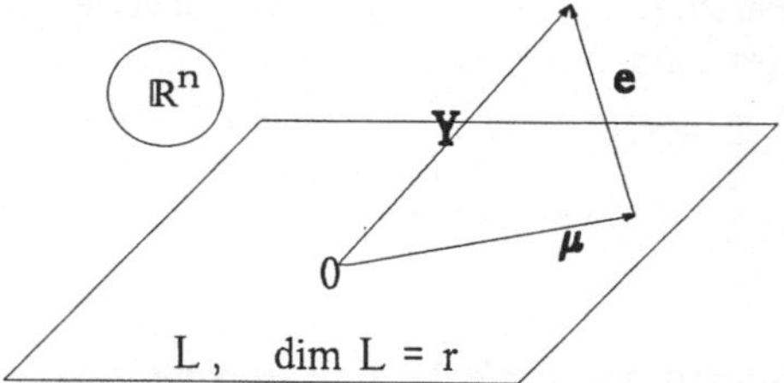

zung (1) gelten soll und L ein bestimmter vorgegebener r-dimensionaler linearer Teilraum des $\mathbb{R}^n$ ist. Tatsächlich ist es oft vorteilhaft (z.B. bei der doppelten Varianzanalyse, siehe 2.4), den Raum L anders anzugeben als durch die p Spalten einer Matrix $\mathbf{X}$. Man beachte aber, daß die Darstellung $\boldsymbol{\mu} = \mathbf{X}\boldsymbol{\beta}$ des Erwartungswertvektors mit Hilfe der p Spalten der Matrix $\mathbf{X}$ nur im Fall $r = p$ ($\mathbf{X}$ voller Rang) eindeutig ist.

Die Projektionsabbildung auf L wird durch eine n×n-Matrix Projektionsmatrix P_L

dargestellt, die durch die beiden Eigenschaften

$$\mathbf{P_L a} = \mathbf{a} \quad \text{für } \mathbf{a} \epsilon L \quad \text{und} \quad \mathbf{P_L a} = 0 \quad \text{für } \mathbf{a} \epsilon L^{\perp}$$

eindeutig festgelegt ist, wobei

$$L^{\perp} = \{\mathbf{a} \in \mathbb{R}^n : \mathbf{a}^T \cdot \mathbf{x} = 0 \quad \text{für alle } \mathbf{x} \epsilon L\}$$

das orthogonale Komplement von L ist, vgl ANHANG A 1.5. Die Matrix $\mathbf{P_L}$ erfüllt

$$\mathbf{P_L^2} = \mathbf{P_L} \quad \text{und} \quad \mathbf{P_L^T} = \mathbf{P_L} \, ,$$
$$|\mathbf{y} - \mathbf{P_L y}|^2 = \min\{|\mathbf{y} - \mathbf{x}|^2 : \mathbf{x} \epsilon L\} \, .$$

Für ein $\mathbf{y} \epsilon \mathbb{R}^n$ bezeichnet also

$$\mathbf{P_L y} \epsilon L \quad \text{die } \textit{Projektion}$$
$$\mathbf{y} - \mathbf{P_L y} \epsilon L^{\perp} \quad \text{den } \textit{Projektionsstrahl} \text{ von } \mathbf{y} \text{ in } L \, .$$

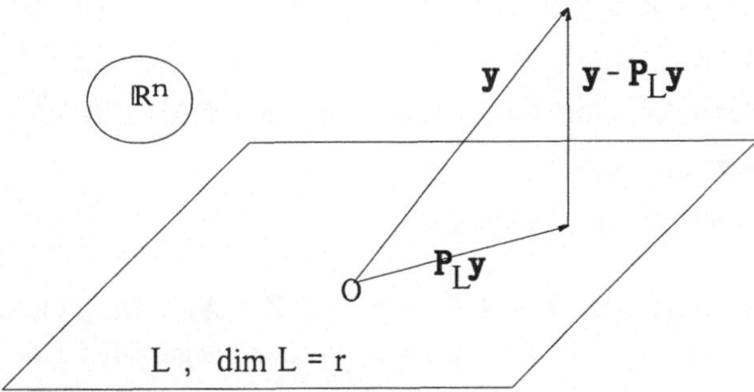

Bemerkung Die folgende Darstellung 1.4 - 1.8 benutzt eine "kanonische" Basiswahl im $\mathbb{R}^n$ und kommt ohne die Sätze 2 in I 2.4, 2.5 aus. Bei Verwendung dieser Sätze läßt sich 1.4 - 1.5 überspringen und die Aussagen in 1.6 - 1.8 erlauben einen alternativen Beweis, der jeweils in einer Bemerkung angefügt ist.

1.4 Kanonische Darstellung

Wir versehen den $\mathbb{R}^n$ mit einer solchen Orthonormalbasis

$$\mathbf{a}_1, \mathbf{a}_2, \dots, \mathbf{a}_n \, ,$$

daß die ersten r Vektoren den linearen Teilraum $L = \measuredangle(\mathbf{X})$ aufspannen,

$$L = \measuredangle(\mathbf{a}_1, \dots, \mathbf{a}_r) \, ,$$

und die $\mathbf{a}_{r+1}, \dots, \mathbf{a}_n$ eine orthogonale Ergänzung bilden ,

$$L^{\perp} = \measuredangle(\mathbf{a}_{r+1}, \dots, \mathbf{a}_n) \, .$$

Für jedes $\mathbf{y} \epsilon \mathbb{R}^n$ haben wir dann die Darstellung

$$\mathbf{y} = \Sigma_{i=1}^n z_i \mathbf{a}_i \, ,$$

die mit der orthogonalen $n \times n$-Matrix $\mathbf{A} = \begin{bmatrix} \mathbf{a}_1^T \\ \vdots \\ \mathbf{a}_n^T \end{bmatrix}$ und mit $\mathbf{z} = \begin{bmatrix} z_1 \\ \vdots \\ z_n \end{bmatrix}$ in der Form
$$\mathbf{y} = \mathbf{A}^T\mathbf{z}$$
geschrieben werden kann. $\mathbf{A}$ besitzt also als Zeilen die n Vektoren der Orthonormalbasis. Es folgt $\mathbf{z} = \mathbf{A}\mathbf{y}$. Ist $\mathbf{Y}$ ein Zufallsvektor, so nennen wir i.f. $\mathbf{Y} = \mathbf{A}^T\mathbf{Z}$ seine *kanonische* Darstellung.

1.5 Zufallsvektor Z

Satz Ist $\mathbf{Y} = \mathbf{A}^T\mathbf{Z}$ die kanonische Darstellung des Zufallsvektors $\mathbf{Y}$ des LM $\mathbf{Y} = \boldsymbol{\mu}$ + $\mathbf{e}$, $\boldsymbol{\mu} \epsilon L$, dann gilt

$$\mathbb{E}\mathbf{Z} = \mathbf{A}\boldsymbol{\mu}, \quad \text{insbes. } \mathbb{E}Z_i = 0 \quad \text{für } r < i \leq n$$
$$\mathbb{V}(\mathbf{Z}) = \sigma^2 \mathbf{I}_n.$$

Unter der zusätzlichen Voraussetzung der Normalverteilung (NLM) gilt:

$$\mathbf{Z} \text{ ist } N_n(\mathbf{A}\boldsymbol{\mu}, \sigma^2 \mathbf{I}_n)\text{-verteilt,}$$

die $Z_1, \dots, Z_n$ sind also insbesondere unabhängig.

Beweis Wegen $\mathbb{E}\mathbf{Y} = \boldsymbol{\mu}$ folgt aus $\mathbf{Z} = \mathbf{A}\mathbf{Y}$ sofort $\mathbb{E}\mathbf{Z} = \mathbf{A}\boldsymbol{\mu}$. Da $\boldsymbol{\mu} \epsilon L$ und die $\mathbf{a}_{r+1}, \dots, \mathbf{a}_n \epsilon L^\perp$, ist $\mathbb{E}Z_i = \mathbf{a}_i^T \cdot \boldsymbol{\mu} = 0$ für $r < i \leq n$. Ferner ist gemäß I 1.6
$$\mathbb{V}(\mathbf{Z}) = \mathbf{A}\mathbb{V}(\mathbf{Y})\mathbf{A}^T = \sigma^2 \mathbf{A}\mathbf{A}^T = \sigma^2 \mathbf{I}_n.$$

Ist der Vektor $\mathbf{Y}$ n-dimensional normalverteilt, dann ist es nach I 2.4 auch der Vektor $\mathbf{Z} = \mathbf{A}\mathbf{Y}$. Aus I 2.6 folgt die stochastische Unabhängigkeit. ☐

1.6 Projektion und Projektionsstrahl

Für den Zufallsvektor $\mathbf{Y} = \boldsymbol{\mu} + \mathbf{e}$, $\boldsymbol{\mu} \epsilon L$, des LM bezeichnet $\mathbf{P}_L\mathbf{Y} \epsilon L$ die Projektion in L und, mit der $n \times n$-Matrix $\mathbf{Q}_L = \mathbf{I}_n - \mathbf{P}_L = \mathbf{P}_{L^\perp}$,

$$\mathbf{Q}_L\mathbf{Y} \epsilon L^\perp$$

den Projektionsstrahl.

Satz Für die Zufallsvektoren $\mathbf{P}_L\mathbf{Y}$ und $\mathbf{Q}_L\mathbf{Y}$ eines LM gilt

$$\mathbb{E}\mathbf{P}_L\mathbf{Y} = \boldsymbol{\mu}, \quad \mathbb{E}|\mathbf{Q}_L\mathbf{Y}|^2 = (n-r)\sigma^2.$$

Im NLM gilt ferner
$$|\mathbf{Q}_L\mathbf{Y}|^2/\sigma^2 \text{ ist } \chi^2_{n-r}\text{-verteilt}$$
und
$$\mathbf{P}_L\mathbf{Y} \text{ und } \mathbf{Q}_L\mathbf{Y} \text{ sind unabhängig.}$$

Beweis Wegen $\mu \in L$ gilt $\mathbb{E}\, P_L Y = P_L \mu = \mu$. Gemäß 1.4 schreiben wir Y in der kanonischen Darstellung

$$Y = \Sigma_{i=1}^n Z_i\, \mathbf{a}_i \ .$$

Es ist

$$P_L Y = \Sigma_{i=1}^r Z_i\, \mathbf{a}_i$$
$$Q_L Y = \Sigma_{i=r+1}^n Z_i\, \mathbf{a}_i \ , \quad |Q_L Y|^2 = \Sigma_{i=r+1}^n Z_i^2 \ .$$

Daraus folgt wegen $\mathbb{E}\, Z_i^2 = \sigma^2$ für $i > r$ (siehe 1.5)

$$\mathbb{E}\, |Q_L Y|^2 = (n-r)\sigma^2 \ .$$

Im NLM sind gemäß 1.5 die Z_i unabhängig, was die Unabhängigkeit der $P_L Y$ und $Q_L Y$ zur Folge hat. Da die Z_i $N(0,\sigma^2)$-verteilt sind für $i > r$, ergibt sich die χ^2_{n-r}-Verteilung von $|Q_L Y|^2 / \sigma^2$. $\square$

Bemerkungen 1. Im NLM sind insbesondere $P_L Y$ und $|Q_L Y|^2$ unabhängig. Ferner hat $P_L Y$ im NLM eine "ausgeartete" Normalverteilung; in der Tat, $V(P_L Y) = P_L \cdot V(Y) \cdot P_L = \sigma^2 P_L$ hat den Rang $r < n$.

2. Alternativer Beweis des Satzes: Der Erwartungswert der Variablen $|Q_L Y|^2 / \sigma^2 = Y^T \cdot Q_L \cdot Y / \sigma^2$ berechnet sich wegen $\mu^T \cdot Q_L \cdot \mu = 0$ auch mit Christensen (1987, Th. 1.3.2) zu $n-r$, ihre χ^2_{n-r}-Verteilung im NLM folgt auch aus Satz 2 in I 2.5; die Unabhängigkeit von $P_L Y$ und $Q_L Y$ ergibt sich auch aus Satz 2 in I 2.4.

1.7 Lineare Funktion von Y

Wir betrachten den Zufallsvektor $\mathbf{B}Y$, wobei die Zeilen der $q \times n$-Matrix $\mathbf{B}$ aus $L = \mathcal{L}(\mathbf{X})$ sein mögen. Da die $n \times n$-Matrix P_L eine solche Matrix ist, bildet der nächste Satz eine Verallgemeinerung der letzten Aussage des Satzes 1.6.

Proposition Gegeben ein NLM und eine $q \times n$-Matrix $\mathbf{B}$, deren Zeilen Vektoren aus L sind. Dann sind die Zufallsvektoren

$$\mathbf{B}Y \quad \text{und} \quad Q_L Y \quad \text{unabhängig.}$$

Beweis Mit Hilfe der kanonischen Darstellung $Y = \mathbf{A}^T Z$ des Zufallsvektors Y ist

$$\mathbf{B}Y = \mathbf{B}\mathbf{A}^T Z \ .$$

Da für die j-te Zeile $\mathbf{b}_j^T$ von $\mathbf{B}$ und die k-te Spalte $\mathbf{a}_k$ von $\mathbf{A}^T$

$$\mathbf{b}_j^T \cdot \mathbf{a}_k = 0 \ , \quad \text{falls } k > r$$

gilt, haben wir $(\mathbf{B}\mathbf{A}^T)_{jk} = 0$, falls $k > r$, so daß

$\mathbf{B}\mathbf{Y}$ nur von den $Z_1,...,Z_r$ abhängt.

Da $\mathbf{Q_L}\mathbf{Y}$ dagegen nur von den $Z_{r+1},...,Z_n$ abhängt, folgt die Behauptung aus der Unabhängigkeit der $Z_1,..., Z_n$ (siehe 1.5). $\square$

Bemerkung: Alternativer Beweis: Die Aussage dieser Proposition folgt wegen $\mathbf{B}\mathbf{Q_L} = 0$ auch aus Satz 2 in I 2.4.

1.8 Gestaffelte Projektionen

Nun betrachten wir einen

$\qquad$ s-dimensionalen linearen Teilraum $K \subset L$ $(s < r)$

und neben der Projektion $\mathbf{P_L}\mathbf{Y}$ von $\mathbf{Y}$ in L auch die Projektion $\mathbf{P_K}\mathbf{Y}$ in K. Bezüglich der nichtzentralen χ^2-Verteilung und des Nichtzentralitätsparameters (NZP) siehe ANHANG B 1.1.

Satz In einem NLM gilt für einen s-dimensionalen linearen Teilraum K von L:

$$(|\mathbf{P_L}\mathbf{Y}|^2 - |\mathbf{P_K}\mathbf{Y}|^2)/\sigma^2 \text{ ist (nichtzentral) } \chi^2_{r-s}(\delta^2)\text{-verteilt,}$$

mit NZP

$$\delta^2 = |\boldsymbol{\mu} - \mathbf{P_K}\boldsymbol{\mu}|^2/\sigma^2 \ ,$$

und unabhängig von $|\mathbf{Q_L}\mathbf{Y}|^2/\sigma^2$, das (gemäß 1.6) χ^2_{n-r} -verteilt ist.

Beweis Die in 1.4 eingeführte Orthonormalbasis $\mathbf{a}_1,...,\mathbf{a}_n$ wird so gewählt, daß die $\mathbf{a}_1, ... ,\mathbf{a}_s$ den Teilraum K aufspannen:

$$\underbrace{\mathbf{a}_1,...,\mathbf{a}_s}_{K}, \mathbf{a}_{s+1},...,\mathbf{a}_r, \mathbf{a}_{r+1},...,\mathbf{a}_n \ .$$

Mit Hilfe der kanonischen Darstellung $\mathbf{Y} = \sum_{i=1}^{n} Z_i \mathbf{a}_i$ können wir schreiben

$$|\mathbf{P_L}\mathbf{Y}|^2 = \sum_{i=1}^{r} Z_i^2 , \quad |\mathbf{P_K}\mathbf{Y}|^2 = \sum_{i=1}^{s} Z_i^2 \ .$$

Also ist

$$(|\mathbf{P_L}\mathbf{Y}|^2 - |\mathbf{P_K}\mathbf{Y}|^2)/\sigma^2 = \sum_{i=s+1}^{r} Z_i^2/\sigma^2$$

$\chi^2_{r-s}(\delta^2)$-verteilt mit NZP $\delta^2 = \sum_{i=s+1}^{r}(\mathbb{E}\,Z_i)^2/\sigma^2$, und unabhängig von

$$|\mathbf{Q_L}\mathbf{Y}|^2/\sigma^2 = \sum_{i=r+1}^{n} Z_i^2/\sigma^2 \ ,$$

das nach 1.6 χ^2_{n-r}-verteilt ist. Es bleibt nur noch, den NZP δ^2 umzuformen. Gemäß 1.5 ist

$$\mathbb{E}\, Z_i = \mathbf{a}_i^T \boldsymbol{\mu}$$

und deshalb wegen $\boldsymbol{\mu} \in L$

$$\sigma^2 \delta^2 = \Sigma_{i=s+1}^r (\mathbf{a}_i^T \boldsymbol{\mu})^2 =$$
$$|\boldsymbol{\mu} - \mathbf{P}_K \boldsymbol{\mu}|^2 . \quad \square$$

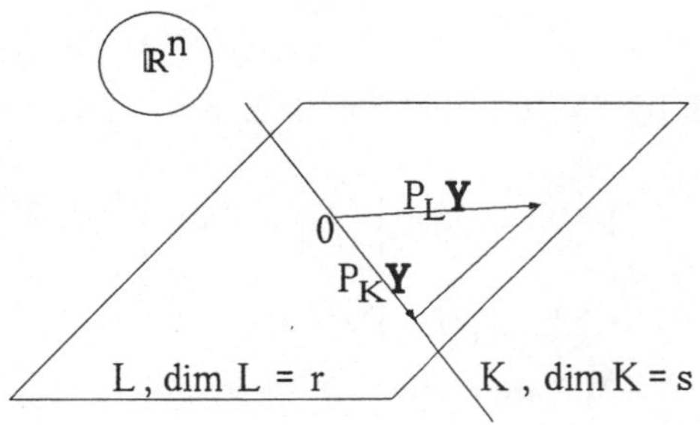

Bemerkung Alternativer Beweis unter Benutzung der Sätze 2 in I 2.4 und 2.5:

Wegen $|\mathbf{P}_L Y|^2 - |\mathbf{P}_K Y|^2 = Y^T(\mathbf{P}_L - \mathbf{P}_K)Y$ und weil der Rang der Projektionsmatrix $\mathbf{P}_L - \mathbf{P}_K$ gleich r−s ist, folgt die erste Aussage des Satzes aus Satz 2 in I 2.5. Die Unabhängigkeitsaussage ergibt sich aus den Darstellungen

$$Y^T(\mathbf{P}_L - \mathbf{P}_K)Y = V^T V , \quad Y^T \mathbf{Q}_L Y = W^T W,$$

mit $V = (\mathbf{P}_L - \mathbf{P}_K)Y, \quad W = (\mathbf{I}_n - \mathbf{P}_L)Y$. In der Tat, die Gleichung

$$(\mathbf{P}_L - \mathbf{P}_K) \cdot (\mathbf{I}_n - \mathbf{P}_L) = 0$$

liefert mit Hilfe von Satz 2 in I 2.4 die Unabhängigkeit von V und W.

2. SPEZIALFÄLLE

2.0 Durch Festlegung einer speziellen Designmatrix X oder, äquivalent, eines linearen Teilraumes L versucht der Statistiker der konkreten experimentellen Situation gerecht zu werden. Im folgenden werden wir die wichtigsten Beispiele von linearen Modellen vorstellen. Sie werden dann in den nächsten Kapiteln IV und V im Detail wieder aufgenommen. Allein die beiden Modelle der einfachen Varianz- und Regressionsanalyse dienen weiterhin in diesem Kapitel als Anwendungsbeispiele der jeweils entwickelten Theorie.

2.1 Einfache lineare Regression

Modell a) Setze p = 2 , $\boldsymbol{\beta} = \begin{bmatrix} \alpha \\ \beta \end{bmatrix}$, $X = \begin{bmatrix} 1 & x_1 \\ 1 & x_2 \\ \vdots & \vdots \\ 1 & x_n \end{bmatrix}$, wobei die Werte x_i (Kontroll-

oder Einflußwerte) nicht alle identisch seien. Es ist dann r = 2, und das LM lautet

$$Y_i = \alpha + \beta x_i + e_i , \quad i = 1, \dots, n.$$

α heißt Ordinatenabschnitt (intercept), β *Regressionskoeffizient (slope)*, y = α +

βx, $x \in \mathbb{R}$, heißt *Regressionsgerade*.

Modell b) (Mittelpunktsform) Eine äquivalente Darstellung erhält man mit

$$p = 2 \;, \quad \boldsymbol{\beta} = \begin{bmatrix} \beta_0 \\ \beta \end{bmatrix} \;, \quad \mathbf{X} = \begin{bmatrix} 1 & x_1 - \overline{x} \\ 1 & x_2 - \overline{x} \\ \vdots & \vdots \\ 1 & x_n - \overline{x} \end{bmatrix} \;,$$

wobei $\overline{x} = \sum_{i=1}^{n} x_i / n$. Dann ist

$$Y_i = \beta_0 + \beta(x_i - \overline{x}) + e_i \;, \quad i = 1, \ldots, n \;.$$

Sind nicht alle x_i identisch, so ist auch hier $r = 2$. Im Vergleich zum Modell a) ist also $\beta_0 = \alpha + \beta\overline{x}$.

2.2 Multiple lineare Regression

Modell a) Setze $\quad p = m + 1$ und $\quad \boldsymbol{\beta} = \begin{bmatrix} \alpha \\ \beta_1 \\ \vdots \\ \beta_m \end{bmatrix}$, $\mathbf{X} = \begin{bmatrix} 1 & x_{11} & x_{m1} \\ 1 & x_{12} & x_{m2} \\ \vdots & \vdots & \vdots \\ 1 & x_{1n} & x_{mn} \end{bmatrix}$,

wobei wir $r = m+1$ (für $\mathbf{X}$ also den vollen Rang) voraussetzen. Das lineare Modell der m-fachen linearen Regression lautet also

$$Y_i = \alpha + \beta_1 x_{1i} + \ldots + \beta_m x_{mi} + e_i \;, \quad i = 1, \ldots, n \;.$$

Die β_i heißen (partielle) *Regressionskoeffizienten*. Die Spalten 2 bis $m+1$ von $\mathbf{X}$ stehen für die m *Regressor*variablen (auch Kontroll-, Einfluß-, Prädiktor-Variablen genannt), so daß $(x_{j1}, \ldots, x_{jn})^T$ die n Werte der j-ten Regressorvariablen darstellen. Beachte, daß in x_{ji} der erste Index sich auf die Spalte, der zweite auf die Zeile bezieht (eine Notation, die bei uns nur im Zusammenhang mit der multiplen Regression vorkommt).

Modell b) Mit dem Mittelwert $\overline{x}_j = \sum_{i=1}^{n} x_{ji} / n$ der j-ten Regressorvariablen lautet die Mittelpunktsform

$$Y_i = \beta_0 + \beta_1(x_{1i} - \overline{x}_1) + \ldots + \beta_m(x_{mi} - \overline{x}_m) + e_i \;, \quad i = 1, \ldots, n \;.$$

Im Vergleich zu a) ist

$$\beta_0 = \alpha + \beta_1 \overline{x}_1 + \ldots + \beta_m \overline{x}_m \;.$$

Hier ist also

$$\boldsymbol{\beta} = \begin{bmatrix} \beta_0 \\ \beta_1 \\ \vdots \\ \beta_m \end{bmatrix} \;, \quad \mathbf{X} = \begin{bmatrix} 1 & x_{11} - \overline{x}_1 & \ldots & x_{m1} - \overline{x}_m \\ \vdots & & & \vdots \\ 1 & x_{1n} - \overline{x}_1 & \ldots & x_{mn} - \overline{x}_m \end{bmatrix}$$

und $\mathbf{X}$ hat genau dann den vollen Rang $m+1$, wenn es die Matrix aus a) hat.

2.3 Einfache Varianzanalyse (mit k Stichproben vom Umfang $n_1,\dots,n_k$)

Modell a) Setze $p = k$, $n = n_1 + \dots + n_k$ und

$$\beta = \begin{bmatrix} \mu_1 \\ \mu_2 \\ \vdots \\ \mu_k \end{bmatrix}, \quad \mathbf{X} = \begin{array}{l} n_1\{ \\ \\ n_2\{ \\ \vdots \\ n_k\{ \end{array} \begin{bmatrix} 1 & & & & \\ \vdots & & 0 & & \\ 1 & & & & \\ & 1 & & & \\ & \vdots & & & \\ & 1 & & & \\ & & \ddots & & 1 \\ & 0 & & & \vdots \\ & & & & 1 \end{bmatrix}, \quad \mathbf{Y} = \begin{array}{l} n_1\{ \\ \\ \\ \vdots \\ \\ n_k\{ \end{array} \begin{bmatrix} Y_{11} \\ \vdots \\ Y_{1n_1} \\ \vdots \\ Y_{k1} \\ \vdots \\ Y_{kn_k} \end{bmatrix}$$

und $\mathbf{e}$ entsprechend wie $\mathbf{Y}$. Es ist $r = k$ ($\mathbf{X}$ hat also vollen Rang) und das LM lautet

$$Y_{ij} = \mu_i + e_{ij}, \quad i = 1,\dots,k, \ j = 1,\dots,n_i.$$

$L = \mathcal{L}(\mathbf{X})$ besteht also aus allen Vektoren $\mu \in \mathbb{R}^n$, deren Komponenten

$$1 \text{ bis } n_1, \ n_1+1 \text{ bis } n_1+n_2,\dots, \ n_1+\dots+n_{k-1}+1 \text{ bis } n$$

jeweils identisch sind. Für jedes i bilden $(y_{i1},\dots,y_{in_i})$ die Werte der i-ten Stichprobe (Gruppe, Stufe), $\mathbb{E}\,Y_{ij} = \mu_i$ ist der Erwartungwert der i-ten Gruppe.

Modell b) Mit $p = k+1$,

$$\beta = \begin{bmatrix} \mu \\ \alpha_1 \\ \vdots \\ \alpha_k \end{bmatrix}, \quad \mathbf{X} = \begin{array}{l} n_1\{ \\ \\ n_2\{ \\ \vdots \\ n_k\{ \end{array} \begin{bmatrix} 1 & 1 & & & & \\ \vdots & \vdots & & 0 & & \\ 1 & 1 & & & & \\ 1 & & 1 & & & \\ \vdots & & \vdots & & & \\ 1 & & 1 & & & \\ \vdots & & & \ddots & & \\ 1 & 0 & & & 1 & \\ \vdots & & & & \vdots & \\ 1 & & & & 1 & \end{bmatrix}$$

und $\mathbf{Y}$ und $\mathbf{e}$ wie in a) haben wir

$$Y_{ij} = \mu + \alpha_i + e_{ij}, \quad i = 1,\dots,k, \ j = 1,\dots,n_i.$$

Es ist $r = k < p$, die Matrix $\mathbf{X}$ hat also keinen vollen Rang. Der Teilraum $L = \mathcal{L}(\mathbf{X})$ besteht aus allen Vektoren $\mu \in \mathbb{R}^n$, deren Komponenten $n_1+\dots+n_{i-1}+1$ bis $n_1+\dots+n_i$ sämtlich die Form $\mu + \alpha_i$ haben ($i = 1,\dots,k$). Führen wir auch für $\mu \in \mathbb{R}^n$ die Doppelindizierung wie für $\mathbf{Y}$ ein, so kann L auch als Menge aller Vektoren $\mu = (\mu_{ij}) \in \mathbb{R}^n$ beschrieben werden, welche die Darstellung

$$(1) \qquad \mu_{ij} = \mu + \alpha_i, \quad i = 1,\dots,k; \ j = 1,\dots,n_i,$$

besitzen. Ohne L zu verändern, können (und werden) wir an die α_i die Nebenbedingung

$$\text{NB} \qquad \sum_{i=1}^k n_i \alpha_i = 0$$

stellen. Unter NB wird -wie man leicht nachweist- die Darstellung eines $\boldsymbol{\mu} \in L$ in der Form (1) eindeutig. Setzen wir in Hinblick auf Modell a) $\mu_i = \mu + \alpha_i$, so folgt aus NB

$$\mu = \Sigma_1^k \, n_i \mu_i / n \ .$$

μ heißt allgemeines Mittel (common mean) und α_i *Effekt* der Gruppe (Stufe) i.

2.4 Zweifache Varianzanalyse (mit $I \cdot J$ Stichproben vom Umfang K)

Modell a) Setze $p = I \cdot J$, $n = IJK$, $\boldsymbol{\beta} = (\mu_{11}, \mu_{12}, \ldots, \mu_{IJ})^T$, $\mathbf{X}$ wie in 2.3 a) mit $n_i = K$ und $k = I \cdot J$,

$$\mathbf{Y} = (Y_{11,1}, \ldots, Y_{11,K}; \ldots; Y_{1J,1}, \ldots, Y_{1J,K}; \ldots; Y_{I1,1}, \ldots, Y_{I1,K}; \ldots; Y_{IJ,1}, \ldots, Y_{IJ,K})^T \ ,$$

e entsprechend. Wir erhalten das LM

$$Y_{ij,k} = \mu_{ij} + e_{ij,k} \ , \qquad \begin{array}{l} i = 1, \ldots, I \\ j = 1, \ldots, J \\ k = 1, \ldots, K \end{array} \ .$$

Es ist $r = p$ ($\mathbf{X}$ voller Rang), $\mu_{ij} = \mathbb{E} Y_{ij}$ ist der Erwartungswert der *Zelle (Stufenkombination)* i,j. In diesem Modell a) läßt sich die zweifache Varianzanalyse auch als einfache Varianzanalyse mit den $k = I \cdot J$ Stichproben $(1,1), \ldots, (I,J)$ vom Umfang jeweils K auffassen.

Modell b) Hier ist $p = (I + 1)(J + 1)$, $n = IJK$,

$$\boldsymbol{\beta} = (\mu; \alpha_1, \ldots, \alpha_I; \beta_1, \ldots, \beta_J; \gamma_{11}, \ldots, \gamma_{1J}; \ldots; \gamma_{I1}, \ldots, \gamma_{IJ})^T \ ,$$

Y und **e** wie im Modell a).

Der lineare Teilraum L soll hier nicht über $\mathbf{X}$, sondern bequemer wie folgt definiert werden: L besteht aus allen $\boldsymbol{\mu} \in \mathbb{R}^n$,

$$\boldsymbol{\mu} = (\mu_{11,1}, \ldots, \mu_{11,K}; \ldots; \mu_{IJ,1}, \ldots, \mu_{IJ,K})^T$$

($\boldsymbol{\mu}$ gleiche Indizierung wie **Y**), welche sich in der Gestalt

$$(2) \qquad \mu_{ij,k} = \mu + \alpha_i + \beta_j + \gamma_{ij}$$

schreiben lassen (die aus Nullen und Einsen bestehende $n \times p$-Matrix $\mathbf{X}$ mit $L = \mathcal{L}(\mathbf{X})$ wird in IV 2.1 präsentiert). Unter

$$\text{NB} \qquad \Sigma \, \alpha_i = \Sigma \, \beta_j = \Sigma_i \, \gamma_{ij} = \Sigma_j \, \gamma_{ij} = 0$$

ist die Darstellung (2) eindeutig. In der Tat, man beweist elementar:

Lemma   (i) L besteht aus allen $\boldsymbol{\mu} = (\mu_{ij,k}) \in \mathbb{R}^n$, welche (2) und NB erfüllen.

(ii) Unter NB ist die Darstellung jedes $\boldsymbol{\mu} \in L$ in der Form (2) eindeutig.

Das LM lautet

$$Y_{ij,k} = \mu + \alpha_i + \beta_j + \gamma_{ij} + e_{ij,k} , \qquad \begin{matrix} i = 1,\dots,I \\ j = 1,\dots,J \\ k = 1,\dots,K \end{matrix} .$$

Man nennt

μ allgemeines Mittel (common mean)

α_i *Effekt* der i-ten Stufe des ersten Faktors (main effect)

β_j *Effekt* der j-ten Stufe des zweiten Faktors (main effect)

γ_{ij} *Wechselwirkung* (interaction effect) auf der Stufenkombination i,j

Setzt man in Hinblick auf Modell a)

$$\mu + \alpha_i + \beta_j + \gamma_{ij} = \mu_{ij} ,$$

so führt NB zu

$$\mu = \Sigma_i \Sigma_j \mu_{ij}/(IJ), \quad \alpha_i = \bar{\mu}_{i\cdot} - \mu, \quad \beta_j = \bar{\mu}_{\cdot j} - \mu, \quad \gamma_{ij} = \mu_{ij} - \bar{\mu}_{i\cdot} - \bar{\mu}_{\cdot j} + \mu$$

mit

$$\bar{\mu}_{i\cdot} = \Sigma_j \mu_{ij}/J , \quad \bar{\mu}_{\cdot j} = \Sigma_i \mu_{ij}/I .$$

Da der lineare Teilraum L identisch ist mit $\{\boldsymbol{\mu} \in \mathbb{R}^n : \mu_{ij,k} = \mu_{ij}\}$, gilt gemäß Teil a)

$$r = \dim L = IJ.$$

Da $r < p$ gilt, hat $\mathbf{X}$ keinen vollen Rang.

2.5 Einfache Kovarianzanalyse (mit k Stichproben vom Umfang $n_1,\dots,n_k$ und mit einer Kovariablen x)

Setze $p = k+1$, $n = n_1 + \dots + n_k$ und

$$\boldsymbol{\beta} = \begin{bmatrix} \mu_1 \\ \vdots \\ \mu_k \\ \beta \end{bmatrix} , \qquad \mathbf{X} = \begin{matrix} n_1 \{ \\[6pt] \\ n_2 \{ \\[6pt] \vdots \\ \\ n_k \{ \end{matrix} \begin{bmatrix} 1 & & & & x_{11} - \bar{x} \\ \vdots & & 0 & & \\ 1 & & & & x_{1n_1} - \bar{x} \\ & 1 & & & x_{21} - \bar{x} \\ & \vdots & & & \\ & 1 & & & x_{2n_2} - \bar{x} \\ & & \ddots & & \vdots \\ & & & 1 & x_{k1} - \bar{x} \\ 0 & & & \vdots & \\ & & & 1 & x_{kn_k} - \bar{x} \end{bmatrix}$$

$$k + 1 \quad \text{Spalten}$$

mit $\bar{x} = \dfrac{1}{n} \sum_{i=1}^{k} \sum_{j=1}^{n_i} x_{ij}$, $\mathbf{Y}$ und $\mathbf{e}$ wie bei der einfachen Varianzanalyse.

Unter der Voraussetzung, daß für mindestens ein i die $x_{i1}, \dots, x_{in_i}$ nicht alle identisch sind, ist $r = k + 1$ ($\mathbf{X}$ voller Rang). Man erhält

$$Y_{ij} = \mu_i + \beta(x_{ij} - \overline{x}) + e_{ij} \,, \qquad \begin{array}{l} i=1,\dots,k \\ j=1,\dots,n_i \end{array},$$

und nennt

μ_i Erwartungswert der i-ten Stufe

β Regressionskoeffizient

x_{ij} Werte der *Kovariablen* (covariate) x .

2.6 Zweifache Kovarianzanalyse (mit I·J Stichproben vom Umfang K und mit m Kovariablen)

Ohne auf Details einzugehen, schreiben wir das LM unter Benutzung der Notation von 2.4 a) und 2.2 b) in der folgenden Form auf:

$$Y_{ij,k} = \mu_{ij} + \beta_1(x_{1ij,k} - \overline{x}_1) + \dots + \beta_m(x_{mij,k} - \overline{x}_m) + e_{ij,k} \,, \qquad \begin{array}{l} i = 1,\dots, I \\ j = 1,\dots, J \\ k = 1,\dots, K \end{array}$$

wobei

$$\overline{x}_1 = \Sigma_k \Sigma_i \Sigma_j \, x_{1ij,k} / (IJK),\dots, \overline{x}_m = \Sigma_k \Sigma_i \Sigma_j \, x_{mij,k} / (IJK) \,,$$

gesetzt wurde.

3. SCHÄTZEN DER MODELLPARAMETER

3.0 Der Parametervektor $\beta = (\beta_1,\dots,\beta_p)^T$ bzw. der Erwartungswertvektor μ und die Varianz σ^2 sind in aller Regel unbekannt und müssen aus der Stichprobe (Beobachtung) $y = (y_1,\dots,y_n)^T$ geschätzt werden. Eine Normalverteilungsannahme wird in diesem Abschnitt noch nicht getroffen. Wir benutzen die Gaußsche Methode der kleinsten Quadrate zur Schätzung des Vektors β; der resultierende Minimum-Quadrat- (MQ-) Schätzer wird sich als erwartungstreu erweisen, ebenso der aus den Residuen gewonnene Schätzer für σ^2. Verteilungsaussagen über den Schätzer von β erfolgen hier nur in asymptotischer Form (vgl. 3.4; anders in 4.6, wo wir die Normalverteilungsannahme treffen werden).

Die in varianzanalytischen Modellen bislang mehr ad hoc eingeführten Nebenbedingungen an die Parameter werden im Mittelteil dieses Abschnittes Gegenstand einer systematischen Untersuchung. Zum Schluß des Abschnitts schwächen wir die Voraussetzung unkorrelierter Fehlervariablen vorübergehend dahin gehend ab, daß wir Kovarianzen zulassen, die bis auf einen Proportionalitätsfaktor bekannt sind.

SCHÄTZEN VON μ, β UND σ^2

3.1 Erwartungswertvektor μ

Wir gehen vom LM $Y = \mu + e$, $\mu \in L$, aus. Der *Minimum-Quadrat*-Schätzer (MQ-Schätzer) $\hat{\mu}$ für μ ist definiert durch

$$(1) \qquad |Y - \hat{\mu}|^2 = \min\{|Y - \mu|^2 : \mu \in L\}.$$

Mit der Projektionsmatrix P_L aus 1.3 lautet er

$$(2) \qquad \hat{\mu} = P_L Y.$$

Er ist im NLM gleichzeitig auch ML-Schätzer für μ. In der Tat, aus I 2.1 folgt für die Dichte von Y in Abhängigkeit von μ

$$(3) \qquad f(y, \mu) = \frac{1}{(2\pi\sigma^2)^{n/2}} \exp\left\{-\frac{1}{2\sigma^2} |y - \mu|^2\right\},$$

so daß wegen (1) $f(y, \mu)$ als Funktion von $\mu \in L$ durch $\hat{\mu}$ maximiert wird. Der Schätzer $\hat{\mu}$ ist gemäß 1.6 erwartungstreu für μ.

3.2 Parametervektor β

Für das LM $Y = X\beta + e$ heißt ein Zufallsvektor $\hat{\beta}$ MQ-Schätzer für β, falls

$$(4) \qquad |Y - X\hat{\beta}|^2 = \min\{|Y - X\beta|^2 : \beta \in \mathbb{R}^p\}.$$

Setzen wir wie immer $L = \mathcal{L}(X)$, so haben wir

Satz Für ein lineares Modell gilt:

(i) Es gibt (mindestens) eine Lösung $\hat{\beta}$ von (4). Für jede Lösung gilt

$$X\hat{\beta} = \hat{\mu} = P_L Y.$$

(ii) Die Lösungen von (4) sind identisch mit denen der Normalgleichungen in β:

$$\text{NG} \qquad X^T X \beta = X^T Y.$$

(iii) Hat X vollen Rang, d.h. ist $r = p$, so existiert genau eine Lösung von (4) bzw. NG, nämlich

$$(5) \qquad \hat{\beta} = (X^T X)^{-1} X^T Y.$$

Diese erfüllt

$$\mathbb{E}\hat{\beta} = \beta, \quad V(\hat{\beta}) = \sigma^2 (X^T X)^{-1}.$$

Beweis (i) Zunächst stellen wir fest, daß (4) von allen $\hat{\beta}$ erfüllt wird, für welche $X\hat{\beta} = P_L Y$ ist. Es existiert mindestens ein solches $\hat{\beta}$, denn es ist $P_L Y \in \mathcal{L}(X)$, so daß $P_L Y = X \cdot b$ für mindestens ein $b \in \mathbb{R}^p$. Für den Rest der Behauptung siehe Gleichung (2).

(ii) Eine Lösung von (4) ist lokales Minimum der Funktion $|Y - X\beta|^2$, $\beta \in \mathbb{R}^p$. Differenzieren von $|Y - X\beta|^2 = (Y-X\beta)^T(Y-X\beta)$ nach β und Nullsetzen der Ableitung führen zu

$$X^T(Y - X\beta) = 0$$

und damit zu NG. Umgekehrt folgt aus $X^T(Y - X\hat{\beta}) = 0$, daß

$$Y - X\hat{\beta} \in \angle(X)^\perp$$

und deshalb, daß

$$X\hat{\beta} = P_L Y .$$

(iii) Da mit X auch die $p \times p$-Matrix $X^T X$ den Rang p hat, besitzt $X^T X$ ein Inverses, so daß NG und damit auch (4) genau die eine Lösung (5) besitzen. Setzen wir $C = (X^T X)^{-1} X^T$, so ist gemäß I 1.5, 1.6

$$\mathbb{E}\,\hat{\beta} = C\,\mathbb{E}\,Y = CX\beta = \beta$$

$$\mathbb{V}(\hat{\beta}) = C\,\mathbb{V}(Y)\,C^T = \sigma^2 C C^T = \sigma^2 (X^T X)^{-1} . \quad \square$$

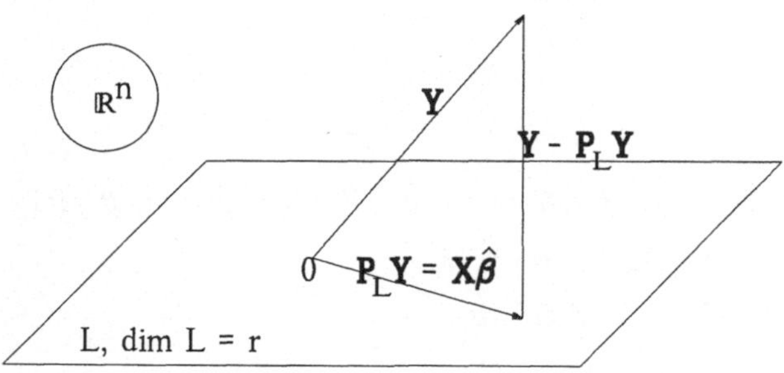

3.3 Bemerkungen zum Schätzer $\hat{\beta}$

1. Die Lösungsgesamtheiten der Normalgleichungen NG ist

$$\hat{\beta} = A^- X^T Y + (I_p - A^- A) \cdot c , \quad c \in \mathbb{R}^p ,$$

wobei A^- das g-Inverse der $p \times p$-Matrix $A = X^T X$ ist, vgl. Christensen (1987, APPENDIX B), Arnold (1981, p.77 f). Die Lösung $\hat{\beta}$ ist eindeutig genau dann, wenn X vollen Rang besitzt, das heißt $r = p$ gilt.

2. Hat X vollen Rang, so lautet die Projektionsmatrix P_L für $L = \angle(X)$ gemäß ANHANG A 1.5

$$P_L = X(X^T X)^{-1} X^T ,$$

in Übereinstimmung mit den Satzteilen (i) und (iii).

3. Ist r = p, so ist $\hat{\beta}$ erwartungstreu für β , d.h. es gilt

(∗) $\mathbb{E}_{\beta}(\hat{\beta}) = \beta$ für alle $\beta \in \mathbb{R}^p$.

Ist r < p , so gilt (∗) nicht, denn für $\beta, \beta' \in \mathbb{R}^p$ mit $\mathbf{X}\beta = \mathbf{X}\beta'$ gilt

$$\mathbb{E}_{\beta}(\cdot) = \mathbb{E}_{\beta'}(\cdot) .$$

4. An der Gestalt (3) der Dichte $f(\mathbf{y}, \boldsymbol{\mu})$, $\boldsymbol{\mu} = \mathbf{X}\beta$, erkennt man sofort, daß im NLM der MQ-Schätzer $\hat{\beta}$ auch der ML-Schätzer für β ist.

5. Verschiedene Lösungen $\hat{\beta}$ der NG führen zu ein und demselben Schätzer

$$\hat{\boldsymbol{\mu}} = \mathbf{X}\hat{\beta} .$$

für den Erwartungswertvektor $\boldsymbol{\mu}$.

3.4 Konsistenz und asymptotische Normalität von $\hat{\beta}$

Wir beweisen jetzt die Konsistenz und asymptotische Normalität des MQ-Schätzers $\hat{\beta} = \hat{\beta}_n$ für β , wenn der Stichprobenumfang n gegen ∞ geht. Dabei ist eine Folge $\mathbf{X}_n$, $n \geq 1$, von $n \times p$-Designmatrizen vorgegeben, mit denen für jedes $n \geq 1$ ein LM $\mathbf{Y} = \mathbf{X}_n\beta + \mathbf{e}$ aufgestellt wird ($\mathbf{Y} = \mathbf{Y}_n$ und $\mathbf{e} = \mathbf{e}_n$ n-dimensionale Zufallsvektoren). Mit einem $n_0 \geq 1$ setzen wir voraus

(6) $\quad \mathbf{X}_n$ hat vollen Rang p   für alle $n \geq n_0$

$\qquad (\mathbf{X}_n^T \mathbf{X}_n)^{-1} \longrightarrow 0$ (elementweise bei $n \to \infty$) .

Lemma Notwendig und hinreichend für die Eigenschaften (6) ist die Existenz einer Folge $\boldsymbol{\Gamma}_n$, $n \geq 1$, von $p \times p$-Matrizen und einer invertierbaren $p \times p$-Matrix $\mathbf{V}$ mit

(7) $\quad$ (i) $\quad \boldsymbol{\Gamma}_n \longrightarrow 0$

$\qquad$ (ii) $\quad \boldsymbol{\Gamma}_n (\mathbf{X}_n^T \mathbf{X}_n) \boldsymbol{\Gamma}_n^T \longrightarrow \mathbf{V}$

bei $n \to \infty$ (jeweils elementweise)

Beweis Aus der Bedingung (7) (ii) folgt die Existenz eines n_0, so daß $\boldsymbol{\Gamma}_n$ invertierbar ist und $\mathbf{X}_n$ vollen Rang p hat für alle $n \geq n_0$. Da die Abbildung $\mathbf{A} \longrightarrow \mathbf{A}^{-1}$ stetig ist auf der Menge der invertierbaren Matrizen (die Determinante ist stetige Funktion der Elemente), folgt aus (7) (ii)

$$\boldsymbol{\Gamma}_n^{-T}(\mathbf{X}_n^T \mathbf{X}_n)^{-1} \boldsymbol{\Gamma}_n^{-1} \longrightarrow \mathbf{V}^{-1} \qquad\qquad [\, \boldsymbol{\Gamma}_n^{-T} \equiv (\boldsymbol{\Gamma}_n^{-1})^T = (\boldsymbol{\Gamma}_n^T)^{-1}].$$

Mit $p \times p$-Matrizen $\mathbf{H}_n \longrightarrow 0$ ist also

$$(\mathbf{X}_n^T \mathbf{X}_n)^{-1} = \boldsymbol{\Gamma}_n^T (\mathbf{V}^{-1} + \mathbf{H}_n) \boldsymbol{\Gamma}_n ,$$

so daß wir (6) erhalten. Umgekehrt schließt man von (6) auf (7) durch eine Zerlegung der Form $(\mathbf{X}_n^T\mathbf{X}_n)^{-1} = \boldsymbol{\Gamma}_n^T\cdot\boldsymbol{\Gamma}_n$, die es für alle $n \geq n_0$ gibt. Es ist dann $\mathbf{V} = \mathbf{I}_p$.
□

I.f. bezeichnen wir die Spalten von $\mathbf{X}_n^T$ mit $\mathbf{x}_{n1},...,\mathbf{x}_{nn}$.

Satz Für die Folge $\mathbf{X}_n$, $n \geq 1$, von $n\times p$-Matrizen gelte (6) oder äquivalent (7).

(i) Dann haben wir für die Folge $\hat{\boldsymbol{\beta}}_n$ der MQ-Schätzer bei $n \to \infty$

$$\hat{\boldsymbol{\beta}}_n \xrightarrow{\ \mathbb{P}_\beta\ } \boldsymbol{\beta} \qquad\qquad [Konsistenz]$$

(ii) Sind die $e_1, e_2,...$ sogar unabhängig und gelten die Bedingungen (7) (ii) und

(8) $$\max_{1\leq i\leq n} |\boldsymbol{\Gamma}_n\mathbf{x}_{ni}| \longrightarrow 0 \quad \text{bei } n \to \infty,$$
so folgt

$$\boldsymbol{\Gamma}_n^{-T}(\hat{\boldsymbol{\beta}}_n - \boldsymbol{\beta}) \xrightarrow{\ \mathcal{D}_\beta\ } N_p(0,\sigma^2\mathbf{V}^{-1}) \qquad [asymptotische\ Normalität]$$

Beweis (i) Mit Satz 3.2 iii) folgt aus (6) sofort $\mathbb{V}(\hat{\boldsymbol{\beta}}_n) \to 0$. Die Tschebyscheff-Ungleichung liefert dann für alle $\varepsilon > 0$

$$\mathbb{P}_\beta(|\hat{\beta}_{n,i} - \beta_i| > \varepsilon) \longrightarrow 0 \quad (n\to\infty) \quad \text{für alle } i=1,...,p,$$
was gemäß B 3.2 gleichbedeutend zu

$$\mathbb{P}_\beta(|\hat{\boldsymbol{\beta}}_n - \boldsymbol{\beta}| > \varepsilon) \longrightarrow 0 \quad (n\to\infty)$$
und damit gleichbedeutend zur Behauptung ist.

(ii) Für $n \geq n_0$ läßt sich

$$\hat{\boldsymbol{\beta}}_n = \mathbf{C}_n\cdot\mathbf{Y} = \Sigma_{i=1}^n \mathbf{c}_{ni}Y_i\,,$$
schreiben, wobei die $\mathbf{c}_{n1},...,\mathbf{c}_{nn}$ die Spalten der $p\times n$-Matrix $\mathbf{C}_n = (\mathbf{X}_n^T\mathbf{X}_n)^{-1}\mathbf{X}_n^T$ sind. Es gilt

$$\mathbb{E}\hat{\boldsymbol{\beta}}_n = \boldsymbol{\beta}\,, \quad \boldsymbol{\Gamma}_n^{-T}\mathbf{C}_n\mathbf{C}_n^T\boldsymbol{\Gamma}_n^{-1} = \boldsymbol{\Gamma}_n^{-T}(\mathbf{X}_n^T\mathbf{X}_n)^{-1}\boldsymbol{\Gamma}_n^{-1} \to \mathbf{V}^{-1} \qquad [(7)(ii)],$$

$$\max_{1\leq i\leq n} |\boldsymbol{\Gamma}_n^{-T}\mathbf{c}_{ni}| = \max_{1\leq i\leq n} |\boldsymbol{\Gamma}_n^{-T}(\mathbf{X}_n^T\mathbf{X}_n)^{-1}\boldsymbol{\Gamma}_n^{-1}\cdot\boldsymbol{\Gamma}_n\mathbf{x}_{ni}| \longrightarrow 0 \qquad [(8)]$$

bei $n \to \infty$. Das Kor.2 zum multivariaten ZGWS, ANHANG B 3.11, liefert dann - mit $\boldsymbol{\Gamma}_n^{-T}$ anstelle des dortigen $\boldsymbol{\Gamma}_n$ - die Behauptung. □

Bemerkungen 1. $(\mathbf{X}_n^T\mathbf{X}_n) \to \pm\,\infty$ (elementweise) ist nicht hinreichend für $(6)_2$, d.i. $(\mathbf{X}_n^T\mathbf{X}_n)^{-1} \to 0$, wohl aber $\lambda_{\min}(\mathbf{X}_n^T\mathbf{X}_n) \to \infty$ (vgl. ANHANG A 1.4).
2. Die Bedingungen (7) (ii) und (8) sind zusammen äquivalent mit *Hubers* Bedingung, daß das Maximum des i-ten Diagonalelementes der Projektionsmatrix $\mathbf{P}_n = \mathbf{X}_n(\mathbf{X}_n^T\mathbf{X}_n)^{-1}\mathbf{X}_n^T$ gegen 0 konvergiert,

$$\max_{1 \le i \le n} (\mathbf{P}_n)_{ii} \longrightarrow 0,$$

vgl. Arnold (1981, p. 143). In der Tat, zerlegt man $(\mathbf{X}_n^T \mathbf{X}_n)^{-1} = \boldsymbol{\Gamma}_n^T \cdot \boldsymbol{\Gamma}_n$, so ist $(\mathbf{P}_n)_{ii}$ $= |\boldsymbol{\Gamma}_n \mathbf{x}_{ni}|^2$. Außerdem gibt es p×n-Matrizen $\mathbf{Q}_n$ mit $\mathbf{Q}_n \mathbf{P}_n \mathbf{Q}_n^T = \mathbf{I}_p$ (B 1.5).

3.5 Varianz σ^2, Residuen

Wir führen

$$\hat{\sigma}^2 \;=\; \frac{1}{n-r} |\mathbf{Y} - \hat{\boldsymbol{\mu}}|^2 \;=\; \frac{1}{n-r} \, \Sigma_{i=1}^n (Y_i - \hat{\mu}_i)^2$$

als Schätzer für die Varianz σ^2 ein. Dabei bezeichnen wie oben r = Rang $(\mathbf{X})$ = dim L, $\hat{\boldsymbol{\mu}} = \mathbf{X}\hat{\boldsymbol{\beta}}$, $\hat{\boldsymbol{\mu}}$ und $\hat{\boldsymbol{\beta}}$ MQ-Schätzer für $\boldsymbol{\mu}$ bzw. $\boldsymbol{\beta}$.

Satz Es gilt $\mathbb{E}\hat{\sigma}^2 = \sigma^2$. Im NLM ist darüberhinaus die Variable

$$(n-r)\hat{\sigma}^2 / \sigma^2 \;=\; |\mathbf{Y} - \hat{\boldsymbol{\mu}}|^2 / \sigma^2$$

χ_{n-r}^2 -verteilt, und $\hat{\boldsymbol{\mu}}$ und $\hat{\sigma}^2$ sind unabhängig.

Beweis Alle Behauptungen wurden in 1.6 bewiesen.

Bemerkungen

1. Mit Hilfe der Projektionsmatrizen $\mathbf{P}_L$ und $\mathbf{Q}_L = \mathbf{I}_n - \mathbf{P}_L$ formt man um:

$$(n-r)\hat{\sigma}^2 = (\mathbf{Y} - \mathbf{P}_L\mathbf{Y})^T(\mathbf{Y} - \mathbf{P}_L\mathbf{Y}) = \mathbf{Y}^T(\mathbf{I}_n - \mathbf{P}_L)^T(\mathbf{I}_n - \mathbf{P}_L)\mathbf{Y} = \mathbf{Y}^T \mathbf{Q}_L \mathbf{Y} \;.$$

Ferner sind im Fall r = p auch $\hat{\sigma}^2$ und $\hat{\boldsymbol{\beta}} = (\mathbf{X}^T\mathbf{X})^{-1}\mathbf{X}^T\hat{\boldsymbol{\mu}}$ unabhängig.

2. Nach I 4.3 lautet die ML-Schätzung $\tilde{\sigma}^2$ für σ^2 im NLM

$$\tilde{\sigma}^2 \;=\; \frac{n-r}{n} \, \hat{\sigma}^2 \;.$$

Wegen

$$\mathbb{E}\,\tilde{\sigma}^2 \;=\; \frac{n-r}{n} \sigma^2$$

ist sie nicht erwartungstreu.

3. Wegen

$$|\mathbf{Y} - \boldsymbol{\mu}|^2 = (n-r)\,\hat{\sigma}^2 + |\boldsymbol{\mu} - \hat{\boldsymbol{\mu}}|^2$$

folgt über (3) aus dem Neyman-Kriterium, daß im NLM $\hat{\boldsymbol{\mu}}$ suffizient für $\boldsymbol{\mu}$ und $(\hat{\boldsymbol{\mu}}, \hat{\sigma}^2)$ suffizient für $(\boldsymbol{\mu}, \sigma^2)$ ist (vgl. ANHANG B 2.9). Insbesondere ist im NML mit r = p ($\mathbf{X}$ voller Rang) $\mathbf{X}^T \cdot \mathbf{Y}$ suffizient für $\boldsymbol{\beta}$.

Residuen

Man bezeichnet $Y_i - \hat{\mu}_i$ als i-tes *Residuum*, $\mathbf{Y} - \hat{\boldsymbol{\mu}}$ als Residuenvektor, und dementsprechend

$$|\mathbf{Y} - \hat{\boldsymbol{\mu}}|^2 = \sum_{i=1}^n (Y_i - \hat{\mu}_i)^2 = (n-r)\hat{\sigma}^2$$

als Residuenquadratsumme. Für den Residuenvektor $\hat{\mathbf{e}} = \mathbf{Y} - \hat{\boldsymbol{\mu}} = (\mathbf{I}_n - \mathbf{P}_L)\mathbf{Y}$ rechnet man

$$\mathbb{E}\,\hat{\mathbf{e}} = 0 \ , \quad \mathbb{V}(\hat{\mathbf{e}}) = \sigma^2(\mathbf{I}_n - \mathbf{P}_L)\,.$$

Insbesondere gilt $\mathrm{Var}(\hat{e}_i) = \sigma^2(1 - h_{ii})$, wenn man mit h_{ii} die Diagonalelemente von $\mathbf{P}_L$ bezeichnet. Die h_{ii}-Werte werden auch *leverage*-Werte genannt. Mit ihnen bildet man die standardisierten Residuen $\hat{e}_i / \sqrt{\hat{\sigma}^2(1 - h_{ii})}$.

3.6 Beispiel Einfache lineare Regression (vgl. 2.1)

Modell a) Es ist mit der Abkürzung $\Sigma = \sum_{i=1}^n$

$$\mathbf{X}^T\mathbf{X} = \begin{bmatrix} n & \Sigma x_i \\ \Sigma x_i & \Sigma x_i^2 \end{bmatrix} \ , \quad \mathbf{X}^T\mathbf{y} = \begin{bmatrix} \Sigma y_i \\ \Sigma x_i y_i \end{bmatrix} \,.$$

Damit lauten die Normalgleichungen

$$\text{NG} \qquad \begin{aligned} \alpha n + \beta \Sigma x_i &= \Sigma y_i \\ \alpha \Sigma x_i + \beta \Sigma x_i^2 &= \Sigma x_i y_i \,. \end{aligned}$$

Setzen wir

$$\hat{\boldsymbol{\beta}} = \begin{bmatrix} a \\ b \end{bmatrix}, \quad \overline{x} = \Sigma x_i / n, \quad \overline{y} = \Sigma y_i / n \,,$$

so lautet die Lösung von NG

$$a = \overline{y} - b\overline{x} \qquad\qquad\qquad \text{[Ordinatenabschnitt]}$$

$$b = \frac{\Sigma x_i y_i - n\overline{x}\,\overline{y}}{\Sigma x_i^2 - n\overline{x}^2} = \frac{s_{xy}}{s_x^2} \qquad\qquad \text{[Regressionskoeffizient]}$$

mit $s_{xy} = \Sigma(x_i - \overline{x})(y_i - \overline{y})/(n-1)$ und $s_x^2 = s_{xx}$ als empirische Kovarianz bzw. Varianz. In einer anderen Schreibweise ist

$$b = \Sigma(x_i - \overline{x})y_i / ((n-1)s_x^2) \,.$$

$(\mathbf{X}\hat{\boldsymbol{\beta}})_i = a + bx_i$ ist der Wert der (empirischen) Regressionsgeraden an der Stelle x_i. Eine Anwendung von Satz 3.4, mit $\boldsymbol{\Gamma}_n = \mathrm{Diag}(1/\sqrt{n})$ als Normierungsmatrix, liefert unter der Voraussetzung

$$\Sigma x_{ni}/n \ \rightarrow \ \xi \ , \quad \Sigma x_{ni}^2/n \ \rightarrow \ \eta \quad \text{und} \quad \eta - \xi^2 \neq 0 \ (\text{dann} > 0)$$

an die Matrizenfolge $\mathbf{X}_n$, $n \geq 1$, die Konsistenz von $\hat{\boldsymbol{\beta}}_n$ für $\boldsymbol{\beta}$. Gilt zusätzlich noch $\max_{1 \leq i \leq n}(x_{ni}/\sqrt{n}) \rightarrow 0$, so erhalten wir die asymptotische Normalität in der Form

$$\sqrt{n}(\hat{\boldsymbol{\beta}}_n - \boldsymbol{\beta}) \longrightarrow N_2(0, \sigma^2 \mathbf{V}^{-1}), \quad \mathbf{V} = \begin{pmatrix} 1 & \xi \\ \xi & \eta \end{pmatrix}$$

(hier wird zusätzlich die Unabhängigkeit der $e_1, e_2,\ldots$ vorausgesetzt). Es bildet

$$SQD = |\mathbf{y} - \mathbf{X}\hat{\boldsymbol{\beta}}|^2 = \sum (y_i - (a + bx_i))^2$$

die Summe der Residuenquadrate und (mit r = 2 nach 3.5)

$$\hat{\sigma}^2 = MQD, \quad MQD = SQD/(n-2)$$

eine erwartungstreue Schätzung für σ^2.

Modell b) Mit

$$\mathbf{X}^T\mathbf{X} = \begin{bmatrix} n & 0 \\ 0 & \sum(x_i - \bar{x})^2 \end{bmatrix}, \quad \mathbf{X}^T\mathbf{y} = \begin{bmatrix} \sum y_i \\ \sum(x_i - \bar{x})y_i \end{bmatrix}, \quad \hat{\boldsymbol{\beta}} = \begin{bmatrix} \hat{\beta}_0 \\ \hat{\beta} \end{bmatrix}$$

erhalten wir $\hat{\beta}_0 = \bar{y}$, während $\hat{\beta} = b$ und $\hat{\sigma}^2 = MQD$ wie im Modell a) ausfallen. Die Schätzer $\hat{\beta}_0$ und $\hat{\beta}$ sind unkorreliert, denn die Matrix $(\mathbf{X}^T\mathbf{X})^{-1}$ besitzt Diagonalgestalt.

3.7 Beispiel Einfache Varianzanalyse (vgl. 2.3)

Modell a) Hier ist

$$\mathbf{X}^T\mathbf{X} = \begin{bmatrix} n_1 & & 0 \\ & \ddots & \\ 0 & & n_k \end{bmatrix}, \quad \mathbf{X}^T\mathbf{y} = \begin{bmatrix} y_1. \\ \vdots \\ y_k. \end{bmatrix}, \quad \hat{\boldsymbol{\beta}} = \begin{bmatrix} \hat{\mu}_1 \\ \vdots \\ \hat{\mu}_k \end{bmatrix},$$

wobei $y_i. = \sum_{j=1}^{n_i} y_{ij}$ die Summe der Stichprobenwerte aus Gruppe (Stichprobe) i bedeutet. Bezeichnen wir mit $\bar{y}_i = y_i./n_i$ ihren Mittelwert, so folgt aus den Normalgleichungen für jedes i

$$\hat{\mu}_i = \bar{y}_i.$$

Mit der Größe

$$SQI = |\mathbf{y} - \mathbf{X}\hat{\boldsymbol{\beta}}|^2 = \sum_{i=1}^{k} \sum_{j=1}^{n_i} (y_{ij} - \bar{y}_i)^2,$$

welche die *Variation innerhalb* der Gruppen (Stichproben) beschreibt, erhalten wir die folgende erwartungstreue Schätzung für σ^2

$$\hat{\sigma}^2 = MQI, \quad MQI = \frac{SQI}{n-k}$$

Modell b) Hier ist

$$\mathbf{X}^T\mathbf{X} = \begin{bmatrix} n & n_1 & \cdots & n_k \\ n_1 & n_1 & & \\ & & \ddots & 0 \\ \vdots & & & \ddots \\ & & 0 & \\ n_k & & & n_k \end{bmatrix} \quad , \quad \mathbf{X}^T\mathbf{y} = \begin{bmatrix} y_{..} \\ y_{1.} \\ \vdots \\ \vdots \\ y_{k.} \end{bmatrix}$$

mit der Summe $y_{..}$ der Gesamtstichprobe. Sei $\overline{y} = y_{..}/n$ das Gesamtstichproben-
mittel. Man rechnet nach, daß eine (aber nicht die einzige) Lösung von NG lautet

$$\hat{\boldsymbol{\beta}} = \begin{bmatrix} \hat{\mu} \\ \hat{\alpha}_1 \\ \vdots \\ \hat{\alpha}_k \end{bmatrix} = \begin{bmatrix} \overline{y} \\ \overline{y}_1 - \overline{y} \\ \vdots \\ \overline{y}_k - \overline{y} \end{bmatrix} \quad .$$

Diese Lösung, die man auch mit Hilfe von Satz 3.9 unten erhält, erfüllt die
Gleichung

$$\text{NB} \qquad \sum_{i=1}^k n_i \hat{\alpha}_i = \sum_{i=1}^k n_i(\overline{y}_i - \overline{y}) = 0 \quad .$$

Da die MQ-Schätzung $\hat{\boldsymbol{\mu}} = (\hat{\mu}_{ij}) \in L$ des Mittelwertsvektors $\boldsymbol{\mu}$ unter NB die eindeutige Darstellung $\hat{\mu}_{ij} = \hat{\mu} + \hat{\alpha}_i$ besitzt - wie schon in 2.3 festgestellt wurde,
ist $\hat{\boldsymbol{\beta}}$ auch die einzige Lösung, welche NG und NB erfüllt.

NEBENBEDINGUNGEN

3.8 Nebenbedingungen für β

Im linearen Modell $\mathbf{Y} = \mathbf{X}\boldsymbol{\beta} + \mathbf{e}$ mit $r = \text{Rang}(\mathbf{X})$ ist nur im Fall $r = p$ (d.h. $\mathbf{X}$
voller Rang)

   - der Parametervektor $\boldsymbol{\beta}$ in der Darstellung $\boldsymbol{\mu} = \mathbf{X}\boldsymbol{\beta}$
   - die MQ-Schätzung $\hat{\boldsymbol{\beta}}$ aus NG oder aus $\hat{\boldsymbol{\mu}} = \mathbf{X}\hat{\boldsymbol{\beta}}$

eindeutig bestimmt, so wie Erwartungstreue im Sinne von 3.3, Bem.3, gegeben.

Im Fall $r < p$ kann man sich der Methode der Nebenbedingungen an den Parametervektor $\boldsymbol{\beta}$ bedienen, um die drei oben aufgeführten Eigenschaften - in modifizierter Form - zu erreichen. Haben wir bisher bei den Modellen b) der Varianzanalyse
Nebenbedingungen ad hoc eingeführt und ihre Auswirkungen studiert, so soll dieses Vorgehen jetzt systematisch im Rahmen der Theorie des LM geschehen.

Es sei i.f. $r < p$ ($\mathbf{X}$ hat keinen vollen Rang) vorausgesetzt.

Zur Beschreibung der Nebenbedingungen betrachten wir eine $(p-r)\times p$-Matrix $\mathbf{H}$, welche die folgende Bedingung erfüllt:

H
$$\text{Die } (p-r)\times p\text{-Matrix } \mathbf{H} \text{ hat Rang } p-r \text{ und}$$
$$\text{die } (n+p-r)\times p\text{-Matrix } \mathbf{G} = \begin{bmatrix} \mathbf{X} \\ \mathbf{H} \end{bmatrix} \text{ hat den Rang } p \ .$$

Mit einer solchen Matrix $\mathbf{H}$, von der wir den Höchstrang nur aus Ökonomiegründen fordern, beschreibt dann die folgende Gleichung Nebenbedingungen an $\boldsymbol{\beta}$

NB $\mathbf{H}\boldsymbol{\beta} = 0$

Lemma Ist $r < p$ und ist $\mathbf{H}$ eine $(p-r)\times p$-Matrix, welche H erfüllt, dann hat für jedes $\mathbf{a} \in \mathcal{L}(\mathbf{X})$ das Gleichungssystem

$$\mathbf{Gb} = \begin{bmatrix} \mathbf{a} \\ 0 \end{bmatrix} \quad (\text{d.h. } \mathbf{Xb} = \mathbf{a} \text{ und } \mathbf{Hb} = 0)$$

genau eine Lösung $\mathbf{b} \in \mathbb{R}^p$.

Beweis folgt aus $\mathrm{Rang}\left(\mathbf{G}\ \begin{smallmatrix}\mathbf{a}\\0\end{smallmatrix}\right) = \mathrm{Rang}(\mathbf{G}) = p$. $\square$

Bemerkungen

1. Es ist nach diesem Lemma klar, daß unter NB die Darstellung $\boldsymbol{\mu} = \mathbf{X}\boldsymbol{\beta}$ des Erwartungsvektors $\boldsymbol{\mu}$ eindeutig ist.

2. Das Lemma gestattet es, Umrechnungen von einer Parametrisierung in die andere vorzunehmen. Sind nämlich $\mathbf{X}$ und $\tilde{\mathbf{X}}$ $n\times r$- bzw. $n\times p$-Designmatrizen mit $\mathcal{L}(\mathbf{X}) = \mathcal{L}(\tilde{\mathbf{X}})$, $\mathrm{Rang}(\mathbf{X}) = r$, $p > r$, und ist $\tilde{\mathbf{H}}$ eine $(p-r)\times p$-Matrix, so daß $\begin{bmatrix} \tilde{\mathbf{X}} \\ \tilde{\mathbf{H}} \end{bmatrix}$ den Rang p hat. Dann existieren $p\times r$- und $r\times p$-Matrizen $\tilde{\mathbf{C}}$ und $\mathbf{C}$ mit

$$\tilde{\mathbf{X}} = \mathbf{X}\mathbf{C} \quad \text{und} \quad \mathbf{X} = \tilde{\mathbf{X}}\tilde{\mathbf{C}} , \quad \tilde{\mathbf{H}}\tilde{\mathbf{C}} = 0 \ .$$

Für alle Parametervektoren $\boldsymbol{\beta} \in \mathbb{R}^r$, $\tilde{\boldsymbol{\beta}} \in \mathbb{R}^p$, welche

$$\mathbf{X}\boldsymbol{\beta} = \tilde{\mathbf{X}}\tilde{\boldsymbol{\beta}} , \quad \tilde{\mathbf{H}}\tilde{\boldsymbol{\beta}} = 0$$

erfüllen, gilt dann:

$$\tilde{\boldsymbol{\beta}} = \tilde{\mathbf{C}}\boldsymbol{\beta} , \quad \boldsymbol{\beta} = \mathbf{C}\tilde{\boldsymbol{\beta}} \ .$$

3.9 Eindeutigkeit unter Nebenbedingungen

Satz Sei $r < p$ und $\mathbf{H}$ eine $(p-r)\times p$-Matrix, welche H erfüllt. Dann existiert genau ein MQ-Schätzer $\hat{\boldsymbol{\beta}}$ für $\boldsymbol{\beta}$, welcher neben

NG $(\mathbf{X}^T\mathbf{X})\hat{\boldsymbol{\beta}} = \mathbf{X}^T\mathbf{Y}$

auch die Nebenbedingung

NB $H\hat{\beta} = 0$

erfüllt. Für diesen Schätzer $\hat{\beta}$ gelten unter Benutzung der $p \times p$-Matrix

$$K = X^T X + H^T H$$

die folgenden Aussagen

(i) $\hat{\beta} = K^{-1} X^T Y$

(ii) $\mathbb{E}_\beta(\hat{\beta}) = \beta$ für alle $\beta \in \mathbb{R}^p$, welche NB erfüllen

(iii) $\mathbb{V}(\hat{\beta}) = \sigma^2 K^{-1}(X^T X) K^{-1}$.

Beweis Nach Satz 3.2 ist eine Lösung von NG auch Lösung von $X\hat{\beta} = \hat{\mu}$, mit $\hat{\mu} = P_L Y \in \mathcal{L}(X)$. Lemma 3.8 liefert dann die eindeutige Lösbarkeit von NG und NB. Wegen $H^T H \hat{\beta} = 0$ folgt aus NG

$$(X^T X + H^T H)\hat{\beta} = X^T Y$$

bzw. $K\hat{\beta} = X^T Y$. Da G vollen Rang p besitzt, ist $K = G^T G$ invertierbar, so daß (i) folgt. Man rechnet für alle β mit $H\beta = 0$

$$\mathbb{E}\hat{\beta} = K^{-1} X^T \mathbb{E}Y = K^{-1}(X^T X + H^T H)\beta = \beta ,$$

und wegen $K^T = K$ ist schließlich

$$\mathbb{V}(\hat{\beta}) = K^{-1} X^T \mathbb{V}(Y) X K^{-1} = \sigma^2 K^{-1}(X^T X) K^{-1} . \ \square$$

Bemerkung: Man beachte insbesondere, daß die in 3.3, Bem.3, im Fall $r = p$ aufgestellte Gleichung $\mathbb{E}_\beta(\hat{\beta}) = \beta$ f.a. $\beta \in \mathbb{R}^p$ im Fall $r < p$ für eine eingeschränkte Menge von Vektoren β gilt.

3.10 Beispiel Einfache Varianzanalyse (siehe 2.3, 3.7).

Wir betrachten die Parametrisierung des Modells b), bei welcher

$$p = k + 1 , \quad \beta = (\mu, \alpha_1, \dots, \alpha_k)^T , \quad r = k < p$$

ist. Wir führen die $1 \times p$ Matrix

$$H = (0, n_1, \dots, n_k)$$

ein, welche die in 3.8 genannte Voraussetzung H erfüllt. Wir erhalten also die Nebenbedingung

NB $\sum_{i=1}^k n_i \alpha_i = 0$.

Nach Satz 3.9 ist

$$\hat{\beta} = (\overline{y}, \overline{y}_1 - \overline{y}, \dots, \overline{y}_k - \overline{y})^T$$

die einzige Lösung von NG, die auch die Nebenbedingung $\sum_{i=1}^k n_i \hat{\alpha}_i = 0$ erfüllt, was wir auch schon in 3.7 festgestellt hatten. Ferner ist $\mathbb{E}_\beta \hat{\mu} = \mu$ und $\mathbb{E}_\beta \hat{\alpha}_i = \alpha_i$ für alle β mit $\sum n_i \alpha_i = 0$.

GEWICHTETES LM

3.11 Kovarianzmatrix $\sigma^2 \mathbf{V}$

Wir verallgemeinern nun das LM $\mathbf{Y} = \mathbf{X}\boldsymbol{\beta} + \mathbf{e}$, wobei $\mathbf{Y}$, $\mathbf{X}$, $\boldsymbol{\beta}$ wie in 1.1 sind und $\mathbf{X}$ vollen Rang r = p haben soll, für den Rest des Abschnitts in der Weise, daß wir für $\mathbf{e}$ eine beliebige (bis auf einen Faktor bekannte) Kovarianzmatrix $\mathbf{V}$ zulassen. Wir setzen also für den n-dimensionalen Zufallsvektor $\mathbf{e}$

(9) $\mathbb{E}\,\mathbf{e} = 0$, $\mathbb{V}(\mathbf{e}) = \sigma^2\mathbf{V}$, $\mathbf{V}$ positiv definite n×n Matrix ,

voraus. Für dieses Modell, das wir *gewichtetes* LM nennen wollen (vgl. 3.12 Bem.1; ein anderer Name ist allgemeines LM) definieren wir den linearen Schätzer

(10) $\overset{\vee}{\boldsymbol{\beta}} = (\mathbf{X}^{\mathrm{T}}\mathbf{V}^{-1}\mathbf{X})^{-1}\mathbf{X}^{\mathrm{T}}\mathbf{V}^{-1}\mathbf{Y}$

für $\boldsymbol{\beta}$, der auch *Aitken* Schätzer genannt wird, sowie den Schätzer

(11) $\overset{\vee}{\sigma}{}^2 = (\mathbf{Y} - \mathbf{X}\overset{\vee}{\boldsymbol{\beta}})^{\mathrm{T}}\mathbf{V}^{-1}(\mathbf{Y} - \mathbf{X}\overset{\vee}{\boldsymbol{\beta}})/(n\text{-}r)$

für σ^2. Wir zeigen nun die MQ-Eigenschaft für $\overset{\vee}{\boldsymbol{\beta}}$, wobei "Minimum-Quadrat" im Sinne der

Norm $|\mathbf{a}|_* = \sqrt{\mathbf{a}^{\mathrm{T}}\mathbf{V}^{-1}\mathbf{a}}$, $\mathbf{a} \in \mathbb{R}^n$,

zu verstehen ist, sowie die Unabhängigkeit von $\overset{\vee}{\boldsymbol{\beta}}$ und $\overset{\vee}{\sigma}{}^2$ im Normalverteilungsfall.

3.12 Satz von Aitken

Satz (Aitken, 1935) Gegeben ein gewichtetes LM $\mathbf{Y} = \mathbf{X}\boldsymbol{\beta} + \mathbf{e}$, in welchem $\mathbf{X}$ vollen Rang p besitze und $\mathbf{e}$ die Voraussetzung (9) erfülle. Dann gilt

(i) $\overset{\vee}{\boldsymbol{\beta}}$ ist erwartungstreuer MQ-Schätzer für $\boldsymbol{\beta}$. Seine Kovarianzmatrix lautet

$$\mathbb{V}(\overset{\vee}{\boldsymbol{\beta}}) = \sigma^2(\mathbf{X}^{\mathrm{T}}\mathbf{V}^{-1}\mathbf{X})^{-1}$$

(ii) $\overset{\vee}{\sigma}{}^2$ ist erwartungstreuer Schätzer für σ^2

(iii)   Ist $\mathbf{e}$ $N_n(0,\sigma^2\mathbf{V})$-verteilt, dann sind $\overset{\vee}{\sigma}{}^2$ und $\overset{\vee}{\boldsymbol{\beta}}$ unabhängig.

Beweis (i) Wir bezeichnen mit $\mathbf{V}^{-1/2}$ die symmetrische Wurzel der positiv definiten p×p-Matrix $\mathbf{V}^{-1}$ (vgl. ANHANG A.1) und setzen

$\mathbf{Y}^* = \mathbf{V}^{-1/2}\,\mathbf{Y}$.

Dann geht die Gleichung $\mathbf{Y} = \mathbf{X}\boldsymbol{\beta} + \mathbf{e}$ über in

(12) $\mathbf{Y}^* = \mathbf{X}^*\boldsymbol{\beta} + \mathbf{e}^*$
mit
$\mathbf{X}^* = \mathbf{V}^{-1/2}\,\mathbf{X}$, $\mathbf{e}^* = \mathbf{V}^{-1/2}\mathbf{e}$.

Der Zufallsvektor $\mathbf{e}^*$ erfüllt die Gleichungen

$$\mathbb{E}\,\mathbf{e}^* = 0 \;, \quad V(\mathbf{e}^*) = \mathbf{V}^{-1/2}\,V(\mathbf{e})\,\mathbf{V}^{-1/2} = \sigma^2 \mathbf{I}_n \;.$$

Folglich bildet (12) ein LM mit der (Design-)Matrix $\mathbf{X}^*$ vom Rang p. Die MQ-Schätzung für $\boldsymbol{\beta}$ lautet nach Satz 3.2 für das Modell (12)

$$\check{\boldsymbol{\beta}} = (\mathbf{X}^{*T}\mathbf{X}^*)^{-1}\mathbf{X}^{*T}\mathbf{Y}^*$$

$$= (\mathbf{X}^T\mathbf{V}^{-1/2}\mathbf{V}^{-1/2}\mathbf{X})^{-1}\mathbf{X}^T\mathbf{V}^{-1/2}\mathbf{V}^{-1/2}\mathbf{Y} \;,$$

das ist (10). Die Erwartungstreue und die Formel für $V(\check{\boldsymbol{\beta}})$ folgen ebenfalls direkt aus 3.2. Wegen $|\mathbf{Y}^* - \mathbf{X}^*\boldsymbol{\beta}|^2 = |\mathbf{Y} - \mathbf{X}\boldsymbol{\beta}|_*^2$ ist $\check{\boldsymbol{\beta}}$ auch MQ-Schätzung im LM $\mathbf{Y} = \mathbf{X}\boldsymbol{\beta} + \mathbf{e}$ i.S. der Norm $|\cdot|_*$:

$$|\mathbf{Y} - \mathbf{X}\check{\boldsymbol{\beta}}|_*^2 = \min_{\boldsymbol{\beta}} |\mathbf{Y} - \mathbf{X}\boldsymbol{\beta}|_*^2 \;.$$

(ii) Ein erwartungstreuer Schätzer für σ^2 ist nach Satz 3.5

$$\check{\sigma}^2 = |\mathbf{Y}^* - \mathbf{X}^*\check{\boldsymbol{\beta}}|^2/(n-r) = |\mathbf{V}^{-1/2}(\mathbf{Y} - \mathbf{X}\check{\boldsymbol{\beta}})|^2/(n-r) \;,$$

das ist (11).

(iii) Ist $\mathbf{e}$ n-dimensional normalverteilt, dann nach I 2.4 auch $\mathbf{e}^* = \mathbf{V}^{-1/2}\mathbf{e}$, so daß Satz 3.5 die Unabhängigkeit von $\check{\boldsymbol{\beta}}$ und $\check{\sigma}^2$ liefert (vgl. Bem.1 in 3.5). $\square$

Bemerkungen und Beispiele

1. Im Spezialfall $\mathbf{V} = \mathrm{Diag}(1/w_i^2)$ der Varianzinhomogenität (*Heteroskedastizität*) bedeutet (12), daß man die i-te Komponente [Zeile] von $\mathbf{Y}$ [$\mathbf{X}$] mit dem *Gewicht* w_i zu multiplizieren hat, um auf das LM 1.1 zu kommen.

Eine solche Varianzinhomogenität kommt z.B. vor, wenn der Wert Y_i bereits ein Mittelwert aus n_i unabhängigen Messungen Y_{ij} ist, wobei jede die Varianz σ^2 besitzt. In diesem Fall ist wegen $\mathrm{Var}(\sum_1^{n_i} Y_{ij}/n_i) = \sigma^2/n_i$ gerade $w_i^2 = n_i$.

2. In der Zeitreihenanalyse kommen Zufallsvektoren $\mathbf{e}$ vor, welche

$$\mathrm{Cov}(e_i, e_{i-h}) = \sigma^2 \rho^{|h|} \;, \; h\epsilon\mathbb{Z} \;,$$

aufweisen ($|\rho| < 1$, vgl. Brockwell & Davis, (1987, p. 81)). In diesem Fall ist

$$\mathbf{V} = (\rho^{|i-j|}; \; i,j = 1,\ldots,n) \;,$$

und das Inverse von $\mathbf{V}$ lautet

$$\mathbf{V}^{-1} = \begin{bmatrix} 1 & -\rho & & & 0 \\ -\rho & 1+\rho^2 & -\rho & & \\ & \ddots & \ddots & \ddots & \\ & & -\rho & 1+\rho^2 & -\rho \\ 0 & & & -\rho & 1 \end{bmatrix} \;.$$

3. Weitere interessante Anwendungsfälle des gewichteten linearen Modells betreffen das Ziehen aus endlichen Grundgesamtheiten, vgl. Kshirsagar (1983, p. 340), und die zweifache Varianzanalyse mit Split-Plot-Design, vgl. IV 2.17.

4. LINEARE SCHÄTZER UND IHRE VERTEILUNG

4.0 In 3.3, Bem.3, haben wir gesehen, daß der Parametervektor β im Fall $r < p$ keinen erwartungstreuen Schätzer hat. In diesem Fall stellt sich die Frage, ob dann nicht wenigstens gewisse lineare Funktionen $c^T\beta$ von β erwartungstreu schätzbar sind (die wir dann schätzbar schlechthin nennen wollen). Aber auch in der Praxis sind lineare Funktionen $c^T\beta$ von Bedeutung, etwa einzelne Komponenten β_j von β oder ihre Differenzen $\beta_i - \beta_j$. Wir geben im folgenden den linearen Schätzer von $c^T\beta$ mit minimaler Varianz sowie -unter der Annahme der Normalverteilung- seine Verteilung an. Als Spezialfälle behandeln wir die Teststatistiken der populären t-Tests.

4.1 Schätzbare Funktionen

Definitionen Eine lineare Funktion

$$\psi = c^T\beta = \Sigma_{i=1}^{P} c_i\beta_i \ , \quad c = (c_1,...,c_p)^T \ \epsilon \ \mathbb{R}^p \ ,$$

von β heißt *schätzbar* (oder schätzbare Funktion), wenn es einen Vektor $a = (a_1,...,a_n)^T \ \epsilon \ \mathbb{R}^n$ gibt, so daß $\hat{\psi} = a^T Y$ ein erwartungstreuer Schätzer für ψ ist:

$$(1) \qquad \mathbb{E}_\beta(a^T Y) = c^T\beta \quad \text{für alle } \beta \ \epsilon \ \mathbb{R}^p \ .$$

Schätzer der Form $a^T Y$, die also Linearkombinationen der Beobachtungen Y_1, $...,Y_n$ sind, wollen wir auch *lineare Schätzer* nennen. In diesem Sinne heißt also $c^T\beta$ schätzbar, falls es einen linearen Schätzer gibt, der erwartungstreu für $c^T\beta$ ist. Das nächste Lemma sagt aus, daß schätzbare Funktionen bereits Funktionen des Erwartungswertvektors μ sind.

Lemma (i) Eine lineare Funktion $\psi = c^T\beta$ ist genau dann schätzbar, wenn es einen Vektor $a \ \epsilon \ \mathbb{R}^n$ gibt mit

$$(2) \qquad\qquad c^T = a^T X \ ,$$

d.h. mit

$$\psi = a^T X\beta = a^T\mu \ .$$

(ii) Hat X vollen Rang $r = p$, so sind alle linearen Funktionen $c^T\beta$ schätzbar.

Beweis (i) Erfüllt der Vektor c der linearen Funktion $\psi = c^T\beta$ die Bedingung (2), so folgt für den linearen Schätzer $a^T Y$ sofort

$$\mathbb{E}(a^T Y) = a^T \mathbb{E} Y = a^T X\beta = c^T\beta = \psi \ .$$

Gilt umgekehrt (1), so auch $a^T X\beta = c^T\beta$ für alle $\beta \ \epsilon \ \mathbb{R}^p$, woraus (2) folgt.

(ii) Setzen wir $a^T = c^T(X^T X)^{-1}X^T$, so ist (2) erfüllt. $\square$

Bemerkungen 1. Sind $\psi_j = \mathbf{c}_j^T \boldsymbol{\beta}$, $j=1,\dots,q$, schätzbare Funktionen, dann auch alle Linearkombinationen

$$\psi = \textstyle\sum_{j=1}^q h_j \psi_j = \left(\sum_{j=1}^q h_j \mathbf{c}_j^T\right)\boldsymbol{\beta} \ .$$

2. Im Fall $r = p$ ist insbesondere jede Komponente β_j von $\boldsymbol{\beta}$ schätzbar.

4.2 Gauß-Markov Theorem

Als Vorbereitung beweisen wir

Lemma Es sei $\psi = \mathbf{a}^T \boldsymbol{\mu}$ eine schätzbare Funktion. Ein linearer Schätzer $\mathbf{b}^T \mathbf{Y}$ ist erwartungstreuer Schätzer für ψ genau dann, wenn

(3) $\mathbf{P}_L \mathbf{a} = \mathbf{P}_L \mathbf{b}$.

Zu jedem schätzbaren ψ existiert also genau ein $\overset{*}{\mathbf{a}} \in L$, so daß

$$\hat{\psi} = \overset{*}{\mathbf{a}}{}^T \mathbf{Y}$$

erwartungstreuer Schätzer für ψ ist.

Beweis Es gilt $\psi = \mathbf{a}^T \boldsymbol{\mu} = \mathbb{E}\, \mathbf{b}^T \mathbf{Y} = \mathbf{b}^T \boldsymbol{\mu}$, d.h. $(\mathbf{a}^T - \mathbf{b}^T)\cdot\boldsymbol{\mu} = 0$ für alle $\boldsymbol{\mu} \in L$ genau dann, wenn $\mathbf{a} - \mathbf{b} \in L^\perp$. Das ist äquivalent mit $\mathbf{P}_L(\mathbf{a} - \mathbf{b}) = 0$, d.h. mit (3). $\square$

Zur Vereinfachung der Notation werden wir zukünftig den eindeutig bestimmten Vektor $\overset{*}{\mathbf{a}} \in L$ mit $\mathbf{a}$ bezeichnen.

Im folgenden nennen wir einen linearen erwartungstreuen Schätzer $\hat{\psi}$ für ψ einen *GM-Schätzer*, falls er unter allen linearen erwartungstreuen Schätzern für ψ minimale Varianz besitzt. Im Englischen wird er mit BLUE (best linear unbiased estimator) bezeichnet.

Satz (Gauß-Markov Theorem)

Ist $\psi = \mathbf{c}^T \boldsymbol{\beta}$ eine schätzbare Funktion, dann existiert genau ein GM-Schätzer $\hat{\psi}$ für ψ. Er läßt sich mit dem MQ-Schätzer $\hat{\boldsymbol{\beta}}$ bzw. mit dem eindeutig bestimmten Vektor $\mathbf{a} \in L$ aus dem Lemma in den zwei Formen

$$\hat{\psi} = \mathbf{c}^T \hat{\boldsymbol{\beta}} = \mathbf{a}^T \mathbf{Y}$$

schreiben. Seine Varianz lautet $\mathrm{Var}\,\hat{\psi} = \sigma^2 |\mathbf{a}|^2$.

Beweis (i) Nach dem Lemma gibt es genau einen erwartungstreuen Schätzer $\hat{\psi} = \mathbf{a}^T \mathbf{Y}$ für ψ mit $\mathbf{a} \in L$. Ist $\tilde{\psi} = \mathbf{b}^T \mathbf{Y}$ ein weiterer erwartungstreuer Schätzer für ψ, so gilt $\mathbf{a} = \mathbf{P}_L \mathbf{b}$. Wegen $\mathbf{V}(\mathbf{Y}) = \sigma^2 \mathbf{I}_n$ erhalten wir für die Varianzen dieser beiden Schätzer gemäß I 1.6

$$\operatorname{Var} \hat{\psi} = \sigma^2 \mathbf{a}^T \mathbf{I}_n \mathbf{a} = \sigma^2 |\mathbf{a}|^2 \; , \quad \operatorname{Var} \tilde{\psi} = \sigma^2 |\mathbf{b}|^2 \; .$$

Aufgrund der orthogonalen Zerlegung $\mathbf{b} = \mathbf{a} + (\mathbf{I} - \mathbf{P}_L)\mathbf{b}$ ist

$$|\mathbf{b}|^2 = |\mathbf{a}|^2 + |(\mathbf{I} - \mathbf{P}_L)\mathbf{b}|^2 \ge |\mathbf{a}|^2 \; ,$$

also

$$\operatorname{Var} \hat{\psi} \le \operatorname{Var} \tilde{\psi} \; .$$

Das Gleichheitszeichen gilt genau dann, wenn $|(\mathbf{I} - \mathbf{P}_L)\mathbf{b}| = 0$, d.h. wenn $\mathbf{b} = \mathbf{P}_L \mathbf{b} = \mathbf{a}$, womit die Eindeutigkeit gezeigt ist.

(ii) Es bleibt nur noch zu zeigen, daß sich $\hat{\psi} = \mathbf{a}^T \mathbf{Y}$ auch in der Form $\hat{\psi} = \mathbf{c}^T \hat{\boldsymbol{\beta}}$ schreiben läßt. Wegen $\mathbf{X}\hat{\boldsymbol{\beta}} = \mathbf{P}_L \mathbf{Y}$ und $\mathbf{P}_L = \mathbf{P}_L^T$ gilt

$$\hat{\psi} = \mathbf{a}^T \mathbf{Y} = (\mathbf{P}_L \mathbf{a})^T \mathbf{Y} = \mathbf{a}^T \mathbf{P}_L \mathbf{Y} = \mathbf{a}^T \mathbf{X} \hat{\boldsymbol{\beta}} = \mathbf{c}^T \hat{\boldsymbol{\beta}} \; ,$$

wobei $\mathbf{a}^T \mathbf{X} = \mathbf{c}^T$ wie in Lemma 4.1 aus der Erwartungstreue von $\mathbf{a}^T \mathbf{Y}$ folgt. []

4.3 Bemerkungen zum Gauß-Markov Theorem

1. Im Fall $r = p$ ($\mathbf{X}$ voller Rang) haben wir neben der Formel $\operatorname{Var} \hat{\psi} = \sigma^2 |\mathbf{a}|^2$ aus 4.2 noch aus 3.2

$$\operatorname{Var} \hat{\psi} = \mathbf{c}^T \mathbb{V}(\hat{\boldsymbol{\beta}}) \mathbf{c} = \sigma^2 \mathbf{c}^T (\mathbf{X}^T \mathbf{X})^{-1} \mathbf{c} \; .$$

Außerdem liefert in diesem Fall das Gauß-Markov Theorem eine weitere, über Satz 3.2 hinausgehende Eigenschaft der MQ-Schätzung $\hat{\boldsymbol{\beta}}$ von $\boldsymbol{\beta}$, nämlich die BLUE Eigenschaft jeder Komponente $\hat{\beta}_i$ von $\hat{\boldsymbol{\beta}}$.

2. Im Fall $r = p$ läßt sich zur schätzbaren Funktion β_i (i-te Komponente von $\boldsymbol{\beta}$) der nach Lemma 4.2 eindeutige Vektor $\mathbf{a}_i \in L$ mit $\hat{\beta}_i = \mathbf{a}_i^T \mathbf{Y}$ angeben zu

$$\mathbf{a}_i^T = \left[(\mathbf{X}^T \mathbf{X})^{-1} \mathbf{X}^T \right]_{\text{i-te Zeile}} \cdot$$

3. Ist $\psi = \sum_{j=1}^q h_j \psi_j$ eine Linearkombination von schätzbaren Funktionen $\psi_j = \mathbf{c}_j^T \boldsymbol{\beta}$, vgl. 4.1, Bem.1, und ist $\hat{\psi}_j$ der GM-Schätzer für ψ_j , so stellt

$$\hat{\psi} = \sum_{j=1}^q h_j \hat{\psi}_j$$

die GM-Schätzung für ψ dar. Haben wir $\hat{\psi}_j = \mathbf{c}_j^T \hat{\boldsymbol{\beta}} = \mathbf{a}_j^T \mathbf{Y}$, $\mathbf{a}_j \in L$, so lauten die beiden Darstellungen von $\hat{\psi}$

$$\hat{\psi} = \left(\sum h_j \mathbf{c}_j^T \right) \hat{\boldsymbol{\beta}} = \left(\sum h_j \mathbf{a}_j^T \right) \mathbf{Y} \; .$$

4. In der Situation der Bemerkung 2 in 3.8, in der sich zwei Parametrisierungen

$$\boldsymbol{\mu} = \mathbf{X}\boldsymbol{\beta} = \tilde{\mathbf{X}}\tilde{\boldsymbol{\beta}}, \quad \boldsymbol{\beta} \in \mathbb{R}^r, \quad \tilde{\boldsymbol{\beta}} \in \mathbb{R}^p \quad (r < p, \mathbf{X} \text{ voller Rang } r),$$

über $\boldsymbol{\beta} = \mathbf{C}\tilde{\boldsymbol{\beta}}$ und $\tilde{\boldsymbol{\beta}} = \tilde{\mathbf{C}}\boldsymbol{\beta}$ umrechnen lassen (wobei der Parametervektor $\tilde{\boldsymbol{\beta}}$ der Nebenbedingung $\tilde{\mathbf{H}}\tilde{\boldsymbol{\beta}} = 0$ unterliegen soll), lautet der Vektor $\tilde{\mathbf{b}}$ der GM-Schätzungen für die Komponenten von $\tilde{\boldsymbol{\beta}}$ gemäß Satz 4.2

$$\tilde{\mathbf{b}} = \tilde{\mathbf{C}}\hat{\boldsymbol{\beta}} \qquad\qquad\qquad [\hat{\boldsymbol{\beta}} \text{ MQ-Schätzer für } \boldsymbol{\beta}].$$

Nun gilt: $\tilde{\mathbf{b}}$ ist auch MQ-Schätzer für $\tilde{\boldsymbol{\beta}}$.

In der Tat, wegen $\mathbf{X} = \check{\mathbf{X}}\tilde{\mathbf{C}}$ rechnet man

$$|\mathbf{Y} - \check{\mathbf{X}}\tilde{\mathbf{b}}|^2 = |\mathbf{Y} - \check{\mathbf{X}}\tilde{\mathbf{C}}\hat{\boldsymbol{\beta}}|^2 = |\mathbf{Y} - \mathbf{X}\hat{\boldsymbol{\beta}}|^2$$
$$= \min_{\boldsymbol{\beta} \in \mathbb{R}^r} |\mathbf{Y} - \mathbf{X}\boldsymbol{\beta}|^2 = \min_{\tilde{\boldsymbol{\beta}} \in \mathbb{R}^p} |\mathbf{Y} - \check{\mathbf{X}}\tilde{\boldsymbol{\beta}}|^2 .$$

5.   Der Beweis des Satzes 3.12 von Aitken zeigt, daß auch jede Komponente $\check{\beta}_i$ des gewichteten MQ-Schätzers $\check{\boldsymbol{\beta}}$ die BLUE-Eigenschaft besitzt (in 3.12 wurde der volle Rang von $\mathbf{X}$ vorausgesetzt, so daß jede Komponente von $\boldsymbol{\beta}$ schätzbar ist).

4.4 Beispiel Einfache Varianzanalyse (siehe 2.3, 3.7)

Modell a) Hier ist $p = r = k$ und jede Linearkombination

$$\psi = \sum_{i=1}^k c_i \mu_i = \mathbf{c}^T \boldsymbol{\beta}$$

der Parameter $\mu_1,...,\mu_k$ ist schätzbar. Der GM-Schätzer für ψ lautet nach Satz 4.2

$$(4) \qquad \hat{\psi} = \sum_{i=1}^k c_i \overline{y}_i = \mathbf{c}^T \hat{\boldsymbol{\beta}} .$$

Die zweite Darstellung $\hat{\psi} = \mathbf{a}^T\mathbf{y}$, $\mathbf{a} \in L$, ergibt sich aus (4) wegen

$$\overline{y}_i = \mathbf{a}_i^T \mathbf{y} , \quad \mathbf{a}_i = (0,...,0,1/n_i,...,1/n_i,0,...,0)^T$$

zu $\mathbf{a} = \sum c_i \mathbf{a}_i$, d.h. zu

$$\mathbf{a} = (c_1/n_1,...,c_1/n_1,...,c_k/n_k,...,c_k/n_k)^T \in L .$$

Die Varianz von $\hat{\psi}$ ist

$$\text{Var}\,\hat{\psi} = \sigma^2 |\mathbf{a}|^2 = \sigma^2 \sum_{i=1}^k c_i^2/n_i .$$

Zu diesem Ergebnis gelangt man auch über 4.3, Bem.1.

Modell b) Da hier $r = k < p = k + 1$ ist, stellt sich die Frage, welche Linearkombination

$$(5) \qquad \psi = \sum_{i=1}^k c_i \alpha_i = \mathbf{c}^T\boldsymbol{\beta} , \quad \mathbf{c}^T = (0,c_1,...,c_k) \in \mathbb{R}^{k+1},$$

der Effekte $\alpha_1,...,\alpha_k$ schätzbar sind. Nach Lemma 4.1 ist ψ für solche $\mathbf{c}^T = (0,c_1,...,c_k)$ schätzbar, für welche das Gleichungssystem

$$\mathbf{X}^T\mathbf{a} = \mathbf{c}$$

eine Lösung $\mathbf{a} \in \mathbb{R}^n$ hat. Dieses System ist genau dann lösbar, wenn die Matrix $[\mathbf{X}^T,\mathbf{c}]$ den gleichen Rang k hat wie die Matrix $\mathbf{X}^T$. Die erste Zeile von $[\mathbf{X}^T,\mathbf{c}]$, nämlich $(1,...,1,0)$, ist als Linearkombination der übrigen Zeilen, welche c_i als letzte Komponente haben, genau dann darstellbar, wenn

$$(6) \qquad \sum_{i=1}^k c_i = 0 .$$

Genau im Fall (6) ist $\psi = \sum c_i \alpha_i$ schätzbare Funktion. Man nennt ψ dann auch einen *linearen Kontrast* (der Effekte $\alpha_1,\dots,\alpha_k$), den man mit $\mu_i = \mu + \alpha_i$ auch in der Form $\psi = \sum c_i \mu_i$ schreiben kann. Die GM-Schätzung für den linearen Kontrast (5) mit (6) lautet

$$\hat{\psi} = \Sigma_{i=1}^k c_i(\overline{y}_i - \overline{y}) = \Sigma_{i=1}^k c_i \overline{y}_i \ .$$

Bemerkung In 2.3 haben wir unter der NB $\sum n_i \alpha_i = 0$

(7) $\qquad \alpha_i = \mu_i - \sum n_j \mu_j / n$

als lineare Funktion des Erwartungswertvektors $\boldsymbol{\mu}$ geschrieben. Gemäß Lemma 4.1 ist jedes nach (7) berechnete α_i (also auch jedes $\sum c_i \alpha_i$) schätzbar. Dennoch ist die Konzeption des linearen Kontrastes auch in Modellen mit NB (*constrained* models) nützlich, z.B. wegen der Reduzierung der Freiheitsgrade (vgl. 5.4 unten).

4.5 Lineare unabhängige Funktionen

Die linearen Funktionen $(q \in \mathbb{N})$

$$\psi_1 = \mathbf{c}_1^T \boldsymbol{\beta} \ , \ \dots \ , \ \psi_q = \mathbf{c}_q^T \boldsymbol{\beta}$$

von $\boldsymbol{\beta}$ heißen *linear* unabhängig (l.u.), falls die q Vektoren $\mathbf{c}_1,\dots,\mathbf{c}_q \in \mathbb{R}^p$ l.u. sind. Selbstverständlich ist dann $q \le p$. Sind die l.u. Funktionen $\psi_1,\dots,\psi_q$ schätzbar, so gilt sogar $q \le r$. In der Tat, wegen Lemma 4.1 gibt es Vektoren $\mathbf{a}_1,\dots,\mathbf{a}_q \in \mathbb{R}^n$ mit $\mathbf{c}_j^T = \mathbf{a}_j^T \mathbf{X}$, $j=1,\dots,q$, bzw. mit

$$\mathbf{C} \ = \ \mathbf{AX} \ , \quad \text{wobei} \quad \mathbf{C} = \begin{bmatrix} \mathbf{c}_1^T \\ \vdots \\ \mathbf{c}_q^T \end{bmatrix} , \quad \mathbf{A} = \begin{bmatrix} \mathbf{a}_1^T \\ \vdots \\ \mathbf{a}_q^T \end{bmatrix} ,$$

so daß $q = \text{Rang}(\mathbf{C}) \le \text{Rang}(\mathbf{X}) = r$.

Die q linearen Funktionen $\psi_1,\dots,\psi_q$ bzw. ihre Schätzer $\hat{\psi}_1,\dots,\hat{\psi}_q$ fassen wir i.f. auch zu Vektoren

$$\boldsymbol{\psi} = (\psi_1,\dots,\psi_q)^T \ , \quad \hat{\boldsymbol{\psi}} = (\hat{\psi}_1,\dots,\hat{\psi}_q)^T$$

zusammen.

4.6 Verteilung des GM-Schätzers

Satz Für ein LM mit Normalverteilungs-Annahme (NLM) sei

$$\boldsymbol{\psi} = (\psi_1,\dots,\psi_q)^T \qquad\qquad\qquad [q \le r]$$

ein Vektor von l.u. schätzbaren Funktionen $\psi_j = \mathbf{c}_j^T \boldsymbol{\beta}$ und

$$\hat{\boldsymbol{\psi}} = (\hat{\psi}_1,\dots,\hat{\psi}_q)^T$$

der Vektor der GM-Schätzer $\hat{\psi}_j = \mathbf{c}_j^T \hat{\boldsymbol{\beta}} = \mathbf{a}_j^T \mathbf{Y}$ für ψ_j (vgl. Satz 4.2) mit $\mathbf{a}_j \in L$.
Dann gilt

(i) Der Vektor

$$\hat{\boldsymbol{\psi}} \text{ ist } N_q(\boldsymbol{\psi}, \sigma^2 \mathbf{A}\mathbf{A}^T)\text{-verteilt},$$

wobei die $q \times n$-Matrix

$$\mathbf{A} = \left[\begin{array}{c} \mathbf{a}_1^T \\ \vdots \\ \mathbf{a}_q^T \end{array} \right]$$

vom Rang q ist.

(ii) Der Zufallsvektor $\hat{\boldsymbol{\psi}}$ und die Zufallsvariable $\hat{\sigma}^2 = |\mathbf{Y} - \mathbf{X}\hat{\boldsymbol{\beta}}|^2 / (n-r)$ sind stochastisch unabhängig.

Beweis (i) Nach Satz 4.2 gibt es eindeutig bestimmte Vektoren $\mathbf{a}_j \in L$, so daß

$$\boldsymbol{\psi} = \mathbf{A}\mathbf{X}\boldsymbol{\beta}, \quad \hat{\boldsymbol{\psi}} = \mathbf{A}\mathbf{Y},$$

mit der $q \times n$-Matrix $\mathbf{A}$, die $\mathbf{a}_j^T$ als j-te Zeile besitzt. Die Matrix $\mathbf{A}$ besitzt vollen Rang q. In der Tat, aus $\mathbf{C} = \mathbf{A}\mathbf{X}$ und Rang$(\mathbf{C})$ = q (vgl. 4.5) erhalten wir

$$q \leq \text{Rang}(\mathbf{A}) \leq q.$$

Da $\mathbf{Y}$ $N_n(\mathbf{X}\boldsymbol{\beta}, \sigma^2 \mathbf{I}_n)$-verteilt ist, besitzt $\hat{\boldsymbol{\psi}} = \mathbf{A}\mathbf{Y}$ gemäß I 2.4 eine

$$N_q(\boldsymbol{\psi}, \sigma^2 \mathbf{A}\mathbf{A}^T)\text{-Verteilung}.$$

(ii) Da jeder Vektor $\mathbf{a}_j$ aus L ist, sind nach 1.7 die Zufallsvariablen

$$\mathbf{A}\mathbf{Y} \quad \text{und} \quad |\mathbf{Y} - \mathbf{X}\hat{\boldsymbol{\beta}}|^2$$

stochastisch unabhängig. $\square$

Der Inhalt des folgenden Korollars ist schon weitgehend bekannt (vgl. 3.2, 3.5, Bem.1 in 4.3) und wird des bequemen Zitierens wegen formuliert.

Korollar Hat in einem NLM die Matrix $\mathbf{X}$ vollen Rang p, dann hat der MQ-Schätzer $\hat{\boldsymbol{\beta}}$ eine $\mathbf{N}_p(\boldsymbol{\beta}, \sigma^2 (\mathbf{X}^T\mathbf{X})^{-1})$-Verteilung und ist stochastisch unabhängig von $(n-r)\hat{\sigma}^2 / \sigma^2$, das χ^2_{n-r}-verteilt ist. Jede Komponente $\hat{\beta}_j$ von $\hat{\boldsymbol{\beta}}$ besitzt die BLUE-Eigenschaft. Weiter gilt

$$\mathbf{A}\mathbf{A}^T = (\mathbf{X}^T\mathbf{X})^{-1},$$

wobei $\hat{\beta}_j = \mathbf{a}_j^T \mathbf{Y}$, $\mathbf{a}_j \in L$, $j = 1, \ldots, p$ und die $p \times n$-Matrix $\mathbf{A}$ die j-te Zeile $\mathbf{a}_j^T$ besitzt.

4.7 Satz von Student

Als Spezialfall von Korollar 4.6 erhalten wir auch den folgenden berühmten Satz von Student (W. Gosset, 1908).

Es seien $Y_1, \ldots, Y_n$ unabhängig und $N(\mu, \sigma^2)$-verteilt. Unter Anwendung des NLM der einfachen Varianzanalyse, Modell a), vgl. 2.3 und 3.7, mit

$$k = p = r = 1, \quad \beta = \mu, \quad \mathbf{X} = (1, \ldots, 1)^T,$$

erhalten wir:

$$\hat{\mu} \equiv \overline{Y} = \Sigma_{i=1}^n Y_i / n \quad \text{ist} \quad N(\mu, \sigma^2/n)\text{-verteilt}$$

$$(n-1)\hat{\sigma}^2 / \sigma^2 = \Sigma_{i=1}^n (Y_i - \overline{Y})^2 / \sigma^2 \quad \text{ist} \quad \chi^2_{n-1}\text{ -verteilt}$$

$$\hat{\mu} \text{ und } \hat{\sigma}^2 \text{ sind stochastisch unabhängig} .$$

4.8 t-Tests

Als eine weitere Anwendung von Satz 4.6 behandeln wir die bekannten *t-Tests* zum Prüfen von Mittelwerten.

(i) Ein- Stichproben-Fall. Es wird vorausgesetzt, daß die $Y_1, \ldots, Y_n$ unabhängig sind und

$$\text{jedes } Y_i \quad N(\mu, \sigma^2) \text{ -verteilt}$$

ist, wobei μ und σ^2 nicht bekannt sind. Geprüft werden soll die

$$\text{Nullhypothese } H_0 : \mu = \mu_0 .$$

Mit $\overline{Y} = \Sigma_1^n Y_i / n$ und $\hat{\sigma}^2 = \Sigma_1^n (Y_i - \overline{Y})^2 / (n-1)$ ist nach 4.7 unter der Annahme von H_0

$$\sqrt{n}(\overline{Y} - \mu_0)/\sigma \quad N(0,1)\text{-verteilt}$$

und unabhängig von

$$\hat{\sigma}/\sigma , \text{ das wie ein } \sqrt{\chi^2_{n-1}/(n-1)} \text{ verteilt ist.}$$

Folglich ist

$$t = \sqrt{n} \, \frac{\overline{Y} - \mu_0}{\hat{\sigma}}$$

unter der Hypothese H_0 wie ein t_{n-1} verteilt. Man verwirft demgemäß H_0 zugunsten von $\mu \neq \mu_0$, wenn die Realisation von $|t|$ das Quantil $t_{n-1, 1-\alpha/2}$ übersteigt.

(ii) Zwei-Stichproben-Fall. Hier sind wir in der Situation der einfachen Varianzanalyse, Modell a), mit $k=2$ Gruppen (Stichproben), bestehend aus unabhängigen, normalverteilten Variablen $Y_{11}, \ldots, Y_{1n_1}, Y_{21}, \ldots, Y_{2n_2}$. Geprüft werden soll die

$$\text{Nullhypothese } H_0 : \mu_1 = \mu_2 .$$

Wir haben nach 3.7, 4.4 für die schätzbare Funktion $\psi = \mu_1 - \mu_2$ den GM-Schätzer

$$\hat{\psi} = \hat{\mu}_1 - \hat{\mu}_2 = \overline{Y}_1 - \overline{Y}_2 \equiv \mathbf{a}^T \cdot \mathbf{Y}$$

mit

$$\mathbf{a} = \left(\frac{1}{n_1}, \dots, \frac{1}{n_1}, -\frac{1}{n_2}, \dots, -\frac{1}{n_2} \right)^T \in \mathcal{L}(\mathbf{X}) \ .$$

Wegen $|\mathbf{a}|^2 = \frac{1}{n_1} + \frac{1}{n_2}$ gilt nach Satz 4.6:

$$\hat{\psi} \text{ ist } N\left(\mu_1 - \mu_2,\ \sigma^2 \left(\frac{1}{n_1} + \frac{1}{n_2} \right) \right)\text{-verteilt}$$

und unabhängig von $\hat{\sigma}^2/\sigma^2 = \mathrm{MQI}/\sigma^2$, das wie ein $\chi^2_{n-2}/(n-2)$ verteilt ist ($n = n_1 + n_2$). Folglich ist unter H_0

$$t = \frac{\hat{\psi} \Big/ \sqrt{\frac{1}{n_1} + \frac{1}{n_2}}}{\sqrt{\mathrm{MQI}}} = \sqrt{\frac{n_1 n_2}{n_1 + n_2}}\ \frac{\overline{Y}_1 - \overline{Y}_2}{\sqrt{\mathrm{MQI}}}$$

t_{n-2}-verteilt. Man verwirft demgemäß H_0 zugunsten von $\mu_1 \neq \mu_2$, wenn die Realisation von $|t|$ das Quantil $t_{n-2,1-\alpha/2}$ übersteigt.

Im Zwei-Stichproben-Fall nennt man MQI auch "pooled variance estimate". Man beachte die Voraussetzung gleicher Varianzen $\sigma_1^2 = \sigma_2^2 = \sigma^2$ in den beiden Gruppen, die man üblicherweise mit dem Varianzquotienten-Test oder dem Levene-Test als Vorschalttest prüft.

(iii)   Die zugehörigen Konfidenzintervalle zum Niveau $1-\alpha$ lauten im Ein-Stichproben-Fall für den Parameter μ $(t_0 = t_{n-1,1-\alpha/2})$

$$\overline{Y} - \mathrm{se}(\overline{Y}) \cdot t_0 \leq \mu \leq \overline{Y} + \mathrm{se}(\overline{Y}) \cdot t_0 \ , \qquad\qquad \mathrm{se}(\overline{Y}) = \frac{\hat{\sigma}}{\sqrt{n}} \ ,$$

und im Zwei-Stichproben-Fall für den Parameter $\mu_1 - \mu_2$ $(t_0 = t_{n-2,1-\alpha/2})$

$$(\overline{Y}_1 - \overline{Y}_2) - \mathrm{se}(\overline{Y}_1 - \overline{Y}_2) \cdot t_0 \leq \mu_1 - \mu_2 \leq (\overline{Y}_1 - \overline{Y}_2) + \mathrm{se}(\overline{Y}_1 - \overline{Y}_2) \cdot t_0$$

mit
$$\mathrm{se}(\overline{Y}_1 - \overline{Y}_2) = \sqrt{\mathrm{MQI}}\ \sqrt{\frac{1}{n_1} + \frac{1}{n_2}} \ .$$

5. KONFIDENZINTERVALLE

5.0   Im Zusammenhang mit schätzbaren Funktionen $\mathbf{c}^T \boldsymbol{\beta}$ ist es von großer praktischer Bedeutung, Konfidenzintervalle auf der Grundlage einer Beobachtung $\mathbf{Y}$ zu konstruieren. Dabei soll besonderer Wert auf solche Konfidenzintervalle gelegt werden, die simultan für eine Menge von Koeffizientenvektoren $\mathbf{c} \in \mathbb{R}^p$ gelten. Solche simultanen Konfidenzintervalle erlauben es dem Statistiker, auch noch nach Stichprobenerhebung gewisse $\mathbf{c}$ aus dieser Menge auszuwählen und ein Konfidenzintervall für $\mathbf{c}^T \boldsymbol{\beta}$ zu erstellen, ohne das Konfidenzniveau zu verlassen. Das Theorem 5.3 von Scheffé bildet das Hauptergebnis dieses Abschnitts. Das Kürzel

NLM steht wie immer für ein LM mit Normalverteilungs-Annahme.

5.1 Quotient zweier quadratischer Formen

Proposition Gegeben ein NLM, ein Vektor

$$\boldsymbol{\psi} = (\psi_1,\dots,\psi_q)^T \qquad\qquad [q \le r]$$

von l.u. schätzbaren Funktionen $\psi_j = \mathbf{c}_j^T\boldsymbol{\beta}$ und der Vektor

$$\hat{\boldsymbol{\psi}} = (\hat\psi_1,\dots,\hat\psi_q)^T$$

der GM-Schätzer $\hat\psi_j = \mathbf{c}_j^T\hat{\boldsymbol{\beta}} = \mathbf{a}_j^T\mathbf{Y}$ ($\mathbf{a}_j \in L$) für ψ_j. Dann besitzt die Zufallsvariable $W/(q\,\hat\sigma^2)$, mit

$$W = (\hat{\boldsymbol{\psi}} - \boldsymbol{\psi})^T(\mathbf{A}\mathbf{A}^T)^{-1}(\hat{\boldsymbol{\psi}} - \boldsymbol{\psi}) ,$$

eine $F_{q,n-r}$-Verteilung. Dabei haben wir wie in 4.6

$$\mathbf{A}^T = (\mathbf{a}_1,\dots,\mathbf{a}_q)$$

gesetzt.

Beweis Nach Satz 4.6 i) ist

$$\hat{\boldsymbol{\psi}} - \boldsymbol{\psi} \quad N_q(0,\sigma^2\mathbf{A}\mathbf{A}^T)\text{-verteilt} ,$$

mit der positiv-definiten $q\times q$-Matrix $\mathbf{A}\mathbf{A}^T$. Also ist nach I 2.5 die Zufallsvariable

$$W/\sigma^2 \quad \chi_q^2 \text{ -verteilt.}$$

Sie ist nach Satz 4.6 ii) unabhängig von der Variablen

$$(n-r)\hat\sigma^2/\sigma^2 , \text{ die } \chi_{n-r}^2\text{-verteilt ist}$$

gemäß Satz 3.5. Der Quotient $\dfrac{W/(\sigma^2 q)}{\hat\sigma^2/\sigma^2}$ ist dann nach ANHANG B 1.3 $F_{q,n-r}$-verteilt. $\square$

Bemerkung Hat $\mathbf{X}$ vollen Rang und führen wir wie in 4.5 die $q\times p$-Matrix $\mathbf{C}$ vermöge $\mathbf{C}^T = (\mathbf{c}_1,\dots,\mathbf{c}_q)$ ein, so läßt sich gemäß 4.3, Bem.1, schreiben

$$W = (\hat{\boldsymbol{\beta}} - \boldsymbol{\beta})^T\mathbf{C}^T[\mathbf{C}(\mathbf{X}^T\mathbf{X})^{-1}\mathbf{C}^T]^{-1}\mathbf{C}(\hat{\boldsymbol{\beta}} - \boldsymbol{\beta}).$$

5.2 Konfidenzintervall für ψ

Im Fall $q = 1$ können wir aus 5.1 sofort ein Konfidenzintervall für ψ ableiten.

Proposition Ist $\psi = \mathbf{c}^T\boldsymbol{\beta}$ eine schätzbare Funktion in einem NLM, dann gilt für $0 < \alpha < 1$

$$\mathbb{P}\left(\hat{\psi} - t_0\,\mathrm{se}(\hat{\psi}) \le \psi \le \hat{\psi} + t_0\,\mathrm{se}(\hat{\psi})\right) = 1 - \alpha\,,$$

wobei wir $t_0 = t_{n-r,1-\alpha/2}$, $\hat{\psi} = \mathbf{c}^T\hat{\boldsymbol{\beta}} = \mathbf{a}^T\mathbf{Y}$ $(\mathbf{a} \in L)$ und $\mathrm{se}(\hat{\psi}) = \hat{\sigma}\,|\mathbf{a}|$ gesetzt haben.

Beweis Im Fall $q = 1$ haben wir in 5.1 einfach

$$W = (\hat{\psi} - \psi)^2 / |\mathbf{a}|^2\,,$$

so daß $(\hat{\psi} - \psi)/(\hat{\sigma}\cdot|\mathbf{a}|)$ t_{n-r}-verteilt ist. $\Box$

Bemerkungen

1. Generell nennen wir die Wurzel aus der Schätzung der Varianz eines Schätzers $\hat{\psi}$ seinen *Standardfehler* (standard error) $\mathrm{se}(\hat{\psi})$.

2. Im Fall $r = p$ (**X** voller Rang) haben wir nach Bem.1 in 4.3 mit

$$\mathrm{se}(\hat{\psi}) = \hat{\sigma}\sqrt{\mathbf{c}^T(\mathbf{X}^T\mathbf{X})^{-1}\mathbf{c}}$$

eine weitere Formel für $\mathrm{se}(\hat{\psi})$ zur Verfügung.

5.3 Theorem von Scheffé

Wie in Bem.3 in 4.3 betrachten wir i.f. wieder Linearkombinationen $\psi = \sum_{i=1}^{q} c_j\,\psi_j = \mathbf{c}^T\boldsymbol{\psi}$ von l.u. schätzbaren Funktionen. Da wir eine Vielzahl von Koeffizientenvektoren $\mathbf{c} = (c_1,\ldots,c_q)^T$ gleichzeitig (*simultan*) berücksichtigen wollen, schreiben wir auch

$$\psi_c = \mathbf{c}^T\boldsymbol{\psi}\,.$$

Entprechend wird die GM-Schätzung von ψ_c mit $\hat{\psi}_c = \mathbf{c}^T\hat{\boldsymbol{\psi}}$ bezeichnet.

Satz (Simultane Konfidenzintervalle nach Scheffé)

In einem NLM sei ein Vektor

$$\boldsymbol{\psi} = (\psi_1,\ldots,\psi_q) \qquad\qquad [q \le r]$$

von l.u. schätzbaren Funktionen ψ_j gegeben. Dann gilt für $\psi_c = \mathbf{c}^T\boldsymbol{\psi}$ die Aussage

(1) $\qquad \mathbb{P}\left(\hat{\psi}_c - S\cdot\mathrm{se}(\hat{\psi}_c) \le \psi_c \le \hat{\psi}_c + S\cdot\mathrm{se}(\hat{\psi}_c)\ \text{f.a. } \mathbf{c} \in \mathbb{R}^q\right) = 1 - \alpha\,,$

wobei wir

$$S^2 = q\cdot F_{q,n-r,1-\alpha}$$
$$\hat{\psi}_c = \sum_{j=1}^{q} c_j\hat{\psi}_j = \mathbf{a}_c^T\mathbf{Y}\,,\quad \mathbf{a}_c \in L \qquad\qquad [\text{GM Schätzer für } \psi_c]$$
$$\mathrm{se}(\hat{\psi}_c) = \hat{\sigma}\,|\mathbf{a}_c| \qquad\qquad\qquad\qquad [\text{Standardfehler von } \hat{\psi}_c]$$

gesetzt haben.

Bemerkungen

1. Nach Bem.3 in 4.3 bildet $\psi_c = \sum_j c_j \psi_j$ eine 1-dimensionale schätzbare Funktion mit dem GM Schätzer $\hat{\psi}_c = \sum_j c_j \hat{\psi}_j$. Der folgende Beweis geht aber trotzdem nicht von der 1-dimensionalen Aussage 5.2, sondern von der q-dimensionalen Aussage der Prop. 5.1 aus: Es ist nämlich entscheidend, daß die q Komponenten c_j in der Aussage (1) auf q l.u. schätzbare Funktionen ψ_j zugreifen.

2. Man beachte, daß sich dieser Satz im Fall q = 1 auf Prop. 5.2 reduziert.

Beweis Wir führen mit der Abkürzung $F_0 = F_{q,n-r,1-\alpha}$ das q-dimensionale Ellipsoid

$$\mathcal{E}(\hat{\psi}) = \{ \mathbf{x} \in \mathbb{R}^q : (\mathbf{x} - \hat{\psi})^T (\mathbf{A}\mathbf{A}^T)^{-1}(\mathbf{x} - \hat{\psi}) \leq \hat{\sigma}^2 q F_0 \}$$

mit Zentrum $\hat{\psi}$ ein, vgl. ANHANG A 2.1. Nach Prop. 5.1 können wir

$$(2) \qquad \mathbb{P}(\psi \in \mathcal{E}(\hat{\psi})) = 1-\alpha$$

schreiben. Gemäß dem Projektionslemma von Scheffé (ANHANG A 2.2) gilt $\mathbf{x} \in \mathcal{E}(\hat{\psi})$ genau dann, wenn

$$|\mathbf{c}^T(\mathbf{x} - \hat{\psi})|^2 \leq \mathbf{c}^T(\mathbf{A}\mathbf{A}^T)\mathbf{c}\,\hat{\sigma}^2 q F_0 \quad \text{für alle} \ \ \mathbf{c} \in \mathbb{R}^q.$$

Aus (2) folgt damit

$$\mathbb{P}\big(|\mathbf{c}^T(\psi - \hat{\psi})|^2 \leq \mathbf{c}^T(\mathbf{A}\mathbf{A}^T)\mathbf{c}\,\hat{\sigma}^2 q F_0 \quad \text{f.a.} \ \ \mathbf{c} \in \mathbb{R}^q \big) = 1 - \alpha,$$

oder, wenn wir $\mathbf{c}^T(\psi - \hat{\psi}) = \psi_c - \hat{\psi}_c$ und

$$\mathbf{c}^T\mathbf{A}\mathbf{A}^T\mathbf{c} = \mathbf{a}_c^T \cdot \mathbf{a}_c = |\mathbf{a}_c|^2 \quad \text{mit} \ \ \mathbf{a}_c = \sum c_j \mathbf{a}_j$$

beachten (die $\mathbf{a}_j^T$ bilden ja die Zeilen von $\mathbf{A}$),

$$\mathbb{P}\big(|\psi_c - \hat{\psi}_c| \leq S\hat{\sigma}|\mathbf{a}_c| \quad \text{f.a.} \ \ \mathbf{c} \in \mathbb{R}^q \big) = 1 - \alpha.$$

Dies ist aber gleichbedeutend mit (1) . $\square$

5.4 Beispiel Einfache Varianzanalyse (vgl. 3.7, 4.4)

Wir betrachten im Modell a) Linearkombinationen der l.u. schätzbaren Funktionen μ_i, nämlich

$$(3) \qquad \psi_c = \sum_{i=1}^k c_i \mu_i = \mathbf{c}^T \boldsymbol{\beta}.$$

Wir haben in 4.4 die Darstellung

$$\hat{\psi}_c = \sum_1^k c_i \bar{y}_i = \mathbf{a}_c^T \mathbf{y}$$

des GM-Schätzers für ψ_c abgeleitet, wobei

$$\mathbf{a}_c = (c_1/n_1, \ldots, c_1/n_1, \ldots, c_k/n_k, \ldots, c_k/n_k)^T \in \mathcal{L}(\mathbf{X}).$$

Ein simultanes Konfidenzintervall für ψ_c (simultan für alle Koeffizientenvektoren $\mathbf{c}$ $\in \mathbb{R}^k$) zum Niveau $1 - \alpha$ lautet nach 5.3

$$(4) \qquad \Sigma_1^k c_i \bar{y}_i - S \cdot se(\hat{\psi}_c) \leq \Sigma_1^k c_i \mu_i \leq \Sigma_1^k c_i \bar{y}_i + S \cdot se(\hat{\psi}_c) \; .$$

Dabei ist

$$S^2 = k \cdot F_{k,n-k,1-\alpha}$$
$$[se(\hat{\psi}_c)]^2 = MQI \, \Sigma_1^k c_i^2 / n_i \; , \quad MQI = \hat{\sigma}^2 \; .$$

Betrachten wir dagegen nicht die Menge (3) der Linearkombinationen der μ_i , sondern die Untermenge

$$(5) \qquad \psi_c = \Sigma_1^k c_i \alpha_i = \Sigma_1^k c_i \mu_i \; , \quad \Sigma_1^k c_i = 0 \; ,$$

der linearen Kontraste der μ_i (bzw. der α_i), so dürfen wir $q = k - 1$ setzen und deshalb in (4)

$$S^2 = (k-1) \cdot F_{k-1,n-k,1-\alpha} \; .$$

In der Tat, die Menge der linearen Kontraste (5) wird, wie wir jetzt zeigen werden, durch

$$\psi_1 = \mu_2 - \mu_1, \dots, \psi_{k-1} = \mu_k - \mu_1$$

aufgespannt. Die $\psi_1, \dots, \psi_{k-1}$ bilden $q = k - 1$ schätzbare l.u. Funktionen.

Einerseits ist nämlich jede Linearkombination

$$\Sigma_1^{k-1} a_i \psi_i = (-\Sigma_1^{k-1} a_i)\mu_1 + a_1 \mu_2 + \dots + a_{k-1} \mu_k = \Sigma_1^k c_i \mu_i$$

der $\psi_1, \dots, \psi_{k-1}$ wegen $\Sigma_1^k c_i = 0$ ein linearer Kontrast (5).

Andererseits ist jeder lineare Kontrast (5)

$$\Sigma_1^k c_i \mu_i = (\Sigma_1^k c_i)\mu_1 + c_2(\mu_2 - \mu_1) + \dots + c_k(\mu_k - \mu_1)$$
$$= \Sigma_1^{k-1} c_{i+1} \psi_i$$

eine Linearkombination der $\psi_1, \dots, \psi_{k-1}$.

Der Vorteil der Verwendung linearer Kontraste gegenüber beliebigen Linearkombinationen liegt darin, daß wir wegen (vgl. ANHANG B 1.3)

$$(q - 1)F_{q-1,n-k,1-\alpha} < q F_{q,n-k,1-\alpha}$$

kürzere Konfidenzintervalle (4) erhalten.

5.5 Beispiel Einfache lineare Regression (vgl. 2.1, 3.6)

Wir wollen ein Konfidenzintervall für die "wahre" Regressionsgerade

$$\psi = \beta_0 + \beta(x - \bar{x}) = \alpha + \beta x$$

zum Niveau $1-\alpha$ aufstellen, und zwar (i) für ein individuelles x als auch (ii) für alle $x \in \mathbb{R}$ simultan.

(i) Konfidenzintervall für *individuelles* x . Wir schreiben im Modell b) $\psi = \mathbf{c}^T \cdot \boldsymbol{\beta}$

mit $\mathbf{c} = (1, x - \bar{x})^T$. Die Funktion ψ ist schätzbar, da $\mathbf{X}$ vollen Rang hat. Für den GM-Schätzer gilt

$$\hat{\psi} = \hat{\beta}_0 + \hat{\beta}(x - \bar{x}) = \hat{\alpha} + \hat{\beta}x$$

mit $\hat{\alpha}, \hat{\beta}_0, \hat{\beta}$ wie in 3.6. Da im Modell b)

$$\mathbf{c}^T(\mathbf{X}^T\mathbf{X})^{-1}\mathbf{c} = \frac{1}{n} + \frac{(x - \bar{x})^2}{\sum(x_i - \bar{x})^2}$$

gilt, haben wir, mit $\hat{\sigma}^2 = \text{MQD}$, nach Bem.2 in 5.2

$$(6) \qquad \text{se}(\hat{\psi}) = \sqrt{\text{MQD}} \cdot \sqrt{\frac{1}{n} + \frac{(x - \bar{x})^2}{\sum(x_i - \bar{x})^2}} \quad .$$

Prop. 5.2 liefert nun das Konfidenzintervall

$$(7) \qquad \hat{\alpha} + \hat{\beta}x - t_0 \cdot \text{se}(\hat{\psi}) \;\leq\; \alpha + \beta x \;\leq\; \hat{\alpha} + \hat{\beta}x + t_0 \cdot \text{se}(\hat{\psi})$$

zum Niveau 1-α, mit $t_0 = t_{n-2, 1-\alpha/2}$.

(ii) *Simultane* Konfidenzintervalle für alle x. Wir schreiben im Modell b)

$$\psi_x = \beta_0 + \beta(x - \bar{x}) = 1 \cdot \psi_1 + (x - \bar{x}) \cdot \psi_2$$

mit den q = 2 l.u. schätzbaren Funktionen $\psi_1 = \beta_0$, $\psi_2 = \beta$. Es ist

$$\hat{\psi}_x = \hat{\beta}_0 + \hat{\beta}(x - \bar{x}) = 1 \cdot \hat{\psi}_1 + (x - \bar{x}) \cdot \hat{\psi}_2$$

GM-Schätzer für ψ_x , dessen Standardfehler $\text{se}(\hat{\psi}_x)$ sich nach (6) berechnet. Satz 5.3 liefert nun das für alle x gültige Konfidenzintervall

$$(8) \qquad \hat{\alpha} + \hat{\beta}x - S \cdot \text{se}(\hat{\psi}_x) \;\leq\; \alpha + \beta x \;\leq\; \hat{\alpha} + \hat{\beta}x + S \cdot \text{se}(\hat{\psi}_x) \quad \text{für alle } x \in \mathbb{R}$$

zum Niveau 1-α , wobei

$$S = \sqrt{2 F_{2, n-2, 1-\alpha}} \quad .$$

(iii) Man beachte, daß das Konfidenzintervall (8) (auch *Working-Hotelling* Konfidenzstreifen genannt) für jedes x breiter ist als das Intervall (7), denn es ist für $\alpha \in (0,1)$ gemäß ANHANG B 1.3

$$t^2_{n-2, 1-\alpha/2} = F_{1, n-2, 1-\alpha}$$
$$< 2 F_{2, n-2, 1-\alpha} \quad .$$

Ferner erkennt man sofort, daß se($\hat{\psi}$) und damit die Breite der Intervalle (7) und (8) am kleinsten wird für $x = \bar{x}$ und immer größer wird, je weiter sich x von $\bar{x}$ entfernt.

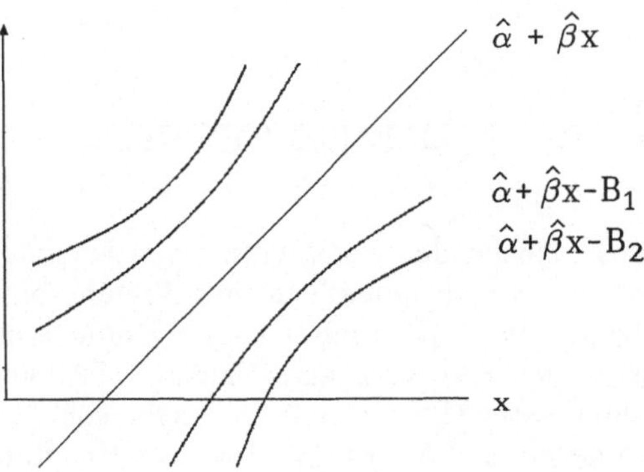

$$B_1 = t_0 \, \text{se}(\hat{\psi}), B_2 = S \, \text{se}(\hat{\psi})$$

5.6 Stichprobenumfang bei der einfachen linearen Regression

Wir wollen einen Mindest-Stichprobenumfang berechnen, welcher der Forderung

(9) $\mathbb{E}(B - A)^2 \le 4\,L^2$

genügt, wobei A und B die Grenzen eines Konfidenzintervall $A \le \theta \le B$ für θ zum Niveau $1-\alpha$ bilden, vgl. II 1.6. Wir behandeln die Fälle $\theta = \beta$ und $\theta = \alpha + \beta x$.

a) Ein Konfidenzintervall für β läßt sich nach Prop. 5.2 mit

$$\left.\begin{array}{c} B \\ A \end{array}\right\} = \hat{\beta} \pm t_0 \sqrt{\frac{\text{MQD}}{\Sigma(x_i - \bar{x})^2}} \quad \text{angeben, wobei} \quad t_0 = t_{n-2,\,1-\alpha/2} \cdot$$

Die Forderung (9) führt also wegen $\mathbb{E}\,\text{MQD} = \sigma^2$ und mit $s_x^2 = \Sigma(x_i - \bar{x})^2/(n-1)$ zu

(10) $n-1 \ge \dfrac{t_0^2\,\sigma^2}{L^2\,s_x^2}$.

Dabei haben wir vorausgesetzt, daß die Wahl der x_i so erfolgt, daß sich s_x^2 bei wachsendem n nicht (viel) ändert und daß eine Vorausschätzung für σ^2 vorliegt.

b) Ein Konfidenzintervall für $\alpha + \beta x$ läßt sich gemäß 5.5 mit

$$\left.\begin{array}{c} B \\ A \end{array}\right\} = (\hat{\alpha} + \hat{\beta} x) \pm q_0 \sqrt{\text{MQD}} \sqrt{\frac{1}{n} + \frac{(x - \bar{x})^2}{\Sigma(x_i - \bar{x})^2}}$$

angeben, wobei wir im Fall 5.5 (i) $q_0 = t_{n-2,\,1-\alpha/2}$ und im Fall 5.5 (ii) $q_0 = \sqrt{2F_{2,\,n-2,\,1-\alpha}}$ zu setzen haben. Die Forderung (9) führt - wenn wir das $\frac{1}{n}$ im Wurzelausdruck durch das größere $\frac{1}{n-1}$ ersetzen - zu

$$n - 1 \ge \frac{q_0^2\,\sigma^2}{L^2} \left(1 + \frac{(x - \bar{x})^2}{s_x^2}\right) \ .$$

Dabei sind die gleichen Bemerkungen wie nach (10) zu machen; zusätzlich ist das maximale Abweichungsquadrat $(x - \bar{x})^2$ vorzugeben, das noch von Interesse ist.

6. TESTEN LINEARER HYPOTHESEN

6.0 Neben der Konstruktion von Konfidenzintervallen steht als zweite inferenz-statistische Hauptmethode das Testen von Hypothesen über die unbekannten Mo-dellparameter $\boldsymbol{\beta}$. Eine lineare Hypothese im LM $\mathbf{Y} = \boldsymbol{\mu} + \mathbf{e}$, $\boldsymbol{\mu} \in L$ (oder $\boldsymbol{\mu} = \mathbf{X}\boldsymbol{\beta}$) wird durch Vorgabe eines linearen Teilraumes L_H von $L = \mathcal{L}(\mathbf{X})$, in welchem der Mittelwertsvektor $\boldsymbol{\mu}$ enthalten sein soll, formuliert oder durch $\mathbf{H}\boldsymbol{\beta} = 0$, mit einer vorgegebenen Matrix $\mathbf{H}$. Auf dem Hauptergebnis dieses Abschnittes, das ist Satz

6.4, basieren vielfältige Anwendungen in Form sog. "Tafeln der Varianzanalyse", die in den nächsten Kapiteln auftreten werden.
Die i.f. auftretende nichtzentrale F-Verteilung wird in ANHANG B 1.3 behandelt.

6.1 Hypothesenraum L_H , Hypothesenmatrix H

In einem LM $\mathbf{Y} = \boldsymbol{\mu} + \mathbf{e}$, $\boldsymbol{\mu} \in L$, wird eine lineare Hypothese durch

$$H_0: \ \boldsymbol{\mu} \in L_H$$

formuliert, wobei L_H ein (r-q)-dimensionaler Teilraum des r-dimensionalen Raumes L ist, $1 \le q < r$.
Als Hypothesenmatrix bezeichnen wir i.f. eine $q{\times}p$-Matrix $\mathbf{H} = \begin{bmatrix} \mathbf{h}_1^T \\ \vdots \\ \mathbf{h}_q^T \end{bmatrix}$,

$1 \le q < r$, so daß $\text{Rang}(\mathbf{H}) = q$ und die q linearen Funktionen $\psi_i = \mathbf{h}_i^T \boldsymbol{\beta}$, $i=1$, ...,q, schätzbar sind. Das nächste Lemma zeigt, daß

$$H_0': \ \mathbf{H}\boldsymbol{\beta} = 0$$

eine äquivalente Art ist, lineare Hypothesen zu formulieren.

6.2 Äquivalente Formulierungen von H_o

Lemma Zu jeder $q{\times}p$-Hypothesenmatrix $\mathbf{H}$ gibt es einen (r-q)-dimensionalen linearen Teilraum L_H von $L = \mathcal{L}(\mathbf{X})$ (und umgekehrt), so daß $\mathbf{H}\boldsymbol{\beta} = 0$ genau dann, wenn $\mathbf{X}\boldsymbol{\beta} \in L_H$.

Beweis (i) Zu $\psi_1, ..., \psi_q$ ($\psi_i = \mathbf{h}_i^T \boldsymbol{\beta}$) existieren nach Lemma 4.2 eindeutig bestimmte Vektoren $\mathbf{a}_1, ..., \mathbf{a}_q \in \mathcal{L}(\mathbf{X})$, so daß

$$(1) \qquad \psi_i = \mathbf{a}_i^T \mathbf{X}\boldsymbol{\beta} .$$

Nach Satz 4.6 sind diese Vektoren l.u. Definiere nun L_H als das orthogonale Komplement von $\mathcal{L}(\mathbf{a}_1, ..., \mathbf{a}_q)$ in $\mathcal{L}(\mathbf{X})$, das einen (r-q)-dimensionalen Teilraum von $\mathcal{L}(\mathbf{X})$ bildet. Gemäß (1) ist $\mathbf{H}\boldsymbol{\beta} = 0$ äquivalent zu

$$(2) \qquad \psi_i = \mathbf{a}_i^T \mathbf{X}\boldsymbol{\beta} = 0 ,$$

für alle $i = 1, ..., q$, also zu $\mathbf{X}\boldsymbol{\beta} \in L_H$.

(ii) Ist umgekehrt der lineare Teilraum $L_H \subset \mathcal{L}(\mathbf{X})$, $\dim(L_H) = r-q$, vorgegeben, so bildet man das orthogonale Komplement L^* von L_H in $\mathcal{L}(\mathbf{X})$. Sind dann $\mathbf{a}_1, ... \mathbf{a}_q$ l.u. Vektoren aus L^*, so bildet man die $q{\times}p$-Matrix $\mathbf{H} = \mathbf{AX}$, die $\mathbf{a}_i^T \mathbf{X}$ als i-te Zeile besitzt. Da es eine $p{\times}q$-Matrix $\mathbf{B}$ mit $\mathbf{A}^T = \mathbf{XB}$ gibt, ist

$$q = \text{Rang}(\mathbf{A}) = \text{Rang}(\mathbf{AA}^T) = \text{Rang}(\mathbf{AXB}) \le \text{Rang}(\mathbf{AX}) \le q ,$$

also $\mathrm{Rang}(\mathbf{H}) = q$. $\square$

Bemerkung Der Zusammenhang zwischen der Hypothesenmatrix $\mathbf{H}$ und dem Hypothesenraum L_H ist also

$$\mathbf{H} = \mathbf{A} \cdot \mathbf{X}$$

wobei die Zeilen der $q \times n$-Matrix $\mathbf{A}$ gerade das orthogonale Komplement von L_H in $L = \mathcal{L}(\mathbf{X})$ aufspannen.

6.3 Projektionsstrahlen

Beschreiben wir wie üblich die Projektionen auf $L = \mathcal{L}(\mathbf{X})$ und $L_H \subset L$ durch die $n \times n$-Matrizen $\mathbf{P}_L$ bzw. $\mathbf{P}_{L_H}$ und setzen wir wieder

$$\mathbf{Q}_L = \mathbf{I}_n - \mathbf{P}_L \quad \text{und} \quad \mathbf{Q}_{L_H} = \mathbf{I}_n - \mathbf{P}_{L_H} ,$$

so sind ein für $\mathbf{Y} \in \mathbb{R}^n$ die quadrierten Euklidischen Längen der Projektionsstrahlen

$$|\mathbf{Q}_L \mathbf{Y}|^2 = |\mathbf{Y} - \mathbf{P}_L \mathbf{Y}|^2 = \min_{\boldsymbol{\mu} \in L} |\mathbf{Y} - \boldsymbol{\mu}|^2 = \min_{\boldsymbol{\beta} \in \mathbb{R}^p} |\mathbf{Y} - \mathbf{X}\boldsymbol{\beta}|^2$$

$$|\mathbf{Q}_{L_H} \mathbf{Y}|^2 = |\mathbf{Y} - \mathbf{P}_{L_H} \mathbf{Y}|^2 = \min_{\boldsymbol{\mu} \in L_H} |\mathbf{Y} - \boldsymbol{\mu}|^2 = \min_{\boldsymbol{\beta} : \mathbf{H}\boldsymbol{\beta} = 0} |\mathbf{Y} - \mathbf{X}\boldsymbol{\beta}|^2 ,$$

wobei die Hypothesenmatrix $\mathbf{H}$ gemäß Lemma 6.2 dem Teilraum L_H zugeordnet ist. Mit den Bezeichnungen von 3.2 und 3.5 gilt für die erste der beiden Zeilen

$$|\mathbf{Q}_L \mathbf{Y}|^2 = |\mathbf{Y} - \mathbf{X}\hat{\boldsymbol{\beta}}|^2 = (n-r)\hat{\sigma}^2 .$$

Die im folgenden Hauptsatz 6.4 auftretende Teststatistik F nimmt auf eine lineare Hypothese der Form $\boldsymbol{\mu} \in L_H$ Bezug; das unten in 6.5, Bem. 6, umgeformte F dagegen wird sich auf eine Hypothese der Form $\mathbf{H}\boldsymbol{\beta} = 0$ beziehen.

6.4 Hauptsatz über das Testen linearer Hypothesen

Satz Gegeben ein NLM und ein $(r-q)$-dimensionaler linearer Teilraum L_H von L. Die Zufallsvariable

$$F = \frac{n-r}{q} \, \frac{|\mathbf{Q}_{L_H}\mathbf{Y}|^2 - |\mathbf{Q}_L \mathbf{Y}|^2}{|\mathbf{Q}_L \mathbf{Y}|^2}$$

ist (nichtzentral) $F_{q,n-r}(\delta^2)$-verteilt mit NZP

$$\delta^2 = |\boldsymbol{\mu} - \mathbf{P}_{L_H}\boldsymbol{\mu}|^2 / \sigma^2 .$$

Insbesondere ist unter der Hypothese $\boldsymbol{\mu} \in L_H$ die Zufallsvariable F (zentral) $F_{q,n-r}$-verteilt.

Beweis Aufgrund des Satzes von Pythagoras und wegen Satz 1.8 ist

$$(|\mathbf{Q}_{L_H}\mathbf{Y}|^2 - |\mathbf{Q}_L\mathbf{Y}|^2)/\sigma^2 \;=\; (|\mathbf{P}_L\mathbf{Y}|^2 - |\mathbf{P}_{L_H}\mathbf{Y}|^2)/\sigma^2 \qquad \chi_q^2(\delta^2)\text{-verteilt}$$

und unabhängig vom χ_{n-r}^2-verteilten $|\mathbf{Q}_L\mathbf{Y}|^2/\sigma^2$, so daß

$$F \text{ nichtzentral } F_{q,n-r}(\delta^2)\text{-verteilt}$$

ist. Dabei berechnet sich wiederum nach 1.8 der NZP δ^2 zu $\delta^2 = |\boldsymbol{\mu} - \mathbf{P}_{L_H}\boldsymbol{\mu}|^2/\sigma^2$.
Falls $\boldsymbol{\mu} \in L_H$, so ist $\delta^2 = 0$ und F ist folglich zentral $F_{q,n-r}$-verteilt. $\Box$

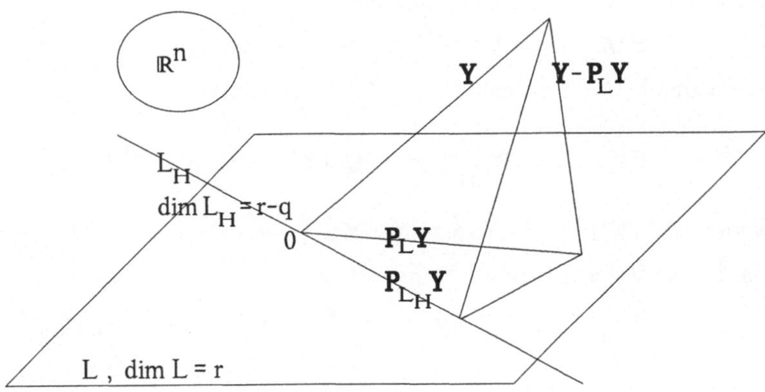

6.5 Bemerkungen und Ergänzungen zum Hauptsatz

(1) Man nennt die Zufallsvariable F die F-Statistik oder den *F-Quotient* zum Prüfen
linearer Hypothesen im NLM: Die Hypothese H_0: $\boldsymbol{\mu} \in L_H$ (bzw. $\mathbf{H}\boldsymbol{\beta} = 0$) wird zugunsten der Alternative $\boldsymbol{\mu} \notin L_H$ verworfen, falls

$$F > F_{q,n-r,1-\alpha} \qquad\qquad\qquad \text{[F-Test im NLM].}$$

2. Die Hypothese H_0 wird verworfen, wenn der Fußpunkt der Projektion des Beobachtungsvektors $\mathbf{Y}$ auf L zu weit entfernt ist vom Fußpunkt der Projektion auf
L_H (diese Entfernung entspricht dem Zähler der F-Statistik), wobei diese Entfernung in Einheiten von $\hat{\sigma}^2$ gemessen wird. Dabei ist $\hat{\sigma}$ proportional zur Länge des
Projektionsstrahles von $\mathbf{Y}$ auf L (entsprechend dem Nenner der F- Statistik).

3. Für den NZP gilt wegen $\boldsymbol{\mu} = \mathbb{E}\mathbf{Y} \in L$ und $|\mathbf{Q}_L\boldsymbol{\mu}|^2 = 0$

$$\sigma^2\delta^2 = |\boldsymbol{\mu} - \mathbf{P}_{L_H}\boldsymbol{\mu}|^2 = |\mathbf{Q}_{L_H}\mathbb{E}\mathbf{Y}|^2 - |\mathbf{Q}_L\mathbb{E}\mathbf{Y}|^2 .$$

Man erhält $\sigma^2\delta^2$ also gerade dadurch, daß man in der Zähler-Statistik $|\mathbf{Q}_{L_H}\mathbf{Y}|^2 -$
$|\mathbf{Q}_L\mathbf{Y}|^2$ des F-Quotienten anstelle der Beobachtungen ihre Erwartungen einsetzt.

4. Man zeigt leicht via 3.3, Bem.4, und 3.5, Bem.2, daß der F-Quotient eine monotone Funktion $h(S_n)$ des sog. *Likelihood* -Quotienten (vgl. VI 2.5)

$$S_n = \sup_L f(\mathbf{y},(\boldsymbol{\mu},\sigma^2)) / \sup_{L_H} f(\mathbf{y},(\boldsymbol{\mu},\sigma^2))$$

ist, wobei $f(\mathbf{y},(\boldsymbol{\mu},\sigma^2))$ die Dichte der $N_n(\boldsymbol{\mu},\sigma^2 I_n)$-Verteilung ist, das Supremum sich über alle $(\boldsymbol{\mu},\sigma^2)$ mit $\boldsymbol{\mu} \in L$ bzw. $\in L_H$, $\sigma^2 > 0$, erstreckt und

$$h(x) = \frac{n-r}{q}(x^{2/n} - 1)$$

gilt.

5. Testen einer Hypothese $\mathbf{X}\boldsymbol{\beta} \in L_H$ im gewichteten LM 3.11:

Weil $\mathbf{X}\boldsymbol{\beta} \in L_H$ genau dann gilt, wenn

$$\mathbf{X}^*\boldsymbol{\beta} \in L_H^* \equiv \mathbf{V}^{-1/2}L_H = \{\mathbf{V}^{-1/2}\mathbf{x}: \mathbf{x} \in L_H\},$$

lautet der F-Quotient, mit $L^* = \mathbf{V}^{-1/2}L$, zunächst

$$F = (n-r)\cdot(|\mathbf{Q}_{L_H^*}\mathbf{Y}^*|^2 - |\mathbf{Q}_{L^*}\mathbf{Y}^*|^2)/(q\cdot|\mathbf{Q}_{L^*}\mathbf{Y}^*|^2),$$

wobei $|\mathbf{Q}_{L^*}\mathbf{Y}^*|^2 = (n-r)\overset{\vee}{\sigma}{}^2 = |\mathbf{Y} - \mathbf{X}\overset{\vee}{\boldsymbol{\beta}}|_*^2$ bereits in 3.12 berechnet wurde ($|\mathbf{a}|_*^2 = \mathbf{a}^T\mathbf{V}^{-1}\mathbf{a}$ für $\mathbf{a} \in \mathbb{R}^n$). Ferner ist

$$|\mathbf{Q}_{L_H^*}\mathbf{Y}^*|^2 = \min{}_{\mathbf{X}^*\boldsymbol{\beta} \in L_H^*}|\mathbf{Y}^* - \mathbf{X}^*\boldsymbol{\beta}|^2 = \min{}_{\mathbf{X}\boldsymbol{\beta} \in L_H}|\mathbf{Y} - \mathbf{X}\boldsymbol{\beta}|_*^2$$

$$\equiv |\mathbf{Y} - \mathbf{X}\overset{\vee}{\boldsymbol{\beta}}|_*^2,$$

so daß wir die folgende Teststatistik erhalten

$$F = \frac{n-r}{q}\,\frac{|\mathbf{Y} - \mathbf{X}\overset{\vee}{\boldsymbol{\beta}}|_*^2 - |\mathbf{Y} - \mathbf{X}\overset{\vee}{\boldsymbol{\beta}}|_*^2}{|\mathbf{Y} - \mathbf{X}\overset{\vee}{\boldsymbol{\beta}}|_*^2}.$$

6. Satz 6.4 geht von der Gestalt $\boldsymbol{\mu} \in L_H$ der Hypothese aus. Ist die Hypothese in der Form $\mathbf{H}\boldsymbol{\beta} = 0$ gegeben, mit einer $q\times p$-Hypothesenmatrix $\mathbf{H}$, und hat $\mathbf{X}$ vollen Rang, so läßt sich der F-Quotient aus 6.4 schreiben als

$$(3) \qquad F = \frac{1}{q\hat{\sigma}^2}\,\hat{\boldsymbol{\beta}}^T\mathbf{H}^T[\mathbf{H}(\mathbf{X}^T\mathbf{X})^{-1}\mathbf{H}^T]^{-1}\mathbf{H}\hat{\boldsymbol{\beta}}.$$

In der Tat, nach 6.2 gilt $\mathbf{H} = \mathbf{AX}$, wobei $\mathcal{L}(\mathbf{A}^T)$ gleich dem orthogonalen Komplement von L_H in L ist. Nach ANHANG A 1.5 gilt dann

$$\mathbf{P}_L - \mathbf{P}_{L_H} = \mathbf{A}^T(\mathbf{A}\mathbf{A}^T)^{-1}\mathbf{A}.$$

Die Matrix $\mathbf{A}$ ist eindeutig bestimmt und läßt sich in der Form $\mathbf{A} = \mathbf{H}(\mathbf{X}^T\mathbf{X})^{-1}\mathbf{X}^T$ schreiben, so daß

$$\mathbf{A}\mathbf{A}^T = \mathbf{H}(\mathbf{X}^T\mathbf{X})^{-1}\mathbf{H}^T.$$

Damit, und wegen $\mathbf{P}_{L_H} = \mathbf{P}_{L_H}\mathbf{P}_L$, folgt für die Zählerstatistik des F-Quotienten in Satz 6.4

$$|\mathbf{Q}_{L_H}\mathbf{Y}|^2 - |\mathbf{Q}_L\mathbf{Y}|^2 = \mathbf{Y}^T(\mathbf{Q}_{L_H} - \mathbf{Q}_L)\mathbf{Y} = \mathbf{Y}^T(\mathbf{P}_L - \mathbf{P}_{L_H})\mathbf{Y}$$

$$= \mathbf{Y}^T \mathbf{P}_L^T (\mathbf{P}_L - \mathbf{P}_{L_H}) \mathbf{P}_L \mathbf{Y}$$

$$= \hat{\boldsymbol{\beta}}^T \mathbf{X}^T \mathbf{A}^T [\, \mathbf{H}(\mathbf{X}^T\mathbf{X})^{-1}\mathbf{H}^T]^{-1} \mathbf{A}\mathbf{X}\hat{\boldsymbol{\beta}} = \hat{\boldsymbol{\beta}}^T \mathbf{H}^T [\, \mathbf{H}(\mathbf{X}^T\mathbf{X})^{-1}\mathbf{H}^T]^{-1} \mathbf{H}\hat{\boldsymbol{\beta}} \,.$$

so daß wir zu (3) gelangen. Daß die Teststatistik (3) unter $\mathbf{H}\boldsymbol{\beta} = 0$ gerade $F_{q,n-r}$-verteilt ist, folgt auch aus 5.1 (ohne Benutzung von 6.4).

6.6 Zusammenhang mit Konfidenzintervallen

Es besteht der folgende Zusammenhang zwischen dem Hauptsatz 6.4 über das Testen linearer Hypothesen

$$H_0 : \mathbf{H}\boldsymbol{\beta} = 0 \ , \quad \text{wobei} \ \mathbf{H}^T = [\mathbf{h}_1,\dots,\mathbf{h}_q] \ ,$$

und dem Hauptsatz 5.3 über simultane Konfidenzintervalle $[A_c, B_c]$,

$$A_c = \hat{\psi}_c - S \cdot se(\hat{\psi}_c) \ , \quad B_c = \hat{\psi}_c + S \cdot se(\hat{\psi}_c) \ ,$$

für Linearkombinationen $\psi_c = \sum_{i=1}^q c_i \psi_i$ der l.u. schätzbaren Funktionen $\psi_i = \mathbf{h}_i^T \boldsymbol{\beta}$. Dabei bezeichnet $\hat{\psi}_c = \sum c_i \hat{\psi}_i$, $\hat{\psi}_i = \mathbf{h}_i^T \hat{\boldsymbol{\beta}}$, den GM-Schätzer für ψ_c.

Proposition Im NLM gilt mit der Teststatistik F aus 6.4 (bzw. aus 6.5, Bem. 6) und mit den eben eingeführten ψ_c, $\hat{\psi}_c$

(4) $\qquad F > F_{q,n-r,1-\alpha}$ $\qquad\qquad\qquad$ (d.h. H_0 wird verworfen)

genau dann, wenn es ein $\mathbf{c} \in \mathbb{R}^q$ gibt mit

(5) $\quad |\hat{\psi}_c| > S \cdot se(\hat{\psi}_c)$ (d.h. der Wert $\psi_c = 0$ liegt nicht im Intervall $[A_c, B_c]$).

Beweis Scheffé (1959, p. 72), Schach & Schäfer (1978, S. 89). $\square$

Man sagt im Fall (5) dann auch, daß die spezielle Hypothese $H_c: \psi_c = \sum c_i \psi_i = 0$ verworfen wird, während (4) ja besagt, daß die Hypothesen $\psi_i = 0$, für alle i = 1,…,q, verworfen werden. Dieser Satz warnt davor, der Verwerfung (4) von H_0: $\mathbf{H}\boldsymbol{\beta} = 0$ zuviel Bedeutung beizumessen. In der Tat, es könnten ja gerade gänzlich uninteressante $\mathbf{c} \in \mathbb{R}^q$ sein, für welche (5) gilt.

6.7 Gütefunktion, benötigter Stichprobenumfang

Die Gütefunktion

$$G(\delta^2) = \mathbb{P}_{(\beta,\sigma^2)}(F > F_{q,n-r,1-\alpha}) = 1 - F_{q,n-r}(\delta^2, F_{q,n-r,1-\alpha})$$

des F-Tests 6.4 hängt nur über den NZP δ^2 von den unbekannten Modellparametern $\boldsymbol{\beta}, \sigma^2$ ab ($F_{m,n}(\delta^2, x)$ bezeichnet wie in ANHANG B 1.3 die Verteilungsfunktion der nichtzentralen $F_{m,n}(\delta^2)$-Verteilung). $G(\delta^2)$ erweist sich als eine monoton wachsende Funktion in δ^2, vgl. Schach & Schäfer (1978, S. 78).

Fordern wir mit vorgegebenen Werten von δ^2 und β_o wie in II 1.1

$$G(\delta^2) \geq 1-\beta_o ,$$

so wird der benötigte Stichprobenumfang aus

$$F_{q,n-r,\beta_o}(\delta^2) \geq F_{q,n-r,1-\alpha}$$

ermittelt. Unter Benutzung der Approximationsformel aus B 1.3 erhält man

$$\kappa F_{\mu,n-r,\beta_o} \geq F_{q,n-r,1-\alpha}$$

$$\kappa = \frac{q + \delta^2}{q} , \quad \mu = \frac{(q + \delta^2)^2}{q + 2\delta^2} .$$

6.8 Beispiel Einfache Varianzanalyse (vgl. 2.3, 3.7)

Wir setzen für die Anzahl k von Gruppen (Stichproben) $2 \leq k < n$ voraus und betrachten das Modell a). Zur sogenannten *globalen* Nullhypothese

$$H_0 : \mu_1 = \dots = \mu_k$$

identisch gleicher Erwartungswerte in den Gruppen gehört der 1-dimensionale Teilraum L_H von $L = \mathcal{L}(\mathbf{X})$, der aus allen Vektoren

$$\boldsymbol{\mu} \in \mathbb{R}^n \text{ mit } \boldsymbol{\mu} = \mathbf{1}_n \cdot \mu, \quad \mu \in \mathbb{R}, \quad \mathbf{1}_n = (1,\dots,1)^T \in \mathbb{R}^n$$

besteht. Äquivalent kann H_0 in der Form $\mathbf{H}\boldsymbol{\beta} = 0$ geschrieben werden, wobei die $(k-1) \times k$-Matrix $\mathbf{H}$
den vollen Rang $q = k-1$
besitzt. H_0 ist identisch
mit

$$H_0' : \alpha_1 = \dots = \alpha_k = 0$$

$$\mathbf{H} = \begin{bmatrix} 1 & -1 & & \\ & & -1 & 0 \\ \vdots & & & \ddots \\ & & 0 & \ddots \\ 1 & & & -1 \end{bmatrix}$$

im Modell b), denn H_0' führt
zu demselben Teilraum L_H wie H_0 .
Setzen wir $n = n_1 + \dots + n_k$, dann ist nach 3.7

$$|\mathbf{Q}_L \mathbf{Y}|^2 = (n-k)\hat{\sigma}^2 = \Sigma_i \Sigma_j (Y_{ij} - \bar{Y}_i)^2 \equiv SQI ,$$

wobei hier und i.f. $\Sigma_i \Sigma_j = \Sigma_{i=1}^k \Sigma_{j=1}^{n_i}$ gesetzt wird. Weiter rechnet man

$$|\mathbf{Q}_{L_H} \mathbf{Y}|^2 = \min_{\boldsymbol{\mu} \in L_H} |\mathbf{Y} - \boldsymbol{\mu}|^2 = \min_{\mu \in \mathbb{R}} |\mathbf{Y} - \mu \mathbf{1}_n|^2$$

$$= \min_{\mu \in \mathbb{R}} \Sigma_i \Sigma_j (Y_{ij} - \mu)^2$$

$$= \Sigma_i \Sigma_j (Y_{ij} - \bar{Y})^2 \equiv SQT \qquad [\textit{Variation total}].$$

Setzt man noch

$$\Sigma_{i=1}^{k} n_i (\overline{Y}_i - \overline{Y})^2 \equiv SQZ \qquad [\textit{Variation zwischen} \text{ den Gruppen}],$$

so erhält man die sog. *Streuungszerlegung* der Varianzanalyse

$$SQT = \Sigma_i \Sigma_j \; [(Y_{ij} - \overline{Y}_i) + (\overline{Y}_i - \overline{Y})]^2$$
$$= SQI + SQZ.$$

Die Zähler-Statistik des F-Quotienten in 6.4 lautet also

$$|Q_{L_H} Y|^2 - |Q_L Y|^2 \; = \; SQT - SQI \; = \; SQZ.$$

Führen wir noch die Bezeichnungen

$$MQI = SQI/(n-k) = \hat{\sigma}^2, \quad MQZ = SQZ/(k-1)$$

ein, so liefert der Hauptsatz in 6.4 unter der Normalverteilungs-Annahme:

$$F = \frac{MQZ}{MQI} \text{ ist } F_{k-1,n-k}(\delta^2)\text{-verteilt}$$

mit NZP δ^2. Setzen wir in die Formel für SQZ

$$\mathbb{E}\,\overline{Y}_i = \mu_i \quad \text{und} \quad \mathbb{E}\,\overline{Y} = \mu = \Sigma_i n_i \mu_i / n$$

anstelle von $\overline{Y}_i$ und $\overline{Y}$ ein, so bestimmt sich nach 6.5, Bem. 3, der NZP δ^2 zu

$$\sigma^2 \delta^2 = \Sigma_{i=1}^{k} n_i (\mu_i - \mu)^2 = \Sigma_{i=1}^{k} n_i \alpha_i^2.$$

Nach 6.7 ist die Gütefunktion $G(\delta^2)$ monoton wachsend in δ^2: Je weiter die μ_i auseinander liegen, desto wahrscheinlicher wird die Verwerfung von H_0.

6.9 Beispiel Einfache lineare Regression (vgl. 2.1, 3.6).

Im Modell a) mit $\boldsymbol{\beta} = (\alpha, \beta)^T$ betrachten wir die Nullhypothese

$$H_0 : \beta = 0,$$

zu welcher der gleiche 1-dimensionale Teilraum L_H wie in 6.8 gehört. Die zugehörige 1×2 Hypothesenmatrix $\mathbf{H} = (0,1)$ ist vom Rang $q = 1$. Gemäß 3.6 ist

$$|Q_L Y|^2 = (n-2)\hat{\sigma}^2 = \Sigma_{i=1}^{n} (Y_i - (\hat{\alpha} + \hat{\beta} x_i))^2 \equiv SQD \; [\text{Residuenquadrat-Summe}].$$

Ferner rechnet man wie in 6.8

$$|Q_{L_H} Y|^2 = \min_{\boldsymbol{\mu} \in L_H} |\mathbf{Y} - \boldsymbol{\mu}|^2 = \min_{\mu \in \mathbb{R}} \Sigma_{i=1}^{n} (Y_i - \mu)^2$$

$$= \Sigma_{i=1}^{n} (Y_i - \overline{Y})^2 \equiv SQT \qquad [\textit{Variation total}].$$

Setzt man noch

$$SQR = \Sigma_{i=1}^{n} ((\hat{\alpha} + \hat{\beta} x_i) - \overline{Y})^2 \qquad [\textit{Variation der Regressions}\text{gerade}]$$

so erhält man mit der Abkürzung

$$\hat{Y}_i = \hat{\alpha} + \hat{\beta} x_i \qquad [\textit{predicted value}]$$

die *Streungszerlegung* der Regressionsanalyse

$$SQT = \Sigma_i[(Y_i - \hat{Y}_i) + (\hat{Y}_i - \overline{Y})]^2 = SQD + SQR.$$

Der gemischte Term $\Sigma(Y_i - \hat{Y}_i)(\hat{\alpha} + \hat{\beta}x_i - \overline{Y})$ verschwindet dabei, weil gemäß Definition der MQ-Schätzung $\hat{\boldsymbol{\beta}}$

$$\Sigma(Y_i - \hat{Y}_i) = -\tfrac{1}{2}\,\partial\,SQD\,/\,\partial\alpha\big|_{\hat{\boldsymbol{\beta}}} = 0$$

$$\Sigma(Y_i - \hat{Y}_i)x_i = -\tfrac{1}{2}\,\partial\,SQD\,/\,\partial\beta\big|_{\hat{\boldsymbol{\beta}}} = 0\,.$$

Die Zähler-Statistik des F-Quotienten in 6.4 lautet also

$$|\mathbf{Q}_{L_H}\mathbf{Y}|^2 - |\mathbf{Q}_L\mathbf{Y}|^2 = SQT - SQD = SQR\,.$$

Führen wir noch die Bezeichnungen

$$MQD = SQD/(n-2)\,,\quad MQR = SQR$$

ein, so ist nach dem Hauptsatz 6.4 unter der Normalverteilungs-Annahme

$$F = \frac{MQR}{MQD}\quad F_{1,n-2}(\delta^2)\text{-verteilt}$$

mit NZP δ^2. Zur Berechnung von δ^2 gemäß 6.5, Bem.3, setzen wir

$$\mathbb{E}\,\hat{Y}_i = \alpha + \beta x_i\,,\quad \mathbb{E}\,\overline{Y} = \alpha + \beta\overline{x}\,,$$

anstelle von $\hat{Y}_i$ und $\overline{Y}$ in die Formel für SQR ein, was zu

$$\sigma^2\delta^2 = \beta^2\Sigma_{i=1}^n(x_i - \overline{x})^2 = \beta^2(n-1)s_x^2$$

führt. Die Nullhypothese $\beta = 0$ wird verworfen, falls

$$\sqrt{MQR/MQD} > t_{n-2,1-\alpha/2}\,.$$

IV VARIANZANALYTISCHE MODELLE

0. VORBEMERKUNG

Mit Hilfe der Modelle der Varianzanalyse (auch: ANOVA, von *analysis of variance*) untersucht man die (Mittelwert-)Einflüsse einer oder mehrerer qualitativer Größen, die auch *Faktoren* genannt werden, auf eine Kriteriumsvariable. Dabei sprechen wir je nach der Anzahl 1,2,... der Faktoren von einer Varianzanalyse mit Einfachklassifikation, Zweifachklassifikation u.s.w.

Im Fall der Einfachklassifikation stellen wir die Methoden zur Konstruktion simultaner Konfidenzintervalle in den Vordergrund, einschließlich der sog. multiplen Mittelswertvergleiche.

Bei der Klassifikation nach zwei Faktoren unterscheiden wir die Kreuz- und die hierarchische Klassifikation dieser beiden Faktoren. Hier diskutieren wir auch die für die Versuchsplanung wichtigen Begriffe der Randomisierung und Blockbildung. Korrelierte Meßvariablen ergeben sich beim sog. Split-Plot Design zweier Faktoren.

Innerhalb der Dreifachklassifikation wird u.a. das bekannte Modell des lateinischen Quadrates behandelt.

1. EINFACHE KLASSIFIKATION

1.0 In Kap. III wurden bereits wichtige Ergebnisse über die einfache Varianzanalyse abgeleitet. Der besseren Lesbarkeit wegen werden sie im Punkt 1.1 kurz wiederholt. Dann widmen wir uns schwerpunktsmäßig der Analyse dreier Typen von simultanen Konfidenzintervallen. Mit ihrer Hilfe ist - wie auch das abschließende Anwenderbeispiel zeigt - eine Feinanalyse der Gruppenmittelwerte möglich. Mit ''Normalverteilungs-Annahme'' bezeichnen wir wie in Kap. III die Annahme eines $N_n(\boldsymbol{\mu},\sigma^2 I_n)$-verteilten Beobachtungsvektors $\mathbf{Y}$ (auch das Kürzel NLM wird dafür wieder verwendet).

1.1 Wiederholungen aus III 2.3, 3.7, 6.8

Die einfache Varianzanalyse (ANOVA mit Einfachklassifikation) dient zur Analyse

des (Mittelwert-)Einflusses, welche die k Stufen eines Faktors auf die Kriteriumsvariable Y ausüben. Statt "Stufen des Faktors" spricht man auch von Gruppen oder
Stichproben. Die k Stichproben mögen die Umfänge $n_1,...,n_k$ haben. Bezeichnen
wir mit μ_i den wahren Mittelwert (Erwartungswert) von Y in der Gruppe i und mit
Y_{ij} die j-te Meßwiederholung in der i-ten Gruppe, so lautet das LM der einfachen
Varianzanalyse

Modell a) $Y_{ij} = \mu_i + e_{ij}$, $i=1,...,k$; $j=1,...,n_i$
oder

$$Y = X\beta + e$$

mit $\beta = (\mu_1,...,\mu_k)^T$ und **Y**, **e**, **X** wie in III 2.3 a). In diesem Modell a) ist mit den
Bezeichnungen von III 1.1 p = k und r = k (**X** hat vollen Rang).

In einer anderen Parametrisierung setzt man $\mu_i = \mu + \alpha_i$ mit

$$\mu = \Sigma_1^k n_i \mu_i/n \qquad\qquad\qquad [n = n_1 + ... + n_k] ,$$

$$\alpha_i = \mu_i - \mu$$

(es ist $\Sigma_1^k n_i \alpha_i = 0$) und hat das LM

Modell b) $Y_{ij} = \mu + \alpha_i + e_{ij}$, $i=1,...,k$; $j=1,...,n_i$
oder

$$Y = X\beta + e$$

mit $\beta = (\mu,\alpha_1,...,\alpha_k)^T$ und **X** wie in III 2.3 b). In diesem Modell b) ist also p = k+1
und r = k < p (**X** hat keinen vollen Rang).

Die MQ-Schätzungen für β und $\sigma^2 = \text{Var}(e_{ij})$ lauten nach III 3.7

$$\hat{\sigma}^2 = MQI = \frac{SQI}{n-k}$$

sowie

Modell a) $\hat{\beta} = (\bar{y}_1,...,\bar{y}_k)^T$, $\bar{y}_i = \sum_{j=1}^{n_i} y_{ij}/n_i$

Modell b) $\hat{\beta} = (\bar{y},\bar{y}_1-\bar{y},...,\bar{y}_k-\bar{y})^T$, $\bar{y} = \sum_i \sum_j y_{ij}/n$.

Zum Prüfen der globalen Nullhypothese

$$H_0: \ \mu_1 = ... = \mu_k \quad \text{(identisch mit } \ \alpha_1 = ... = \alpha_k = 0)$$

verwendet man die Teststatistik

$$F = \frac{MQZ}{MQI} , \quad MQZ = SQZ/(k-1) ,$$

die unter der Normalverteilungs-Annahme $F_{k-1,n-k}(\delta^2)$-verteilt ist, mit
NZP $\delta^2 = \sum_{i=1}^{k} n_i(\mu_i - \mu)^2/\sigma^2$.

1.2 Tafel der Varianzanalyse

Alle für den F-Test der einfachen Varianzanalyse interessierenden Größen trägt man in die sog. Tafel der Varianzanalyse ein

TAFEL der einfachen Varianzanalyse

Variationsursache	SQ	FG	MQ	$\mathbb{E}(MQ)$
zwischen den Gruppen (Stichpr.)	$SQZ = \sum\limits_{i=1}^{k} n_i(\bar{y}_i - \bar{y})^2$	k-1	$MQZ = \frac{SQZ}{k-1}$	$\sigma^2 + \frac{1}{k-1}\sum_1^k n_i \alpha_i^2$
innerhalb der Gruppen (Stichpr.)	$SQI = \sum\limits_{i=1}^{k} \sum\limits_{j=1}^{n_i} (y_{ij} - \bar{y}_i)^2$	n-k	$MQI = \frac{SQI}{n-k}$	σ^2
insgesamt (total)	$SQT = \sum\limits_{i=1}^{k} \sum\limits_{j=1}^{n_i} (y_{ij} - \bar{y})^2$	n-1	$F = MQZ/MQI$	

Diese Form der Darstellung wird uns auch bei den weiteren Analysen (Regressions-, Kovarianzanalyse) begegnen und wird stets Tafel der Varianzanalyse oder *ANOVA*-Tafel heißen. Auch die Erwartungswerte der MQ's pflegt man manchmal in die Tafel einzutragen. Während $\mathbb{E}\,MQI = \sigma^2$, d.i. die Erwartungstreue von $MQI = \hat{\sigma}^2$, seit III 3.7 bekannt ist, folgt die Formel für $\mathbb{E}\,MQZ$ aus einer elementaren Rechnung unter Benutzung der Verschiebungsformel $SQZ = \sum_i n_i \bar{Y}_i^2 - n\bar{Y}^2$ oder im Normalverteilungsfall aus $\mathbb{E}\,SQZ/\sigma^2 = \mathbb{E}\,\chi_{k-1}^2(\delta^2) = k-1+\delta^2$, vgl. ANHANG B 1.1 und III 6.8.

1.3 Benötigter Stichprobenumfang

Den benötigten Stichprobenumfang zur Erfüllung der Forderung $G(\delta^2) \geq 1-\beta$ berechnet man nach III 6.7 approximativ aus

$$\kappa \cdot F_{\mu,n-k,\beta} \geq F_{k-1,n-k,1-\alpha}$$

mit

$$\kappa = \frac{k-1+\delta}{k-1} \quad , \quad \mu = \frac{(k-1+\delta^2)^2}{k-1+2\delta^2} \quad .$$

Im Spezialfall

$$n_1 = \ldots = n_k \quad \text{und damit} \quad n = k \cdot n_1$$

gleicher Stichprobenumfänge und mit einer vorgegebenen Differenz $d = \mu_i - \mu$ f.a. $i = 1, \ldots, k$ ist

$$\delta^2 = n_1 k \, d^2 / \sigma^2 \ .$$

Numerisches Beispiel zum Spezialfall identischer Stichprobenumfänge.
Für
$$k = 4 \ , \ \alpha = 0.05 \ , \ \beta = 0.10 \ , \ d^2/\sigma^2 = 0.133$$
sind in der Tabelle die relevanten Größen für einige n_1 angegeben. Dabei wurde die Formel
$$F_{m,n,\gamma} = (F_{n,m,1-\gamma})^{-1}$$
angewandt.

n_1	n	δ^2	κ	μ	$\kappa \cdot (F_{n-4,\mu,0.90})^{-1}$	$F_{3,n-4,0.95}$
25	100	13.300	5.433	8.976	$\kappa \cdot (2.19)^{-1} = 2.48$	2.70
27	108	14.364	5.788	9.503	$\kappa \cdot (2.14)^{-1} = 2.70$	2.70
30	120	15.960	6.320	10.294	$\kappa \cdot (2.08)^{-1} = 3.04$	2.70

Der benötigte Mindest-Stichprobenumfang beträgt also ca. $n_1 = 27$ in jeder der 4 Gruppen.

1.4 Simultane Konfidenzintervalle nach Scheffé

Ist $\psi_c = \sum_1^k c_i \mu_i$ eine Linearkombination der μ_i und $\hat{\psi}_c = \sum_1^k c_i \overline{Y}_i$ ihr GM-Schätzer, so bilden nach III 5.4 die Ungleichungen

(1) $\qquad \hat{\psi}_c - S \cdot se(\hat{\psi}_c) \le \psi_c \le \hat{\psi}_c + S \cdot se(\hat{\psi}_c)$

simultane Konfidenzintervalle für alle $c = (c_1, ..., c_k)^T \in \mathbb{R}^k$. Dabei ist
$$[se(\hat{\psi}_c)]^2 = MQI \sum_1^k c_i^2 / n_i$$
und
$$S^2 = (k-1) F_{k-1,n-k,1-\alpha} \ ,$$
wenn wir uns auf lineare Kontraste $\sum_1^k c_i = 0$ beschränken.

Den Zusammenhang zwischen dem F-Test auf H_0: $\psi_i = \mu_1 - \mu_i = 0$ f.a. $i = 2, ..., k$ und den simultanen Intervallen (1) stellt III 6.6 her: Da die Menge aller Linearkombinationen der ψ_i gerade die Menge der linearen Kontraste ist (vgl. III 5.4), wird H_0 durch den F-Test genau dann verworfen, wenn für mindestens ein $c \in \mathbb{R}^k$ mit $\sum_1^k c_i = 0$ das Intervall (1) die Null nicht enthält, d.h. wenn

(2) $\qquad |\hat{\psi}_c| > S \cdot se(\hat{\psi}_c)$

gilt (in diesem Fall (2) sagt man auch, daß die spezielle Hypothese H_c: $\sum c_i \mu_i = 0$ verworfen wird). Da dieser Kontrast $\sum c_i \mu_i$ aber unter Umständen uninteressant ist, muß - wie schon in III 3.6 erwähnt - die Verwerfung von H_0 in der Praxis nicht viel bedeuten.

Spezielle lineare Kontraste sind die sogenannten

$$\textit{Paarvergleiche} \quad \psi_{ij} = \mu_i - \mu_j = \alpha_i - \alpha_j, \quad i \neq j,$$

zweier Erwartungswerte. Für diese ist

$$\hat{\psi}_{ij} = \overline{Y}_i - \overline{Y}_j, \quad [se(\hat{\psi}_{ij})]^2 = MQI\left(\frac{1}{n_i} + \frac{1}{n_j}\right).$$

1.5 Simultane Konfidenzintervalle nach Tukey

Wie in 1.4 bezeichnen wir wieder mit

$$(3) \qquad \psi_c = \Sigma_1^k c_i \mu_i, \quad \hat{\psi}_c = \Sigma_1^k c_i \overline{Y}_i \qquad\qquad [\ \Sigma_1^k c_i = 0\ ]$$

einen linearen Kontrast und seinen GM-Schätzer.

Satz Seien alle n_i identisch und die Normalverteilungs-Annahme erfüllt. Dann bilden die Ungleichungen

$$(4) \qquad \hat{\psi}_c - T \cdot d_c \leq \psi_c \leq \hat{\psi}_c + T \cdot d_c$$

simultane Konfidenzintervalle zum Niveau $1-\alpha$ für alle linearen Kontraste (3). Dabei ist

$$T = q_{k, n-k, 1-\alpha}, \qquad\qquad d_c = \sqrt{MQI}\ \tfrac{1}{2}\Sigma_1^k |c_i| / \sqrt{n_1}$$

und $q_{f_1, f_2, \gamma}$ das γ-Quantil der studentisierten Variationsbreite, vgl. ANHANG B 1.4.

Bemerkung Für Paarvergleiche $\psi_{ij} = \mu_i - \mu_j$ ist

$$d_{ij} = \sqrt{MQI/n_1} \quad \text{für alle } i,j = 1, \dots, k, \quad (i \neq j).$$

Beweis Nach Satz III 4.7 von Student gilt zunächst

1. $\overline{Y}_i - \mu_i$ ist $N(0, \sigma^2/n_1)$-verteilt.
2. Die $k+1$ Zufallsvariablen $\overline{Y}_1, \dots, \overline{Y}_k$, MQI sind unabhängig. In der Tat, für jedes i sind $\overline{Y}_i$ und $\Sigma_j (Y_{ij} - \overline{Y}_i)^2$ unabhängig, also auch $\overline{Y}_i$ und MQI.
3. $(n-k)MQI/\sigma^2$ ist χ^2_{n-k}-verteilt.

Man bildet nun die Spannweite

$$R = \max_{1 \leq i \leq k}(\overline{Y}_i - \mu_i) - \min_{1 \leq i \leq k}(\overline{Y}_i - \mu_i)$$

der am Erwartungswert zentrierten Gruppenmittel. Gemäß ANHANG B 1.4 ist die Zufallsvariable

$$Q = \frac{\sqrt{n_1}\ R/\sigma}{\sqrt{MQI/\sigma^2}} = \sqrt{n_1}\ \frac{R}{\sqrt{MQI}}$$

verteilt wie eine studentisierte Variationsbreite mit k und $n-k$ Freiheitsgraden. Wir haben demnach

$$\mathbb{P}(Q \le q_{k,n-k,1-\alpha}) = 1 - \alpha \ .$$

Mit den Paarvergleichen $\psi_{ij} = \mu_i - \mu_j$ und ihren GM-Schätzern $\hat{\psi}_{ij} = \overline{Y}_i - \overline{Y}_j$ folgt wegen

$$\max_{1 \le i,j \le k} |\hat{\psi}_{ij} - \psi_{ij}| = \max_{1 \le i,j \le k} |\overline{Y}_i - \mu_i - (\overline{Y}_j - \mu_j)| = R$$

sofort

$$(5) \qquad \mathbb{P}\left(\max_{i,j} |\hat{\psi}_{ij} - \psi_{ij}| \le \frac{1}{\sqrt{n_1}} \, q_{k,n-k,1-\alpha} \sqrt{MQI}\right) = 1-\alpha \ .$$

Der folgende Hilfssatz 1.6 liefert für alle $\mathbf{c} \in \mathbb{R}^k$, $\Sigma_1^k c_i = 0$, die Ungleichung

$$\begin{aligned}
|\hat{\psi}_{\mathbf{c}} - \psi_{\mathbf{c}}| &= |\Sigma_1^k c_i(\overline{Y}_i - \mu_i)| \\
&\le \max_{i,j} |\overline{Y}_i - \mu_i - (\overline{Y}_j - \mu_j)| \tfrac{1}{2} \Sigma_1^k |c_i| \\
&= \max_{i,j} |\hat{\psi}_{ij} - \psi_{ij}| \tfrac{1}{2} \Sigma_1^k |c_i| \ ,
\end{aligned}$$

so daß wir aus (5) einerseits

$$(6) \qquad \mathbb{P}\left(|\hat{\psi}_{\mathbf{c}} - \psi_{\mathbf{c}}| \le T d_{\mathbf{c}} \quad \text{f.a. } \mathbf{c} \in \mathbb{R}^k \text{ mit } \Sigma_1^k c_i = 0\right) \ge 1-\alpha$$

folgern. Andererseits folgt aus (5) auch

$$(6)' \qquad \mathbb{P}\left(|\hat{\psi}_{\mathbf{c}} - \psi_{\mathbf{c}}| \le T d_{\mathbf{c}} \quad \text{f.a. } \mathbf{c} \in \mathbb{R}^k \text{ mit } \Sigma_1^k c_i = 0\right) \le 1-\alpha \ ,$$

denn in (5) werden ja nur spezielle lineare Kontraste $\psi_{\mathbf{c}} = \Sigma_1^k c_i \mu_i$ betrachtet, nämlich Paarvergleiche (vgl. Bemerkung oben).

Aus (6) und (6)' ergibt sich aber sofort die Behauptung (4). $\square$

1.6 Hilfssatz von Scheffé

Lemma Sind $\mathbf{u} \in \mathbb{R}^k$, $\mathbf{c} \in \mathbb{R}^k$ und ist $\Sigma_1^k c_i = 0$, so gilt

$$\Sigma_1^k c_i u_i \le \max_{1 \le i,j \le k} |u_i - u_j| \cdot \tfrac{1}{2} \Sigma_1^k |c_i| \ .$$

Bemerkung Diese Ungleichung ist ein Spezialfall der Ungleichung

$$\int f(x)(P_1(dx) - P_2(dx)) \le (\sup(f) - \inf(f)) \cdot \tfrac{1}{2} \int |p_1(x) - p_2(x)| dx$$

für Wahrscheinlichkeiten P_1, P_2, welche Dichten p_1 bzw. p_2 besitzen, vgl. Billingsley (1968, p. 224). Einen elementaren Beweis des Lemmas findet man bei Scheffé (1958, p. 74) oder Schach & Schäfer (1976, S. 187).

1.7 Bonferroni-Technik

Interessiert man sich nur für eine begrenzte Anzahl J von linearen Kontrasten

$$\psi_j = \Sigma_i c_{ij}\mu_i \ , \quad \Sigma_i c_{ij} = 0 \ , \quad j=1,\dots,J,$$

so lassen sich simultane Konfidenzintervalle auch mit Hilfe der sog. Bonferroni Technik aus den Konfidenzintervallen III 5.2 gewinnen. Zunächst gilt unter der Normalverteilungs-Annahme für alle $j=1,\dots,J$

$$\mathbb{P}(A_j^{(\alpha)}) = 1 - \alpha \ ,$$

wobei wir

(7) $\qquad A_j^{(\alpha)} = \{ \hat{\psi}_j - se(\hat{\psi}_j)t_0^{(\alpha)} \leq \psi_j \leq \hat{\psi}_j + se(\hat{\psi}_j)t_0^{(\alpha)} \}$

und

$$\hat{\psi}_j = \Sigma_i c_{ij}\overline{y}_i \ , \quad t_0^{(\alpha)} = t_{n-k,1-\alpha/2}$$

$$[se(\hat{\psi}_j)]^2 = MQI \ \Sigma_i \ c_{ij}^2/n_i$$

gesetzt haben. Nun folgt aus der sog. *Bonferroni Ungleichung*

$$\mathbb{P}\Big(\bigcap_i A_i\Big) \geq 1 - \Sigma_i(1- \mathbb{P}(A_i)) \ ,$$

die für beliebige Ereignisse $A_1,\dots,A_N$ gilt, sofort

$$\mathbb{P}\Big(\bigcap_j A_j^{(\alpha/J)}\Big) \geq 1 - \sum_j\Big(1-\mathbb{P}(A_j^{(\alpha/J)}\Big) = 1 - \sum_j(\alpha/J) = 1-\alpha \ .$$

(stets $j=1,\dots,J$). Also bilden die Intervalle $A_j^{(\alpha/J)}$, bei denen wir also in (7) die $1-\alpha/(2J)$ Quantile der t_{n-k}-Verteilung einsetzen, für alle $1\leq j\leq J$ simultan gültige Konfidenzintervalle für ψ_j zum Niveau $\geq 1-\alpha$. Im Fall aller Paarvergleiche $\psi_{ij} = \mu_i - \mu_j$, $i\neq j$, wird

$$J = \binom{k}{2} \ , \quad \hat{\psi}_{ij} = \overline{y}_i - \overline{y}_j, \quad [se(\hat{\psi}_{ij})]^2 = MQI\Big(\frac{1}{n_i} + \frac{1}{n_j}\Big) \ .$$

1.8 Vergleich der Methoden und Anwendungshinweise

1. Nach Miller (1981, p. 62) liefert bei komplexeren linearen Kontrasten (viele oder alle der c_i ungleich 0) die Scheffé-Methode die kürzeren Intervalle, während bei Beschränkung auf Paarvergleiche die Methoden nach Tukey (die allerdings identische Stichprobenumfänge n_i voraussetzt) und nach Bonferroni vorteilhafter ist. In der Situation der Paarvergleiche und identischer Stichprobenumfänge berechnet sich die halbe Breite b des Konfidenzintervalls nach den Formeln

$$\text{Scheffé} \qquad b_S^2 = (2/n_1)(k{-}1) F_{k-1,n-k,1-\alpha}\cdot MQI$$

$$\text{Tukey} \qquad b_T^2 = (1/n_1) q_{k,n-k,1-\alpha}^2\cdot MQI$$

$$\text{Bonferroni} \qquad b_B^2 = (2/n_1) t_{n-k,1-\alpha_k/2}^2\cdot MQI \ , \quad \alpha_k = \alpha\Big/\binom{k}{2} \ .$$

2. Implementierungen:

Einfache Varianzanalyse: BMDP 7D, BMDP 1V, SPSS ONEWAY,
                                  SAS PROC ANOVA

Simultane Paarvergleiche: BMDP 7D (Bonferroni)
                                  SPSS ONEWAY (Scheffé , Tukey u.a.)
                                  SAS PROC ANOVA (Bonferroni, Scheffé, Tukey u.a.)

3. Zum Prüfen der Voraussetzung gleicher Varianzen in den k Gruppen kann der (approximative) *Levene-Test* herangezogen werden: Auf der Basis der Werte $z_{ij} = |y_{ij} - \bar{y}_i|$, $i=1,...,k$, $j=1,...,n_i$, wird eine einfache Varianzanalyse durchgeführt und die Hypothese H_σ $(\sigma_1^2 = ... = \sigma_k^2)$ verworfen, falls der zugehörige F-Quotient den Wert $F_{k-1,n-k,1-\alpha}$ übersteigt (auch $z_{ij} = (y_{ij} - \bar{y}_i)^2$ wird manchmal gewählt). Um die Wahrscheinlichkeit eines Fehlers zweiter Art klein zu halten, ist ein größeres α zu wählen, in der Praxis mindestens $\alpha = 0.05$, besser $\alpha = 0.10$ oder höher. Bei Nicht-Verwerfung von H_σ betrachtet man die Voraussetzung gleicher Varianzen als nicht zu grob verletzt und führt die eigentliche Varianzanalyse (auf der Basis der Werte y_{ij}) durch, mitsamt der Feinanalyse via simultaner Verfahren.

1.9 Anwendungsbeispiel Kieselsäuregehalt in Porphyroiden

In verschiedenen Regionen der Süd- und Ostalpen wurden Proben von Gesteinen (Porphyroiden) auf ihren Kieselsäuregehalt (u.a.) hin analysiert (siehe TAFEL 1a, wo ein Datenauszug mit k = 6 Regionen und je n_i = 7 Beobachtungen zu finden ist).

Die Annahme gleicher Varianzen in den 7 Gruppen (Regionen) wird vom Levene-Test nicht verworfen (tail probabilty P = 0.12) und auch der s-m Plot (s_i über $\bar{y}_i$) für alle 7 Gruppen läßt keine grobe Verletzung dieser Annahme erkennen (TAFEL 1b, c).

Der F-Test der einfachen Varianzanalyse verwirft die Hypothese gleicher Erwartungswerte in den 7 Regionen (TAFEL 1b, P < 0.001). Aus der Tafel der Varianzanalyse verwenden wir den Wert $\hat{\sigma}^2$ = MQI = 8.164 als Schätzung des Versuchsfehlers σ^2 für die folgende Feinanalyse der Gruppenmittelwerte.

Für die simultanen Paarvergleiche $\mu_i - \mu_j$ sämtlicher Gruppenmittelwerte werden die halben Breiten b der Konfidenzintervalle nach Bonferroni, Tukey und Scheffé berechnet, von denen die nach Tukey ermittelten die günstigsten sind (TAFEL 1d).

Die Mittelwertsdifferenzen $\bar{y}_i - \bar{y}_j$, die sich bei diesen Paarvergleichen als signifikant verschieden erweisen (d.h. die $|\bar{y}_i - \bar{y}_j| > b$ erfüllen und damit die Annahme $\mu_i - \mu_j = 0$ zur Verwerfung bringen) sind in TAFEL 1e markiert. Aus dieser lassen sich homogene Gruppen von Regionen, die untereinander keinen signifikanten Mittelwertsunterschied aufweisen, ablesen (TAFEL 1f). Als homogene Gruppen, bestehend aus je drei Regionen, können demnach B,K,M als auch B,V,C angesehen werden.

Der Vergleich der drei Regionen aus der sog. Grauwackenzone mit den drei restlichen Regionen, d.i. der lineare Kontrast

$$\psi = \tfrac{1}{3}(\mu_2 + \mu_3 + \mu_5) - \tfrac{1}{3}(\mu_1 + \mu_4 + \mu_6),$$

führt zunächst zur Schätzung $\hat{\psi} = -3.494$. Wegen $\sum_i c_i^2 = 2/3$ liefert die Scheffé-Methode $b_S = 3.105$ [3.731] für $\alpha = 0.05$ [0.01], während die Methode nach Tukey die gleichen Werte b_T wie bei den Paarvergleichen bringt und deshalb im Fall dieses (komplexeren) Kontrasts ungünstiger ausfällt. Der Vergleich erweist sich wegen $|\hat{\psi}| > b_S$ als signifikant ($\alpha = 0.05$; man beachte, daß die homogenen Gruppen über diesen Vergleich keine eindeutige Auskunft geben).

TAFEL 1 Kieselsäuregehalt in Porphyroiden

a) Daten: H. Heinisch, Geologisches Institut der Universität München
   1980 (Auszug)

REGION	SiO_2-Anteil in Prozent							$\bar{y}_i$	s_i
1 Brixen	67.38	72.06	73.27	73.11	74.21	69.41	70.92	71.48	2.42
2 Eisenerz (NGZ)	63.45	67.79	61.90	56.49	66.42	64.87	66.25	63.88	3.81
3 Kitzbühel (NGZ)	72.41	72.31	78.06	76.91	76.78	77.04	74.54	75.44	2.35
4 Martelltal	77.68	75.11	73.88	75.56	75.05	75.51	76.86	75.66	1.25
5 Veitsch (NGZ)	69.37	67.81	67.14	67.02	67.04	71.06	67.98	68.20	1.51
6 Comelico	67.91	67.78	67.54	72.81	70.76	79.83	69.40	70.86	4.39

NGZ = Nördliche Grauwackenzone, k=6, alle n_i=7, n=42   70.92 4.93

b) TAFEL der einfachen Varianzanalyse und Levenes Test auf gleiche Varianzen (BMDP 7D)

SOURCE		SUM OF SQUARES	DF	MEAN SQUARE	F VALUE	TAIL PROBABILITY
Region	SQZ	700.989	5	140.197	17.17	0.0000
Error	SQI	293.904	36	8.164		
Levene's Test for Variances			5, 36		1.88	0.1213

c) Plot der Standardabweichung
über Mittelwerte pro Stichprobe (Gruppe) (BMDP 7D)

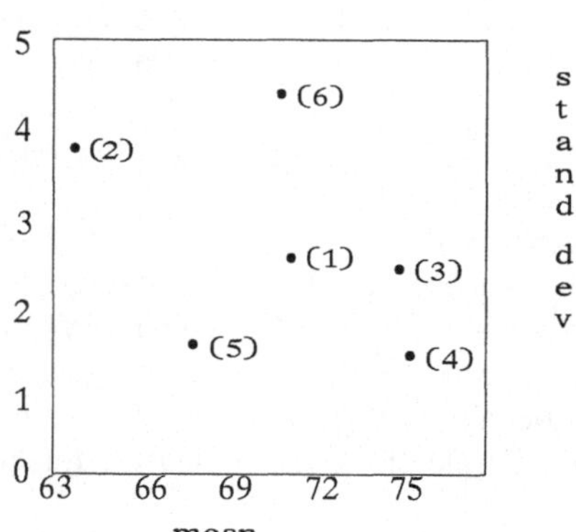

d) Simultane Konfidenzintervalle für Paarvergleiche $\mu_i - \mu_j$, $\alpha = 0.05$ [$\alpha = 0.01$]
Angegeben wird die halbe Breite b des Intervalls $[\bar{y}_i - \bar{y}_j - b, \bar{y}_i - \bar{y}_j + b]$

BONFERRONI $\quad b_B = \sqrt{[2 \cdot t^2_{36,1-\alpha_k/2} \cdot 8.164/7]} = 4.810 \quad [5.683], \quad \alpha_k = \alpha / \binom{k}{2}$

TUKEY $\quad\quad\quad b_T = \sqrt{[q^2_{6,36,1-\alpha} \cdot 8.164/7]} \quad = 4.595 \quad [5.572]$

SCHEFFE $\quad\quad b_S = \sqrt{[2 \cdot 5 \cdot F_{5,36,1-\alpha} \cdot 8.164/7]} = 5.378 \quad [6.462]$

e) Mittelwertsvergleiche (Tukeys Methode der simultanen Paarvergleiche)

| | 1 | 2 | 3 | 4 | 5 | 6 |
	B	E	K	M	V	C
1 B			*			
2 E			*	*		*
3 K					*	
4 M					*	(*)
5 V						

$*\quad \alpha = 0.01$
$(*)\quad \alpha = 0.05$

f) Homogene Gruppen
Innerhalb einer homogenen Gruppe, z.B. (B,K,M), stehen maximal viele Stichproben,
die untereinander keine signifikanten Mittelwertsunterschiede aufweisen.

$\alpha = 0.05:\quad$ (B,K,M)$\quad\quad$ (B,V,C)$\quad\quad$ (E,V)$\quad\quad\quad$ (B,K,C)
$\alpha = 0.01:\quad$ (B,K,M,C)$\quad$ (B,V,C)$\quad\quad$ (E,V)

2. ZWEIFACHE KLASSIFIKATION

2.0 Die eigentliche varianzanalytische Denk- und Sprechweise (vgl. Begriffe wie Wechselwirkung, homogene Blockbildung weiter unten) entfaltet sich erst bei der Klassifikation nach zwei Faktoren. Der Abschnitt wird eingeteilt nach der Art der Klassifikation der zwei Faktoren A und B. Diese können nämlich entweder gleichberechtigt sein und jede Stufe von A mit jeder Stufe von B gekreuzt werden (*Kreuzklassifikation*); oder es kann der Faktor B dem Faktor A untergeordnet sein und innerhalb jeder Stufe von A können Stufen von B geschachtelt werden (*hierarchische Klassifikation*). Sind bei dieser je und je verschiedene Stufen von B zugelassen, so sind es beim *Split-Plot* Design stets die gleichen Faktor B-Stufen, die innerhalb jeder Faktor A-Stufe angelegt werden. Hierbei ergeben sich, im Unterschied zu allen sonstigen Designs, korrelierte Meßwerte.

Innerhalb der Kreuzklassifikation werden wir zunächst nur den Spezialfall gleicher Stichprobenumfänge behandeln und erst in 2.8 den Fall sogenannter proportionaler Stichprobenumfänge skizzieren. Beliebige Stichprobenumfänge in der zweifachen Kreuzklassifikation lassen keine geschlossenen Formeln für die MQ-Schätzungen und die F-Statistiken zu, vgl. Scheffé (1959, sec. 4.4), Nollau (1975, S. 234 f).

K R E U Z K L A S S I F I K A T I O N   A × B

2.1 Wiederholung aus III 2.4 mit Ergänzungen

Die zweifache Varianzanalyse dient zur Analyse des (Mittelwert-)Einflusses, den zwei Faktoren (A und B genannt) auf die Kriteriumsvariable Y ausüben. Der Faktor A möge in I, der Faktor B in J Stufen variieren (I und J ≥ 2). Für jede Stufenkombination (i,j), auch Zelle oder Stichprobe genannt, mögen K > 1 unabhängige Messungen

$$Y_{ij,1}, \dots, Y_{ij,K} \qquad i = 1,\dots,I,\; j = 1,\dots,J,$$

vorliegen. Bezeichnen wir mit $\mu_{ij} = \mathrm{IE}\, Y_{ij,k}$ den Erwartungswert für die Zelle (i,j), so lautet das lineare Modell:

Modell a) $\qquad Y_{ij,k} = \mu_{ij} + e_{ij,k}\,, \qquad \begin{array}{l} i = 1,\dots,I \\ j = 1,\dots,J \\ k = 1,\dots,K \end{array}$

oder $\mathbf{Y} = \mathbf{X}\boldsymbol{\beta} + \mathbf{e}$ mit $\boldsymbol{\beta} = (\mu_{11}, \mu_{12}, \dots, \mu_{IJ})^T$ und $\mathbf{X}, \mathbf{Y}, \mathbf{e}$ wie in III 2.4 a). Im Modell a) ist also p = I·J, r = p ($\mathbf{X}$ voller Rang). Es kann auch als Modell a) der einfachen Varianzanalyse mit einem Faktor aufgefaßt werden, der auf den I·J Stufen (1,1),...,(I,J) variiert, und dient uns i.f. im wesentlichen als ein Referenzmodell für das in den Anwendungen interessantere Modell b).

Modell b) $\qquad Y_{ij,k} = \mu + \alpha_i + \beta_j + \gamma_{ij} + e_{ij,k}$

oder $\mathbf{Y} = \mathbf{X}\boldsymbol{\beta} + \mathbf{e}$ mit $\boldsymbol{\beta} = (\mu, \alpha_1, \ldots, \alpha_I, \beta_1, \ldots, \beta_J, \gamma_{11}, \ldots, \gamma_{IJ})^T$ und $\mathcal{L}(\mathbf{X})$, $\mathbf{Y}$, $\mathbf{e}$ wie in III 2.4 b). Hier ist

$$p = (I+1)(J+1), \quad r = I \cdot J .$$

Die $n \times p$-Designmatrix $\mathbf{X}$ kann wie nebenstehend angegeben werden. Sie hat keinen vollen Rang.

$$\begin{pmatrix}
1 & 1 & & 0 & 1 & & & & 1 & & & & & & & & \\
\vdots & \vdots & & \vdots & 1 & & 0 & & 1 & & & & & & & 0 & \\
\vdots & \vdots & & \vdots & & 1 & & & & 1 & & & & & & & \\
\vdots & \vdots & & \vdots & & 1 & & & & 1 & & & & & & & \\
\vdots & \vdots & & \vdots & & & \ddots & & & & \ddots & & & & & & \\
\vdots & \vdots & & \vdots & & 0 & & 1 & & & & 1 & & & & & \\
\vdots & 1 & & 0 & & & & 1 & & & & 1 & & & & & \\
\vdots & & \ddots & & & & \vdots & & & & & & \ddots & & & & \\
\vdots & 0 & & 1 & 1 & & & & & & & & & 1 & & & \\
\vdots & \vdots & & \vdots & 1 & & 0 & & & & & & & 1 & & & \\
\vdots & \vdots & & \vdots & & 1 & & & & & & & & & 1 & & \\
\vdots & \vdots & & \vdots & & 1 & & & & & & & & & 1 & & \\
\vdots & \vdots & & \vdots & & & \ddots & & & & 0 & & & & & \ddots & \\
\vdots & \vdots & & \vdots & & 0 & & 1 & & & & & & & & & 1 \\
1 & 0 & & 1 & & & & 1 & & & & & & & & & 1
\end{pmatrix}$$

Mit den Abkürzungen

$$\Sigma_i = \Sigma_{i=1}^I , \quad \Sigma_j = \Sigma_{j=1}^J$$

stellen wir die Nebenbedingungen

$$\text{NB} \quad \begin{array}{ll} \Sigma_i \alpha_i = 0 , & \Sigma_j \beta_j = 0 , \\ \Sigma_i \gamma_{ij} = 0 , & \Sigma_j \gamma_{ij} = 0 \end{array}$$

auf, unter welchen die Darstellung des Vektors $\boldsymbol{\mu} = \mathbb{E}\mathbf{Y} \in L = \mathcal{L}(\mathbf{X})$ in der Gestalt

$$\mu_{ij,k} = \mu + \alpha_i + \beta_j + \gamma_{ij}$$

eindeutig wird. Im Sinne von III 3.8 kann NB auch in der Form $\mathbf{H}\boldsymbol{\beta} = 0$ mit einer $s \times p$-Matrix $\mathbf{H}$ vom Rang $s = p - r$ geschrieben werden. Setzt man in Hinblick auf Modell a)

$$\mu_{ij} = \mu + \alpha_i + \beta_j + \gamma_{ij} ,$$

so führt NB zu den Darstellungen

$$\text{D} \quad \begin{array}{l} \mu = \Sigma_i \Sigma_j \mu_{ij} / (IJ) \\ \alpha_i = \bar{\mu}_{i\bullet} - \mu , \quad \bar{\mu}_{i\bullet} = \Sigma_j \mu_{ij} / J \\ \beta_j = \bar{\mu}_{\bullet j} - \mu , \quad \bar{\mu}_{\bullet j} = \Sigma_i \mu_{ij} / I \\ \gamma_{ij} = \mu_{ij} - \bar{\mu}_{i\bullet} - \bar{\mu}_{\bullet j} + \mu . \end{array}$$

Man beachte, daß die Parameter μ, α_i, β_j, γ_{ij} des Modells b) unter NB (d.h. im sog. *constrained* model) als lineare Funktionen der μ_{ij} darstellbar und deshalb schätzbar sind.

Bemerkungen

1. Schätzbar i.S. von III 4.1 sind im Modell b) alle Funktionen

$$\psi = \Sigma_i \Sigma_j c_{ij} \mu_{ij} \qquad [\mu_{ij} = \mu + \alpha_i + \beta_j + \gamma_{ij}]$$

und testbar i.S. von III 6.1 sind alle Hypothesen, die sich in der Form

$$\Sigma_i \Sigma_j c_{ij} \mu_{ij} = 0$$

schreiben lassen. Da unter NB (d.h. im constrained model) gemäß Formeln D jeder der Parameter μ, α_i, β_j, γ_{ij} als Linearkombination der μ_{ij} darstellbar ist, ist auch jede Funktion und jede Hypothese, die sich linear mit Hilfe der μ, α_i, β_j, γ_{ij} ausdrücken läßt, schätzbar bzw. testbar (vgl. Arnold (1981, p. 116)).

2. Für die weiter unten anstehenden Dimensionsberechnungen für lineare Teilräume von $L = \mathcal{L}(\mathbf{X})$ wollen wir nun eine nützliche *Regel* aufstellen.

Jedes $\boldsymbol{\mu} = (\mu_{ij,k})$ aus L kann in der Form

$$\boldsymbol{\mu} = \mu\mathbf{1} + \Sigma_1^I \alpha_i \mathbf{a}_i + \Sigma_1^J \beta_j \mathbf{b}_j + \Sigma_1^I \Sigma_1^J \gamma_{ij} \mathbf{g}_{ij}$$

geschrieben werden, mit den insgesamt p n-dimensionalen Vektoren $\quad \mathbf{1} = (1,...,1)^T,$

$$\mathbf{a}_1 = (\underbrace{1,...,1}_{JK},0,...,0)^T, \;...\;, \; \mathbf{a}_I = (0,...,0,\underbrace{1,...,1}_{JK})^T$$

$$\mathbf{b}_1 = (\underbrace{1,...,1}_{K},0,...,0,\underbrace{1,...,1}_{K},0 \;\; \text{usw.})^T$$

usw.

$$\mathbf{g}_{11} = (\underbrace{1,...,1}_{K},0,...,0)^T,..., \; \mathbf{g}_{IJ} = (0,...,0,\underbrace{1,...,1}_{K})^T,$$

welche die p Spalten der obigen Matrix $\mathbf{X}$ bilden. L wird aufgespannt von der folgenden Teilmenge A von Vektoren:

$$A \qquad \mathbf{1}; \mathbf{a}_1,...,\mathbf{a}_{I-1}; \mathbf{b}_1,...,\mathbf{b}_{J-1}; \mathbf{g}_{11},...,\mathbf{g}_{1,J-1},...,\mathbf{g}_{I-1,J-1}$$

(z.B. ist $\mathbf{a}_I = \mathbf{1} - \Sigma_1^{I-1}\mathbf{a}_i$, $\mathbf{b}_J = \mathbf{1} - \Sigma_1^{J-1}\mathbf{b}_j$, $\mathbf{g}_{iJ} = \mathbf{a}_i - \Sigma_1^{J-1}\mathbf{g}_{ij}$, $1 \le i < I$ usw). Ihre
Anzahl ist

$$1 + I{-}1 + J{-}1 + (I{-}1)(J{-}1) \;=\; IJ \;=\; r \;=\; \dim(L) \,,$$

so daß sie l.u. sind. Die Dimension eines linearen *Teil*raumes von L kann also
durch Abzählen derjenigen Vektoren aus A erfolgen, durch die er aufgespannt
wird. Diese Anzahl ist aber im Fall des Raumes L selber und auch in den Fällen
der i.f. vorkommenden Teilräume L_H von L identisch mit der

$$\text{Anzahl der "freien" Parameter } \mu, \; \alpha_i, \; \beta_j, \; \gamma_{ij},$$

die man unter Berücksichtigung von NB zu seiner Beschreibung benötigt.

2.2 Schätzer für β und σ^2

Modell a) Da dieses Modell als eines der einfachen Varianzanalyse aufgefaßt werden kann, erhalten wir sofort die MQ-Schätzungen

$$\hat{\mu}_{ij} = \overline{y}_{ij} \,, \quad \overline{y}_{ij} = \frac{1}{K} \sum_{k=1}^{K} y_{ij,k} \qquad\qquad [\textit{Zellenmittelwert}]\,.$$

Modell b) Gemäß Bemerkung 4 in III 4.3 erhalten wir die MQ-Schätzung für die

Parameter μ, α_i, β_j, γ_{ij} durch Einsetzen der $\hat{\mu}_{ij}$ in die Darstellung D:

$$
\begin{array}{lll}
\hat{\mu} = \overline{y}\,, & \overline{y} = \frac{1}{IJ}\Sigma_i\Sigma_j\,\overline{y}_{ij} & [\textit{Gesamtmittelwert}] \\
\hat{\alpha}_i = \overline{y}_{i.} - \overline{y}\,, & \overline{y}_{i.} = \frac{1}{J}\Sigma_j\,\overline{y}_{ij} & [\textit{Faktor A - Mittelwerte}] \\
\hat{\beta}_j = \overline{y}_{.j} - \overline{y}\,, & \overline{y}_{.j} = \frac{1}{I}\Sigma_i\,\overline{y}_{ij} & [\textit{Faktor B - Mittelwerte}] \\
\hat{\gamma}_{ij} = \overline{y}_{ij} - \overline{y}_{i.} - \overline{y}_{.j} + \overline{y}
\end{array}
$$

(1)

vgl. Scheffé (1959, p. 107); beachte, daß $\hat{\mu}_{ij} = \hat{\mu} + \hat{\alpha}_i + \hat{\beta}_j + \hat{\gamma}_{ij}$.

Da diese Lösungen NB erfüllen, sind sie nach Lemma III 2.4 auch die einzigen, die die Normalgleichungen NG und NB gleichzeitig erfüllen (zu diesem Ergebnis gelangt man auch mit Hilfe von Satz III 3.9).

Im Modell a) wie b) ist $\hat{\boldsymbol{\mu}} = \mathbf{X}\hat{\boldsymbol{\beta}} = (\overline{y}_{11},...,\overline{y}_{11},...,\overline{y}_{IJ},...,\overline{y}_{IJ})^T$, so daß wir

$$|\mathbf{Y} - \hat{\boldsymbol{\mu}}|^2 = \Sigma_{i=1}^{I}\Sigma_{j=1}^{J}\Sigma_{k=1}^{K}\,(Y_{ij,k} - \overline{Y}_{ij})^2 \equiv SQI$$

und gemäß III 3.5 wegen $n-r = n-IJ = IJ(K-1)$

$$\hat{\sigma}^2 = \frac{1}{n-IJ}\,SQI \equiv MQI$$

als erwartungstreuen Schätzer für σ^2 erhalten.

Für das nun folgende Testen von linearen Hypothesen wird sich die Gleichung

(2) $\qquad |\mathbf{Y}-\mathbf{X}\boldsymbol{\beta}|^2 = SQI + IJK(\hat{\mu}-\mu)^2 + JK\,\Sigma_i\,(\hat{\alpha}_i-\alpha_i)^2 + IK\,\Sigma_j\,(\hat{\beta}_j-\beta_j)^2 +$

$$+ K\,\Sigma_i\Sigma_j\,(\hat{\gamma}_{ij}-\gamma_{ij})^2$$

als sehr nützlich erweisen, die aus der Identität $Y_{ijk} - \mu_{ij} = (Y_{ijk}-\hat{\mu}_{ij}) + (\hat{\mu}_{ij}-\mu_{ij})$ unter Berücksichtigung von NB folgt.

2.3 F-Tests

Unter der Annahme der Normalverteilung wollen wir die F-Tests zu den folgenden vier Nullhypothesen angeben. Innerhalb Modell a) betrachten wir

$$H_o : \quad \mu_{11} = \mu_{12} = ... = \mu_{IJ}$$

und innerhalb Modell b)

$$
\begin{array}{lll}
H_A : & \alpha_1 = ... = \alpha_I = 0 & (\text{"Faktor A ohne Einfluß"}) \\
H_B : & \beta_1 = ... = \beta_J = 0 & (\text{"Faktor B ohne Einfluß"}) \\
H_{AB} : & \gamma_{11} = \gamma_{12} = ... = \gamma_{IJ} = 0 & (\text{"keine Wechselwirkungen"})
\end{array}
$$

wobei sich " $= 0$" jeweils bereits aus NB ergibt.

H_o ist eine Hypothese der einfachen Varianzanalyse und wird nach 1.1 mit Hilfe der -unter H_0 $F_{IJ-1,n-IJ}$-verteilten- Testgröße

$$F_0 = MQZ/MQI$$

geprüft. Dabei ist $MQI = \hat{\sigma}^2$ in 2.2 und $MQZ = SQZ/(IJ-1)$ durch

$$SQZ = K \Sigma_i \Sigma_j (\overline{Y}_{ij} - \overline{Y})^2$$

definiert.

H_A kann in der Gestalt $\boldsymbol{\mu} \in L_H$ mit

$$L_H = \left\{ \boldsymbol{\mu} = (\mu_{ij,k}) \in \mathbb{R}^n : \mu_{ij,k} = \mu + \beta_j + \gamma_{ij} \right\}$$

formuliert werden. Gemäß der in 2.1, Bem.2, formulierten Regel ist unter Berücksichtigung von NB

$$\dim L_H \equiv r - q = 1+(J-1) + (I-1)(J-1) = IJ-(I-1)$$

also

$$q = I-1 .$$

Alternativ kann H_A mit der $(I-1)\times p$-Matrix $\mathbf{H}$ vom Rang $q = I-1$ in der Form $\mathbf{H}\boldsymbol{\beta} = 0$, d.h. $\alpha_1 - \alpha_i = 0$ für $i=2,...,I$, geschrieben werden (beachte $\Sigma \alpha_i = 0$).

$$\mathbf{H} = \begin{bmatrix} 0 & 1 & -1 & 0 & & & 0 & 0 \\ 0 & 1 & & -1 & & & & \\ & \vdots & 0 & & \ddots & & & \\ 0 & 1 & & & & \ddots & -1 & 0 & 0 \end{bmatrix}$$

$$\underbrace{}_{\substack{p-I-1 \\ \text{Nullspalten}}}$$

Nun hatten wir in 2.2 bereits $|\mathbf{Q}_L \mathbf{Y}|^2 = (n-IJ)\hat{\sigma}^2 = SQI$, während aus Gleichung (2) in 2.2 sofort

$$|\mathbf{Q}_{L_H} \mathbf{Y}|^2 = \min_{\alpha_1 = ... = \alpha_I = 0} |\mathbf{Y} - \mathbf{X}\boldsymbol{\beta}|^2 = SQI + SQA$$

folgt, mit

$$SQA = JK \Sigma_i (\hat{\alpha}_i)^2 = JK \Sigma_i (\overline{Y}_{i.} - \overline{Y})^2 .$$

Also lautet nach Satz III 6.4 die Teststatistik zum Prüfen von H_A

$$F_A = \frac{MQA}{MQI} , \quad MQA = \frac{SQA}{I-1} ,$$

die unter H_A wie ein $F_{I-1,n-IJ}$ verteilt ist.

H_B: Völlig analog erhalten wir die unter H_B $F_{J-1,n-IJ}$ -verteilte Teststatistik

$$F_B = \frac{MQB}{MQI} , \quad MQB = \frac{SQB}{J-1} ,$$

wobei

$$SQB = IK \Sigma_j (\overline{Y}_{.j} - \overline{Y})^2 .$$

H_{AB} schreiben wir in der Form $\boldsymbol{\mu} \in L_H$ mit

$$L_H = \left\{ \boldsymbol{\mu} = (\mu_{ij,k}) \in \mathbb{R}^n : \mu_{ij,k} = \mu + \alpha_i + \beta_j \right\} .$$

Unter Beachtung der NB $\Sigma \alpha_i = \Sigma \beta_j = 0$ ist nach der Regel 2.1, Bem.2,

$$\dim(L_H) \equiv r-q = 1+(I-1)+(J-1) = I+J-1$$

d.h.

$$q = (I-1)(J-1) .$$

Es folgt wieder über Gleichung (2) in 2.2

$$|Q_{L_H} Y|^2 = \min_{\gamma_{ij}=0} |Y - X\beta|^2 = SQI + SQAB$$

mit

$$SQAB = K \, \Sigma_i \Sigma_j \, (\hat{\gamma}_{ij})^2 = K \, \Sigma_i \Sigma_j \, (\overline{Y}_{ij} - \overline{Y}_{i.} - \overline{Y}_{.j} + \overline{Y})^2 \, ,$$

so daß wir zur Teststatistik

$$F_{AB} = \frac{MQAB}{MQI} \, , \quad MQAB = \frac{SQAB}{(I-1)(J-1)}$$

gelangen, die unter H_{AB} wie ein $F_{(I-1)(J-1),n-IJ}$ verteilt ist.

2.4 **ANOVA-TAFEL** der zweifachen (Kreuz-)Klassifikation

TAFEL der zweifachen Varianzanalyse mit Zellenbesetzung $K > 1$, $n = I{\cdot}J{\cdot}K$

$$\left[\text{Summen:} \quad \sum_{i=1}^{I} \; \sum_{j=1}^{J} \; \sum_{k=1}^{K} \; \right]$$

Variations-ursache	SQ	FG	MQ	IE(MQ)
Faktor A	$SQA = JK\sum_i (\overline{y}_{i.} - \overline{y})^2$	$I-1$	$MQA = \frac{SQA}{I-1}$	$\sigma^2 + \frac{JK\Sigma_i \alpha_i^2}{I-1}$
Faktor B	$SQB = IK\sum_j (\overline{y}_{.j} - \overline{y})^2$	$J-1$	$MQB = \frac{SQB}{J-1}$	$\sigma^2 + \frac{IK\Sigma_j \beta_j^2}{J-1}$
Wechsel-wirkung A×B	$SQAB = K\sum_i\sum_j (\overline{y}_{ij} - \overline{y}_{i.} - \overline{y}_{.j} + \overline{y})^2$	$(I-1)(J-1)$	$MQAB = \frac{SQAB}{(I-1)(J-1)}$	$\sigma^2 + \frac{K\Sigma_i\Sigma_j \gamma_{ij}^2}{(I-1)(J-1)}$
innerhalb der Stichproben (Fehler)	$SQI = \sum_i\sum_j\sum_k (y_{ij,k} - \overline{y}_{ij})^2$	$IJ(K-1)$ $=n-IJ$	$MQI = \frac{SQI}{n-IJ}$	σ^2
Total	$SQT = \sum_i\sum_j\sum_k (y_{ij,k} - \overline{y})^2$	$n-1$		

Die IE(MQ)'s berechnen sich ähnlich wie in 1.2. Setzt man $\beta = 0$ in Gleichung (2) aus 2.2, so erhalten wir wegen $|y|^2 - IJK(\hat{\mu})^2 = SQT$ die *Streuungszerlegung*

$$SQT = SQI + SQA + SQB + SQAB \; .$$

2.5 **Wechselwirkung**

Der Wechselwirkungsterm (engl. *interaction* term)

$$\gamma_{ij} = \mu_{ij} - \overline{\mu}_{i.} - \overline{\mu}_{.j} + \mu = (\mu_{ij} - \mu) - (\alpha_i + \beta_j)$$

ist positiv/negativ/null, wenn die beiden Faktoren A und B auf der Stufenkombination i,j einen höheren/den gleichen/einen geringeren Mittelwerteinfluß auf Y haben als die Summen der beiden Einzeleinflüsse (von A = i und B = j). Sind

$$\text{sämtliche } \gamma_{ij} = 0,$$

d.h. gibt es keine Wechselwirkung der Faktoren A und B (in Bezug auf den Mittelwert von Y), so ist

$$\mu_{ij} - \overline{\mu}_{i.} \quad (= \overline{\mu}_{.j} - \mu) \quad \text{unabhängig von i}$$

und

$$\mu_{ij} - \overline{\mu}_{.j} \quad (= \overline{\mu}_{i.} - \mu) \quad \text{unabhängig von j},$$

so daß die

Verläufe von μ_{ij}, über j aufgetragen, für i=1,...,I,

und die

Verläufe von μ_{ij}, über i aufgetragen, für j=1,...,J,

jeweils parallel zueinander sind.

Trägt man die Schätzungen

$$\hat{\mu}_{ij} = \overline{y}_{ij}$$

entsprechend über j=1,...,J auf,
so verrät der Grad der Nicht-
Parallelität der Streckenzüge
etwas über die Stärke der vorhandenen Wechselwirkungen.

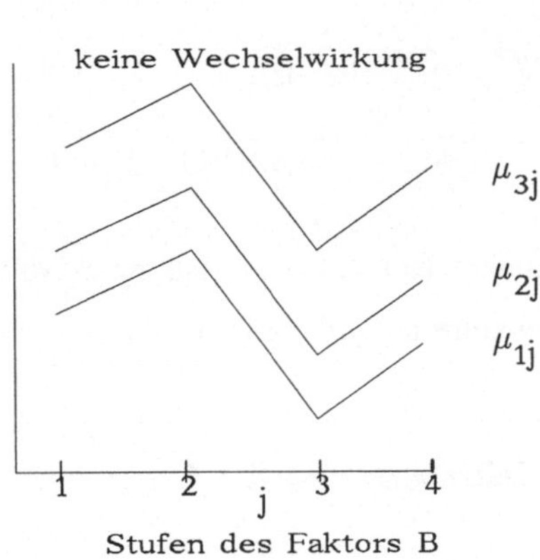

2.6 Simultane Konfidenzintervalle für Kontraste

Wir wollen die Methoden von Scheffé und von Tukey (vgl. III 5.3 sowie 1.4, 1.5) behandeln. Mit

$$\psi_c = \Sigma_i \Sigma_j c_{ij} \mu_{ij} , \quad \hat{\psi}_c = \Sigma_i \Sigma_j c_{ij} \overline{y}_{ij} , \quad \Sigma_i \Sigma_j c_{ij} = 0 \quad \left[\Sigma_i \Sigma_j = \sum_{i=1}^{I} \sum_{j=1}^{J} \right]$$

lauten die simultanen Konfidenzintervalle in allgemeiner Form

$$\hat{\psi}_c - Q \cdot d_c \leq \psi_c \leq \hat{\psi}_c + Q \cdot d_c .$$

I.f. werden Q und d_c für 3 verschiedene Situationen angegeben und auf den Fall der Paarvergleiche spezialisiert (letzteres jeweils in [...]).

a) Lineare Kontraste für Zellen-Mittelwerte   [Paarvergleiche]

$$\text{Scheffé:} \quad Q = \sqrt{(IJ-1) F_{IJ-1, n-IJ, 1-\alpha}}$$

$$d_c = \sqrt{(MQI/K)\sum_i \sum_j c_{ij}^2} \qquad\qquad [d_c = \sqrt{2\,MQI/K}\ ]$$

Tukey: $Q = q_{IJ,n-IJ,1-\alpha}$

$$d_c = \sqrt{MQI/K}\ \tfrac{1}{2}\sum_i\sum_j |c_{ij}| \qquad\qquad [d_c = \sqrt{MQI/K}\ ]$$

Begründung: Modell der einfachen Varianzanalyse mit I·J Gruppen.

b) Lineare Kontraste für Faktor A-Mittelwerte

Setze $c_{ij} = c_i/J$: $\psi_c = \sum_i c_i \bar{\mu}_{i\cdot}$, $\hat{\psi}_c = \sum_i c_i \bar{y}_{i\cdot}$, $\sum_i c_i = 0$.

Scheffé: $Q = \sqrt{(I-1)F_{I-1,n-IJ,1-\alpha}}$

$$d_c = \sqrt{(MQI/(JK))\sum_i c_i^2} \qquad\qquad [d_c = \sqrt{2MQI/(JK)}\ ]$$

Tukey: $Q = q_{I,n-IJ,1-\alpha}$

$$d_c = \sqrt{MQI/(JK)}\ \tfrac{1}{2}\sum_i |c_i| \qquad\qquad [d_c = \sqrt{MQI/(JK)}\ ]$$

c) Lineare Kontraste für Faktor B-Mittelwerte

Vertausche in b) die Buchstaben J und I.

2.7 Zellenbesetzung K = 1

Das lineare Modell lautet hier

(3) $Y_{ij} = \mu + \alpha_i + \beta_j + e_{ij}$, $i=1,\dots,I, j=1,\dots,J$,

oder mit

$$\boldsymbol{\beta} = (\mu,\alpha_1,\dots,\alpha_I,\beta_1,\dots,\beta_J)^T$$

in Matrixschreibweise

$$\mathbf{Y} = \mathbf{X}\boldsymbol{\beta} + \mathbf{e}\ ,$$

wobei die Gestalt von $\mathbf{Y}$, $\mathbf{e}$ und $\mathbf{X}$ offensichtlich ist. Man beachte, daß die Aufnahme von Wechselwirkungstermen γ_{ij} in die Gleichung (3) die Bedingung $p < n$ verletzen würde und daß das zugehörige Modell "$Y_{ij} = \mu_{ij} + e_{ij}$" der einfachen Varianzanalyse wegen $p = n$ ebenfalls kein zulässiges lineares Modell ist. Der lineare Raum

$$L = \mathcal{L}(\mathbf{X}) = \left\{ (\mu_{ij}) \in \mathbb{R}^n : \mu_{ij} = \mu + \alpha_i + \beta_j \right\}$$

läßt zum Zwecke der Eindeutigkeit der Darstellung von μ_{ij} die Nebenbedingungen

NB $\qquad \Sigma_i \alpha_i = \Sigma_j \beta_j = 0$

zu und hat die Dimension

$$r = 1 + (I-1) + (J-1) = I+J-1 \ .$$

Wir setzen $n = I \cdot J$ und mit der Abkürzung $\Sigma_i \Sigma_j = \Sigma_{i=1}^{I} \Sigma_{j=1}^{J}$

$$\overline{y} = \Sigma_i \Sigma_j y_{ij} / n$$

$$\overline{y}_{i\cdot} = \Sigma_j y_{ij} / J \ , \quad \overline{y}_{\cdot j} = \Sigma_i y_{ij} / I \ .$$

Direkt aus

$$\frac{d}{d\boldsymbol{\beta}} \Sigma_i \Sigma_j (y_{ij} - \mu - \alpha_i - \beta_j)^2 = 0$$

berechnet man die MQ-Schätzungen

$$\hat{\mu} = \overline{y} \ , \quad \hat{\alpha}_i = \overline{y}_{i\cdot} - \overline{y} \ , \quad \hat{\beta}_j = \overline{y}_{\cdot j} - \overline{y}$$

für μ, α_i, β_j, welche NB erfüllen. Wegen $n-r = (I-1)(J-1)$ ist

$$\hat{\sigma}^2 = \frac{1}{(I-1)(J-1)} \Sigma_i \Sigma_j (y_{ij} - \hat{\mu} - \hat{\alpha}_i - \hat{\beta}_j)^2$$

$$= \frac{1}{(I-1)(J-1)} \Sigma_i \Sigma_j (y_{ij} - \overline{y}_{i\cdot} - \overline{y}_{\cdot j} + \overline{y})^2 \equiv \frac{SQI}{(I-1)(J-1)} \equiv MQI$$

erwartungstreuer Schätzer für σ^2 .

Die F-Tests zum Prüfen der Hypothesen

$$H_A : \alpha_1 = \ldots = \alpha_I = 0 \ , \quad H_B : \beta_1 = \ldots = \beta_J = 0$$

leitet man - analog zu den F-Tests in 2.3 - mit Hilfe der Gleichung

$$|\mathbf{Y} - \mathbf{X}\boldsymbol{\beta}|^2 = SQI + IJ(\hat{\mu} - \mu)^2 + J \Sigma_i (\hat{\alpha}_i - \alpha_i)^2 + I \Sigma_j (\hat{\beta}_j - \beta_j)^2$$

ab, die man aus der Identität

$$Y_{ij} - \mu_{ij} = Y_{ij} - \hat{\mu}_{ij} + \hat{\mu}_{ij} - \mu_{ij} \qquad [\mu_{ij} = \mu + \alpha_i + \beta_j, \ \ \hat{\mu}_{ij} = \hat{\mu} + \hat{\alpha}_i + \hat{\beta}_j]$$

gewinnt .

Wir erhalten die folgende ANOVA-Tafel

TAFEL der zweifachen Varianzanalyse mit 1 Beobachtung pro Zelle
[Summen $\Sigma_{i=1}^{I} \Sigma_{j=1}^{J}$]

Variations-ursache	SQ	FG	MQ=$\frac{SQ}{FG}$	$\mathbb{E}(MQ)$
Faktor A	$SQA=J\sum_i(\bar{y}_{i\cdot}-\bar{y})^2$	I-1	MQA	$\sigma^2+\frac{J}{I-1}\sum_i\alpha_i^2$
Faktor B	$SQB=I\sum_j(\bar{y}_{\cdot j}-\bar{y})^2$	J-1	MQB	$\sigma^2+\frac{I}{J-1}\sum_j\beta_j^2$
Fehler(Rest)	$SQI=\sum_i\sum_j(y_{ij}-\bar{y}_{i\cdot}-\bar{y}_{\cdot j}+\bar{y})^2$	(I-1)(J-1)	MQI	σ^2
Total	$SQT=\sum_i\sum_j(y_{ij}-\bar{y})^2$	n-1		

Man beachte, daß hier im Vergleich zur Tafel 2.4 mit der Besetzungszahl K > 1 die Wechselwirkungs-SQ die Funktion der Fehler-SQ übernommen hat.

Die F-Statistiken zum Prüfen der Hypothesen H_A und H_B lauten

$$F_A = \frac{MQA}{MQI} , \quad F_B = \frac{MQB}{MQI} ,$$

welche im Normalverteilungs-Fall unter H_A bzw. H_B wie ein $F_{I-1,(I-1)(J-1)}$ bzw. wie ein $F_{J-1,(I-1)(J-1)}$ verteilt sind.

2.8 Proportionale Zellenbesetzungen

Wir betrachten nun den Fall ungleicher Zellenbesetzungen. Es gebe n_{ij} Meßwiederholungen in Zelle (i,j) (wobei mindestens ein $n_{ij} > 1$ sei), die wir mit

$$Y_{ij,1} , \cdots , Y_{ij,n_{ij}}$$

bezeichnen. Nur der Fall proportionaler Besetzungen, d.h. der Fall

$$(4) \qquad n_{ij} = \frac{n_{i\cdot}\cdot n_{\cdot j}}{n} ,$$

wird betrachtet, wobei $n_{i\cdot} = \sum_j n_{ij}$, $n_{\cdot j} = \sum_i n_{ij}$ und $n = \sum_i \sum_j n_{ij}$ gesetzt wurde. Diesen Fall trifft man z.B. an, wenn in jeder Zeile der Matrix (n_{ij}) konstante Zellenbesetzungen vorliegen:

$$n_{ij} = n_{i1} , \quad j=1,\ldots,J \qquad\qquad [i=1,\ldots,I].$$

Aus dem linearen Modell

$$Y_{ij,k} = \mu + \alpha_i + \beta_j + \gamma_{ij} + e_{ij,k} , \qquad\qquad \begin{array}{l} i=1,\ldots,I \\ j=1,\ldots,J , \\ k=1,\ldots,n_{ij} \end{array}$$

leitet man analog zu 2.2, 2.3 die folgende ANOVA-Tafel ab.

TAFEL der zweifachen Varianzanalyse mit prop. Zellenbesetzung $n_{ij} = \dfrac{n_{i.} \cdot n_{.j}}{n}$

$$\left[\text{Summen: } \sum_{i=1}^{I} \sum_{j=1}^{J} \sum_{k=1}^{n_{ij}} \right]$$

Variations-ursache	SQ	FG	MQ
Faktor A	$SQA = \Sigma_i\, n_{i.}(\bar{y}_{i.} - \bar{y})^2$	I-1	$MQA = \dfrac{SQA}{I-1}$
Faktor B	$SQB = \Sigma_j\, n_{.j}(\bar{y}_{.j} - \bar{y})^2$	J-1	$MQB = \dfrac{SQB}{J-1}$
Wechsel-wirkung A×B	$SQAB = \Sigma_i\Sigma_j\, n_{ij}(\bar{y}_{ij} - \bar{y}_{i.} - \bar{y}_{.j} + \bar{y})^2$	(I-1)(J-1)	$MQAB = \dfrac{SQAB}{(I-1)(J-1)}$
innerhalb der Stichproben (Rest, Fehler)	$SQI = \Sigma_i\Sigma_j\Sigma_k\,(y_{ij,k} - \bar{y}_{ij})^2$	n-IJ	$MQI = \dfrac{SQI}{n-IJ}$
Total	$SQT = \Sigma_i\Sigma_j\Sigma_k\,(y_{ij,k} - \bar{y})^2$	n-1	

2.9 Blockpläne

Die Varianzanalyse mit Kreuzklassifikation wird oft in folgender Situation angewandt. Es interessiert die Wirkung des Faktors A (z.B. Diätform) auf die Kriteriumsvariable y (z.B. Gewichtszunahme), während es wohlbekannt ist, daß ein zweiter Faktor B (z.B. Alter) einen deutlichen Einfluß auf y ausübt. Führt man in solch
einer Situation eine Einfachklassifikation nach den I Stufen des Faktors A durch
und läßt Faktor B ganz unberücksichtigt (d.h. z.B.: teilt man die n Versuchspersonen in I Diät-Behandlungsgruppen ein, wobei in jeder Gruppe Personen verschiedener Altersstufen sind), so kann u.U. die große Streuung, die in jeder der I Gruppen durch den Faktor B hervorgerufen wird, die Mittelwertunterschiede zwischen
den I Gruppen überdecken. Deshalb nimmt man auch nach den J Stufen des zweiten Faktors B (*Blockfaktor*) eine Klassifikation vor (*Bildung homogener Blöcke*,
z.B. Bildung von Altersgruppen), so daß ein Versuchsplan mit Kreuzklassifikation
A×B entsteht (*Blockplan*). Die n Versuchseinheiten (z.B. Versuchspersonen) werden nun zunächst in die J Blöcke (Stufen) des Faktors B einteilt. Dann werden innerhalb jedes Blockes die Versuchseinheiten auf die I Stufen (auch I *Behandlungen*,
engl. treatments, genannt) des Faktors A aufgeteilt. Sind dabei innerhalb jedes
Blockes mindestens I Einheiten vorhanden, so daß eine Zellenbesetzung ≥ 1 entsteht, so sprechen wir von einem *vollständigen* Blockplan (complete block design),
andernfalls von einem *unvollständigen* (incomplete block design).

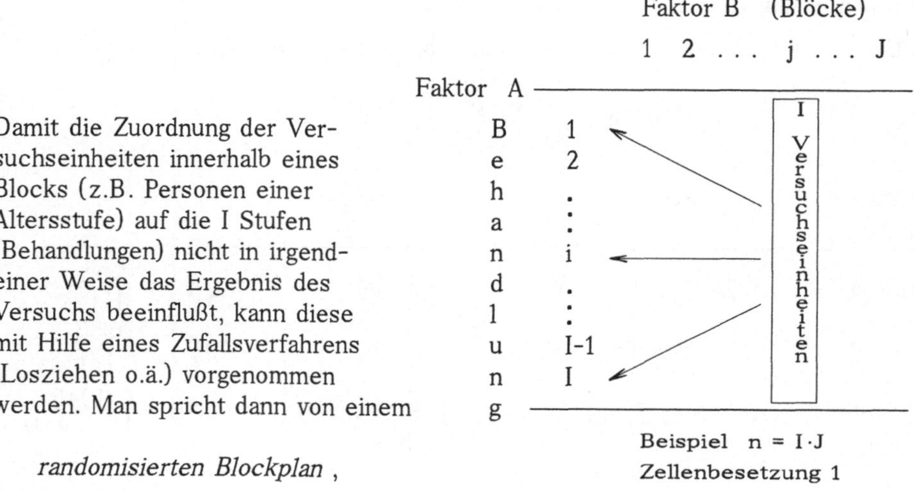

Damit die Zuordnung der Versuchseinheiten innerhalb eines Blocks (z.B. Personen einer Altersstufe) auf die I Stufen (Behandlungen) nicht in irgendeiner Weise das Ergebnis des Versuchs beeinflußt, kann diese mit Hilfe eines Zufallsverfahrens (Losziehen o.ä.) vorgenommen werden. Man spricht dann von einem *randomisierten Blockplan* ,

im Fall des vollständigen Blockplanes von einem vollständigen, randomisierten Blockplan (complete randomized block design).

HIERARCHISCHE KLASSIFIKATION B < A

2.10 Problemstellung

In einem Versuch zur Analyse einer Kriteriumsvariable y möge der Faktor A in I Stufen variieren. Auf jeder Stufe des Faktors A können nun jeweils -unter Umständen verschiedene- Stufen des Faktors B auftreten: Auf der i-ten Stufe des Faktors A mögen es die m_i Stufen

$$i1, \ldots, im_i \text{ (Doppelindizierung)}$$

des Faktors B sein. Innerhalb jeder Stufenkombination oder Zelle sind unterschiedlich viele Meßwiederholungen erlaubt . In der Zelle ij mögen es n_{ij} Wiederholungen sein (z.B. n_{ij} Tiere in der j-ten Herde (B) der i-ten Versuchsstation (A) oder n_{ij} Gemeinden im j-ten Kreis (B) des i-ten Landes (A)). Gefragt wird nach dem Einfluß von Faktor A und dem Einfluß von Faktor B innerhalb von A auf die Kriteriumsvariable y. Die adäquate Analyse ist die Varianzanalyse mit zweifacher *hierarchischer* Klassifikation (engl. two-way nested classification).

2.11 Darstellung der Stichprobe

Das nachfolgende Schema, welches an den nicht eingerahmten Positionen unbesetzt ist, wird in der Praxis natürlich in platzsparenderer Form aufgestellt.

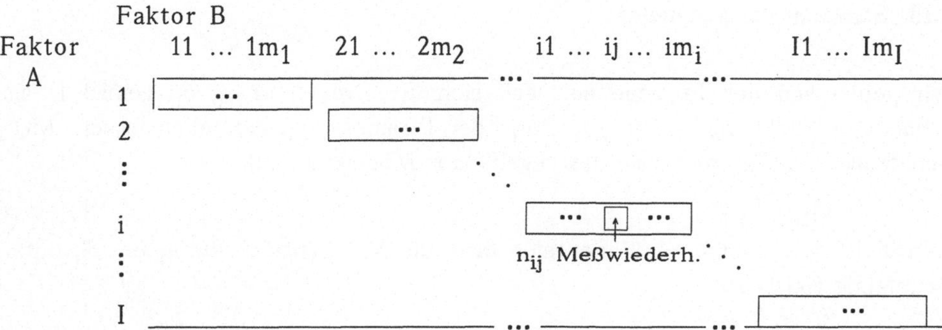

Die n_{ij} Meßwiederholungen in der Zelle ij sind

$$Y_{ij,1} \, , \, \dots \, , \, Y_{ij,n_{ij}} \, ,$$

ihr Mittelwert ist

$$\overline{Y}_{ij} = \Sigma_{k=1}^{n_{ij}} \, Y_{ij,k} \, / \, n_{ij} \; .$$

Der Umfang und der Mittelwert der Gesamtstichprobe lauten

$$n = n_{..} = \Sigma_{i=1}^{I} \, \Sigma_{j=1}^{m_i} \, n_{ij} \quad \text{und} \quad \overline{Y} = \Sigma_i \, \Sigma_j \, n_{ij} \overline{Y}_{ij} \, / \, n \; .$$

Wir schreiben noch $m_{.} = \Sigma_i \, m_i$ und $n_{i.} = \Sigma_j \, n_{ij}$.

2.12 Lineares Modell

Das lineare Modell lautet

$$Y_{ij,k} = \mu + \alpha_i + \beta_{ij} + e_{ij,k} \, , \qquad \begin{array}{l} i=1,\dots,I \\ j=1,\dots,m_i \, , \\ k=1,\dots,n_{ij} \end{array}$$

mit den $p = 1+I+m_{.}$ Parametern μ, α_i, β_{ij} , für die wir die Nebenbedingungen

$$\text{NB} \qquad \Sigma_{i=1}^{I} \, n_{i.} \alpha_i \; = \; \Sigma_{j=1}^{m_1} \, n_{1j} \beta_{1j} \; = \; \dots \; = \; \Sigma_{j=1}^{m_I} \, n_{Ij} \beta_{Ij} \; = \; 0$$

aufstellen. Im zugehörigen linearen Teilraum

$$L = \measuredangle(\mathbf{X}) = \{(\mu_{ij,k}) \in \mathbb{R}^n : \mu_{ij,k} = \mu + \alpha_i + \beta_{ij}\}$$

ist unter NB die Darstellung von $(\mu_{ij,k})$ eindeutig. L hat die Dimension

$$r = 1 + (I-1) + \Sigma_1^I (m_i - 1) = m_{.} \, ,$$

so daß wegen $r < p$ Rangdefekt vorliegt. Unter NB lauten die Darstellungen von
μ, α_i, β_{ij} mit Hilfe der Größen $\mu_{ij} = \mu + \alpha_i + \beta_{ij}$

$$\mu = \Sigma_i \Sigma_j \, n_{ij} \mu_{ij} / n$$

$$\text{D} \qquad \alpha_i = \overline{\mu}_{i.} - \mu \, , \quad \overline{\mu}_{i.} = \Sigma_j \, n_{ij} \mu_{ij} / n_{i.}$$

$$\beta_{ij} = \mu_{ij} - \overline{\mu}_{i.}$$

2.13 Schätzen der Parameter

Wir gehen von der Tatsache aus, daß sich die Größen μ, α_i, β_{ij} gemäß D als schätzbare Funktionen $\psi = \Sigma\Sigma\, c_{ij}\mu_{ij}$ der Parameter μ_{ij} darstellen lassen. MQ-Schätzungen der μ_{ij} innerhalb des zugehörigen Modells a) lauten

$$\hat{\mu}_{ij} = \overline{y}_{ij} \; .$$

Gemäß III 4.3, Bem.4, berechnen sich dann die MQ-Schätzer für μ, α_i, β_{ij} unter Benutzung von D zu

$$\hat{\mu} = \frac{1}{n}\Sigma_i\Sigma_j\, n_{ij}\overline{y}_{ij} \equiv \overline{y}$$
$$\hat{\alpha}_i = \overline{y}_{i.} - \overline{y} \, , \quad \overline{y}_{i.} = \frac{1}{n_{i.}}\Sigma_j\, n_{ij}\overline{y}_{ij}$$
$$\hat{\beta}_{ij} = \overline{y}_{ij} - \overline{y}_{i.} \; .$$

Diese Schätzungen erfüllen NB, sind also i.S. von Satz III 3.9 die einzigen, die NB und Normalgleichungen NG gleichzeitig erfüllen.

Ein erwartungstreuer Schätzer für σ^2 ist nach Satz III 3.5

$$\hat{\sigma}^2 = \frac{1}{n-m_.}\Sigma_i\Sigma_j\Sigma_k\, (y_{ij,k} - \overline{y}_{ij})^2 \equiv \frac{1}{n-m_.}\, SQI \equiv MQI \; .$$

Zur Ableitung der F-Tests wird sich die Gleichung

$$|\mathbf{Y}-\boldsymbol{\mu}|^2 = SQI + n(\overline{y}-\mu)^2 + \Sigma_i\, n_{i.}(\hat{\alpha}_i - \alpha_i)^2 + \Sigma_i\Sigma_j\, n_{ij}(\hat{\beta}_{ij} - \beta_{ij})^2$$

als nützlich erweisen, die sich aus der Identität

$$Y_{ij,k} - \mu_{ij} = (Y_{ij,k} - \hat{\mu}_{ij}) + (\hat{\mu}_{ij} - \mu_{ij})$$

unter Benutzung von NB ergibt.

2.14 F-Tests

Die zwei relevanten Nullhypothesen lauten

$$H_A: \quad \alpha_1 = \ldots = \alpha_I = 0 \qquad [\text{''Faktor A hat keinen Einfluß''}]$$
$$H_{B(A)}: \quad \beta_{11} = \ldots = \beta_{Im_I} = 0 \qquad [\text{''Faktor B -innerhalb der Stufen}$$

$$\text{des Faktors A- hat keinen Einfluß''}] \; .$$

Ähnlich zur Kreuzklassifikation in 2.3 läßt sich

$$H_A: \quad \alpha_1 - \alpha_i = 0 \, , \quad i=2,\ldots,I$$

in der Form $\mathbf{H}\boldsymbol{\beta} = 0$ mit einer $(I\text{-}1)\times p$-Hypothesenmatrix vom Rang I-1 schreiben. Man leitet die Teststatistik

$$F_A = \frac{MQA}{MQI} \, , \quad MQA = \frac{SQA}{I\text{-}1}$$

ab, wobei

$$SQA = \Sigma_{i=1}^{I}\, n_{i.}(\overline{y}_{i.} - \overline{y})^2 \; .$$

F_A ist unter H_A wie ein $F_{I-1,n-m_.}$ verteilt (Normalverteilungs-Annahme getroffen).

Ferner läßt sich $H_{B(A)}$ in der Form $\mu \in L_H$ mit

$$L_H = \{(\mu_{ij,k}) \in \mathbb{R}^n : \mu_{ij,k} = \mu + \alpha_i\}, \quad \dim(L_H) \equiv r - q = 1 + (I-1)$$

schreiben. Wir erhalten $q = m_. - I$ und die Teststatistik

$$F_{B(A)} = \frac{MQB(A)}{MQI}, \quad MQB(A) = \frac{SQB(A)}{m_. - I},$$

wobei

$$SQB(A) = \Sigma_{i=1}^{I} \Sigma_{j=1}^{m_i} n_{ij}(\bar{y}_{ij} - \bar{y}_{i.})^2.$$

$F_{B(A)}$ ist unter $H_{B(A)}$ wie ein $F_{m_.-I,\,n-m_.}$ verteilt (Normalverteilungs-Annahme getroffen).

TAFEL der Varianzanalyse mit hierarchischer Zweifachklassifikation
$\left[\text{Summation: } \Sigma_i \Sigma_j \Sigma_k = \Sigma_{i=1}^{I} \Sigma_{j=1}^{m_i} \Sigma_{k=1}^{n_{ij}} \right]$

Variations-ursache	SQ	FG	$MQ = \frac{SQ}{FG}$	$\mathbb{E}(MQ)$
Faktor A	$SQA = \Sigma_i n_{i.}(\bar{y}_{i.} - \bar{y})^2$	I-1	MQA	$\sigma^2 + \frac{1}{I-1}\Sigma_i n_{i.}\alpha_i^2$
Faktor B (innerhalb Faktor A)	$SQB(A) = \Sigma_i \Sigma_j n_{ij}(\bar{y}_{ij} - \bar{y}_{i.})^2$	$m_.-I$	MQB(A)	$\sigma^2 + \frac{1}{m_.-I}\Sigma_i\Sigma_j n_{ij}\beta_{ij}^2$
Innerhalb (Rest, Fehler)	$SQI = \Sigma_i\Sigma_j\Sigma_k(y_{ij,k} - \bar{y}_{ij})^2$	$n-m_.$	MQI	σ^2
Total	$SQT = \Sigma_i\Sigma_j\Sigma_k(y_{ij,k} - \bar{y})^2$	n-1		

2.15 Simultane Konfidenzintervalle

Wir listen i.f. die simultanen Konfidenzintervalle

$$\hat{\psi}_c - Q \cdot d_c \leq \psi_c \leq \hat{\psi}_c + Q \cdot d_c$$

für lineare Kontraste ψ_c auf, indem wir die Größen Q und d_c angeben werden
$\left[\text{Summation } \Sigma_i\Sigma_j = \Sigma_{i=1}^{I}\Sigma_{j=1}^{m_i}\right].$

a) Zellenmittelwerte

Lineare Kontraste $\psi_c = \Sigma_i\Sigma_j c_{ij}\mu_{ij}, \quad \hat{\psi}_c = \Sigma_i\Sigma_j c_{ij}\bar{y}_{ij}, \quad \Sigma_i\Sigma_j c_{ij} = 0.$

Scheffé : $Q^2 = (m_.-1)F_{m_.-1,\,n-m_.,\,1-\alpha}, \quad d_c^2 = MQI\ \Sigma_i\Sigma_j c_{ij}^2/n_{ij}$

Tukey : $Q = q_{m_{\cdot},n-m_{\cdot},1-\alpha}$ (alle $n_{ij} = n_{11}$)

$\qquad d_c = \sqrt{MQI/n_{11}} \; \frac{1}{2} \Sigma_i \Sigma_j |c_{ij}|$.

b) Faktor A-Mittelwerte

Lineare Kontraste $\psi_c = \Sigma_i c_i \bar{\mu}_{i\cdot}$, $\hat{\psi}_c = \Sigma_i c_i \bar{y}_{i\cdot}$, $\Sigma_i c_i = 0$.

Scheffé : $Q^2 = (I-1) F_{I-1,n-m_{\cdot},1-\alpha}$

$\qquad d_c^2 = MQI \; \Sigma_i c_i^2/n_{i\cdot}$.

c) Faktor B-Effekte (innerhalb Faktor A)

Lineare Kontraste $\psi_c = \Sigma_i \Sigma_j c_{ij} \beta_{ij}$, $\hat{\psi}_c = \Sigma_i \Sigma_j c_{ij} \bar{y}_{ij}$, $\Sigma_j c_{ij} = 0$.

Scheffé : $Q^2 = (m_{\cdot} - I) F_{m_{\cdot}-I,n-m_{\cdot},1-\alpha}$

$\qquad d_c^2 = MQI \; \Sigma_i \Sigma_j c_{ij}^2/n_{ij}$.

Die Scheffé-Intervalle in c) sind kürzer als diejenigen in a), dafür erstreckt sich die Kontrastbildung in c) nur über Zellen innerhalb der gleichen A-Stufe.

SPLIT-PLOT DESIGN

2.16 Problemstellung

Bei manchen Feldversuchen mit zwei Faktoren benötigt man für den einen Faktor (A) größere Flächen (*Hauptflächen, whole plots*), während für den zweiten Faktor (B) kleinere Parzellen (*Teilflächen, subplots*) ausreichen, die innerhalb der größeren angelegt werden. Bei diesen Versuchen liegt das Interesse weniger an der Wirkung der I Stufen des Faktors A als an der Wirkung der J Stufen des Faktors B bzw. an der Wechselwirkung der beiden Faktoren. Das Experiment wird mit K Wiederholungen durchgeführt: Jede der I Stufen des Faktors A wird K mal angelegt, jede der so entstehenden I·K Hauptflächen dann in J Teilflächen aufge*splittet*. Wir betrachten den Beitrag jeder Hauptfläche als zufällig; eine eigene Fehlervariable $e^{(1)}$ wird im Model (1) unten dafür eingesetzt. Im Unterschied zur hierarchischen Klassifikation B < A treten so korrelierte Meßwerte auf, nämlich die Werte innerhalb derselben Hauptfläche (gleiche Stufe i des Faktors A, gleiche Wiederholung k, k=1,2,...,K).

Wir werden den Meßwert, der zur

i-ten Stufe des Faktors A, k-ten Wiederholung und j-ten Stufe des Faktors B gehört, mit

$\qquad Y_{ik,j}$

bezeichnen. Im Unterschied zu den vorangegangenen Designs wird die Wiederholungszahl k hier nicht als dritter, sondern als zweiter Index gewählt. Das entspricht dem Versuchsaufbau (die Hauptflächen werden wiederholt) und wird die Schreibweise der Matrizen vereinfachen. Van Laar (1979, Kap. 20) bringt eine forstwissenschaftliche Anwendung in einem Kieferbestand, in der die Kriteriumsvariable Y den Volumenszuwachs mißt, der Faktor A den Durchforstungsgrad auf I=3 Stufen (a_1,a_2,a_3) und der Faktor B den Grad der Entastung auf J=3 Stufen (b_1,b_2,b_3) angibt, und K=4 Wiederholungs"blöcke" angelegt werden. Die Hauptflächen (Faktor A-Stufen) werden zufällig auf die Blöcke aufgeteilt, innerhalb der Hauptflächen werden in zufälliger Reihenfolge die Teilflächen (Faktor B-Stufen) ausgewiesen. Schematisch läßt sich die Split-Plot Versuchsanlage wie folgt beschreiben.

a_1	b_2 b_1 b_3	a_3	b_1 b_3 b_2	a_2	b_3 b_2 b_1		a_2	b_1 b_3 b_2	a_1	b_1 b_3 b_2	a_3	b_3 b_1 b_2
a_2	b_2 b_1 b_3	a_3	b_2 b_1 b_3	a_1	b_1 b_2 b_3		a_1	b_2 b_3 b_1	a_2	b_2 b_1 b_3	a_3	b_3 b_2 b_1

2.17 Lineares Modell

Wir formulieren das lineare Modell zunächst in der Form

$$(5) \qquad Y_{ik,j} = \mu + \alpha_i + e^{(1)}_{ik} + \beta_j + \gamma_{ij} + e^{(2)}_{ik,j} , \qquad \begin{aligned} &i=1,2,...,I \\ &j=1,2,...,J , \\ &k=1,2,...,K \end{aligned}$$

mit den Modellparametern

μ Gesamtmittel, α_i $[\beta_j]$ Effekt der Stufe i [j] des Faktors A [B]

γ_{ij} Wechselwirkung der i-ten Stufe von A mit der j-ten des Faktors B.

Diese Parameter sollen den Nebenbedingungen $\Sigma_i \alpha_i = \Sigma_j \beta_j = \Sigma_j \gamma_{ij} = 0$ genügen. Ferner bezeichnet $e^{(1)}_{ik}$ $[e^{(2)}_{ik,j}]$ die Fehlervariablen, welche die Streuung auf den Hauptflächen [Teilflächen] erfassen.

Wir setzen voraus, daß die

$e^{(1)}_{ik}$ unabhängig und $N(0,\sigma_A^2)$-verteilt, $e^{(2)}_{ik,j}$ unabhängig und $N(0,\sigma_B^2)$-verteilt

sind und daß die $(e^{(1)}_{ik})$ und $(e^{(2)}_{ik,j})$ voneinander unabhängig sind. Die Normalverteilungs-Annahme werden wir erst ab 2.19 benötigen. Setzen wir

$$e_{ik,j} = e^{(1)}_{ik} + e^{(2)}_{ik,j} , \quad \sigma^2 = \sigma_A^2 + \sigma_B^2 , \quad \rho = \sigma_A^2 / \sigma^2 ,$$

so ist

$$(6) \quad \begin{aligned} \mathrm{Cov}(e_{ik,j}, e_{i'k',j'}) &= 0 , \quad \text{falls } (i,k) \neq (i',k') \\ \mathrm{Cov}(e_{ik,j}, e_{ik,j'}) &= \sigma_A^2 + \sigma_B^2 \delta_{jj'} = \begin{cases} \sigma^2 & \text{falls } j=j' \\ \sigma^2\rho & \text{falls } j \neq j' . \end{cases} \end{aligned}$$

Von (5) aus kommen wir zu

$$Y_{ik,j} = \mu + \alpha_i + \beta_j + \gamma_{ij} + e_{ik,j} \equiv \mu_{ij} + e_{ik,j} \,,$$

wobei die $(e_{ik,j})$ die Kovarianzstruktur (6) haben. Dieses Modell kann als Modell b) der zweifachen Varianzanalyse mit einer Nicht-Diagonalgestalt der Kovarianzmatrix $V(\mathbf{e})$ geschrieben werden (vgl. 2.1 und III 3.11). Dazu führt man den p-dimensionalen Parametervektor $(p = I \cdot J)$

$$\boldsymbol{\beta} = (\mu_{11}, \mu_{12}, \dots, \mu_{IJ})^T \,,$$

die n-dimensionalen Zufallsvektoren $(n = I \cdot J \cdot K)$

$$\mathbf{Y} = (Y_{11,1}, Y_{11,2}, \dots, Y_{11,J}, Y_{12,1}, \dots, Y_{IK,J})^T \,, \quad \mathbf{e} = (e_{11,1}, \dots, e_{IK,J})^T \,,$$

die n×p-Designmatrix

$$(7) \qquad \mathbf{X} = \begin{bmatrix} I & & & \\ & I & & \\ & & \ddots & \\ & & & I \end{bmatrix} \qquad I = \begin{bmatrix} \mathbf{I_J} \\ \vdots \\ \mathbf{I_J} \end{bmatrix} \,,$$

ein, wobei in der $J \cdot K \times J$-Matrix I die $J \times J$-Einheitmatrizen $\mathbf{I_J}$ K-mal untereinandersteht. Dann erhalten wir das gewichtete LM

$$(8) \qquad \mathbf{Y} = \mathbf{X} \cdot \boldsymbol{\beta} + \mathbf{e}, \qquad V(\mathbf{e}) = \sigma^2 \mathbf{V} \equiv \sigma^2 \begin{bmatrix} \mathbf{A}(\rho) & & 0 \\ & \ddots & \\ 0 & & \mathbf{A}(\rho) \end{bmatrix}$$

mit der $J \times J$-Matrix $\mathbf{A}(\rho) = \begin{bmatrix} 1 & & \rho \\ & \ddots & \\ \rho & & 1 \end{bmatrix}$, die 1 in der Hauptdiagionalen und ρ überall sonst stehen hat.

2.18 Schätzen der Parameter

Wir bemerken zunächst, daß die n×p-Matrix $\mathbf{V}^{-1} \cdot \mathbf{X}$ wieder die Gestalt (7) der Matrix $\mathbf{X}$ hat, allerdings mit $\mathbf{A}^{-1}(\rho)$ anstelle von $\mathbf{I_J}$. Deshalb gilt

$$\mathcal{L}(\mathbf{V}^{-1} \mathbf{X}) = \mathcal{L}(\mathbf{X}) \,.$$

Ein Satz von Kruskal (vgl. Arnold (1981, S.206,208)) besagt dann, daß der

Aitken-Schätzer $\overset{\vee}{\boldsymbol{\beta}}$ für $\boldsymbol{\beta}$ gemäß III 3.11

identisch ist mit dem gewöhnlichen

MQ-Schätzer $\hat{\boldsymbol{\beta}}$ für $\boldsymbol{\beta}$

der zweifachen Varianzanalyse, bei der in (8) $\mathbf{V} = \mathbf{I_n}$ gesetzt wird. Dieser Schätzer ist in 2.2 formelmäßig angegeben worden; also

$$\hat{\mu}_{ij} = \overline{Y}_{i \cdot j}, \quad \hat{\mu} = \overline{Y}, \quad \hat{\alpha}_i = \overline{Y}_{i \cdot \cdot} - \overline{Y}, \text{ usw.,}$$

mit

$$\overline{Y} = \Sigma_i \Sigma_k \Sigma_j Y_{ik,j} / (IJK) \,, \quad \overline{Y}_{i \cdot \cdot} = \Sigma_k \Sigma_j Y_{ik,j} / (KJ) \,, \quad \overline{Y}_{i \cdot j} = \Sigma_k Y_{ik,j} / K$$

usw., wobei $\Sigma_i \Sigma_k \Sigma_j$ für $\Sigma_{i=1}^{I} \Sigma_{k=1}^{K} \Sigma_{j=1}^{J}$ steht.

Für die nachfolgenden Ergebnisse des Split-Plot Designs verzichten wir auf eine eigene Herleitung und verweisen auf Arnold (1981, chap. 14) , Christensen (1987, sec. XI.3) oder Dohlus (1992, Kap. 4).

Erwartungstreue Schätzer für σ^2 und σ_B^2 lauten

$$\hat{\sigma}^2 = \frac{SQI}{IJ(K-1)} \ , \quad \hat{\sigma}_B^2 = \frac{SQI^{(2)}}{I(J-1)(K-1)}$$

mit

$$SQI = \Sigma_i \Sigma_k \Sigma_j (Y_{ik,j} - \overline{Y}_{i\cdot j})^2 \ , \quad SQI^{(2)} = \Sigma_i \Sigma_k \Sigma_j (Y_{ik,j} - \overline{Y}_{ik\cdot} - \overline{Y}_{i\cdot j} + \overline{Y}_{i\cdot\cdot})^2$$

2.19 ANOVA-TAFEL

Führen wir

$$SQI^{(1)} = J \Sigma_i \Sigma_k (\overline{Y}_{ik\cdot} - \overline{Y}_{i\cdot\cdot})^2$$

als weitere Fehler-Quadratsumme ein, so haben wir die Streuungszerlegung

$$SQI = SQI^{(1)} + SQI^{(2)}$$

und die folgende

TAFEL der Varianzanalyse für den Split-Plot Design

Variationsursache	SQ	FG	MQ
Faktor A (Hauptflächen)	SQA	$I-1$	$MQA = SQA/(I-1)$
Fehler 1 (Hauptflächen)	$SQI^{(1)}$	$I(K-1)$	$MQI^{(1)} = SQI^{(1)}/[I(K-1)]$
Faktor B (Teilflächen)	SQB	$J-1$	$MQB = SQB/(J-1)$
Wechsel-wirkung	SQAB	$(I-1)(J-1)$	$MQAB = SQAB/[(I-1)(J-1)]$
Fehler 2 (Teilflächen)	$SQI^{(2)}$	$I(J-1)(K-1)$	$MQI^{(2)} = SQI^{(2)}/[I(J-1)(K-1)]$
Total	SQT	$IJK-1$	

Dabei ist

$$SQA = JK \Sigma_i (\overline{Y}_{i\cdot\cdot} - \overline{Y})^2, \quad SQB = IK \Sigma_j (\overline{Y}_{\cdot\cdot j} - \overline{Y})^2,$$

$$SQT = \Sigma_i \Sigma_k \Sigma_j (Y_{ik,j} - \overline{Y})^2, \quad SQAB = K \Sigma_i \Sigma_j (\overline{Y}_{i\cdot j} - \overline{Y}_{i\cdot\cdot} - \overline{Y}_{\cdot\cdot j} + \overline{Y})^2.$$

Die Nullhypothesen

$$H_A: \text{alle } \alpha_i = 0, \quad H_B: \text{alle } \beta_j = 0, \quad H_{AB}: \text{alle } \gamma_{ij} = 0$$

werden durch die entsprechenden F-Quotienten

$$F_A = MQA/MQI^{(1)}, \quad F_B = MQB/MQI^{(2)}, \quad F_{AB} = MQAB/MQI^{(2)}$$

getestet, welche bei Annahme normalverteilter Fehlervariablen $e^{(1)}$ und $e^{(2)}$ und unter der jeweiligen Nullhypothese eine

$$F_{I-1,I(K-1)}^{-}, \quad F_{J-1,I(J-1)(K-1)}^{-}, \quad F_{(I-1)(J-1),I(J-1)(K-1)}^{-}$$

Verteilung besitzen.

2.20 Konfidenzintervalle für Kontraste

Es werden Konfidenzintervalle $[a-b, a+b]$ zum Niveau $1-\alpha$ für lineare Kontraste der Modellparameter α_i, β_j und γ_{ij} angegeben.

a) Kontraste für Faktor A-Mittelwerte ($\sum_{i=1}^{I} c_i = 0$, $t_\alpha = t_{I(K-1),1-\alpha/2}$)

$$\sum_{i=1}^{I} c_i \alpha_i \in [\sum_{i=1}^{I} c_i \overline{Y}_{i\cdot\cdot} - b, \sum_{i=1}^{I} c_i \overline{Y}_{i\cdot\cdot} + b], \quad b = t_\alpha \cdot \sqrt{MQI^{(1)} \sum_{i=1}^{I} c_i^2 / (JK)}$$

b) Kontraste für Faktor B-Mittelwerte ($\sum_{j=1}^{J} c_j = 0$, $t_\alpha = t_{I(J-1)(K-1),1-\alpha/2}$)

$$\sum_{j=1}^{J} c_j \beta_j \in [\sum_{j=1}^{J} c_j \overline{Y}_{\cdot\cdot j} - b, \sum_{j=1}^{J} c_j \overline{Y}_{\cdot\cdot j} + b], \quad b = t_\alpha \cdot \sqrt{MQI^{(2)} \sum_{j=1}^{J} c_j^2 / (IK)}$$

c) Kontraste für Faktor B-Mittelwerte innerhalb des Faktors A

$$(\sum_{j} c_{ij} = 0, \ t_\alpha = t_{I(J-1)(K-1),1-\alpha/2})$$

$$\sum_{i}\sum_{j} c_{ij} \gamma_{ij} \in [\sum_{i}\sum_{j} c_{ij} \overline{Y}_{ij} - b, \ \sum_{i}\sum_{j} c_{ij} \overline{Y}_{ij} + b], \quad b = t_\alpha \cdot \sqrt{MQI^{(2)} \sum_{i}\sum_{j} c_{ij}^2 / K}$$

Im Spezialfall des Paarvergleiches

$$c_{11} = 1, \ c_{12} = -1, \ c_{ij} = 0 \ \text{ sonst,}$$

etwa lautet es

$$\gamma_{11} - \gamma_{12} \in [\overline{Y}_{11} - \overline{Y}_{12} - b, \overline{Y}_{11} - \overline{Y}_{12} + b], \quad b = t_\alpha \cdot \sqrt{2 \cdot MQI^{(2)} / K}.$$

Simultane Konfidenzintervalle für alle linearen Kontraste erhält man aus den obigen Intervallen, indem man t_α durch $\sqrt{m_1 F_{m_1,m_2,1-\alpha}}$ ersetzt (m_1, m_2 die F.G. der entsprechenden F-Quotienten aus 2.19; vgl. Arnold (1981, p. 217)).

2.21 Anwendungshinweise

Implementierungen (bezieht sich auch auf die Dreifachklassifikation):

Kreuzklassifikation $A \times B$:   BMDP 2V, 7D, SPSS ANOVA , SAS PROC ANOVA

Hierarchische Klassifikation B < A, Split-Plot Design:

	BMDP 4V , SPSS Manova,SAS Proc Anova
Lateinisches Quadrat:	BMDP 2V , SPSS Manova , SAS Proc anova
Simultane Paarvergleiche:	SAS Proc Anova

Levenes Test auf gleiche Zellen-Varianzen beruht auch bei der Zweifach-Klassifikation auf einer einfachen Varianzanalyse der Werte $z_{ij,k} = |y_{ij,k} - \overline{y}_{ij}|$ über die I·J Stufen eines (kombinierten) Faktors und führt zu einem F-Test mit IJ-1,n-IJ Freiheitsgraden.

2.22 Anwendungsbeispiel pH-Werte von Bodenproben.

Um die Wirkung von Beregnung und Kalkung im Wald studieren zu können, wurden im Forst 'Höglwald' (Forstamt Aichach, Bayern) Freilandexperimente durchgeführt, vgl. Kreutzer & Bittersohl (1986). Dabei wurden 6 Parzellen ausgewiesen, auf denen alle 6 Kombinationen der

- BEREGNUNG (Kontrolle, zusätzliche saure Beregnung, zusätzliche normale
                        Beregnung
- KALKUNG   (Kontrolle, zusätzliche einmalige Kalkung des Waldbodens)

durchgeführt wurden. Die dem Boden entnommenen Proben wurden (u.a.) auf ihren pH-Wert hin untersucht (pH < 7 sauer, pH > 7 alkalisch). Es sind dabei baumnahe als auch zwischen den Bäumen gelegene Probestellen gewählt worden, doch wird dieser dritte Faktor "Baumnähe" erst in 3.12 mit in die Datenanalyse einbezogen. Aus dieser Analyse (TAFEL 3) aber nehmen wir das Ergebnis vorweg, daß eine Wurzeltransformation der pH-Werte die Forderung der Varianzgleichheit in den Stichproben gut erfüllt. Eine varianzanalytische Auswertung mit den Originalwerten, d.h. ohne Wurzeltransformation, bringt Falk et al (1995, 5.2).

Der Plot der Mittelwertsverläufe (TAFEL 2b) zeigt einerseits die deutlich höheren pH-Werte des Bodens in den Kalkungsvarianten, was durch den hohen F-Wert des Faktors KALKUNG (TAFEL 2c) unterstrichen wird. Aber auch der Faktor BEREGNUNG erweist sich als signifikant, wie auch die erkennbare Nichtparallelität der Mittelwertverläufe durch den signifikanten F-Wert der Wechselwirkung abgesichert ist.

Mit Hilfe der Methode der simultanen Paarvergleiche nach Tukey zeigen sich nicht nur die signifikant höheren Werte der Kalkungsparzellen. Auch innerhalb dieser Parzellen gibt es einen signifikanten Unterschied, nämlich zwischen den höheren pH-Werten der Beregnungsvarianten (selbst der saueren Beregnung) und denen der Kontrolle, vgl. auch Reiter et al. (1986) für eine detaillierte Analyse.

TAFEL 2   pH-Werte von Bodenproben (Höglwald-Projekt)

a) Daten: R. Schierl und A. Göttlein, Forstwiss. Fakultät der Universität
München, 1987 (Auszug)

BEREGNUNG C — BAUMNÄHE: KALKUNG OHNE KALK / MIT KALK

KALKUNG	N	Z	N	Z	N	Z	N	Z	N	Z	N	Z	N	Z	N	Z
OHNE KALK	3.850	4.010	3.700	3.750	3.870	4.140	3.860	3.730	4.900	4.220	4.460	4.170	4.190	4.320	4.250	4.420
MIT KALK	7.160	7.320	7.050	7.770	6.600	7.570	6.490	7.050	6.960	7.430	7.460	7.650	7.310	7.180	7.250	7.840

BEREGNUNG B — BAUMNÄHE: KALKUNG OHNE KALK / MIT KALK

KALKUNG	N	Z	N	Z	N	Z	N	Z	N	Z	N	Z	N	Z	N	Z
OHNE KALK	3.850	3.670	3.740	3.790	3.700	3.580	4.210	4.060	4.070	3.820	4.240	3.950	4.310	4.190	4.270	3.800
MIT KALK	6.280	6.180	6.880	7.030	6.600	6.270	7.190	7.130	6.960	7.080	6.930	7.390	7.490	7.450	7.190	7.160

BEREGNUNG A — BAUMNÄHE: KALKUNG OHNE KALK / MIT KALK

KALKUNG	N	Z	N	Z	N	Z	N	Z	N	Z	N	Z	N	Z	N	Z
OHNE KALK	3.650	3.540	3.730	3.680	4.110	3.870	3.710	3.450	4.660	4.200	4.280	4.150	4.250	4.130	4.590	4.310
MIT KALK	6.180	6.530	5.190	6.390	5.360	6.360	6.140	6.400	5.840	7.320	7.050	6.890	6.490	6.890	7.170	7.170

I=3, J=2, K=16, n=96

BEREGNUNG (ABC):

    A = keine zusätzliche,
    B = zusätzliche saure,
    C = zusätzliche normale Beregnung

KALKUNG:

    O = ohne Kalkung ,
    M = mit Kalkung des Waldbodens

BAUMNÄHE der Bodenprobe: Z = zwischen den Bäumen ,
    N = in Baumnähe entnommen

b) Plot der Stichprobenwerte und der -mittelwerte $(y = \sqrt{\text{pH-Wert}})$ BMDP 7D

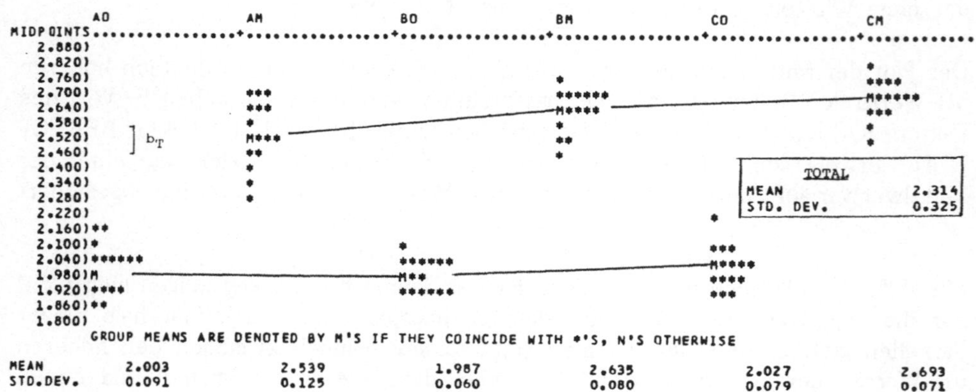

c) Tafel der zweifachen Kreuklassifikation und Levenes Test auf gleiche Varianzen $(y = \sqrt{pH})$ BMDP 7D

Analysis of Variance Source	Sum of Squares		DF	Mean Square	F Value	Tail Probability
ABC	SQA	0.1272	2	0.0636	8.44	0.0004
KALKUNG	SQB	9.1222	1	9.1222	1210.77	0.0000
INTERACTION	SQAB	0.0790	2	0.0395	5.25	0.0070
ERROR	SQI	0.6781	90	0.00753		

Levene's Test for variances   5 , 90   1.73   0.1363

d) Mittelwertsvergleiche (Tukeys Methode der simultanen Paarvergleiche, $y = \sqrt{pH}$)

Die halbe Breite b_T des Intervalls $[\bar{y}_{ij} - \bar{y}_{i'j'} - b, \bar{y}_{ij} - \bar{y}_{i'j'} + b]$ zum Konfidenzniveau $1-\alpha$

TUKEY : $b_T = q_{6,90,1-\alpha} \sqrt{MQI/16} = 0.090$ [0.107] , $\alpha = 0.05$ [$\alpha = 0.01$]

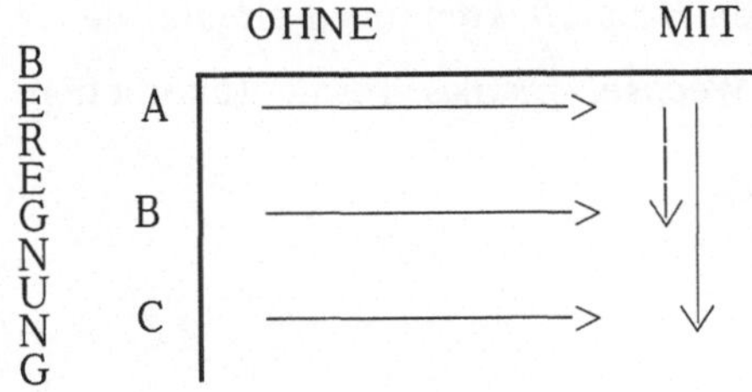

Signifikante Mittelwertunterschiede sind nur in der Horizontalen (innerhalb gleicher Beregnung) und in der Vertikalen (innerhalb gleicher Kalkung) eingezeichnet.

———> $\alpha = 0.01$
– – – –> $\alpha = 0.05$

3. DREIFACHE KLASSIFIKATION

3.0 Bei der dreifachen Klassifikation gibt es neben der reinen Kreuz- und der reinen hierarchischen Klassifikation noch Mischformen. Da bei der Analyse der dreifach klassifizierten Modelle immer wieder starke Analogien zum Fall der zweifachen Klassifikation auftreten, halten wir uns in ihrer Darstellung kurz. Allein das abschließend behandelte Modell des Lateinischen Quadrates, welches einen unvollständigen Versuchsplan darstellt (nur ein Teil der Stufenkombination ist besetzt) werden wir etwas ausführlicher analysieren. Die in den Modellgleichungen auftretenden Effekte α_i, β_j usw. werden jetzt auch mit λ_i^A, λ_j^B, usw. bezeichnet.

KREUZKLASSIFIKATION $A \times B \times C$

3.1 Lineares Modell der Kreuzklassifikation

Nun betrachten wir den Einfluß von drei Faktoren, nämlich von

$$A \text{ auf den I Stufen } i=1,\dots,I \ ,$$
$$B \text{ auf den J Stufen } j=1,\dots,J \ ,$$
$$C \text{ auf den K Stufen } k=1,\dots,K \ .$$

Auf jeder Stufenkombination (in jeder Zelle) (i,j,k) mögen $L > 1$ Meßwiederholungen

$$Y_{ijk,l} \ , \ l=1,\dots,L$$

vorliegen. Das lineare Modell

$$(1) \qquad \begin{aligned} Y_{ijk,l} &= \mu + \lambda_i^A + \lambda_j^B + \lambda_k^C \\ &\quad + \lambda_{ij}^{AB} + \lambda_{ik}^{AC} + \lambda_{jk}^{BC} + \lambda_{ijk}^{ABC} + e_{ijk,l} \end{aligned}$$

umfaßt neben dem allgemeinen Mittel μ und den *Haupteffekten* (main effects) der einzelnen Faktoren $(\lambda_i^A, \lambda_j^B, \lambda_k^C)$ auch die *Wechselwirkungs*-Terme (interaction terms)

$$\text{je zweier Faktoren } (\lambda_{ij}^{AB}, \lambda_{ik}^{AC}, \lambda_{jk}^{BC})$$

und die

$$\text{dreier Faktoren } (\lambda_{ijk}^{ABC}) \ .$$

Wir führen die Nebenbedingungen

$$\text{NB} \qquad \lambda_{\bullet}^A = \lambda_{\bullet}^B = \lambda_{\bullet}^C = 0 \ , \quad \lambda_{i\bullet}^{AB} = \dots = \lambda_{\bullet k}^{BC} = 0 \ , \quad \lambda_{ij\bullet}^{ABC} = \dots = 0$$

ein, wobei der Punkt wieder Summation über die entsprechenden Indizes bedeutet. Mit Hilfe der Größen

$$\mu_{ijk} = \mu + \lambda_i^A + \lambda_j^B + \dots + \lambda_{ijk}^{ABC} \ ,$$

mit denen sich (1) in der Form $Y_{ijk,l} = \mu_{ijk} + e_{ijk,l}$ schreibt, folgen aus NB die Darstellungen

$$\mu = \Sigma_i \Sigma_j \Sigma_k \mu_{ijk} / IJK \ ,$$

$$\lambda_i^A = \bar{\mu}_{i\bullet\bullet} - \mu \ , \quad \lambda_j^B = \bar{\mu}_{\bullet j\bullet} - \mu \ , \quad \lambda_k^C = \bar{\mu}_{\bullet\bullet k} - \mu \ ,$$

$$\text{D} \qquad \lambda_{ij}^{AB} = \bar{\mu}_{ij\bullet} - \bar{\mu}_{i\bullet\bullet} - \bar{\mu}_{\bullet j\bullet} + \mu \quad \text{usw.,}$$

$$\lambda_{ijk}^{ABC} = \mu_{ijk} - \bar{\mu}_{ij\bullet} - \bar{\mu}_{i\bullet k} - \bar{\mu}_{\bullet jk} + \bar{\mu}_{i\bullet\bullet} + \bar{\mu}_{\bullet j\bullet} + \bar{\mu}_{\bullet\bullet k} - \mu \ .$$

wobei

$$\bar{\mu}_{i..} = \frac{1}{JK}\Sigma_j \Sigma_k \mu_{ijk} \; , \quad \bar{\mu}_{ij.} = \frac{1}{K}\Sigma_k \mu_{ijk} \quad \text{usw.}$$

gesetzt wurde.

3.2 Parameterschätzung

Wir haben $p = (I+1)(J+1)(K+1)$ und $r = IJK$. Gemäß III 4.3, Bem. 4, zum Gauß-Markov-Theorem erhalten wir aus D die MQ-Schätzer

$$\hat{\mu} \quad = \bar{y} \, , \quad \bar{y} = y_{...,.}/n \qquad\qquad\qquad [n = IJKL]$$

$$\hat{\lambda}_i^A \quad = \bar{y}_{i..} - \bar{y} \, , \quad \bar{y}_{i..} = y_{i..,.}/JKL \, , \text{ usw.}$$

$$\hat{\lambda}_{ij}^{AB} \quad = \bar{y}_{ij.} - \bar{y}_{i..} - \bar{y}_{.j.} + \bar{y} \, , \quad \bar{y}_{ij.} = y_{ij.,.}/KL \, , \text{ usw.}$$

$$\hat{\lambda}_{ijk}^{ABC} = \bar{y}_{ijk} - \bar{y}_{ij.} - \bar{y}_{i.k} - \bar{y}_{.jk} + \bar{y}_{i..} + \bar{y}_{.j.} + \bar{y}_{..k} - \bar{y} \, ,$$

$$\bar{y}_{ijk} = y_{ijk,.}/L$$

Die erwartungstreue Schätzung für σ^2 lautet

$$\hat{\sigma}^2 = \frac{1}{n-r} \Sigma_i \Sigma_j \Sigma_k \Sigma_l (y_{ijk,l} - \bar{y}_{ijk})^2 \equiv \frac{SQI}{IJK(L-1)} \equiv MQI \, .$$

3.3 F-Tests

I.f. bedeuten: $\lambda^A = 0$, daß $\lambda_i^A = 0$ für alle $i=1,...,I$; $\lambda^{AB} = 0$, daß $\lambda_{ij}^{AB} = 0$ für alle $i=1,...,I$, $j=1,...,J$, usw. Die verschiedenen F-Tests für Hypothesen wie

$$H_A: \lambda^A = 0 \, , \quad H_{AB}: \lambda^{AB} = 0 \, , \quad H_{ABC}: \lambda^{ABC} = 0$$

lassen sich aus der folgenden Tafel ablesen, die wir auszugsweise angeben und deren Ableitung analog zu der in 2.3 erfolgt.

TAFEL der dreifachen Varianalyse mit Zellenbesetzung $L > 1$

Variations-ursache	SQ	FG	$MQ = \frac{SQ}{FG}$
Faktor A	$SQA = JKL\Sigma_i(\bar{y}_{i..} - \bar{y})^2$	(I-1)	MQA
Faktor B	$SQB = IKL\Sigma_j(\bar{y}_{.j.} - \bar{y})^2$	(J-1)	MQB
Faktor C	$SQC = IJL\Sigma_k(\bar{y}_{..k} - \bar{y})^2$	(K-1)	MQC
A×B Wechselw.	$SQAB = KL\Sigma_i\Sigma_j(\bar{y}_{ij.} - \bar{y}_{i..} - \bar{y}_{.j.} + \bar{y})^2$	(I-1)(J-1)	MQAB
$\vdots$	$\vdots$		$\vdots$
A × B × C Wechselw.	$SQABC = L\,\Sigma_i\Sigma_j\Sigma_k(\bar{y}_{ijk} - \bar{y}_{ij.} - \bar{y}_{i.k} - \bar{y}_{.jk} + \bar{y}_{i..} + \bar{y}_{.j.} + \bar{y}_{..k} - \bar{y})^2$	(I-1)(J-1)(K-1)	MQABC
Innerhalb (Fehler)	$SQI = \Sigma_i\Sigma_j\Sigma_k\Sigma_l(y_{ijk,l} - \bar{y}_{ijk})^2$	IJK(L-1)	MQI
Total	$SQT = \Sigma_i\Sigma_j\Sigma_k\Sigma_l(y_{ijk,l} - \bar{y})^2$	IJKL-1	

HIERARCHISCHE KLASSIFIKATION C < B < A

3.4 Lineares Modell der hierarchischen Klassifikation

Wie in 3.1 mögen 3 Faktoren A, B und C vorliegen, wobei nun allerdings

Faktor C innerhalb jeder Stufe von Faktor B variiert,

Faktor B innerhalb jeder Stufe von Faktor A variiert.

In Erweiterung von 2.12 lautet das lineare Modell

$$Y_{ijk,l} = \mu + \alpha_i + \beta_{ij} + \gamma_{ijk} + e_{ijk,l}\,, \quad \begin{array}{l} l = 1,\ldots,n_{ijk} \\ k = 1,\ldots,K_{ij} \\ j = 1,\ldots,J_i \\ i = 1,\ldots,I \end{array}$$

mit den Nebenbedingungen $\Sigma_i n_{i..}\alpha_i = \Sigma_j n_{ij.}\beta_j = \Sigma_k n_{ijk}\gamma_{ijk} = 0$.

Es ist

$$p = 1 + I + J_. + K_{..} \quad \text{und} \quad r = K_{..}\,.$$

3.5 F-Tests

Zum Testen der Hypthesen

$$H_A: \text{ alle } \alpha_i = 0 \ , \quad H_{B(A)}: \text{ alle } \beta_{ij} = 0 \ , \quad H_{C(B(A))}: \text{ alle } \gamma_{ijk} = 0$$

stellen wir die folgende ANOVA-Tafel auf:

TAFEL der Varianzanalyse mit dreifacher hierarchischer Klassifikation

Variations-ursache	SQ	FG	MQ$=\frac{SQ}{FG}$
Faktor A	$SQA = \Sigma_i \, n_{i..}(\bar{y}_{i..} - \bar{y})^2$	I-1	MQA
Faktor B in A	$SQB(A) = \Sigma_i \Sigma_j \, n_{ij.}(\bar{y}_{ij.} - \bar{y}_{i..})^2$	J.-I	MQB(A)
Faktor C in B und A	$SQC(B(A)) = \Sigma_i \Sigma_j \Sigma_k \, n_{ijk}(\bar{y}_{ijk} - \bar{y}_{ij.})^2$	K..-J.	MQC(B(A))
Innerhalb (Rest, Fehler)	$SQI = \Sigma_i \Sigma_j \Sigma_k \Sigma_l (y_{ijk,l} - \bar{y}_{ijk})^2$	n-K..	MQI
Total	$SQT = \Sigma_i \Sigma_j \Sigma_k \Sigma_l (y_{ijk,l} - \bar{y})^2$	n-1	

3.6 Bemerkung

Zwischen der hierarchischen Klassifikation C < B < A dreier Faktoren und der Kreuzklassifikation A × B × C kommen auch Zwischenformen vor (jetzt gleiche Zellenbesetzungen vorausgesetzt):

1. $C < (B \times A)$.

In jeder Stufenkombination von B×A sind die Stufen des Faktors C eingeschachtelt. Lineares Modell:

$$Y_{ijk,l} = \mu + \alpha_i + \beta_j + \lambda_{ij}^{AB} + \lambda_{ij,k}^{C} + e_{ijk,l} \, ,$$

mit $\Sigma_k \lambda_{ij,k}^{C} = 0$ neben den üblichen NB an $\alpha_i, \beta_j, \lambda_{ij}^{AB}$; siehe Rasch (1976, S.93).

2. $(B < A) \times C$

Kreuzklassifikation zwischen Faktoren B und C, wobei B im Faktor A eingeschachtelt ist, siehe Rasch (1976, S. 88) oder Scheffé (1959, p. 180). Das Modell lautet

$$Y_{ijk,l} = \mu + \alpha_i + \gamma_k + \lambda_{i,j}^{B} + \lambda_{ik}^{AC} + \lambda_{i,jk}^{BC} + e_{ijk,l} \, ,$$

mit $\Sigma_j \lambda_{i,j}^{B} = \Sigma_j \lambda_{i,jk}^{BC} = \Sigma_k \lambda_{i,jk}^{BC} = 0$ neben den üblichen NB an $\alpha_i, \gamma_k, \lambda_{ik}^{AC}$.

LATEINISCHES QUADRAT

3.7 Problemstellung

Wir erinnern an den in 2.7 und 2.9 geschilderten (randomisierten) Blockplan mit den zwei Faktoren A (Behandlungen, engl: treatments) und B (Blöcke). Wir erweitern ihn nun dahingehend, daß der Einfluß von zwei Faktoren B und C auf die Kriteriumsvariable y bekannt ist, so daß bezüglich B als auch bezüglich C homogene Blöcke gebildet werden. In einer (vollständigen) Kreuzklassifikation $A \times B \times C$ mit Besetzungszahl 1 wären $I \times J \times K$ Versuchseinheiten (z.B. Personen) vonnöten, im Spezialfall

$$I = J = K ,$$

der von nun angenommen wird, also I^3 . Stehen nur I^2 Versuchseinheiten zur Verfügung, so läßt sich immerhin noch ein Versuchsplan angeben, bei dem jede A-Stufe (d.h. jede Behandlung) einmal mit jeder B-Stufe und einmal mit jeder C-Stufe kombiniert wird (aber nicht mit jeder $B \times C$ Kombination einmal).

3.8 Beispiel für den Fall $I = 5$

In einer einfachen Notation tragen wir im $B \times C$ Quadrat ein, mit welcher A-Stufe die $B \times C$ Kombinationen kombiniert werden.

Nach diesem Schema kann zu jeder Zahl I ein Versuchsplan in Form einer $I \times I$-Matrix angegeben werden, so daß in den Feldern der Matrix die Stufen i=1,...,I vom Faktor A stehen und jede Stufe i genau einmal in jeder Spalte und in jeder Zeile auftritt (*Eigenschaft LQ*).

Schema des Versuchsplanes

Faktor C

Faktor B		1	2	3	4	5
	1	1	2	3	4	5
	2	2	3	4	5	1
	3	3	4	5	1	2
	4	4	5	1	2	3
	5	5	1	2	3	4

3.9 Blockplan Lateinisches Quadrat

Ein Versuchsplan mit 3 Faktoren A, B, C (die alle drei auf I Stufen variieren), der die Eigenschaft LQ besitzt, heißt ein $I \times I$ lateinisches Quadrat (engl: latin square). Man beachte, daß die Eigenschaft LQ erhalten bleibt, wenn die Zeilen und/oder Spalten des Quadrats permutiert werden, was man in der Praxis auch mit Hilfe von Zufallspermutationen tut, um Beeinflussungen aller Art auszuschließen. Zufällige Permutationen führen dann zu einem randomisierten Blockplan (mit Dreifach-Klassifikation), der allerdings unvollständig ist (weil Stufenkombinationen unbesetzt bleiben), im Gegensatz zum Blockplan 2.7, der ein vollständiger Blockplan (mit Zweifach-Klassifikation) ist.

Beispielsweise führt beim Versuchsplan 3.8 die Zeilenpermutation 3 2 1 5 4 auf

<table>
<tr><td rowspan="2">C
B</td><td colspan="5">1 2 3 4 5</td><td rowspan="7"></td><td rowspan="2">C
B</td><td colspan="5">1 2 3 4 5</td></tr>
<tr></tr>
<tr><td>1</td><td colspan="5">3 4 5 1 2</td><td>1</td><td colspan="5">2 3 1 5 4</td></tr>
<tr><td>2</td><td colspan="5">2 3 4 5 1</td><td>2</td><td colspan="5">1 2 5 4 3</td></tr>
<tr><td>3</td><td colspan="5">1 2 3 4 5</td><td>3</td><td colspan="5">5 1 4 3 2</td></tr>
<tr><td>4</td><td colspan="5">5 1 2 3 4</td><td>4</td><td colspan="5">4 5 3 2 1</td></tr>
<tr><td>5</td><td colspan="5">4 5 1 2 3</td><td>5</td><td colspan="5">3 4 2 1 5</td></tr>
</table>

und die Spaltenpermutation 5 1 4 3 2 anschließend auf

3.10 Lineares Modell des Lateinischen Quadrats

Wir bezeichnen die Menge (i,j,k) der $A{\times}B{\times}C$ Stufenkombinationen, welche durch den Versuchsplan des Lateinischen Quadrats besetzt sind, mit D. Die Menge D hat die Eigenschaft LQ, wobei

> Für jedes Paar (i,j) [für jedes (i,k) / für jedes (j,k)]
>
> LQ   gibt es genau ein k [ein j / ein i] mit
>
> $(i,j,k) \in D$.

Ist Y_{ijk} die Messung bei der Stufenkombination (i,j,k), so lautet das LM

$$Y_{ijk} = \mu + \alpha_i + \beta_j + \gamma_k + e_{ijk} , \quad (i,j,k) \in D ,$$

wobei die Nebenbedingungen

$$\text{NB} \qquad \Sigma_i \alpha_i = \Sigma_j \beta_j = \Sigma_k \gamma_k = 0$$

gelten sollen. Es ist

$$n = |D| = I^2, \quad p = 3I+1 \text{ und } r = p-3 = 3I-2 ,$$

denn

$$L = \mathcal{L}(\mathbf{X}) = \{ \left(\mu_{ijk} , (i,j,k) \in D \right) \in \mathbb{R}^n : \mu_{ijk} = \mu + \alpha_i + \beta_j + \gamma_k \}$$

hat nach der Regel aus 2.1, Bem.2, die Dimension $1+3(I-1)$. Wechselwirkungsterme einzuführen verbietet die Forderung $n > p$.

Die Parameterschätzung erfolgt direkt aus

$$\frac{d}{d\boldsymbol{\beta}} \underset{(i,j,k)\in D}{\Sigma \Sigma \Sigma} (y_{ijk} - \mu - \alpha_i - \beta_j - \gamma_k)^2 = 0$$

und führt bezüglich μ zu der Gleichung

$$\underset{D}{\Sigma\Sigma\Sigma} (y_{ijk} - \mu - \alpha_i - \beta_j - \gamma_k) = 0 ,$$

was wegen $\Sigma\Sigma\Sigma_D \alpha_i = I \Sigma_i \alpha_i = 0$ (Eigenschaft LQ und NB) etc. zu

$$\hat{\mu} = \bar{y} = \underset{D}{\Sigma\Sigma\Sigma}\, y_{ijk}/n$$

führt. Bezeichne D_i die Menge aller (j,k) mit $(i,j,k) \in D$ $(I = |D_i|)$. Dann lautet die Bestimmungsgleichung für α_i

$$\underset{(j,k)\in D_i}{\Sigma\ \Sigma}\ (y_{ijk} - \mu - \alpha_i - \beta_j - \gamma_k) = 0\ ,$$

was wegen $\underset{(j,k)\in D_i}{\Sigma\ \Sigma}\beta_j = \Sigma_j\,\beta_j = 0$ (Eigenschaft LQ und NB) etc.

$$\hat{\alpha}_i = \bar{y}_{i..} - \bar{y}\ ,\quad \bar{y}_{i..} = \underset{(j,k)\in D_i}{\Sigma\ \Sigma}\, y_{ijk}/I$$

liefert. Aus Symmetriegründen ist

$$\hat{\beta}_i = \bar{y}_{.j.} - \bar{y}\ ,\quad \hat{\gamma}_k = \bar{y}_{..k} - \bar{y}$$

mit analogen Definitionen von $\bar{y}_{.j.}$ und $\bar{y}_{..k}$.

Ferner

$$\hat{\sigma}^2\ =\ \frac{1}{n-r}\ \underset{D}{\Sigma\Sigma\Sigma}\,(y_{ijk} - (\hat{\mu} + \hat{\alpha}_i + \hat{\beta}_j + \hat{\gamma}_k))^2$$

$$=\ \frac{1}{(I-1)(I-2)}\ \underset{D}{\Sigma\Sigma\Sigma}\,(y_{ijk} - \bar{y}_{i..} - \bar{y}_{.j.} - \bar{y}_{..k} + 2\,\bar{y}\,)^2\ \equiv\ \frac{SQI}{(I-1)(I-2)}\ \equiv\ MQI.$$

3.11   F-Tests und ANOVA-Tafel

Die Teststatistiken für

$$H_A:\ \text{alle}\ \alpha_i = 0\ ,\quad H_B:\ \text{alle}\ \beta_j = 0\ ,\quad H_C:\ \text{alle}\ \gamma_k = 0$$

leiten sich – analog zu 2.3 oder 2.7 – aus der Gleichung

$$\underset{D}{\Sigma\Sigma\Sigma}\,(y_{ijk} - \mu_{ijk})^2 = SQI + I^2(\hat{\mu} - \mu)^2 + I\,\Sigma_i(\hat{\alpha}_i - \alpha_i)^2 + I\,\Sigma_j(\hat{\beta}_j - \beta_j)^2 + I\,\Sigma_k(\hat{\gamma}_k - \gamma_k)^2$$

ab ($\mu_{ijk} = \mu + \alpha_i + \beta_j + \gamma_k$ gesetzt) und können der folgenden ANOVA-Tafel entnommen werden.

TAFEL der Varianzanalyse für das Lateinische Quadrat

Variations-ursache	SQ	FG	MQ$=\frac{SQ}{FG}$	$\mathbb{E}(MQ)$
Faktor A	$SQA = I\,\Sigma_i(\bar{y}_{i..}-\bar{y})^2$	I-1 MQA	$\sigma^2+\frac{I}{I-1}\Sigma_i\alpha_i^2$	
Faktor B	$SQB = I\,\Sigma_j(\bar{y}_{.j.}-\bar{y})^2$	I-1 MQB	$\sigma^2+\frac{I}{I-1}\Sigma_j\beta_j^2$	
Faktor C	$SQC = I\,\Sigma_k(\bar{y}_{..k}-\bar{y})^2$	I-1 MQC	$\sigma^2+\frac{I}{I-1}\Sigma_k\gamma_k^2$	
Rest (Fehler)	$SQI = \underset{(ijk)\epsilon D}{\Sigma\Sigma\Sigma}(y_{ijk}-\bar{y}_{i..}-\bar{y}_{.j.}-\bar{y}_{..k}+2\bar{y})^2$	(I-1)(I-2) MQI	σ^2	
Total	$SQT = \underset{D}{\Sigma\Sigma\Sigma}(\bar{y}_{ijk}-\bar{y})^2$	n-1		

3.12 Anwendungsbeispiel pH-Werte von Bodenproben

Im Beispiel 2.22 soll nun neben den beiden Faktoren BEREGNUNG (3 Stufen) und KALKUNG (2 Stufen) noch die BAUMNÄHE (2 Stufen: N = baumnah, Z = zwischen Bäumen) als dritter Faktor eingeführt werden.

Zunächst legt der Plot der Standardabweichungen über die Mittelwerte der 12 Zellen (Stufenkombinationen, vgl. II 2.4), als auch Levenes Test auf gleiche Varianzen eine Wurzeltransformation der pH-Werte nahe (siehe TAFEL 3b; diese Transformation ist bereits in 2.17 vorgenommen worden). Der F-Test der Varianzanalyse zeigt, daß der Faktor BAUMNÄHE (anders als BEREGNUNG und KALKUNG) keinen signifikanten Mittelwerteinfluß auf den pH-Wert ausübt (TAFEL 3a). Allerdings haben KALKUNG und BAUMNÄHE eine signifikante 2-Faktor Wechselwirkung.

TAFEL 3 pH-Werte von Bodenproben (Höglwald-Projekt, siehe auch TAFEL 2)

a) Tafel der dreifachen Kreuzklassifikation für die 3 Faktoren
BEREGNUNG (ABC), KALKUNG, BAUMNÄHE [y = $\sqrt{\text{pH}}$, BMDP 2V]

Source	Sum of Squares	Degrees of Freedom	Mean Square	F	Tail Prob.
ABC(BEREGNUNG)	.1272	2	.0636	9.23	.0002
KALKUNG	9.1221	1	9.1221	1323.41	.0000
BAUMNÄHE	.0057	1	.0057	.83	.3659
ABC * KALK	.0790	2	.0395	5.73	.0046
ABC * BAUMN.	.0170	2	.0085	1.24	.2955
KALK * BAUMN.	.0629	1	.0629	9.13	.0033
3 FACTOR INTER-ACTION	.0133	2	.0066	.97	.3835
ERROR	.5790	84	.0068		

b) Plot der Standardabweichungen über Mittelwerte pro Zelle Stufenkombination); Levenes Test auf Varianzgleichheit (F = $F_{11,84}$), jeweils für die Kriteriumsvariablen

$y = pH$, $y = \sqrt{pH}$, $y = \log(pH)$

(BMDP 7D)

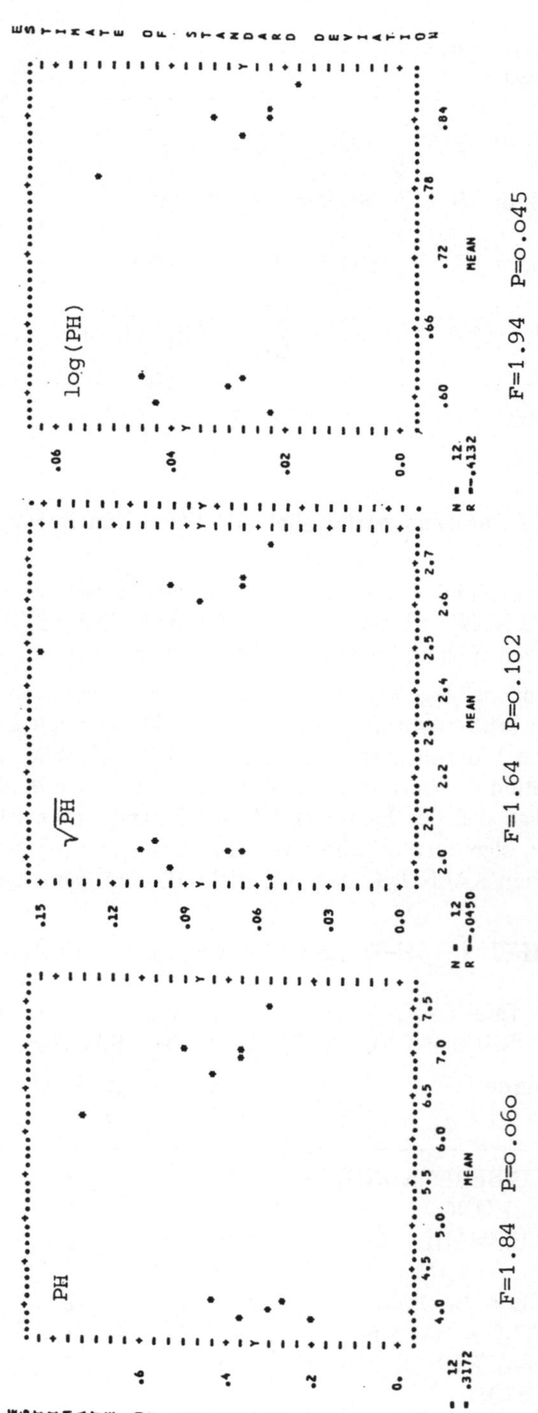

V LINEARE REGRESSION UND VERWANDTE METHODEN

0. VORBEMERKUNG

Wie in der Varianzanalyse (VA) untersucht man auch in der Regressionsanalyse (RA) den Mittelwerteinfluß von Faktoren, die hier Regressoren genannt werden, auf eine Kriteriumsvariable y. Doch während die Faktoren in der VA qualitativer Natur sind (nominal-skaliert sind), sind die Regressoren der RA quantitativer Natur (intervallskaliert). Im ersten Abschnitt steht das Standardmodell der multiplen linearen RA mit seinen F-Tests und Konfidenzintervallen zur Diskussion. Eine flexible Schreibweise mit Hilfe sog. Regressionsfunktionen erlaubt es im zweiten Abschnitt, wichtige Anwendungen wie Trendschätzung und Fourieranalyse zu behandeln. Die Fragestellung optimaler Wahl der Regressoren-Werte wird hier nicht (aber z.B. in Krafft (1978); Bandemer & Bellmann (1976), Pukelsheim (1993)) untersucht. Zum vorliegenden Kapitel gehört auch die Kovarianzanalyse, bei welcher qualitative und quantitative Einfluß-Faktoren gleichzeitig zugelassen werden, sowie die Korrelationsanalyse, die wir mit regressionsanalytischen Methoden behandeln werden. Den Abschluß bildet das nichtlineare Regressionsmodell, zu dessen Behandlung ein Vorgriff auf die asymptotischen Methoden des Kapitels VI nötig ist.

1. LINEARE REGRESSIONSANALYSE

1.0 Nach der Wiederholung des linearen Modells der m-fachen linearen Regression entwickeln wir zunächst den üblichen Kanon: Schätzungen für die Modellparameter, Testen der globalen Nullhypothese. Dann widmen wir uns dem für die Anwendung wichtigen Problem der Selektion eines "besten" Satzes von Regressorvariablen (vgl. auch das Anwenderbeispiel), wozu es der Ableitung des partiellen F-Tests bedarf. Die schon in III 5.5 abgeleiteten Konfidenzintervalle für die Regressionsgerade werden hier auf den Fall der m-dimensionalen Regressionshyperebene verallgemeinert. Ein Vorschalttest nach Fisher prüft die Modell-Voraussetzung der linearen Regression, nämlich die lineare Abhängigkeit des Erwartungswertes von Y von den Regressorvariablen. Den Abschluß des Abschnitts bildet das Modell der gewichteten linearen Regression, in welchem die Voraussetzung der Unkorreliertheit der Beobachtungen Y_i abgeschwächt wird.

1.1 Wiederholung aus III 2.1, 2.2

Die lineare Regressionsanalyse (RA) dient zur Analyse des (Mittelwert-)Einflusses, den eine oder mehrere Regressorvariablen $x_1,...,x_m$ auf die Kriteriumsvariable Y ausüben. Anstatt Regressor(variable) sagt man auch Kontroll-, Einfluß-, Prädiktorvariable. Im Fall m = 1 *einer* Regressorvariablen x spricht man auch von *einfacher* RA, im Fall m > 1 auch von *multipler* oder m-facher RA. Bei der i-ten Meßwiederholung mögen die m Regressorvariablen die Werte $x_{1i},...,x_{mi}$ haben und die Kriteriumsvariable den Wert y_i annehmen. Dann lautet das lineare Modell der m-fachen RA "y über $x_1,...,x_m$" wie folgt:

Modell a) $Y_i = \alpha + \beta_1 x_{1i} + ... + \beta_m x_{mi} + e_i$,   i=1,...,n,
oder vektoriell

$$Y = X\beta + e$$

mit p = m+1 und $\beta = (\alpha,\beta_1,...,\beta_m)^T \in \mathbb{R}^p$, **Y**, **X**, **e** wie in III 2.2 a). Hier wird voller Rang von **X** , d.h. r = m+1 , vorausgesetzt.

Modell b) $Y_i = \beta_0 + \beta_1(x_{1i}-\overline{x}_1) + ... + \beta_m(x_{mi}-\overline{x}_m) + e_i$,   i=1,...,n ,
oder vektoriell

$$Y = X\beta + e$$

mit p = m+1 und $\beta = (\beta_0,\beta_1, ...,\beta_m)^T \in \mathbb{R}^p$, **Y**, **X**, **e** wie in III 2.2 b). Hier wird ebenfalls voller Rang r = m+1 von **X** vorausgesetzt, was äquivalent zur Voraussetzung in a) ist. Da die Ränge r in a) und b) identisch sind und die einfache Umrechnung

$$\beta_0 = \alpha + \beta_1\overline{x}_1 + ... + \beta_m\overline{x}_m$$

zwischen α und β_0 existiert, ist bei der RA (anders als bei der Varianzanalyse) die Unterscheidung in Modell a) und b) von geringer Bedeutung.

1.2 Schätzer für β und σ^2

Modell a) Wegen $(X^T X)_{jk} = \sum_{i=1}^{n} x_{ji} x_{ki}$ lauten die Normalgleichungen
NG $(X^T X)\beta = X^T Y$
hier (mit $\Sigma = \sum_{i=1}^{n}$)

$$n\alpha + \Sigma x_{1i}\beta_1 + ... + \Sigma x_{mi}\beta_m = \Sigma Y_i$$

$$\Sigma x_{1i}\alpha + \Sigma x_{1i}^2\beta_1 + ... + \Sigma x_{1i}x_{mi}\beta_m = \Sigma x_{1i}Y_i$$

NG   ...

$$\Sigma x_{mi}\alpha + \Sigma x_{mi}x_{1i}\beta_1 + ... + \Sigma x_{mi}^2\beta_m = \Sigma x_{mi}Y_i .$$

Da $(\mathbf{X}^T\mathbf{X})$ positiv definit ist, berechnet man in der Praxis die Lösung

$$\hat{\boldsymbol{\beta}} = (\mathbf{X}^T\mathbf{X})^{-1}\mathbf{X}^T\mathbf{Y}$$

von NG mit Hilfe des Gauß-Cholesky-Verfahrens, siehe Zurmühl (1964, § 6.4). Im Fall $m = 1$ der einfachen RA sind die Lösungen $\hat{\alpha} = a$ und $\hat{\beta} = b$ in III 3.6 angegeben worden.

Zur Berechnung von $\hat{\sigma}^2$ berücksichtigen wir, daß

$$(1) \qquad (\mathbf{X}\hat{\boldsymbol{\beta}})_i = \hat{\alpha} + \hat{\beta}_1 x_{1i} + \dots + \hat{\beta}_m x_{mi} = \hat{Y}_i$$

ist, wobei $\hat{Y}_i$ *predicted Y-value* für die i-te Beobachtung genannt wird. Es heißt

$$Y_i - \hat{Y}_i \quad \textit{Residuum der i-ten Beobachtung,}$$

da der Punkt $(x_{1i},\dots,x_{mi},\hat{Y}_i)$ auf der durch (1) definierten "Ausgleichs"-Hyperebene liegt. Wir bilden wie in III 3.6 die Summe der Residuenquadrate

$$\mathrm{SQD} = |\mathbf{Y} - \mathbf{X}\hat{\boldsymbol{\beta}}|^2 = \sum(Y_i - \hat{Y}_i)^2$$

und den erwartungstreuen Schätzer $\hat{\sigma}^2 = \mathrm{SQD}/(n-m-1)$ für σ^2.

Modell b) Hier erhalten wir $\hat{\beta}_0 = \bar{y}$; ferner die gleichen Werte für $\hat{\beta}_1,\dots,\hat{\beta}_m$, die gleichen predicted values $\hat{Y}_i$ und das gleiche $\hat{\sigma}^2$ wie im Modell a). Aus NG folgt

$$\hat{\beta}_0 = \hat{\alpha} + \hat{\beta}_1 \bar{x}_1 + \dots + \hat{\beta}_m \bar{x}_m .$$

1.3 Globaler F-Test

Die globale Nullhypothese

$$H_0: \qquad \beta_1 = \beta_2 = \dots = \beta_m = 0$$

sagt aus, daß $Y_i = \alpha + e_i$ gilt, daß also keine Abhängigkeit der Variablen Y von den $x_1,\dots,x_m$ vorliegt. Sie kann mit Hilfe der $m \times (m+1)$-Hypothesenmatrix

$$\mathbf{H} = \begin{bmatrix} 0 & 1 & & 0 \\ \vdots & & \ddots & \\ 0 & 0 & & 1 \end{bmatrix}$$

vom Rang $q = m$ in der Form $\mathbf{H}\boldsymbol{\beta} = 0$ geschrieben werden, oder durch

$$\boldsymbol{\mu} \in L_H = \{(\mu_i) \in \mathbb{R}^n : \mu_i = \mu\} \qquad\qquad [\text{"Raumdiagonale"}]$$

ausgedrückt werden. Es ist

$$|\mathbf{Q}_L \mathbf{Y}|^2 = (n-m-1)\hat{\sigma}^2 = \mathrm{SQD}$$

und wie in III 6.9

$$|\mathbf{Q}_{L_H}\mathbf{Y}|^2 = \min_{\boldsymbol{\beta}:\beta_1=\dots=\beta_m=0} \sum_{i=1}^{n}(Y_i - (\alpha + \beta_1 x_{1i} + \dots + \beta_m x_{mi}))^2$$

$$= \min_{\alpha} \sum_i (Y_i - \alpha)^2 = \sum_i (Y_i - \bar{Y})^2 = \mathrm{SQT} .$$

Ferner rechnet man wie in III 6.9, daß

$$SQT = SQD + SQR \ , \quad SQR = \Sigma_{i=1}^{n} (\hat{Y}_i - \overline{Y})^2 \ .$$

Der gemischte Term $\Sigma_i (Y_i - \hat{Y}_i)(\hat{Y}_i - \overline{Y})$ verschwindet dabei wieder wegen

$$\Sigma_i (Y_i - \hat{Y}_i) = 0 \qquad\qquad [\,1.\ \text{Normalgleichung}\,]$$

$$\Sigma_i (Y_i - \hat{Y}_i) x_{1i} = 0 \qquad\qquad [\,2.\ \text{Normalgleichung}\,]$$

usw. Es folgt

$$|\mathbf{Q}_{L_H} \mathbf{Y}|^2 - |\mathbf{Q}_L \mathbf{Y}|^2 = SQR \ ,$$

so daß mit

$$MQR = \frac{SQR}{m} \ , \quad MQD = \frac{SQD}{n-m-1}$$

die Teststatistik zum Prüfen von H_0

$$F = \frac{MQR}{MQD}$$

lautet ($global\ F$). Unter H_0 ist sie unter der Normalverteilungs-Annahme $F_{m,n-m-1}$-verteilt.

Zusammengefaßt werden die relevanten Größen in der folgenden ANOVA-Tafel.

TAFEL der Varianzanalyse der m-fachen linearen Regression

Variationsursache	SQ	FG	MQ
Regression	$SQR = \sum\limits_{i=1}^{n} (\hat{y}_i - \overline{y})^2$	m	$MQR = \dfrac{SQR}{m}$
Abweichung von der Regression (Residuen)	$SQD = \sum\limits_{i=1}^{n} (y_i - \hat{y}_i)^2$	$n-m-1$	$MQD = \dfrac{SQD}{n-m-1}$
Total	$SQT = \sum\limits_{i=1}^{n} (y_i - \overline{y})^2$	$n-1$	

Dabei ist

$$\hat{y}_i = \hat{\alpha} + \hat{\beta}_1 x_{1i} + \ldots + \hat{\beta}_m x_{mi} = \overline{y} + \hat{\beta}_1 (x_{1i} - \overline{x}_1) + \ldots + \hat{\beta}_m (x_{mi} - \overline{x}_m), \quad i=1,\ldots,n.$$

1.4 Partieller F-Test

Wir betrachten nun die partielle Nullhypothese, daß für ein $k < m$

$$H_k : \qquad \beta_{k+1} = \ldots = \beta_m = 0$$

gilt. Mit der $(m-k) \times (m+1)$-Hypothesenmatrix $\mathbf{H} = [\,0\ \mathbf{I}_{m-k}\,]$ vom Rang $q = m-k$ schreibt sich H_k in der Form $\mathbf{H}\boldsymbol{\beta} = 0$.

Wie in 1.3 ist

$$|\mathbf{Q}_L\mathbf{Y}|^2 = SQD_m ,$$

wobei der Index m an das (volle) Modell mit m Regressoren $x_1,...,x_m$ erinnert. Setzt man

$$\boldsymbol{\beta}_1 = (\alpha,\beta_1,...,\beta_k)^T , \quad \mathbf{X}_1 = \begin{bmatrix} 1 & x_{11} & \cdots & x_{k1} \\ 1 & x_{12} & \cdots & x_{k2} \\ \vdots & \vdots & & \vdots \\ 1 & x_{1n} & \cdots & x_{kn} \end{bmatrix}$$

so erhält man

$$|\mathbf{Q}_{L_H}\mathbf{Y}|^2 = \min_{\boldsymbol{\beta}:\,\beta_{k+1}=\,...\,=\,\beta_m=0} |\mathbf{Y}-\mathbf{X}\boldsymbol{\beta}|^2$$

$$= \min_{\boldsymbol{\beta}_1\in\mathbb{R}^{k+1}} |\mathbf{Y}-\mathbf{X}_1\boldsymbol{\beta}_1|^2$$

$$= |\mathbf{Y}-\mathbf{X}_1\hat{\boldsymbol{\beta}}_1|^2 \equiv SQD_k ,$$

wobei $\hat{\boldsymbol{\beta}}_1$ die MQ-Schätzung für $\boldsymbol{\beta}_1$ im (kleineren) Modell mit k Regressoren $x_1,...,x_k$ bezeichnet und SQD_k die zugehörig Summe der Residuenquadrate. Zum Prüfen von H_k verwenden wir also die Teststatistik

$$F = \frac{MQDif}{MQD_m} ,$$

mit $MQD_m = SQD_m/(n-m-1)$ und

$$MQDif = (SQD_k - SQD_m)/(m-k) = (SQR_m - SQR_k)/(m-k) ,$$

die unter H_k wie ein $F_{m-k,n-m-1}$ verteilt ist (Normalverteilung vorausgesetzt). Im Spezialfall k = 0 reduziert sich der hier vorgestellte *partial* F-Test auf den in 1.3 betrachteten *global* F-Test.

TAFEL der Varianzanalyse für den partiellen Test auf $\beta_{k+1} = ... = \beta_m = 0$ im Modell M_m (k < m)

Variation durch Abweichung	SQD	FG	MQ
im Modell M_k	SQD_k	n-k-1	
im Modell M_m	SQD_m	n-m-1	$MQD_m = SQD_m/(n-m-1)$
	$SQDif=SQD_k-SQD_m$	m-k	$MQDif = \dfrac{SQDif}{m-k}$

$$F = MQDif/MQD_m$$

Dabei bedeutet M_m das lineare Modell

$$\mathbb{E}\,Y_i = \alpha + \beta_1 x_{1i} + \dots + \beta_m x_{mi},$$

M_k hat eine entsprechende Bedeutung.

Betrachten wir zum Schluß den wichtigen Spezialfall $k = m-1$, mit der Hypothese

$$H_{m-1}: \ \beta_m = 0 \ .$$

Der Quotient

$$(2) \qquad F = \frac{SQD_{m-1} - SQD_m}{MQD_m}$$

ist unter H_{m-1} im Normalverteilungs-Fall $F_{1,n-m-1}$-verteilt, d.h. t^2_{n-m-1}-verteilt. Die Teststatistik (2) wollen wir auch *F-to-enter* (bezüglich Regressorvariable x_m) nennen und mit

$$F(x_m \cdot x_1, \dots, x_{m-1})$$

bezeichnen, die Wurzel aus der Teststatistik (2) heißt auch *t-to-enter*.

1.5 Schrittweise lineare Regression

Die Methode der schrittweisen RA (*stepwise regression*) bildet aus den zur Verfügung stehenden Regressorvariablen Schritt für Schritt einen Satz von einer, von zwei, von drei ... Variablen. Dabei wird bei jedem Schritt diejenige Variable in den Satz der bereits vorhandenen aufgenommen, die (unter den noch nicht aufgenommenen Variablen) den größten F-to-enter Wert aufzuweisen hat; die F-to-enter Teststatistik ist in 1.4, Gleichung (2), angegeben.

Zu Beginn der Analyse befindet sich keine Regressorvariable im Ansatz.

step 1 Man nehme in den Ansatz diejenige Variable, genannt x_1, auf, welche unter den $x_1, \dots, x_m$ den höchsten Wert

$$F = MQR_1 / MQD_1 \qquad\qquad\qquad \text{(FG: 1,n-2)}$$

hat (d.i. diejenige Variable, welche betragsmäßig am höchsten mit y korreliert, vgl. unten 3.3).

    in the equation: x_1 *not in the equation:* $x_2, \dots, x_m$

step 2 Man nehme in den Ansatz zusätzlich diejenige Variable, genannt x_2, auf, welche unter den $x_2, \dots, x_m$ den höchsten F-to-enter-Wert

$$F(x_2 \cdot x_1) \qquad\qquad\qquad\qquad \text{(FG: 1,n-3)}$$

besitzt (d.i. diejenige Variable, welche betragsmäßig den höchsten partiellen Korrelationskoeffizienten $r_{x_2 y . x_1}$ von x_2 und y, gegeben x_1, aufweist, vgl. unten 3.16).

in the equation: x_1, x_2 *not in the equation*: $x_3, \dots, x_m$

Beim **step p** bildet dann der F-to-enter-Wert

$$F(x_p \cdot x_1, \dots, x_{p-1}) \qquad\qquad (\text{FG: } 1, n-p-1)$$

das Entscheidungskriterium für die Aufnahme der Variablen x_p. Dieses Verfahren kann solange wiederholt werden, bis sämtliche Regressorvariablen im Ansatz sind, oder bis eine vorgegebene Schranke für den F-to-enter-Wert unterschritten wird. Während man das geschilderte Verfahren *forward selection* procedure nennt, wird bei der *backward selection* aus dem Satz sämtlicher Regressoren Schritt für Schritt eine Variable entfernt. Der F-to-enter-Wert heißt dann *F-to-remove*.

1.6 Konfidenzintervall für β_j, Standardfehler für $\hat{\beta}_j$

Wir betrachten einfachheitshalber das Modell b) mit $\boldsymbol{\beta} = (\beta_0, \beta_1, \dots, \beta_m)^T$ und die schätzbare Funktion β_j von $\boldsymbol{\beta}$, $j = 1, \dots, m$. Sie hat den GM-Schätzer $\hat{\beta}_j$ (d.i. die j-te Komponente der Lösung der NG) und nach Bem.2 III in 5.2 den Standardfehler

$$se(\hat{\beta}_j) \;=\; \hat{\sigma}\, \sqrt{\mathbf{e}_j^T (\mathbf{X}^T \mathbf{X})^{-1} \mathbf{e}_j} \;=\; \hat{\sigma}\sqrt{S^{jj}} \;.$$

Dabei hat der Einheitsvektor $\mathbf{e}_j \in \mathbb{R}^{m+1}$ eine 1 an der Stelle $j+1$; ferner ist

$$\hat{\sigma} = \sqrt{MQD}$$

und S^{jj} bedeutet das j-te Diagonalelement der $m \times m$-Matrix (S^{jk}), welche definiert ist als das Inverse der Matrix $((\mathbf{X}^T \mathbf{X})_{jk},\ 1 \le j, k \le m)$. Diese letztere Matrix hat im Model b) der linearen Regression die Elemente

$$(\mathbf{X}^T \mathbf{X})_{jk} = \Sigma_{i=1}^n (x_{ji} - \bar{x}_j)(x_{ki} - \bar{x}_k)\ , \quad j, k = 1, \dots, m .$$

Nach Prop. III 5.2 bildet dann im Normalverteilungs-Fall

$$\hat{\beta}_j - t_0 \cdot se(\hat{\beta}_j) \le \beta_j \le \hat{\beta}_j + t_0 \cdot se(\hat{\beta}_j)\ , \quad t_0 = t_{n-m-1, 1-\alpha/2}$$

ein Konfidenzintervall für β_j zum Niveau $1-\alpha$.

Im Fall $m=1$ (einfache RA) ist

$$t_0 = t_{n-2, 1-\alpha/2}\ , \quad se(\hat{\beta}) = \sqrt{\dfrac{MQD}{\Sigma_{i=1}^n (x_i - \bar{x})^2}}\ .$$

Mit Hilfe des Standardfehlers $se(\hat{\beta}_m) = \hat{\sigma}\sqrt{S^{mm}}$ von $\hat{\beta}_m$ läßt sich für die F-to-enter Teststatistik (2) aus 1.4 zeigen:

Satz $F(x_m \cdot x_1, \dots, x_{m-1}) = (\hat{\beta}_m / \mathrm{se}(\hat{\beta}_m))^2$.

Beweis Die Hypothese $\beta_m = 0$ läßt sich in der Form $\mathbf{e}_m^T \boldsymbol{\beta} = 0$ schreiben ($\mathbf{e}_m \in$ $\mathbb{R}^{m+1}$ wie oben). Gemäß III 6.5, Bem. 6, lautet der F-Quotient (mit q = 1)

$$F = \hat{\beta}_m [\mathbf{e}_m^T (\mathbf{X}^T \mathbf{X})^{-1} \mathbf{e}_m]^{-1} \hat{\beta}_m / \hat{\sigma}^2 ,$$

was aber gerade die Behauptung ist. $\square$

1.7 **Konfidenzintervalle** für die Regressionshyperebene

Wir betrachten im Modell b) die schätzbare Funktion

(3) $\psi_x = \beta_0 + \beta_1(x_1 - \overline{x}_1) + \dots + \beta_m(x_m - \overline{x}_m)$,

wobei die $x_1, \dots, x_m$ beliebige Zahlen und $\overline{x}_j = \Sigma_{i=1}^n x_{ji} / n$ bedeuten. (3) stellt die
"wahre" Regressionshyperebene an der Stelle $(x_1, \dots, x_m)$ dar, die wir auch in der
Form

$$\psi_x = \mathbf{c}^T \boldsymbol{\beta} , \quad \mathbf{c} = (1, x_1 - \overline{x}_1, \dots, x_m - \overline{x}_m)^T$$

schreiben können. Ihre GM-Schätzung lautet nach Theorem III 4.2

$$\hat{\psi}_x = \hat{\beta}_0 + \hat{\beta}_1(x_1 - \overline{x}) + \dots + \hat{\beta}_m(x_m - \overline{x}) ,$$

und nach Bemerkung 2, III 5.2, ist der Standardfehler von $\hat{\psi}_x$ gleich

$$\mathrm{se}(\hat{\psi}_x) = \hat{\sigma} \sqrt{\mathbf{c}^T (\mathbf{X}^T \mathbf{X})^{-1} \mathbf{c}} = \hat{\sigma} \sqrt{G_x}$$

mit

$$\hat{\sigma} = \sqrt{\mathrm{MQD}}$$

und

$$G_x = \frac{1}{n} + \Sigma_{j=1}^m \Sigma_{k=1}^m (x_j - \overline{x}_j) S^{jk} (x_k - \overline{x}_k) ,$$

wobei die $m \times m$-Matrix (S^{jk}) wie in 1.6 definiert ist. Nach Proposition III 5.2 bildet
dann unter der Normalverteilungs-Annahme

(4) $\hat{\psi}_x - t_0 \cdot \mathrm{se}(\hat{\psi}_x) \leq \psi_x \leq \hat{\psi}_x + t_0 \cdot \mathrm{se}(\hat{\psi}_x) , \quad t_0 = t_{n-m-1, 1-\alpha/2}$,

ein Konfidenzintervall für ψ_x zum Niveau $1-\alpha$.

Das Konfidenzintervall (4) ist nur für einen *individuellen* (vorher festgelegten)
Wertesatz

$$\mathbf{x} = (x_1, \dots, x_m)^T$$

gültig. Um ein (für alle Wertesätze $\mathbf{x}$ gültiges) *simultanes* Konfidenzintervall für ψ_x

aufzustellen, betrachten wir die schätzbare Funktion (3) als Linearkombination der $q = m+1$ l.u. schätzbaren $\beta_0, \beta_1, \ldots, \beta_m$ mit dem Koeffizientenvektor

$$\mathbf{c} = (1, x_1 - \overline{x}_1, \ldots, x_m - \overline{x}_m)^T \ .$$

Dann ist nach Satz III 5.3

$$(5) \qquad \hat{\psi}_X - S \cdot se(\hat{\psi}_X) \le \psi_X \le \hat{\psi}_X + S \cdot se(\hat{\psi}_X)$$

ein simultanes (für alle $\mathbf{x} \in \mathbb{R}^m$ gültiges) Konfidenzintervall für ψ_X zum Niveau $1-\alpha$. Dabei ist

$$S^2 = (m+1) F_{m+1, n-m-1, 1-\alpha} \ .$$

Man beachte, daß sich die Konfidenzintervalle (4) und (5) im Fall $m=1$ der einfachen RA auf die Intervalle (7) und (8) aus III 5.5 reduzieren. In der Tat, für $m=1$ ist

$$G_X = \frac{1}{n} + (x - \overline{x})^2 / \sum (x_i - \overline{x})^2 \ .$$

Ferner erkennt man, daß das Intervall (4) bzw. (5) für $x_1 = \overline{x}_1, \ldots, x_m = \overline{x}_m$ am schmalsten ist.

1.8 Prognoseintervall

Sei ψ_X wieder wie in (3) oben Regressionshyperebene und

$$\hat{\psi}_X = \hat{\beta}_0 + \hat{\beta}_1 (x_1 - \overline{x}_1) + \ldots + \hat{\beta}_m (x_m - \overline{x}_m)$$

die zugehörige GM-Schätzung. Wir führen für jedes $\mathbf{x} = (x_1, \ldots, x_m)^T \in \mathbb{R}^m$ die Zufallsvariable

$$Y(\mathbf{x}) = \psi_X + e$$

ein, wobei e unabhängig von $Y_1, \ldots, Y_n$ und $N(0, \sigma^2)$-verteilt sei. $Y(\mathbf{x})$ kann als eine (zukünftige) Beobachtung der Kriteriumsvariable interpretiert werden, bei der die Regressorenwerte $x_1, \ldots, x_m$ eingestellt sind. Es ist nach Satz III 4.6

$$\hat{\psi}_X \qquad N(\psi_X, \sigma^2 G_X)\text{-verteilt und unabhängig von } \hat{\sigma}^2 \ .$$

Folglich ist

$$Y(\mathbf{x}) - \hat{\psi}_X \qquad N(0, \sigma^2 (G_X + 1))\text{-verteilt}$$

und deshalb

$$(Y(\mathbf{x}) - \hat{\psi}_X) / (\hat{\sigma} \sqrt{G_X + 1}) \qquad t_{n-m-1}\text{-verteilt.}$$

Mit $t_0 = t_{n-m-1, 1-\alpha/2}$ ist also

$$\mathbb{P}\left(\hat{\psi}_X - t_0 \hat{\sigma} \sqrt{1 + G_X} \le Y(\mathbf{x}) \le \hat{\psi}_X + t_0 \hat{\sigma} \sqrt{1 + G_X} \right) = 1-\alpha \ ,$$

so daß man

(6) $\qquad [\hat{\psi}_x - t_0\,\hat{\sigma}\sqrt{1+G_x}\ ,\ \hat{\psi}_x + t_0\,\hat{\sigma}\sqrt{1+G_x}\,]$

ein $1-\alpha$ Prognoseintervall für eine zukünftige Beobachtung $Y(\mathbf{x})$ nennen kann. Es ist breiter als das Konfidenzintervall (4) für ψ_x . Im Fall $m=1$ lautet das Prognoseintervall (6)

$$\hat{\beta}_0 + \hat{\beta}(x-\bar{x}) \pm \hat{\sigma}\,t_{n-2,1-\alpha/2}\sqrt{1 + \frac{1}{n} + \frac{(x-\bar{x})^2}{\Sigma(x_i-\bar{x})^2}}$$

1.9 Fishers Linearitätstest

a) Vorbereitungen

Vor der Ausführung der linearen Regressionsanalyse kann die Hypothese geprüft werden, ob die Annahme einer linearen Abhängigkeit der Größe $I\!E\,Y_i$ von den Werten $x_{1i},...,x_{mi}$ berechtigt ist. Voraussetzung zur Durchführung eines entsprechenden "Vorschalttests" ist, daß mindestens einer der Wertesätze $(x_{1i},...,x_{mi})$ der Regressorvariablen mehrfach auftaucht. Unter dieser Voraussetzung sei

$\qquad$ k die Anzahl der verschiedenen Wertesätze der $(x_1,...,x_m)$, $k < n$.

Durch evtl. Permutation der Zeilen von $\mathbf{X}$ können wir die $n\times(m+1)$-Matrix $\mathbf{X}$ ohne Einschränkung in der nebenstehenden Form (mit $n = n_1 + ... + n_k$ und mindestens einem $n_i > 1$) schreiben.

$$\mathbf{X} = \begin{bmatrix} 1 & x_{11} & & x_{m1} \\ \vdots & \vdots & & \vdots \\ 1 & x_{11} & & x_{m1} \\ 1 & x_{12} & & x_{m2} \\ \vdots & \vdots & & \vdots \\ 1 & x_{12} & & x_{m2} \\ & & \vdots & \\ 1 & x_{1k} & & x_{mk} \\ \vdots & \vdots & & \vdots \\ 1 & x_{1k} & & x_{mk} \end{bmatrix} \begin{matrix} \left.\vphantom{\begin{matrix}1\\1\\1\end{matrix}}\right\}n_1 \\ \\ \left.\vphantom{\begin{matrix}1\\1\\1\end{matrix}}\right\}n_2 \\ \vdots \\ \left.\vphantom{\begin{matrix}1\\1\end{matrix}}\right\}n_k \end{matrix}$$

Führen wir noch die $n\times k$- bzw. $k\times(m+1)$-Matrizen $\mathbf{X}_0$ und $\mathbf{X}_1$ wie folgt ein

$$\mathbf{X}_0 = \begin{bmatrix} 1 & & & 0 \\ \vdots & & & \\ 1 & & & \\ & 1 & & \\ & \vdots & & \\ & 1 & & \\ & & 1 \cdot & \\ & & \cdot & 1 \\ & & & \vdots \\ 0 & & & 1 \end{bmatrix} \begin{matrix} \left.\vphantom{\begin{matrix}1\\1\\1\end{matrix}}\right\}n_1 \\ \left.\vphantom{\begin{matrix}1\\1\\1\end{matrix}}\right\}n_2 \\ \vdots \\ \left.\vphantom{\begin{matrix}1\\1\end{matrix}}\right\}n_k \end{matrix} \quad,\qquad \mathbf{X}_1 = \begin{bmatrix} 1 & x_{11} & \cdots & x_{m1} \\ 1 & x_{12} & & x_{m2} \\ \vdots & & & \vdots \\ 1 & x_{1k} & \cdots & x_{mk} \end{bmatrix} \quad,$$

so gilt $\mathbf{X} = \mathbf{X}_0 \cdot \mathbf{X}_1$.

Der Übergang von $\mathbf{X}$ auf $\mathbf{X}_1$ bedeutet Datenreduktion auf die verschiedenen Wertesätze der $x_1,...,x_m$. Es ist $\text{Rang}(\mathbf{X}) = \text{Rang}(\mathbf{X}_1)$.

b) Modell, Hypothese, Test

Zugrundegelegt wird für den Fisherschen Linearitätstest das Modell der einfachen Varianzanalyse (mit Stichprobenumfängen $n_1,...,n_k$)

$$(7) \qquad \mathbf{Y} = \mathbf{X_o}\boldsymbol{\mu} + \mathbf{e} \text{ , d.h. } \quad Y_{ij} = \mu_i + e_{ij} \text{ , } \quad i=1,...,k, \; j=1,...,n_i,$$

mit

$$\mathbf{Y} = (Y_{11},...,Y_{kn_k})^T \text{ , } \quad \mathbf{e} \text{ ebenso, } \quad \boldsymbol{\mu} = (\mu_1,...,\mu_k)^T \text{ , } \quad \mathbf{X_o} \text{ wie oben.}$$

Die Hypothese lautet nun, daß $\boldsymbol{\mu}$ linear von den x-Werten abhängt, und zwar in der Form

$$H_0: \qquad \boldsymbol{\mu} = \mathbf{X_1}\boldsymbol{\beta} \text{ , } \quad \text{d.h.} \quad \mu_i = \alpha + \beta_1 x_{1i} + ... + \beta_m x_{mi} \quad (i=1,...,k)$$

mit $\boldsymbol{\beta} = (\alpha,\beta_1,...,\beta_m)^T$. Da unter H_0

$$\mathbf{X_o}\boldsymbol{\mu} = \mathbf{X_o}\mathbf{X_1}\boldsymbol{\beta} = \mathbf{X}\boldsymbol{\beta}$$

gilt, sagt die Hypothese H_0 gerade aus, daß wir uns im Modell

$$(8) \qquad \mathbf{Y} = \mathbf{X}\boldsymbol{\beta} + \mathbf{e}$$

der linearen Regression befinden (welches damit - falls ein Wertesatz der Regressoren mehrfach auftritt - als Spezialfall des Modells der einfachen Varianzanalyse erkannt ist). Für den zu H_0 gehörenden linearen Teilraum L_H von $\measuredangle(\mathbf{X_o})$ gilt demnach

$$L_H = \measuredangle(\mathbf{X}) .$$

Setzen wir Rang$(\mathbf{X})$ = m+1 < k voraus, so ist $\dim(L_H)$ = m+1 . Es folgt über Rang$(\mathbf{X_o})$ = k für die Zahl q = $\dim(\measuredangle(\mathbf{X_o}))$ - $\dim(L_H)$, daß

$$q = k - m - 1$$

gilt. Im Modell (7) der einfachen Varianzanalyse gilt gemäß III 6.8

$$|\mathbf{Q}_{\measuredangle(\mathbf{X_o})}\mathbf{Y}|^2 = \Sigma_{i=1}^k \Sigma_{j=1}^{n_i} (Y_{ij} - \overline{Y}_i)^2 \equiv SQI .$$

Mit der MQ-Schätzung $\hat{\boldsymbol{\beta}}$ für $\boldsymbol{\beta}$ im Modell (8) der RA ist ferner

$$|\mathbf{Q}_{L_H}\mathbf{Y}|^2 = |\mathbf{Y} - \mathbf{X}\hat{\boldsymbol{\beta}}|^2 = \Sigma_{i=1}^k \Sigma_{j=1}^{n_i} (Y_{ij} - \hat{Y}_i)^2 \equiv SQD ,$$

wobei wir $\hat{Y}_i = \hat{\alpha} + \hat{\beta}_1 x_{1i} + ... + \hat{\beta}_m x_{mi}$ gesetzt haben. Mit

$$SQ\overline{D} = \Sigma_{i=1}^k n_i(\overline{Y}_i - \hat{Y}_i)^2$$

erhalten wir die Streuungszerlegung

$$SQD = SQ\overline{D} + SQI$$

und kommen zur Teststatistik

$$F = \frac{MQ\overline{D}}{MQI} \text{ , } \quad MQ\overline{D} = \frac{SQ\overline{D}}{k-m-1} \text{ , } \quad MQI = \frac{SQI}{n-k} \text{ , }$$

die unter der Normalverteilungs-Annahme, falls H_0 richtig ist,

$$F_{k-m-1,n-k}\text{-verteilt}$$

ist (vgl. Satz III 6.4). Zusammengefaßt werden die relevanten Größen in der folgenden ANOVA-Tafel, die auch die Tafel 1.3 einschließt:

c) ANOVA-Tafel, Bemerkungen

TAFEL der Varianzanalyse für die m-fache lineare Regression (einschl. Linearitätstest von Fisher)

Variationsursache	SQ	FG	MQ
Regression	$SQR = \sum_{i=1}^{k} n_i(\hat{y}_i-\bar{y})^2$	m	$MQR = SQR/m$
Abweichung der Gruppenmittel von der Regression	$SQ\bar{D} = \sum_{i=1}^{k} n_i(\bar{y}_i-\hat{y}_i)^2$	k-m-1	$MQ\bar{D} = \dfrac{SQ\bar{D}}{k-m-1}$
innerhalb der Gruppen	$SQI = \sum_{i=1}^{k} \sum_{j=1}^{n_i} (y_{ij}-\bar{y}_i)^2$	n-k	$MQI = \dfrac{SQI}{n-k}$
Abweichung der y-Werte von der Regression	$SQD = \sum_{i=1}^{k} \sum_{j=1}^{n_i} (y_{ij}-\hat{y}_i)^2$	n-m-1	$MQD = \dfrac{SQD}{n-m-1}$
Total	$SQT = \sum_{i=1}^{k} \sum_{j=1}^{n_i} (y_{ij}-\bar{y})^2$	n-1	

$SQ\bar{D}$ und SQI werden auch als "lack of fit" und "pure error" sums of squares bezeichnet. Im Fall m = 1 der einfachen RA bedeutet Rang($\mathbf{X}$) = 2 < k , daß mindestens 3 Gruppen verschiedener x-Werte vorliegen. Im Fall m = 1 bringt die Abb. eine Veranschaulichung der Größen

$$y_{ij} - \bar{y}_i \quad \text{(Abweichung vom Gruppenmittel, pure error)},$$

$$\bar{y}_i - \hat{y}_i \quad \text{(lack of fit)}$$

und

$$\hat{y}_i - \bar{y}$$

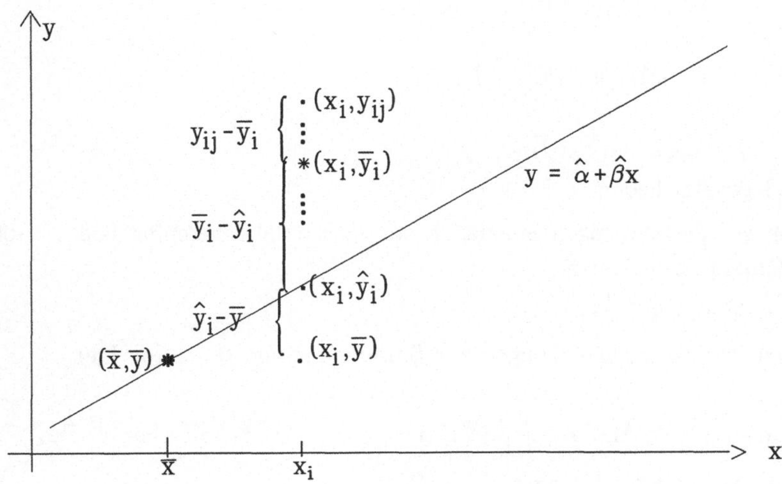

1.10 Gewichtete Regression

Wir gehen wieder vom Modell a) aus, d.h. von der Gleichung

$$Y_i = \alpha + \beta_1 x_{1i} + \dots + \beta_m x_{mi} + e_i \, , \quad i=1,\dots,n,$$

und setzen nun neben $\text{Rang}(\mathbf{X}) = m+1$ noch

e_i's normalverteilt

$$\mathbb{E}\mathbf{e} = 0 \, , \quad V(\mathbf{e}) = \sigma^2 \cdot \mathbf{V}, \quad \mathbf{V} \text{ (bekannte) positiv-definite } n \times n\text{-Matrix}$$

voraus, was uns zum gewichteten linearen Modell führt, vgl. III 3.11. Wir hatten dort bereits die folgenden Formeln für die Schätzer von $\boldsymbol{\beta}$ und σ^2 abgeleitet:

$$\overset{\vee}{\boldsymbol{\beta}} = (\mathbf{X}^T \mathbf{V}^{-1} \mathbf{X})^{-1} \mathbf{X}^T \mathbf{V}^{-1} \mathbf{Y} \qquad \text{[Aitkenschätzer]}$$

(9)

$$\overset{\vee}{\sigma}{}^2 \equiv \text{MQD}^* \equiv \frac{\text{SQD}^*}{n-m-1} = \frac{1}{n-m-1} (\mathbf{Y} - \mathbf{X}\overset{\vee}{\boldsymbol{\beta}})^T \mathbf{V}^{-1} (\mathbf{Y} - \mathbf{X}\overset{\vee}{\boldsymbol{\beta}})$$

sowie

$$V(\overset{\vee}{\boldsymbol{\beta}}) = \sigma^2 (\mathbf{X}^T \mathbf{V}^{-1} \mathbf{X})^{-1} \, .$$

Die Teststatistik zum Prüfen der globalen Nullhypothese H_0 (alle $\beta_i = 0$) lautet gemäß Bem.5 in III 6.5

$$F = \frac{n-m-1}{m} \frac{\text{SQT}^* - \text{SQD}^*}{\text{SQD}^*} \, ,$$

mit SQD^* wie in (9) und mit

$$\text{SQT}^* = \min_{\beta_1 = \dots = \beta_m = 0} (\mathbf{Y} - \mathbf{X}\boldsymbol{\beta})^T \mathbf{V}^{-1} (\mathbf{Y} - \mathbf{X}\boldsymbol{\beta})$$

$$= \min_{\mu} (\mathbf{Y} - \mu\mathbf{1})^T \mathbf{V}^{-1} (\mathbf{Y} - \mu\mathbf{1})$$

$$= (\mathbf{Y} - \overset{\vee}{\mu}\mathbf{1})^T \mathbf{V}^{-1} (\mathbf{Y} - \overset{\vee}{\mu}\mathbf{1}) \; ,$$

wobei wir

$$\overset{\vee}{\mu} = \Sigma_i \Sigma_j \, a_{ij} Y_j \, / \, \Sigma_i \Sigma_j \, a_{ij}$$

und $\mathbf{V}^{-1} = (a_{ij})$ gesetzt haben.

Nun betrachten wir den wichtigen Spezialfall der Varianzinhomogenität (oder auch *Heteroskedastizität*), in welchem

$$(10) \qquad\qquad \mathbf{V} = \mathrm{Diag} \left(\frac{1}{w_i} \right)$$

(alle $w_i > 0$) ist. Die Normalgleichungen zur Berechnung von $\overset{\vee}{\boldsymbol{\beta}}$ lauten hier

$$\mathrm{NG} \qquad \Sigma_{k=0}^m \Sigma_{i=1}^n w_i x_{ji} x_{ki} \beta_k = \Sigma_{i=1}^n w_i x_{ji} Y_i \qquad\qquad [\, j=0,...,m; \; x_{oi}=1; \; \beta_0 = \alpha \,]$$

und die Formeln für SQD* und SQT*

$$\mathrm{SQD}^* = \Sigma_{i=1}^n w_i (Y_i - \overset{\vee}{Y}_i)^2 \; , \quad \mathrm{SQT}^* = \Sigma_{i=1}^n w_i (Y_i - \overline{Y}^W)^2 \; ,$$

wobei wir

$$\overset{\vee}{Y}_i = (\mathbf{X}\overset{\vee}{\boldsymbol{\beta}})_i = \overset{\vee}{\alpha} + \overset{\vee}{\beta}_1 x_{1i} + \, ... \, + \overset{\vee}{\beta}_m x_{mi} \; , \quad \overline{Y}^W = \Sigma_i w_i Y_i \, / \, \Sigma_i w_i$$

gesetzt haben. Die *Streuungszerlegung*

$$\mathrm{SQT}^* = \mathrm{SQD}^* + \mathrm{SQR}^* \; , \quad \mathrm{SQR}^* = \Sigma_i w_i (\overset{\vee}{Y}_i - \overline{Y}^W)^2 \; ,$$

die aus der Gleichung $\Sigma_i w_i (Y_i - \overset{\vee}{Y}_i)(\overset{\vee}{Y}_i - \overline{Y}^W) = 0$ (NG!) folgt, führt zur Teststatistik

$$F = \frac{\mathrm{MQR}^*}{\mathrm{MQD}^*} \; , \quad \mathrm{MQR}^* = \frac{\mathrm{SQR}^*}{m} \; ,$$

die unter H_0 und der Normalverteilungs-Annahme wie ein $F_{m, \, n-m-1}$ verteilt ist.

Betrachten wir jetzt noch den Fall $m=1$ der einfachen gewichteten Regression, so lösen sich die Normalgleichungen NG auf zu

$$\overset{\vee}{\alpha} = \overline{Y}^W - \overset{\vee}{\beta} \, \overline{x}^W \; , \quad \overline{x}^W = \Sigma_i w_i x_i \, / \, \Sigma_i w_i$$

$$\overset{\vee}{\beta} = \frac{\Sigma_i w_i (x_i - \overline{x}^W)(Y_i - \overline{Y}^W)}{\Sigma_i w_i (x_i - \overline{x}^W)^2} \; .$$

Der Standardfehler von $\overset{\vee}{\beta}$ lautet

$$\mathrm{se}(\overset{\vee}{\beta}) = \sqrt{\frac{\mathrm{MQD}^*}{\Sigma_i w_i (x_i - \overline{x}^W)^2}}$$

womit die Konfidenzintervalle für β (siehe 1.6) und für $\alpha + \beta x$ (siehe III 5.5) berechnet werden können.

1.11 Anwendungshinweise

1. Multiple lineare Regression.   Implementierungen:

SPSS (NEW) REGRESSION , BMDP 1R , SAS PROC REG .

Die Programme geben für jedes β_j den partiellen F-Test (t-Test) an, der im Modell mit m Regressoren $x_1,...,x_m$ die partielle Hypothese $\beta_j = 0$ prüft. Man beachte, daß das Vorzeichen von β_j (welches angibt, ob Y im Mittel wächst oder fällt, wenn x_j wächst) nur gesichert ist, wenn das Konfidenzintervall für β_j ganz im Positiven oder ganz im Negativen liegt, d.h. die Hypothese $\beta_j = 0$ durch den partiellen F-Test verworfen werden kann.

2. Stepwise lineare Regression.   Implementierung:

SPSS (NEW) REGRESSION , BMDP 2R , SAS PROC STEPWISE .

Die Programme lassen forward- und backward-selection zu sowie auch gemischte Varianten wie diese: während des forward-Laufes können aufgenommene Variablen (später) wieder entfernt werden. Ferner können Schranken für die F-to-enter und F-to-remove Werte vorgegeben werden. Für die Interpretation der Ergebnisse ist folgendes zu beachten: Bei der stepwise linearen Regression stellt die resultierende Liste $x_1,x_2,...$ von Regressorvariablen keine Rangfolge i.S. eines ”Einzelwettbewerbs” der Variablen dar. Vielmehr kann auf jeder Stufe p der resultierende Regressorensatz $(x_1,...,x_p)$ als bester i.S. eines ”Mannschaftswettbewerbs” unter allen Sätzen mit p Regressoren angesehen werden (nach Maßgabe der stepwise Methode). Stepwise lineare Regression stellt also nur ein approximatives Verfahren dar zur Suche des besten Regressorensatzes auf jeder Stufe p, also ein Näherungsverfahren für die *best subset selection* :

3. Best subset lineare Regression.

Dieses Verfahren sucht für jedes p denjenigen Satz $(x_{j_1}, ...,x_{j_p})$ aus den m Regressoren $x_1,...,x_m$ aus, welcher ein vorgegebenes Kriterium maximiert. Übliche Kriteriumsmaße sind

$$R^2 = SQR/SQT = 1 - \frac{SQD}{SQT} \qquad [\textit{Bestimmtheitsmaß}, \text{vgl. 3.11}]$$

$$R^2_{adj} = 1 - \frac{n-1}{n-p-1}(1-R^2) = 1 - \frac{\hat{\sigma}^2}{s_y^2} \qquad [\textit{adjusted } R^2]$$

wobei $s_y^2 = SQT/(n-1)$, $\hat{\sigma}^2 = SQD/(n-p-1) = MQD$ und die Quadratsummen SQR, SQD sich jeweils auf einen Ansatz mit p Regressoren beziehen.

Die Methode der best subset selection ist in BMDP 9R und SAS PROC RSQUARE verwirklicht. Große Regressorensätze sollten zunächst durch stepwise Regression auf einen geringeren Umfang reduziert werden, bevor best subset selection angewandt wird (Rechenzeit!).

4. Residuenanalyse.

Die Modellvoraussetzung

- der Varianzhomogenität: $\mathrm{Var}(e_i) = \sigma^2$ für alle i
- der Normalverteilung: $e_1, \dots, e_n$ $N(0, \sigma^2)$-verteilt

können im Rahmen einer Residuenanalyse geprüft werden. Der *Residuenplot*

residual values $\hat{e}_i = y_i - \hat{y}_i$ über predicted values $\hat{y}_i$

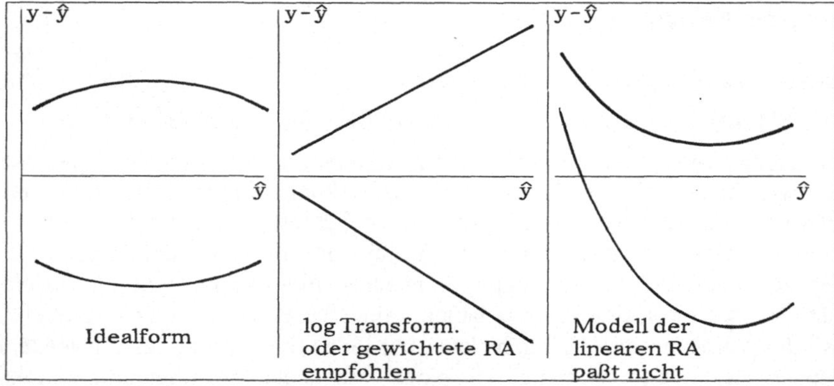

zeigt im Idealfall eine horizontal orientierte Punktwolke. Abweichungen vom Idealfall können evtl. diagnostiziert werden. Standardisierte Residuen berechnen sich nach III 3.5 zu $\hat{e}_i / [\hat{\sigma}\sqrt{1 - h_{ii}}]$, mit den Diagonalelementen h_{ii} von $\mathbf{X}(\mathbf{X}^T\mathbf{X})^{-1}\mathbf{X}^T$ (leverage Werte).

Außerdem dient dieser Plot zur Erkennung von $2s, 3s, \dots$ -*Ausreißern*, wobei $s = \hat{\sigma}$ $= \sqrt{\mathrm{MQD}}$.

Der normal probability plot der residual values $y_i - \hat{y}_i$ zeigt die Nähe zu bzw. die Art der Abweichung von der Normalverteilungs-Annahme, vgl. II 3.8 b).

1.12 Anwendungsbeispiel Blaikenerosion auf Almen

Die Untersuchung über Erosionsschäden auf oberbayerischen Almen sollte Aufschluß über beeinflussende Standortsvariablen bringen. Dabei wurde die Schadensform BLAIKE ("vegetationslose oder schütter bestockte Bodenwunde", vgl. E.M. Mößmer (1985)) als Kriterium und diverse Standortsvariablen als Regressoren gewählt. Aus den Daten aller aufgezeichneten Probekreise (siehe Auszüge in TAFEL 4a und in TAFEL 7a) wurden diejenigen Fälle mit einem Blaikenschaden größer Null für die nun folgende Regressionsanalyse ausgewählt. Dieses nicht ganz unproblematische Vorgehen soll später durch eine zweite Analyse mit einer dichotomen Kriteriumsvariablen (y = 0 oder y = 1) kompensiert werden, vgl. VII 4.7. Die kategoriellen Variablen MIKROR und WIESENG werden in die *Dummyvariablen* MI1, MI4, WI2, WI3 umcodiert (z.B. ist MI4 = 1 in Fällen mit MIKROR = 4, sonst = 0). Die "zirkulare" Variable EXPOSITION wird umgerechnet in die zwei Variablen $\sin\alpha$ und $\cos\alpha$ ($0 \leq \alpha < 2\pi$). Wegen

$$(11) \qquad \beta_S \sin\alpha + \beta_C \cos\alpha = A\sin(\alpha+\phi) \, ,$$

wobei A und ϕ aus

$$A^2 = \beta_S^2 + \beta_C^2 , \quad \sin\phi = \beta_C/A, \quad \cos\phi = \beta_S/A ,$$

berechnet werden, liegt das Maximum des Termes (11) bei $\alpha = \pi/2 - \phi$, was die Exposition mit maximaler Schadenserwartung darstellt. In unserem Fall ist dies die Richtung NO bis O (73.1^0, TAFEL 4c, Spalte $\hat{\beta}$).

Zunächst weist die Residuenanalyse der m-fachen linearen Regression mit m = 11 Regressoren (siehe TAFEL 4b, Plot der Residuen über die predicted values) aus, daß die Kriteriumsvariable y = log(BLAIKE) die Forderung der Varianzhomogenität weit besser erfüllt als y = BLAIKE. Dasselbe gilt bezüglich der Forderung der Normalverteilung der Residuen. Während der normal probability plot im Fall y = BLAIKE eine stark konkave Punktwolke zeigt (ohne Abb.), ist die Punktwolke im Fall y = log(BLAIKE) entlang einer Geraden ausgerichtet.

Die m-fache lineare Regression mit y = log(BLAIKE) als Kriteriumsvariable und m = 11 Regressoren (siehe TAFEL 4c) offenbart zunächst mit R^2 = 0.33 eine nur mäßig große multiple Korrelation zwischen y und den Regressoren. Innerhalb des Satzes aller 11 Regressoren weist nur NUTZUNG und NEIGUNG einen signifikanten F-to-remove Wert auf (was aber nicht bedeutet, daß man sich auf diese zwei Regressoren beschränken könnte). Der globale F-Test verwirft (natürlich) die Hypothese H_0: alle β_j = 0 [P < 0.001].

Die schrittweise lineare Regression nimmt bis step p = 4 [p = 7] Regressoren mit einem F-to-enter Wert > 4 [> 1] auf (TAFEL 4d). Dem Regressorensatz

(12)   WI2, NUTZUNG, NEIGUNG, SIN

bei p = 4 kommt ein R^2 = 0.29 zu, während der Regressorensatz

(13)   WI2, NUTZUNG, NEIGUNG, SIN, MEERESH, UEBERSCH, MI4

bei p = 7 mit R^2 = 0.32 nahezu den R^2-Wert aller 11 Regressoren erreicht.

Interessant ist noch das "Einzelschicksal" des Regressors COS, welcher betragsmäßig am vierthöchsten mit y korreliert ist (TAFEL 4c, letzte Spalte) und also bei step p = 0 den vierthöchsten F-Wert von 9.73 aufweist (vgl. Umrechnungsformel in 3.3). Durch die Aufnahme von WI2 und NUTZUNG in den Variablensatz fällt der F-to-enter Wert von COS nacheinander auf 1.53 und 0.24 ab: Wegen einer (relativ großen) Korrelation von 0.54 bzw. 0.42 zwischen COS und WI2 bzw. NUTZUNG (vor allem in Nordrichtungen findet man Rostseggenrasen und aufgelassene Almen) können WI2 und NUTZUNG den Regressor COS im Variablensatz vertreten.

Die best subset Regression bestätigt die Optimalität der Regressorensätze (12) und (13) unter allen Sätzen mit 4 bzw. 7 Regressoren nach Maßgabe des R^2-Kriteriums

(TAFEL 4e). In diesem Anwendungsfall - aber nicht immer - liefert stepwise Regression also bereits die optimalen Regressorsätze (und nicht nur Approximationen an diese).

Das Prognoseintervall für eine Beobachtung der Variablen BLAIKE unter mittleren Konditionen (d.h. Regressorenwerte $x_j = \bar{x}_j$) zum Niveau $1-\alpha$, $\alpha = 0.05$, lautet

(14) $2.12 \leq$ BLAIKE ≤ 245.7 ,

was im Vergleich zu dem minimalen und maximalen Beobachtungswerten von 1 bzw. 580 ein sehr weites Intervall ist.

TAFEL 4 Blaikenerosion auf Almen

a) Daten: E.M. Mößmer, Forstwiss. Fakultät der Universität München, 1985
(Auszug)

N U T Z	M E E R	N E I G	E X P K O	M I B R	W I K E S	Ü B E U R F	S T U E F	B L A I
2	1400	32	40	1	2	1	1	116
2	1350	34	340	1	2	2	1	64
1	1640	24	280	1	3	0	0	2
1	1320	33	280	1	0	3	1	3
1	905	10	120	4	0	1	2	4
1	1460	16	220	1	3	0	0	4
1	1330	20	168	1	3	0	0	3
1	905	40	340	1	0	2	2	6
1	1200	25	210	1	1	1	1	13
1	1090	26	210	4	1	4	1	7
1	1145	35	180	4	0	2	2	27
1	1345	45	318	1	2	1	2	34
1	1680	24	230	0	3	4	3	3
1	1405	18	212	1	2	2	3	5
1	1575	00	160	0	0	1	2	8
1	1205	36	210	1	0	1	1	10
1	1535	19	240	4	0	0	0	11
1	1100	46	180	0	0	1	2	16
1	1310	30	72	1	0	2	2	20
1	1359	31	120	4	0	1	1	47
1	1480	27	230	1	0	2	3	4
1	1650	33	185	1	0	1	1	8
. . .								

BLAIKE Blaikenfläche in $1/10$ m^2 (*Kriterium*)

Regressoren:
NUTZUNGSart beweidet (1), aufgelassen (2)
MEERESHÖHE in m
NEIGUNG der Probefläche in Grad° (0-90)
EXPOSITION Hangrichtung in Grad° (0-360) Ost(90)
MIKRORelief Hang (1), Rinne (4)
WIESENGesellschaft Rostseggenrasen (2)
   Alpenfettweide (3)
ÜBERSCHirmungsgrad durch Anzahl der Bäume
   0(0), 1-10(1), 11-30(2), 31-50(3), >50(4)
STUFIGKEIT der Bestockung
   keine Bäume(0), ein-(1), zwei-(2), mehrstufig(3)

neudefinierte Regressoren:
Dummyvariablen   MI1, MI4 (bez. MIKRORelief)
                 WI2, WI3 (bez. WIESENGesellsch.)
SIN = $\sin\alpha$, COS = $\cos\alpha$, (α = EXPOSIT. in Bogenmaß)

PROBENFLÄCHE: Kreis mit Radius 6 m

n = 100 Probeflächen

b) Plot der residual values $y_i - \hat{y}_i$ über predicted values $\hat{y}_i$ für y = BLAIKE und für y = log(BLAIKE); Normal probability plot der residual values (BMDP 1R)

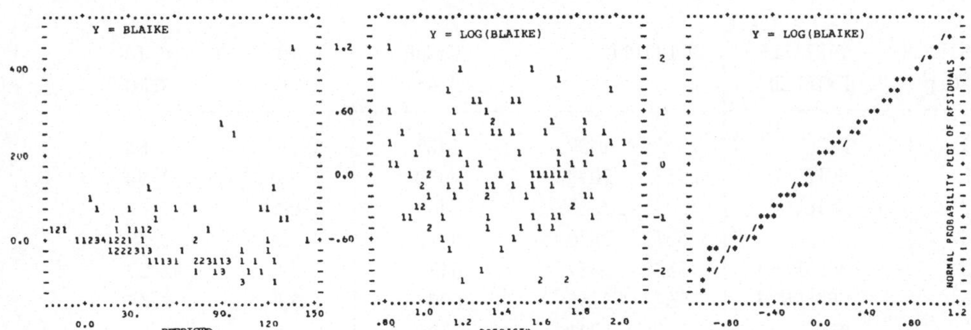

c) m-fache lineare Regression (m = 11). ANOVA-Tafel für den globalen Test
$(\beta_1 = \dots = \beta_m = 0)$; Schätzungen $\hat{\beta}_j$ der Regressionskoeffizienten zusammen mit
Standardfehler $\mathrm{se}(\hat{\beta}_j)$; t-to-remove Test $\hat{\beta}_j / \mathrm{se}(\hat{\beta}_j) = \sqrt{F(x_j \cdot \text{restliche } x_i)}$
[y = log(BLAIKE), BMDP 1R]

MULTIPLE R   .5748   STD. ERROR OF EST. $\sqrt{\mathrm{MQD}}$ .4977
MULTIPLE R-SQ R^2 .3305

ANLYSIS OF VARIANCE

	SUM OF SQUARES	DF	MEAN SQUARE	F RATIO	P(TAIL)
REGRESSION	SQR 10.7591	11	.9781	3.948	.0001
RESIDUAL	SQD 21.7997	88	MQD .2477		
	SQT 32.5588				

VARIABLE x_i	COEFFICIENT $\hat{\beta}$	STD. ERROR $\mathrm{se}(\hat{\beta})$	T $\hat{\beta}/\mathrm{se}(\hat{\beta})$	P(2TAIL) (88 DF)	CORR. $r(x_i, y)$
INTERCEPT $\hat{\alpha}$	-0.03752				
NUTZUNG	0.29970	0.12452	2.407	0.0182	0.3708
MEERESHOEHE	0.00042	0.00027	1.547	0.1256	0.1834
NEIGUNG	0.01436	0.00631	2.275	0.0253	0.3301
UEBERSCHIRM	-0.05106	0.08217	-.621	0.5360	-.0985
STUFIGKEIT	-0.02645	0.08667	-.305	0.7509	-.1226
MI 1	0.03570	0.18023	0.198	0.8434	0.1257
MI 4	0.20895	0.23274	0.898	0.3718	-.0764
WI 2	0.18667	0.14008	1.333	0.1861	0.3777
WI 3	-0.13905	0.18152	-.766	0.4457	-.2277
COS	0.03996	0.08384	0.477	0.6348	0.3005
SIN	0.13143	0.09429	1.394	0.1668	0.2737

d) Schrittweise lineare Regression. Die Schritte p = 1,2,...,7 (mit einem F-to-enter
> 1) sind aufgelistet, jeweils mit R^2 und F-to-enter bei Schritt p. Nach Schritt 7
weisen die 7 Regressoren die angegebenen F-to-remove Werte auf
[y = log(BLAIKE), BMDP 2R]

| SUMMARY TABLE | | (Statistics at step p) | | (Statistic after step 7) | |
STEP NO.p	VARIABLE ENTERED	MULTIPLE R $\quad$ R^2	CHANGE IN R^2	F TO ENTER	F TO REMOVE
1	WI2	.3778 .1427	.1427	16.32	3.84
2	NUTZUNG	.4559 .2079	.0652	7.98	7.94
3	NEIGUNG	.5047 .2548	.0469	6.04	7.40
4	SIN	.5357 .2870	.0322	4.29	2.50
5	MEERESHO	.5529 .3057	.0187	2.53	2.27
6	UEBERSCH	.5617 .3155	.0098	1.33	1.45
7	MI4	.5693 .3241	.0086	1.18	1.18
			DF =	1, 100-p-1	1,92

e) Best subset lineare Regression. Für p = 4 und p = 7 sind die besten und zweit-besten Sätze mit 4 bzw. 7 Regressoren aufgelistet, nach Maßgabe des R^2-Kriteriums.
[y = log(BLAIKE), BMDP 9R]

SUBSETS WITH 4 VARIABLES

R-SQUARED	ADJUSTED R-SQUARED	VARIABLE x_i	COEFFICIENT $\hat{\beta}$	T-STATISTIC $\hat{\beta}/\mathrm{se}(\hat{\beta})$
0.28697	0.25695			
		NUTZUNG	0.26621	2.34
		NEIGUNG	0.01474	2.60
BEST SUBSET		WI2	0.25843	2.15
		SIN	0.17677	2.07
		INTERCEPT	0.50668	
0.28491	0.25480			
		NUTZUNG	0.33786	2.94
		NEIGUNG	0.01510	2.65
SECOND BEST		UEBERSCH	-.10520	-2.00
		WI2	0.28303	2.38
		INTERCEPT	0.52562	

SUBSETS WITH 7 VARIABLES

R-SQUARED	ADJUSTED R-SQUARED	VARIABLE x_i	COEFFICIENT $\hat{\beta}$	T-STATISTIC $\hat{\beta}/\mathrm{se}(\hat{\beta})$
0.32413	0.27270			
		NUTZUNG	0.33009	2.82
		MEERESHO	0.00039	1.51
		NEIGUNG	0.01582	2.72
BEST SUBSET		UEBERSCH	-.06706	-1.20
		MI4	0.18712	1.08
		WI2	0.23551	1.96
		SIN	0.14108	1.58

	INTERCEPT	-.09262	
0.32168 0.27007			
	NUTZUNG	0.31163	2.71
	MEERESHO	0.00039	1.50
	NEIGUNG	0.01587	2.72
SECOND BEST	STUFIGKEIT	-.06151	-1.05
	MI 4	0.18365	1.06
	WI 2	0.22700	1.88
	SIN	0.15728	1.82
	INTERCEPT	-.07508	

2. REGRESSIONSFUNKTIONEN

2.0 Im Modell der p-fachen linearen Regression

$$Y_i = \beta_0 + \beta_1 z_{1i} + \beta_2 z_{2i} + \dots + \beta_p z_{pi} + e_i \ , \quad i=1,\dots,n,$$

stellen die $z_{1i},\dots,z_{pi}$ irgendwelche vorgegebenen (nicht-zufälligen) reellen Zahlen dar. Es steht uns deshalb frei, die Zahl z_{ji} als Funktion f_j anderer reeller Zahlen $x_{1i},\dots,x_{mi}$ zu schreiben :

$$z_{ji} = f_j(\mathbf{x}^{(i)}) \ , \quad \mathbf{x}^{(i)} = (x_{1i},\dots,x_{mi}) \in \mathbb{R}^m \ .$$

Dieser Ansatz erlaubt uns mehr Flexibilität in der Modellierung spezieller Fragestellungen: so können die Funktionen f_j zum Beispiel Polynome oder trigonometrische Funktionen sein. In Zusammenhang mit komplexwertigen harmonischen Funktionen kommen wir in 2.9 in Kontakt mit der nichtparametrischen Regressionsanalyse, und zwar mit der Methode der Orthonormalreihen-Schätzer, vgl. Härdle (1990, sec. 3.3), Eubank (1988, chap. 3).

2.1 Lineares Modell mit Regressionsfunktionen

Gegen seien p (meßbare) Funktionen $f_1,\dots,f_p$ auf dem $\mathbb{R}^m$,

$$f_1(\mathbf{x}),\dots,f_p(\mathbf{x}), \ \mathbf{x} \in \mathbb{R}^m \ .$$

Wir setzen i.f. $f_0 = 1$. Wir wollen $f_0,\dots,f_p$ bzw. den $p \times 1$-Vektor

$$\mathbf{f} = (1,f_1,\dots,f_p)^T$$

Regressionsfunktionen nennen. Ein bestimmtes m-Tupel $\mathbf{x} \in \mathbb{R}^m$ soll *Wertesatz* heißen. Sind n Wertesätze

$$\mathbf{x}^{(1)},\dots,\mathbf{x}^{(n)}$$

gegeben, so wird i.f. das lineare Modell

$$(1) \qquad Y_i = \beta_0 + \beta_1 f_1(\mathbf{x}^{(i)}) + \dots + \beta_p f_p(\mathbf{x}^{(i)}) + e_i \ , \quad i = 1,\dots,n$$

mit den üblichen Voraussetzungen an die e_1, e_2,... betrachtet. Definieren wir die $n \times (p+1)$-Matrix

$$\mathbf{X} = \begin{bmatrix} 1 & f_1(\mathbf{x}^{(1)}), ..., f_p(\mathbf{x}^{(1)}) \\ \vdots & \vdots \\ 1 & f_1(\mathbf{x}^{(n)}), ..., f_p(\mathbf{x}^{(n)}) \end{bmatrix} = \begin{bmatrix} \mathbf{f}^T(\mathbf{x}^{(1)}) \\ \vdots \\ \mathbf{f}^T(\mathbf{x}^{(n)}) \end{bmatrix},$$

so schreibt sich (1) in der gewohnten Form

(2) $\mathbf{Y} = \mathbf{X}\boldsymbol{\beta} + \mathbf{e}$

eines LM. Wir setzen stets Rang($\mathbf{X}$) = p+1 ($\mathbf{X}$ voller Rang) voraus. Man beachte, daß (1) nicht spezieller und nicht allgemeiner ist als Modell a) in 1.1, welches wir zurückgewinnen, wenn wir p = m und $f_j(\mathbf{x}) = x_j$, j=1,...,m, setzen. Es gilt

(3) $\mathbf{X}^T\mathbf{X} = \sum_{i=1}^{n} \mathbf{f}(\mathbf{x}^{(i)})\mathbf{f}^T(\mathbf{x}^{(i)})$,

so daß wir i.f. besonders an Regressionsfunktionen $\mathbf{f}(\mathbf{x})$ und Wertesätzen $\mathbf{x}^{(1)},...,\mathbf{x}^{(n)}$ interessiert sind, welche in (3) eine Diagonalmatrix liefern, d.h. welche

$$\sum_{i=1}^{n} f_j(\mathbf{x}^{(i)}) f_k(\mathbf{x}^{(i)}) = 0 \quad \text{für } j \neq k$$

erfüllen (siehe unten 2.6 - 2.8).

2.2 Polynomfunktionen

Wir setzen nun m = 1 und $f_j(x) = x^j$, d.h.

$$f_0(x) = 1, f_1(x) = x, ..., f_p(x) = x^p .$$

Das lineare Modell (1) lautet dann

(4) $Y_i = \beta_0 + \beta_1 x_i + ... + \beta_p x_i^p + e_i$, i=1,...,n .

Wir sprechen von *polynomialer Regression* vom Grad p. Wir haben hier

$$\mathbf{X} = \begin{bmatrix} 1 & x_1 & ... & x_1^p \\ \vdots & & & \\ 1 & x_n & ... & x_n^p \end{bmatrix} . \text{ Wegen det} \begin{bmatrix} 1 & x_1 & ... & x_1^{n-1} \\ \vdots & & & \\ 1 & x_n & ... & x_n^{n-1} \end{bmatrix} = \prod_{0 \leq i < j \leq n} (x_j - x_i)$$

(Vandermondsche Determinante) besteht $\mathbf{X}$ aus p+1 l.u. Spalten (d.h. ist $\mathbf{X}$ von vollem Rang), falls alle x_i verschieden sind. Die Technik des partial F-Tests 1.4 ist hier nützlich, um einen solchen Grad p zu finden, daß

ein zusätzlicher Term $+\beta_{p+1} x_i^{p+1}$ im Modell (4)

keinen signifikanten Zuwachs an y-Bestimmung mit sich bringt.

2.3 Polynomtrend

Falls im Modell (4) die $x_1, \ldots, x_n$ äquidistante Zeitpunkte darstellen, setzen wir ohne Einschränkung

$$x_i = i, \quad i=1, \ldots, n \quad \text{(statt i wird auch t benutzt werden)},$$

und nennen (4) das Modell eines Polynomtrends. In diesem Fall läßt sich die Konsistenz und die asymptotische Normalität der MQ-Schätzung $\hat{\boldsymbol{\beta}} = \hat{\boldsymbol{\beta}}_n$ nachweisen:

Satz Falls $x_i = i$ im linearen Modell (4) gesetzt wird, so gilt bei $n \to \infty$ die Konvergenz

$$\hat{\boldsymbol{\beta}}_n \xrightarrow{\ \mathbb{P}_\beta\ } \boldsymbol{\beta},$$

als auch - unter der zusätzlichen Annahme der Unabhängigkeit der $e_1, e_2, \ldots$ -

$$\boldsymbol{\Gamma}_n^{-1}(\hat{\boldsymbol{\beta}}_n - \boldsymbol{\beta}) \xrightarrow{\ \mathcal{D}_\beta\ } N_{p+1}(0, \sigma^2 \mathbf{V}^{-1}),$$

mit den $(p+1) \times (p+1)$-Matrizen

$$\boldsymbol{\Gamma}_n = \text{Diag}(n^{-(j+1/2)}, j=0, \ldots, p)$$

$$\mathbf{V} = (v_{jk}, j,k=0, \ldots, p), \quad v_{jk} = \frac{1}{j+k+1}.$$

Beweis Es ist $(\mathbf{X}^T\mathbf{X})_{j+1,k+1} = \sum_{t=1}^{n} t^j t^k = \sum_{t=1}^{n} t^{j+k}$. Es folgt mit den eingeführten $(p+1) \times (p+1)$-Matrizen $\boldsymbol{\Gamma}_n$ und $\mathbf{V}$, daß

$$(\boldsymbol{\Gamma}_n(\mathbf{X}^T\mathbf{X})\boldsymbol{\Gamma}_n)_{j+1,k+1} = n^{-(j+1/2)}(\sum_{t=1}^{n} t^{j+k})n^{-(k+1/2)}$$

$$= \sum_{t=1}^{n} \left(\frac{t}{n}\right)^{j+k} \frac{1}{n} \longrightarrow \int_0^1 x^{j+k} dx = v_{jk},$$

die Konvergenz $\to$ nach dem Satz über Riemann-Summen. Ferner sind alle Elemente von $\boldsymbol{\Gamma}_n \mathbf{X}^T$ betragsmäßig $\leq 1/\sqrt{n}$. Die Invertierbarkeit von $\mathbf{V}$ schließlich folgt aus

$$0 < \int_0^1 (\sum_{j=0}^{p} c_j s^j)^2 ds = \sum_j \sum_k c_j v_{jk} c_k = \mathbf{c}^T \mathbf{V} \mathbf{c}$$

für alle $\mathbf{c} = (c_0, \ldots, c_p)^T \neq 0$, so daß alle Voraussetzungen von Satz III 3.4 erfüllt sind. $\square$

2.4 Reziproker Trend

Anstelle von $f_j(x) = x^j$ - wie in (4) verwendet - kann man allgemeiner

$$f_j(x) = x^{\gamma(j)}, \quad j=1, \ldots, p,$$

setzen, wobei die $\gamma(j)$ lauter verschiedene reelle Zahlen sind. Ferner setzen wir

$\gamma(0) = 0$. Im Fall äquidistanter x-Werte $x_i = i = t$ lautet dann das LM (4)

(5) $\qquad Y_t = \beta_o + \beta_1 t^{\gamma(1)} + \dots + \beta_p t^{\gamma(p)} + e_t , \quad t=1,\dots,n$.

Mit Hilfe von (5) lassen sich auch reziproke Trendfunktionen wie $\beta_o + \beta_1 t^{-\frac{1}{4}}$ etc. modellieren. Mit einem Determinanten-Argument, angewandt auf Formel (7)(ii) in III 3.4, zeigt man die Existenz eines n_o, so daß $\mathbf{X} = \mathbf{X}_n$ vollen Rang hat für $n \geq n_o$.

Satz Gilt im linearen Modell (5) mit lauter verschiedenen $\gamma(j)$

$$-\frac{1}{2} < \gamma(j) \quad \text{für } j=1,\dots,p ,$$

so haben wir

$$\hat{\boldsymbol{\beta}}_n \xrightarrow{\;\mathbb{P}_{\beta}\;} \boldsymbol{\beta} \quad (n \to \infty) .$$

Der **Beweis** verläuft völlig analog zu dem Beweis von Satz 2.3. Man hat nur die Potenzen j und k durch $\gamma(j)$ und $\gamma(k)$ zu ersetzen, $v_{jk} = \dfrac{1}{\gamma(j) + \gamma(k) + 1}$ zu setzen und $\gamma(j) + \gamma(k) + 1 > 0$ für alle $j,k=0,\dots,q$ zu beachten.

In gleicher Weise gilt die asymptotische Normalität wie in 2.3, und zwar mit den $(p+1)\times(p+1)$-Matrizen

$$\boldsymbol{\Gamma}_n = \mathrm{Diag}\,(n^{-(\gamma(j)+1/2)}, \, j=0,\dots,p)$$
$$\mathbf{V} = (v_{jk}, \, j,k=0,\dots,p) , \qquad v_{jk} = \frac{1}{\gamma(j)+\gamma(k)+1} .$$

Ein Beispiel für eine Wahl der $\gamma(j)$ zur Modellierung eines reziproken Trends ist

$$\gamma(j) = -\frac{1}{2}\,\frac{j}{j+1} .$$

2.5 Orthogonale Funktionen

Eine besonders günstige Wahl der Regressionsfunktionen f_j und der Wertesätze $\mathbf{x}^{(i)}$ liegt vor, wenn $\mathbf{X}^T\mathbf{X}$ eine Diagonalmatrix ist, d.h. wenn

(6) $\qquad \sum_{i=1}^{n} f_j(\mathbf{x}^{(i)})\, f_k(\mathbf{x}^{(i)}) = 0 \quad (j \neq k)$.

In diesem Fall sprechen wir von *orthogonalen* Regressionsfunktionen. Einige nützliche Konsequenzen von (6) werden nun aufgelistet. Setze für $j=0,\dots,p$

$$\alpha_j^2 = \sum_{i=1}^{n} f_j^2(\mathbf{x}^{(i)}) , \quad \mathbf{A} = \mathrm{Diag}(\alpha_j^2, j=1,\dots,p) .$$

Dann ist unter (6) $\mathbf{X}^T\mathbf{X} = \mathbf{A}$, und wir erhalten die Formeln

$$\hat{\beta}_j = \Sigma_{i=1}^n \, y_i \, f_j(\mathbf{x}^{(i)}) / \alpha_j^2$$

$$\mathbf{V}(\hat{\boldsymbol{\beta}}) = \sigma^2 \, \mathrm{Diag}(1/\alpha_j^2)$$

$$\text{insbes.} \quad \mathrm{Var}(\hat{\beta}_j) = \sigma^2 / \alpha_j^2 \, , \quad \mathrm{Cov}(\hat{\beta}_j, \hat{\beta}_k) = 0 \quad (j \neq k)$$

$$\mathrm{SQD} = \Sigma_1^n \, y_i^2 - \Sigma_0^p \, \hat{\beta}_j^2 \, \alpha_j^2 \, , \quad \mathrm{SQR} = \Sigma_0^p \, \hat{\beta}_j^2 \, \alpha_j^2 - n\bar{y}^2 \, ,$$

letzteres wegen der Verschiebungsformeln

$$\mathrm{SQD} = \mathbf{y}^T \mathbf{y} - \hat{\mathbf{y}}^T \hat{\mathbf{y}} \, , \quad \mathrm{SQR} = \hat{\mathbf{y}}^T \hat{\mathbf{y}} - n\bar{y}^2 \, .$$

Wir erhalten also unkorrelierte β_j-Schätzungen, und für den partial F-Test zum Prüfen der Hypothese H_k: $\beta_{k+1} = \ldots = \beta_p = 0$ ergibt sich wegen

$$\mathrm{SQR}_p - \mathrm{SQR}_k = \Sigma_{j=k+1}^p \, \hat{\beta}_j^2 \, \alpha_j^2$$

die Teststatistik

$$F = \frac{\Sigma_{j=k+1}^p \, \hat{\beta}_j^2 \, \alpha_j^2 / (p-k)}{\mathrm{MQD}_p} \, .$$

Bei Erweiterung des Modells von k auf p Parameter behalten demnach die ersten k Schätzungen $\hat{\beta}_1, \ldots, \hat{\beta}_k$ ihre Werte, brauchen also nicht - wie i.a. natürlich vonnöten - neu berechnet werden, und zu SQR_k werden die p-k Werte $\hat{\beta}_j^2 \cdot \alpha_j^2$ einfach hinzuaddiert, um SQR_p zu erhalten.

Wir betrachten jetzt als spezielle orthogonale Regressionsfunktionen orthogonale Polynome und trigonometrische Funktionen.

2.6 Orthogonale Polynome

Wie in 2.2 setzen wir m = 1 und wie in 2.3 beschränken wir uns auf den Fall äquidistanter x-Stellen, wobei wir noch o.E. die x Werte um den 0 Punkt symmetrisch auftragen; d.h. wir setzen

$$x_i = i - \tfrac{1}{2}(n+1) \, , \quad i=1,\ldots,n \, .$$

Kendall-Stuart II (1979, §28.17) geben die folgende geschlossene Formel zur Gewinnung orthogonaler Polynome $P_j(x)$ an: Setzt man $\mu_k = \Sigma_{i=1}^n x_i^k / n$, wobei $\mu_0 = 1$ und $\mu_k = 0$ für ungerade k, und führt man die $(k+1) \times (k+1)$-Matrizen

$$\mathbf{M}_k = \begin{bmatrix} \mu_0 & \mu_1 & \cdots & \mu_k \\ \mu_1 & \mu_2 & \cdots & \mu_{k+1} \\ \vdots & & & \\ \mu_k & \mu_{k+1} & \cdots & \mu_{2k} \end{bmatrix} \qquad \tilde{\mathbf{M}}_k(x) = \begin{bmatrix} \mu_0 & \mu_1 & \cdots & \mu_k \\ \mu_1 & \mu_2 & \cdots & \mu_{k+1} \\ \vdots & & & \\ \mu_{k-1} & \mu_k & \cdots & \mu_{2k-1} \\ 1 & x & \cdots & x^k \end{bmatrix}$$

ein, so definiert

$$P_k(x) \;=\; \frac{\det(\tilde{\mathbf{M}}_k(x))}{\det(\mathbf{M}_{k-1})} \;\;,\;\; k=0,1,\ldots$$

einen Satz orthogonaler Polynome. Die ersten drei lauten $[x = -\frac{1}{2}(n\text{-}1),\ldots,\frac{1}{2}(n\text{-}1)]$

$$P_0(x) = 1 \;,\;\; P_1(x) = x \;,\;\; P_2(x) = x^2 - \mu_2 = x^2 - \frac{1}{12}(n^2-1) \;.$$

Eine Rekursionsformel leitete Plackett (1960, p. 104) ab. Mit $P_0(x) = 1$, $P_1(x) = x$ startend gilt

$$(7) \qquad P_{k+1}(x) = x\cdot P_k(x) - \lambda_k\cdot P_{k-1}(x) \;,\;\; \lambda_k = \frac{k^2(n^2-k^2)}{4(4k^2-1)} \;.$$

Mit dieser Formel errechnet man $P_2(x) = x^2 - \frac{1}{12}(n^2-1)$ wie oben und noch

$$P_3(x) = x\cdot P_2(x) - \lambda_2\cdot P_1(x) = x^3 - \frac{1}{20}(3n^2-7)x \;.$$

Formel (7) liefert: Die Terme von $P_k(x)$ haben entweder nur gerade oder nur ungerade Potenzen von x. Placket leitete für $\alpha_k^2 = \Sigma_x P_k^2(x)$ die Formel

$$\alpha_k^2 = (k!)^2\binom{n+k}{2k+1}\Big/\binom{2k}{k}$$

ab.

Bemerkung Die praktische Bedeutung orthogonaler Polynome ist im Computer-Zeitalter zurückgegangen.

2.7 Trigonometrische Funktionen

Wir setzen wieder $m = 1$, $x = t = 1,\ldots,n$; n sei i.f. als gerade vorausgesetzt. Sei ferner

$$p = r+q \;,\;\; r \le n/2 \;,\;\; q \le n/2-1 \;,\;\; p+1 < n \;,$$

und

$$f_0(t) = 1 \;,\;\; f_1(t) = \cos\omega_1 t,\ldots, f_r(t) = \cos\omega_r t \;,$$

$$f_{r+1}(t) = \sin\omega_1 t,\ldots, f_{r+q}(t) = \sin\omega_q(t) \;.$$

Dabei werden als Kreisfrequenzen ω_j die sogenannten *Fourierfrequenzen*

$$\omega_j = \frac{2\pi j}{n}$$

gewählt; speziell ist $\omega_0 = 0$, $\omega_{n/2} = \pi$ (*Nyquistfrequenz*). Nennen wir die ersten $r+1$ β's gleich α, so lautet das LM (1) aus 2.1 hier

$$(8) \qquad Y_t = \alpha_0 + \alpha_1\cos\omega_1 t + \ldots + \alpha_r\cos\omega_r t$$

$$+ \beta_1\sin\omega_1 t + \ldots + \beta_q\sin\omega_q t + e_t \;,\;\; t=1,\ldots,n.$$

Die $f_0,\ldots,f_p$ bilden tatsächlich ein Orthogonalsystem (6), denn es gilt das folgende

Resultat (für einen Beweis siehe Fuller (1976, Th. 3.1.1, p. 94) oder Schlittgen & Streitberg (1984, APP, S. 405)) für $0 \leq j,k \leq n/2$

$$\sum_{t=1}^{n} \cos\omega_j t \, \cos\omega_k t = \begin{cases} n/2 & j=k \ (=n, \text{ falls } j=k=0 \text{ oder } j=k=n/2) \\ \\ 0 & j \neq k \end{cases}$$

$$\sum_{t=1}^{n} \cos\omega_j t \, \sin\omega_k t = 0$$

$$\sum_{t=1}^{n} \sin\omega_j t \, \sin\omega_k t = \begin{cases} n/2 & j=k \ (\text{aber nicht } j=0 \text{ oder } j=n/2) \\ \\ 0 & j \neq k \ (\text{oder } j=k=0 \text{ oder } j=k=n/2) \, . \end{cases}$$

Damit erhalten wir

$$\mathbf{X}^T\mathbf{X} \equiv \mathbf{A} = \begin{bmatrix} n & & & & 0 \\ & \ddots \, n/2 & & \\ & & \ddots (n) & \\ & & & \ddots \\ 0 & & & & \ddots \, n/2 \end{bmatrix}$$

wobei n an der $(n/2+1)$-ten Stelle der Diagonalen steht, falls $\cos\omega_{n/2}$ im Ansatz (8) steht.

Somit liefern die NG als MQ-Schätzungen für die α's und β's gerade die sogenannten *Fourierkoeffizienten* der "Zeitreihe" $y_1,\dots,y_n$, nämlich (vgl. 2.5)

(9)
$$\hat{\alpha}_j = \frac{2}{n}\sum_{t=1}^{n} y_t \cos\omega_j t \quad (0<j<n/2) \, , \quad \hat{\alpha}_0 = \bar{y}, \quad \hat{\alpha}_{n/2} = \frac{1}{n}\sum_{t=1}^{n}(-1)^t y_t$$
$$\hat{\beta}_j = \frac{2}{n}\sum_{t=1}^{n} y_t \sin\omega_j t \quad (0<j<n/2) \, .$$

Fourierkoeffizienten können also als MQ-Schätzer von *Regressionskoeffizienten* dargestellt werden. Jede beliebige Teilmenge der Funktionen $\cos\omega_j t$, $\sin\omega_j t$ kann im Ansatz (8) verwendet werden. Ist man z.B. an den Fourierkoeffizienten $\hat{\alpha}_k$, $\hat{\beta}_k$ allein interessiert ($0< k < n/2$), so setzt man

(8') $\qquad Y_t = \alpha_0 + \alpha_k\cos\omega_k t + \beta_k\sin\omega_k t + e_t \, , \quad t=1,\dots,n \, .$

Bemerkung Die Aufgabe, alle n Fourierkoeffizienten, die wir im Vektor

$$\boldsymbol{\beta} = (\alpha_0,\alpha_1,\dots,\alpha_{n/2},\beta_1,\dots,\beta_{n/2-1})^T$$

zusammenfassen, *gleichzeitig* zu berechnen, ist nicht mehr in ein statistisches Modell einkleidbar (Voraussetzung dim $\boldsymbol{\beta} < n$ verletzt). Vielmehr handelt es sich einfach um die Auflösung des homogenen Gleichungssystems

(10) $\qquad \mathbf{Y} = \mathbf{X}\boldsymbol{\beta} \, ,$

mit der $n\times n$-Matrix $\mathbf{X}$, welche die i-te Zeile ($i=1,\dots,n$)

$$(1,\cos\omega_1 i,\dots,\cos\omega_{n/2} i,\sin\omega_1 i,\dots,\sin\omega_{n/2-1} i)$$

besitzt. Wegen $\mathbf{X}^T\mathbf{X} = \mathbf{A}$ ($\mathbf{A}$ wie oben, mit n an der n/2+1-ten Diagonalstelle) löst sich (10) zu

$$\hat{\boldsymbol{\beta}} = \mathbf{A}^{-1}\mathbf{X}^T\mathbf{y}$$

auf, was identisch mit (9) ist.

2.8 Regressionsfunktionen $e^{i\omega t}$

Anstelle des Regressionsansatzes (8) können wir den verwandten Ansatz

$$Y_t = m_n(t) + e_t, \quad t=1,2,\dots,n,$$

machen, mit der Erwartungswert-Funktion

$$(11) \qquad m_n(t) = \Sigma_{j=-p}^{P} \beta_j\, e^{i\omega_j t}, \quad \omega_j \equiv \omega_{n,j} = \frac{2\pi j}{n}, \quad 2p+1 < n, \quad \beta_{-j} = \overline{\beta}_j .$$

Die Funktionen $e^{i\omega_j t}$ bilden ein Orthogonalsystem, denn

$$\Sigma_{t=1}^{n} e^{-i\omega_j t} e^{i\omega_k t} = \begin{cases} n & \text{für } j=k \ (\text{mod } n) \\[1mm] 0 & \text{sonst} \end{cases}$$

wobei $j=k$ (mod n) bedeutet, daß $j-k = z\cdot n$ für ein $z \in \mathbb{Z}$ und die Summation auch von 0 bis n-1 (statt von 1 bis n) gehen könnte, vgl Eubank (1988, p. 66).

Die MQ-Schätzer für β_j sind die Fourierkoeffizienten

$$(12) \qquad \hat{\beta}_j = \frac{1}{n}\Sigma_{s=1}^{n} Y_s\, e^{-i\omega_j s}, \quad j = -p,\dots,0,\dots,p.$$

Einsetzen von (12) in (11) liefert den folgenden Schätzer für $m_n(t)$

$$(13) \qquad \hat{m}_n(t) = \Sigma_{s=1}^{n} Y_s\, w_{n,s}(t), \quad w_{n,s}(t) = \frac{1}{n}\Sigma_{j=-p}^{P} e^{i\omega_j(t-s)} .$$

Setzt man $w_{n,s}(t) \equiv \frac{1}{n}D_p(\frac{t-s}{n})$, so ist $D_p(y) = \Sigma_{j=-p}^{P} e^{i2\pi j y}$ der sog. *Dirichlet-Kern*, für den man

$$D_p(y) = \frac{\sin[\pi(2p+1)y]}{\sin[\pi y]} , \quad \text{falls } y \neq 0 \quad [D_p(0) = 2p + 1]$$

rechnet. Mit Hilfe von D_p läßt sich der Schätzer $\hat{m}_n$ in der Gestalt eines *Kern-schätzers*

$$(14) \qquad \hat{m}_n(t) = \frac{1}{n}\Sigma_{s=1}^{n} Y_s\, D_p(\frac{t-s}{n})$$

schreiben.

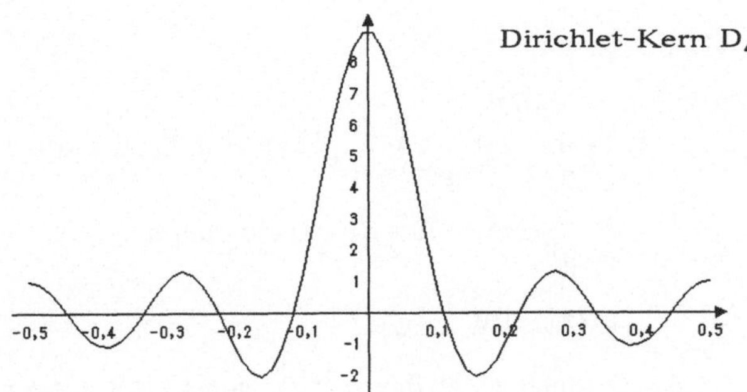

2.9 Asymptotisches Verhalten

Wir betrachten nun in der Formel (13) die Zahl p als eine Funktion von n

$$p = p(n), \quad n=1,2,\ldots,$$

und lassen n gegen ∞ gehen. Wir setzen voraus, daß

$e_1, e_2, \ldots$ unabhängig und identisch verteilt, mit $\mathbb{E}\, e_t = 0$ und $\mathrm{Var}(e_t) = \sigma^2$.

Wir definieren eine "wahre" Regressionsfunktion

$$\mu(u) = \sum_{j=-\infty}^{\infty} \beta_j\, e^{i2\pi j u}, \quad 0 \le u \le 1, \quad \beta_{-j} = \overline{\beta_j},$$

und ihre Projektion auf $2p+1$ Komponenten

$$\mu_p(u) = \sum_{j=-p}^{P} \beta_j\, e^{i2\pi j u}, \quad 0 \le u \le 1,$$

so daß sich die Erwartungswert-Funktion $m_n(t)$ aus 2.8 in der Form

$$m_n(t) = \mu_p\!\left(\frac{t}{n}\right)$$

schreiben läßt. Gemäß (14) bilden wir den Schätzer

$$\hat{\mu}_n(u) = \sum_{s=1}^{n} Y_s\, \nu_{n,s}(u), \quad 2p+1 < n,$$

mit

$$\nu_{n,s}(u) = \frac{1}{n} \sum_{j=-p}^{P} e^{i2\pi j(u-u_s)} = \frac{1}{n} D_p(u-u_s), \quad u_s = \frac{s}{n}.$$

Dann gilt

(15)
$$\mathrm{Var}(\hat{\mu}_n(u)) = \sigma^2 \sum_{s=1}^{n} |\nu_{n,s}(u)|^2$$

und die folgende Verteilungskonvergenz

Satz Für den Grenzübergang $n \to \infty$, $p/n \to 0$ gilt für jedes $0 \le u \le 1$

(16)
$$\sqrt{n}\ \frac{\hat{\mu}_n(u) - \mathbb{E}\,\hat{\mu}_n(u)}{\sqrt{\sigma^2(2p+1)}} \ \xrightarrow{\ \mathcal{D}\ }\ N(0,1).$$

Beweis Man hat $\hat{\mu}_n(u) - \mathbb{E}\hat{\mu}_n(u) = \sum_{s=1}^{n} e_s\, \nu_{n,s}(u)$. Für die Koeffizienten $\nu_{n,t}$ gilt einerseits für jedes u und t

$$|\nu_{n,t}(u)| \leq (2p+1)/n,$$

andererseits mit $u_s = s/n$ und $\omega_j = 2\pi j/n$

$$\sum_{s=1}^{n} |\nu_{n,s}(u)|^2 = \frac{1}{n^2} \sum_{s=1}^{n} \sum_{j=-p}^{p} \sum_{k=-p}^{p} e^{i2\pi j(u-u_s)} e^{-i2\pi k(u-u_s)}$$

$$= \frac{1}{n^2} \sum_{j=-p}^{p} \sum_{k=-p}^{p} e^{i2\pi(j-k)u} \sum_{s=1}^{n} e^{-i\omega_j s} e^{i\omega_k s}$$

$$(17) \qquad\qquad = \frac{1}{n^2} \sum_{j=-p}^{p} n\, e^{i2\pi(j-j)u} = \frac{2p+1}{n},$$

wobei wir $n > 2p+1$ und die Orthogonalität der $e^{i\omega_j t}$ gemäß 2.8 ausgenützt haben. Es folgt, daß

$$\max_{1 \leq s \leq n} |\nu_{n,s}(u)|^2 / \sum_{s=1}^{n} |\nu_{n,s}(u)|^2 \leq (2p+1)/n \longrightarrow 0$$

für jedes u, so daß Kor. 2 aus ANHANG B 3.10 und die Formeln (15) und (17) die Behauptung liefern. $\square$

Damit (16) zur Bildung eines asymptotischen Konfidenzintervalls für $\mu(u)$ angewandt werden kann, muß in (16) noch $\mathbb{E}\hat{\mu}_n(u)$ durch $\mu(u)$ ersetzt werden. Das geht nach Eubank (1988, p.79) unter gewissen Voraussetzungen an die Funktion $\mu(u)$, sofern nur $p = p(n)$ die Voraussetzungen

$$p/n \longrightarrow 0 \quad \text{und} \quad n/p^{4+\delta} \longrightarrow 0 \quad \text{für ein } \delta > 0$$

erfüllt (p darf also nicht zu schnell und nicht zu langsam gegen ∞ gehen). Ist dann $\hat{\sigma}_n^2$ ein konsistenter Schätzer für σ^2, so bildet

$$[\hat{\mu}_n(u) - b, \hat{\mu}_n(u) + b], \quad b = u_{1-\alpha/2}\, \hat{\sigma}_n \sqrt{(2p+1)/n}$$

für fixiertes u ein asymptotisches Konfidenzintervall für $\mu(u)$ zum Niveau $1 - \alpha$.

3. KORRELATIONSANALYSE

3.0 In der Regressionsanalyse ist die Kriteriumsvariable Y eine Zufallsvariable, während die Regressoren $x_1, \dots, x_m$ als nicht-zufällig, sozusagen voreingestellt, angesehen werden: es interessiert der Einfluß der x-Variablen auf die Y-Variable. In vielen Anwendungsfällen aber ist eine solche unsymmetrische Betrachtungsweise nicht gerechtfertigt: es werden dann auch die Variablen $x_1, \dots, x_m$ als Zufallsvariablen angesehen (und i.f. dann groß geschrieben: $X_1, \dots, X_m$), und es interessiert die wechselseitige Beeinflussung der Y-Variablen und des Satzes der X-Variablen. Grundlegendes Objekt unserer Analyse ist in diesen Situationen ein (m+1)-dimensionaler Zufallsvektor

$$(Y, X_1, \dots, X_m)^T .$$

Wir beginnen mit dem Fall m=1 einer bivariaten (2-dimensionalen) Zufallsvariablen

$\binom{X}{Y}$ und der gewöhnlichen Korrelation von X und Y, führen dann die multiple Korrelation eines Vektors $(X_1,...,X_m)^T$ und einer Variablen Y ein und definieren schließlich noch die partielle Korrelation als Maß für eine bedingte Korrelation. Dabei wird jeweils sowohl der (probabilistische) Korrelationskoeffizient der Grundgesamtheit als auch der entsprechende (empirische) Koeffizient der Stichprobe behandelt, und es wird stets der enge Zusammenhang mit den Größen der multiplen linearen Regression hergestellt.

BIVARIATE KORRELATION

3.1 Gewöhnlicher Korrelationskoeffizient ρ_{xy}

Es möge eine bivariate (2-dimensionale) Zufallsvariable $\binom{X}{Y}$ vorliegen. Wir bezeichnen mit

$$\sigma_X^2 = \text{Var}(X) \,, \quad \sigma_y^2 = \text{Var}(Y) \,,$$

$$\sigma_{xy} = \text{Cov}(X,Y)$$

die Varianzen und die Kovarianz und definieren im Fall $\sigma_X^2 \cdot \sigma_y^2 > 0$ (andernfalls ist eine der beiden Variablen f.s. konstant) den gewöhnlichen Korrelationskoeffizienten wie in I 1.8 als

$$\rho_{xy} = \frac{\sigma_{xy}}{\sigma_x \cdot \sigma_y} \,, \quad -1 \le \rho_{xy} \le 1 \,.$$

Liegen n unabhängige Wiederholungen

$$(1) \qquad \binom{X_1}{Y_1} \,, \, ... \,, \, \binom{X_n}{Y_n}$$

der bivariaten Zufallsvariablen $\binom{X}{Y}$ vor, so schätzt man den Korrelationskoeffizienten ρ_{xy} durch den sog. *Stichproben-(Pearson-*, Produktmomente-) Korrelationskoeffizienten

$$(2) \qquad \hat{\rho}_{xy} = \frac{\hat{\sigma}_{xy}}{\hat{\sigma}_x \cdot \hat{\sigma}_y} \,,$$

mit

$$\hat{\sigma}_X^2 = \sum_{i=1}^n (X_i - \bar{X})^2 / (n-1) \,, \quad \bar{X} = \sum_{i=1}^n X_i / n \,, \quad \hat{\sigma}_y^2 \text{ analog}$$

$$\hat{\sigma}_{xy} = \sum_{i=1}^n (X_i - \bar{X})(Y_i - \bar{Y}) / (n-1) \,,$$

falls nur $\hat{\sigma}_x \cdot \hat{\sigma}_y > 0$. Es ist $-1 \le \hat{\rho}_{xy} \le 1$. Wir haben $|\hat{\rho}_{xy}| = 1$ genau dann, wenn

$$Y_i = a + bX_i \quad \text{für } i=1,...,n,$$

und zwar ist $b > 0$ [$b < 0$] genau dann, wenn $\hat{\rho}_{xy} = 1$ [$\hat{\rho}_{xy} = -1$].

3.2 $\hat{\rho}_{xy}$ als Maximum-Likelihood-Schätzer

Satz   Ist der Zufallsvektor $(X,Y)^T$ bivariat normalverteilt, so ist $\hat{\rho}_{xy}$ - berechnet gemäß (2) auf der Grundlage der Stichprobe (1) - der ML-Schätzer für ρ_{xy} .

Beweis   Für die Kovarianzmatrix $\boldsymbol{\Sigma} = \begin{pmatrix} \sigma_x^2 & \sigma_{xy} \\ \sigma_{xy} & \sigma_y^2 \end{pmatrix}$ des Zufallsvektors

$\begin{pmatrix} X \\ Y \end{pmatrix}$ hatten wir in I 4.3 bereits den folgenden ML-Schätzer angegeben:

$$\hat{\boldsymbol{\Sigma}} = \frac{n-1}{n} \begin{pmatrix} \hat{\sigma}_x^2 & \hat{\sigma}_{xy} \\ \hat{\sigma}_{xy} & \hat{\sigma}_y^2 \end{pmatrix} ,$$

mit $\hat{\sigma}_x^2$, $\hat{\sigma}_y^2$, $\hat{\sigma}_{xy}$ wie in 3.1 . Wegen

$$\rho_{xy} \equiv f(\sigma_x,\sigma_y,\sigma_{xy}) = \sigma_{xy} / (\sigma_x \cdot \sigma_y)$$

lautet dann der ML-Schätzer für ρ_{xy} nach dem Invarianzprinzip I 4.2

$$\hat{\rho}_{xy} = f(\hat{\sigma}_x,\hat{\sigma}_y,\hat{\sigma}_{xy}) = \hat{\sigma}_{xy} / (\hat{\sigma}_x \cdot \hat{\sigma}_y) ,$$

was gerade der Stichproben-Korrelationskoeffizient (2) ist.   ☐

3.3 Zusammenhang mit der einfachen linearen Regression

Einfachheitshalber wollen wir nun eine Realisation (auf der Grundlage der Stichprobe (1)) der Größen

$$\hat{\sigma}_x, \hat{\sigma}_y, \hat{\sigma}_{xy}, \hat{\rho}_{xy} \quad \text{mit} \quad s_x, s_y, s_{xy}, r$$

bezeichnen, eine Realisation von $\hat{\alpha}, \hat{\beta}$, den MQ-Schätzern der Koeffizienten α, β der einfachen linearen Regression y über x, mit a,b . In III 3.6 hatten wir bereits $b = s_{xy} / s_x^2$, d.h.

$$(3) \qquad b = r \frac{s_y}{s_x}$$

abgeleitet. Da ferner mit den Bezeichnungen von III 6.9

$$SQR = \sum_{i=1}^{n} (\hat{y}_i - \overline{y})^2 = b^2 \sum_i (x_i - \overline{x})^2 = b^2 (n-1) s_x^2$$
$$SQT = (n-1) s_y^2$$

gilt, erhalten wir mit Hilfe von (3)

$$\frac{SQR}{SQT} = r^2 ,$$

sowie für den F-Quotienten der einfachen linearen Regression

(4) $\dfrac{MQR}{MQD} = \dfrac{SQR}{(SQT-SQR)/(n-2)} = (n-2)\dfrac{r^2}{1-r^2}$.

3.4 Testen der Hypothese $\rho_{xy} = 0$

Satz Der Zufallsvektor $(X,Y)^T$ sei bivariat normalverteilt. Auf der Grundlage der Stichprobe (1) definieren wir die Zufallsvariable

$$t = \sqrt{n-2}\ \frac{\hat{\rho}_{xy}}{\sqrt{1-\hat{\rho}_{xy}^2}}\ .$$

Unter H_0 $(\rho_{xy} = 0)$ ist t wie ein t_{n-2} verteilt.

Beweis Nach Satz I 2.7 gilt für einen bivariat normalverteilten Vektor $(X,Y)^T$ mit Erwartungswert-Vektor $(\mu_x,\mu_y)^T$ und mit Kovarianzmatrix $\begin{bmatrix} \sigma_x^2 & \sigma_{xy} \\ \sigma_{xy} & \sigma_y^2 \end{bmatrix}$:

Die bedingte Verteilung von Y, gegeben X = x, ist eine

$$N(\mu_y + \beta(x-\mu_x),\sigma^2)\text{-Verteilung} ,$$

wobei

$$\beta = \rho_{xy}\sigma_y/\sigma_x , \quad \sigma^2 = \sigma_y^2(1-\rho_{xy}^2) .$$

Für die n unabhängigen Wiederholungen (1) ist dann die bedingte Verteilung von $(Y_1,...,Y_n)$, gegeben $X_1 = x_1,...,X_n = x_n$, gleich der gemeinsamen Verteilung von n Zufallsvariablen $Z_1,...,Z_n$, wobei

(5) $Z_i = \mu_y + \beta(x_i - \mu_x) + e_i$,

$e_1,...,e_n$ unabhängig und $N(0,\sigma^2)$-verteilt. Gleichung (5) stellt das LM der einfachen linearen Regression mit Normalverteilungs-Annahme dar. In diesem Modell ist gemäß III 6.9 die Zufallsvariable

$$\tilde{t} = \sqrt{\frac{MQR}{MQD}}$$

unter H_β $(\beta = 0)$ t_{n-2}-verteilt. Dabei werden MQR und MQD aus

(6) $\begin{pmatrix} Z_1 \\ x_1 \end{pmatrix} , ... , \begin{pmatrix} Z_n \\ x_n \end{pmatrix}$

berechnet. Der Beweis wird nun durch Ausnützen der folgenden drei Tatsachen zu Ende geführt.

(i) Für jede Realisation von (6) ist nach (4)

$$MQR/MQD = (n-2)r^2/(1-r^2) ,$$

wobei beide Seiten aus den $\begin{pmatrix} Z_1 \\ x_1 \end{pmatrix} , ... , \begin{pmatrix} Z_n \\ x_n \end{pmatrix}$ berechnet werden.

(ii) $\beta = \rho_{xy}\,\sigma_y/\sigma_x$ ist genau dann gleich Null, wenn ρ_{xy} es ist (beachte $\sigma_y > 0$).

(iii) Unter H_0 $(\rho_{xy} = 0)$ sind die Zufallsvektoren

$$(Y_1,...,Y_n)^T \quad \text{und} \quad (X_1,...,X_n)^T$$

unabhängig (vgl. I 2.6), so daß unter H_0 die bedingte Verteilung von $t = t((Y_i,X_i),$ $i=1,...n)$ gegeben $X_1 = x_1,...,X_n = x_n$ gleich der Verteilung von $t((Y_i,x_i),\ i=1,...,n)$ und dann gleich der von $\tilde{t} = \tilde{t}((Z_i,x_i),\ i=1,...,n)$ ist, vgl. Witting (1985, S.399) für die wahrscheinlichkeitstheoretischen Argumente. Letztere ist eine t_{n-2}-Verteilung und nicht mehr funktional abhängig von den $x_1,...,x_n$, so daß man auf die t_{n-2}-Verteilung der Größe t schließen kann. $\Box$

3.5 Bemerkungen zum t-Test 3.4

1. Man verwirft H_0 $(\rho_{xy} = 0)$, falls

$$|t| > t_{n-2,1-\alpha/2} \ .$$

Da für große n und $\alpha = 0.05$

$$t_{n-2,1-\alpha/2} \approx 2 , \quad \sqrt{n-2}/\sqrt{n} \approx 1,$$

und da $\sqrt{1-\hat{\rho}_{xy}^2} \approx 1$ für kleinere $\hat{\rho}_{xy}$ gilt, läßt sich die folgende *Faustregel* begründen:

$\hat{\rho}_{xy}$ ist signifikant von 0 verschieden, falls $\sqrt{n}\cdot|\hat{\rho}_{xy}| \geq 2$.

2. Ein anderer Beweis des Satzes 3.4 benutzt die Transformationsformel I 1.4 zur Berechnung der Dichte von t.

3. Auf Hypothesen der Form $\rho_{xy} = \rho_0$, wobei $\rho_0 \in (-1,1)$ eine vorgegebene Zahl ist, läßt sich das in 3.4 vorgeführte Verfahren nicht erweitern. Vielmehr wird ein asymptotischer Test der Hypothese $H_0\colon \rho = \rho_0$ und ein asymptotisches Konfidenzintervall für ρ mit Hilfe der Fisherschen Z-Transformation 3.6 abgeleitet.

3.6 Fishers Z-Transformation

Satz Der Zufallsvektor $(X,Y)^T$ sei bivariat normalverteilt mit Korrelationskoeffizienten ρ. Der Schätzer $\hat{\rho}_{xy} = \hat{\rho}_n$ für $\rho_{xy} = \rho$ -der auf der Grundlage unabhängiger Wiederholungen (1) berechnet wird- erfüllt bei $n \to \infty$

$$\sqrt{n}(h(\hat{\rho}_n) - h(\rho)) \xrightarrow{\;D\;} N(0,1),$$

mit

$$h(t) = \frac{1}{2}\log\frac{1+t}{1-t} = \operatorname{ar\,tanh}(t) \ .$$

Beweisskizze vgl. Arnold (1981, p. 307).

i) Wir setzen o.E. $\sigma_x^2 = \sigma_y^2 = 1$, $\mu_x = \mu_y = 0$, und bilden die Zufallsvariablen
$(\Sigma = \Sigma_{i=1}^n)$

$$SQ_x = \Sigma (X_i - \overline{X})^2/n = \Sigma X_i^2/n - \overline{X}^2$$
$$(7) \qquad SQ_y = \Sigma (Y_i - \overline{Y})^2/n = \Sigma Y_i^2/n - \overline{Y}^2$$
$$SP_{xy} = \Sigma (X_i - \overline{X})(Y_i - \overline{Y})/n = \Sigma X_i Y_i/n - \overline{X}\,\overline{Y} .$$

Wir wollen zunächst zeigen, daß

$$(8) \qquad \sqrt{n}(\mathbf{S} - \mathbf{m}) \xrightarrow{\;\mathcal{D}\;} N_3(0,\mathbf{V}) ,$$

wobei

$$\mathbf{S} = \begin{bmatrix} SQ_x \\ SQ_y \\ SP_{xy} \end{bmatrix} , \qquad \mathbf{m} = \begin{bmatrix} 1 \\ 1 \\ \rho \end{bmatrix} , \qquad \mathbf{V} = 2 \begin{bmatrix} 1 & \rho^2 & \rho \\ \rho^2 & 1 & \rho \\ \rho & \rho & (1+\rho^2)/2 \end{bmatrix} .$$

Dazu rechnen wir zunächst nach, indem wir $\mathbb{E}\,Y^4 = 3$ und I 2.7 benutzen, daß
für $\mathbf{Z}_i = (X_i^2, Y_i^2, X_i \cdot Y_i)^T$ gilt

$$\mathbb{E}\,\mathbf{Z}_i = \mathbf{m} , \qquad V(\mathbf{Z}_i) = \mathbf{V} ,$$

so daß der multivariate ZGWS, vgl. ANHANG B 3.11, Kor. 1, liefert

$$(9) \qquad \sqrt{n}(\overline{\mathbf{Z}} - \mathbf{m}) \xrightarrow{\;\mathcal{D}\;} N_3(0,\mathbf{V}) , \qquad \text{mit } \overline{\mathbf{Z}} = \tfrac{1}{n} \Sigma_{i=1}^n \mathbf{Z}_i .$$

Für die jeweils zweiten Terme in (7), d.i. für $\mathbf{T} = (\overline{X}^2, \overline{Y}^2, \overline{X}\cdot\overline{Y})$, gilt wegen der
Verteilungskonvergenzen von $\sqrt{n}\,\overline{X}$, $n\overline{X}^2$, $n\overline{Y}^2$ und wegen $\overline{Y} \xrightarrow{\;\mathbb{P}\;} 0$ (benutze
Prop. 3.5 und Prop. 3.3 ii) aus ANHANG B)

$$(10) \qquad \sqrt{n}\,\mathbf{T} \xrightarrow{\;\mathbb{P}\;} 0 .$$

Aufgrund des Satzes von Cramér (Slutzky), ANHANG B 3.9, folgt dann aus (9) und
(10) wegen $\mathbf{S} = \overline{\mathbf{Z}} - \mathbf{T}$ die Behauptung (8) .

ii) Es gilt nun mit der Funktion $f(x_1,x_2,x_3) = x_3/\sqrt{x_1 \cdot x_2}$

$$\hat{\rho}_n = f(SQ_x, SQ_y, SP_{xy}) .$$

Aus

$$\frac{d}{d\mathbf{x}} f(\mathbf{m}) = (-\tfrac{1}{2}\rho, -\tfrac{1}{2}\rho, 1)^T = \mathbf{d}$$

und aus

$$\mathbf{d}^T \mathbf{V} \mathbf{d} = (1-\rho^2)^2 , \qquad f(\mathbf{m}) = \rho ,$$

folgt dann mit Hilfe der δ-Methode, ANHANG B 3.12 , aus (8)

$$(11) \qquad \sqrt{n}(\hat{\rho}_n - \rho) \xrightarrow{\;\mathcal{D}\;} N(0,(1-\rho^2)^2) .$$

iii) Wiederum mit Hilfe der δ-Methode folgt mit der Funktion

$$h(t) = \frac{1}{2} \log \frac{1+t}{1-t}$$

wegen

$$(h'(\rho))^2 = \frac{1}{(1-\rho^2)^2}$$

aus (11) die Behauptung des Satzes. $\square$

Bemerkungen

1. Die Transformation $\hat{\rho} \to h(\hat{\rho})$ heißt Fishers *Z-Transformation*.

2. Aus dem Satz leiten wir die folgende Vorschrift für einen asymptotischen Test der Hypothese $H_0 : \rho_{xy} = \rho_0$ $(-1 < \rho_0 < 1)$ ab: Berechne den Stichproben-Korrelationskoeffizienten $r = \hat{\rho}_{xy}$ aus der bivariaten Stichprobe (1) und bilde

$$z = \frac{1}{2} \log \frac{1+r}{1-r} = \mathrm{ar\,tanh}(r)$$

sowie

$$\zeta_0 = \frac{1}{2} \log \frac{1+\rho_0}{1-\rho_0} = \mathrm{ar\,tanh}(\rho_0) \ .$$

Verwirf $\rho_{xy} = \rho_0$ zugunsten von $\rho_{xy} \neq \rho_0$, falls

$$\sqrt{n}\,|z - \zeta_0| > u_{1-\alpha/2} \ .$$

3. Ein asymptotisches Konfidenzintervall zum Niveau $1-\alpha$ für $\zeta = \mathrm{ar\,tanh}(\rho_{xy})$ lautet

$$z - u_{1-\alpha/2}/\sqrt{n} \leq \zeta \leq z + u_{1-\alpha/2}/\sqrt{n} \ .$$

Für $\rho_{xy} = \tanh(\zeta) = (e^{2\zeta} - 1)/(e^{2\zeta} + 1)$ umgeschrieben heißt es

$$\tanh(z - u_{1-\alpha/2}/\sqrt{n}) \leq \rho_{xy} \leq \tanh(z + u_{1-\alpha/2}/\sqrt{n}) \ .$$

MULTIPLE KORRELATION

3.7 Multipler Korrelationskoeffizient $\rho_{\mathbf{x}y}$

Gegeben sei nun ein $(m+1)$-dimensionaler Zufallsvektor $\binom{\mathbf{X}}{Y}$, $\mathbf{X} = \begin{bmatrix} X_1 \\ \vdots \\ X_m \end{bmatrix}$.
Wir definieren die Zufallsvariable $\hat{Y}$ als den bedingten Erwartungswert von Y, gegeben $\mathbf{X}$,
d.h.

$$\hat{Y} = \mathrm{I\!E}(Y|\mathbf{X}) \ .$$

($\hat{Y}$ ist eine Funktion der $X_1, \dots, X_m$) . Der multiple Korrelationskoeffizient

$$\rho_{\mathbf{x}y} \equiv \rho_{(x_1, \dots, x_m), y}$$

ist definiert als bivariater (gewöhnlicher) Korrelationskoeffizient von $\hat{Y}$ und Y:

$$(12) \qquad \rho_{\mathbf{x}y} = \rho_{\hat{y}y} = \frac{\sigma_{\hat{y}y}}{\sigma_{\hat{y}}\,\sigma_y}\;.$$

3.8 $\rho_{\mathbf{x}y}$ bei Normalverteilung

Satz   Hat der Zufallsvektor $\begin{pmatrix}\mathbf{X}\\Y\end{pmatrix}$ eine $(m+1)$-dimensionale Normalverteilung mit Kovarianzmatrix

$$\boldsymbol{\Sigma} \;=\; \begin{bmatrix} \boldsymbol{\Sigma}_{\mathbf{xx}} & \boldsymbol{\sigma}_{\mathbf{x}y} \\[2mm] \boldsymbol{\sigma}_{\mathbf{x}y}^{\mathrm{T}} & \sigma_{yy} \end{bmatrix},$$

wobei

$$\boldsymbol{\Sigma}_{\mathbf{xx}} = \mathbb{V}(\mathbf{X})\;,\quad \boldsymbol{\sigma}_{\mathbf{x}y}^{\mathrm{T}} = (\sigma_{x_1 y},\ldots,\sigma_{x_m y})\;,\quad \sigma_{yy} = \sigma_y^2 = \mathrm{Var}(Y)\;,$$

so gilt

$$(13) \qquad \rho_{\mathbf{x}y} = \frac{1}{\sigma_y}\sqrt{\boldsymbol{\sigma}_{\mathbf{x}y}^{\mathrm{T}}\,\boldsymbol{\Sigma}_{\mathbf{xx}}^{-1}\,\boldsymbol{\sigma}_{\mathbf{x}y}}\;.$$

Beweis   Satz I 2.7 liefert

$$\hat{Y} = \mu_y + \boldsymbol{\sigma}_{\mathbf{x}y}^{\mathrm{T}}\,\boldsymbol{\Sigma}_{\mathbf{xx}}^{-1}(\mathbf{X}-\boldsymbol{\mu}_{\mathbf{x}})\;,$$

so daß mit I 1.6 wegen $\mathbb{V}(\mathbf{X}-\boldsymbol{\mu}_{\mathbf{x}}) = \boldsymbol{\Sigma}_{\mathbf{xx}}$ gilt

$$\sigma_{\hat{y}}^2 \equiv \mathrm{Var}(\hat{Y}) \;=\; \boldsymbol{\sigma}_{\mathbf{x}y}^{\mathrm{T}}\,\boldsymbol{\Sigma}_{\mathbf{xx}}^{-1}\,\boldsymbol{\Sigma}_{\mathbf{xx}}\,\boldsymbol{\Sigma}_{\mathbf{xx}}^{-1}\,\boldsymbol{\sigma}_{\mathbf{x}y} = \boldsymbol{\sigma}_{\mathbf{x}y}^{\mathrm{T}}\,\boldsymbol{\Sigma}_{\mathbf{xx}}^{-1}\,\boldsymbol{\sigma}_{\mathbf{x}y}\;,$$

und mit I 1.7 wegen $\mathbb{C}\mathrm{ov}(\mathbf{X}-\boldsymbol{\mu}_{\mathbf{x}},Y) = \boldsymbol{\sigma}_{\mathbf{x}y}$

$$\sigma_{\hat{y}y} \equiv \mathrm{Cov}(\hat{Y},Y) = \boldsymbol{\sigma}_{\mathbf{x}y}^{\mathrm{T}}\,\boldsymbol{\Sigma}_{\mathbf{xx}}^{-1}\,\boldsymbol{\sigma}_{\mathbf{x}y}\;.$$

Die Behauptung folgt aus Definition (12) . $\square$

3.9   Empirischer multipler Korrelationskoeffizient

Um eine Überfrachtung der Notation zu vermeiden, schreiben wir für empirische Kovarianzen jetzt wieder s anstelle von $\hat{\sigma}$ und für empirische Korrelationen r anstelle von $\hat{\rho}$. Auf der Grundlage von n unabhängigen

$$\text{Realisationen}\quad \begin{pmatrix}\mathbf{x}_1\\y_1\end{pmatrix}\,,\;\ldots\,,\;\begin{pmatrix}\mathbf{x}_n\\y_n\end{pmatrix}\;\text{von}\;\begin{pmatrix}\mathbf{X}\\Y\end{pmatrix},$$

wobei $\mathbf{x}_i = (x_{1i},\ldots,x_{mi})^{\mathrm{T}}$ ist, definieren wir den *empirischen* multiplen Korrelationskoeffizienten $r_{\mathbf{x}y}$ als

$$r_{xy} = r_{\hat{y}y} = \frac{s_{\hat{y}y}}{s_{\hat{y}} \cdot s_y} \; .$$

Dabei bedeuten $s_{\hat{y}y}$ [bzw. $r_{\hat{y}y}$] die empirische Kovarianz [bzw. Korrelation] der bivariaten Stichprobe

$$\left(\begin{matrix}\hat{y}_1\\y_1\end{matrix}\right) , \; \dots , \left(\begin{matrix}\hat{y}_n\\y_n\end{matrix}\right) , \qquad \hat{y}_i = \overline{y} + \sum_{j=1}^{m} \hat{\beta}_j (x_{ji} - \overline{x}_j) \; ,$$

und $(\hat{\beta}_1,\dots,\hat{\beta}_m)$ die Regressionskoeffizienten der m-fachen linearen Regression y über $x_1,\dots,x_m$. Wegen $s_{\hat{y}y} = s_{\hat{y}}^2$ [folgt aus $\sum (y_i - \hat{y}_i)(\hat{y}_i - \overline{y}) = 0$] ist

$$(14) \qquad r_{xy} = s_{\hat{y}} / s_y \; .$$

3.10 r_{xy} als Maximum-Likelihood Schätzer

Zunächst beweisen wir eine Darstellung von r_{xy} , die das empirische Gegenstück zu (13) bildet. Die i.f. auftretenden Matrizen $\mathbf{S}_{xx}$ und Ξ mögen Höchstrang haben.

Lemma Für den empirischen multiplen Korrelationskoeffizienten gilt

$$(15) \qquad r_{xy} = \sqrt{\mathbf{s}_{xy}^T \mathbf{S}_{xx}^{-1} \mathbf{s}_{xy}} \, / \, s_y$$

mit der m×m-Matrix bzw. dem m×1-Vektor

$$\mathbf{S}_{xx} = (s_{x_i x_j}, \, 1 \le i,j \le m), \quad \mathbf{s}_{xy} = (s_{x_i y} , \, 1 \le i \le m) \; .$$

Beweis Wir führen die n×1-Vektoren

$$\boldsymbol{\eta} = (y_i - \overline{y}, \, 1 \le i \le n) , \quad \hat{\boldsymbol{\eta}} = (\hat{y}_i - \overline{y}, \, 1 \le i \le n)$$

und die n×m-Matrix

$$\Xi = (\xi_{ij}, \, 1 \le i \le n , \, 1 \le j \le m) , \quad \xi_{ij} = x_{ji} - \overline{x}_j \; ,$$

ein und bezeichnen innerhalb dieses Beweises mit $\boldsymbol{\beta}$ und $\hat{\boldsymbol{\beta}}$ die m×1-Vektoren $(\beta_1,\dots,\beta_m)^T$ bzw. $(\hat{\beta}_1,\dots,\hat{\beta}_m)^T$. Mit Hilfe dieser Bezeichnungen ist gemäß 1.2, Modell b), unter Beachtung von $\Xi^T \mathbf{y} = \Xi^T \boldsymbol{\eta}$,

$$\hat{\boldsymbol{\eta}} = \Xi \cdot \hat{\boldsymbol{\beta}} , \quad \hat{\boldsymbol{\beta}} = (\Xi^T \Xi)^{-1} \Xi^T \cdot \boldsymbol{\eta} \; ,$$

und deshalb wegen $\mathbf{S}_{xx} = \Xi^T \Xi / (n-1)$, $\mathbf{s}_{xy} = \Xi^T \boldsymbol{\eta} / (n-1)$

$$(n-1) \cdot s_{\hat{y}}^2 = \hat{\boldsymbol{\eta}}^T \cdot \hat{\boldsymbol{\eta}} = \boldsymbol{\eta}^T \Xi (\Xi^T \Xi)^{-1} \Xi^T \Xi (\Xi^T \Xi)^{-1} \Xi^T \boldsymbol{\eta} = \mathbf{s}_{xy}^T \cdot \mathbf{S}_{xx}^{-1} \cdot \mathbf{s}_{xy} \cdot (n-1).$$

Daraus folgt über Formel (14) sofort die Behauptung. $\square$

Satz Ist der Zufallsvektor $\begin{pmatrix} X \\ Y \end{pmatrix}$ $(m+1)$-dimensional normalverteilt, so ist der empirische multiple Korrelationskoeffizient r_{xy} ML-Schätzer für ρ_{xy}
(r_{xy} berechnet aus n unabhängigen Wiederholungen von $\begin{pmatrix} X \\ Y \end{pmatrix}$).

Beweis Folgt mit der Argumentation von Satz 3.2 aus Satz 3.8 und aus Darstellung (15). $\square$

3.11 Weitere Darstellungen von r_{xy}

Aus Formel (14) folgt

$$r_{xy}^2 = \frac{s_{\hat{y}}^2}{s_y^2} = \frac{\Sigma(\hat{y}_i - \bar{y})^2}{\Sigma(y_i - \bar{y})^2} \, ,$$

d.h. mit den Bezeichnungen von 1.3

$$(16) \qquad r_{xy}^2 = \frac{SQR}{SQT} \, .$$

Man bezeichnet deshalb in der multiplen linearen Regression den Quotienten SQR/SQT auch als *Bestimmtheitsmaß* R^2. R^2 mißt den Bruchteil an der Gesamtvarianz der Stichprobe $(y_1, \dots, y_n)$, der durch den linearen Regressionsansatz bestimmt wird.

Satz Für den empirischen multiplen Korrelationskoeffizienten gilt

$$r_{xy} = \max_{y^*} r_{y^*y} \, ,$$

wobei das Maximum über alle Linearkombinationen

$$y^* = c_0 + c_1 x_1 + \dots + c_m x_m$$

gebildet wird.

Beweis Die Größen $r_{y^*y} = \dfrac{s_{y^*y}}{s_{y^*} s_y}$ und r_{xy} hängen nicht vom Nullpunkt des $(x_1, \dots, x_m, y)$-Koordinatensystems ab, so daß wir o.E.

$$\bar{y} = \sum_i y_i / n = 0 \, , \quad \bar{x}_j = \sum_i x_{ji} / n = 0$$

und auch

$$\bar{y}^* = c_0 + c_1 \bar{x}_1 + \dots + c_m \bar{x}_m = 0 \quad (c_0 = 0)$$

setzen können. Damit wird

$$s_{y^*y} = \Sigma_{j=1}^m \Sigma_{i=1}^n y_i c_j x_{ji} / (n-1)$$

$$s_{y*}^2 = \sum_{j=1}^m \sum_{k=1}^m \sum_{i=1}^n c_j c_k x_{ji} x_{ki} / (n-1) \; .$$

Der ganze Wertevorrat von r_{y*y} wird bereits für Koeffizienten c_i mit $s_{y*}^2 = 1$ angenommen. Um r_{y*y} zu maximieren, reicht es also aus, das

Maximum von s_{y*y} unter der Nebenbedingung $s_{y*}^2 = 1$

zu finden. Ableiten des Ausdrucks $s_{y*y} - \frac{1}{2}\lambda(s_{y*}^2 - 1)$ (λ Lagrange-Parameter) nach den c_j und Nullsetzen der Ableitungen führt zu

$$(17) \qquad \sum_{i=1}^n y_i x_{ji} - \lambda \sum_{k=1}^m \sum_{i=1}^n c_k x_{ji} x_{ki} = 0 \; , \quad j=1,\dots,m \; .$$

Da die Koeffizienten c_k den gleichen Wert r_{y*y} liefern wie die $|\lambda| c_k$, können wir $\lambda = 1$ setzen und haben in (17) das System NG der Normalgleichungen 1.2 vor uns. Wir erhalten also $c_k = \hat{\beta}_k$, mit den MQ-Schätzern $\hat{\beta}_k$ für die Regressionskoeffizienten β_k , und damit $y^* = \hat{y}$, womit alles bewiesen ist. $\square$

Bemerkungen 1. Es gilt also das folgende Dualitätsprinzip:

Unter allen Linearkombinationen $y^* = \sum_o^m c_j x_j$ der Variablen $x_1,\dots,x_m$ ist $\hat{y} = \sum_o^m \hat{\beta}_j x_j$ (mit den Regressionskoeffizienten $\hat{\beta}_j$ als Lösung der NG und mit $x_o = 1$) gerade diejenige, welche

(i) die Residuenquadratsumme $\sum_1^n (y_i^* - y_i)^2$ minimiert

und gleichzeitig

(ii) die Korrelation r_{y*y} mit y maximiert.

2. Unmittelbare Folgerungen aus dem Satz sind

$$0 \le r_{\mathbf{x}y} \le 1$$

$$r_{\mathbf{x}y} \ge |r_{x_j y}| \quad \text{für } j=1,\dots,m$$

$$r_{\mathbf{x}y} = |r_{x_1 y}| \quad \text{im Fall } m=1 \text{ und } \mathbf{x} = (x_1) \; .$$

PARTIELLE KORRELATION

3.12 Partieller Korrelationskoeffizient $\rho_{xy.\mathbf{z}}$

Die Definition des partiellen Korrelationskoeffizienten geht von einem $(m+2)$-dimensionalen Zufallsvektor $\begin{pmatrix} \mathbf{U} \\ \mathbf{Z} \end{pmatrix}, \mathbf{U} = \begin{pmatrix} X \\ Y \end{pmatrix}, \mathbf{Z} = \begin{bmatrix} Z_1 \\ \vdots \\ Z_m \end{bmatrix}$, aus, der $N_{m+2}(\boldsymbol{\mu}, \boldsymbol{\Sigma})$-verteilt ist. Setzen wir

$$\boldsymbol{\Sigma} = \begin{bmatrix} \boldsymbol{\Sigma}_{uu} & \boldsymbol{\Sigma}_{uz} \\ \boldsymbol{\Sigma}_{zu} & \boldsymbol{\Sigma}_{zz} \end{bmatrix} , \quad \boldsymbol{\Sigma}_{uu} = \begin{bmatrix} \sigma_x^2 & \sigma_{xy} \\ \sigma_{xy} & \sigma_y^2 \end{bmatrix} ,$$

so ist nach I 2.7 die bedingte Verteilung von $\mathbf{U}$, gegeben $\mathbf{Z}$, eine

$$N_2(\boldsymbol{\mu}_{u|z}, \boldsymbol{\Sigma}_{u|z})\text{-Verteilung} , \quad \boldsymbol{\Sigma}_{u|z} = \boldsymbol{\Sigma}_{uu} - \boldsymbol{\Sigma}_{uz}\boldsymbol{\Sigma}_{zz}^{-1}\boldsymbol{\Sigma}_{zu} .$$

Schreiben wir

$$\boldsymbol{\Sigma}_{u|z} = \begin{bmatrix} \sigma_{xx}^{u|z} & \sigma_{xy}^{u|z} \\ \sigma_{xy}^{u|z} & \sigma_{yy}^{u|z} \end{bmatrix} ,$$

so nennt man

$$(18) \quad \rho_{xy.\mathbf{z}} = \frac{\sigma_{xy}^{u|z}}{\sqrt{\sigma_{xx}^{u|z} \cdot \sigma_{yy}^{u|z}}}$$

den partiellen Korrelationskoeffizienten (partial correlation coefficient) von X und Y, gegeben $\mathbf{Z} = (Z_1, ..., Z_m)^T$. Die Größe $\rho_{xy.\mathbf{z}}$ gibt also die Korrelation von X und Y in der bedingten Verteilung, gegeben $\mathbf{Z}$, an. Im Spezialfall m=1 erhalten wir

$$\boldsymbol{\Sigma}_{u|z} = \begin{bmatrix} \sigma_x^2 & \sigma_{xy} \\ \sigma_{xy} & \sigma_y^2 \end{bmatrix} - \frac{1}{\sigma_z^2} \begin{bmatrix} \sigma_{xz}^2 & \sigma_{xz}\sigma_{yz} \\ \sigma_{xz}\sigma_{yz} & \sigma_{yz}^2 \end{bmatrix} ,$$

und deshalb

$$(19) \quad \rho_{xy.z} = \frac{\rho_{xy} - \rho_{xz}\rho_{yz}}{\sqrt{(1-\rho_{xz}^2)(1-\rho_{yz}^2)}} .$$

Im Fall m=2 berechnet sich der partielle Korrelationskoeffizient aus denen für m=1, nämlich gemäß

$$(20) \quad \rho_{xy.z_1z_2} = \frac{\rho_{xy.z_2} - \rho_{xz_1.z_2}\rho_{yz_1.z_2}}{\sqrt{(1-\rho_{xz_1.z_2}^2)(1-\rho_{yz_1.z_2}^2)}} .$$

Eine solche Rekursionsformel gibt es für jedes $m \geq 1$ (Anderson, 1958, sec. 2.5.3).

3.13 Empirischer partieller Korrelationskoeffizient

Liegen n unabhängige

$$\text{Realisationen} \begin{pmatrix} \mathbf{u}_1 \\ \mathbf{z}_1 \end{pmatrix}, ..., \begin{pmatrix} \mathbf{u}_n \\ \mathbf{z}_n \end{pmatrix} , \quad \text{mit } \mathbf{u}_i = \begin{pmatrix} x_i \\ y_i \end{pmatrix},$$

vor, so definiert man den *empirischen* partiellen Korrelationskoeffizienten $r_{xy.\mathbf{z}}$

von x und y, gegeben $\mathbf{z}$, als die ML-Schätzung für $\rho_{xy.\mathbf{z}}$ im Normalverteilungs-
fall. Gemäß dem Prinzip I 4.2 für ML-Schätzungen bedeutet dies (wieder s und $\mathbf{S}$
anstelle von $\hat{\sigma}$ und $\hat{\boldsymbol{\Sigma}}$ schreibend)

$$r_{xy.\mathbf{z}} = \frac{s_{xy}^{u|z}}{\sqrt{s_{xx}^{u|z} \cdot s_{yy}^{u|z}}} \ ,$$

wobei $s_{xx}^{u|z}$ usw. die Elemente der 2×2 Matrix

$$\mathbf{S}_{u|z} = \mathbf{S}_{uu} - \mathbf{S}_{uz} \mathbf{S}_{zz}^{-1} \mathbf{S}_{zu}$$

sind und

$$\mathbf{S}_{uu} = \begin{bmatrix} s_x^2 & s_{xy} \\ s_{xy} & s_y^2 \end{bmatrix}$$

usw. die Schätzungen für $\boldsymbol{\Sigma}_{uu}$ usw. darstellen. In den Spezialfällen $m=1$ und $m=2$
erhalten wir für $r_{xy.z}$ und $r_{xy.z_1 z_2}$ die Formeln (19) und (20), wobei die ρ's
durch r's ersetzt werden.

3.14 Zusammenhang mit der linearen Regression

Wir beschränken uns auf den Fall $m=1$, bei welchem die Stichprobe vom Umfang n

$$(21) \qquad \begin{bmatrix} z_1 \\ x_1 \\ y_1 \end{bmatrix} , \ldots , \begin{bmatrix} z_n \\ x_n \\ y_n \end{bmatrix}$$

lautet. Durch $x = a+bz$ und $y = a'+b'z$ beschreiben wir die empirischen Regressionsgeraden von x über z bzw. y über z . Dann bedeutet

$$(22) \qquad \begin{bmatrix} x_1 - \hat{x}_1 \\ y_1 - \hat{y}_1 \end{bmatrix} , \ldots , \begin{bmatrix} x_n - \hat{x}_n \\ y_n - \hat{y}_n \end{bmatrix}$$

wobei $\hat{x}_i = a + bz_i$, $\hat{y}_i = a' + b'z_i$ gesetzt wurde, die bivariate Stichprobe der
Residuen, und wir können beweisen:

Satz Der aus der Stichprobe (21) berechnete partielle Korrelationskoeffizient
$r_{xy.z}$ von x und y , gegeben z, ist gleich dem bivariaten (gewöhnlichen) Korrelationskoeffizient der Stichprobe (22), d.h.

$$r_{xy.z} = r_{x-\hat{x},\, y-\hat{y}} \ .$$

Beweis O.E. gehen wir zu den standardisierten x, y und z Stichproben über, bei
denen also

$$\bar{x} = \bar{y} = \bar{z} = 0 \ , \quad s_x = s_y = s_z = 1$$

ist. Dann gilt für die einfache lineare Regression von x bzw. y über z:

$$\hat{x}_i = r_{xz}z_i \, , \quad \hat{y}_i = r_{yz}z_i \, ,$$

so daß wir aufgrund der Bilinearität der Kovarianz rechnen

$$
\begin{aligned}
s_{x-\hat{x},\,y-\hat{y}} &= s_{xy} - r_{xz}s_{yz} - r_{yz}s_{xz} + r_{xz}r_{yz}s_z^2 \\
&= r_{xy} - r_{xz}r_{yz} - r_{yz}r_{xz} + r_{xz}r_{yz} \\
&= r_{xy} - r_{xz}r_{yz} \, ,
\end{aligned}
$$

$$s_{x-\hat{x}}^2 = 1 - r_{xz}^2 \, ,$$

$$s_{y-\hat{y}}^2 = 1 - r_{yz}^2 \, ,$$

woraus

$$r_{x-\hat{x},\,y-\hat{y}} = \frac{s_{x-\hat{x},\,y-\hat{y}}}{s_{x-\hat{x}}\cdot s_{y-\hat{y}}} = \frac{r_{xy} - r_{xz}r_{yz}}{\sqrt{(1-r_{xz}^2)(1-r_{yz}^2)}}$$

folgt, also zusammen mit der Formel (19) (empirische Version) die Behauptung. $\square$

Bemerkung Der partielle Korrelationskoeffizient $r_{xy.z}$ gibt also die Korrelation der Variablen x und y an, nachdem der (lineare Mittelwert-)Einfluß von z auf diese beiden Variablen entfernt worden ist. Man spricht bei $r_{xy.z}$ auch von der Korrelation der Variablen x und y bei *kontrolliertem* oder *konstantem* z; die Variable z wird dann auch gerne *Kontroll*variable genannt.

3.15 Zusammenhang mit der multiplen Korrelation

Neben dem partiellen Korrelationskoeffizienten $r_{xy.z}$ berechnen wir nun auch noch den multiplen Korrelationskoeffizienten $r_{\mathbf{x}y}$, mit $\mathbf{x} = \left(\begin{smallmatrix} z \\ x \end{smallmatrix}\right)$, aus der Stichprobe (21) gemäß Formel (15) und zeigen den Zusammenhang:

Proposition Es gilt mit $\mathbf{x} = \left(\begin{smallmatrix} z \\ x \end{smallmatrix}\right)$

$$1 - r_{\mathbf{x}y}^2 = (1 - r_{zy}^2)(1 - r_{xy.z}^2)$$

Beweis Setze o.E.

$$s_x = s_y = s_z = 1 \, .$$

Dann ist nach den Formeln (15) und (19)

$$
\begin{aligned}
r_{\mathbf{x}y}^2 &= (s_{xy}, s_{zy}) \cdot \begin{pmatrix} 1 & -s_{xz} \\ -s_{xz} & 1 \end{pmatrix} \cdot (s_{xy}, s_{zy})^T / (1 - s_{xz}^2) \\
&= (r_{xy}^2 - 2r_{xy}r_{zy}r_{xz} + r_{zy}^2)/(1 - r_{xz}^2) \\
&= (1 - r_{zy}^2)r_{xy.z}^2 + r_{zy}^2 \, ,
\end{aligned}
$$

was die Behauptung ist. □

Die Aussage der Proposition wird nun auf höher-dimensionale Stichproben verallgemeinert. Es liege - wie bei der m-fachen linearen Regression - eine (m+1)-di-
mensionale Stichprobe der Form

$$\left(\begin{matrix}\mathbf{x}_1\\y_1\end{matrix}\right) , \dots , \left(\begin{matrix}\mathbf{x}_m\\y_m\end{matrix}\right) , \qquad \mathbf{x}_i = \left[\begin{matrix}x_{1i}\\\vdots\\x_{mi}\end{matrix}\right] ,$$

vor. Es bezeichne mit $\mathbf{x} = (x_1,\dots,x_m)^T$, $\mathbf{z} = (x_1,\dots,x_{m-1})^T$

$$r_{\mathbf{x}y} , \; r_{\mathbf{z}y} , \; r_{x_m y.\mathbf{z}}$$

die multiplen Korrelationskoeffizienten von y und $\mathbf{x}$ bzw. von y und $\mathbf{z}$ sowie den
partiellen Korrelationskoeffizienten von y und x_m, gegeben $\mathbf{z}$. In Verallgemeinerung der Proposition haben wir

Satz Es gilt mit $\mathbf{x} = \left(\begin{matrix}\mathbf{z}\\x_m\end{matrix}\right)$

$$1 - r_{\mathbf{x}y}^2 = (1 - r_{\mathbf{z}y}^2)(1 - r_{x_m y.\mathbf{z}}^2) .$$

Beweis Anderson (1958, sec. 2.5), insbes. Formeln (23) und (33). □

3.16 Zusammenhang mit partial F-Test

Für die (m-1)-fache [m-fache] lineare Regression y über x_1, $\dots,x_{m-1}$ [y über
$x_1,\dots,x_m$] bezeichne SQD_{m-1} [SQD_m] die Summe der Residuenquadrate. Wir
folgern dann aus dem obigen Satz

Korollar Für den partiellen Korrelationskoeffizienten $r_{x_m y.\mathbf{z}}$, $\mathbf{z} = \left[\begin{matrix}x_1\\\vdots\\x_{m-1}\end{matrix}\right]$
gilt

$$(23) \qquad r_{x_m y.\mathbf{z}}^2 = \frac{SQD_{m-1} - SQD_m}{SQD_{m-1}} .$$

Beweis Mit Hilfe von (16) und $SQD = SQT - SQR$ erhalten wir für $\mathbf{x} = \left[\begin{matrix}x_1\\\vdots\\x_m\end{matrix}\right]$

$$1 - r_{\mathbf{x}y}^2 = SQD_m / SQT , \quad 1 - r_{\mathbf{z}y}^2 = SQD_{m-1} / SQT ,$$

so daß Satz 3.15

$$1 - r_{x_m y.\mathbf{z}}^2 = SQD_m / SQD_{m-1}$$

und damit die Behauptung liefert. □

In 1.4 hatten wir die partial F-Teststatistik

$$(24) \quad F(x_m \cdot x_1, \dots, x_{m-1}) = \frac{SQD_{m-1} - SQD_m}{SQD_m} \, (n-m-1)$$

abgeleitet, mit der die Hypothese $\beta_m = 0$ im linearen Modell der m-fachen line-aren Regression geprüft werden kann. Aus (23) und (24) ergibt sich sofort der folgende Zusammenhang zwischen $r^2 = r^2_{x_m y \cdot \mathbf{z}}$ und $F = F(x_m \cdot x_1, \dots, x_{m-1})$:

$$(25) \quad r^2 = \frac{1}{1 + (n-m-1)/F} \quad \text{bzw.} \quad F = (n-m-1) \frac{r^2}{1 - r^2} \, .$$

Bemerkung Da F gemäß (25) eine streng monoton wachsende Funktion in r^2 ist, erscheint das Auswahlkriterium der schrittweisen linearen Regression (vgl. 1.5) in einem neuen Licht: Diejenige Variable wird neu in den Ansatz aufgenommen, die mit der Kriteriumsvariablen y betragsmäßig die größte partielle Korrelation, gege-ben die bereits im Ansatz befindlichen Variablen, aufweist.

3.17 Testen partieller Korrelationskoeffizienten

Den Zusammenhang (25) nutzt man auch zum Prüfen der Hypothese

$$H_0: \quad \rho_{x_m y \cdot \mathbf{z}} = 0 \, ,$$

wobei $\mathbf{z} = (x_1, \dots, x_{m-1})^T$ ist, aus. Man verwirft H_0, wenn für die Teststatistik $F = F(x_m \cdot x_1, \dots, x_{m-1})$ des partial F-Tests 1.4

$$F > F_{1, n-m-1, 1-\alpha}$$

gilt, bzw. wenn für $r = r_{x_m y \cdot \mathbf{z}}$

$$\sqrt{n-m-1} \; \frac{|r|}{\sqrt{1-r^2}} > t_{n-m-1, 1-\alpha/2}$$

gilt. Im Fall m=1 gewinnen wir den Test 3.4 zurück. Die mathematische Argumen-tation zur Ableitung dieses Tests verläuft ähnlich der in Satz 3.4. Zum Prüfen ei-ner Hypothese

$$H_0: \quad \rho_{x_m y \cdot \mathbf{z}} = \rho_0 \quad (-1 < \rho_0 < 1)$$

bedient man sich wie in 3.6 der Z-Transformation, vgl. Arnold (1981, p. 304).

3.18 Anwendungsbeispiel Klimawerte Garching

An 92 aufeinanderfolgenden Sommertagen des Jahres 1966 sind die Tagesmittel ei-niger Klimavariablen aufgezeichnet (siehe Auszug in TAFEL 5a). Da bei jeder Vari-

ablen eine Abhängigkeit zeitlich benachbarter Werte zu vermuten ist, tragen wir
zunächst die *Autokorrelationskoeffizienten*

$$r(k) = \frac{c(k)}{c(0)} \ , \quad c(k) = \frac{1}{n} \Sigma_{t=1}^{n-k} (y_t - \overline{y})(y_{t+k} - \overline{y}) \qquad [\overline{y} = \frac{1}{n} \Sigma_1^n y_t]$$

über die Zeitdifferenzen (*lag*) k=1,2,...,10 auf (TAFEL 5b). Zum Testen der Hypothese einer "wahren" Autokorrelation $\rho(k) \equiv \rho_{y_t,y_{t+k}} = 0$ können wir 3.4 als approximativen Test verwenden (in der Tat, für viele Modelle stationärer *Zeitreihen*
Y_t, t=1,2,... ist Satz 3.4 in modifizierter Form asymptotisch richtig, vgl. Brockwell
& Davies (1987, p. 216)). Die kritische Schranke liegt für ein individuelles r(k) bei
b_1 = 0.204 und für 10 Werte r(1),...,r(10) simultan bei b_{10} = 0.293 (Bonferroni, α
= 0.05). Demnach haben wir für die Meßwerte y_t, y_{t+1} zweier aufeinanderfolgen-
der Tage (und wohl auch noch bei y_t, y_{t+2}) mit Abhängigkeiten zu rechnen (TA-
FEL 5b). Eine Ausnahme bildet hier die Variable Niederschlag (NS), bei welcher
die Autokorrelationen r(1) = 0.102, r(2) = 0.067 usw. keine signifikant von 0 verschiedenen Werte aufweisen (ohne Abb.).

Wir wählen nun jeden dritten Tag (1., 4., 7. Juni usw.) aus und führen auf der Basis dieser n=31 Cases eine Korrelationsanalyse durch (für die Variable SD sind es
wegen eines missing values nur 30 Cases). Zunächst signalisieren die auf dieser
reduzierten Stichprobe basierenden Autokorrelationen das Fehlen serieller Abhängigkeiten, so daß die Annahme von n=31 unabhängigen Beobachtungen gerechtfertigt erscheint. Als Beispiele führen wir an

> TP: r(1) = 0.021, r(2) = 0.015, r(3) = 0.019
>
> LF: r(1) = 0.263, r(2) = 0.217, r(3) = -0.087 .

Die mäßig große Korrelation $r_{TP,SD}$ = 0.484 zwischen Temperatur (TP) und Sonnenscheindauer (SD) verschwindet nahezu, wenn die Luftfeuchtigkeit (LF) als Kontrollvariable eingeführt wird ($r_{TP,SD.LF}$ = -0.046), und wird sehr groß, wenn der
Dampfdruck (DD) die Rolle der Kontrollvariablen übernimmt ($r_{TP,SD.DD}$ = 0.886,
vgl. TAFEL 5c,d). Im ersten Fall wird wegen negativen Korrelationen zwischen LF
und SD sowie LF und TP die (TP,SD)-Punktwolke in mehr kreisförmige Teil-Punkt-
wolken entlang der Hauptdiagonalen aufgeteilt, wenn die Punkte gemäß der Kontrollvariablen LF gruppiert werden. Im zweiten Fall -wenn DD Kontrollvariable ist-
sind entsprechend die negative Korrelation zwischen DD und SD und die positive
Korrelation zwischen DD und TP zu berücksichtigen. Schematisch lassen sich die
Scattergrams aus TAFEL 5d wie folgt auftragen (Abb. links und mitte).

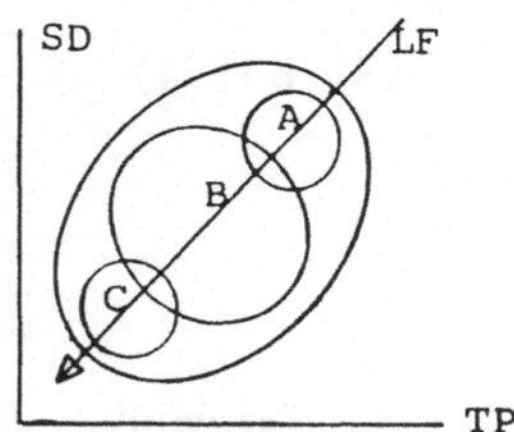

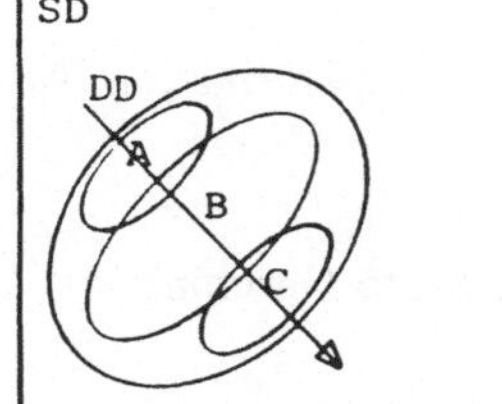

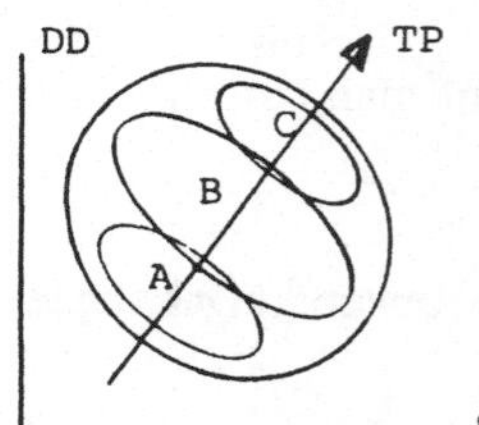

Die Korrelation $r_{TP,DD}$ = 0.726 zwischen DD und TP wächst deutlich bei Einführung der Kontrollvariablen SD ($r_{TP,DD.SD}$ = 0.931). Dies liegt an der betragsmäßig großen Korrelation $r_{LF,SD}$ = -0.873 zwischen Luftfeuchtigkeit (LF) und Sonnenscheindauer (SD). Bei LF als Kontrollvariable nämlich wird die partielle Korrelation zwischen TP und DD nahezu 1 (TAFEL 5e). Dies wiederum rührt daher, daß LF gar keine echte Meßvariable darstellt, sondern mit Hilfe der Formel

(26)   LF = DD/maxDD   [maxDD = Sättigungsdampfdruck]

berechnet wird, wobei maxDD gemäß einer monoton wachsenden (leicht konvexen) Funktion f über

(27)   maxDD = f(TP)

aus der Temperatur bestimmt wird. In der Tat, bei gegebenem Wert z = LF zeichnet die zugehörige Teilpunktwolke der TAFEL 5e die Funktion z·f(T) nach. Aus dem gleichen Grund (Formeln (26), (27) und der hohe Wert von $|r_{SD,LF}|$) ist die partielle Korrelation $r_{DD,SD.TP}$ = -0.853 deutlich (TAFEL 5f), während die gewöhnliche Korrelation $r_{DD,SD}$ = -0.163 sehr gering ist (Abb. oben, rechts).

TAFEL 5 Klimawerte Garching

a) Daten: F. Fiedler, Wissensch. Mitteilung Nr. 18 des Meteorol. Instituts der Universität München, 1970 (Auszug)

TAG	WG	TP	LD	DD	LF	NS	SD
1	16	117	204	67	68	0	94
2	29	138	209	76	67	0	107
3	13	140	239	83	71	0	106
4	16	154	209	83	67	0	135
5	12	176	173	87	62	0	130
6	23	158	210	110	82	0	24
7	11	184	227	110	71	20	97
8	15	176	213	109	74	0	41
9	19	180	189	104	70	0	119
10	18	190	194	108	68	0	119
11	21	204	208	110	65	0	79
12	23	195	209	119	71	0	80
13	13	201	219	115	68	0	102
14	12	181	198	133	85	51	15
15	16	188	181	119	75	0	112
16	11	195	189	130	78	0	50
17	12	212	201	130	71	0	125
18	28	214	176	135	73	0	102
19	25	115	190	92	90	79	0
20	15	129	156	83	76	63	66
21	25	144	181	99	81	55	68
22	12	165	206	92	68	65	135
23	20	178	193	115	77	0	92
24	20	161	223	113	84	73	49
25	40	132	261	93	82	108	69
26	39	135	259	97	84	54	0
27	46	138	228	106	89	62	6
28	63	150	158	93	73	226	65
29	63	103	180	78	83	0	0
30	41	109	239	93	95	101	0

n=92 *cases* (1. Juni–31. Aug. 1966)

WG WINDGESCHWINDIGKEIT
    in 1/10 m/sec

TP (LUFT)TEMPERATUR
    in 1/10 $^{\circ}$C

LD LUFTDRUCK
    in 1/10 Torr (minus 7000)

DD Dampfdruck
    in 1/10 Torr

LF relative Luftfeuchtigkt.
    in %

NS Niederschlag
    in 1/10 mm

SD Sonnenscheindauer
    in 1/10 Stunden
    (-9 = *missing value*)

TAG	WG	TP	LD	DD	LF	NS	SD
1	13	135	254	99	86	55	66
2	12	152	225	98	79	0	109
3	12	192	214	104	66	0	133
...							
29	12	142	188	84	73	0	-9
30	25	167	192	98	70	0	0
31	28	152	216	90	70	2	48
1	12	166	197	92	68	0	109
2	19	140	187	102	86	10	0
3	36	188	180	115	73	48	45
...							
29	15	150	188	93	75	0	105
30	17	124	165	99	92	0	0
31	19	115	161	91	90	78	1
$\bar{x}$	22.03	199.1	156.1	103.3	78.9	40.79	57.74
s	10.1	27.3	29.5	15.7	8.5	65.4	44.2

b) Autokorrelationen r(k), k=1,...,10 für TP, LF, SD (alle n = 92 cases) mit Signifikanzschranken b_{10} für den Test auf $\rho(1)$ = ... = $\rho(10)$ = 0   (α = 0.05)
[SPSS SPECTRAL]

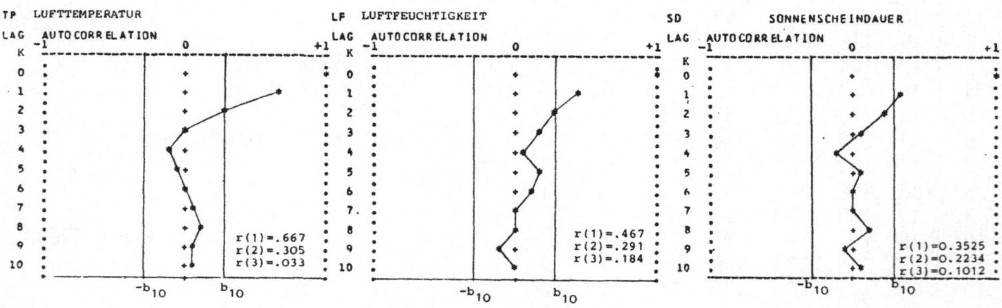

c) Paarweise Pearson-Korrelationskoeffizienten
(n = 31 Cases, 1., 4., 7. Juni usw)

	WG	TP	LD	DD	LF	NS
TP	-0.2239					
LD	-0.3116	0.1443				
DD	-0.1218	0.7257	-0.0848			
LF	0.1642	-0.5804	-0.3105	0.1319		
NS	0.7445	-0.3171	-0.0969	-0.2237	0.1953	
SD	-0.2817	0.4839	0.3164	-0.1629	-0.8733	-0.1968

d) Scattergram SD über TP, aufgeschlüsselt nach Werten der Variablen z = LF
bzw. z = DD [n = 31 Cases, 1., 4., 7. Juni usw., BMDP 6D]

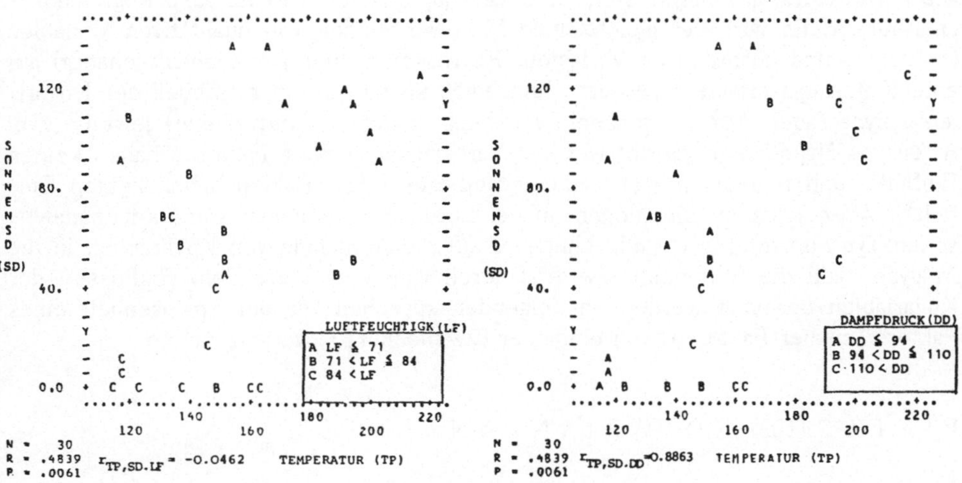

e) Scattergram DD über TP, mit z = LF   **f)** Scattergram DD über SD, mit z = TP
sonst wie d)   sonst wie d)

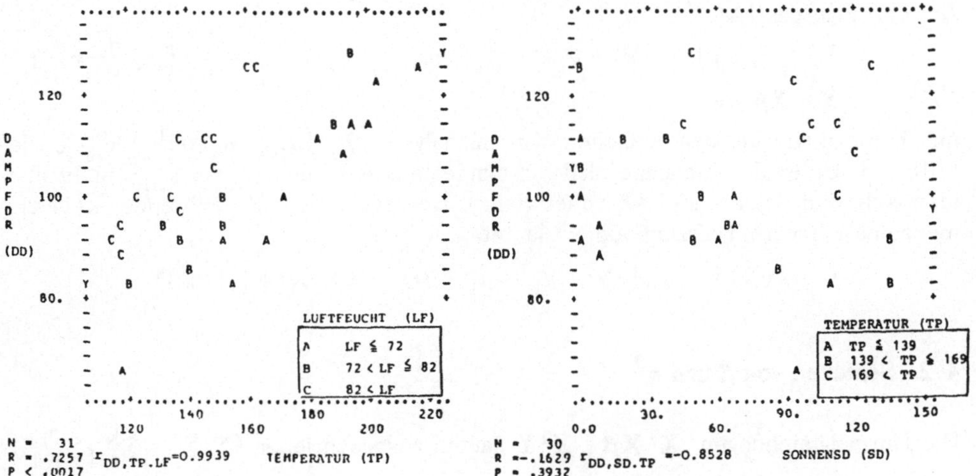

4. KOVARIANZANALYSE

4.0   Die Kovarianzanalyse stellt eine Verknüpfung von Varianz- und Regressionsanalyse dar. Es wird der gleichzeitige Mittelwerteinfluß von qualitativen Variablen
(Faktoren) und quantitativen Variablen (Regressoren, hier *Kovariablen* genannt) auf
eine Kriteriumsvariable analysiert. Demgemäß können in einem Modell der Kovarianzanalyse (auch ACOVA genannt, von engl. *analysis of covariance*) jeweils zwei
Arten von Hypothesen geprüft werden: Varianzanalytische ("Faktoren haben keinen
Einfluß") und regressionsanalytische Hypothesen ("Kovariablen haben keinen Ein-
fluß"). Aber selbst in Situationen, in denen allein Hypothesen vom varianzanalyti-
schen Typ von Interesse sind, lohnt sich oft die Aufnahme von Kovariablen in die
Analyse, weil die Stufenmittelwerte dadurch von (evtl. störenden) Einflüssen der
Kovariablen bereinigt werden. Im folgenden sprechen wir bei Anwesenheit eines
Faktors [zweier Faktoren] von einfacher [zweifacher] Kovarianzanalyse.

EINFACHE KOVARIANZANALYSE

4.1 Das lineare Modell der einfachen Kovarianzanalyse , vgl. III 2.5.

Es liege eine Aufteilung des Stichprobenumfanges

$$n = n_1 + \ldots + n_k$$

in die Umfänge $n_1,\ldots,n_k$ von k Stichproben (Gruppen, Stufen eines Faktors A) vor.
Ferner sei eine sogenannte Kovariable (covariate) x vorhanden. Mit $p = k+1$
schreibt man das LM

$$Y_{ij} = \mu_i + \beta(x_{ij} - \bar{x}) + e_{ij}, \quad j=1,\ldots,n_i, \ i=1,\ldots,k \quad [\ \bar{x} = \tfrac{1}{n}\Sigma_{i=1}^k \Sigma_{j=1}^{n_i} x_{ij} \ ]$$

oder
$$\mathbf{Y} = \mathbf{X}\boldsymbol{\beta} + \mathbf{e}$$

mit $\mathbf{Y}$ und $\mathbf{e}$ wie bei der einfachen Varianzanalyse, $\boldsymbol{\beta} = (\mu_1,\ldots,\mu_k,\beta)^T \in \mathbb{R}^p$, $\mathbf{X}$ wie
in III 2.5. Unter der Annahme, daß für mindestens ein i die $x_{i1},\ldots,x_{in_i}$ nicht alle
identisch sind, ist $r = k+1$ ($\mathbf{X}$ voller Rang). Der zur Matrix $\mathbf{X}$ gehörende (k+1)-di-
mensionale lineare Teilraum von $\mathbb{R}^n$ lautet

$$L \equiv \mathcal{L}(\mathbf{X}) = \{(\mu_{ij}) \in \mathbb{R}^n: \ \mu_{ij} = \mu_i + \beta(x_{ij} - \bar{x}), \ \mu_i \in \mathbb{R}, \ \beta \in \mathbb{R}\}$$

4.2 Schätzen von β und σ^2

Die Normalgleichungen $\mathbf{X}^T\mathbf{X}\boldsymbol{\beta} = \mathbf{X}^T\mathbf{Y}$ lauten ausgeschrieben ($\Sigma_i \Sigma_j = \Sigma_{i=1}^k \Sigma_{j=1}^{n_i}$)

$$n_1 \mu_1 + \beta \, \Sigma_1^{n_1}(x_{1j} - \bar{x}) = Y_1.$$

$$\text{NG} \qquad \vdots \qquad\qquad\qquad\qquad \vdots$$

$$n_k \mu_k + \beta \, \Sigma_1^{n_k}(x_{kj} - \bar{x}) = Y_k.$$

NG $\mu_1 \Sigma_1^{n_1}(x_{1j}-\overline{x}) + \ldots + \mu_k \Sigma_1^{n_k}(x_{kj}-\overline{x}) + \beta\, \Sigma_i\Sigma_j (x_{ij}-\overline{x})^2 \;=\; \Sigma_i\Sigma_j Y_{ij}(x_{ij}-\overline{x})\,.$

Als Schätzer für die μ_i erhält man die sog. *adjusted group means*

$$\hat{\mu}_i \;=\; \overline{Y}_i - \hat{\beta}(\overline{x}_i - \overline{x}) \qquad\qquad [\,\overline{x}_i = \Sigma_{j=1}^{n_i} x_{ij}/n_i\,].$$

Damit formt man die letzte Normalgleichung um zu

(1) $\Sigma_i\Sigma_j\{Y_{ij}-\overline{Y}_i - \hat{\beta}(x_{ij}-\overline{x}_i)\}(x_{ij}-\overline{x}) \;=\; 0\,.$

Wegen $\Sigma_i\Sigma_j (x_{ij}-\overline{x}_i)(x_{ij}-\overline{x}) = \Sigma_i\Sigma_j (x_{ij}-\overline{x}_i)^2$ und (allgemeiner)

$$\Sigma_i\Sigma_j (Y_{ij}-\overline{Y}_i)(x_{ij}-\overline{x}) = \Sigma_i\Sigma_j (Y_{ij}-\overline{Y}_i)(x_{ij}-\overline{x}_i)$$

liefert (1) als Schätzer für β den sog. Regressionskoeffizienten *innerhalb*

$$\hat{\beta} \;\equiv\; b_I \;=\; \frac{\Sigma_i\Sigma_j (Y_{ij}-\overline{Y}_i)(x_{ij}-\overline{x}_i)}{\Sigma_i\Sigma_j (x_{ij}-\overline{x}_i)^2} \;=\; \frac{1}{SQI_{xx}}\Sigma_i\Sigma_j (x_{ij}-\overline{x}_i)Y_{ij}$$

mit

$$SQI_{xx} = \Sigma_i\Sigma_j (x_{ij}-\overline{x}_i)^2\,.$$

Zur Berechnung von $\hat{\sigma}^2$ schreibt man zunächst

$$(\mathbf{X}\hat{\boldsymbol{\beta}})_{ij} \;=\; \hat{\mu}_i + \hat{\beta}(x_{ij}-\overline{x}) \;=\; \overline{Y}_i + \hat{\beta}(x_{ij}-\overline{x}_i)\,,$$

woraus folgt, daß

$$SDI \;\equiv\; |\mathbf{Y}-\mathbf{X}\hat{\boldsymbol{\beta}}|^2 = \Sigma_i\Sigma_j (Y_{ij}-\overline{Y}_i - \hat{\beta}(x_{ij}-\overline{x}_i))^2\,.$$

Als erwartungstreuen Schätzer für σ^2 erhält man also

$$\hat{\sigma}^2 \;=\; \frac{SDI}{n-k-1} \;\equiv\; MDI\,.$$

4.3 Simultane Konfidenzintervalle nach Scheffé

Es sei

$$\psi_c = \Sigma_{i=1}^k c_i \mu_i\,, \qquad \Sigma_i c_i = 0\,,$$

ein linearer Kontrast mit GM–Schätzer

$$\hat{\psi}_c = \Sigma_i c_i \hat{\mu}_i\,, \qquad \hat{\mu}_i = \overline{Y}_i - \hat{\beta}(\overline{x}_i - \overline{x})\,.$$

Nach Satz III 5.3 lautet ein simultanes Konfidenzintervall für ψ_c zum Niveau $1-\alpha$, das für alle $\mathbf{c} = (c_1,\ldots,c_k) \in \mathbb{R}^k$ mit $\Sigma_i c_i = 0$ gültig ist,

$$\hat{\psi}_c - S\cdot se(\hat{\psi}_c) \leq \psi_c \leq \hat{\psi}_c + S\cdot se(\hat{\psi}_c)$$

mit

$$S^2 = (k-1)\,F_{k-1,\,n-k-1,\,1-\alpha}$$

$$(se(\hat{\psi}_c))^2 = MDI\cdot|\mathbf{a}_c|^2\,.$$

Dabei bestimmt sich der Vektor $\mathbf{a}_c \in \angle(\mathbf{X})$ aus der Forderung $\sum_i c_i \hat{\mu}_i = \mathbf{a}_c^T \mathbf{Y}$ wie folgt: Man rechnet

$$\sum_i c_i \hat{\mu}_i = \sum_i c_i \overline{Y}_i - \hat{\beta} \sum_i c_i (\overline{x}_i - \overline{x}) = \sum_i \sum_j a_{ij} Y_{ij}$$

mit

$$a_{ij} = \frac{c_i}{n_i} - A \cdot (x_{ij} - \overline{x}_i)$$

$$= \frac{c_i}{n_i} - A \cdot (\overline{x} - \overline{x}_i) - A \cdot (x_{ij} - \overline{x}) , \quad A = \frac{\sum_i c_i \overline{x}_i}{SQI_{xx}} ,$$

und stellt fest, daß der Vektor $\mathbf{a}_c = (a_{ij})$ bereits aus $L = \angle(\mathbf{X})$ ist. Es folgt

$$(se(\hat{\psi}_c))^2 = MDI \left(\sum_i \frac{c_i^2}{n_i} + \frac{(\sum_i c_i \overline{x}_i)^2}{\sum_i \sum_j (x_{ij} - \overline{x}_i)^2} \right).$$

Im Spezialfall der Paarvergleiche erhalten wir für $\hat{\psi}_{ij} = \overline{Y}_i - \overline{Y}_j - \hat{\beta}(\overline{x}_i - \overline{x}_j)$

$$(se(\hat{\psi}_{ij}))^2 = MDI \left(\frac{1}{n_i} + \frac{1}{n_j} + \frac{(\overline{x}_i - \overline{x}_j)^2}{\sum_i \sum_j (x_{ij} - \overline{x}_i)^2} \right).$$

4.4 F-Test der varianzanalytischen Hypothese

Die Hypothese

$$H_A: \qquad \mu_1 = \dots = \mu_k$$

läßt sich mit der $(k-1) \times p$-Matrix
vom vollen Rang $q = k-1$ in der
Form $\mathbf{H}\boldsymbol{\beta} = 0$ schreiben. Man
rechnet mit der Abkürzung
$L_H = L_{H_A}$

$$\mathbf{H} = \begin{bmatrix} 1 & -1 & & & 0 \\ \vdots & & \cdot & 0 & \vdots \\ & & 0 & \cdot & \\ 1 & & & -1 & 0 \end{bmatrix}$$

$$|\mathbf{Q}_{L_H} \mathbf{Y}|^2 = \min_{\boldsymbol{\beta}: \mu_1 = \dots = \mu_k} |\mathbf{Y} - \mathbf{X}\boldsymbol{\beta}|^2$$

$$= \min_{(\mu,\beta)} \sum_i \sum_j \{Y_{ij} - (\mu + \beta(x_{ij} - \overline{x}))\}^2$$

$$= \sum_i \sum_j \{Y_{ij} - (\overline{Y} + b_T(x_{ij} - \overline{x}))\}^2 \equiv SDT,$$

mit dem Regressionskoeffizienten *total*

$$b_T = \frac{\sum_i \sum_j (Y_{ij} - \overline{Y})(x_{ij} - \overline{x})}{\sum_i \sum_j (x_{ij} - \overline{x})^2} = \frac{1}{s_x^2 (n-1)} \sum_i \sum_j (x_{ij} - \overline{x}) Y_{ij} .$$

Dabei haben wir das Ergebnis III 3.6 für die MQ-Schätzung in der einfachen linearen Regression, Modell b), ausgenutzt. Nun folgt aus der Gleichung

$$\Sigma_i \Sigma_j \, (Y_{ij} - \overline{Y}_i - \hat{\beta}\,(x_{ij} - \overline{x}_i))\, z_{ij} = 0 \; ,$$

die für

$$z_{ij} = (\overline{Y}_i - \overline{Y}) \; , \quad z_{ij} = (x_{ij} - \overline{x}) \; [\text{Gleichung (1)!}] \; \text{ und } \; z_{ij} = (x_{ij} - \overline{x}_i)$$

gilt, die *Streuungszerlegung*

$$\text{SDT} = \text{SDI} + \text{SDZ}$$

mit

$$\text{SDZ} = \Sigma_i \Sigma_j \, (\overline{Y}_i - \overline{Y} + b_I(x_{ij} - \overline{x}_i) - b_T(x_{ij} - \overline{x}))^2 \qquad [b_I \equiv \hat{\beta}] \; .$$

Wir erhalten im Normalverteilungs-Fall die unter H_A

$$F_{k-1,\,n-k-1}\text{-verteilte Testgröße } \; F = \frac{\text{MDZ}}{\text{MDI}} \; , \quad \text{MDZ} = \frac{\text{SDZ}}{k-1} \; .$$

Wir kommen so zur

TAFEL der Varianzanalyse für die einfache Kovarianzanalyse

Test der Hypothese $H_A: \mu_1 = \mu_2 = \ldots = \mu_k$ [zuerst Kovariablen-Anpassung]

Variationsursache	S (Summen)	FG	S/FG
Kovariable	$\text{SQT}_{yy} - \text{SDT}, \; \text{SDT} = \Sigma_i \Sigma_j \, (y_{ij} - \overline{y} - b_T(x_{ij} - \overline{x}))^2$	1	
zwischen den Gruppen (Haupteffekte)	$\text{SDZ} = \Sigma_i \Sigma_j \, (\overline{y}_i - \overline{y} + b_I(x_{ij} - \overline{x}_i) - b_T(x_{ij} - \overline{x}))^2$	k-1	MDZ
innerhalb der Gruppen (Rest, Fehler)	$\text{SDI} = \Sigma_i \Sigma_j \, (y_{ij} - \overline{y}_i - b_I(x_{ij} - \overline{x}_i))^2$	n-k-1	MDI
Total	$\text{SQT}_{yy} = \Sigma_i \Sigma_j \, (y_{ij} - \overline{y})^2$	n-1	

$$F = \frac{\text{MDZ}}{\text{MDI}}$$

4.5 F-Test der regressionsanalytischen Hypothese

Die Hypothese

$$H_\beta : \qquad\qquad \beta = 0$$

läßt sich mit der $1 \times p$-Matrix $\mathbf{H} = (0,\ldots,0,1)$ vom Range $q=1$ in der Form $\mathbf{H}\beta = 0$ schreiben. Man rechnet mit der Abkürzung $L_H = L_{H_\beta}$

$$|\mathbf{Q}_{L_H}\mathbf{Y}|^2 \;=\; \min_{\boldsymbol{\beta}:\,\beta=0}\, |\mathbf{Y}-\mathbf{X}\boldsymbol{\beta}|^2$$

$$=\; \min_{(\mu_1,\dots,\mu_k)}\, \Sigma_i\Sigma_j\,(Y_{ij}-\mu_i)^2$$

$$=\; \Sigma_i\,\{\min_{\mu_i}\Sigma_j\,(Y_{ij}-\mu_i)^2\} \;=\; \Sigma_i\Sigma_j\,(Y_{ij}-\overline{Y}_i)^2 \;\equiv\; SQI_{yy}\,.$$

Wieder aus Gleichung (1) folgern wir die *Streuungszerlegung*

$$SQI_{yy} = SDI + b_I^2 \cdot SQI_{xx}\,.$$

Wir erhalten unter H_β eine $F_{1,n-k-1}$ -verteilte Teststatistik

$$F = \frac{b_I^2 \cdot SQI_{xx}}{MDI}$$

(Normalverteilungs-Annahme getroffen) und gelangen zur

TAFEL der Varianzanalyse für die einfache Kovarianzanalyse

Test der Hypothese H_β: $\beta = 0$ [zuerst Haupteffekten-Anpassung]

Variationsursache	S (Summe)	FG	S/FG
zwischen den Gruppen (Haupteffekte)	$SQZ_{yy} = \Sigma_i n_i (\overline{y}_i - \overline{y})^2$	k-1	
Kovariable	$SQI_{yy} - SDI = b_I^2\,\Sigma_i\Sigma_j\,(x_{ij}-\overline{x}_i)^2$	1	$SQI_{yy} - SDI$
innerhalb der Gruppen (Rest, Fehler)	SDI	n-k-1	MDI
Total	SQT_{yy}	n-1	

$$F \;=\; \frac{SQI_{yy} - SDI}{MDI}$$

ZWEIFACHE KOVARIANZANALYSE

4.6 Das lineare Modell der zweifachen Kovarianzanalyse

Es liegen zwei Faktoren A und B vor, die auf I bzw. J Stufen variieren. Auf jeder Stufenkombination (i,j) werden K Meßwiederholungen vorgenommen, und zwar sowohl der Kriteriumsvariablen y als auch der Kovariablen x. Das LM lautet dann

(2) $Y_{ij,k} = \mu + \alpha_i + \beta_j + \gamma_{ij} + \beta(x_{ij,k} - \overline{x}) + e_{ij,k}$,

mit $i=1,\dots,I$, $j=1,\dots,J$, $k=1,\dots,K$ und

$$\overline{x} = \Sigma\Sigma\Sigma x_{ijk}/n \ , \ n=IJK \ .$$

Wir setzen voraus, daß für mindestens ein (i,j) nicht alle K Werte $x_{ij,1},\dots,x_{ij,K}$ identisch sind. Wir definieren

$$\mu_{ij} = \mu + \alpha_i + \beta_j + \gamma_{ij}$$

und können dann (2) in der Form

(3) $Y_{ij,k} = \mu_{ij} + \beta(x_{ij,k} - \overline{x}) + e_{ij,k}$

einer einfachen Kovarianzanalyse schreiben. Unter den Nebenbedingungen

NB $\Sigma\,\alpha_i = \Sigma\,\beta_j = \Sigma_i\,\gamma_{ij} = \Sigma_j\,\gamma_{ij} = 0$

ist die Darstellung des Mittelwertvektors $\boldsymbol{\mu} \in \mathcal{L}(\mathbf{X})$ mit

$$\mathcal{L}(\mathbf{X}) = \{(\mu_{ij,k}) \in \mathbb{R}^n : \mu_{ij,k} = \mu + \alpha_i + \beta_j + \gamma_{ij} + \beta(x_{ij,k} - \overline{x})\}$$

eindeutig. Es ist

$$p = (I + 1)(J + 1) + 1 \ , \quad r = I \cdot J + 1 \ .$$

4.7 Schätzen der Parameter

Gemäß 4.2 erhalten wir für die Größen $\mu_{ij} = \mu + \alpha_i + \beta_j + \gamma_{ij}$ aus Modell (3) die MQ-Schätzer

$$\hat{\mu}_{ij} = \overline{Y}_{ij} - \hat{\beta}(\overline{x}_{ij} - \overline{x}) \qquad\qquad [\overline{Y}_{ij} = \Sigma_k Y_{ij,k}/K \ , \ \overline{x}_{ij} \text{ entspr.}],$$

mit

$$\hat{\beta} \equiv b_I = \frac{\Sigma\Sigma\Sigma(Y_{ij,k} - \overline{Y}_{ij})(x_{ij,k} - \overline{x}_{ij})}{\Sigma\Sigma\Sigma(x_{ij,k} - \overline{x}_{ij})^2} \ .$$

Berechnen wir die Parameter μ, α_i, β_j, γ_{ij} aus den μ_{ij} gemäß Formeln D in IV 2.1, so liefert das Argument III 4.3, Bem. 4 die MQ-Schätzer

$$\hat{\mu} = \overline{Y}, \qquad\qquad\qquad\qquad\qquad [\overline{Y} = \Sigma_i\Sigma_j\Sigma_k Y_{ij,k}/n]$$

$$\hat{\alpha}_i = \overline{Y}_{i.} - \overline{Y} - \hat{\beta}(\overline{x}_{i.} - \overline{x}), \qquad [\overline{Y}_{i.} = \Sigma_j\Sigma_k Y_{ij,k}/(JK), \ \overline{x}_{i.} \text{ entspr.}]$$

$$\hat{\beta}_j = \overline{Y}_{.j} - \overline{Y} - \hat{\beta}(\overline{x}_{.j} - \overline{x})$$

$$\hat{\gamma}_{ij} = \overline{Y}_{ij} - \overline{Y}_{i.} - \overline{Y}_{.j} + \overline{Y} - \hat{\beta}(\overline{x}_{ij} - \overline{x}_{i.} - \overline{x}_{.j} + \overline{x}) \ .$$

Wegen $(\mathbf{X}\hat{\boldsymbol{\beta}})_{ij,k} = \hat{\mu}_{ij} + \hat{\beta}(x_{ij,k} - \overline{x})$ erhalten wir

$$|\mathbf{Y} - \mathbf{X}\hat{\boldsymbol{\beta}}|^2 = \Sigma\Sigma\Sigma(Y_{ij,k} - \overline{Y}_{ij} - \hat{\beta}(x_{ij,k} - \overline{x}_{ij}))^2 \equiv \text{SDI} \ ,$$

und als erwartungstreuen Schätzer für σ^2

$$\hat{\sigma}^2 \; = \; SDI\,/\,(n-IJ-1) \; \equiv \; MDI \; .$$

4.8 F-Test der varianzanalytischen Hypothesen

Wir betrachten zunächst die Hypothese

$$H_A: \qquad \alpha_1 = ... = \alpha_I = 0 \; .$$

Mit der Abkürzung $L_H = L_{H_A}$ ist

$$(4) \qquad |\mathbf{Q}_{L_H}\mathbf{Y}|^2 \; = \; \min_{\boldsymbol{\beta}:\,\alpha_1=...=\alpha_k=0} |\mathbf{Y}-\mathbf{X}\boldsymbol{\beta}|^2$$

$$= \; \min_{\mu,\beta_j,\gamma_{ij},\beta} \Sigma\Sigma\Sigma\,[\,Y_{ij,k}-(\mu+\beta_j+\gamma_{ij}+\beta(x_{ij,k}-\overline{x}))\,]^2 \, .$$

Bilden wir nun die Ableitungen nach μ, β_j, γ_{ij} und β (mit Langrange-Parameter für die Nebenbedingungen), und setzen diese gleich Null, so wird (4) minimal für

$$\tilde{\mu} \; = \; \overline{Y} \, , \qquad\qquad \tilde{\beta}_j = \overline{Y}_{.j} - \overline{Y} - \tilde{\beta}(\overline{x}_{.j} - \overline{x}) \, ,$$

$$\tilde{\gamma}_{ij} = \overline{Y}_{ij} - \overline{Y}_{i.} - \overline{Y}_{.j} + \overline{Y} - \tilde{\beta}(\overline{x}_{ij} - \overline{x}_{i.} - \overline{x}_{.j} + \overline{x}) \, ,$$

$$\tilde{\beta} = \frac{SPI_{xy} + SPA_{xy}}{SQI_{xx} + SQA_{xx}} \; .$$

Dabei haben wir gesetzt

$$SQI_{xx} = \Sigma\Sigma\Sigma\,(x_{ij,k} - \overline{x}_{ij})^2$$
$$SQA_{xx} = JK\,\Sigma\,(\overline{x}_{i.} - \overline{x})^2$$
$$SPI_{xy} = \Sigma\Sigma\Sigma\,(Y_{ij,k} - \overline{Y}_{ij})(x_{ij,k} - \overline{x}_{ij})$$
$$SPA_{xy} = JK\,\Sigma\,(\overline{Y}_{i.} - \overline{Y})(\overline{x}_{i.} - \overline{x}) \, .$$

Mit diesen Ergebnissen folgt aus (4)

$$|\mathbf{Q}_{L_H}\mathbf{Y}|^2 = \Sigma\Sigma\Sigma\,[(Y_{ij,k}-\overline{Y}_{ij}) +(\overline{Y}_{i.}-\overline{Y})-\tilde{\beta}((x_{ij,k}-\overline{x}_{ij}) + (\overline{x}_{i.} - \overline{x}))\,]^2$$

$$= SQI_{yy} + SQA_{yy} + \tilde{\beta}^2(SQI_{xx} + SQA_{xx}) - 2\tilde{\beta}(SPI_{xy} + SPA_{xy})$$

$$= SQI_{yy} + SQA_{yy} - \frac{(SPI_{xy} + SPA_{xy})^2}{SQI_{xx} + SQA_{xx}} \quad ,$$

wobei SQI_{yy}, SQA_{yy} analog zu SQI_{xx}, SQA_{xx} definiert sind. Mit

$$SDA \equiv |\mathbf{Q}_{L_H}\mathbf{Y}|^2 - SDI, \quad MDA = \frac{SDA}{I-1} \; ,$$

erhalten wir unter H_A die im Normalverteilungs-Fall

$$F_{I-1,\,n-IJ-1}\text{-verteilte Teststatistik}\quad F_A = \frac{MDA}{MDI}\ .$$

Völlig analog testen wir die Hypothese $H_B:\ \beta_1 = \dots = \beta_J = 0$.

Die Hypothese fehlender Wechselwirkung

$$H_{AB}:\qquad \gamma_{11} = \dots = \gamma_{IJ} = 0$$

schließlich prüft man mit der unter H_{AB}

$$F_{(I-1)(J-1),\,n-IJ-1}\text{-verteilten Teststatistik}\quad F_{AB} = \frac{MDAB}{MDI}\ ,$$

(Normalverteilungs-Annahme), wobei

und

$$MDAB = \frac{SDAB}{(I-1)(J-1)}\ ,\quad SDAB = SQI_{yy} + SQAB_{yy} - \frac{(SPI_{xy} + SPAB_{xy})^2}{SQI_{xx} + SQAB_{xx}} - SDI$$

$$SPAB_{xy} = K\,\Sigma\Sigma\,(\overline{Y}_{ij} - \overline{Y}_{i.} - \overline{Y}_{.j} + \overline{Y})(\overline{x}_{ij} - \overline{x}_{i.} - \overline{x}_{.j} + \overline{x})\ ,$$

$$SQAB_{xx},\ SQAB_{yy}\ \text{entsprechend}\ .$$

4.9 ANOVA-TAFELN für die zweifache Kovarianzanalyse

Test der varianzanalytischen Hypothesen

$$H_A:\ \alpha_1 = \dots = \alpha_I = 0\ ,\quad H_B:\ \beta_1 = \dots = \beta_J = 0\ ,\quad H_{AB}:\ \gamma_{11} = \dots = \gamma_{IJ} = 0$$

im linearen Modell (2)   [zuerst Kovariablen-Anpassung]

Variationsursache	Summe S	FG	S/FG	F-Test
Kovariable	SQT - SDZ - SDI	1		
Faktor A	$SDA = S_A - SDI$	I-1	MDA	$F_A = \dfrac{MDA}{MDI}$
Faktor B	$SDB = S_B - SDI$	J-1	MDB	$F_B = \dfrac{MDB}{MDI}$
Wechselwirkung	$SDAB = S_{AB} - SDI$	(I-1)(J-1)	MDAB	$F_{AB} = \dfrac{MDAB}{MDI}$
Innerhalb (Rest, Fehler)	$SDI = SQI_{yy} - \dfrac{SPI_{xy}^2}{SQI_{xx}}$	n-IJ-1	MDI	
Total	SQT	n-1		

Hierbei ist

$$\text{und} \quad S_A = SQI_{yy} + SQA_{yy} - \frac{(SPI_{xy} + SPA_{xy})^2}{SQI_{xx} + SQA_{xx}} \; , \quad S_B \; \text{und} \; S_{AB} \; \text{entsprechend,}$$

$$SDZ = SDA + SDB + SDAB \; .$$

Den Test der regressionsanalytischen Hypothese stellen wir gleich zusammenge-faßt in der folgenden ANOVA-Tafel dar, die sich sofort aus 4.5 ableiten läßt.

Test der regressionsanalytischen Hypothese

$H_\beta: \qquad \beta = 0$

im linearen Modell (2)   [zuerst Haupteffekten-Anpassung]

Variationsursache	Summe S	FG	S/FG	F-Test
Zwischen	SQZ	IJ-1	MQZ	
Kovariable	$SQI - SDI = \frac{SPI_{xy}^2}{SQI_{xx}}$	1	SQI-SDI	$F_\beta = \frac{SQI-SDI}{MDI}$
Innerhalb	SDI	n-IJ-1	MDI	
Total	SQT	n-1		

wobei $SQZ = SQA_{yy} + SQB_{yy} + SQAB_{yy}$ und $SQI = SQI_{yy}$ gesetzt wurde.

4.10 Simultane Konfidenzintervalle

Ist $\psi_c = \Sigma_i \Sigma_j c_{ij} \mu_{ij}$ ein linearer Kontrast, $\Sigma_i \Sigma_j c_{ij} = 0$, so stellt man simultane Konfidenzintervalle zum Niveau $1-\alpha$ im Rahmen des Modells (3) der einfachen Ko-varianzanalyse auf. Mit dem GM-Schätzer

$$\hat{\psi}_c = \Sigma_i \Sigma_j c_{ij} \hat{\mu}_{ij} \; , \quad \hat{\mu}_{ij} = \overline{y}_{ij} - b_I(\overline{x}_{ij} - \overline{x}) \; ,$$

lauten sie gemäß 4.3

$$[\hat{\psi}_c - S \cdot se(\hat{\psi}_c) \, , \, \hat{\psi}_c + S \cdot se(\hat{\psi}_c)]$$

wobei in 4.3 k, n_i, Σ_i und $\Sigma_i\Sigma_j$ durch IJ, K, $\Sigma_i\Sigma_j$ bzw. $\Sigma_i\Sigma_j\Sigma_k$ zu ersetzen sind. D.h., es ist

$$S^2 = (IJ-1) F_{IJ-1, n-IJ-1, 1-\alpha}$$

und

$$(se(\hat{\psi}_c))^2 = MDI \left(\Sigma_{ij} \frac{c_{ij}^2}{K} + \frac{(\Sigma_{ij} c_{ij} \overline{x}_{ij})^2}{\Sigma_i \Sigma_j \Sigma_k (x_{ij,k} - \overline{x}_{ij})^2} \right)$$

zu setzen.

4.11 Anwenderbeispiel Wirkung von Insektiziden

In einer Freilanduntersuchung wurde die Wirkung von Insektiziden auf bodenbewohnende Insekten analysiert. Dazu wurde eine Waldfläche des Ebersberger For-
stes (Obb.) in 3 Unterflächen aufgeteilt und den drei Behandlungsformen

UNBEHANDELT, DIMILIN-BEHANDELT, AMBUSH-BEHANDELT

zugeordnet. An 6 verschiedenen Terminen wurden auf jeder Fläche 15 Fallen aufgestellt und nach gefangenen Insekten (hier: der Familie ENTOMOBRIIDAE) ausgezählt. Die beobachteten Daten (sowie einige weitere Informationen) sind in TA-
FEL 6a) aufgetragen; die Beobachtungsvariable

z = Anzahl der in der Falle befindlichen Insekten

steht dabei für die Aktivitätsdichte am gegebenen Ort und Termin. Für weitere Informationen siehe Köhler (1983). Trägt man die 18 Zellenmittelwerte in einen s-
m-Plot gegen die zugehörigen 18 Zellen-Standardabweichungen auf, so wird die
Notwendigkeit einer Datentransformation sichtbar (TAFEL 6b). Der Übergang zur
Kriteriumsvariable

$y = \log(z)$

bringt einen zufriedenstellenden s-m-Plot mit sich (TAFEL 6b). Die folgenden
Auswertungen beziehen sich alle auf die logarithmierten Werte. Der Verlauf der
Zellenmittelwerte $\bar{y}_{ij}$ (gebildet jeweils aus 15 y-Werten) über die 6 Termine und
aufgeschlüsselt nach den 3 Behandlungsformen zeigt eine Art Zickzack-Verlauf mit
großen Werten für den 3. und 5. Termin nach Applikation (TAFEL 6c). Für eine
zweifache Kovarianzanalyse (mit der Aktivitätsdichte vor der Behandlung als Kovariable) führen wir ein:

FAKTOR A (BEHANDLUNG) auf 3 Stufen

FAKTOR B (TERMIN) auf 5 Stufen (die 5 Termine nach Applikation)

KOVARIABLE $x = \log(z_0)$ (z_0 = Aktivitätsdichte vor Applikation)

Bemerkung: Die Einführung von TERMIN als einen varianzanalytischen Faktor
setzt voraus, daß Beobachtungswerte an aufeinanderfolgenden Terminen als stochastisch unabhängig betrachtet werden: Zufällige Abweichungen der Kriteriums-
größe vom Zellenmittel (das durch die BEHANDLUNG×TERMIN-Kombination bestimmt wird) verflüchtigen sich bis zum nächsten Termin. Kann man diese Annahme nicht treffen, so führt man (abhängige) Variablen $y_1,...,y_5$ (y_i Meßgröße
zum i-ten Termin) ein und gelangt in den Bereich der *multivariaten* (Ko-)Varianza-
nalyse oder des *repeated measurement designs* (vgl. Arnold (1981, chaps. 14, 19)).
In unserem Fall liefern diese Analysen qualitativ die gleichen Ergebnisse wie die
nun vorgeführte zweifache Kovarianzanalyse (vgl. Köhler & Pruscha (1986)).

Die Werte der F-Quotienten zum Prüfen der varianzanalytischen Hypothesen H_A,
H_B, H_{AB} fallen groß genug aus (TAFEL 6d), so daß sich die beiden Faktoren A
und B als auch ihre Wechselwirkung - nach Bereinigung vom Kovariablen-Einfluß -
als signifikant erweisen. Die Wechselwirkungen spiegelen sich auch in der deutlichen Nicht-Parallelität der Mittelwerts-Verläufe über die Termine 1 bis 5 der TA-

FEL 6b) wider. Auch die Kovariable x wird - nach Berücksichtigung der Einflüsse von den Faktoren A und B - als signifikant zur Bestimmung der Kriteriumsvariablen erkannt (TAFEL 6d).

Der Versuchsfehler $\hat{\sigma} = \sqrt{\text{MDI}} = \sqrt{0.0375}$ wird aus der TAFEL 6d weiterverwendet zur Feinanalyse der Zellenmittelwerte. Mittels der Bonferroni-Technik sollen die 30+15 Vergleiche innerhalb gleicher BEHANDLUNGEN und gleicher TERMINE simultan analysiert werden (die Scheffé-Methode ist hier weniger scharf). Die Differenz

$$\hat{\psi} = \hat{\mu}_{ij} - \hat{\mu}_{i'j'} \qquad [\hat{\mu}_{ij} = \bar{y}_{ij} - b_I(\bar{x}_{ij} - \bar{x}), \ b_I = 0.414]$$

ist dabei signifikant von 0 verschieden, falls $|\hat{\psi}| > \text{se}(\hat{\psi}) \cdot t_0$. Dabei ist nach 4.10

$$[\text{se}(\hat{\psi})]^2 = \text{MDI}(2/15 + (\bar{x}_{ij} - \bar{x}_{i'j'})^2 / \text{SQI}_{XX}) \qquad [\text{SQI}_{XX} = 5.731]$$

und, gemäß Bonferroni mit n = 225, I·J = 15, $\beta = \alpha/45$,

$$t_0 = t_{n-IJ-1, 1-\beta/2} = 3.70 \qquad\qquad [\alpha = 0.01].$$

Der kritische Wert $d = \text{se}(\hat{\psi}) \cdot t_0 \approx 0.26$ variiert nur wenig für die verschiedenen Paarvergleiche. Er stellt gleichzeitig die halbe Breite des Konfidenzintervalls für $\mu_{ij} - \mu_{i'j'}$ zum Niveau $1-\alpha = 0.99$ dar. Terminunterschiede fallen nur zweimal signifikant aus (und zwar innerhalb UNBEHANDELT). Signifikante Behandlungsunterschiede gegenüber UNBEHANDELT weist DIMILIN zu keinem Termin auf, AMBUSH zu den Terminen 3 und 4 (und zwar liegen die Werte bei AMBUSH höher): Eine Insekten-reduzierende Wirkung von DIMILIN kann auf der Basis unserer Analyse nicht gesichert nachgewiesen werden, vgl. Köhler (1983).

TAFEL 6 Wirkung von Insektiziden

a) Daten: U. Köhler, Forstwiss. Fakultät der Universität München, 1983. Die Rohdaten sind aufgetragen in der Form von 3×6 Zellen mit 15 Meßwerten in jeder Zelle.

Meßvariable z = Anzahl der in der Falle befindlichen Insekten (ENTOMOBRIIDAE).

TERMINE (Fallenauszählungen)

	Mai 1981 VOR BEH.	Applikation ↓ Juni 81 1. NACH BEH.	Aug. 81 2. NACH BEH.	Dez. 81 3. NACH BEH.	Juli 82 4. NACH BEH.	März 83 5. NACH
	48	54	24	88	57	45
	32	47	40	50	35	76
	57	131	84	103	37	98
	37	103	89	88	46	82
	38	97	58	40	41	21
	52	93	48	66	31	91
Fläche	31	86	36	33	30	57
UN-	40	66	65	49	30	101
BEHAND.	51	143	125	147	38	107
	30	71	55	43	17	139
	68	164	78	144	73	64
	45	121	46	43	29	43
	26	46	46	22	26	49
	28	63	73	54	29	189
	45	117	81	69	37	62

	33	60	54	43	38	37
	37	54	37	31	16	55
	6	20	5	44	35	29
	50	35	35	86	47	62
	27	24	25	39	64	72
	56	46	34	95	45	115
Fläche	27	67	15	99	39	35
DIMILIN	29	81	63	63	24	46
BEHAND.	18	36	45	39	23	92
	20	25	16	78	59	131
	40	47	54	60	42	59
	27	49	46	53	29	34
	32	54	24	31	40	68
	36	51	59	35	13	26
	35	42	62	63	64	55
	35	44	87	84	89	72
	37	38	46	54	62	112
	50	63	51	176	141	97
	30	61	43	161	94	125
	31	47	53	116	52	216
	21	67	51	85	143	31
Fläche	22	59	41	143	46	187
AMBUSH	39	104	86	121	55	184
BEHAND.	23	96	72	91	51	118
	29	95	74	119	82	81
	34	75	57	257	88	32
	19	73	40	187	49	113
	44	153	116	126	47	81
	28	59	58	77	59	90
	25	30	51	25	46	89

b) s-m-Plot: Zellen-Standardabweichungen über Zellen-Mittelwerte (BMDP 7D)
für die Originalwerte z (links) und für die transformierten Werte y = log(z)

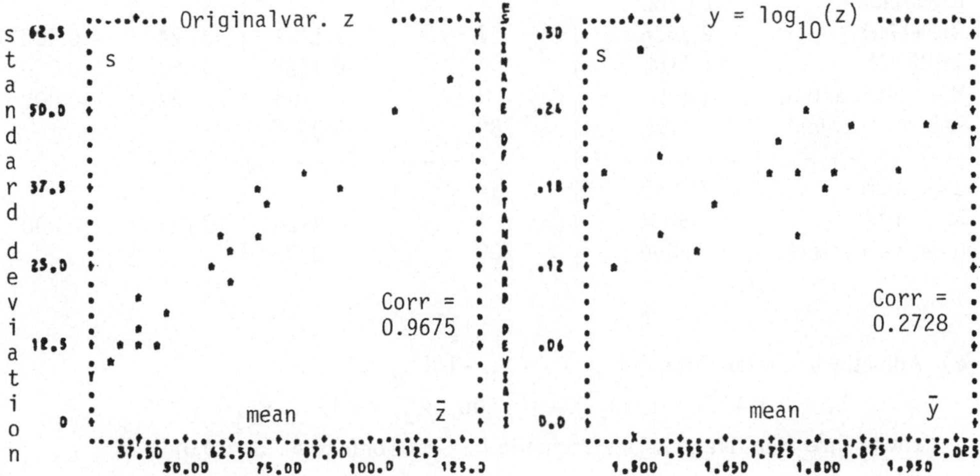

c) Verlauf der Zellen-Mittelwerte $\bar{y}_{ij}$ über die 6 Termine [BMDP 7D, $y = \log(z)$

$d = 0.26$]

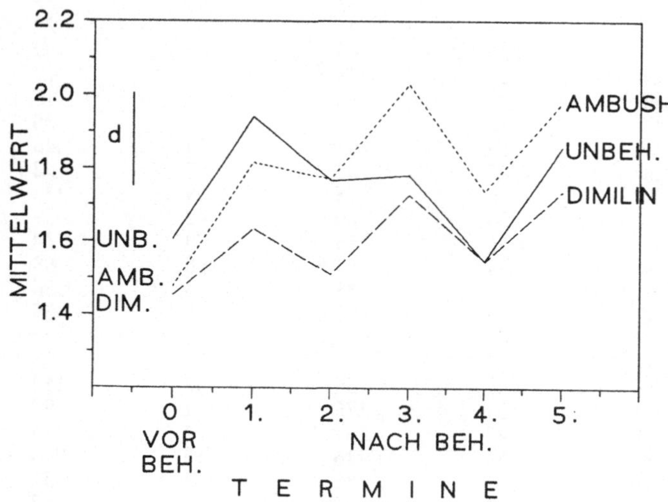

d) Tafeln der Kovarianzanalyse zum Prüfen der varianzanalytischen (oben) und der regressionsanalytischen (unten) Hypothesen (BMDP 2V)

Source	Sum of Squares	Degrees of Freedom	Mean Square	F	Tail. Prob.
Kovariable	1.1002	1			
BEHAND	2.3436	2	1.1718	31.24	0.000
TERMIN	1.7314	4	0.4328	11.54	0.000
B × T Interaktion	0.9967	8	0.1208	3.22	0.002
Innerh. (Fehler)	7.8396	209	0.0375		
Zwischen	5.1597	14			
Kovariable	0.9824	1	0.9824	26.19	0.000
Innerh. (Fehler)	7.8396	209	0.0375		

e) Adjustierte Zellenmittelwerte $\hat{\mu}_{ij} = \bar{y}_{ij} - b_I(\bar{x}_{ij} - \bar{x})$ mit

$b_I = 0.414$, $\bar{x} = 1.513$, $\bar{x}_{1j} = 1.606$, $\bar{x}_{2j} = 1.455$, $\bar{x}_{3j} = 1.477$

sowie ihre signifikanten Unterschiede [——> Bonferroni, $\alpha = 0.01$].

TERMIN

	1. Nach	2. Nach	3. Nach	4. Nach	5. Nach
UNBEHAND	1.9001	1.7280	1.7440	1.5062	1.8183
DIMILIN	1.6579	1.5334	1.7495	1.5685	1.7610
AMBUSH	1.8297	1.7842	2.0442	1.8481	1.9950

5. NICHTLINEARE REGRESSION

5.0 In den linearen Regressionsmodellen 1.1 und 2.1 wird der Erwartungswert $\mathbb{E}\,Y$ als eine lineare Funktion in dem unbekannten Modellparameter $\boldsymbol{\beta} \in \mathbb{R}^P$ dargestellt. Wird bei der i-ten Meßwiederholung der Wertesatz $\mathbf{x}_i^T = (x_{1i},...,x_{pi})$ der Regressoren eingestellt, so ist im linearen Modell

$$\mathbb{E}\,Y_i = \mathbf{x}_i^T \cdot \boldsymbol{\beta}\ .$$

Nun werden wir diese Gleichung in Richtung einer *nichtlinearen* Abhängigkeit vom Parameter $\boldsymbol{\beta}$ verallgemeinern. Mit einer als bekannt vorausgesetzten Regressionsfunktion μ setzen wir

$$\mathbb{E}\,Y_i = \mu(\mathbf{x}_i,\boldsymbol{\beta})$$

an. Da es nicht explizit auf die Werte $\mathbf{x}_i$ ankommt, sondern nur auf die funktionale Abhängigkeit vom Parameter $\boldsymbol{\beta}$ (in welche die $\mathbf{x}_i$ mit eingehen), werden wir

$$\mu(\mathbf{x}_i,\boldsymbol{\beta}) \equiv \mu_i(\boldsymbol{\beta})$$

schreiben. Wir werden den MQ–Schätzer für $\boldsymbol{\beta}$ analysieren. Seine asymptotische Normalität wird nachgewiesen sowie die asymptotische Verteilung einer Teststatistik zum Prüfen nichtlinearer Hypothesen der Form $\mathbf{r}(\boldsymbol{\beta}) = 0$.

5.1 Nichtlineares Regressionsmodell

Gegeben seien unabhängige und identisch verteilte Zufallsvariablen

$$e_1, e_2, \ldots, \quad \text{mit } \mathbb{E}\,e_i = 0\ , \quad \mathrm{Var}(e_i) = \sigma^2 > 0,$$

sowie Regressionsfunktionen

$$\mu_1(\boldsymbol{\beta}), \mu_2(\boldsymbol{\beta}), \ldots,$$

jedes $\mu_i(\boldsymbol{\beta})$ zweimal stetig differenzierbar nach $\boldsymbol{\beta} \in \mathbb{R}^P$. Dann unterliegen die Beobachtungsvariablen $Y_1, Y_2, \ldots$ einem nichtlinearen Regressionsmodell, falls

$$(1) \qquad Y_i = \mu_i(\boldsymbol{\beta}) + e_i\ , \quad i = 1,2,...,n.$$

Führen wir die n-dimensionalen Vektoren $\mathbf{Y} = \begin{bmatrix} Y_1 \\ \vdots \\ Y_n \end{bmatrix}$, $\mathbf{e} = \begin{bmatrix} e_1 \\ \vdots \\ e_n \end{bmatrix}$, $\boldsymbol{\mu}(\boldsymbol{\beta}) = \begin{bmatrix} \mu_1(\boldsymbol{\beta}) \\ \vdots \\ \mu_n(\boldsymbol{\beta}) \end{bmatrix}$ ein, so schreibt sich (1) als

(2) $\qquad \mathbf{Y} = \boldsymbol{\mu}(\boldsymbol{\beta}) + \mathbf{e}$.

Unbekannt sind die Parameter $\boldsymbol{\beta} \in \mathbb{R}^p$ und $\sigma^2 > 0$. Im Spezialfall $\boldsymbol{\mu}(\boldsymbol{\beta}) = \mathbf{X} \cdot \boldsymbol{\beta}$ erhalten wir das lineare Regressionsmodell 1.1 bzw. 2.1 zurück.

Zum Schätzen des Modellparameters $\boldsymbol{\beta}$ wird die Minimum-Quadrat (MQ) Methode angewandt. Dazu führen wir die Summe

$$ \text{SQD}(\boldsymbol{\beta}) = \Sigma_{i=1}^{n} (Y_i - \mu_i(\boldsymbol{\beta}))^2 = |\mathbf{Y} - \boldsymbol{\mu}(\boldsymbol{\beta})|^2 $$

der Fehlerquadrate ein. Der Schätzer $\hat{\boldsymbol{\beta}}$ heißt MQ-Schätzer für $\boldsymbol{\beta}$, falls

$$ \text{SQD}(\hat{\boldsymbol{\beta}}) = \min_{\boldsymbol{\beta} \in \mathbb{R}^p} \text{SQD}(\boldsymbol{\beta}) . $$

Zur Übertragung der asymptotischen Ergebnisse aus dem nächsten Kapitel empfiehlt es sich, die *Schätzfunktion*

$$ l_n(\boldsymbol{\beta}) = (-\tfrac{1}{2}) \cdot \text{SQD}(\boldsymbol{\beta}) $$

einzuführen, so daß

(3) $\qquad l_n(\hat{\boldsymbol{\beta}}) = \max_{\boldsymbol{\beta} \in \mathbb{R}^p} l_n(\boldsymbol{\beta})$.

Zur Lösung von (3) und zur Herleitung der (asymptotischen) Inferenzmethoden benötigen wir die ersten und zweiten Ableitungen von $l_n(\boldsymbol{\beta})$.

5.2 Ableitungen der Schätzfunktion, Schätzer für β und σ^2

Als Gradienten von μ_i führen wir die p-dimensionalen Vektoren

$$ \mathbf{m}_i(\boldsymbol{\beta}) = \frac{d}{d\boldsymbol{\beta}} \mu_i(\boldsymbol{\beta}) \ , \ i=1,...,n, $$

ein. Die transponierte Funktionalmatrix von $\boldsymbol{\mu}(\boldsymbol{\beta})$ werde mit $\mathbf{M}(\boldsymbol{\beta})$ bezeichnet,

$$ \mathbf{M}(\boldsymbol{\beta}) = \begin{bmatrix} \mathbf{m}_1^T(\boldsymbol{\beta}) \\ \vdots \\ \mathbf{m}_n^T(\boldsymbol{\beta}) \end{bmatrix} \qquad [\text{n} \times \text{p-Matrix, Rang p vorausgesetzt}], $$

die $p \times p$-Hessematrix von $\mu_i(\boldsymbol{\beta})$ mit $\mathcal{M}_i(\boldsymbol{\beta})$,

$$ \mathcal{M}_i(\boldsymbol{\beta}) = \frac{d^2}{d\boldsymbol{\beta}\, d\boldsymbol{\beta}^T} \mu_i(\boldsymbol{\beta}) = \left(\frac{\partial^2 \mu_i}{\partial \beta_j\, \partial \beta_k}(\boldsymbol{\beta}), j,k = 1,...,p \right). $$

Mit diesen Vektoren und Matrizen schreiben sich der p-dimensionale Vektor $\mathbf{U}_n(\boldsymbol{\beta})$ $= (d/d\boldsymbol{\beta})\, l_n(\boldsymbol{\beta})$ der ersten Ableitungen und die $p \times p$-Matrix

$$ \mathbf{W}_n(\boldsymbol{\beta}) = (d^2/d\boldsymbol{\beta}\, d\boldsymbol{\beta}^T)\, l_n(\boldsymbol{\beta}) $$

der zweiten Ableitungen der Schätzfunktion $l_n(\boldsymbol{\beta})$ in der Form

(4) $\mathbf{U}_n(\boldsymbol{\beta}) = \sum_{i=1}^n \mathbf{m}_i(\boldsymbol{\beta})(Y_i - \mu_i(\boldsymbol{\beta})) = \mathbf{M}^T(\boldsymbol{\beta})\cdot(\mathbf{Y} - \boldsymbol{\mu}(\boldsymbol{\beta}))$

(5) $\mathbf{W}_n(\boldsymbol{\beta}) = \sum_{i=1}^n \mathcal{M}_i(\boldsymbol{\beta})(Y_i - \mu_i(\boldsymbol{\beta})) - \mathbf{M}^T(\boldsymbol{\beta})\cdot\mathbf{M}(\boldsymbol{\beta})$.

Wegen $\mathbb{E}\,\mathbf{Y} = \boldsymbol{\mu}(\boldsymbol{\beta})$ und $\mathbb{V}(\mathbf{Y}) = \sigma^2 \mathbf{I}_n$ haben wir

$$\mathbb{E}(\mathbf{U}_n(\boldsymbol{\beta})) = 0\,, \qquad \mathbb{V}(\mathbf{U}_n(\boldsymbol{\beta})) = \sigma^2 \mathbf{M}^T(\boldsymbol{\beta})\cdot\mathbf{M}(\boldsymbol{\beta})\,,$$

$$-\,\mathbb{E}(\mathbf{W}_n(\boldsymbol{\beta})) = \mathbf{M}^T(\boldsymbol{\beta})\cdot\mathbf{M}(\boldsymbol{\beta}) = \sum_{i=1}^n \mathbf{m}_i(\boldsymbol{\beta})\cdot\mathbf{m}_i^T(\boldsymbol{\beta})\,.$$

Die Lösungen von (3) befinden sich (sofern sie endlich sind) unter den Lösungen der *Schätzgleichung*

$$\mathbf{U}_n(\boldsymbol{\beta}) = 0\,,$$

d.h. unter den Lösungen der *nicht*linearen Normalgleichungen

nNG $\mathbf{M}^T(\boldsymbol{\beta})\cdot\boldsymbol{\mu}(\boldsymbol{\beta}) = \mathbf{M}^T(\boldsymbol{\beta})\cdot\mathbf{Y}$.

Lösungen von nNG werden wir im folgenden als MQ-Schätzer $\hat{\boldsymbol{\beta}}_n$ von $\boldsymbol{\beta}$ bezeichnen. Mit einem solchen $\hat{\boldsymbol{\beta}}_n$ lautet ein Schätzer für σ^2

$$\hat{\sigma}^2 = \frac{1}{n-p}\,\mathrm{SQD}(\hat{\boldsymbol{\beta}}_n) = \frac{1}{n-p}\,|\mathbf{Y} - \boldsymbol{\mu}(\hat{\boldsymbol{\beta}})|^2\,.$$

Im Spezialfall des linearen Modells $\boldsymbol{\mu}(\boldsymbol{\beta}) = \mathbf{X}\cdot\boldsymbol{\beta}$ ist

$$\mathbf{M}(\boldsymbol{\beta}) = \mathbf{X}\,, \quad \mathbf{U}_n(\boldsymbol{\beta}) = \mathbf{X}^T(\mathbf{Y} - \mathbf{X}\cdot\boldsymbol{\beta})\,, \quad \mathbf{W}_n(\boldsymbol{\beta}) = -\,\mathbf{X}^T\mathbf{X}\,,$$

und die nichtlinearen Normalgleichungen nNG reduzieren sich auf die linearen NG

$$\mathbf{X}^T\mathbf{X}\boldsymbol{\beta} = \mathbf{X}^T\mathbf{Y}.$$

5.3 Asymptotische Regularitätsvoraussetzungen

Zur Ableitung asymptotischer statistischer Methoden werden wir den Stichprobenumfang n gegen ∞ gehen lassen. Dabei kann der Satz $\mu_1,\dots,\mu_n$ der Regressionsfunktionen für jedes n verschieden angesetzt werden. Gegeben sei also eine Folge

$$\boldsymbol{\mu}_n(\boldsymbol{\beta}) = (\mu_{n1}(\boldsymbol{\beta}),\dots,\mu_{nn}(\boldsymbol{\beta}))^T,\ \boldsymbol{\beta} \in \mathbb{R}^p,\ n \geq 1,$$

von n-dimensionalen Regressionsfunktionen und eine Folge $e_1, e_2,\dots$ von Zufallsvariablen wie in 5.1 oben, so daß für die Folge von Beobachtungsvektoren $\mathbf{Y}_n = (Y_{n1},\dots,Y_{nn})^T$, $n \geq 1$, die folgende Gleichung gilt:

$$\mathbf{Y}_n = \boldsymbol{\mu}_n(\boldsymbol{\beta}) + \mathbf{e}_n \qquad\qquad\qquad [\mathbf{e}_n = (e_1,\dots,e_n)^T].$$

Den Gradienten von $\mu_{ni}(\boldsymbol{\beta})$ schreiben wir dann als $\mathbf{m}_{ni}(\boldsymbol{\beta})$, die $p{\times}p$-Hessematrix von $\mu_{ni}(\boldsymbol{\beta})$ als $\mathcal{M}_{ni}(\boldsymbol{\beta})$ und die transponierte Funktionalmatrix von $\boldsymbol{\mu}_n(\boldsymbol{\beta})$ als

$$M_n(\beta) = \begin{bmatrix} \mathbf{m}_{n1}^T(\beta) \\ \vdots \\ \mathbf{m}_{nn}^T(\beta) \end{bmatrix} \qquad\qquad [\,n\times p\text{-Matrix vom Rang p}\,].$$

Im folgenden werden wir invertierbare $p\times p$-Matrizen Γ_n, $n\geq 1$, mit $\Gamma_n \to 0$ (elementweise) betrachten (*Normierungsmatrizen*), sowie Folgen p-dimensionaler Zufallsvektoren β_n^*, $n \geq 1$, mit der Eigenschaft

(6) $\qquad \Gamma_n^{-T}(\beta_n^* - \beta)$, $n \geq 1$, stochastisch beschränkt.

Dabei ist $\Gamma_n^{-T} \equiv (\Gamma_n^{-1})^T = (\Gamma_n^T)^{-1}$. Solche Folgen erfüllen insbesondere

$$\beta_n^* \xrightarrow{\;\mathbb{P}_\beta\;} \beta\,,$$

siehe ANHANG B 3.3. Wir setzen nun die Existenz einer Folge von Normierungsmatrizen Γ_n und einer positiv-definiten $p\times p$-Matrix $V(\beta)$ voraus ($V(\beta)$ stetig in β), so daß bei $n \to \infty$ und für Folgen β_n^*, $n\geq 1$, welche (6) erfüllen, gilt

A^*

(i) $\quad \Gamma_n M_n^T(\beta_n^*)\cdot M_n(\beta_n^*)\,\Gamma_n^T \xrightarrow{\;\mathbb{P}_\beta\;} V(\beta)$

(ii) $\quad \max_{1\leq i\leq n}\left|\Gamma_n \mathbf{m}_{ni}(\beta)\right| \longrightarrow 0$

(iii) $\quad \Gamma_n\left(\Sigma_{i=1}^n M_{ni}(\beta_n^*)(Y_{ni} - \mu_{ni}(\beta_n^*))\right)\Gamma_n^T \xrightarrow{\;\mathbb{P}_\beta\;} 0$

(iv) Es gibt eine Folge $\hat{\beta}_n$, $n\geq 1$, von MQ-Schätzern für β, die (6) erfüllt.

Man beachte, daß sich im Spezialfall des linearen Modells $\mu(\beta) = X\cdot\beta$ die Voraussetzungen A^* auf

$$\Gamma_n(X_n^T X_n)\,\Gamma_n^T \longrightarrow V \quad \text{und} \quad \max_{1\leq i\leq n}\left|\Gamma_n \mathbf{x}_{ni}\right| \longrightarrow 0$$

reduzieren und der folgende Satz 5.4 (i) auf den Satz III 3.4 (ii).

5.4 Asymptotische Eigenschaften

Zum Beweis des folgenden Satzes werden wir auf Ergebnisse des Kapitels VI vorausgreifen müssen. Um diese anwenden zu können, müssen wir zunächst zwei zentrale Bedingungen, U^* und W^* genannt, nachweisen.

Lemma Unter der Voraussetzung A^* (i)-(iii) gilt bei $n \to \infty$

$U^* \qquad\quad \Gamma_n U_n(\beta) \xrightarrow{\;\mathcal{D}_\beta\;} N_p(0, \sigma^2 V(\beta))$

$W^* \qquad\quad \Gamma_n W_n(\beta_n^*)\,\Gamma_n^T \xrightarrow{\;\mathbb{P}_\beta\;} -V(\beta)$, für alle Folgen β_n^* mit (6).

Beweis ad U^*: Gemäß Formel (4) gilt mit $e_i = Y_i - \mu_i(\boldsymbol{\beta})$

$$\mathbf{U}_n(\boldsymbol{\beta}) = \Sigma_{i=1}^n \, \mathbf{m}_{i,n}(\boldsymbol{\beta}) \, e_i \; .$$

Mit Voraussetzung $A^*(i),(ii)$ liefert das Korollar 2 zum multivariaten ZGWS (ANHANG B 3.11) die Aussage U^*.

ad W^*: Gemäß Formel (5) garantieren $A^*(i)$ und (iii) die Aussage W^*. $\square$

Bemerkung Zur Anwendung der Ergebnisse des Kap. VI benötigen wir W^* sogar in der Form, daß in $\mathbf{W}_n(\boldsymbol{\beta}_n^*)$ zeilenweise verschiedene $\boldsymbol{\beta}_n^*$ erlaubt sind (explizit werden wir nicht darauf eingehen). Die Voraussetzungen $A^*(i)$ und (iii) sind entsprechend zu verschärfen. In ähnlicher Weise sind in (7) unten spaltenweise verschiedene Argumente der Matrix $\mathbf{R}(\boldsymbol{\beta}_n^*)$ zugelassen.

Der nächste Satz behauptet die asymptotische Normalität des MQ-Schätzers $\hat{\boldsymbol{\beta}}_n$ und die asymptotische χ^2-Verteilung der Wald-Statistik $T_n^{(W)}$. Um letztere in allgemeiner Form formulieren zu können, führen wir eine stetig differenzierbare Abbildung $\mathbf{r}(\boldsymbol{\beta})$, $\mathbf{r} \colon \mathbb{R}^p \to \mathbb{R}^q$ $(q < p)$, ein, welche die folgende Eigenschaft erfüllt.

Die $p \times q$-Funktionalmatrix $\mathbf{R}(\boldsymbol{\beta})$ von $\mathbf{r}(\boldsymbol{\beta})$, $\boldsymbol{\beta} \in \mathbb{R}^p$, hat Rang q.

Es existieren invertierbare $q \times q$-Matrizen $\boldsymbol{\Gamma}\mathbf{r}_n$, $n \geq 1$, mit $\boldsymbol{\Gamma}\mathbf{r}_n \to 0$ und

$$\boldsymbol{\Gamma}_n \mathbf{R}(\boldsymbol{\beta}_n^*) \boldsymbol{\Gamma}\mathbf{r}_n^{-T} \xrightarrow{\;\mathbb{P}\beta\;} \mathbf{D}(\boldsymbol{\beta}) \qquad\qquad [p \times q\text{-Matrix vom Rang } q]$$

für alle $\boldsymbol{\beta}$ mit $\mathbf{r}(\boldsymbol{\beta}) = 0$ und Folgen $\boldsymbol{\beta}_n^*$ mit der Eigenschaft (6).

(7)

Satz Unter der Voraussetzung A^* gilt

(i) $\qquad \boldsymbol{\Gamma}_n^{-T}(\hat{\boldsymbol{\beta}}_n - \boldsymbol{\beta}) \xrightarrow{\;\mathcal{D}\beta\;} N_p(0, \sigma^2 \mathbf{V}^{-1}(\boldsymbol{\beta}))$

(ii) Erfüllt zusätzlich die Abbildung $\mathbf{r} \colon \mathbb{R}^p \to \mathbb{R}^q$ $(q < p)$ die Eigenschaft (7), so gilt für die Zufallsvariable

$$T_n^{(W)} = \mathbf{r}^T(\hat{\boldsymbol{\beta}}_n) \cdot [\mathbf{R}^T(\hat{\boldsymbol{\beta}}_n)(\mathbf{M}_n^T(\hat{\boldsymbol{\beta}}_n) \cdot \mathbf{M}_n(\hat{\boldsymbol{\beta}}_n))^{-1} \mathbf{R}(\hat{\boldsymbol{\beta}}_n)]^{-1} \cdot \mathbf{r}(\hat{\boldsymbol{\beta}}_n) / \hat{\sigma}_n^2$$

unter der Annahme $\mathbf{r}(\boldsymbol{\beta}) = 0$, daß

$$T_n^{(W)} \xrightarrow{\;\mathcal{D}\beta\;} \chi_q^2 \; .$$

Beweis (i) folgt aus Satz VI 1.6, wenn man dort $\boldsymbol{\Sigma}$ und $\boldsymbol{B}$ durch $\sigma^2 \mathbf{V}$ bzw. $\mathbf{V}$ ersetzt.

(ii) folgt aus Satz VI 3.5, wenn dort statt $\mathbf{W}_n$ und $\mathbf{S}_n$ gerade $-\mathbf{M}_n^T \cdot \mathbf{M}_n$ und $\hat{\sigma}_n^2 \mathbf{M}_n^T \cdot \mathbf{M}_n$ eingesetzt wird. $\square$

5.5 Anwendungen, Spezialfälle

1. Konfidenzintervall für β_j: Gemäß VI 1.9 lautet ein approximatives Konfidenzintervall für eine Komponente β_j von $\boldsymbol{\beta}$ zum Niveau $1-\alpha$

$$\hat{\beta}_{n,j} - u_{1-\alpha/2}\,\hat{\sigma}\,\sqrt{v_{nj}} \;\leq\; \beta_j \;\leq\; \hat{\beta}_{n,j} + u_{1-\alpha/2}\,\hat{\sigma}\,\sqrt{v_{nj}}\;,$$

wobei v_{nj} das j-te Diagonalelement von $\left(\mathbf{M}_n^T(\hat{\boldsymbol{\beta}}_n)\cdot\mathbf{M}_n(\hat{\boldsymbol{\beta}}_n)\right)^{-1}$ ist.

2. Test der nichtlinearen Hypothese H_0: $\mathbf{r}(\boldsymbol{\beta}) = 0$. Die für große n gültige Verwerfungsregel zum Niveau α lautet: Verwirf H_0, falls für den Wert $T_n^{(W)}$ der Waldstatistik gilt

$$T_n^{(W)} > \chi^2_{q,1-\alpha}$$

3. Wir betrachten den Spezialfall, daß die $\boldsymbol{\Gamma}_n$ Diagonalmatrizen sind und die Hypothese H_0: $\beta_{p-q+1}=...=\beta_p = 0$ lautet. H_0 läßt sich dann in der Form $\mathbf{r}(\boldsymbol{\beta}) = 0$ schreiben, so daß

$$\mathbf{R} = \begin{pmatrix} 0 \\ \mathbf{I}_q \end{pmatrix}$$

gilt und (7) erfüllt ist.

Man erhält die Wald-Teststatistik

$$T_n^{(W)} = \hat{\boldsymbol{\beta}}_{n,2}^T\cdot[\mathbf{L}_{n,22}(\hat{\boldsymbol{\beta}}_n)]^{-1}\cdot\hat{\boldsymbol{\beta}}_{n,2}\,/\,\hat{\sigma}_n^2$$

mit

$$\hat{\boldsymbol{\beta}}_{n,2}^T = (\hat{\beta}_{n,p-q+1},...,\hat{\beta}_{n,p})$$

und mit $\mathbf{L}_{n,22}(\boldsymbol{\beta})$ als untere rechte $q\times q$-Teilmatrix von $\left(\mathbf{M}_n^T(\boldsymbol{\beta})\cdot\mathbf{M}_n(\boldsymbol{\beta})\right)^{-1}$.

4. Allgemeiner als in 3. wird nun nun der Fall einer linearen Hypothese der Gestalt

$$\mathbf{r}(\boldsymbol{\beta}) = \mathbf{R}^T\cdot\boldsymbol{\beta} - \mathbf{r}^0 = 0,\quad \mathbf{R}\;\;p\times q\text{-Matrix vom Rang q},\quad \mathbf{r}^0\;\;q\times1\text{-Vektor},$$

und einer Normierungsmatrix $\boldsymbol{\Gamma}_n$, die nicht notwendig Diagonalgestalt besitzt, untersucht. Mit einer (o.E. invertierbaren) $q\times q$-Matrix $\mathbf{B}_n$ setzt man

$$\boldsymbol{\Gamma}_n\mathbf{R} = \begin{pmatrix} \mathbf{A}_n \\ \mathbf{B}_n \end{pmatrix}.$$

Gilt nun

(8) $\mathbf{A}_n\cdot\mathbf{B}_n^{-1}$ konvergiert (elementweise gegen $\mathbf{C}$),

wobei $\mathbf{C}$ eine beliebige $(p-q)\times q$-Matrix ist, so ist (7) erfüllt, mit

$$\boldsymbol{\Gamma}\mathbf{r}_n = \mathbf{B}_n^T,\quad \mathbf{D} = \begin{pmatrix} \mathbf{C} \\ \mathbf{I}_q \end{pmatrix}.$$

Im Spezialfall 3. gilt (8) mit $\mathbf{A}_n = 0$, $\mathbf{C} = 0$.

5. Ist $\boldsymbol{\Gamma}_n$ Diagonalmatrix mit identisch gleichen Diagonalelementen γ_n, z.B. $\boldsymbol{\Gamma}_n = (1/\sqrt{n})\cdot\mathbf{I}_p$, so ist (7) für jede $p\times q$-Funktionalmatrix $\mathbf{R}(\boldsymbol{\beta})$ (vom Rang q) erfüllt. Man braucht ja nur $\boldsymbol{\Gamma}\mathbf{r}_n = \gamma_n\cdot\mathbf{I}_q$ zu setzen und erhält (7) mit $\mathbf{D}(\boldsymbol{\beta}) = \mathbf{R}(\boldsymbol{\beta})$.

VI ASYMPTOTISCHE STATISTISCHE METHODEN

0. VORBEMERKUNG

Beim linearen Modell mit Normalverteilungsannahme besitzen die F-Quotienten zum Prüfen diverser Hypothesen über die Modellparameter "exakte" Verteilungen, also Verteilungen, die unter der Hypothese -für jeden Stichprobenumfang n- von keinem unbekannten Parameter mehr abhängen und deren Quantile tabuliert zur Verfügung stehen (zumindest berechenbar sind; vgl. z.B. III 6.4). Schaut man auf die Vielfalt möglicher statistischer Inferenzprobleme, so bildet die Existenz solcher exakter Tests (bzw. exakter Konfidenzintervalle) eigentlich eine Ausnahme. Weichen wir zum Beispiel von einer der drei Voraussetzungen

Normalverteilung der Fehlervariablen

Lineare Abhängigkeit des Erwartungswertes von den Modellparametern

Varianzhomogenität (Homoskedastizität)

des linearen Modells ab, so stehen i.d.R. keine exakten Tests und Konfidenzintervalle mehr zur Verfügung. Der Statistiker behilft sich in solchen Situationen oft mit der Anwendung asymptotischer Verfahren, das sind Verfahren, für die sich erst bei einem gegen ∞ konvergierenden Stichprobenumfang n praktisch verwendbare Verteilungsaussagen aufstellen lassen. In der Praxis bedeutet die Anwendung solcher asymptotischer Verfahren immer eine Näherung (Approximation), die in der Hoffnung durchgeführt wird, daß der vorliegende Stichprobenumfang n groß genug ist. Typische Anwendungsbeispiele der asymptotischen Methoden bilden die Anpassungstests (vgl. II.3) und die Tests und Konfidenzintervalle bei nichtlinearen Modellen (V.5), bei verallgemeinerten linearen Modellen (Kap. VII) und bei log-linearen Modellen (vgl. Kap. VIII).

I.f. steht zunächst das Grenzwert-Verhalten, nämlich die Konsistenz und die asymptotische Normalität, einer geeigneten Schätzerfolge $\hat{\theta}_n$, n $\geq$ 1, für einen Modellparameter θ im Vordergrund. Dann werden wir asymptotische Konfidenzintervalle und die asymptotischen χ^2-Verteilungen mehrerer großer Klassen von Prüfgrößen ableiten: des log Likelihood-Quotienten (log LQ), der Score- und Wald-Statistik und der Pearson-Fisher Teststatistik.

Die asymptotische Theorie der Statistik wird hier nur innerhalb des von uns benötigten Rahmens vorgetragen und nicht in allgemeinerer theoretischer Form, wie sie heutzutage vorliegt; vgl. dazu die Darstellungen von Basawa & Scott (1983), Ibragimov & Has'minski (1981), Strasser (1985), Rüschendorf (1988), Witting & Müller-Funk (1995, Kap. 6). Im ANHANG B.3 sind diejenigen Grenzwert-Begriffe und -Sätze der Stochastik zusammengestellt, die zur technischen Durchführung unseres Programms benötigt werden.

Als Matrix- und Vektornorm $|.|$ wird durchweg die Euklidische verwendet:

$$|\mathbf{A}|^2 = \Sigma_i \Sigma_j a_{ij}^2 \quad \text{für eine Matrix } \mathbf{A} = (a_{ij}),$$

$$|\mathbf{x}|^2 = \Sigma_i x_i^2 \quad \text{für einen Vektor } \mathbf{x} = (x_i).$$

$\mathcal{U}_\delta(\mathbf{x}) = \{\mathbf{x} \in \mathbb{R}^d : |\mathbf{x}| \leq \delta\}$ bezeichnet dann die abgeschlossene δ-Umgebung des Vektors $\mathbf{x}$ bez. dieser Norm, $\overset{o}{\mathcal{U}}_\delta(\mathbf{x})$ die entsprechende offene Umgebung. Das in diesem Kapitel benötigte Matrizenkalkül findet man im ANHANG A.1 und A.3.

1. ASYMPTOTISCHES VERHALTEN VON SCHÄTZERFOLGEN

1.0 Wir übernehmen in diesem Abschnitt Notationen der ML-Methode in I.4 und der MQ-Methode in V.5. Wir verallgemeinern diese Methoden dahingehend, daß der Ausgangspunkt der folgenden Schätz- und Testverfahren eine *Schätzfunktion* (*estimation function*) $l_n(\boldsymbol{\theta})$, $\boldsymbol{\theta} \in \mathbb{R}^d$, ist, die es zu maximieren gilt. Dabei kann $l_n(\boldsymbol{\theta})$ z.B. die log-Likelihoodfunktion einer Beobachtung $x_1,...,x_n$ sein, wie in I.4, das Negative der Fehlerquadrat-Summen, wie in V.5, oder noch anders definiert sein. Im folgenden sei $l_n(\boldsymbol{\theta})$ für jedes $\boldsymbol{\theta}$ eine meßbare Funktion von n Zufallsgrößen $X_1,...,X_n$. Es bezeichne

$$\mathbf{U}_n(\boldsymbol{\theta}) = \frac{d}{d\boldsymbol{\theta}} l_n(\boldsymbol{\theta})$$

den d-dimensionalen Vektor der ersten und

$$\mathbf{W}_n(\boldsymbol{\theta}) = \frac{d^2}{d\boldsymbol{\theta}\, d\boldsymbol{\theta}^T} l_n(\boldsymbol{\theta})$$

die d×d-Matrix der zweiten Ableitungen von $l_n(\boldsymbol{\theta})$. Wir werden einen Schätzer $\hat{\boldsymbol{\theta}}_n$ des Modellparameters $\boldsymbol{\theta}$, der sich als Lösung der

$$\text{Schätzgleichung (estimation equation)} \quad \mathbf{U}_n(\boldsymbol{\theta}) = 0$$

ergibt, *EE-Schätzer* nennen. Unter gewissen "Regularitätsvoraussetzungen" (siehe unten) existiert ein konsistenter und asymptotisch normal-verteilter EE-Schätzer. Dabei heißt eine Folge $\hat{\boldsymbol{\theta}}_n = \hat{\boldsymbol{\theta}}_n(X_1,...,X_n)$, $n \geq 1$, von d-dimensionalen Zufallsvektoren ein *konsistenter EE-Schätzer* für $\boldsymbol{\theta}$, falls für jedes $\boldsymbol{\theta} \in \Theta \subset \mathbb{R}^d$ und $\varepsilon > 0$ gilt

$$(1) \qquad \mathbb{P}_\theta\big(|\hat{\boldsymbol{\theta}}_n - \boldsymbol{\theta}| \leq \varepsilon, \mathbf{U}_n(\hat{\boldsymbol{\theta}}_n) = 0\big) \longrightarrow 1 \qquad\qquad [n \to \infty].$$

(ausführlicher Name: konsistente asymptotische Lösung der Schätzgleichung; Pfanzagl 1994, 7.4). Stellt die Schätzfunktion $l_n(\boldsymbol{\theta})$ die log Likelihoodfunktion dar (diesen Spezialfall wollen wir den *Likelihood*-Fall nennen), so bildet $\mathbf{U}_n(\boldsymbol{\theta})$ den Score-vektor, und eine Folge $\hat{\boldsymbol{\theta}}_n$, $n \geq 1$, die (1) erfüllt, heißt konsistenter ML-Schätzer.

1.1 Hinreichende Bedingungen U,W

Wir sind an möglichst schwachen Bedingungen interessiert, welche die Existenz eines konsistenten EE-Schätzers garantieren. An die Abhängigkeitsstruktur der Zufallsgrößen $X_1, X_2, \ldots$ stellen wir keine ausdrückliche Forderung. Stillschweigend vorausgesetzt wird stets, daß

$l_n(\boldsymbol{\theta})$ mindestens zweimal stetig differenzierbar nach $\boldsymbol{\theta} \in \Theta$,

Θ offene Teilmenge des $\mathbb{R}^d$

ist. Wir führen eine sog. *Normierungsfolge* $\boldsymbol{\Gamma}_n$, $n \geq 1$, von invertierbaren $d \times d$-Matrizen ein, die

$$\boldsymbol{\Gamma}_n \to 0 \qquad\qquad [\text{elementweise bei } n \to \infty]$$

erfüllen mögen. Mit $\lambda_{n1}^2, \ldots, \lambda_{nd}^2$ bezeichnen wir die (positiven) Eigenwerte von $\boldsymbol{\Gamma}_n^T \cdot \boldsymbol{\Gamma}_n$ und mit

$$\overline{c}_n^2 = \max_{1 \leq i \leq d} \lambda_{ni}^2, \quad \underline{c}_n^2 = \min_{1 \leq i \leq d} \lambda_{ni}^2,$$

ihr Maximum bzw. Minimum; es gilt $\overline{c}_n \to 0$, $\underline{c}_n \to 0$. Ferner bezeichne, für $s > 0$ und mit der Bezeichnung $\boldsymbol{\Gamma}^{-T} \equiv (\boldsymbol{\Gamma}^{-1})^T \,[= (\boldsymbol{\Gamma}^T)^{-1}]$,

$$\mathcal{U}_{n,s}(\boldsymbol{\theta}) = \{\boldsymbol{\theta}^* \in \mathbb{R}^d : |\boldsymbol{\Gamma}_n^{-T}(\boldsymbol{\theta}^* - \boldsymbol{\theta})| \leq s\}$$

eine ("ellipsoidenförmige") Umgebung von $\boldsymbol{\theta} \in \Theta$. Sie ist in zwei "kreisförmige" Umgebungen $\mathcal{U}_\delta(\boldsymbol{\theta}) = \{\boldsymbol{\theta}^* \in \mathbb{R}^d : |(\boldsymbol{\theta}^* - \boldsymbol{\theta})| \leq \delta\}$ mit den Radien δ gleich $\underline{c}_n s$ bzw. gleich $\overline{c}_n s$ eingeschachtelt:

Lemma Für jedes $\boldsymbol{\theta} \in \Theta$ und $s > 0$ gilt

$$\mathcal{U}_{\underline{c}_n s}(\boldsymbol{\theta}) \subset \mathcal{U}_{n,s}(\boldsymbol{\theta}) \subset \mathcal{U}_{\overline{c}_n s}(\boldsymbol{\theta}).$$

Beweis Mit den Abkürzungen $\mathbf{z}_n(\boldsymbol{\theta}^*) = \boldsymbol{\Gamma}_n^{-T}(\boldsymbol{\theta}^* - \boldsymbol{\theta})$, $\mathbf{y}(\boldsymbol{\theta}^*) = (\boldsymbol{\theta}^* - \boldsymbol{\theta})/|\boldsymbol{\theta}^* - \boldsymbol{\theta}|$, gilt

$$\mathbf{z}_n^T(\boldsymbol{\theta}^*) \cdot \mathbf{z}_n(\boldsymbol{\theta}^*) = |\boldsymbol{\theta}^* - \boldsymbol{\theta}|^2 \mathbf{y}^T(\boldsymbol{\theta}^*)(\boldsymbol{\Gamma}_n^T \boldsymbol{\Gamma}_n)^{-1} \mathbf{y}(\boldsymbol{\theta}^*) \begin{cases} \leq |\boldsymbol{\theta}^* - \boldsymbol{\theta}|^2 \max_i \lambda_{ni}^{-2} = |\boldsymbol{\theta}^* - \boldsymbol{\theta}|^2 / \underline{c}_n^2 \\ \geq |\boldsymbol{\theta}^* - \boldsymbol{\theta}|^2 \min_i \lambda_{ni}^{-2} = |\boldsymbol{\theta}^* - \boldsymbol{\theta}|^2 / \overline{c}_n^2 \end{cases}$$

denn λ_{ni}^{-2} sind die Eigenwerte von $(\boldsymbol{\Gamma}_n^T \boldsymbol{\Gamma}_n)^{-1}$.

$$\text{Aus} \quad \begin{cases} \mathbf{z}_n^T(\boldsymbol{\theta}^*) \mathbf{z}_n(\boldsymbol{\theta}^*) \leq s^2 \\ |\boldsymbol{\theta}^* - \boldsymbol{\theta}|^2 \leq s^2 \underline{c}_n^2 \end{cases} \quad \text{folgt also} \quad \begin{cases} |\boldsymbol{\theta}^* - \boldsymbol{\theta}|^2 \leq s^2 \overline{c}_n^2 \\ \mathbf{z}_n^T(\boldsymbol{\theta}^*) \mathbf{z}_n(\boldsymbol{\theta}^*) \leq s^2 \end{cases} \qquad \square$$

Mit Hilfe obiger Bezeichnungen formulieren wir die folgenden zwei Bedingungen für alle $\theta \in \Theta$ (bezüglich des Begriffs "$\mathbb{P}_\theta$-stochastisch beschränkt" siehe ANHANG B 3.3):

U $\qquad\qquad \Gamma_n \mathbf{U}_n(\theta)$, $n \geq 1$, ist $\mathbb{P}_\theta$-stochastisch beschränkt

W $\qquad$ Es gibt ein $a > 0$ und für alle $\varepsilon > 0$ und $s > 0$ ein $n_0 \geq 1$, so daß
$$\mathbb{P}_\theta\left(\mathbf{y}^T \Gamma_n \mathbf{W}_n(\theta^*) \Gamma_n^T \mathbf{y} \leq -a \;\; \text{für alle } \theta^* \in \mathcal{U}_{n,s}(\theta) \cap \Theta, \; \mathbf{y} \in \mathbb{R}^d, |\mathbf{y}| = 1 \right) \geq 1 - \varepsilon$$
$\qquad\qquad$ für alle $n \geq n_0$.

Bemerkungen

1. Die Größen a und n_0 hängen i.a. noch von θ ab.

2. Ohne es in der Notation zu berücksichtigen, lassen wir in W zu, daß jede Zeile der $d \times d$-Matrix $\mathbf{W}_n(\theta^*)$ ein verschiedenes $\theta^* \in \mathcal{U}_{n,s}(\theta) \cap \Theta$ enthält.

3. Die Normierungsmatrizen Γ_n dürfen noch vom zugrundeliegenden ("wahren") Parameter θ abhängen; $\Gamma_n = \Gamma_n(\theta)$. Dann ist in W die quadratische Form $\mathbf{y}^T \Gamma_n \mathbf{W}_n(\theta^*) \Gamma_n^T \mathbf{y}$ als

$$\mathbf{y}^T \Gamma_n(\theta) \mathbf{W}_n(\theta^*) \Gamma_n^T(\theta) \mathbf{y}$$

zu lesen.

1.2 Existenz eines konsistenten EE-Schätzers

Satz Unter den Bedingungen U und W existiert ein konsistenter EE-Schätzer $\hat{\theta}_n$, $n \geq 1$, für θ . Mit einer $\mathbb{P}_\theta$-Wahrscheinlichkeit, die bei $n \to \infty$ gegen 1 konvergiert, liegt $\hat{\theta}_n$ in $\mathcal{U}_{n,s}(\theta)$ und nimmt $l_n(\theta)$ bei $\hat{\theta}_n$ ein lokales Maximum an.

Bemerkung Sei der zugrundeliegende Parameter $\theta_0 \in \Theta$ fixiert. Zu zeigen ist die Existenz einer Folge $\hat{\theta}_n$, $n \geq 1$, von $d \times 1$ Zufallsvektoren, für die gilt: Für jedes $\varepsilon > 0$, $\delta > 0$ existieren $\delta_0 > 0$, $n_0 \geq 1$ mit

$$\left.\begin{array}{l} \mathbb{P}_{\theta_0}\left(|\hat{\theta}_n - \theta_0| < \delta, \; \mathbf{U}_n(\hat{\theta}_n) = 0 \right) \geq 1 - \varepsilon \\[2mm] \mathbb{P}_{\theta_0}\left(l(\hat{\theta}_n) > l(\theta) \;\; \text{f.a. } \theta \in \mathcal{U}_{\delta_0}(\hat{\theta}_n), \; \theta \neq \hat{\theta}_n \right) \geq 1 - \varepsilon \end{array}\right\} \quad \text{für alle } n \geq n_0.$$

Beweis Der Mittelwertsatz liefert für jedes $\theta \in \Theta$ (für welches die Verbindungsstrecke von θ und θ_0 ganz in Θ liegt)

$$(2) \qquad \mathbf{U}_n(\theta) = \mathbf{U}_n(\theta_0) + \mathbf{W}_n(\theta^*)(\theta - \theta_0) \, ,$$

wobei $\boldsymbol{\theta}^* = \boldsymbol{\theta}_n^*$, welches für jede Komponente der Vektorgleichung (2) verschieden sein kann, die Gleichung

(3) $\qquad \boldsymbol{\theta}^* = \boldsymbol{\theta}_0 + \lambda(\boldsymbol{\theta} - \boldsymbol{\theta}_0) \qquad\qquad\qquad [0 \le \lambda \le 1]$

erfüllt. Mit $\boldsymbol{\Gamma}_n \equiv \boldsymbol{\Gamma}_n(\boldsymbol{\theta}_0)$ setze

$$\mathbf{z}_n(\boldsymbol{\theta}) = \boldsymbol{\Gamma}_n^{-T}(\boldsymbol{\theta} - \boldsymbol{\theta}_0) , \quad \mathbf{y}_n(\boldsymbol{\theta}) = \mathbf{z}_n(\boldsymbol{\theta})/|\mathbf{z}_n(\boldsymbol{\theta})|,$$

und multipliziere die Gleichung (2) von links mit $\mathbf{z}_n^T(\boldsymbol{\theta})\,\boldsymbol{\Gamma}_n$:

(4) $\qquad \mathbf{z}_n^T(\boldsymbol{\theta})\,\boldsymbol{\Gamma}_n\mathbf{U}_n(\boldsymbol{\theta}) = \mathbf{z}_n^T(\boldsymbol{\theta})\,\boldsymbol{\Gamma}_n\mathbf{U}_n(\boldsymbol{\theta}_0) + \mathbf{z}_n^T(\boldsymbol{\theta})\,\boldsymbol{\Gamma}_n\mathbf{W}_n(\boldsymbol{\theta}^*)\,\boldsymbol{\Gamma}_n^T\mathbf{z}_n(\boldsymbol{\theta})$.

Seien $\varepsilon > 0$, $\delta > 0$. Als Folge der Voraussetzung U gibt es eine positive Zahl M, ein $n_1 \ge 1$ und Mengen C_n (1_{C_n} meßbare Funktion der $X_1, X_2, \ldots, X_n$), so daß $\mathbb{P}_{\theta_0}(C_n) \ge 1 - \varepsilon$ für alle $n \ge n_1$ und auf C_n die Ungleichung

(5) $\qquad |\boldsymbol{\Gamma}_n\mathbf{U}_n(\boldsymbol{\theta}_0)| < M$

gilt. Im Hinblick auf Voraussetzung W wähle $s > 0$ mit $M/s < a$ und ein $n_0 \ge 1$, so daß auf einem C_n' mit $\mathbb{P}_{\theta_0}(C_n') \ge 1 - \varepsilon$

(5') $\qquad \mathbf{y}^T\boldsymbol{\Gamma}_n\mathbf{W}_n(\boldsymbol{\theta}^*)\,\boldsymbol{\Gamma}_n^T\mathbf{y} \le -a \qquad$ für alle $\boldsymbol{\theta}^* \in \mathcal{U}_{n,s}(\boldsymbol{\theta}_0) \cap \Theta$, $\mathbf{y} \in \mathbb{R}^d$ mit $|\mathbf{y}| = 1$,

gilt. O.E. kann n_0 so groß gewählt werden, daß $n_0 \ge n_1$ und für alle $n \ge n_0$

$$\overline{c}_n s < \delta, \quad \mathcal{U}_{\overline{c}_n s}(\boldsymbol{\theta}_0) \subset \Theta$$

gilt. Wähle nun ein $n \ge n_0$ und ein $\boldsymbol{\theta} \in \Theta$ mit $|\mathbf{z}_n(\boldsymbol{\theta})| = s$. Solch ein $\boldsymbol{\theta}$ existiert wegen $\mathcal{U}_{n,s}(\boldsymbol{\theta}_0) \subset \mathcal{U}_{\overline{c}_n s}(\boldsymbol{\theta}_0)$ (Lemma 1.1). Es gilt dann auch

$$\boldsymbol{\theta}^* \in \mathcal{U}_{n,s}(\boldsymbol{\theta}_0) \quad \text{für alle } \boldsymbol{\theta}^* \text{ wie in (3)} .$$

Für alle $\boldsymbol{\theta} \in \Theta$ mit $|\mathbf{z}_n(\boldsymbol{\theta})| = s$ gilt dann auf $C_n \cap C_n'$ vermöge (4),(5) und (5')

$$\mathbf{z}_n^T(\boldsymbol{\theta})\,\boldsymbol{\Gamma}_n\mathbf{U}_n(\boldsymbol{\theta}) \le |\mathbf{z}_n(\boldsymbol{\theta})|\,|\boldsymbol{\Gamma}_n\mathbf{U}_n(\boldsymbol{\theta}_0)| + |\mathbf{z}_n(\boldsymbol{\theta})|^2\,\mathbf{y}_n^T(\boldsymbol{\theta})\,\boldsymbol{\Gamma}_n\mathbf{W}_n(\boldsymbol{\theta}^*)\,\boldsymbol{\Gamma}_n^T\mathbf{y}_n(\boldsymbol{\theta})$$

$$\le s^2(M/s - a) < 0 .$$

Dabei ist $\mathbb{P}_{\theta_0}(C_n \cap C_n') \ge 1 - 2\varepsilon$. Schreibt man $\boldsymbol{\theta} = \boldsymbol{\Gamma}_n^T\mathbf{z}_n + \boldsymbol{\theta}_0$ als Funktion von $\mathbf{z}_n$ und führt man die Funktion $\mathbf{U}_n^*$ von $\mathbf{z}_n$ vermöge $\boldsymbol{\Gamma}_n\mathbf{U}_n(\boldsymbol{\theta}) = \mathbf{U}_n^*(\mathbf{z}_n)$ ein, so haben wir

$$\mathbf{z}_n^T \cdot \mathbf{U}_n^*(\mathbf{z}_n) < 0 \quad \text{für alle } |\mathbf{z}_n| = s$$

erhalten. Das Lemma von Michels (siehe 1.3 unten) liefert dann einen Vektor $\hat{\mathbf{z}}_n$, $|\hat{\mathbf{z}}_n| < s$, welcher

$$\mathbf{U}_n^*(\hat{\mathbf{z}}_n) = 0$$

d.h.

$$\mathbf{U}_n(\hat{\boldsymbol{\theta}}_n) = 0$$

mit $\hat{\boldsymbol{\theta}}_n = \boldsymbol{\Gamma}_n^T \hat{\mathbf{z}}_n + \boldsymbol{\theta}_0$ erfüllt. Aus $|\hat{\mathbf{z}}_n| < s$ folgt
$$\hat{\boldsymbol{\theta}}_n \in \overset{\circ}{\mathcal{U}}_{n,s}(\boldsymbol{\theta}_0) \subset \mathcal{U}_\delta(\boldsymbol{\theta}_0).$$

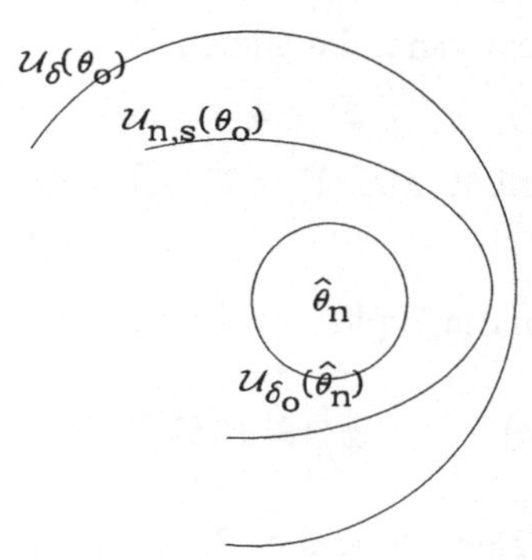

Um den letzten Teil des Satzes zu beweisen,
wählen wir ein $\delta_0 > 0$ mit $\mathcal{U}_{\delta_0}(\hat{\boldsymbol{\theta}}_n) \subset \mathcal{U}_{n,s}(\boldsymbol{\theta}_0)$
(siehe Abb.) und entwickeln $l_n(\boldsymbol{\theta})$ an der
Stelle $\hat{\boldsymbol{\theta}}_n$ nach der Taylorformel. Für alle
$\boldsymbol{\theta} \in \mathcal{U}_{\delta_0}(\hat{\boldsymbol{\theta}}_n)$, $\boldsymbol{\theta} \neq \hat{\boldsymbol{\theta}}_n$, haben wir auf der oben
definierten Menge $C_n \cap C'_n$ mit einer
Zwischenstelle $\boldsymbol{\theta}^* = \hat{\boldsymbol{\theta}}_n + \lambda(\boldsymbol{\theta} - \hat{\boldsymbol{\theta}}_n)$, $0 \leq \lambda \leq 1$,

$$l_n(\boldsymbol{\theta}) - l_n(\hat{\boldsymbol{\theta}}_n) = \mathbf{U}_n^T(\hat{\boldsymbol{\theta}}_n)(\boldsymbol{\theta} - \hat{\boldsymbol{\theta}}_n) + \tfrac{1}{2}(\boldsymbol{\theta} - \hat{\boldsymbol{\theta}}_n)^T \mathbf{W}_n(\boldsymbol{\theta}^*)(\boldsymbol{\theta} - \hat{\boldsymbol{\theta}}_n)$$

$$= \frac{1}{2}(\mathbf{z}_n - \hat{\mathbf{z}}_n)^T \boldsymbol{\Gamma}_n \mathbf{W}_n(\boldsymbol{\theta}^*) \boldsymbol{\Gamma}_n^T (\mathbf{z}_n - \hat{\mathbf{z}}_n)$$

$$\leq \frac{1}{2}|\mathbf{z}_n - \hat{\mathbf{z}}_n|^2(-a) < 0,$$

weil $\boldsymbol{\theta} \in \mathcal{U}_{\delta_0}(\hat{\boldsymbol{\theta}}_n)$ auch $\boldsymbol{\theta}^* \in \mathcal{U}_{\delta_0}(\hat{\boldsymbol{\theta}}_n)$ erzwingt, so daß (5') angewendet werden kann.
Also gilt auf $C_n \cap C'_n$
$$l_n(\boldsymbol{\theta}) < l_n(\hat{\boldsymbol{\theta}}_n) \quad \text{f.a.} \ \ \boldsymbol{\theta} \in \mathcal{U}_{\delta_0}(\hat{\boldsymbol{\theta}}_n), \ \ \boldsymbol{\theta} \neq \hat{\boldsymbol{\theta}}_n.$$
Durch ein Diagonalfolgen-Argument gelangt man von den Folgen $\hat{\boldsymbol{\theta}}_n(\varepsilon, \delta)$, $n \geq 1$, zu
einer Folge $\hat{\boldsymbol{\theta}}_n$, $n \geq 1$. $\square$.

1.3 Bemerkungen zum Konsistenzbeweis

1. Der Existenzbeweis 1.2 folgt Billingsley (1961), Feigin (1975), und anderen. Ein alternativer Beweisgang, der auf Differenzierbarkeit verzichtet und kompaktes Θ voraussetzt, steht in der Tradition von Wald (1949) und findet sich z.B. bei Amemiya (1985, sec. 4.2.2), Witting & Müller-Funk (1985, § 6.1).

2. Die Größe $\hat{\boldsymbol{\theta}}_n$, die im Beweis 1.2 für $n \geq n_0$ ermittelt wird, kann als meßbare Funktion der $X_1, \dots, X_n$ angenommen werden; vgl Witting & Nölle (1970, 2.30 b, S. 76). Außerhalb der Menge $C_n \cap C'_n$ und für $n < n_0$ kann $\hat{\boldsymbol{\theta}}_n$ beliebig (meßbar) aus Θ festgelegt werden. Der Prozeß $\hat{\boldsymbol{\theta}}_n$, $n \geq 1$, ist nicht eindeutig bestimmt, selbst nicht auf $C_n \cap C'_n$ für $n \geq n_0$.

3. $\boldsymbol{\Gamma}_n^{-T}(\hat{\boldsymbol{\theta}}_n - \boldsymbol{\theta})$, $n \geq 1$, ist $\mathbb{P}_\theta$-stochastisch beschränkt. In der Tat, nach Beweis 1.2

gibt es zu $\varepsilon > 0$ ein $s > 0$ und $n_0 \geq 1$ mit

$$\mathbb{P}_\theta\big(\hat{\boldsymbol{\theta}}_n \in \overset{\circ}{\mathcal{U}}_{n,s}(\boldsymbol{\theta})\big) = \mathbb{P}_\theta\big(|\boldsymbol{\Gamma}_n^{-T}(\hat{\boldsymbol{\theta}}_n - \boldsymbol{\theta})| < s\big) \geq 1 - \varepsilon \quad \text{für alle } n \geq n_0.$$

4. Es bleibt noch das folgende im Beweis benutzte Lemma von J.M. Michels (cf. Aitchison & Silvey (1958, p. 819)) nachzutragen.

Lemma Die Funktion $\mathbf{g}$: $\mathbb{R}^d \to \mathbb{R}^d$ sei stetig auf $B = \{\mathbf{y} \in \mathbb{R}^d : |\mathbf{y}| \leq 1\}$. Gilt dann

$$\mathbf{y}^T \cdot \mathbf{g}(\mathbf{y}) < 0 \quad \text{für alle } \mathbf{y} \in \mathbb{R}^d \text{ mit } |\mathbf{y}| = 1,$$

dann gibt es ein $\hat{\mathbf{y}}$ mit $|\hat{\mathbf{y}}| < 1$ und

$$\mathbf{g}(\hat{\mathbf{y}}) = 0 .$$

Beweis Man nehme an, es existiere kein $\mathbf{y} \in B$ mit $\mathbf{g}(\mathbf{y}) = 0$. Dann bildet

$$\mathbf{h}(\mathbf{y}) = \mathbf{g}(\mathbf{y}) / |\mathbf{g}(\mathbf{y})|$$

eine stetige Abbildung von B in sich. Nach Brouwers Fixpunkttheorem gibt es ein $\hat{\mathbf{y}} \in B$ mit

$$\mathbf{h}(\hat{\mathbf{y}}) = \hat{\mathbf{y}}.$$

Weil $|\mathbf{h}(\mathbf{y})| = 1$ für alle $\mathbf{y} \in B$, ist auch $|\hat{\mathbf{y}}| = 1$ sowie

$$\hat{\mathbf{y}}^T \cdot \mathbf{h}(\hat{\mathbf{y}}) = 1, \quad \text{d.h.} \quad \hat{\mathbf{y}}^T \cdot \mathbf{g}(\hat{\mathbf{y}}) > 0 ,$$

im Widerspruch zur Voraussetzung des Lemmas. $\Box$

1.4 Hinreichende Bedingungen U^*, W^*

Zum Nachweis der asymptotischen Normalität eines konsistenten EE-Schätzers $\hat{\boldsymbol{\theta}}_n$, $n \geq 1$, bedarf es schärferer Bedingungen als U und W. Im folgenden seien $\boldsymbol{\Gamma}_n$, $n \geq 1$, eine Normierungsfolge wie in 1.1 und $\boldsymbol{\Sigma}(\boldsymbol{\theta})$, $\boldsymbol{B}(\boldsymbol{\theta})$ positiv-definite $d \times d$-Matrizen, $\boldsymbol{B}(\boldsymbol{\theta})$ stetig in $\boldsymbol{\theta}$ (Definitheit soll die Symmetrie stets einschließen). Wir werden Folgen d-dimensionaler Zufallsvektoren $\boldsymbol{\theta}_n^* = \boldsymbol{\theta}_n^*(X_1, \ldots, X_n)$ betrachten, welche die Eigenschaft

$$B^* \qquad \boldsymbol{\Gamma}_n^{-T}(\boldsymbol{\theta}_n^* - \boldsymbol{\theta}), n \geq 1, \ \mathbb{P}_\theta\text{-stochastisch beschränkt},$$

erfüllen. Insbesondere gilt für solche Folgen, daß $\boldsymbol{\theta}_n^* \overset{\mathbb{P}_\theta}{\longrightarrow} \boldsymbol{\theta}$. Wir formulieren für jedes $\boldsymbol{\theta} \in \Theta$ die Bedingungen $(n \to \infty)$

$$U^* \qquad \boldsymbol{\Gamma}_n \mathbf{U}_n(\boldsymbol{\theta}) \overset{\mathcal{D}_\theta}{\longrightarrow} N_d(0, \boldsymbol{\Sigma}(\boldsymbol{\theta}))$$

$$W^* \qquad \boldsymbol{\Gamma}_n \mathbf{W}_n(\boldsymbol{\theta}_n^*)\,\boldsymbol{\Gamma}_n^T \xrightarrow{\;\mathbb{P}_\theta\;} -\boldsymbol{B}(\boldsymbol{\theta})$$

für alle Folgen von Zufallsvektoren $\boldsymbol{\theta}_n^*$ mit der Eigenschaft B^*.

U^* und W^* implizieren die Bedingungen U und W und damit auch die Konsistenz-
aussagen des Satzes 1.2. In der Tat, es gilt

Lemma Aus U^* folgt U, aus W^* folgt W.

Beweis Der Schluß von U^* auf U ist wegen Prop. B 3.5 klar. Zur Implikation
$W^* \Rightarrow W$ reicht es

$$W^* \Rightarrow W_1^*$$

zu zeigen, wobei

Für alle $b > 0$, $\varepsilon > 0$, $s > 0$ gibt es ein $n_0 \geq 1$ mit

$$W_1^* \qquad \mathbb{P}_\theta\big(|\boldsymbol{\Gamma}_n \mathbf{W}_n(\boldsymbol{\theta}^*)\,\boldsymbol{\Gamma}_n^T + \boldsymbol{B}(\boldsymbol{\theta})| \leq b \ \text{ für alle } \boldsymbol{\theta}^* \in \mathcal{U}_{n,s}(\boldsymbol{\theta})\cap\Theta\big) \geq 1-\varepsilon$$

für alle $n \geq n_0$.

Denn man schließt wegen der Ungleichung $\max_{|\mathbf{y}|=1}|\mathbf{y}^T \mathbf{A}\mathbf{y}| \leq |\mathbf{A}|$ und wegen der
Stetigkeit von $\mathbf{y}^T \boldsymbol{B}(\boldsymbol{\theta})\,\mathbf{y}$ auf dem Kompaktum $\{\mathbf{y} \in \mathbb{R}^d : |\mathbf{y}|=1\}$ leicht von W_1^* auf W
[setze $b = a = \min_{|\mathbf{y}|=1} \mathbf{y}^T \boldsymbol{B}(\boldsymbol{\theta})\,\mathbf{y}/2$].
Gelte nun W^*, aber nicht W_1^*. Dann gibt es $b_0 > 0$, $\varepsilon_0 > 0$, $s > 0$, so daß für alle
$n_0 \geq 1$ gilt

$$(6) \qquad \mathbb{P}_\theta\big(|\boldsymbol{B}_n(\boldsymbol{\theta}^*) - \boldsymbol{B}(\boldsymbol{\theta})| > b_0 \ \text{ für ein } \boldsymbol{\theta}^* \in \mathcal{U}_{n,s}(\boldsymbol{\theta})\cap\Theta\big) > \varepsilon_0$$

für ein $n \geq n_0$, wobei wir zur Abkürzung

$$\boldsymbol{B}_n(\boldsymbol{\theta}^*) = -\boldsymbol{\Gamma}_n \mathbf{W}_n(\boldsymbol{\theta}^*)\,\boldsymbol{\Gamma}_n^T$$

gesetzt haben. Man nehme nun n_0 mindestens so groß an, daß $\mathcal{U}_{n,s}(\boldsymbol{\theta}) \subset \Theta$ für
alle $n \geq n_0$ und wähle einen Zufallsvektor $\boldsymbol{\theta}_n^* \in \mathcal{U}_{n,s}(\boldsymbol{\theta})$, so daß

$$|\boldsymbol{B}_n(\boldsymbol{\theta}_n^*) - \boldsymbol{B}(\boldsymbol{\theta})| = \max_{\boldsymbol{\theta}' \in \mathcal{U}_{n,s}(\boldsymbol{\theta})} |\boldsymbol{B}_n(\boldsymbol{\theta}') - \boldsymbol{B}(\boldsymbol{\theta})|$$

(wegen der Meßbarkeit von $\boldsymbol{\theta}_n^*$ siehe Witting & Nölle (1970, 2.30 b, S. 76)). Dann
folgt aus (6)

$$(7) \qquad \mathbb{P}_\theta\big(|\boldsymbol{B}_n(\boldsymbol{\theta}_n^*) - \boldsymbol{B}(\boldsymbol{\theta})| > b_0\big) > \varepsilon_0$$

für ein $n \geq n_0$. Bezeichnen wir jetzt n_0 mit k, so haben wir gezeigt: Es existiert
eine Teilfolge $n = n(k)$, $k \in \mathbb{N}$, mit

$$|\boldsymbol{\Gamma}_n^{-T}(\boldsymbol{\theta}_n^* - \boldsymbol{\theta})| \leq s \ \text{ und } (7).$$

Man bildet nun eine Folge $\tilde{\boldsymbol{\theta}}_n$, $n \in \mathbb{N}$, vermöge $\tilde{\boldsymbol{\theta}}_{n(k)} = \boldsymbol{\theta}_{n(k)}^*$, $\tilde{\boldsymbol{\theta}}_n = \boldsymbol{\theta}$, falls $n(k-1) <$
$n < n(k)$. Für diese gilt B^*. Zusammen mit (7) steht das im Widerspruch zu W^*. $\square$

1.5 **Bemerkungen** zu U*, W*

1. In W^* werden zeilenweise verschiedene Argumente θ_n^* (jeweils mit Eigenschaft B^*) der Matrix $\mathbf{W}_n$ zugelassen, in W_1^* zeilenweise verschiedene $\theta^* \in \mathcal{U}_{n,s}(\theta)$. Durch eine leichte Modifikation kann dies im Beweis 1.4 berücksichtigt werden.

2. Nach I 4.5 haben wir im Likelihood-Fall $-\mathbb{E}_\theta \mathbf{W}_n(\theta) = \mathbb{V}_\theta(\mathbf{U}_n(\theta))$, so daß hier i.d.R. die Gleichheit $\mathbf{\Sigma}(\theta) = \mathbf{B}(\theta)$ der Grenzmatrizen vorliegt.

3. Durch Zulassen aller Folgen $\theta_n^*, n \geq 1$, die stochastisch gegen θ konvergieren (anstatt wie hier Beschränkung auf solche, welche B^* erfüllen) würde Bedingung W^* zu restriktiv ausfallen. Zudem steht die Eigenschaft B^* in Einklang mit der in 1.1 eingeführten Umgebung $\mathcal{U}_{n,s}(\theta)$ und mit der in 1.6 zu beweisenden asymptotischen Normalität von $\Gamma_n^{-T}(\hat\theta_n - \theta)$.

4. Hängt $\Gamma_n = \Gamma_n(\theta)$ noch vom zugrundeliegenden Paremeterwert θ ab, vgl. 1.1 Bem. 3, so steht in W^*

$$\Gamma_n(\theta)\,\mathbf{W}_n(\theta_n^*)\,\Gamma_n^T(\theta) \quad \text{anstatt} \quad \Gamma_n\,\mathbf{W}_n(\theta_n^*)\,\Gamma_n^T .$$

5. Sieht man von denjenigen Untersuchungen ab, in denen $l_n(\theta)$ ausdrücklich vorkommt, so geht man i.f. allein von einem $d \times 1$-Vektor $\mathbf{U}_n(\theta)$ und seiner $d \times d$-Funktionalmatrix $\mathbf{W}_n(\theta)$ aus, welche U^* und W^* erfüllen. Es wird nicht explizit die Kenntnis einer Funktion $l_n(\theta)$ verlangt, deren Gradient gerade $\mathbf{U}_n(\theta)$ ist.

6. Innerhalb der unten folgenden Beweise der asymptotischen Normalität und der asymptotischen Verteilung von Teststatistiken kommt man mit einer Forderung an die Folge $\hat\theta_n$, $n \geq 1$, der EE-Schätzer aus, die -im Rahmen unserer Voraussetzungen U, W bzw. U^*, W^*- schwächer als die Forderung (1) in 1.0 ist, nämlich mit

Es existiert eine Folge $\hat\theta_n$, $n \geq 1$, von Zufallsvektoren, welche die Eigenschaft B^* erfüllt sowie

$$(8) \qquad \Gamma_n \mathbf{U}_n(\hat\theta_n) \xrightarrow{\;\mathbb{P}_\theta\;} 0 .$$

1.6 **Asymptotische Normalität**

Satz Unter den Bedingungen U^* und W^* gilt für einen konsistenten EE-Schätzer $\hat\theta_n$, $n \geq 1$, für θ bei $n \to \infty$

$$(9) \qquad \Gamma_n^{-T}(\hat\theta_n - \theta) \xrightarrow{\;\mathcal{D}_\theta\;} N_d\big(0, \mathbf{B}^{-1}(\theta)\,\mathbf{\Sigma}(\theta)\,\mathbf{B}^{-1}(\theta)\big) .$$

Beweis Sei $\delta > 0$ so klein, daß $\mathcal{U}_\delta(\theta)$ ganz in Θ liegt. Wir setzen $M_n = \{\hat{\theta}_n \in \mathcal{U}_\delta(\theta)\}$ und berücksichtigen i.f., daß $1_{M_n} \xrightarrow{\mathbb{P}_\theta} 1$. Der Mittelwertsatz liefert auf M_n

$$(10) \qquad \mathbf{U}_n(\hat{\theta}_n) = \mathbf{U}_n(\theta) + \mathbf{W}_n(\theta_n^*)(\hat{\theta}_n - \theta) \,,$$

wobei θ_n^*, das für jede Komponente der Vektorgleichung (10) verschieden sein kann,

$$(11) \qquad |\theta_n^* - \theta| \le |\hat{\theta}_n - \theta|$$

erfüllt. Wir erhalten aus (10)

$$(12) \qquad -1_{M_n}\, \Gamma_n\, \mathbf{W}_n(\theta_n^*)\, \Gamma_n^{\mathrm{T}}\, \Gamma_n^{-\mathrm{T}}(\hat{\theta}_n - \theta) \; = \; 1_{M_n}\big(\Gamma_n\, \mathbf{U}_n(\theta) - \Gamma_n\, \mathbf{U}_n(\hat{\theta}_n)\big).$$

Die rechte Seite von (12) konvergiert wegen Voraussetzungen U* und (8) gegen die $N_d(0, \boldsymbol{\Sigma}(\theta))$-Verteilung. Als eine Folge von W* und der Prop. B 3.9 erhalten wir dann

$$\Gamma_n^{-\mathrm{T}}(\hat{\theta}_n - \theta) \; \xrightarrow{\;\mathcal{D}_\theta\;} \; \boldsymbol{B}^{-1}(\theta)\cdot N_d(0, \boldsymbol{\Sigma}(\theta)),$$

d.h. die Behauptung (9). $\square$

1.7 Einige Folgerungen

Wir listen für eine spätere Verwendung einige Folgerungen aus Gleichung (12) auf. Wir setzen dazu

$$(13) \qquad \hat{\mathbf{X}}_n(\theta) = \Gamma_n^{-\mathrm{T}}(\hat{\theta}_n - \theta) \,,$$

wobei hier und i.f. $\hat{\theta}_n$, $n \ge 1$, stets einen konsistenten EE-Schätzer für θ meint. Im folgenden wird wiederholt Satz B 3.9 und Prop. B 3.9 aus ANHANG B.3 sowie die Verteilungskonvergenz von $\hat{\mathbf{X}}_n(\theta)$, $n \ge 1$, benutzt.

Proposition Unter den Bedingungen U* und W* gilt mit einem Zufallsvektor θ_n^*, der die Eigenschaft B* erfüllt, bei $n \to \infty$

$$(a) \qquad \Gamma_n \mathbf{W}_n(\theta_n^*)\, \Gamma_n^{\mathrm{T}}\, \hat{\mathbf{X}}_n(\theta) + \Gamma_n \mathbf{U}_n(\theta) \; \xrightarrow{\;\mathbb{P}_\theta\;} \; 0$$

$$(b) \qquad \hat{\mathbf{X}}_n(\theta) - \boldsymbol{B}^{-1}(\theta)\, \Gamma_n \mathbf{U}_n(\theta) \; \xrightarrow{\;\mathbb{P}_\theta\;} \; 0$$

$$(c) \qquad -\hat{\mathbf{X}}_n^{\mathrm{T}}(\theta)\, \Gamma_n \mathbf{W}_n(\theta_n^*)\, \Gamma_n^{\mathrm{T}}\, \hat{\mathbf{X}}_n(\theta) \; \xrightarrow{\;\mathcal{D}_\theta\;} \; \chi_d^2 \,, \quad \text{falls } \boldsymbol{\Sigma}(\theta) = \boldsymbol{B}(\theta).$$

Beweis (a) folgt direkt aus (12) mit Hilf e von (8) und $1_{M_n} \xrightarrow{\mathbb{P}} 1$.

(b) folgt aus (a) durch Vormultiplikation mit $\boldsymbol{B}^{-1}(\theta)$ und unter Beachtung von

$$-\boldsymbol{B}^{-1}(\theta)\, \Gamma_n \mathbf{W}_n(\theta_n^*)\, \Gamma_n^{\mathrm{T}} \; \xrightarrow{\;\mathbb{P}\;} \; \mathbf{I}_d \,.$$

(c) Auf Grund von W^* und von $\Sigma = B$ konvergiert die Differenz

linke Seite von (c) minus $\hat{X}_n^T(\theta)\,\Sigma(\theta)\,\hat{X}_n(\theta)$

stochastisch gegen 0. Mit Hilfe des continuous mapping Theorems B 3.8 gilt mit einem $N_d(0, \Sigma^{-1}(\theta))$-verteilten $X(\theta)$

$$\hat{X}_n^T(\theta)\,\Sigma(\theta)\,\hat{X}_n(\theta) \xrightarrow{\;\mathcal{D}_\theta\;} X^T(\theta)\,\Sigma(\theta)\,X(\theta).$$

Nach Satz 1 aus I 2.5 ist die rechte Seite aber χ_d^2-verteilt. $\square$

Bemerkungen 1. Aussage (b) der Proposition beinhaltet die sog. *asymptotische Effizienz* des Schätzers $\hat{\theta}_n$, wie sie etwa bei Basawa & Prakasa Rao (1980, p. 126, Def. 2.1) definiert ist.

2. Um im Fall ungleicher Matrizen Σ und B Aussagen wie in c) zu bekommen, benötigen wir eine weitere Voraussetzung, i.f. S^* genannt. Diese soll sicherstellen, daß auch die asymptotische Kovarianzmatrix Σ durch eine Schätzerfolge approximiert werden kann (wie das für B auf Grund der Voraussetzung W^* der Fall ist).

1.8 Bedingung S^*

Im folgenden benötigen wir noch für alle $\theta \in \Theta$ die Bedingung

S^*

Es existiert eine Folge $S_n(\theta)$, $n \geq 1$, von zufälligen (f.s.) invertierbaren, symmetrischen d×d-Matrizen, so daß bei $n \to \infty$

$$\Gamma_n\,S_n(\theta_n^*)\,\Gamma_n^T \xrightarrow{\;\mathbb{P}_\theta\;} \Sigma(\theta)$$

für alle Folgen von d×1-Zufallsvektoren θ_n^*, $n \geq 1$, mit Eigenschaft B^*.

Im Spezialfall $\Sigma(\theta) = B(\theta)$ kann (unter der Voraussetzung der f.s. Invertierbarkeit von W_n, die dann stillschweigend getroffen wird)

$$S_n(\theta) = -W_n(\theta)$$

gewählt werden.

Mit Hilfe dieser Folge $S_n(\theta)$ definiert man nun die sogenannten Score- und Wald-Teststatistiken

und

$$T_n^{(S)}(\theta) = U_n^T(\theta)\,S_n^{-1}(\theta)\,U_n(\theta),$$

$$T_n^{(W)}(\theta) = (\hat{\theta}_n - \theta)^T W_n(\hat{\theta}_n)\,S_n^{-1}(\hat{\theta}_n)\,W_n(\hat{\theta}_n)(\hat{\theta}_n - \theta),$$

deren asymptotische χ^2-Verteilungen in der nächsten Proposition nachgewiesen werden. Ferner wollen wir noch eine Aussage über die asymptotische Normalverteilung von $\hat{\theta}_n$, $n \geq 1$, bei "zufälliger Normierung" zeigen. Dazu setzen wir

$$\mathbf{A}_n(\theta) \;=\; \boldsymbol{\Phi}_n^{1/2}(\theta)\,\boldsymbol{\Gamma}_n^{-T}, \qquad \boldsymbol{\Phi}_n(\theta) \;=\; \boldsymbol{\Gamma}_n\,\mathbf{W}_n(\theta)\,\mathbf{S}_n^{-1}(\theta)\,\mathbf{W}_n(\theta)\,\boldsymbol{\Gamma}_n^T,$$

wobei $\boldsymbol{\Phi}_n^{1/2}$ die symmetrische (oder eine andere stetige) Wurzel aus $\boldsymbol{\Phi}_n$ bedeutet.

Proposition Unter U^*, W^*, S^* gilt bei $n \to \infty$

(a) $\qquad T_n^{(S)}(\theta) \;\xrightarrow{\;\mathcal{D}_\theta\;}\; \chi_d^2,$

(b) $\qquad T_n^{(W)}(\theta) \;\xrightarrow{\;\mathcal{D}_\theta\;}\; \chi_d^2,$

(c) $\qquad \mathbf{A}_n(\hat{\theta}_n)\cdot(\hat{\theta}_n - \theta) \;\xrightarrow{\;\mathcal{D}_\theta\;}\; N_d(0,\mathbf{I}_d).$

Beweis Setze zur Abkürzung

$$\mathbf{B}_n(\theta) = -\boldsymbol{\Gamma}_n\,\mathbf{W}_n(\theta)\,\boldsymbol{\Gamma}_n^T\,, \qquad \boldsymbol{\Sigma}_n(\theta) = \boldsymbol{\Gamma}_n\,\mathbf{S}_n(\theta)\,\boldsymbol{\Gamma}_n^T\,, \qquad \boldsymbol{\Delta}_n(\theta) = \boldsymbol{\Gamma}_n\,\mathbf{U}_n(\theta)\,,$$

sowie $\hat{\mathbf{X}}_n(\theta)$ wie in (13). Weiter sei $\mathbf{Z}(\theta)$ $N_d(0,\boldsymbol{\Sigma}(\theta))$-verteilt und $\mathbf{X}(\theta)$ $N_d(0,\boldsymbol{B}^{-1}(\theta)\,\boldsymbol{\Sigma}(\theta)\,\boldsymbol{B}^{-1}(\theta))$-verteilt. Dann gelten

$$T_n^{(S)}(\theta) = \boldsymbol{\Delta}_n^T(\theta)\,\boldsymbol{\Sigma}_n^{-1}(\theta)\,\boldsymbol{\Delta}_n(\theta) \;\xrightarrow{\;\mathcal{D}_\theta\;}\; \mathbf{Z}^T(\theta)\,\boldsymbol{\Sigma}^{-1}(\theta)\,\mathbf{Z}(\theta),$$

$$T_n^{(W)}(\theta) = \hat{\mathbf{X}}_n^T(\theta)\,\boldsymbol{B}_n(\hat{\theta}_n)\,\boldsymbol{\Sigma}_n^{-1}(\hat{\theta}_n)\,\boldsymbol{B}_n(\hat{\theta}_n)\,\hat{\mathbf{X}}_n(\theta) \;\xrightarrow{\;\mathcal{D}_\theta\;}\; \mathbf{X}^T(\theta)\,\boldsymbol{B}(\theta)\,\boldsymbol{\Sigma}^{-1}(\theta)\,\boldsymbol{B}(\theta)\,\mathbf{X}(\theta),$$

wobei wir Satz 1.6 und das continuous mapping theorem B 3.8 angewandt haben. Satz 1 aus I 2.5 liefert nun die Behauptungen a) und b).
Aus

$$\boldsymbol{\Phi}_n(\hat{\theta}_n) = \boldsymbol{\Gamma}_n\,\mathbf{W}_n(\hat{\theta}_n)\,\boldsymbol{\Gamma}_n^T\,\boldsymbol{\Gamma}_n^{-T}\mathbf{S}_n^{-1}(\hat{\theta}_n)\,\boldsymbol{\Gamma}_n^{-1}\,\boldsymbol{\Gamma}_n\,\mathbf{W}_n(\hat{\theta}_n)\,\boldsymbol{\Gamma}_n^T$$

$$= \mathbf{B}_n(\hat{\theta}_n)\,\boldsymbol{\Sigma}_n^{-1}(\hat{\theta}_n)\,\mathbf{B}_n(\hat{\theta}_n) \;\xrightarrow{\;\mathbb{P}_\theta\;}\; \boldsymbol{B}(\theta)\,\boldsymbol{\Sigma}^{-1}(\theta)\,\boldsymbol{B}(\theta) \equiv \boldsymbol{\Phi}(\theta)$$

folgt

$$\boldsymbol{\Phi}_n^{1/2}(\hat{\theta}_n) \;\xrightarrow{\;\mathbb{P}_\theta\;}\; \boldsymbol{\Phi}^{1/2}(\theta)$$

wegen der Stetigkeit der Operation "symmetrische Wurzel". Also liefert wiederum Satz 1.6

$$\mathbf{A}_n(\hat{\theta}_n)(\hat{\theta}_n - \theta) \;\xrightarrow{\;\mathcal{D}_\theta\;}\; \boldsymbol{\Phi}^{1/2}(\theta)\cdot N_d(0,\boldsymbol{\Phi}^{-1}(\theta)) \;=\; N_d(0,\mathbf{I}_d),$$

d.h. die Behauptung c). $\square$

Bemerkungen 1. Hängt $\boldsymbol{\Gamma}_n = \boldsymbol{\Gamma}_n(\theta)$ noch von θ ab, so kann Teil c) der Proposition auch mit

$$\mathbf{A}_n(\hat{\theta}_n) = \boldsymbol{\Phi}_n^{1/2}(\hat{\theta}_n)\,\boldsymbol{\Gamma}_n^{-T}(\hat{\theta}_n), \qquad \boldsymbol{\Phi}_n(\hat{\theta}_n) = \boldsymbol{\Gamma}_n(\hat{\theta}_n)\,\mathbf{W}_n(\hat{\theta}_n)\,\mathbf{S}_n^{-1}(\hat{\theta}_n)\,\mathbf{W}_n(\hat{\theta}_n)\,\boldsymbol{\Gamma}_n^T(\hat{\theta}_n),$$

formuliert werden, falls noch zusätzlich $\boldsymbol{\Gamma}_n(\theta_n^*)\cdot\boldsymbol{\Gamma}_n^{-1}(\theta) \;\xrightarrow{\;\mathbb{P}_\theta\;}\; \mathbf{I}_d$ für alle Folgen θ_n^*, $n \geq 1$, gilt, welche Eigenschaft B^* erfüllen.

2. $\Phi_n(\hat{\theta}_n)$ stellt einen konsistenten Schätzer für die asymptotische Kovarianzmatrix $\Phi(\theta) = B(\theta)\,\Sigma^{-1}(\theta)\,B(\theta)$ in (9) dar.

3. Die Teile a) und b) der Prop. werden in 2.2 auf das Testen einfacher Hypothesen angewandt, während b) und c) im folgenden Punkt 1.9 zur Konstruktion von Konfidenzbereichen verwendet werden.

1.9 **Anwendungen** Asymptotische Konfidenzbereiche

a) Konfidenzellipsoid für θ.

Proposition 1.8 b) bedeutet ausgeschrieben

$$(\hat{\theta}_n - \theta)^T\,W_n(\hat{\theta}_n)\,S_n^{-1}(\hat{\theta}_n)\,W_n(\hat{\theta}_n)\,(\hat{\theta}_n - \theta) \xrightarrow{\;\mathcal{D}_\theta\;} \chi_d^2 \; .$$

Folglich gilt bei $n \to \infty$

$$\mathbb{P}_\theta(\theta \in \mathcal{E}_n(\hat{\theta}_n)) \longrightarrow 1-\alpha \; ,$$

mit

$$\mathcal{E}_n(\hat{\theta}_n) = \{\mathbf{x} \in \mathbb{R}^d : (\mathbf{x} - \hat{\theta}_n)^T\,W_n(\hat{\theta}_n)\,S_n^{-1}(\hat{\theta}_n)\,W_n(\hat{\theta}_n)\,(\mathbf{x} - \hat{\theta}_n) \leq \chi_{d,1-\alpha}^2\}$$

als ein asymptotisches Konfidenzellipsoid für θ zum Niveau $1-\alpha$ und mit $\chi_{d,1-\alpha}^2$ als $(1-\alpha)$-Quantil der χ_d^2-Verteilung. Im Spezialfall $\Sigma = B$ ist $W_n\,S_n^{-1}\,W_n = -W_n$ zu setzen.

b) Konfidenzintervall für θ_j .

Aus Prop. 1.8 c) folgt, daß der Zufallsvektor $\hat{\theta}_n - \theta$ approximativ die Verteilung

$$N_d\big(0, A_n^{-1}(\hat{\theta}_n)\cdot A_n^{-T}(\hat{\theta}_n)\big) = N_d\big(0, W_n^{-1}(\hat{\theta}_n)\,S_n(\hat{\theta}_n)\,W_n^{-1}(\hat{\theta}_n)\big)$$

besitzt. Definieren wir (f.s. Invertierbarkeit von W_n vorausgesetzt)

$$1/a_{nj}^2 = [W_n^{-1}(\hat{\theta}_n)\,S_n(\hat{\theta}_n)\,W_n^{-1}(\hat{\theta}_n)]_{jj} \qquad \text{[j-tes Diagonalelement]}$$

so stellt

$$(14) \qquad \hat{\theta}_{nj} - u_{1-\alpha/2}/a_{nj} \leq \theta_j \leq \hat{\theta}_{nj} + u_{1-\alpha/2}/a_{nj} \; , \qquad j = 1,...,d,$$

ein *approximatives* Konfidenzintervall für θ_j zum Niveau $1-\alpha$ dar. Die Größe $1/a_{nj}$ bildet einen Schätzer für den Standardfehler $se(\hat{\theta}_{nj})$ von $\hat{\theta}_{nj}$. Im Fall von Diagonalmatrizen Γ_n ist (14) sogar ein *asymptotisches* Konfidenzintervall für θ_j.

c) Simultanes Konfidenzintervall für $\theta_1,...,\theta_d$.

Setzt man im Projektionslemma A 2.2 von Scheffé für $\mathbf{h}$ die Einheitsvektoren ein, so gewinnen wir aus a) ein asymptotisches Konfidenzintervall für θ_j zum Niveau $\geq 1-\alpha$, welches *simultan* für alle $j=1,...,d$ gilt, nämlich

$$(15) \qquad \hat{\theta}_{nj} - c_\alpha/a_{nj} \leq \theta_j \leq \hat{\theta}_{nj} + c_\alpha/a_{nj} \; , \qquad \text{für } j=1,...,d,$$

mit $c_\alpha^2 = \chi_{d,1-\alpha}^2$. Das Intervall (15) ist für $d > 1$ wegen $\chi_{d,1-\alpha}^2 > u_{1-\alpha/2}^2$ breiter als das Intervall (14); im Fall $d = 1$ sind die Intervalle (15) und (14) identisch.

2. ASYMPTOTISCHES TESTEN VON HYPOTHESEN

2.0 Innerhalb der hier vorgestellten Methode, die von einer allgemeinen Schätzfunktion $l_n(\boldsymbol{\theta})$ bzw. deren Gradienten $\mathbf{U}_n(\boldsymbol{\theta})$ ausgeht, stehen *asymptotische* Testverfahren zum Prüfen von Hypothesen über den Modellparameter $\boldsymbol{\theta}$ zur Verfügung. Wir werden zunächst das Testen einfacher Hypothesen behandeln und dazu die log LQ-, die Wald- und die Score-Statistik heranziehen. Für das Testen zusammengesetzter Hypothesen, wozu auch das Testen der Homogenität im 2-Stichproben-Fall gehört, wird in diesem Abschnitt 2 der allgemeine Rahmen aufgespannt und die asymptotische Verteilung der log LQ-Statistik untersucht, letzteres allerdings nur im Fall gleicher Grenzmatrizen ($\boldsymbol{\Sigma} = \boldsymbol{B}$). Das Testen zusammgesetzter Hypothesen im Fall $\boldsymbol{\Sigma} \neq \boldsymbol{B}$ wird im Abschnitt 3 vorgestellt. Die Ergebnisse, die in diesen beiden Abschnitten gewonnen werden, bilden die Grundlage für das Testen von nichtlinearen Hypothesen in nichtlinearen Modellen. Sie kommen im späteren Abschnitt 4, in V.5 und in den Kapiteln VII, VIII zur Anwendung.

Wiederholt werden wir in den folgenden Beweisen aus ANHANG B.3 den Satz B 3.9 von Cramér (Slutsky) und das continuous mapping Theorem B 3.8 anwenden, ohne daß dieses eigens vermerkt werden wird.

TEST EINER EINFACHEN HYPOTHESE

2.1 Asymptotisches χ^2 des log LQ

Zunächst betrachten wir den Fall $\boldsymbol{\Sigma}(\boldsymbol{\theta}) = \boldsymbol{B}(\boldsymbol{\theta})$ und die Teststatistik

(1) $T_n(\boldsymbol{\theta}) = 2(l_n(\hat{\boldsymbol{\theta}}_n) - l_n(\boldsymbol{\theta}))$.

Ist $l_n(\boldsymbol{\theta})$ die Likelihoodfunktion (d.h. liegt der Likelihoodfall vor, der allerdings nicht vorausgesetzt wird) so heißt die Statistik (1) log Likelihood-Quotient (log LQ). Mit $\hat{\boldsymbol{\theta}}_n$ wird wieder ein konsistenter EE-Schätzer für $\boldsymbol{\theta}$ bezeichnet.

Satz Unter den Bedingungen $\boldsymbol{\Sigma}(\boldsymbol{\theta}) = \boldsymbol{B}(\boldsymbol{\theta})$, U* und W* gilt für die in (1) definierte Zufallsvariable

$$T_n(\boldsymbol{\theta}) \xrightarrow{\mathcal{D}_\theta} \chi_d^2 \qquad\qquad [n \to \infty].$$

Beweis Zunächst liefert die Taylor-Entwicklung von $l_n(\boldsymbol{\theta})$

$$l_n(\hat{\boldsymbol{\theta}}_n) = l_n(\boldsymbol{\theta}) + (\hat{\boldsymbol{\theta}}_n - \boldsymbol{\theta})^T U_n(\boldsymbol{\theta}) + \tfrac{1}{2}(\hat{\boldsymbol{\theta}}_n - \boldsymbol{\theta})^T W_n(\boldsymbol{\theta}_n^*)(\hat{\boldsymbol{\theta}}_n - \boldsymbol{\theta})$$

mit $|\boldsymbol{\theta}_n^* - \boldsymbol{\theta}| \leq |\hat{\boldsymbol{\theta}}_n - \boldsymbol{\theta}|$. Diese Gleichung kann unter Benutzung der Größe

$$\hat{X}_n(\boldsymbol{\theta}) = \boldsymbol{\Gamma}_n^{-T}(\hat{\boldsymbol{\theta}}_n - \boldsymbol{\theta})$$

umgeschrieben werden in

$$T_n(\boldsymbol{\theta}) = 2\,\hat{X}_n^T(\boldsymbol{\theta})\,\boldsymbol{\Gamma}_n U_n(\boldsymbol{\theta}) + \hat{X}_n^T(\boldsymbol{\theta})\,\boldsymbol{\Gamma}_n W_n(\boldsymbol{\theta}_n^*)\,\boldsymbol{\Gamma}_n^T\,\hat{X}_n(\boldsymbol{\theta})$$

d.h. in

$$(2)\quad T_n(\boldsymbol{\theta}) = 2\,\hat{X}_n^T(\boldsymbol{\theta})\{\boldsymbol{\Gamma}_n U_n(\boldsymbol{\theta}) + \boldsymbol{\Gamma}_n W_n(\boldsymbol{\theta}_n^*)\,\boldsymbol{\Gamma}_n^T\,\hat{X}_n(\boldsymbol{\theta})\} - \hat{X}_n^T(\boldsymbol{\theta})\,\boldsymbol{\Gamma}_n W_n(\boldsymbol{\theta}_n^*)\,\boldsymbol{\Gamma}_n^T\,\hat{X}_n(\boldsymbol{\theta}).$$

Der erste Term auf der rechten Seite von (2) geht in $\mathbb{P}_\theta$-Wahrscheinlichkeit gegen 0, und zwar wegen Prop. 1.7 a) und wegen der stochastischen Beschränktheit von $\hat{X}_n(\boldsymbol{\theta})$, so daß

$$(3)\qquad T_n(\boldsymbol{\theta}) + \hat{X}_n^T(\boldsymbol{\theta})\,\boldsymbol{\Gamma}_n W_n(\boldsymbol{\theta}_n^*)\,\boldsymbol{\Gamma}_n^T\,\hat{X}_n(\boldsymbol{\theta}) \xrightarrow{\ \mathbb{P}_\theta\ } 0.$$

Nun beendet Prop. 1.7 c) den Beweis. □

Wir benötigen für später noch

Korollar Unter den Bedingungen $\boldsymbol{\Sigma}(\boldsymbol{\theta}) = \boldsymbol{B}(\boldsymbol{\theta})$, U^* und W^* gilt für die in (1) eingeführte Größe $T_n(\boldsymbol{\theta})$ bei $n \to \infty$

$$T_n(\boldsymbol{\theta}) - U_n^T(\boldsymbol{\theta})\,\boldsymbol{\Gamma}_n^T\,\boldsymbol{\Sigma}^{-1}(\boldsymbol{\theta})\,\boldsymbol{\Gamma}_n U_n(\boldsymbol{\theta}) \xrightarrow{\ \mathbb{P}_\theta\ } 0 .$$

Beweis In der Konvergenzaussage (3) kann man wegen Prop. 1.7 b), W^* und $\boldsymbol{\Sigma} = \boldsymbol{B}$ die Größen $\hat{X}_n(\boldsymbol{\theta})$ und $\boldsymbol{\Gamma}_n W_n(\boldsymbol{\theta}_n^*)\boldsymbol{\Gamma}_n^T$ durch $\boldsymbol{\Sigma}^{-1}(\boldsymbol{\theta})\boldsymbol{\Gamma}_n U_n(\boldsymbol{\theta})$ bzw. $-\boldsymbol{\Sigma}(\boldsymbol{\theta})$ ersetzen. □

2.2 Anwendungen: Asymptotische Tests einer einfachen Hypothese

a) log LQ-Test im Fall $\boldsymbol{\Sigma} = \boldsymbol{B}$

Betrachte die einfache Hypothese $H_0: \boldsymbol{\theta} = \boldsymbol{\theta}_0$. Da die in (1) definierte Teststatistik $T_n(\boldsymbol{\theta}_0)$ unter H_0 asymptotisch χ_d^2 -verteilt ist, verwirft man H_0 zugunsten von $\boldsymbol{\theta} \neq \boldsymbol{\theta}_0$ zum Signifikanzniveau α, falls für einen hinreichend großen Stichprobenumfang

$$T_n(\boldsymbol{\theta}_0) > \chi_{d,1-\alpha}^2$$

gilt. Unter *lokalen* Alternativen

$$H_1: \boldsymbol{\theta}_n = \boldsymbol{\theta} + \boldsymbol{\Gamma}_n^T t \quad (t \in \mathbb{R}^d \text{ fixiert})$$

erhalten wir als Grenzverteilung eine nichtzentrale χ^2-Verteilung (siehe B 1.1), genauer eine $\chi_d^2(\delta^2)$-Verteilungen mit Nichtzentralisationsparameter

$$\delta^2 = \mathbf{t}^{\mathrm{T}} \cdot \boldsymbol{\Sigma}(\boldsymbol{\theta}) \cdot \mathbf{t} \, ,$$

siehe Basawa & Koul (1979, sec.3) oder Pruscha (1994 a). Neben dem log LQ-Test lassen sich noch die folgenden zwei Tests aufstellen, deren Durchführung auch im Fall ungleicher Grenzmatrizen $\boldsymbol{\Sigma}$ und $\boldsymbol{B}$ möglich ist.

b) Wald-Test

Prop. 1.8 b) besagt, daß

$$(4) \qquad T_n^{(W)}(\boldsymbol{\theta}) = (\hat{\boldsymbol{\theta}}_n - \boldsymbol{\theta})^{\mathrm{T}} \mathbf{W}_n(\hat{\boldsymbol{\theta}}_n) \, \mathbf{S}_n^{-1}(\hat{\boldsymbol{\theta}}_n) \, \mathbf{W}_n(\hat{\boldsymbol{\theta}}_n) (\hat{\boldsymbol{\theta}}_n - \boldsymbol{\theta}) \xrightarrow{\;\mathcal{D}_\theta\;} \chi_d^2 \, .$$

Man verwirft also $H_0 : \boldsymbol{\theta} = \boldsymbol{\theta}_0$, falls $T_n^{(W)}(\boldsymbol{\theta}_0) > \chi_{d,1-\alpha}^2$.

c) Score-Test

Proposition 1.8 a) liefert

$$(5) \qquad T_n^{(S)}(\boldsymbol{\theta}) = \mathbf{U}_n^{\mathrm{T}}(\boldsymbol{\theta}) \, \mathbf{S}_n^{-1}(\boldsymbol{\theta}) \, \mathbf{U}_n(\boldsymbol{\theta}) \xrightarrow{\;\mathcal{D}_\theta\;} \chi_d^2 \, .$$

Man verwirft also $H_0 : \boldsymbol{\theta} = \boldsymbol{\theta}_0$, falls $T_n^{(S)}(\boldsymbol{\theta}_0) > \chi_{d,1-\alpha}^2 .$

Man beachte, daß die Score-Teststatistik $T_n^{(S)}(\boldsymbol{\theta}_0)$ den Schätzer $\hat{\boldsymbol{\theta}}_n$ gar nicht benötigt und daß alle Größen unter H_0 berechnet werden, dafür aber eine Matrixinversion verlangt wird. Diese ist bei der Wald-Teststatistik zumindest im Spezialfall $\boldsymbol{\Sigma} = \boldsymbol{B}$, in welchem ja $\mathbf{W}_n \mathbf{S}_n^{-1} \mathbf{W}_n = -\mathbf{W}_n$ ist, nicht vonnöten. Eine geometrische Interpretation dieser 3 Teststatistiken bieten Fahrmeir & Tutz (1994, S.47).

Z U S A M M E N G E S E T Z T E   H Y P O T H E S E ,   L O G L Q

2.3 Teilfamilie $\mathbb{P}_{\mathbf{h}(\boldsymbol{\eta})}$, $\boldsymbol{\eta} \in \Delta$.

Während Satz 2.1 gemäß Anwendungen 2.2 das Testen einfacher Hypothesen ermöglichet, wenden wir uns nun dem Testen zusammengesetzter Hypothesen zu. Zu diesem Zwecke folgen wir in der Grundidee Billingsley (1961, §3) und führen einen zweiten, niedriger-dimensionalen Parameterraum Δ,

$$\Delta \subset \mathbb{R}^c \text{ offen} , \; c < d \, ,$$

ein sowie eine Abbildung $\mathbf{h} : \Delta \to \Theta$,

$$\mathbf{h}(\boldsymbol{\eta}) = (h_1(\boldsymbol{\eta}), \dots, h_d(\boldsymbol{\eta}))^{\mathrm{T}} \, , \; \boldsymbol{\eta} \in \Delta \, ,$$

ein, welche zweimal stetig differenzierbar sein möge. Wir setzen voraus, daß die $d \times c$-Matrix

$$\mathbf{H}(\boldsymbol{\eta}) = (H_{j,k}(\boldsymbol{\eta})), \quad H_{j,k}(\boldsymbol{\eta}) = \partial h_j(\boldsymbol{\eta}) / \partial \eta_k \, , \; j=1,\dots,d, \; k=1,\dots,c,$$

d.i. die transponierte Funktionalmatrix von $\mathbf{h}$, vollen Rang c besitzt. Im folgenden werden wir öfters Gebrauch von den folgenden Gleichungen machen, die für ein zweimal stetig differenzierbares g: $\Theta \to \mathbb{R}$ gelten (vgl. ANHANG A.3)

$$(6') \qquad \frac{d}{d\boldsymbol{\eta}}\, g(\mathbf{h}(\boldsymbol{\eta})) \;=\; \mathbf{H}^T(\boldsymbol{\eta}) \cdot \frac{d}{d\boldsymbol{\theta}}\, g(\boldsymbol{\theta})$$

$$(6'') \qquad \frac{d^2}{d\boldsymbol{\eta}^2}\, g(\mathbf{h}(\boldsymbol{\eta})) \;=\; \Sigma_{j=1}^{d}\, \mathcal{H}_j(\boldsymbol{\eta})\, \frac{\partial}{\partial\theta_j}\, g(\boldsymbol{\theta}) \;+\; \mathbf{H}^T(\boldsymbol{\eta}) \cdot \frac{d^2}{d\boldsymbol{\theta}^2}\, g(\boldsymbol{\theta}) \cdot \mathbf{H}(\boldsymbol{\eta}),$$

wobei jeweils $\boldsymbol{\theta} = \mathbf{h}(\boldsymbol{\eta})$ eingesetzt wird und die $c \times c$-Matrix $\mathcal{H}_j(\boldsymbol{\eta}) = d^2 h_j(\boldsymbol{\eta})/d\boldsymbol{\eta}^2$ eingeführt wurde $[d^2/d\boldsymbol{\eta}^2 = d^2/d\boldsymbol{\eta}\cdot d\boldsymbol{\eta}^T]$. Neben der Familie

$$\mathbb{P}: \quad \mathbb{P}_\theta, \; \boldsymbol{\theta} \in \Theta\;,$$

von Wahrscheinlichkeitsmaßen mit den zugehörigen Größen $l_n(\boldsymbol{\theta})$, $\mathbf{U}_n(\boldsymbol{\theta})$, $\mathbf{W}_n(\boldsymbol{\theta})$ gibt es jetzt die Teilfamilie

$$\mathbb{P}h: \quad \mathbb{P}_{h(\eta)}, \; \boldsymbol{\eta} \in \Delta\;,$$

von Wahrscheinlichkeitsmaßen mit den entsprechenden Größen

$$lh_n(\boldsymbol{\eta}) = l_n(\mathbf{h}(\boldsymbol{\eta}))$$

$$(7) \qquad \mathbf{U}h_n(\boldsymbol{\eta}) = \mathbf{H}^T(\boldsymbol{\eta})\mathbf{U}_n(\boldsymbol{\theta}) \qquad\qquad\qquad [c \times 1\text{-Vektor}]$$

$$\mathbf{W}h_n(\boldsymbol{\eta}) = \Sigma_{j=1}^{d}\, \mathcal{H}_j(\boldsymbol{\eta})\, \mathbf{U}_{n,j}(\boldsymbol{\theta}) + \mathbf{H}^T(\boldsymbol{\eta})\, \mathbf{W}_n(\boldsymbol{\theta})\, \mathbf{H}(\boldsymbol{\eta}) \qquad [c \times c\text{-Matrix}],$$

wobei wieder $\boldsymbol{\theta} = \mathbf{h}(\boldsymbol{\eta})$ eingesetzt wird. Die zweite und dritte Gleichung (7) folgen aus (6). Für das Weitere setzen wir voraus:

Es existieren eine $d \times c$-Matrix $\mathbf{C}(\boldsymbol{\eta})$ vom vollen Rang c und invertierbare $c \times c$-Matrizen Γh_n, mit $\Gamma h_n \to 0$ bei $n \to \infty$, so daß für alle Folgen c-dimensionaler Zufallsvektoren $\boldsymbol{\eta}_n^*$, $n \geq 1$, mit der Eigenschaft

$\mathrm{B}h^*$ $\qquad \Gamma h_n^{-T}(\boldsymbol{\eta}_n^* - \boldsymbol{\eta})$, $n \geq 1$, $\mathbb{P}_{h(\eta)}$-stochastisch beschränkt

gilt:

$$(i) \qquad \Gamma_n^{-T}\mathbf{H}(\boldsymbol{\eta}_n^*)\, \Gamma h_n^T \;\xrightarrow{\;\mathbb{P}_{h(\eta)}\;}\; \mathbf{C}(\boldsymbol{\eta})$$

Γh^*

$$(ii) \qquad \mathbf{U}_{n,j}(\boldsymbol{\theta}_n^*)\, \Gamma h_n\, \mathcal{H}_j(\boldsymbol{\eta}_n^*)\, \Gamma h_n^T \;\xrightarrow{\;\mathbb{P}_{h(\eta)}\;}\; 0\;, \quad \boldsymbol{\theta}_n^* = \mathbf{h}(\boldsymbol{\eta}_n^*)\,.$$

Dabei werden in (i) zeilenweise verschiedene $\boldsymbol{\eta}_n^*$ wie auch spaltenweise verschiedene $\boldsymbol{\eta}_n^*$ zugelassen, in (ii) werden zeilenweise verschiedene $\boldsymbol{\eta}_n^*$ zugelassen. $\mathrm{B}h^*$ ist nichts anderes als die Eigenschaft B^* aus 1.4 für die Teilfamilie $\mathbb{P}h$. Aufgrund der Darstellung

$$\Gamma_n^{-T}(\mathbf{h}(\boldsymbol{\eta}_n^*) - \mathbf{h}(\boldsymbol{\eta})) = \Gamma_n^{-T}\mathbf{H}(\tilde{\boldsymbol{\eta}}_n)\, \Gamma h_n^T\, \Gamma h_n^{-T}(\boldsymbol{\eta}_n^* - \boldsymbol{\eta})$$

(mit geeigneten -zeilenweise verschiedenen- Zwischenstelle $\tilde{\boldsymbol{\eta}}_n$) folgt mit Hilfe von

Γh^*(i) aus der Eigenschaft Bh^* für η_n^* die Eigenschaft B^* für $\mathbf{h}(\eta_n^*)$.

Unter Γh^* definieren wir folgende (positiv-definite) $c \times c$-Matrizen

$$\Sigma h(\eta) = \mathbf{C}^T(\eta)\, \Sigma(\mathbf{h}(\eta))\, \mathbf{C}(\eta)\ , \qquad Bh(\eta) = \mathbf{C}^T(\eta)\, B(\mathbf{h}(\eta))\, \mathbf{C}(\eta)\ .$$

Ferner nennen wir $\hat{\eta}_n$, $n \geq 1$, einen konsistenten EE-Schätzer für η, falls die zu (1) in 1.0 analoge Aussage gilt, d.h. falls für $n \to \infty$

$$\mathbb{P}_{h(\eta)}\big(\,|\hat{\eta}_n - \eta| \leq \varepsilon,\ \mathbf{U}h_n(\hat{\eta}_n) = 0\,\big) \longrightarrow 1 \quad \text{für alle } \eta \in \Delta,\ \varepsilon > 0$$

erfüllt ist. Wie in 1.5, Bem. 6, erläutert, benötigen wir für das folgende nur die –im Rahmen unserer Voraussetzungen schwächere– Aussage

$$\hat{\eta}_n \text{ erfüllt } Bh^* \text{ und } \Gamma h_n \mathbf{U}h_n(\hat{\eta}_n) \xrightarrow{\ \mathbb{P}_{h(\eta)}\ } 0\ .$$

2.4 Asymptotik in der Teilfamilie $\mathbb{P}h$

Proposition Gelten die Bedingungen U^*, W^*, Γh^* in der Familie $\mathbb{P}_\theta$, $\theta \in \Theta$ (mit den Größen ℓ_n, $\mathbf{U}_n$, $\mathbf{W}_n$, Γ_n, Σ, B) so gelten U^*, W^* auch in der Teilfamilie $\mathbb{P}_{h(\eta)}$, $\eta \in \Delta$ (mit den entsprechenden Größen ℓh_n, $\mathbf{U}h_n$, $\mathbf{W}h_n$, Γh_n, Σh, Bh).

Insbesondere existiert ein konsistenter EE-Schätzer $\hat{\eta}_n$, $n \geq 1$, für η, und es gilt bei $n \to \infty$:

$$(8) \qquad \Gamma h_n^{-T}(\hat{\eta}_n - \eta) \xrightarrow{\ \mathcal{D}_{h(\eta)}\ } N_c(0, Bh^{-1}(\eta)\, \Sigma h(\eta)\, Bh^{-1}(\eta))$$

Beweis ad U^* (die Argumente η und $\theta = \mathbf{h}(\eta)$ unterdrückend)

$$\Gamma h_n \mathbf{U}h_n = \Gamma h_n \mathbf{H}^T \Gamma_n^{-1} \Gamma_n \mathbf{U}_n =$$
$$= (\Gamma_n^{-T} \mathbf{H}\, \Gamma h_n^T)^T \Gamma_n \mathbf{U}_n \xrightarrow{\ \mathcal{D}\ } \mathbf{C}^T \cdot N_d(0, \Sigma) = N_c(0, \Sigma h),$$

wobei wir U^* und Γh^*(i) ausgenutzt haben.

ad W^* (die Argumente η_n^* und $\mathbf{h}(\eta_n^*)$ unterdrückend)

$$\Gamma h_n \mathbf{W}h_n \Gamma h_n^T = \sum_{j=1}^d \mathbf{U}_{n,j}\, \Gamma h_n \mathcal{H}_j\, \Gamma h_n^T + \Gamma h_n \mathbf{H}^T \mathbf{W}_n \mathbf{H}\, \Gamma h_n^T \equiv A(n) + B(n).$$

Man hat jetzt in $\mathbf{W}h_n$ (zeilenweise verschiedene) Argumente η_n^* einzusetzen, wobei die η_n^* die Bedingung Bh^* erfüllen müssen; entsprechend treten auf der rechten Seite Argumente η_n^* bzw $\theta_n^* = \mathbf{h}(\eta_n^*)$ auf (Wir verzichten auf eine detaillierte Durchführung; man findet sie in Wellisch (1995)).

Es ist $A(n) \xrightarrow{\ \mathbb{P}\ } 0$ wegen Γh^*(ii). Mit $\mathbf{C}_n = \Gamma_n^{-T} \mathbf{H}\, \Gamma h_n^T$ gilt wegen W^*, Γh^*(i)

$$B(n) = \mathbf{C}_n^T \Gamma_n \mathbf{W}_n \Gamma_n^T \mathbf{C}_n \xrightarrow{\ \mathbb{P}\ } -\mathbf{C}^T B \mathbf{C} = -Bh\ .$$

Satz 1.6, angewandt auf die Teilfamilie $\mathbb{P}h$, liefert die Behauptung (8). $\square$

2.5 Asymptotisches χ^2 des log LQ

Satz Unter den Bedingungen $\mathbf{\Sigma}(\theta) = \mathbf{B}(\theta)$, U*, W* und Γh* gilt für die Zufallsvariable

$$T_n = 2\left\{l_n(\hat{\boldsymbol{\theta}}_n) - l_n(\mathbf{h}(\hat{\boldsymbol{\eta}}_n))\right\}$$

bei $n \to \infty$

$$T_n \xrightarrow{\;\mathcal{D}_{h(\eta)}\;} \chi^2_{d-c}\;,$$

wobei $\hat{\boldsymbol{\theta}}_n$ und $\hat{\boldsymbol{\eta}}_n$ konsistente EE-Schätzer für θ und η in den Modellen $\mathbb{P}$ bzw. $\mathbb{P}$h sind.

Beweis Wir schreiben T_n in der Form

$$T_n = 2\left\{l_n(\hat{\boldsymbol{\theta}}_n) - l_n(\mathbf{h}(\boldsymbol{\eta}))\right\} - 2\left\{l_n(\mathbf{h}(\hat{\boldsymbol{\eta}}_n)) - l_n(\mathbf{h}(\boldsymbol{\eta}))\right\}\;.$$

Wenden wir Kor. 2.1 auf die Modelle $\mathbb{P}$ und $\mathbb{P}$h an, so erhalten wir (die Argumente $\boldsymbol{\eta}$ und $\theta = \mathbf{h}(\boldsymbol{\eta})$ weglassend)

$$T_n - \left\{\mathbf{U}_n^T \boldsymbol{\Gamma}_n^T \boldsymbol{\Sigma}^{-1} \boldsymbol{\Gamma}_n \mathbf{U}_n - \mathbf{U}h_n^T \boldsymbol{\Gamma}h_n^T \boldsymbol{\Sigma}h^{-1} \boldsymbol{\Gamma}h_n \mathbf{U}h_n\right\} =$$

$$= T_n - \mathbf{U}_n^T \boldsymbol{\Gamma}_n^T \left\{\boldsymbol{\Sigma}^{-1} - \mathbf{C}_n \boldsymbol{\Sigma}h^{-1} \mathbf{C}_n^T\right\} \boldsymbol{\Gamma}_n \mathbf{U}_n \xrightarrow{\;\mathbb{P}\;} 0,$$

wobei wir wieder $\mathbf{C}_n = \boldsymbol{\Gamma}_n^{-T} \mathbf{H} \boldsymbol{\Gamma}h_n^T$ gesetzt haben. Wegen Γh*(i) folgt daraus

$$T_n - \mathbf{U}_n^T \boldsymbol{\Gamma}_n^T \left\{\boldsymbol{\Sigma}^{-1} - \mathbf{C} \boldsymbol{\Sigma}h^{-1} \mathbf{C}^T\right\} \boldsymbol{\Gamma}_n \mathbf{U}_n \xrightarrow{\;\mathbb{P}\;} 0,$$

bzw. mit den Abkürzungen

$$\boldsymbol{\Delta}_n = \boldsymbol{\Gamma}_n \mathbf{U}_n, \quad \mathbf{P} = \mathbf{I}_d - \boldsymbol{\Sigma}^{1/2} \mathbf{C} \boldsymbol{\Sigma}h^{-1} \mathbf{C}^T \boldsymbol{\Sigma}^{1/2}$$

auch

$$T_n - \boldsymbol{\Delta}_n^T \boldsymbol{\Sigma}^{-1/2} \mathbf{P} \boldsymbol{\Sigma}^{-1/2} \boldsymbol{\Delta}_n \xrightarrow{\;\mathbb{P}\;} 0.$$

Da $\boldsymbol{\Sigma}^{-1/2} \boldsymbol{\Delta}_n \xrightarrow{\;\mathcal{D}\;} \mathbf{Z}$, mit $N_d(0, \mathbf{I}_d)$-verteiltem $\mathbf{Z}$, liefert das continuous mapping Theorem B 3.8

$$\boldsymbol{\Delta}_n^T \boldsymbol{\Sigma}^{-1/2} \mathbf{P} \boldsymbol{\Sigma}^{-1/2} \boldsymbol{\Delta}_n \xrightarrow{\;\mathcal{D}\;} \mathbf{Z}^T \mathbf{P} \mathbf{Z}.$$

Aufgrund von Satz 2 in I 2.5 ist die rechte Seite χ^2_{d-c}-verteilt. In der Tat, wegen

$$\mathbf{P}^T = \mathbf{P}, \quad \mathbf{P}\cdot\mathbf{P} = \mathbf{P} \quad \text{und} \quad \text{Rang}(\mathbf{P}) = d - \text{Rang}(\mathbf{C}) = d-c$$

ist $\mathbf{P}$ eine Projektionsmatrix vom Rang $d-c$ (vgl. ANHANG A 1.5). Folglich ist auch T_n asymptotisch χ^2_{d-c} verteilt. $\square$

2.6 Anwendungen, Spezialfälle

a) Asymptotischer Test zusammengesetzter Hypothesen im Fall $\boldsymbol{\Sigma}(\boldsymbol{\theta}) = \boldsymbol{B}(\boldsymbol{\theta})$

Betrachte die Hypothese

$H_0:$ $\qquad$ $\boldsymbol{\theta} \in \mathbf{h}(\Delta)$ $\qquad\qquad\qquad$ [d.h. es gibt ein $\boldsymbol{\eta} \in \Delta$ mit $\boldsymbol{\theta} = \mathbf{h}(\boldsymbol{\eta})$].

Berechne den

$\qquad$ EE-Schätzer $\hat{\boldsymbol{\theta}}_n$ für $\boldsymbol{\theta}$ aus $\mathbf{U}_n(\boldsymbol{\theta}) = 0$

und den

$\qquad$ EE-Schätzer $\hat{\boldsymbol{\eta}}_n$ für $\boldsymbol{\eta}$ aus $\mathbf{Uh}_n(\boldsymbol{\eta}) = \mathbf{H}^T(\boldsymbol{\eta})\,\mathbf{U}_n(\mathbf{h}(\boldsymbol{\eta})) = 0$.

Bilde die Teststatistik T_n gemäß Satz 2.5 und verwirf H_0 zugunsten der Alternative $\boldsymbol{\theta} \notin \mathbf{h}(\Delta)$, falls

$$T_n > \chi^2_{d-c,1-\alpha},$$

wobei ein großes n vorausgesetzt wird. Unter lokalen Alternativen

$H_1:$ $\qquad$ $\boldsymbol{\theta}_n = \boldsymbol{\theta} + \boldsymbol{\Gamma}_n^T \mathbf{t}$ $\qquad\qquad\qquad$ [$\mathbf{t} \in \mathbb{R}^d$ fixiert, $\boldsymbol{\theta} = \mathbf{h}(\boldsymbol{\eta})$]

erhalten wir im Likelihoodfall als Grenzverteilung eine $\chi^2_{d-c}(\delta^2)$-Verteilung (d.i. eine nichtzentrale χ^2-Verteilung) mit Nichtzentralisationsparameter

$$\delta^2 = \mathbf{t}^T \boldsymbol{\Sigma}(\boldsymbol{\theta}) \left(\boldsymbol{\Sigma}^{-1}(\boldsymbol{\theta}) - \mathbf{C}(\boldsymbol{\eta}) [\mathbf{C}^T(\boldsymbol{\eta})\, \boldsymbol{\Sigma}(\boldsymbol{\theta})\, \mathbf{C}(\boldsymbol{\eta})]^{-1} \mathbf{C}^T(\boldsymbol{\eta}) \right) \boldsymbol{\Sigma}(\boldsymbol{\theta})\, \mathbf{t} \; ,$$

siehe Gallant (1987, sec. 3.5) oder Pruscha (1994 a). Das Testen zusammengesetzter Hypothesen im Fall $\boldsymbol{\Sigma}(\boldsymbol{\theta}) \neq \boldsymbol{B}(\boldsymbol{\theta})$ ist mit dem Score- und dem Wald-Test möglich (siehe 3.3 a und 3.6 a unten).

b) Spezialfälle

(i) In der folgenden Situation ist die Bedingung $\Gamma \mathbf{h}^*$ erfüllt. Sei $\boldsymbol{\Gamma}_n$ für jedes n eine $d \times d$-Diagonalmatrix $\mathrm{Diag}(\gamma_{ni})$ und sei die Abbildung $\mathbf{h}$ für jedes $\boldsymbol{\eta} = (\eta_1,...,\eta_c)^T \in \Delta$ durch

$$\mathbf{h}(\boldsymbol{\eta}) = (\eta_1,...,\eta_c,\theta^O_{c+1},...,\theta^O_d)^T$$

definiert, wobei $\theta^O_{c+1},...,\theta^O_d \in \mathbb{R}$ fest gewählte Werte sind (aber $\mathbf{h}(\boldsymbol{\eta}) \in \Theta$ erfüllt ist). Die Hypothese läßt sich dann auch in der Form

$H_0:$ $\qquad$ $\theta_{c+1} = \theta^O_{c+1},..., \theta_d = \theta^O_d$

formulieren. Für diese Abbildung $\mathbf{h}$ ist

$$\mathbf{H} = \begin{pmatrix} \mathbf{I}_c \\ 0 \end{pmatrix}, \quad \mathcal{H}_j = 0 \quad \text{für alle } j=1,...,d \; .$$

Definiere die (durch Stutzung von $\boldsymbol{\Gamma}_n$ entstehende) $c \times c$-Diagonalmatrix

$$\boldsymbol{\Gamma}_n^c = \begin{bmatrix} \gamma_{n1} & & 0 \\ & \ddots & \\ 0 & & \gamma_{nc} \end{bmatrix} .$$

Wegen

$$\Gamma_n^{-1} H \Gamma_n^C = \begin{pmatrix} I_c \\ 0 \end{pmatrix} \equiv C$$

können wir $\Gamma h_n \equiv \Gamma_n^C$ wählen. In dieser Situation ist dann mit einer zu Γ_n^C entsprechenden Notation [nämlich $a^C = (a_1,...,a_c)^T$ und $A^C = (a_{jk}, 1 \le j, k \le c)$ für einen $d \times 1$-Vektor a bzw. eine $d \times d$-Matrix $A = (a_{jk})$],

$$U h_n(\eta) = U_n^C(h(\eta)),$$

$$W h_n(\eta) = W_n^C(h(\eta)), \quad \Sigma h(\eta) = \Sigma^C(h(\eta)), \quad B h(\eta) = B^C(h(\eta)).$$

Man berechnet hier

$$\hat{\eta}_n = (\hat{\eta}_1,...,\hat{\eta}_c)^T \quad \text{aus} \quad U_n^C(\eta_1,...,\eta_c,\theta_{c+1}^o,...,\theta_d^o) = 0$$

und hat

$$h(\hat{\eta}_n) = (\hat{\eta}_1,...,\hat{\eta}_c,\theta_{c+1}^o,...,\theta_d^o)^T$$

in die log LQ-Statistik T_n einzusetzen.

(ii) Ist jedes Γ_n eine Diagonalmatrix und sind die Elemente $\gamma_{ni} = \gamma_n$ von Γ_n identisch, d.h. ist $\Gamma_n = \gamma_n I_d$, dann wird Γh^* sogar von jeder in 2.3 zugelassenen Abbildung h erfüllt, falls man $\Gamma h_n = \gamma_n I_c$ setzt und zusätzlich noch, in Hinblick auf Γh^*(ii),

$$\gamma_n^2 U_n(\theta_n^*) \xrightarrow{\ \mathbb{P}_\theta\ } 0$$

fordert. Man erhält dann wieder $C = H$.

2.7 Asymptotischer Test der Homogenität

a) Zwei-Stichproben Situation

Gegeben seien zwei Stichproben vom Umfang n,

$$X_1',...,X_n' \quad \text{und} \quad X_1'',...,X_n'',$$

die unabhängig voneinander erhoben werden. Bezeichnen wir die zugehörigen Familien von Wahrscheinlichkeitsmaßen mit

$$\mathbb{P}_\theta', \ \theta \in \Theta, \quad \text{und} \quad \mathbb{P}_\theta'', \ \theta \in \Theta,$$

so gehört zur zweidimensionalen Stichprobe

$$\begin{pmatrix} X_1' \\ X_1'' \end{pmatrix}, \ ..., \ \begin{pmatrix} X_n' \\ X_n'' \end{pmatrix}$$

die Familie $(\mathbb{P}_\theta' \times \mathbb{P}_\theta''), \ \theta \in \Theta$, von *Produktmaßen*. Sei Γ_n, $n \ge 1$, eine Normierungsfolge wie in 1.1. Weiter mögen die Bedingungen U^*, W^* für die Familie

$$\mathbb{P}_\theta', \text{ mit Normierungsfolge } \Gamma_n' = \Gamma_n / \sqrt{c_n'} \text{ und mit Grenzmatrizen } \Sigma' \text{ und } B',$$

und für die Familie

$\mathbb{P}_\theta''$, mit Normierungsfolge $\boldsymbol{\Gamma}_n'' = \boldsymbol{\Gamma}_n / \sqrt{c_n''}$ und mit Grenzmatrizen $\boldsymbol{\Sigma}''$ und $\boldsymbol{B}''$, erfüllt sein, wobei

$$c_n' \to c' > 0, \quad c_n'' \to c'' > 0 \qquad\qquad [n \to \infty]$$

vorausgesetzt wird. Dann erfüllt auch die Familie $\mathbb{P}_\theta' \times \mathbb{P}_\theta''$ die Bedingungen U*, W* (mit Normierungsfolge $\boldsymbol{\Gamma}_n$). In der Tat, ausgehend von der Schätzfunktion

$$l_n(\boldsymbol{\theta}) = l_n'(\boldsymbol{\theta}) + l_n''(\boldsymbol{\theta})$$

kommt man zu den Größen

$$(9) \qquad \mathbf{U}_n(\boldsymbol{\theta}) = \mathbf{U}_n'(\boldsymbol{\theta}) + \mathbf{U}_n''(\boldsymbol{\theta}) , \quad \mathbf{W}_n(\boldsymbol{\theta}) = \mathbf{W}_n'(\boldsymbol{\theta}) + \mathbf{W}_n''(\boldsymbol{\theta})$$

und zu den in U* und W* auftretenden Grenzmatrizen

$$\boldsymbol{\Sigma}(\boldsymbol{\theta}) = c'\boldsymbol{\Sigma}'(\boldsymbol{\theta}) + c''\boldsymbol{\Sigma}''(\boldsymbol{\theta}) , \quad \boldsymbol{B}(\boldsymbol{\theta}) = c'\boldsymbol{B}'(\boldsymbol{\theta}) + c''\boldsymbol{B}''(\boldsymbol{\theta}).$$

Die hier vorgestellten asymptotischen Methoden sind also auch in der Situation zweier unabhängiger Stichproben gültig. Insbesondere gelten für die Familie $\mathbb{P}_\theta' \times \mathbb{P}_\theta''$ z.B. die Sätze 1.6, 2.1 und 2.5.

b) Zwei homogene Stichproben

Um zu einem Test auf Homogenität zu kommen, folgen wir Billingsley (1961, §4) und schreiben den Parameterraum Θ als *Produktraum*. Mit $\Delta \subset \mathbb{R}^c$ setzt man zunächst

$$\Theta = \Delta \times \Delta \subset \mathbb{R}^d , \quad d = 2c,$$

und führt für $\boldsymbol{\theta} \in \Theta$ die Notation $\boldsymbol{\theta} = (\boldsymbol{\eta}', \boldsymbol{\eta}'')$, $\boldsymbol{\eta}', \boldsymbol{\eta}'' \in \Delta$, ein. Ferner nimmt man an, daß

$$\mathbb{P}_\theta' = \mathbb{P}_{\eta'} , \quad \mathbb{P}_\theta'' = \mathbb{P}_{\eta''}$$

geschrieben werden kann, so daß

$$\mathbb{P}_\theta = \mathbb{P}_{\eta'} \times \mathbb{P}_{\eta''} \quad \text{für } \boldsymbol{\theta} = (\boldsymbol{\eta}', \boldsymbol{\eta}'')$$

gilt. Sind nun U*, W* für jede der beiden Familien $\mathbb{P}_{\eta'}$, $\mathbb{P}_{\eta''}$ einzeln erfüllt (mit Normierungsfolgen $\boldsymbol{\Gamma}_n'$, $\boldsymbol{\Gamma}_n''$ wie im Teil a)), dann sind U*, W* auch – wie schon in a) im allgemeineren Rahmen festgestellt – für die Familie $\mathbb{P}_\theta$ erfüllt, und zwar mit der Schätzfunktion

$$l_n((\boldsymbol{\eta}', \boldsymbol{\eta}'')) = l_n'(\boldsymbol{\eta}') + l_n''(\boldsymbol{\eta}'') ,$$

mit

$$(9') \qquad \mathbf{U}_n((\boldsymbol{\eta}', \boldsymbol{\eta}'')) = \begin{bmatrix} \mathbf{U}_n'(\boldsymbol{\eta}') \\ \mathbf{U}_n''(\boldsymbol{\eta}'') \end{bmatrix} , \quad \mathbf{W}_n((\boldsymbol{\eta}', \boldsymbol{\eta}'')) = \begin{bmatrix} \mathbf{W}_n'(\boldsymbol{\eta}') & 0 \\ 0 & \mathbf{W}_n''(\boldsymbol{\eta}'') \end{bmatrix} ,$$

und mit

$$\text{Normierungsmatrizen} \begin{bmatrix} \boldsymbol{\Gamma}_n & 0 \\ 0 & \boldsymbol{\Gamma}_n \end{bmatrix} .$$

Definiere die Abbildung

$$\mathbf{h} \colon \Delta \to \Theta \ , \quad \mathbf{h}(\boldsymbol{\eta}) = (\boldsymbol{\eta},\boldsymbol{\eta}) \ .$$

Dann schreibt sich die *Homogenitätshypothese* $\boldsymbol{\eta}' = \boldsymbol{\eta}''$ in der Form

$$H_0 \colon \qquad \boldsymbol{\theta} \in \mathbf{h}(\Delta) \ .$$

Mit der Notation von 2.3 ist dann $\mathbb{P}_{\mathbf{h}(\eta)}$, $\boldsymbol{\eta} \in \Delta$, diejenige Teilfamilie von $\mathbb{P}_\theta = \mathbb{P}_{\eta'}$ $\times \ \mathbb{P}_{\eta''}$, $\boldsymbol{\theta} = (\boldsymbol{\eta}',\boldsymbol{\eta}'') \in \Theta$, die sich durch $\boldsymbol{\eta}' = \boldsymbol{\eta}''$ auszeichnet (also diejenige Teilfamilie, die zu zwei homogenen Stichproben gehört).

Wegen $\mathbf{H} = \begin{pmatrix} \mathbf{I}_c \\ \mathbf{I}_c \end{pmatrix}$ und $\mathcal{H}_j = 0$ für alle j haben wir gemäß (7) und (9$'$) die folgenden zur Teilfamilie $\mathbb{P}_{\mathbf{h}(\eta)}$, $\boldsymbol{\eta} \in \Delta$, gehörigen Größen

$$\ell \mathbf{h}_n(\boldsymbol{\eta}) = \ell_n((\boldsymbol{\eta},\boldsymbol{\eta})) = \ell'_n(\boldsymbol{\eta}) + \ell''_n(\boldsymbol{\eta})$$

$$\mathbf{U}\mathbf{h}_n(\boldsymbol{\eta}) = \mathbf{H}^T \cdot \begin{bmatrix} \mathbf{U}'_n(\boldsymbol{\eta}) \\ \mathbf{U}''_n(\boldsymbol{\eta}) \end{bmatrix} = \mathbf{U}'_n(\boldsymbol{\eta}) + \mathbf{U}''_n(\boldsymbol{\eta})$$

$$\mathbf{W}\mathbf{h}_n(\boldsymbol{\eta}) = \mathbf{H}^T \cdot \begin{bmatrix} \mathbf{W}'_n(\boldsymbol{\eta}) & 0 \\ 0 & \mathbf{W}''_n(\boldsymbol{\eta}) \end{bmatrix} \cdot \mathbf{H} = \mathbf{W}'_n(\boldsymbol{\eta}) + \mathbf{W}''_n(\boldsymbol{\eta}) \ .$$

Man verifiziert, daß Voraussetzung $\varGamma \mathbf{h}^*$ gültig ist mit

$$\varGamma \mathbf{h}_n = \varGamma_n \quad \text{und} \quad \mathbf{C} = \begin{pmatrix} \mathbf{I}_c \\ \mathbf{I}_c \end{pmatrix} \ .$$

Wir erhalten die Grenzmatrizen

$$\varSigma \mathbf{h}(\boldsymbol{\eta}) = c' \varSigma'(\boldsymbol{\eta}) + c'' \varSigma''(\boldsymbol{\eta}), \quad \mathbf{B}\mathbf{h}(\boldsymbol{\eta}) = c' \mathbf{B}'(\boldsymbol{\eta}) + c'' \mathbf{B}''(\boldsymbol{\eta}) \ .$$

c) Test auf homogene Stichproben

Gemäß Satz 2.5 läßt sich nun im Fall $\varSigma' = \mathbf{B}'$ und $\varSigma'' = \mathbf{B}''$ ein Test auf $H_0 \colon \boldsymbol{\eta}' = \boldsymbol{\eta}''$, d.h. auf Homogenität der beiden Grundgesamtheiten, wie folgt durchführen:

Berechne $\hat{\boldsymbol{\theta}}_n = (\hat{\boldsymbol{\eta}}'_n, \hat{\boldsymbol{\eta}}''_n)$ aus

$$\mathbf{U}'_n(\boldsymbol{\eta}') = 0 \quad \text{und} \quad \mathbf{U}''_n(\boldsymbol{\eta}'') = 0 \ ;$$

berechne $\hat{\boldsymbol{\eta}}_n$ aus

$$\mathbf{U}'_n(\boldsymbol{\eta}) + \mathbf{U}''_n(\boldsymbol{\eta}) = 0 \ .$$

Bilde die Teststatistik

$$T_n = 2 \left\{ \ell_n(\hat{\boldsymbol{\theta}}_n) - \ell_n((\hat{\boldsymbol{\eta}}_n,\hat{\boldsymbol{\eta}}_n)) \right\} ,$$

wobei

$$\ell_n((\boldsymbol{\eta},\boldsymbol{\eta})) = \ell'_n(\boldsymbol{\eta}) + \ell''_n(\boldsymbol{\eta}) ,$$

und verwirf H_0 zugunsten von $\boldsymbol{\eta}' \neq \boldsymbol{\eta}''$, falls $T_n > \chi^2_{c,1-\alpha}$ (großes n vorausgesetzt).

3 SCORE- UND WALD-TEST

3.0 Die log LQ-Teststatistik 2.5 ist nur im Fall $\Sigma(\theta) = B(\theta)$ zum Testen der zusammengesetzten Hypothese H_0 $[\theta = h(\eta)$ für ein $\eta \in \Delta]$ geeignet. Im Fall ungleicher Grenzmatrizen stehen andere Teststatistiken zur Verfügung, z.B. die Score- und die Wald-Statistik. Score- und Wald-Test zum Prüfen einfacher Hypothesen wurden in 2.2 vorgestellt. Der Nachweis der asymptotischen χ^2-Verteilung war dort recht einfach. Hier aber, im Fall zusammengesetzter Hypothesen, ist er ungleich aufwendiger, namentlich für die Score-Statistik. Die Kernstücke dieser Statistik bilden der Zufallsvektor $U_n(\theta)$ (der im Likelihoodfall Scorevektor heißt) und eine Matrix $F_n(\eta)$, deren komplizierte Bauart sich in Spezialfällen stark vereinfacht (siehe 3.2, 3.3). Zur Formulierung der Wald-Statistik werden zusammengesetzte Hypothesen nicht mehr in der Gestalt $\theta \in h(\Delta)$ angegeben, wie es bei der log LQ- und der Score-Statistik der Fall ist, sondern in der Form $r(\theta) = 0$ (s. 3.4).

SCORE TESTSTATISTIK

3.1 Quadratische Formen in Δ_n

Wir führen die d- bzw. c-dimensionalen Zufallsvektoren

(1)
$$\Delta_n(\theta) = \Gamma_n U_n(\theta)$$

$$\Delta h_n(\eta) = \Gamma h_n U h_n(\eta) = \Gamma h_n H^T(\eta) U_n(h(\eta))$$

ein (auch *zentrale* Folgen in $\mathbb{P}$ bzw. $\mathbb{P}h$ genannt), und definieren die d×c- bzw. d×d-Matrizen

(2)
$$G(\eta) = -B(\theta) C(\eta) Bh^{-1}(\eta) \Sigma h^{1/2}(\eta)$$

$$F(\eta) = \Sigma^{-1}(\theta) - \Sigma^{-1}(\theta) B(\theta) C(\eta) [C^T(\eta) \Phi(\theta) C(\eta)]^{-1} C^T(\eta) B(\theta) \Sigma^{-1}(\theta),$$

wobei wir $\theta = h(\eta)$ und

$$\Phi(\theta) = B(\theta) \Sigma^{-1}(\theta) B(\theta)$$

gesetzt haben. Wie oben in 2.3 bezeichnet $\hat{\eta}_n$, $n \geq 1$, einen konsistenten EE-Schätzer für η, dessen Existenz ja durch Prop. 2.4 garantiert wird. Für sein Bild unter h benutzen wir nun durchweg die Bezeichnung

$$\tilde{\theta}_n = h(\hat{\eta}_n).$$

Lemma 1 Unter den Voraussetzungen U*, W*, Γh* gilt

(i) $\qquad \Delta_n(\tilde{\theta}_n) - \Delta_n(\theta) \xrightarrow{\; \mathcal{D}_\theta \;} G(\eta) Z_c \,, \qquad [\theta = h(\eta), \, Z_c \; N_c(0, I_c)\text{-verteilt}]$

(ii) $\qquad F(\eta) \cdot G(\eta) = 0$

(iii) $\qquad F(\eta) = \Sigma^{-1/2}(\theta) \, [\, I_d - P(\theta) \,] \, \Sigma^{-1/2}(\theta) \,, \qquad\qquad\qquad [\theta = h(\eta)\,]$

$\qquad$ mit einer d×d-Projektionsmatrix $P(\theta)$ vom Rang c.

Beweis (i) Wegen $\; dU_n(h(\eta))/d\eta^T = W_n(h(\eta)) \cdot H(\eta) \equiv \tilde{W}_n(\eta)\;$ gilt mit einem η_n^* zwischen η und $\hat{\eta}_n$

$$\Delta_n(\tilde{\theta}_n) - \Delta_n(\theta) = \Gamma_n \tilde{W}_n(\eta_n^*) \cdot (\hat{\eta}_n - \eta) \,.$$

Dabei hat man in $\tilde{W}_n$ zeilenweise verschiedene η_n^* einzusetzen. Wir verzichten auf diesbezügliche Details und verweisen auf Wellisch (1995). Setzen wir

$$B_n = - \Gamma_n W_n \Gamma_n^T \quad \text{und} \quad C_n = \Gamma_n^{-T} H \Gamma h_n^T \,,$$

wobei wir wieder die Argumente $\theta = h(\eta)$ bzw. η weglassen, so ist

$$\Gamma_n \tilde{W}_n \cdot (\hat{\eta}_n - \eta) = -B_n C_n \Gamma h_n^{-T} \cdot (\hat{\eta}_n - \eta) \,.$$

Da die Argumente η_n^* und $h(\eta_n^*)$ die Eigenschaft Bh* bzw. B* erfüllen, liefern W*, Γh*(i) und Proposition 2.4, d.i.

$$\Gamma h_n^{-T}(\hat{\eta}_n - \eta) \xrightarrow{\; \mathcal{D} \;} Bh^{-1} \Sigma h^{1/2} Z_c \,,$$

die Behauptung.

(ii) Mit der Abkürzung $\; [\;] = [C^T(\eta) \, B(\theta) \, \Sigma^{-1}(\theta) \, B(\theta) \, C(\eta)]$, $\; \theta = h(\eta)$, rechnet man nach, daß

$$F \cdot G = \Sigma^{-1} G + \Sigma^{-1} B C [\;]^{-1} [\;] Bh^{-1} \Sigma h^{1/2} = \Sigma^{-1} G - \Sigma^{-1} G = 0 \,.$$

(iii) Mit

$$P(\theta) = \Sigma^{-1/2}(\theta) \, B(\theta) \, C(\eta) \, [C^T(\eta) \, \Phi(\theta) \, C(\eta)]^{-1} \, C^T(\eta) \, B(\theta) \, \Sigma^{-1/2}(\theta),$$

wobei wieder

$$\Phi(\theta) = B(\theta) \, \Sigma^{-1}(\theta) \, B(\theta)$$

gesetzt wurde, erhält man die behauptete Gleichung. Aus Rang(**C**) = c folgt auch Rang(**P**) = c und man überzeugt sich leicht von den Eigenschaften

$$P = P^T \quad \text{und} \quad P \cdot P = P,$$

so daß **P** tatsächlich eine Projektionsmatrix ist (siehe ANHANG A 1.5). $\square$

Nach diesen Vorbereitungen kann die asymptotische χ^2-Verteilung der quadratischen Formen

(3) $\qquad T_n^{(1)} = \Delta_n^T(\theta) \, F(\eta) \, \Delta_n(\theta) \,, \qquad T_n^{(2)} = \Delta_n^T(\tilde{\theta}_n) \, F(\eta) \, \Delta_n(\tilde{\theta}_n) \,,$

nachgewiesen werden, wobei wieder $\theta = h(\eta)$, $\tilde{\theta}_n = h(\hat{\eta}_n)$ gesetzt wurde.

Lemma 2 Unter den Voraussetzungen U^*, W^*, Γh^* gilt

(i) $$T_n^{(1)} \xrightarrow{\ \mathcal{D}h(\eta)\ } \chi^2_{d-c}$$

(ii) $$T_n^{(2)} \xrightarrow{\ \mathcal{D}h(\eta)\ } \chi^2_{d-c}\,.$$

Beweis (i) Schreiben wir $\boldsymbol{\Delta}_n(\boldsymbol{\theta}) = \boldsymbol{\Sigma}^{1/2}\mathbf{Z}_n$ und bezeichnet $\mathbf{Z}$ einen $N_d(0,\mathbf{I}_d)$ - verteilten Zufallsvektor, so gilt $\mathbf{Z}_n \xrightarrow{\ \mathcal{D}\ } \mathbf{Z}$ gemäß U^*. Also ist nach Teil (iii) des Lemmas 1

$$T_n^{(1)} = \mathbf{Z}_n^T\,\boldsymbol{\Sigma}^{1/2}\,\mathbf{F}\,\boldsymbol{\Sigma}^{1/2}\,\mathbf{Z}_n = \mathbf{Z}_n^T[\mathbf{I}_d - \mathbf{P}]\mathbf{Z}_n \xrightarrow{\ \mathcal{D}\ } \mathbf{Z}^T[\mathbf{I}_d - \mathbf{P}]\mathbf{Z}.$$

Da $\mathbf{I}_d - \mathbf{P}$ eine $d\times d$-Projektionsmatrix vom Rang $d-c$ darstellt, liefert Satz 2 aus I 2.5 die Behauptung.

(ii) Es gilt

$$T_n^{(2)} - T_n^{(1)} = \boldsymbol{\Delta}_n^T(\tilde{\boldsymbol{\theta}}_n)\,\mathbf{F}(\eta)\,[\boldsymbol{\Delta}_n(\tilde{\boldsymbol{\theta}}_n) - \boldsymbol{\Delta}_n(\boldsymbol{\theta})] - \boldsymbol{\Delta}_n^T(\boldsymbol{\theta})\,\mathbf{F}(\eta)\,[\boldsymbol{\Delta}_n(\boldsymbol{\theta}) - \boldsymbol{\Delta}_n(\tilde{\boldsymbol{\theta}}_n)],$$

wobei die Symmetrie von $\mathbf{F}$ ausgenützt wurde. Mit $N_c(0,\mathbf{I}_c)$-verteiltem $\mathbf{Z}_c$ liefert Lemma 1 (i),(ii)

$$\mathbf{F}(\eta)\,[\boldsymbol{\Delta}_n(\tilde{\boldsymbol{\theta}}_n) - \boldsymbol{\Delta}_n(\boldsymbol{\theta})] \xrightarrow{\ \mathbb{P}\ } \mathbf{F}(\eta)\cdot\mathbf{G}(\eta)\,\mathbf{Z}_c = 0\,.$$

Wegen der stochastischen Beschränktheit von $\boldsymbol{\Delta}_n(\boldsymbol{\theta})$ [siehe U^*] und von $\boldsymbol{\Delta}_n(\tilde{\boldsymbol{\theta}}_n)$ [siehe Lemma 1 (i)] konvergiert $T_n^{(2)} - T_n^{(1)}$ stochastisch gegen 0, so daß Teil (i) die Behauptung (ii) impliziert. $\square$

3.2 Score-Test

Um im Fall ungleicher Grenzmatrizen zu einer geeigneten Teststatistik zu kommen, benötigen wir die Voraussetzung S^* aus 1.8 oben, die sicher stellt, daß auch die asymptotische Kovarianzmatrix $\boldsymbol{\Sigma}$ durch eine Schätzerfolge approximiert werden kann. Mit Hilfe dieser Folge $\mathbf{S}_n(\boldsymbol{\theta})$ und unter der Voraussetzung der (f.s.) Invertierbarkeit von $\mathbf{W}_n(\boldsymbol{\theta})$ stellt man eine "finite Version" der Matrix $\mathbf{F}(\eta)$ auf. Mit $\boldsymbol{\theta} = \mathbf{h}(\eta)$ und

$$\mathbf{V}_n(\boldsymbol{\theta}) = \mathbf{W}_n(\boldsymbol{\theta})\,\mathbf{S}_n^{-1}(\boldsymbol{\theta})\,\mathbf{W}_n(\boldsymbol{\theta})\,,$$

definiert man die $d\times d$-Matrix

$$\mathbf{F}_n(\eta) = \mathbf{S}_n^{-1}(\boldsymbol{\theta}) - \mathbf{S}_n^{-1}(\boldsymbol{\theta})\,\mathbf{W}_n(\boldsymbol{\theta})\,\mathbf{H}(\eta)\,[\mathbf{H}^T(\eta)\,\mathbf{V}_n(\boldsymbol{\theta})\,\mathbf{H}(\eta)]^{-1}\,\mathbf{H}^T(\eta)\,\mathbf{W}_n(\boldsymbol{\theta})\,\mathbf{S}_n^{-1}(\boldsymbol{\theta})\,.$$

Lemma Unter U^*, W^*, S^*, Γh^* gilt für jede Folge η_n^*, $n \geq 1$, von Zufallsvektoren mit der Eigenschaft Bh^*

(4) $\qquad \Gamma_n^{-T} F_n(\eta_n^*) \, \Gamma_n^{-1} \xrightarrow{\; \mathbb{P}h(\eta) \;} F(\eta).$

Beweis Mit den Abkürzungen

$$\Sigma_n(\theta) = \Gamma_n S_n(\theta) \, \Gamma_n^T, \quad B_n(\theta) = -\Gamma_n W_n(\theta) \, \Gamma_n^T, \quad C_n(\eta) = \Gamma_n^{-T} H(\eta) \, \Gamma h_n^T$$

folgt

$$\Gamma_n^{-T} F_n(\eta_n^*) \, \Gamma_n^{-1} = \Sigma_n^{-1}(\theta_n^*) - \Sigma_n^{-1}(\theta_n^*) \, B_n(\theta_n^*) \, C_n(\eta_n^*) \cdot$$

$$\cdot \, [C_n^T(\eta_n^*) \, B_n(\theta_n^*) \, \Sigma_n^{-1}(\theta_n^*) \, B_n(\theta_n^*) \, C_n(\eta_n^*)]^{-1} \, C_n^T(\eta_n^*) \, B_n(\theta_n^*) \, \Sigma_n^{-1}(\theta_n^*) \xrightarrow{\; \mathbb{P}h(\eta) \;} F(\eta),$$

wobei wir $\theta_n^* = h(\eta_n^*)$ gesetzt und S^*, W^*, Γh^*(i) sowie (2) berücksichtigt haben. $\square$

Nun definieren wir die *Score*-Teststatistik

(5) $\qquad T_n^{(S)} = U_n^T(\tilde{\theta}_n) \, F_n(\hat{\eta}_n) \, U_n(\tilde{\theta}_n) \qquad\qquad\qquad [\tilde{\theta}_n = h(\hat{\eta}_n)].$

Satz Unter den Voraussetzungen U^*, W^*, S^*, Γh^* gilt bei $n \to \infty$

$$T_n^{(S)} \xrightarrow{\; \mathcal{D}h(\eta) \;} \chi_{d-c}^2$$

Beweis Die Differenz von $T_n^{(S)}$ und der in (3) definierten Größe $T_n^{(2)}$ läßt sich in der Form

$$T_n^{(S)} - T_n^{(2)} = \Delta_n^T(\tilde{\theta}_n)[\Gamma_n^{-T} F_n(\hat{\eta}_n) \, \Gamma_n^{-1} - F(\eta)] \, \Delta_n(\tilde{\theta}_n).$$

schreiben. Sie konvergiert wegen (4) und der stochastischen Beschränktheit von $\Delta_n(\tilde{\theta}_n)$ [Lemma 1 (i) aus 3.1] stochastisch gegen 0. Lemma 2 (ii) aus 3.1 beendet den Beweis. $\square$

3.3 Anwendungen, Spezialfälle

a) Testen der zusammengesetzten nichtlinearen Hypothese

$$H_0: \quad \theta = h(\eta) \quad \text{für ein } \eta \in \Delta \, .$$

Man berechnet $\hat{\eta}_n$ aus der Schätzgleichung $Uh_n(\eta) = H^T(\eta) \, U_n(h(\eta)) = 0$ und verwirft H_0, falls

$$T_n^{(S)} > \chi_{d-c,1-\alpha}^2 \, ,$$

wobei ein großer Stichprobenumfang n vorausgesetzt wird.

b) Spezialfall $\Sigma(\theta) = B(\theta)$, $S_n(\theta) = -W_n(\theta)$

Setze

(6) $\qquad T_n^{(3)} = -U_n^T(\tilde{\theta}_n)\, W_n^{-1}(\tilde{\theta}_n)\, U_n(\tilde{\theta}_n)$ $\qquad\qquad\qquad [\tilde{\theta}_n = \mathbf{h}(\hat{\eta}_n)]$.

Dann gilt unter U^*, W^*, Γh^*

$$T_n^{(3)} - T_n^{(S)} \xrightarrow{\;\mathbb{P}_{h(\eta)}\;} 0\,.$$

In der Tat, man rechnet mit $\boldsymbol{\theta} = \mathbf{h}(\boldsymbol{\eta})$

$$-\mathbf{F}_n(\boldsymbol{\eta}) = \mathbf{W}_n^{-1}(\boldsymbol{\theta}) - \mathbf{H}(\boldsymbol{\eta})\,[\mathbf{H}^T(\boldsymbol{\eta})\,\mathbf{W}_n(\boldsymbol{\theta})\,\mathbf{H}(\boldsymbol{\eta})]^{-1}\,\mathbf{H}^T(\boldsymbol{\eta})\,,$$

so daß

$$T_n^{(S)} - T_n^{(3)} = U_n^T(\tilde{\theta}_n)\,\mathbf{H}(\hat{\eta}_n)\,[\mathbf{H}^T(\hat{\eta}_n)\,\mathbf{W}_n(\tilde{\theta}_n)\,\mathbf{H}(\hat{\eta}_n)]^{-1}\mathbf{H}^T(\hat{\eta}_n)\,U_n(\tilde{\theta}_n)$$

$$= -\Delta\mathbf{h}_n^T(\hat{\eta}_n)\,[C_n^T(\hat{\eta}_n)\,B_n(\tilde{\theta}_n)\,C_n(\hat{\eta}_n)]^{-1}\Delta\mathbf{h}_n(\hat{\eta}_n)\,,$$

wobei wir wieder

$$B_n(\boldsymbol{\theta}) = -\Gamma_n\,\mathbf{W}_n(\boldsymbol{\theta})\,\Gamma_n^T\,, \quad C_n(\boldsymbol{\eta}) = \Gamma_n^{-T}\mathbf{H}(\boldsymbol{\eta})\,\Gamma h_n^T\,, \quad \Delta\mathbf{h}_n(\boldsymbol{\eta}) = \Gamma h_n\,U h_n(\boldsymbol{\eta})\,,$$

gesetzt haben. Aufgrund von

$$\Delta\mathbf{h}_n(\hat{\eta}_n) \xrightarrow{\;\mathbb{P}\;} 0$$

(vgl. 2.3) und wegen W^*, Γh^*(i) gilt dann auch $T_n^{(S)} - T_n^{(3)} \xrightarrow{\;\mathbb{P}\;} 0$. Folglich kann in diesem Spezialfall die in (6) definierte Größe $T_n^{(3)}$ als Score-Teststatistik gewählt werden. Sie ist unter H_0 $[\boldsymbol{\theta} = \mathbf{h}(\boldsymbol{\eta})$ für ein $\boldsymbol{\eta}]$ asymptotisch χ^2_{d-c}-verteilt.

Unter lokalen Alternativen $H_1:\boldsymbol{\theta}_n = \boldsymbol{\theta} + \Gamma_n^T\mathbf{t}$ $(\mathbf{t}\in\mathbb{R}^d$ fixiert, $\boldsymbol{\theta} = \mathbf{h}(\boldsymbol{\eta}))$ erhalten wir im Likelihoodfall als Grenzverteilung eine nichtzentrale $\chi^2_{d-c}(\delta^2)$-Verteilung mit einem Nichtzentralisationsparameter δ^2 wie in 2.6 a).

c) Spezialfall $\mathbf{H} = \begin{pmatrix} \mathbf{I}_c \\ 0 \end{pmatrix}$, $\Gamma_n = \begin{pmatrix} \Gamma_{n,1} & 0 \\ 0 & \Gamma_{n,2} \end{pmatrix}$ (z.B. Γ_n Diagonalmatrix)

Dies ist gemäß 2.6 b (i) der Fall der Hypothese

$$H_0:\quad \theta_{c+1} = \theta^0_{c+1},\dots,\theta_d = \theta^0_d\,,$$

das heißt der Fall der Abbildung

$$\mathbf{h}(\boldsymbol{\eta}) = (\eta_1,\dots,\eta_c,\theta^0_{c+1},\dots,\theta^0_d)^T.$$

Wir partitionieren die $d\times d$-Matrizen $\mathbf{S}_n^{-1}\mathbf{W}_n$ und $\mathbf{W}_n\mathbf{S}_n^{-1}\mathbf{W}_n$ gemäß

$$\mathbf{S}_n^{-1}\mathbf{W}_n = \begin{bmatrix} \mathbf{K}_{n,11} & \mathbf{K}_{n,12} \\ \mathbf{K}_{n,21} & \mathbf{K}_{n,22} \end{bmatrix} \quad\text{und}\quad \mathbf{W}_n\mathbf{S}_n^{-1}\mathbf{W}_n = \begin{bmatrix} \mathbf{V}_{n,11} & \mathbf{V}_{n,12} \\ \mathbf{V}_{n,21} & \mathbf{V}_{n,22} \end{bmatrix},$$

so daß $\mathbf{K}_{n,11}$ und $\mathbf{V}_{n,11}$ $c\times c$-Matrizen bilden. Dann reduziert sich die in (5) auftretende Matrix $\mathbf{F}_n$ zu

$$\mathbf{F}_n = \mathbf{S}_n^{-1} - \begin{bmatrix} \mathbf{K}_{n,11} \\ \mathbf{K}_{n,21} \end{bmatrix}\cdot[\mathbf{V}_{n,11}]^{-1}\cdot\begin{bmatrix} \mathbf{K}_{n,11}^T & \mathbf{K}_{n,21}^T \end{bmatrix} \equiv \begin{bmatrix} \mathbf{F}_{n,11} & \mathbf{F}_{n,12} \\ \mathbf{F}_{n,21} & \mathbf{F}_{n,22} \end{bmatrix}.$$

Mit diesem $\mathbf{F}_n$ lautet dann die Score-Teststatistik (5)

$$T_n^{(S)} = \mathbf{U}_n^T(\tilde{\boldsymbol{\theta}}_n)\,\mathbf{F}_n(\hat{\boldsymbol{\eta}}_n)\,\mathbf{U}_n(\tilde{\boldsymbol{\theta}}_n) = \Sigma_{i,j=1}^2\,\mathbf{U}_{n,i}^T(\tilde{\boldsymbol{\theta}}_n)\,\mathbf{F}_{n,ij}(\hat{\boldsymbol{\eta}}_n)\,\mathbf{U}_{n,j}(\tilde{\boldsymbol{\theta}}_n)$$

wobei

$$\mathbf{U}_n = \begin{bmatrix} \mathbf{U}_{n,1} \\ \mathbf{U}_{n,2} \end{bmatrix}$$

partitioniert wurde und

$$\tilde{\boldsymbol{\theta}}_n = \mathbf{h}(\hat{\boldsymbol{\eta}}_n) = (\hat{\eta}_1,\dots,\hat{\eta}_c,\theta_{c+1}^O,\dots,\theta_d^O)^T$$

in die $\mathbf{U}_{n,i}$ einzusetzen ist. Verwendet man jetzt die Block-Diagonalgestalt der Matrix $\boldsymbol{\Gamma}_n$, so ergibt sich

$$T_n^{(S)} = \Sigma_{i,j=1}^2\,\mathbf{U}_{n,i}^T(\tilde{\boldsymbol{\theta}}_n)\,\boldsymbol{\Gamma}_{n,i}^T\,\boldsymbol{\Gamma}_{n,i}^{-T}\,\mathbf{F}_{n,ij}(\hat{\boldsymbol{\eta}}_n)\,\boldsymbol{\Gamma}_{n,j}^{-1}\,\boldsymbol{\Gamma}_{n,j}\,\mathbf{U}_{n,j}(\tilde{\boldsymbol{\theta}}_n)$$

$$= \mathbf{U}_{n,2}^T(\tilde{\boldsymbol{\theta}}_n)\,\mathbf{F}_{n,22}(\hat{\boldsymbol{\eta}}_n)\,\mathbf{U}_{n,2}(\tilde{\boldsymbol{\theta}}_n) + R_n\,.$$

Dabei gilt $R_n \xrightarrow{\;\mathbb{P}\;} 0$ wegen $\mathbf{U}_{n,1} = \mathbf{U}\mathbf{h}_n$ [2.6 b (i)], wegen

$$\boldsymbol{\Gamma}_{n,1}\,\mathbf{U}_{n,1}(\tilde{\boldsymbol{\theta}}_n) = \boldsymbol{\Gamma}\mathbf{h}_n\mathbf{U}\mathbf{h}_n(\hat{\boldsymbol{\eta}}_n) \xrightarrow{\;\mathbb{P}\;} 0$$

und wegen (4). Also kann in diesem Spezialfall

$$(7) \qquad T_n^{(4)} = \mathbf{U}_{n,2}^T(\tilde{\boldsymbol{\theta}}_n)\,\mathbf{F}_{n,22}(\hat{\boldsymbol{\eta}}_n)\,\mathbf{U}_{n,2}(\tilde{\boldsymbol{\theta}}_n)$$

als Score-Teststatistik gewählt werden.

Gilt darüber hinaus noch $\mathbf{S}_n = -\mathbf{W}_n$ wie in Teil b), so vereinfacht sich (7) zu

$$(8) \qquad T_n^{(S)} = = \mathbf{U}_{n,2}^T(\tilde{\boldsymbol{\theta}}_n)\,\mathbf{L}_{n,22}(\tilde{\boldsymbol{\theta}}_n)\,\mathbf{U}_{n,2}(\tilde{\boldsymbol{\theta}}_n)\,,$$

wobei wir

$$-\mathbf{W}_n^{-1} = \begin{bmatrix} \mathbf{L}_{n,11} & \mathbf{L}_{n,12} \\ \mathbf{L}_{n,21} & \mathbf{L}_{n,22} \end{bmatrix}$$

partitioniert haben.

WALD TESTSTATISTIK

3.4 Restriktionen $r(\theta) = 0$

Wir führen eine weitere Art ein, zusammengesetzte nichtlineare Hypothesen zu formulieren. Ist

$$\mathbf{r}\colon \Theta \subset \mathbb{R}^d \longrightarrow \mathbb{R}^{d-c} \qquad\qquad [c<d]$$

stetig differenzierbar mit einer $d\times(d-c)$-Funktionalmatrix

$$\mathbf{R}(\boldsymbol{\theta}) = \frac{\mathrm{d}}{\mathrm{d}\boldsymbol{\theta}}\, \mathbf{r}^{\mathrm{T}}(\boldsymbol{\theta}) \quad \text{vom vollen Rang d-c},$$

dann formuliert die Restriktion

$$\mathrm{H}_0' : \quad \mathbf{r}(\boldsymbol{\theta}) = 0$$

eine nichtlineare Hypothese über $\boldsymbol{\theta} \in \Theta$. Analog zur Forderung $\Gamma\mathrm{h}^*(\mathrm{i})$ setzen wir die Existenz einer Normierungsfolge $\Gamma\mathrm{r}_\mathrm{n}, \mathrm{n} \geq 1$, von invertierbaren (d-c)×(d-c)-Matrizen voraus (mit $\Gamma\mathrm{r}_\mathrm{n} \to 0$), so daß für jedes $\boldsymbol{\theta}$ mit $\mathbf{r}(\boldsymbol{\theta}) = 0$ und jede Folge $\boldsymbol{\theta}_\mathrm{n}^*$, $\mathrm{n} \geq 1$, mit Eigenschaft B^* gilt:

$$\Gamma\mathrm{r}^* \qquad \boldsymbol{\Gamma}_\mathrm{n}\, \mathbf{R}(\boldsymbol{\theta}_\mathrm{n}^*)\, \Gamma\mathrm{r}_\mathrm{n}^{-\mathrm{T}} \xrightarrow{\ \mathbb{P}_\theta\ } \mathbf{D}(\boldsymbol{\theta}) \qquad [\text{d}\times(\text{d-c})\text{-Matrix vom Rang d-c}].$$

Dabei werden in $\mathbf{R}(\boldsymbol{\theta}_\mathrm{n}^*)$ spaltenweise verschiedene $\boldsymbol{\theta}_\mathrm{n}^*$ zugelassen.

Unter $\mathrm{H}_0:$ $\boldsymbol{\theta} = \mathbf{h}(\boldsymbol{\theta})$ und $\mathrm{H}_0':$ $\mathbf{r}(\boldsymbol{\theta}) = 0$ gilt aufgrund der Kettenregel

$$(9) \qquad\qquad \mathbf{H}^{\mathrm{T}}(\boldsymbol{\eta}) \cdot \mathbf{R}(\boldsymbol{\theta}) = 0.$$

Mit $\Gamma\mathrm{h}^*(\mathrm{i})$ und $\Gamma\mathrm{r}^*$ folgt daraus auch

$$\mathbf{C}^{\mathrm{T}}(\boldsymbol{\eta}) \cdot \mathbf{D}(\boldsymbol{\theta}) = 0.$$

Bemerkungen 1. Von H_0' kann "lokal" auf H_0 umgerechnet werden und umgekehrt. In der Tat (zu Teil (i) vgl. man auch Gallant 1987, p. 240):

(i) Für ein $\boldsymbol{\theta}_0 \in \Theta$ gelte $\mathbf{r}(\boldsymbol{\theta}_0) = 0$. Schreibe $\boldsymbol{\theta} = \begin{pmatrix} \boldsymbol{\alpha} \\ \boldsymbol{\beta} \end{pmatrix}$, $\boldsymbol{\theta}_0 = \begin{pmatrix} \boldsymbol{\alpha}_0 \\ \boldsymbol{\beta}_0 \end{pmatrix}$ und $\mathbf{R} = \begin{pmatrix} \mathbf{R}_1 \\ \mathbf{R}_2 \end{pmatrix}$ mit invertierbarer (d-c)×(d-c)-Matrix $\mathbf{R}_2 = \frac{\mathrm{d}}{\mathrm{d}\boldsymbol{\beta}} \mathbf{r}^{\mathrm{T}}(\boldsymbol{\alpha}, \boldsymbol{\beta})$.

Nach dem Satz über implizite Funktionen gibt es Umgebungen A und B von $\boldsymbol{\alpha}_0$ bzw. $\boldsymbol{\beta}_0$, A×B $\subset \Theta$, und eine stetig differenzierbare Abbildung $\mathbf{g}: \mathrm{A} \to \mathrm{B}$ mit

$$\mathbf{r}(\boldsymbol{\alpha}, \mathbf{g}(\boldsymbol{\alpha})) = 0 \quad \text{und} \quad \mathbf{g}(\boldsymbol{\alpha}_0) = \boldsymbol{\beta}_0.$$

Definiere nun die Abbildung $\mathbf{h}: \mathrm{A} \to \Theta$ durch $\mathbf{h}(\boldsymbol{\alpha}) = \begin{pmatrix} \boldsymbol{\alpha} \\ \mathbf{g}(\boldsymbol{\alpha}) \end{pmatrix}$.

Es gilt

$$\mathbf{h}(\boldsymbol{\alpha}_0) = \begin{pmatrix} \boldsymbol{\alpha}_0 \\ \boldsymbol{\beta}_0 \end{pmatrix} = \boldsymbol{\theta}_0 \quad \text{und} \quad \frac{\mathrm{d}}{\mathrm{d}\boldsymbol{\alpha}^{\mathrm{T}}} \mathbf{h}(\boldsymbol{\alpha}) = \begin{pmatrix} \mathbf{I}_\mathrm{c} \\ * \end{pmatrix} \text{ von vollem Rang c}.$$

(ii) Es gelte $\mathbf{h}(\boldsymbol{\eta}_0) = \boldsymbol{\theta}_0$. Partitioniere $\mathbf{h} = (\mathbf{h}_1, \mathbf{h}_2)^{\mathrm{T}}$, $\boldsymbol{\theta} = (\boldsymbol{\theta}_1, \boldsymbol{\theta}_2)^{\mathrm{T}}$, $\boldsymbol{\theta}_0 = (\boldsymbol{\theta}_{10}, \boldsymbol{\theta}_{20})^{\mathrm{T}}$, wobei $\boldsymbol{\theta}_1$ und $\boldsymbol{\theta}_{10} \in \mathbb{R}^\mathrm{c}$, und $\mathbf{H} = \begin{pmatrix} \mathbf{H}_1 \\ \mathbf{H}_2 \end{pmatrix}$ mit invertierbarer c×c-Matrix $\mathbf{H}_1$.

Nach dem Satz über invertierbare Funktionen existiert eine Umgebung U von $\boldsymbol{\theta}_{10}$ und ein stetig differenzierbares $\mathbf{g}: \mathrm{U} \to \mathbb{R}^\mathrm{c}$, welches Inverses der (auf eine Umgebung von $\boldsymbol{\eta}_0$ eingeschränkten) Abbildung $\mathbf{h}_1$ ist, mit $\boldsymbol{\eta}_0 = \mathbf{g}(\boldsymbol{\theta}_{10})$. Definiere nun, mit einer Umgebung V von $\boldsymbol{\theta}_2$, U×V $\subset \Theta$, die Abbildung $\mathbf{r}: \mathrm{U}\times\mathrm{V} \to \mathbb{R}^{\mathrm{d-c}}$ gemäß

$$\mathbf{r}(\boldsymbol{\theta}_1, \boldsymbol{\theta}_2) = \boldsymbol{\theta}_2 - \mathbf{h}_2(\mathbf{g}(\boldsymbol{\theta}_1)).$$

Es gilt

$$r(\boldsymbol{\theta}_0) = \boldsymbol{\theta}_{20} - \mathbf{h}_2(\boldsymbol{\eta}_0) = 0 \quad \text{und} \quad \frac{d}{d\boldsymbol{\theta}}\, r^T(\boldsymbol{\theta}) = \begin{pmatrix} * \\ \mathbf{I}_{d-c} \end{pmatrix} \text{ von vollem Rang d-c.}$$

2. Bedingung Γr^* ist einfacher als das in 2.3 eingeführte Γh^*. Dafür garantiert Γh^* auch die Gültigkeit der vollständigen asymptotischen Theorie in der Teilfamilie $\mathbb{P}_{h(\eta)}$, $\eta \in \Delta$, während Γr^* hier allein zum Nachweis der asymptotischen Verteilung der Waldschen Teststatistik eingeführt wurde.

3.5 Wald-Test

I.f. bezeichne wieder $\hat{\boldsymbol{\theta}}_n$, $n \geq 1$, einen konsistenten EE-Schätzer wie in 1.0 bzw. in 1.5, Bem. 6. Zur Vorbereitung auf den folgenden Satz dient

Lemma Unter U^*, W^*, Γr^* gilt für $\boldsymbol{\theta} \in r^{-1}(\{0\})$, mit einem $N_d(0, \mathbf{I}_d)$-verteiltem $\mathbf{Z}$,

$$(10) \qquad \Gamma r_n^{-1}\, r(\hat{\boldsymbol{\theta}}_n) \xrightarrow{\;\mathcal{D}_\theta\;} \mathbf{D}^T(\boldsymbol{\theta})\, B^{-1}(\boldsymbol{\theta})\, \Sigma^{1/2}(\boldsymbol{\theta})\, \mathbf{Z}.$$

Beweis Der Mittelwertsatz liefert mit einer (zeilenweise verschiedenen) Zwischenstelle $\boldsymbol{\theta}_n^*$

$$r(\hat{\boldsymbol{\theta}}_n) = r(\boldsymbol{\theta}) + \mathbf{R}^T(\boldsymbol{\theta}_n^*)(\hat{\boldsymbol{\theta}}_n - \boldsymbol{\theta})$$

d.h. mit $r(\boldsymbol{\theta}) = 0$

$$\Gamma r_n^{-1}\, r(\hat{\boldsymbol{\theta}}_n) = \Gamma r_n^{-1}\, \mathbf{R}^T(\boldsymbol{\theta}_n^*)\, \Gamma_n^T\, \Gamma_n^{-T}(\hat{\boldsymbol{\theta}}_n - \boldsymbol{\theta}),$$

so daß Γr^* und Satz 1.6 die Behauptung liefern. $\square$

Wir definieren nun die Wald-Teststatistik

$$(11) \qquad T_n^{(W)} = r^T(\hat{\boldsymbol{\theta}}_n)\, [\, \mathbf{R}^T(\hat{\boldsymbol{\theta}}_n)\, \mathbf{W}_n^{-1}(\hat{\boldsymbol{\theta}}_n)\, \mathbf{S}_n(\hat{\boldsymbol{\theta}}_n)\, \mathbf{W}_n^{-1}(\hat{\boldsymbol{\theta}}_n)\, \mathbf{R}(\hat{\boldsymbol{\theta}}_n)\,]^{-1}\, r(\hat{\boldsymbol{\theta}}_n).$$

Satz Unter den Voraussetzungen U^*, W^*, S^*, Γr^* gilt für $\boldsymbol{\theta} \in r^{-1}(\{0\})$

$$T_n^{(W)} \xrightarrow{\;\mathcal{D}_\theta\;} \chi^2_{d-c}.$$

Beweis Setzt man

$$\mathbf{D}_n(\hat{\boldsymbol{\theta}}_n) = \Gamma_n\, \mathbf{R}(\hat{\boldsymbol{\theta}}_n)\, \Gamma r_n^{-T}, \quad B_n(\hat{\boldsymbol{\theta}}_n) = -\Gamma_n\, \mathbf{W}_n(\hat{\boldsymbol{\theta}}_n)\, \Gamma_n^T, \quad \Sigma_n(\hat{\boldsymbol{\theta}}_n) = \Gamma_n\, \mathbf{S}_n(\hat{\boldsymbol{\theta}}_n)\, \Gamma_n^T,$$

so läßt sich

$$T_n^{(W)} = r^T(\hat{\boldsymbol{\theta}}_n)\, \Gamma r_n^{-T}\, [\mathbf{D}_n^T(\hat{\boldsymbol{\theta}}_n)\, B_n^{-1}(\hat{\boldsymbol{\theta}}_n)\, \Sigma_n(\hat{\boldsymbol{\theta}}_n)\, B_n^{-1}(\hat{\boldsymbol{\theta}}_n)\, \mathbf{D}_n(\hat{\boldsymbol{\theta}}_n)]^{-1}\, \Gamma r_n^{-1}\, r(\hat{\boldsymbol{\theta}}_n)$$

schreiben. Aufgrund von (10) und der Voraussetzungen W^*, S^*, Γr^* folgt

$$(12) \qquad T_n^{(W)} \xrightarrow{\;\mathcal{D}\;} Z^T \Sigma^{1/2} B^{-1} D M^{-1}(\theta) D^T B^{-1} \Sigma^{1/2} Z$$

mit $N_d(0, I_d)$-verteiltem Z und mit der invertierbaren $(d-c) \times (d-c)$-Matrix

$$M = D^T B^{-1} \Sigma B^{-1} D = (D^T B^{-1} \Sigma^{1/2}) \cdot (D^T B^{-1} \Sigma^{1/2})^T$$

(das Argument θ weglassend). Gemäß Satz 1 aus I 2.5 ist die rechte Seite von (12) χ^2_{d-c}-verteilt. $\square$

3.6 Anwendungen, Spezialfälle

a) Testen der zusammengesetzten nichtlinearen Hyothese

$$H_0': \quad r(\theta) = 0 \ .$$

Man berechnet $\hat{\theta}_n$ aus der Schätzgleichung $U_n(\theta) = 0$ und verwirft H_0', falls

$$T_n^{(W)} > \chi^2_{d-c, 1-\alpha} \, ,$$

wobei ein großer Stichprobenumfang n vorausgesetzt wird. Unter lokalen Alternativen $H_1: \theta_n = \theta + \Gamma_n^T t$ ($t \in \mathbb{R}^d$ fixiert, $r(\theta) = 0$) erhalten wir im Likelihoodfall ($\Sigma = B$ vorausgesetzt) als Grenzverteilung eine nichtzentrale $\chi^2_{d-c}(\delta^2)$-Verteilung mit Nichtzentralisationsparameter

$$\delta^2 = t^T D(\theta) [D^T(\theta) \Sigma^{-1}(\theta) D(\theta)]^{-1} D^T(\theta) t,$$

siehe Gallant (1987, sec. 3.5) oder Pruscha (1994 a).

b) Spezialfall $R = \begin{pmatrix} 0 \\ I_{d-c} \end{pmatrix}$.

Die schon in 2.6 b) (i) und 3.3 c) betrachtete spezielle Hypothese

$$H_0: \quad \theta_{c+1} = \theta^o_{c+1}, \dots, \theta_d = \theta^o_d \ ,$$

läßt sich mit der Abbildung $r(\theta) = (\theta_{c+1} - \theta^o_{c+1}, \dots, \theta_d - \theta^o_d)^T$, deren Funktionalmatrix R die oben angegebene Gestalt hat, in der Form $r(\theta) = 0$ schreiben.

Partitionieren wir $\qquad W_n^{-1} S_n W_n^{-1} = \begin{bmatrix} L_{n,11} & L_{n,12} \\ L_{n,21} & L_{n,22} \end{bmatrix},$

mit einer invertierbaren $(d-c) \times (d-c)$-Matrix $L_{n,22}$ so vereinfacht sich (11) zu

$$(13) \qquad T_n^{(W)} = (\hat{\theta}_{n,2} - \theta^o_2)^T [L_{n,22}(\hat{\theta}_n)]^{-1} (\hat{\theta}_{n,2} - \theta^o_2),$$

mit

$$\hat{\theta}_{n,2} = (\hat{\theta}_{n,c+1}, \dots, \hat{\theta}_{n,d})^T \ , \quad \theta^o_2 = (\theta^o_{c+1}, \dots, \theta^o_d)^T.$$

Gilt zudem noch $S_n = -W_n$ (wie man es im Fall $\Sigma = B$ wählen kann), so ist in (13)

$$L_{n,22} = [-W_n^{-1}]_{22} \, ,$$

das ist die untere rechte $(d-c)\times(d-c)$ Teilmatrix von $-W_n^{-1}$.

Den Spezialfall der obigen Hypothese H_0, zusammen mit der Wald-Teststatistik $T_n^{(W)}$ in (13) bzw. der Score-Teststatistik $T_n^{(S)}$ in (8), findet man in der Literatur sehr häufig, z.B. in Davidson und Lever (1970), Fahrmeir (1987), Basawa (1991).

c) Die in V 5.5 vorgestellten hinreichenden Bedingungen sind -entsprechend modifiziert- auch für Γr^* gültig.

d) Umschreiben der Score-Teststatistik

Ist V eine positiv-definite $d\times d$-Matrix und sind R und H $d\times(d-c)$- bzw. $d\times c$-Matrizen mit vollen Rang und mit $H^T\cdot R = 0$, so gilt

$$(14) \qquad V - VH[H^T V H]^{-1} H^T V = R[R^T V^{-1} R]^{-1} R^T ,$$

siehe Gallant (1987, p.241). Also gilt unter $r(\theta) = 0$ und $\theta = h(\eta)$ für die in 3.2 (5) eingeführte Score-Teststatistik, wenn wir wieder zur Abkürzung $V_n = W_n S_n^{-1} W_n$ setzen und Gleichung (9) berücksichtigen,

$$T_n^{(S)} = U_n^T W_n^{-1} (V_n - V_n H[H^T V_n H]^{-1} H^T V_n) W_n^{-1} U_n =$$

$$(15) \qquad = U_n^T W_n^{-1} (R[R^T V_n^{-1} R]^{-1} R^T) W_n^{-1} U_n ,$$

wobei das Argument $\tilde{\theta}_n = h(\hat{\eta}_n)$ unterdrückt wurde. Dabei ist $\hat{\eta}_n$ Lösung von

$$(16) \qquad H^T(\eta) U_n(h(\eta)) = 0 .$$

$\tilde{\theta}_n$ kann auch als Lösung einer Gleichung gewonnen werden, in der die Matrix R (anstelle von H) auftritt, nämlich der Gleichung

$$(16') \qquad U_n(\theta) + R(\theta)\cdot\lambda = 0 ,$$

mit $\lambda \in \mathbb{R}^{d-c}$ als Langrange-Parameter für die Nebenbedingung $r(\theta) = 0$. In der Tat, multipliziert man (16'), mit dem Argument $\theta = h(\eta)$, von links mit $H^T(\eta)$, so erhält man wegen $H^T\cdot R = 0$ gerade (16).

Mit den Gleichungen (14) und $C^T(\eta)\cdot D(\theta) = 0$ läßt sich der Nichtzentralitätsparameter δ^2 aus 3.6 a) umrechnen in die Form aus 2.6 a) bzw. 3.3 b). Man hat nur in (14) Σ, D, C anstelle von V, R, H zu setzen. Von Gleichung (15) aus läßt sich sehr leicht die in (8) angegebene spezielle Form der Score-Statistik ableiten.

e) Vergleich der Tests zusammengesetzter Hypothesen

Der log-Likelihood Test aus 2.6 a), dessen Anwendung auf den Fall $\Sigma = B$ beschränkt bleibt, benötigt beide konsistente EE-Schätzer, nämlich $\hat{\theta}_n$, $n \geq 1$, für das 'volle' Modell $\mathbb{P}_\theta$, $\theta \in \Theta$, und $\hat{\eta}_n$, $n \geq 1$, für das 'Sub' Modell $\mathbb{P}_{h(\eta)}$, $\eta \in \Delta$. Liegen alle diese Größen vor, so ist dieser Test zu empfehlen.

Der Wald-Test aus a) benötigt nur für das volle Modell einen konsistenten Schätzer $\hat{\boldsymbol{\theta}}_n$, $n \geq 1$. Er ist als to-remove Test in Situationen geeignet, in denen eine Reduzierung auf ein Submodell in Betracht gezogen wird. Eine solche Situation liegt z.B. in b) vor, wenn mittels einer Hypothese vom Typ $H_0: \theta_{c+1} = 0, ..., \theta_d = 0$ die Frage geprüft werden soll, ob man auf einen Teil der d Modellparameter verzichten kann.

Der Score-Test aus 3.3 a) benötigt nur einen konsistenten Schätzer $\hat{\boldsymbol{\eta}}_n$, $n \geq 1$, für das Submodell. Er ist als to-enter Test in Situationen geeignet, in denen eine Erweiterung des Modells in Betracht gezogen wird. Die Hypothese $H_0: \theta_{c+1} = 0, ...,$ $\theta_d = 0$ zielt hier auf die Frage ab, ob das Modell von c auf d Parameter erweitert werden sollte.

4. PEARSON-FISHER TESTSTATISTIKEN

4.0 Sind die Beobachtungsvariablen kategorieller Skalennatur (nominal-skaliert), so verwendet man zum Testen von Hypothesen - neben den log LQ-Teststatistiken - gerne Teststatistiken vom Pearson-Fisher Typ, oder, wie man auch sagt, vom χ^2 Typ. Die asymptotische χ^2-Verteilung dieser Teststatistiken leiten wir relativ einfach aus den Sätzen 2.1 und 2.5 über log LQ-Teststatistiken ab. Die Aussagen der Sätze 4.4 (Testen einfacher Hypothesen) und 4.6 (Testen zusammengesetzter Hypothesen) wurden in II.3 bereits ausführlicher in Zusammenhang mit Anpassungstests diskutiert. Weitere Anwendungen von Satz 4.6 folgen bei der Analyse von Kontingenztafeln in Kap. VIII.

4.1 Pearson-Teststatistik

Der Zufallsvektor

$$(1) \qquad \mathbf{X}^{(n)} = (X_1^{(n)}, ..., X_{m-1}^{(n)})^T$$

sei $M_{m-1}(n, \mathbf{p})$-verteilt, d.h. also multinominalverteilt mit den Parametern n und $\mathbf{p}$, wobei

$$\mathbf{p} = (p_1, ..., p_{m-1})^T, \quad p_j > 0, \quad \Sigma_{j=1}^{m-1} p_j < 1.$$

Setzen wir noch

$$X_m^{(n)} = n - \Sigma_{j=1}^{m-1} X_j^{(n)}, \quad p_m = 1 - \Sigma_{j=1}^{m-1} p_j,$$

so definieren wir die Pearson-Teststatistik

$$(2) \qquad \hat{\chi}_n^2(\mathbf{p}) = \Sigma_{j=1}^m \frac{(X_j^{(n)} - np_j)^2}{np_j} .$$

In II 3.2 hatten wir mit Hilfe eines Beweises, der ganz unabhängig von der asymptotischen Theorie des log LQ war, die Verteilungskonvergenz von $\hat\chi_n^2(\mathbf{p})$ gegen die χ_{m-1}^2-Verteilung nachgewiesen. In 4.4 werden wir dieses Ergebnis als Korollar zu Satz 2.1 ableiten. Doch zuvor präsentieren wir ein Lemma, das uns zweimal von Nutzen sein wird, nämlich in 4.4 und 4.6.

4.2 Konvergenz von $X_n \cdot \log(X_n/Y_n)$

Lemma X_n, Y_n, $n \geq 1$, seien zwei Folgen von positiven Zufallsvariablen, welche

$$(3) \qquad 1/Y_n \xrightarrow{\ \mathbb{P}\ } 0$$

$$(4) \qquad Z_n/(Y_n)^{1/6} \xrightarrow{\ \mathbb{P}\ } 0$$

bei $n \to \infty$ erfüllen, wobei $Z_n = (X_n - Y_n)/\sqrt{Y_n}$ ist . Setzen wir

$$G_n = 2X_n \cdot \log\left(\frac{X_n}{Y_n}\right),$$

so gilt

$$G_n - (2\sqrt{Y_n}\,Z_n + Z_n^2) \xrightarrow{\ \mathbb{P}\ } 0 \qquad\qquad [n \to \infty]\ .$$

Beweis Die Taylorentwicklung liefert für $|s| < 1$

$$\log(1+s) = s - \frac{1}{2}s^2 + \alpha\,\frac{1}{3}s^3$$

mit einem $\alpha = \alpha(s)$, $|\alpha| < 1$. Deshalb gelten für $|Z_n/\sqrt{Y_n}| < 1$ (beachte, daß $Z_n/\sqrt{Y_n} \xrightarrow{\ \mathbb{P}\ } 0$ wegen (3) und (4)) die folgenden Gleichungen

$$\begin{aligned}
G_n \ &= 2(Y_n + Z_n\sqrt{Y_n})\,\log(1 + Z_n/\sqrt{Y_n}) \\[2mm]
&= 2(Y_n + Z_n\sqrt{Y_n})\left(Z_n/\sqrt{Y_n} - \frac{1}{2}Z_n^2/Y_n + \alpha\,\frac{1}{3}Z_n^3/(Y_n)^{3/2}\right) \\[2mm]
&= 2\sqrt{Y_n}\,Z_n + Z_n^2 - \left(1 - \frac{2}{3}\alpha\right)Z_n^3/\sqrt{Y_n} + \frac{2}{3}\alpha\,Z_n^4/Y_n\ .
\end{aligned}$$

Nach Voraussetzung (4) konvergiert $Z_n^3/\sqrt{Y_n}$ -und mit (3) erst recht Z_n^4/Y_n- stochastisch gegen 0, womit die Behauptung bewiesen ist. $\square$

4.3 Hinreichende Bedingungen U^*, W^*

Wir zeigen nun, daß die für den Nachweis des asymptotischen Verhaltens entscheidenden Bedingungen U^*, W^* aus 1.4 hier erfüllt sind, und zwar mit identischen Grenzmatrizen $\boldsymbol{\Sigma} = \boldsymbol{B}$. Wir verwenden als Schätzfunktion ℓ_n die log Likelihoodfunktion einer Realisation der $M_{m-1}(n,\mathbf{p})$-Verteilung. Beachtet man die Definitionen von p_m und $X_m^{(n)}$ in 4.1 und die in I 3.6 f) angegebene Dichte, so lauten die log-Likelihoodfunktion und ihre Ableitungen

$$\ell_n(\mathbf{p}) \;=\; \Sigma_{j=1}^{m-1}\, X_j^{(n)}\,\log p_j \;+\; X_m^{(n)}\,\log p_m \;+\; \log C_n$$

$$(5)\qquad U_{n,j}(\mathbf{p}) \;=\; X_j^{(n)}/p_j \;-\; X_m^{(n)}/p_m$$

$$W_{n,jk}(\mathbf{p}) \;=\; -\,X_m^{(n)}/p_m^2 \;-\; (X_j^{(n)}/p_j^2)\delta_{jk}\,,$$

wobei C_n den Multinominalkoeffizienten bezeichnet und δ_{jk} das Kronecker-Symbol.

Lemma Für einen $M_{m-1}(n,\mathbf{p})$-verteilten Zufallsvektor $\mathbf{X}^{(n)}$ sind die Bedingungen U^*, W^* bezüglich des Parameters $\boldsymbol{\theta} \equiv \mathbf{p}$,

$$\mathbf{p} \,\epsilon\, \Theta = \{(p_1,...,p_{m-1})^T \,\epsilon\, \mathbb{R}^d \,,\; 0<p_j<1 \,,\; \Sigma_{j=1}^{m-1} p_j < 1\},$$

erfüllt (d = m-1). Man hat dabei die folgenden $d\times d$-Matrizen zu wählen:

$$\varGamma_n \;=\; \mathrm{Diag}(1/\sqrt{n})$$

$$(6)\qquad \varSigma(\mathbf{p}) = \mathbf{1}\cdot\mathbf{1}^T/p_m + \mathrm{Diag}(1/p_j) \qquad\qquad [\mathbf{1} = (1,...,1)^T \,\epsilon\, \mathbb{R}^d\,].$$

Beweis Wir bemerken zunächst, daß mit $\varSigma$ wie in (6)

$$\mathbb{V}(\mathbf{U}_n) \;=\; -\,\mathbb{E}(\mathbf{W}_n) \;=\; n\varSigma(\mathbf{p})$$

gilt. Ferner können wir mit unabhängigen $\mathbf{U}(i)$, i=1,2,..., (jedes $\mathbf{U}(i)$ wie $\mathbf{U}_1$-verteilt), mit unabhängigen $\mathbf{W}(i)$, i=1,2,..., und mit unabhängigen $M_{m-1}(1,\mathbf{p})$-verteilten $\mathbf{X}(i) = (X_1(i),...,X_{m-1}(i))^T$, i = 1,2,...,

$$\mathbf{U}_n = \Sigma_{i=1}^n \mathbf{U}(i),\quad \mathbf{U}(i) = -(1/p_m)X_m(i)\cdot\mathbf{1} + \mathrm{Diag}(1/p_j)\cdot\mathbf{X}(i)$$

$$\mathbf{W}_n = \Sigma_{i=1}^n \mathbf{W}(i)\,,\quad -\mathbf{W}(i) = (1/p_m^2)\,\mathbf{1}\cdot\mathbf{1}^T X_m(i) + \mathrm{Diag}(1/p_j^2)\cdot\mathrm{Diag}(X_j(i))$$

schreiben.

Ad U^*: Der mehrdimensionale ZGWS, B 3.11, Kor.1, liefert bei $n \to \infty$

$$\varGamma_n \mathbf{U}_n(\mathbf{p}) \;=\; \frac{1}{\sqrt{n}}\,\Sigma_{i=1}^n \mathbf{U}(i) \;\xrightarrow{\;\mathcal{D}\;}\; N_{m-1}(0,\varSigma(\mathbf{p}))\,.$$

Ad W^*: Aufgrund des (starken) GdgZ, Beispiel B 3.4, gilt

$$-\varGamma_n \mathbf{W}_n(\overset{*}{\mathbf{p}}_n)\,\varGamma_n^T \;=$$

$$(1/\overset{*}{p}{}_{nm}^2)\,\frac{1}{n}\,\Sigma_{i=1}^n \mathbf{1}\cdot\mathbf{1}^T X_m(i) + \mathrm{Diag}(1/\overset{*}{p}{}_{nj}^2)\,\frac{1}{n}\,\Sigma_{i=1}^n \mathrm{Diag}(X_j(i))$$

$$\xrightarrow{\;\mathbb{P}\;}\; (1/p_m^2)\,\mathbf{1}\cdot\mathbf{1}^T p_m + \mathrm{Diag}(1/p_j^2)\,\mathrm{Diag}(p_j) = \varSigma(\mathbf{p}),$$

falls nur

$$\overset{*}{\mathbf{p}}_n = (\overset{*}{p}_{nj}) \;\xrightarrow{\;\mathbb{P}\;}\; \mathbf{p} \quad\text{für } n \to \infty \quad \square$$

Bemerkungen 1. Im Nachweis von W^* können in $\mathbf{W}_n$ auch zeilenweise verschiedene Argumente $\overset{*}{\mathbf{p}}_n$ zugelassen werden (wie es in 1.4 gefordert wurde).

2. In I 4.7 c) hatten wir den Scorevektor $\mathbf{U}_n(\boldsymbol{\theta}) = \mathbf{X}^{(n)} - n\mathbf{p}(\boldsymbol{\theta})$ bezüglich einer anderen Parametrisierung $\boldsymbol{\theta}$ (nämlich $\theta_j = \ln(p_j/p_m)$) ausgerechnet. Mit Hilfe von 2.3, Formel (7), erhält man ebenfalls die in (5) angegebene Form.

4.4 Asymptotisches χ^2 der Pearson-Teststatistik

Satz Für einen $M_{m-1}(n,\mathbf{p})$-verteilten Zufallsvektor $\mathbf{X}^{(n)}$ wie in (1) sei die Zufallsvariable $\hat{\chi}_n^2(\mathbf{p})$ wie in (2) definiert. Dann gilt bei $n \to \infty$ die Verteilungskonvergenz

$$\hat{\chi}_n^2(\mathbf{p}) \xrightarrow{\ \mathcal{D}_{\mathbf{p}}\ } \chi_{m-1}^2 \ .$$

Beweis Die log-Likelihoodfunktion lautet gemäß (5)

$$(7) \qquad l_n(\mathbf{p}) = \textstyle\sum_{j=1}^m X_j^{(n)} \log p_j + \log C_n \ ,$$

während man als ML-Schätzer für $\mathbf{p}$ gemäß I 4.7 c) (oder direkt aus (7))

$$\hat{p}_j = X_j^{(n)}/n \ ,$$

erhält. Es folgt

$$l_n(\hat{\mathbf{p}}) = \textstyle\sum_{j=1}^m X_j^{(n)} \log\Big(\frac{X_j^{(n)}}{n}\Big) + \log C_n \ .$$

Gemäß 2.1 heißt dann die log LQ-Teststatistik

$$T_n(\mathbf{p}) \equiv 2\,(l(\hat{\mathbf{p}}) - l(\mathbf{p})) = 2\textstyle\sum_{j=1}^m X_j^{(n)} \log\Big(\frac{X_j^{(n)}}{np_j}\Big),$$

oder auch, mit der Abkürzung $G_{nj} = 2\,X_j^{(n)} \log(X_j^{(n)}/(np_j))$,

$$T_n(\mathbf{p}) = \textstyle\sum_{j=1}^m G_{nj} \ .$$

Voraussetzungen (3) und (4) von Lemma 4.2 sind erfüllt (np_j nimmt die Rolle von Y_n ein), denn der zentrale Grenzwertsatz B 3.10, Kor.1, liefert die Verteilungskonvergenz von

$$Z_{nj} = \frac{X_j^{(n)} - np_j}{\sqrt{np_j}} \ .$$

Satz 2.1 ist wegen Lemma 4.3 anwendbar und liefert

$$\textstyle\sum_{j=1}^m G_{nj} \xrightarrow{\ \mathcal{D}\ } \chi_{m-1}^2 \ ,$$

so daß aus Lemma 4.2 sofort über den Satz B 3.9 von Cramér (Slutsky) folgt:

$$\textstyle\sum_{j=1}^m (2\sqrt{np_j}\,Z_{nj} + Z_{nj}^2) = \sum_{j=1}^m Z_{nj}^2 = \hat{\chi}_n^2(\mathbf{p}) \xrightarrow{\ \mathcal{D}\ } \chi_{m-1}^2 \qquad \square$$

4.5 Pearson-Fisher Teststatistik

Wir behandeln nun wie in 2.3 das Testen zusammengesetzter Hypothesen und be-
trachten den Parameter $\mathbf{p} \in \mathbb{R}^d$, $d = m-1$, als Funktion von einem $\boldsymbol{\eta} \in \mathbb{R}^c$,

(8) $\mathbf{p} = \mathbf{p}(\boldsymbol{\eta})$, $\boldsymbol{\eta} \in \Delta \subset \mathbb{R}^c$ offen , $c < d$.

Bezeichnet $\hat{\boldsymbol{\eta}}_n$ einen konsistenten ML-Schätzer für $\boldsymbol{\eta}$ i.S. von 2.3, dann definiert
man die sog. Pearson-Fisher Teststatistik

(9) $\hat{\chi}_n^2 = \sum_{j=1}^m \dfrac{\left(X_j^{(n)} - np_j(\hat{\boldsymbol{\eta}}_n)\right)^2}{np_j(\hat{\boldsymbol{\eta}}_n)}$.

Wir werden die asymptotische Verteilung von $\hat{\chi}_n^2$ aus derjenigen der log LQ-Teststatistik $T_n = 2\{l_n(\hat{\mathbf{p}}_n) - l_n(\mathbf{p}(\hat{\boldsymbol{\eta}}_n))\}$ herleiten. Gemäß (7) gilt

(10) $T_n = 2 \sum_{j=1}^m X_j^{(n)} \log \left(\dfrac{X_j^{(n)}}{np_j(\hat{\boldsymbol{\eta}}_n)}\right)$.

Wie in 2.3 führen wir die $d \times c$-Matrix

   $\mathbf{H}(\boldsymbol{\eta}) = (\partial p_j(\boldsymbol{\eta}) / \partial \eta_k)$

ein und setzen voraus, daß sie vom Rang c ist. Setzt man weiter

   $\varGamma h_n = \mathrm{Diag}(1/\sqrt{n})$ und $\mathbf{C} = \mathbf{H}$,

so ist gemäß 2.6 b ii) die Bedingung $\varGamma h^*$ aus 2.3 erfüllt. In der Tat, wegen (5) gilt

   $U_{n,j}(\mathbf{p}_n^*) / n = (X_j^{(n)}/p_{nj}^* - X_m^{(n)}/p_{nm}^*) / n$,

was bei $\mathbf{p}_n^* \xrightarrow{\;\mathbb{P}\;} \mathbf{p}$ aufgrund des Gesetzes der großen Zahlen gegen 0 konvergiert. Folglich ist auch Teil (ii) von $\varGamma h^*$ erfüllt.

4.6 Asymptotisches χ^2 der Pearson-Fisher-Teststatistik

Satz Für einen $M_{m-1}(n,\mathbf{p})$-verteilten Zufallsvektor $\mathbf{X}^{(n)}$ wie in (1) und eine Abbildung $\mathbf{p} = \mathbf{p}(\boldsymbol{\eta})$ wie in (8) seien $\hat{\chi}_n^2$ und T_n wie in (9) bzw. (10) definiert. Dann
gelten die Verteilungskonvergenzen

   $\hat{\chi}_n^2 \xrightarrow{\;\mathcal{D}_{p(\eta)}\;} \chi_{m-1-c}^2$, $T_n \xrightarrow{\;\mathcal{D}_{p(\eta)}\;} \chi_{m-1-c}^2$ $[n \to \infty]$.

Beweis Mit der Abkürzung $G_{nj} = 2X_j^{(n)} \log\left(X_j^{(n)}/(np_j(\hat{\boldsymbol{\eta}}_n))\right)$ besitzt T_n die
Gestalt

$$T_n = \Sigma_{j=1}^m G_{nj} \; .$$

Voraussetzungen (3) und (4) vom Lemma 4.2 sind erfüllt ($np_j(\hat{\boldsymbol{\eta}}_n)$ nimmt die Rolle von Y_n ein). In der Tat, (4) weist man wie folgt nach: Zunächst schreibt man mit $p_j = p_j(\boldsymbol{\eta})$

$$Z_{nj} = \frac{X_j^{(n)} - np_j(\hat{\boldsymbol{\eta}}_n)}{\sqrt{np_j(\hat{\boldsymbol{\eta}}_n)}}$$

$$(11) \qquad = \sqrt{\frac{p_j}{p_j(\hat{\boldsymbol{\eta}}_n)}} \; \frac{X_j^{(n)} - np_j}{\sqrt{np_j}} \; + \; \frac{1}{\sqrt{p_j(\hat{\boldsymbol{\eta}}_n)}} \; \sqrt{n}\,(p_j - p_j(\hat{\boldsymbol{\eta}}_n)) \; .$$

Es gilt $p_j(\hat{\boldsymbol{\eta}}_n) \xrightarrow{\;\mathbb{P}\;} p_j$ und die beiden Terme in (11) konvergieren in Verteilung. Zum Nachweis verwende man für den ersten Term den ZGWS B 3.10, Kor.1; für den zweiten Term benutze man Prop. 2.4 und die δ-Methode B 3.12. Folglich ist (4) erfüllt. Satz 2.5 ist wegen Lemma 4.3 anwendbar und liefert

$$\Sigma_{j=1}^m G_{nj} \xrightarrow{\;D\;} \chi^2_{m-1-c} \; ,$$

so daß aus Lemma 4.2 sofort über den Satz B 3.9 von Cramér (Slutsky)

$$\Sigma_{j=1}^m \left(2\sqrt{np_j(\hat{\boldsymbol{\eta}}_n)} \, Z_{nj} + Z_{nj}^2 \right) = \Sigma_{j=1}^m Z_{nj}^2 = \hat{\chi}_n^2 \xrightarrow{\;D\;} \chi^2_{d-c}$$

folgt. $\square$

5. HINREICHENDE BEDINGUNGEN ZUR ASYMPTOTISCHEN THEORIE

5.0 Nicht immer ist der Nachweis der Bedingungen U* und W* aus 1.4, welche den Zugang zu den asymptotischen Methoden der Abschnitte 1 bis 3 ermöglichen, so einfach wie in 4.3. Vielmehr ist es zweckmäßig, weitere hinreichende Bedingungen für U*, W* zur Verfügung zu haben (vgl. etwa VII.3 und VII.4). Der Nachweis von U*, der i.a. mehr Schwierigkeiten bereitet als der von W*, führt zum Martingal-Begriff und zum zentralen Grenzwertsatz (ZGWS) für ein Martingal-Differenzschema (vgl. 5.5). Die Situation vereinfacht sich dann, wenn die Matrix $\mathbf{W}_n$ deterministisch ist (in 5.6) oder wenn die Beobachtungen unabhängig voneinander erfolgen (in 5.7).

Wir wiederholen, daß die Normierungsfolge $\boldsymbol{\Gamma}_n$, $n \geq 1$, aus invertierbaren $d \times d$-Matrizen besteht, die $\boldsymbol{\Gamma}_n \to 0$ (elementweise bei $n \to \infty$) erfüllen und eventuell noch vom zugrundeliegenden Parameterwert $\boldsymbol{\theta} \in \Theta$ abhängen, und daß $\boldsymbol{\Sigma}(\boldsymbol{\theta})$, $\boldsymbol{B}(\boldsymbol{\theta})$ stets als positiv-definit und $\boldsymbol{B}(\boldsymbol{\theta})$ als stetig in $\boldsymbol{\theta}$ vorausgesetzt wird (Definitheit schließt die Symmmetrie ein). Ferner bezeichnet $\mathcal{U}_\delta(\boldsymbol{\theta})$ wieder die abgeschlossene δ-Umgebung von $\boldsymbol{\theta}$ in der euklidischen Norm und $\mathcal{U}_{n,s}(\boldsymbol{\theta})$ wie in 1.1 das Ellipsoid

$$\mathcal{U}_{n,s}(\boldsymbol{\theta}) = \{\boldsymbol{\theta}^* \epsilon \ \mathbb{R}^d : |\boldsymbol{\Gamma}_n^{-T}(\boldsymbol{\theta}^* - \boldsymbol{\theta})| \leq s\}.$$

Wir werden i.f. stillschweigend voraussetzen, daß n stets groß genug ist, damit

$$\mathcal{U}_{n,s}(\boldsymbol{\theta}) \subset \Theta.$$

BEDINGUNG W*

5.1 Einige Bedingungen W_i^*

Zur Erinnerung wiederholen wir die Bedingung W* aus 1.4

W* $\boldsymbol{\Gamma}_n \mathbf{W}_n(\boldsymbol{\theta}_n^*) \, \boldsymbol{\Gamma}_n^T \ \xrightarrow{\ \mathbb{P}_\theta\ } \ -\boldsymbol{B}(\boldsymbol{\theta})$, für alle Folgen von Zufallsvektoren $\boldsymbol{\theta}_n^*$,

         für welche $\boldsymbol{\Gamma}_n^{-T}(\boldsymbol{\theta}_n^* - \boldsymbol{\theta})$, $n \geq 1$, $\mathbb{P}_\theta$-stochastisch beschränkt ist $[n \to \infty]$.

Wir stellen einige Bedingungen W_i^* auf, die in Hinblick auf einen Nachweis von W* von Nutzen sind.

W_0^* $\boldsymbol{\Gamma}_n \mathbf{W}_n(\boldsymbol{\theta}) \, \boldsymbol{\Gamma}_n^T \ \xrightarrow{\ \mathbb{P}_\theta\ } \ -\boldsymbol{B}(\boldsymbol{\theta})$ für $n \to \infty$

W_1^* Für alle $b > 0$, $\varepsilon > 0$, $s > 0$ existiert ein $n_0 \geq 1$ mit

$$\mathbb{P}_\theta\big(|\boldsymbol{\Gamma}_n \mathbf{W}_n(\boldsymbol{\theta}^*) \, \boldsymbol{\Gamma}_n^T + \boldsymbol{B}(\boldsymbol{\theta})| \leq b \quad \text{für alle } \boldsymbol{\theta}^* \epsilon \ \mathcal{U}_{n,s}(\boldsymbol{\theta})\big) \geq 1 - \varepsilon$$

für alle $n \geq n_0$.

W_2^* Für alle $b > 0$, $\varepsilon > 0$, $s > 0$ existiert ein $n_0 \geq 1$ mit

$$\mathbb{P}_\theta\big(|\boldsymbol{\Gamma}_n [\mathbf{W}_n(\boldsymbol{\theta}^*) - \mathbf{W}_n(\boldsymbol{\theta})] \, \boldsymbol{\Gamma}_n^T| \leq b \quad \text{für alle } \boldsymbol{\theta}^* \epsilon \ \mathcal{U}_{n,s}(\boldsymbol{\theta})\big) \geq 1 - \varepsilon$$

für alle $n \geq n_0$.

W_3^* Sei jedes $\boldsymbol{\Gamma}_n = \mathrm{Diag}(\gamma_{nj})$ eine Diagonalmatrix. Für alle $s > 0$ existieren $M < \infty$, $n_0 \geq 1$, und eine Folge M_n, $n \geq 1$, von Zufallsvariablen, so daß für alle $n \geq n_0$ gilt:

$$\left| \gamma_{ni} \gamma_{nj} \frac{\partial^3}{\partial \theta_i \, \partial \theta_j \, \partial \theta_k} l_n(\boldsymbol{\theta}^*) \right| \leq M_n \quad \text{für alle } i,j,k, \ \boldsymbol{\theta}^* \ \epsilon \ \mathcal{U}_{n,s}(\boldsymbol{\theta})$$

und

$$\mathbb{E}_\theta M_n \leq M.$$

Bemerkungen

1. Man beachte, daß die Bedingungen W_i^* für jedes $\boldsymbol{\theta} \epsilon \Theta$ gelten sollen, so daß die Größen n_0 und M noch von $\boldsymbol{\theta}$ abhängen. Ferner sind in W*, W_1^*, W_2^* für die Matrix

$W_n(\boldsymbol{\theta}^*)$ zeilenweise verschiedene Argumente $\boldsymbol{\theta}^* \in \mathcal{U}_{n,s}(\boldsymbol{\theta})$ zugelassen. Darauf werden wir im Folgenden nicht explizit eingehen.

2. Anstelle von Ungleichungen der Form "$|\mathbf{A}| \leq b$" in W_1^*, W_2^* kann man auch solche der Form

$$|\mathbf{y}^T \mathbf{A}\, \mathbf{y}| \leq b \quad \text{f.a.} \quad \mathbf{y} \ \text{mit} \ |\mathbf{y}| = 1$$

wählen (**A** symmetrisch; vgl. ANHANG A 1.3).

3. In 1.4 wurde für die Bedingungen W (vgl. 1.1), W_1^* und W^* bereits gezeigt, daß

$$W^* \Longrightarrow W_1^* \Longrightarrow W .$$

Auf Grund der folgenden Proposition erweisen sich W_1^* und W^* sogar als äquivalent.

5.2 Hinreichende Bedingungen für W^*

Die nun folgenden Beweisteile (a) und (c) folgen der Dissertation von Feigin (1975).

Proposition (a) $\qquad W_1^* \implies W^*$

$\qquad\qquad$ (b) $\qquad W_0^* \text{ und } W_2^* \implies W_1^*$

$\qquad\qquad$ (c) $\qquad W_0^* \text{ und } W_3^* \implies W_2^*$

Beweis

(a) Sei $\boldsymbol{\theta}_n^*$, $n \geq 1$, eine Folge von Zufallsvektoren, für welche $\boldsymbol{\Gamma}_n^{-T}(\boldsymbol{\theta}_n^* - \boldsymbol{\theta})$, $n \geq 1$, $\mathbb{P}_{\boldsymbol{\theta}}$-stochastisch beschränkt ist. Dann haben wir bei vorgegebenen $\varepsilon > 0$ ein $s > 0$ und ein $n_1 \geq 1$, so daß für alle $n \geq n_1$

$$\mathbb{P}_{\boldsymbol{\theta}}\big(|\boldsymbol{\Gamma}_n^{-T}(\boldsymbol{\theta}_n^* - \boldsymbol{\theta})| > s\big) \leq \varepsilon .$$

Setze zur Abkürzung

$$G_n(\boldsymbol{\theta}, \boldsymbol{\theta}_n^*) = \boldsymbol{\Gamma}_n \mathbf{W}_n(\boldsymbol{\theta}_n^*)\, \boldsymbol{\Gamma}_n^T + \boldsymbol{B}(\boldsymbol{\theta}) .$$

Zu $b > 0$ (und zu den schon festgelegten ε und s) gibt es gemäß W_1^* ein $n_0 \geq 1$ (o.E. $n_0 \geq n_1$) mit

$$\mathbb{P}_{\boldsymbol{\theta}}\big(|G_n(\boldsymbol{\theta}, \boldsymbol{\theta}_n^*)| > b\big) \leq$$

$$\leq\ \mathbb{P}_{\boldsymbol{\theta}}\big(|G_n(\boldsymbol{\theta}, \boldsymbol{\theta}_n^*)| > b,\ \boldsymbol{\theta}_n^* \in \mathcal{U}_{n,s}(\boldsymbol{\theta})\big) + \mathbb{P}_{\boldsymbol{\theta}}\big(\boldsymbol{\theta}_n^* \notin \mathcal{U}_{n,s}(\boldsymbol{\theta})\big)$$

$$\leq\ \mathbb{P}_{\boldsymbol{\theta}}\big(|G_n(\boldsymbol{\theta}, \boldsymbol{\theta}')| > b \ \text{für ein} \ \boldsymbol{\theta}' \in \mathcal{U}_{n,s}(\boldsymbol{\theta})\big) + \mathbb{P}_{\boldsymbol{\theta}}\big(\boldsymbol{\theta}_n^* \notin \mathcal{U}_{n,s}(\boldsymbol{\theta})\big)$$

$$\leq\ 2\varepsilon$$

für alle $n \geq n_0$, womit W^* nachgewiesen ist.

(b)   Setze $\boldsymbol{B}_n(\boldsymbol{\theta}) = - \boldsymbol{\Gamma}_n \mathbf{W}_n(\boldsymbol{\theta}) \boldsymbol{\Gamma}_n^{\mathrm{T}}$.

Für $b > 0$, $\varepsilon > 0$, $s > 0$ gibt es gemäß W_2^* und W_0^* ein $n_0 \geq 1$ mit

$$\mathbb{P}_\theta\big(|\boldsymbol{B}_n(\boldsymbol{\theta}^*) - \boldsymbol{B}(\boldsymbol{\theta})| \leq 2b \quad \text{für alle} \quad \boldsymbol{\theta}^* \epsilon \, \mathcal{U}_{n,s}(\boldsymbol{\theta})\big) \geq$$

$$\geq \; \mathbb{P}_\theta\big(|\boldsymbol{B}_n(\boldsymbol{\theta}^*) - \boldsymbol{B}_n(\boldsymbol{\theta})| \leq b \; , \; |\boldsymbol{B}_n(\boldsymbol{\theta}) - \boldsymbol{B}(\boldsymbol{\theta})| \leq b \quad \text{f.a.} \quad \boldsymbol{\theta}^* \epsilon \, \mathcal{U}_{n,s}(\boldsymbol{\theta})\big)$$

$$\geq \; 1 - [1 - \mathbb{P}_\theta\big(|\boldsymbol{B}_n(\boldsymbol{\theta}^*) - \boldsymbol{B}_n(\boldsymbol{\theta})| \leq b \quad \text{f.a.} \quad \boldsymbol{\theta}^* \epsilon \, \mathcal{U}_{n,s}(\boldsymbol{\theta})\big)]$$

$$- [1 - \mathbb{P}_\theta\big(|\boldsymbol{B}_n(\boldsymbol{\theta}) - \boldsymbol{B}(\boldsymbol{\theta})| \leq b\big)] \; \geq \; 1 - \varepsilon - \varepsilon$$

für alle $n \geq n_0$. Damit gilt W_1^*.

(c)   Für $i, j \; \epsilon \; \{1, 2, ..., d\}$ führt man den $d \times 1$-Spaltenvektor $\mathbf{v}_{n,ij}(\boldsymbol{\theta})$ vermöge

$$\mathbf{v}_{n,ij}(\boldsymbol{\theta}) = (v_{n,ij1}(\boldsymbol{\theta}), ..., v_{n,ijd}(\boldsymbol{\theta}))^{\mathrm{T}}, \qquad v_{n,ijk}(\boldsymbol{\theta}) = \frac{\partial^3}{\partial\theta_i \, \partial\theta_j \, \partial\theta_k} \, \ell_n(\boldsymbol{\theta})$$

ein. Ferner werde für $\boldsymbol{\theta}$, $\boldsymbol{\theta}^* \; \epsilon \; \Theta$ die $d \times d$-Matrix

$$\mathbf{A}_n(\boldsymbol{\theta}^*) = \boldsymbol{\Gamma}_n [\mathbf{W}_n(\boldsymbol{\theta}^*) - \mathbf{W}_n(\boldsymbol{\theta})] \boldsymbol{\Gamma}_n^{\mathrm{T}}$$

definiert. Nach dem Mittelwertsatz gibt es zu $\boldsymbol{\theta}$, $\boldsymbol{\theta}^* \epsilon \Theta$ (deren Verbindungsstrecke ganz in Θ liegen möge) eine Zwischenstelle $\tilde{\boldsymbol{\theta}}_n = \tilde{\boldsymbol{\theta}}_{n,ij}$ mit

$$[\mathbf{A}_n(\boldsymbol{\theta}^*)]_{ij} \; = \; \gamma_{ni} \gamma_{nj} (\boldsymbol{\theta}^* - \boldsymbol{\theta})^{\mathrm{T}} \cdot \mathbf{v}_{n,ij}(\tilde{\boldsymbol{\theta}}_n) \, .$$

Zu $s > 0$ wähle $M < \infty$ und n_1 gemäß W_3^* und zu $\varepsilon > 0$, $b > 0$ ein n_0 (o.E. $n_0 \geq n_1$) mit

$$d^{3/2} \overline{c}_n s M / b \; < \; \varepsilon \quad \text{für alle} \; n \geq n_0,$$

wobei die Nullfolge $\overline{c}_n$ in 1.1 eingeführt wurde. Mit Hilfe der Ungleichung $|\mathbf{A}| \leq d \cdot \max_{i,j} |a_{ij}|$, die für jede $d \times d$-Matrix $\mathbf{A} = (a_{ij})$ gilt, folgt für $\boldsymbol{\theta}^* \epsilon \, \mathcal{U}_{n,s}(\boldsymbol{\theta})$

$$|\mathbf{A}_n(\boldsymbol{\theta}^*)| \; \leq \; d \max_{i,j} \{|\gamma_{ni} \gamma_{nj}| \, |\boldsymbol{\theta}^* - \boldsymbol{\theta}| \, |\mathbf{v}_{n,ij}(\tilde{\boldsymbol{\theta}}_n)|\}$$

$$\leq \; d \, d^{1/2} \overline{c}_n s \max_{i,j,k} \{|\gamma_{ni} \gamma_{nj}| \, |v_{n,ijk}(\tilde{\boldsymbol{\theta}}_n)|\} \; \leq \; d^{3/2} \overline{c}_n s M_n$$

gemäß W_3^* für alle $n \geq n_0$, weil aus $\boldsymbol{\theta}^* \epsilon \, \mathcal{U}_{n,s}(\boldsymbol{\theta})$ über Lemma 1.1 auch $\boldsymbol{\theta}^* \epsilon \, \mathcal{U}_{\overline{c}_n s}(\boldsymbol{\theta})$ und auch $\tilde{\boldsymbol{\theta}}_n \epsilon \, \mathcal{U}_{n,s}(\boldsymbol{\theta})$ folgt. Die Markov-Ungleichung liefert dann für alle $n \geq n_0$, mit $d_n \equiv d^{3/2} \overline{c}_n s$,

$$\mathbb{P}_\theta\big(|\mathbf{A}_n(\boldsymbol{\theta}^*)| > b \quad \text{für ein} \; \boldsymbol{\theta}^* \epsilon \, \mathcal{U}_{n,s}(\boldsymbol{\theta})\big) \; \leq$$

$$\leq \; \mathbb{P}_\theta\big(d_n M_n > b\big) \; \leq \; d_n \mathbb{E}_\theta M_n / b \; \leq \; d_n M / b \; < \; \varepsilon,$$

nach obiger Wahl von n_0, wobei das letzte $\leq$ wiederum gemäß W_3^* gilt. $\square$

BEDINGUNG U*

5.3 Bedingte Dichten

Von nun an wird nur noch der Likelihood-Fall betrachtet: Die Schätzfunktion $l_n(\theta)$ ist die log Likelihoodfunktion der Beobachtung, $\mathbf{U}_n(\theta)$ also der Scorevektor. Wir wollen hier noch nicht die übliche Voraussetzung der Unabhängigkeit der aufeinanderfolgenden Realisationen treffen. Dadurch bleiben Anwendungen in der Statistik stochastischer Prozesse offen. Allerdings tritt nun der Begriff des Martingals auf, der den Begriff der Summe unabhängiger Zufallsvariabler verallgemeinert.

Um hinreichende Bedingungen für U^* zu finden, ohne die Unabhängigkeit der aufeinanderfolgenden Zufallsgrößen $X_1, X_2, \ldots$ fordern zu müssen, führen wir die bedingte Dichte $f_{i-1}(x, \theta)$ von X_i, gegeben $X_1, \ldots, X_{i-1}$, ein. Bezeichnet $f(x_1, \ldots, x_n, \theta)$ die gemeinsame Dichte der $X_1, \ldots, X_n$, so ist gemäß I 1.2

$$f_{i-1}(x_i, \theta) = f(x_1, \ldots, x_i, \theta) / f(x_1, \ldots, x_{i-1}, \theta) \qquad [f_0(x_1, \theta) = f(x_1, \theta)].$$

Die Bezeichnungen $\mathbb{E}_{i-1, \theta}$ und $\mathrm{Cov}_{i-1, \theta}$ beziehen sich dann auf diese bedingte Dichte. $\mathbb{E}_{i-1, \theta}(\cdot)$ bezeichnet den bedingten Erwartungswert, gegeben $X_1, \ldots, X_{i-1}$.

Wir führen nun einige Regularitätsbedingungen ein. Analog zu V1, V2 in I 4.5 setzen wir, mit $\int = \int_{-\infty}^{+\infty}$,

$$V_1^* \qquad \frac{d}{d\theta} \int f_{i-1}(x, \theta)\, dx = \int \frac{d}{d\theta} f_{i-1}(x, \theta)\, dx \qquad \mathbb{P}_\theta\text{-f.s. für } i = 1, 2, \ldots$$

und V_2^* entsprechend mit $d^2/d\theta^2$. Die linke Seite der Gleichung ist gleich 0. Ferner wird für den Zufallsvektor

$$\mathbf{u}_i(\theta) = \frac{d}{d\theta} \log f_{i-1}(x_i, \theta)$$

vorausgesetzt, daß

$$V_0^* \qquad \mathbb{E}_\theta |\mathbf{u}_i(\theta)|^2 < \infty \qquad \text{für } i = 1, 2, \ldots.$$

Die log Likelihoodfunktion $l_n(\theta)$ läßt sich in der Form $l_n(\theta) = \sum_{i=1}^n \log f_{i-1}(x_i, \theta)$ schreiben und der Scorevektor in der Gestalt

$$(1) \qquad \mathbf{U}_n(\theta) = \sum_{i=1}^n \mathbf{u}_i(\theta).$$

V_0^* liefert dann $\mathbb{E}_\theta |\mathbf{U}_n(\theta)|^2 < \infty$, $n = 1, 2, \ldots$.

5.4 Martingaleigenschaft des Scorevektors

Lemma Unter V_0^* und V_1^* besitzt die Folge $\mathbf{U}_n(\boldsymbol{\theta})$, $n \geq 1$, von Zufallsvektoren die Eigenschaft

(2) $\mathbb{E}_{n-1,\theta}\,\mathbf{U}_n(\boldsymbol{\theta}) = \mathbf{U}_{n-1}(\boldsymbol{\theta})$ $\mathbb{P}_\theta$-f.s , $n = 2,3,\dots$ [*Martingaleigenschaft*].

Ferner

$$\mathbb{E}_\theta\,\mathbf{U}_n(\boldsymbol{\theta}) = 0 \;.$$

Beweis Aufgrund der Gleichung (1) ist (2) erfüllt, falls

$$\mathbb{E}_{n-1,\theta}\,\mathbf{u}_i(\boldsymbol{\theta}) = \mathbf{u}_i(\boldsymbol{\theta}) \qquad \mathbb{P}_\theta\text{-f.s.} \quad \text{für } i = 1,\dots n\text{-}1,$$

$$\mathbb{E}_{i-1,\theta}\,\mathbf{u}_i(\boldsymbol{\theta}) = 0 \qquad \mathbb{P}_\theta\text{-f.s.} \quad \text{für } i = 1,2,\dots \;.$$

Während die erste Gleichung aus einer Eigenschaft des bedingten Erwartungswertes folgt (für $i = 1,\dots,n\text{-}1$ ist $\mathbf{u}_i(\boldsymbol{\theta})$ meßbare Funktion der $x_1,\dots,x_{n-1}$), ergibt sich die zweite aus V_1^*, denn

$$\mathbb{E}_{i-1,\theta}\,\mathbf{u}_i(\boldsymbol{\theta}) = \int \Big(\tfrac{\mathrm{d}}{\mathrm{d}\boldsymbol{\theta}} \log f_{i-1}(x,\boldsymbol{\theta})\Big) f_{i-1}(x,\boldsymbol{\theta})\,\mathrm{d}x = \int \tfrac{\mathrm{d}}{\mathrm{d}\boldsymbol{\theta}} f_{i-1}(x,\boldsymbol{\theta})\,\mathrm{d}x = 0\;.$$

Ferner

$$\mathbb{E}_\theta\,\mathbf{u}_i(\boldsymbol{\theta}) = \mathbb{E}_\theta\,\mathbb{E}_{i-1,\theta}\,\mathbf{u}_i(\boldsymbol{\theta}) = 0 \quad \text{für alle } i \geq 1,$$

und deshalb über (1) auch $\mathbb{E}_\theta\,\mathbf{U}_n(\boldsymbol{\theta}) = 0$. $\square$

5.5 Hinreichende Bedingungen für U^* (Martingal-Kontext)

Um einige Bedingungen aufzustellen, die in Hinblick auf U^*, d.i. die Verteilungskonvergenz von $\boldsymbol{\Gamma}_n\mathbf{U}_n(\boldsymbol{\theta})$ gegen die $N_d(0,\boldsymbol{\Sigma}(\boldsymbol{\theta}))$-Verteilung, von Bedeutung sind, setzen wir zur Abkürzung

$$L_n(\boldsymbol{\theta},\varepsilon) = \Sigma_{i=1}^n \mathbb{E}_{i-1,\theta}\big[\,|\boldsymbol{\Gamma}_n\mathbf{u}_i(\boldsymbol{\theta})|^2 \cdot 1(|\boldsymbol{\Gamma}_n\mathbf{u}_i(\boldsymbol{\theta})| > \varepsilon)\,\big]$$

$$\mathbf{v}_i(\boldsymbol{\theta}) = \big(\mathrm{Cov}_{i-1,\theta}(u_{ij}(\boldsymbol{\theta}),u_{ik}(\boldsymbol{\theta}))\; ; j,k = 1,\dots,d\big)$$

$$\mathbf{V}_n(\boldsymbol{\theta}) = \Sigma_{i=1}^n \mathbf{v}_i(\boldsymbol{\theta}) \qquad\qquad\qquad [\text{d} \times \text{d -Matrix}]$$

$$\mathbf{w}_i(\boldsymbol{\theta}) = \frac{\mathrm{d}^2}{\mathrm{d}\boldsymbol{\theta}\,\mathrm{d}\boldsymbol{\theta}^{\mathrm{T}}} \log f_{i-1}(x_i,\boldsymbol{\theta}) \qquad\qquad [\text{d} \times \text{d-Matrix}].$$

Ähnlich wie in I 4.5 rechnet man unter V_0^*, V_1^*, V_2^*, daß

$$\mathbf{v}_i(\boldsymbol{\theta}) = \mathbb{E}_{i-1,\theta}\big(\mathbf{u}_i(\boldsymbol{\theta})\cdot\mathbf{u}_i^{\mathrm{T}}(\boldsymbol{\theta})\big) = -\mathbb{E}_{i-1,\theta}\,\mathbf{w}_i(\boldsymbol{\theta}),$$

daß also

(3) $\mathbf{V}_n(\boldsymbol{\theta}) = -\Sigma_{i=1}^n \mathbb{E}_{i-1,\theta}\,\mathbf{w}_i(\boldsymbol{\theta})$

gilt. Wir formulieren nun für jedes $\theta \in \Theta$ und für den Limes $n \to \infty$

U_1^* Für jedes $\varepsilon > 0$ gilt $L_n(\theta,\varepsilon) \xrightarrow{\ \mathbb{P}_\theta\ } 0$

U_2^* $\Gamma_n V_n(\theta)\, \Gamma_n^T \xrightarrow{\ \mathbb{P}_\theta\ } \Sigma(\theta)$ (positiv-definit)

Bemerkung U_1^* ist eine Bedingung vom *Lindeberg*-Typ, vgl ANHANG B 3.11 (hier genauer: eine konditionierte Lindeberg-Bedingung) und U_2^* eine Bedingung vom *ergodischen* Typ.

Satz Aus $V_0^*,\ V_1^*,\ U_1^*,\ U_2^*$ folgt U^*.

Beweis Setze $Y_{n,i} = \Gamma_n\, u_i(\theta)$ und bilde das Dreiecksschema

$$Y_{n,1}, \ldots, Y_{n,n}, \quad n \geq 1$$

(ein sog. *Martingal-Differenzschema*). Es gilt dann

$$\Gamma_n U_n(\theta) = \Sigma_{i=1}^n Y_{n,i}$$

und

$$\Sigma_{i=1}^n \mathbb{E}_{i-1,\theta}(Y_{n,i}\cdot Y_{n,i}^T) = \Gamma_n V_n(\theta)\, \Gamma_n^T \ .$$

Im Fall $d=1$ folgt aus dem ZGWS nach Brown (vgl. Gänssler & Stute, 1977, S. 365) sofort die Behauptung

$$\Sigma_{i=1}^n Y_{n,i} \xrightarrow{\ \mathcal{D}\ } N(0,\sigma^2)\ .$$

Im allgemeinen Fall $d \geq 1$ beweist man wie in den Sätzen in B 3.11, daß für alle $a \in \mathbb{R}^d$

$$\Sigma_{i=1}^n a^T Y_{n,i} \xrightarrow{\ \mathcal{D}\ } a^T Z, \quad Z \ N_d(0,\Sigma)\text{-verteilt},$$

gilt, so daß Satz B 3.6 iv) die Behauptung liefert. $\square$

Bemerkung Während die Bedeutung dieses Satzes hauptsächlich bei der statistischen Analyse von stochastischen Prozessen liegt (vgl. Hall & Heyde (1980)), findet der folgende Satz 5.6 seine Anwendung in solchen Fällen, in denen W_n deterministisch ist (wie z.B. bei einem GLM mit natürlicher Linkfunktion, vgl. VII.3).

5.6 Deterministisches $W_n(\theta)$

Der nächste Satz stammt von Sweeting (1980) und Fahrmeir & Kaufmann (1985, p. 352). In seinem Beweis wird die sog. (Momenten-) *erzeugende Funktion*

$$\mathbb{E}\exp(sX)\ , s \in \mathbb{R},$$

einer Zufallsvariable X benutzt. Anders als die verwandte charakteristische Funktion $\mathbb{E}\exp(isX)$, $s \in \mathbb{R}$, braucht sie nicht notwendig zu existieren; ähnlich zu dieser gibt es einen Eindeutigkeitssatz (wie in I 1.9) und einen Stetigkeitssatz zur Verteilungskonvergenz (wie in B 3.6). Die erzeugende Funktion der $N(\mu,\sigma^2)$-Verteilung lautet

$$\exp(s\mu + \tfrac{1}{2}s^2\sigma^2).$$

Mehr Informationen über erzeugende Funktionen bietet z.B. Feller (1971, sec. XII.1), Richter (1966, S. 282).

Satz Ist $l_n(\boldsymbol{\theta})$ die log Likelihoodfunktion und ist $\mathbf{W}_n(\boldsymbol{\theta})$, $n \geq 1$, deterministisch, so folgt die Bedingung U^* aus W_1^*, und es gilt $\boldsymbol{\Sigma}(\boldsymbol{\theta}) = \boldsymbol{B}(\boldsymbol{\theta})$.

Beweis Wir bezeichnen das in W_1^* auftretende $\boldsymbol{B}$ innerhalb dieses Beweises mit $\boldsymbol{\Sigma}$ und werden zeigen, daß für jedes $s \in \mathbb{R}$, $\mathbf{t} \in \mathbb{R}^d$

$$(4) \qquad \mathbb{E}_\theta \exp(s\,\mathbf{t}^{\mathrm{T}}\boldsymbol{\Gamma}_n\mathbf{U}_n) \longrightarrow \exp(\tfrac{1}{2}s^2\mathbf{t}^{\mathrm{T}}\boldsymbol{\Sigma}\,\mathbf{t}) \qquad\qquad [n \to \infty]$$

gilt. Dann folgt nämlich aus (4) mit dem Stetigkeitssatz für erzeugende Funktionen, daß

$$\mathbf{t}^{\mathrm{T}}\boldsymbol{\Gamma}_n\mathbf{U}_n \xrightarrow{\ D\ } \mathbf{t}^{\mathrm{T}}\mathbf{Z}, \quad \mathbf{Z}\ N_d(0,\boldsymbol{\Sigma})\text{-verteilt,}$$

so daß B 3.6 iv) gerade U^* liefert.

Um nun (4) zu zeigen, setzen wir für $s > 0$, $\mathbf{t} \in \mathbb{R}^d$, $|\mathbf{t}| = 1$

$$\boldsymbol{\theta}_n = \boldsymbol{\theta} + s\boldsymbol{\Gamma}_n^{\mathrm{T}}\mathbf{t}\ .$$

Es ist also $\boldsymbol{\theta}_n \in \mathcal{U}_{n,s}(\boldsymbol{\theta})$. Taylor-Entwicklung von $l_n(\boldsymbol{\theta}_n)$ bei $\boldsymbol{\theta}$ liefert

$$l_n(\boldsymbol{\theta}_n) = l_n(\boldsymbol{\theta}) + (\boldsymbol{\theta}_n - \boldsymbol{\theta})^{\mathrm{T}}\mathbf{U}_n(\boldsymbol{\theta}) + \tfrac{1}{2}(\boldsymbol{\theta}_n - \boldsymbol{\theta})^{\mathrm{T}}\mathbf{W}_n(\tilde{\boldsymbol{\theta}}_n)(\boldsymbol{\theta}_n - \boldsymbol{\theta})$$

mit (zufallsabhängiger) Zwischenstelle $\tilde{\boldsymbol{\theta}}_n$. Einsetzen von $\boldsymbol{\theta}_n - \boldsymbol{\theta} = s\boldsymbol{\Gamma}_n^{\mathrm{T}}\mathbf{t}$ in diese Gleichung ergibt

$$l_n(\boldsymbol{\theta}_n) - \tfrac{1}{2}s^2\mathbf{t}^{\mathrm{T}}\boldsymbol{\Gamma}_n\mathbf{W}_n(\tilde{\boldsymbol{\theta}}_n)\boldsymbol{\Gamma}_n^{\mathrm{T}}\mathbf{t} = l_n(\boldsymbol{\theta}) + s\,\mathbf{t}^{\mathrm{T}}\boldsymbol{\Gamma}_n\mathbf{U}_n(\boldsymbol{\theta})\ .$$

Exponieren liefert unter Beachtung von $\exp(l_n(\boldsymbol{\theta})) = L_n(\boldsymbol{\theta})$ (Likelihoodfunktion) und mit der Abkürzung

$$\tilde{\boldsymbol{\Sigma}}_n = -\boldsymbol{\Gamma}_n\mathbf{W}_n(\tilde{\boldsymbol{\theta}}_n)\boldsymbol{\Gamma}_n^{\mathrm{T}}\ ,$$

daß

$$L_n(\boldsymbol{\theta}_n)\exp(\tfrac{1}{2}s^2\mathbf{t}^{\mathrm{T}}\tilde{\boldsymbol{\Sigma}}_n\mathbf{t}) = L_n(\boldsymbol{\theta})\exp(s\,\mathbf{t}^{\mathrm{T}}\boldsymbol{\Gamma}_n\mathbf{U}_n(\boldsymbol{\theta}))\ ,$$

während die Bildung des Integrals $\int \ldots \int dx_1 \ldots dx_n$ schließlich zu

(5) $\mathbb{E}_{\theta_n}\exp(\tfrac{1}{2}s^2\,\mathbf{t}^T\tilde{\boldsymbol{\Sigma}}_n\mathbf{t}) = \mathbb{E}_\theta\exp(s\,\mathbf{t}^T\boldsymbol{\Gamma}_n\mathbf{U}_n(\boldsymbol{\theta}))$

führt. W_1^* lautet für nicht-zufälliges $\mathbf{W}_n(\boldsymbol{\theta})$

$\qquad$ Für alle $b > 0$ und $s > 0$ gibt es ein $n_0 \geq 1$ mit

(6)$\qquad \left| \boldsymbol{\Gamma}_n\mathbf{W}_n(\tilde{\boldsymbol{\theta}})\,\boldsymbol{\Gamma}_n^T + \boldsymbol{\Sigma}(\boldsymbol{\theta}) \right| \leq b$

$\qquad$ für alle $n \geq n_0$, $\tilde{\boldsymbol{\theta}} \in \mathcal{U}_{n,s}(\boldsymbol{\theta})$.

Wegen $\boldsymbol{\theta}_n \in \mathcal{U}_{n,s}(\boldsymbol{\theta})$ gilt auch $\tilde{\boldsymbol{\theta}}_n \in \mathcal{U}_{n,s}(\boldsymbol{\theta})$. Dann folgt mit der Konstanten

$$M = \exp\{\tfrac{1}{2}s^2\,(|\boldsymbol{\Sigma}(\boldsymbol{\theta})| + b)\}$$

unter Ausnützung der Ungleichung $|e^\alpha - e^\beta| \leq e^\alpha\,e^{|\beta-\alpha|}\,|\beta - \alpha|$, daß

$$\left|\mathbb{E}_{\theta_n}\exp(\tfrac{1}{2}s^2\mathbf{t}^T\tilde{\boldsymbol{\Sigma}}_n\mathbf{t}) - \exp(\tfrac{1}{2}s^2\mathbf{t}^T\boldsymbol{\Sigma}(\boldsymbol{\theta})\mathbf{t})\right|$$

$$\leq \tfrac{1}{2}s^2\,M\,\mathbb{E}_{\theta_n}|\tilde{\boldsymbol{\Sigma}}_n - \boldsymbol{\Sigma}(\boldsymbol{\theta})| \leq \tfrac{1}{2}s^2\,M\,b \quad \text{f.a. } n \geq n_0.$$

Die linke Seite von (5) konvergiert also gegen $\exp(\tfrac{1}{2}s^2\,\mathbf{t}^T\boldsymbol{\Sigma}(\boldsymbol{\theta})\,\mathbf{t})$. Folglich gilt dies auch für die rechte Seite von (5), was die Behauptung (4) ergibt. □

Bemerkung

Im Fall eines deterministischen $\mathbf{W}_n(\boldsymbol{\theta})$ garantiert der Satz (zusammen mit Prop. 5.2 a) unter der in (6) formulierten Bedingung W_1^* bereits die zur asymptotischen Theorie hinreichenden Bedingungen U^* und W^*.

5.7 Unabhängige Beobachtungen

Setzen wir voraus, daß die Folge X_1, X_2, ... von Zufallsgrößen unabhängig ist, so ist die bedingte Dichte von X_i, gegeben $X_1,...,X_{i-1}$, gleich der Randdichte von X_i, so daß aus $\mathbb{E}_{n-1,\theta}$ und $\text{Cov}_{n-1,\theta}$ hier die Momente $\mathbb{E}_\theta$ bzw. Cov_θ werden. Zur Wiederholung: Die $d \times d$-Fisher-Informationsmatrix $\mathbf{I}_n(\boldsymbol{\theta})$ ist gemäß I 4.4 durch

$$\mathbf{I}_n(\boldsymbol{\theta}) = \mathbb{E}_\theta[\mathbf{U}_n(\boldsymbol{\theta})\cdot\mathbf{U}_n^T(\boldsymbol{\theta})]$$

definiert.

Lemma Ist die Folge $X_1,X_2,...$ unabhängig und sind $V_0^* - V_2^*$ erfüllt, so gilt

(7)$\qquad \mathbf{V}_n(\boldsymbol{\theta}) = -\mathbb{E}_\theta\mathbf{W}_n(\boldsymbol{\theta}) = \mathbf{I}_n(\boldsymbol{\theta}).$

Beweis Die erste Gleichheit ergibt sich aus Gleichung (3) in 5.5 und die zweite aus Satz I 4.5: In der Tat folgen unter der Unabhängigkeit aus V_1^*, V_2^* die Bedingungen V_1, V_2 in I 4.5. Mit $\mathbf{x} = (x_1, \ldots, x_n)^T$ ist nämlich

$$\int \frac{d}{d\boldsymbol{\theta}} f(\mathbf{x}, \boldsymbol{\theta}) \, d\mathbf{x} \;=\; \int \frac{d}{d\boldsymbol{\theta}} \prod_{i=1}^{n} f(x_i, \boldsymbol{\theta}) \, d\mathbf{x}$$

$$= \Sigma_{i=1}^{n} \int \frac{d}{d\boldsymbol{\theta}} f(x_i, \boldsymbol{\theta}) \, dx_i \prod_{j \neq i} \int f(x_j, \boldsymbol{\theta}) \, dx_j = 0$$

wegen V_1^* (entsprechende Gleichung mit $d^2/d\boldsymbol{\theta}^2$ anstatt $d/d\boldsymbol{\theta}$). $\square$

Unter der Gültigkeit von (7) beläuft sich U_2^* aus 5.5 auf

$$(8) \qquad \boldsymbol{\varGamma}_n \, \mathbf{I}_n(\boldsymbol{\theta}) \, \boldsymbol{\varGamma}_n^T \; \longrightarrow \; \boldsymbol{\Sigma}(\boldsymbol{\theta}) \qquad\qquad [\text{positiv-definit}, n \to \infty].$$

Proposition Ist die Folge $X_1, X_2, \ldots$ unabhängig und sind $V_0^* - V_2^*$, U_1^* und (8) erfüllt, so gilt U^*.

Beweis folgt aus Satz 5.5 und aus (7).

Bemerkungen

1. An die Stelle der Lindeberg-Bedingung U_1^* läßt sich auch die stärkere *Ljapunoff*-Bedingung

$$\Sigma_{i=1}^{n} \, \mathbb{E} \, | \boldsymbol{\varGamma}_n \mathbf{u}_i |^{2+\varepsilon} \; \longrightarrow \; 0 \qquad\qquad [\varepsilon > 0, n \to \infty]$$

setzen, vgl. ANHANG B 3.10, Bem. 2.

2. Ist $\mathbf{I}_n(\boldsymbol{\theta})$ invertierbar mit $\mathbf{I}_n^{-1}(\boldsymbol{\theta}) \longrightarrow 0$, so ist (8) erfüllt, wenn man

$$\boldsymbol{\varGamma}_n \equiv \boldsymbol{\varGamma}_n(\boldsymbol{\theta}) = \mathbf{I}_n^{-1/2}(\boldsymbol{\theta})$$

setzt. Es ist dann $\boldsymbol{\Sigma}$ die $d \times d$-Einheitsmatrix.

3. Sind die $X_1, X_2, \ldots$ sogar *identisch verteilt* (was i.f. aber wenig von Interesse ist) und setzt man

$$\boldsymbol{\varGamma}_n = \text{Diag} \, (1/\sqrt{n}) \, ,$$

so kann in der Prop. die Lindeberg-Bedingung U_1^* gestrichen werden (vgl. B 3.11), während sich (8) auf die Forderung

$$(9) \qquad -\mathbb{E}_{\theta} \, \mathbf{w}_1(\boldsymbol{\theta}) \;\; \text{positiv-definit}$$

reduziert. Ferner ist hier die Bedingung W_0^* aufgrund des starken GdgZ (vgl. B 3.4) erfüllt, so daß zum Nachweis von W^* gemäß Prop. 5.2 b) nur noch W_2^* zu verifizieren ist.

Insgesamt erhalten wir also für unabhängige und identisch verteilte $X_1, X_2, \ldots$ unter den Bedingungen

$$V_0^* - V_2^*, \ (9), \ W_2^*,$$

Existenz und asymptotische Normalität der ML-Schätzung, und zwar mit

$$\text{Normierungsfolge Diag}(1/\sqrt{n})$$

und mit identischen Grenzmatrizen

$$\Sigma(\boldsymbol{\theta}) = \boldsymbol{B}(\boldsymbol{\theta}) = -\mathbb{E}_\theta\, \mathbf{w}_1(\boldsymbol{\theta}) = \mathbb{E}_\theta\,[\mathbf{u}_1(\boldsymbol{\theta}) \cdot \mathbf{u}_1^{\mathrm{T}}(\boldsymbol{\theta})].$$

Man vergleiche die im wesentlichen hiermit übereinstimmenden Aussagen in Witting & Nölle (1970, Satz 2.32), Serfling (1980, sec. 4.2.2) und andere.

VII VERALLGEMEINERTES LINEARES MODELL (GLM)

0. VORBEMERKUNG

Die beiden großen Methodenfamilien innerhalb der linearen Modelle, die Varianz- und die Regressionsanalyse, gehen beide von der Voraussetzung aus, daß sich die Kriteriumsvariable additiv aus einer Erwartungswertfunktion und einer Fehlervariablen zusammensetzt, daß

(1) die Fehlervariable normalverteilt ist (mit konstanter Varianz)

und daß

(2) die Erwartungswertfunktion eine lineare Funktion der unbekannten Modellparameter ist.

In vielen Anwendungsfällen sind aber (1) und/oder (2) verletzt, z.B.:

ad (1) Die Kriteriumsvariable ist nominal-skaliert (kategoriell) oder ordinal skaliert; die Kriteriumsvariable ist zwar intervall-skaliert (metrisch), aber selbst eine Variablentransformation kann die Nähe zur Normalverteilung nicht herstellen.

ad (2) Die Erwartungswertfunktion ist - wie bei vielen biologischen Problemen - eine exponentielle oder logistische Funktion der Modellparameter, oder eine logarithmische Funktion - wie bei den Kontingenztafelanalysen.

Deshalb erweitern wir nun unsere Modellbildung, indem wir in

(1) statt Normalverteilung nur noch die Zugehörigkeit zur Exponentialfamilie I.3 fordern

und in

(2) nur noch fordern, daß der Erwartungswert nach einer monotonen Transformation (durch eine sog. Linkfunktion) lineare Funktion der Modellparameter ist.

Für diese Abschwächungen der Voraussetzungen haben wir einen mehrfachen Preis zu zahlen:

- Es gibt i.a. keine direkten, sondern nur noch iterative Verfahren zur Berech nung der Parameterschätzungen

- Es gibt i.a. keine exakten, sondern nur noch asymptotische Testverfahren zur

Prüfung von Hypothesen über den Modellparameter

- Die Reichhaltigkeit der im linearen Modell möglichen Analyseverfahren ist eingeschränkt.

Die so erweiterten Modelle werden verallgemeinerte lineare Modelle (*generalized linear models*, abgekürzt GLM) genannt. Ein anderer möglicher Name für ein GLM wäre *link-lineares* Modell. Das Inverse der logistischen Funktion, d.i.

$$g(x) = \log \frac{x}{1-x}, \quad 0 < x < 1,$$

ist ein typisches Beispiel für eine Linkfunktion.

In den folgenden Ausführungen kann die große Bedeutung der GLMs für die Anwendung nur andeutungsweise aufscheinen. Ausführlich werden Anwendermodelle in den Monographien von McCullagh & Nelder (1989) und Fahrmeir & Tutz (1994) behandelt.

1. EINFÜHRUNG IN MODELLE MIT LINKFUNKTION

1.0 Beim verallgemeinerten linearen Modell (i.f. GLM genannt) geht man von der Vorstellung aus, daß die n unabhängigen Beobachtungsvariablen eine Verteilung besitzen, die einer Exponentialfamilie angehört und daß vom Vektor ihrer Erwartungswerte nur bekannt ist, daß er - nach Transformation durch eine monotone Funktion, der sog. Linkfunktion - in einem bestimmten linearen Teilraum des $\mathbb{R}^n$ liegt. Wir haben auch Anlaß, multivariate GLMs einzuführen (vgl. 1.9), nämlich für solche Fälle, in denen die Kriteriumsvariable mehrdimensional ist (wie etwa multinomial-verteilte Variablen es sind). In Hinblick auf multivariate GLMs werden die in 1.2 definierte GLM auch univariate GLM genannt.

UNIVARIATE GLM

1.1 Die Elemente eines GLM

Zunächst listen wir die zur Definition 1.2 benötigten Elemente eines GLM auf.

☐ n-dimensionaler *Beobachtungs*vektor **y**, der Realisation des Zufallsvektors $\mathbf{Y} = (Y_1,...,Y_n)^T$ ist. Die Y_i werden auch *Kriteriums*variablen genannt.

☐ n-dimensionaler *Erwartungswert*-Vektor $\boldsymbol{\mu} = (\mu_1,...,\mu_n)^T$, mit $\mu_i = \mathbb{E}Y_i$.

☐ p-dimensionaler Vektor $\boldsymbol{\beta} = (\beta_1,...,\beta_p)^T$ der (unbekannten) *Parameter* (p < n).

□ n×p-Matrix
$$X = \begin{bmatrix} x_{11} & \cdots & x_{1p} \\ \vdots & & \vdots \\ x_{n1} & \cdots & x_{np} \end{bmatrix} \equiv \begin{bmatrix} \mathbf{x}_1^T \\ \vdots \\ \mathbf{x}_n^T \end{bmatrix}$$
der (bekannten) Kontroll- oder Einflußgrößen, auch *Designmatrix* genannt, mit (vollem) Rang p.

□ *Linkfunktion* g: $\mathbb{R} \to \mathbb{R}$, die mindestens 2×stetig differenzierbar ist sowie überall dg(x)/dx ≠0 erfüllt. In 1.3 werden wir den Definitionsbereich von g einschränken können. Die Umkehrfunktion von g,

$$h = g^{-1},$$

heißt auch *response* Funktion.

□ *Störparameter* $\tau^2 > 0$, welcher, vor allem bei metrischer Kriteriumsvariable Y, die Funktion eines Varianzparameters übernehmen kann und bei katergoriellem Y meistens gleich 1 ist.

□ Dichte einer zur Exponentialfamilie gehörenden Verteilung in kanonischer Form, das ist
$$f(y,\theta) = \exp\{\tfrac{1}{\tau^2}[y\,\theta + a(y,\tau) - b(\theta)]\}.$$

Gegnüber I 3.1 enthält diese Dichte einen zusätzlichen Parameter $\tau^2>0$. Während bei dieser Erweiterung die Formel
$$\mathbb{E}_\theta Y = b'(\theta)$$
erhalten bleibt, modifiziert sich $Var_\theta(Y)$ gegenüber I 3.2 zu
$$Var_\theta(Y) = \tau^2 b''(\theta).$$
Die natürlichen Parameterräume $\Theta(\tau^2) = \{\theta: \int \exp([y\theta+a(y,\tau)]/\tau^2)\,dy < \infty\}$ mögen ein (für alle interessierenden τ^2) gemeinsames offenes Intervall Θ enthalten, das dann wieder natürlicher Parameterraum genannt wird.

1.2 Definition eines GLM

Ein GLM wird durch unabhängige Zufallsvariablen $Y_1,...,Y_n$ definiert, deren Verteilungen die folgenden zwei Eigenschaften erfüllen

(i)   Die Dichte $f(y,\theta_i) = f_{Y_i}(y,\theta_i)$ von Y_i gehört der Exponentialfamilie in

           kanonischer Form mit Störparameter τ^2 an, d.h. es ist für i= 1,...,n, y ∈ $\mathbb{R}$

(1) $$f(y,\theta_i) = \exp\{\tfrac{1}{\tau^2}[y\,\theta_i + a(y,\tau) - b(\theta_i)]\}\cdot$$

Wir setzen $b''(\theta) > 0$ für alle θ aus dem natürlichen Parameterraum Θ voraus.

(ii)   Für die Erwartungswerte $(\mu_1,...,\mu_n)^T$ von $(Y_1,...,Y_n)^T$ gilt

(2) $\qquad g(\mu_i) = \mathbf{x}_i^T \boldsymbol{\beta}$, i=1,...,n,   d.h. vektoriell $\begin{bmatrix} g(\mu_1) \\ \vdots \\ g(\mu_n) \end{bmatrix} = \mathbf{X}\boldsymbol{\beta}.$

Teil (i) der Definition beschreibt die Verteilungseigenschaft, Teil (ii) die strukturelle Eigenschaft des Modells.

1.3 Bemerkungen zur Definition

1. Setzen wir für ein GLM mit einem n-dimensionalen Vektor $\mathbf{e} = (e_1,...,e_n)^T$

$$\mathbf{Y} = \boldsymbol{\mu} + \mathbf{e} , \quad \boldsymbol{\mu} = (\mu_1,...,\mu_n)^T ,$$

so sind die e_i unabhängig, haben Erwartungswert 0 und die Dichte

$$f_{e_i}(y) = f(y + \mu_i, \theta_i) = \exp\{\tfrac{1}{\tau^2}[y\,\theta_i + a(y,\tau) - (b(\theta_i) - \mu_i\theta_i)]\} .$$

Die Variablen $e_1, e_2,...$ sind nicht identisch verteilt, so daß wir -anders als bei den linearen Modellen- diese Darstellung hier *nicht* verwenden werden; vielmehr werden wir direkt mit (1) und (2) arbeiten.

2. Für die in (2) auftretenden Linearkombinationen des Parameters $\boldsymbol{\beta}$ setzen wir zur Abkürzung

$$\eta_i = \mathbf{x}_i^T \boldsymbol{\beta} = \Sigma_{j=1}^P x_{ij}\beta_j , \quad \boldsymbol{\eta} = (\eta_1,...,\eta_n)^T = \mathbf{X}\boldsymbol{\beta} .$$

Dann gilt nach (2), mit h als Umkehrfunktion von g,

(3) $\qquad \mu_i = h(\eta_i) = h(\mathbf{x}_i^T\boldsymbol{\beta})$,   d.h. vektoriell $\boldsymbol{\mu} = (h(\eta_1),...,h(\eta_n))^T.$

Diese funktionale Abhängigkeit der μ_i von den η_i bzw. von $\boldsymbol{\beta}$ wird auch in der Kurzschreibweise

$$\mu_i = \mu_i(\eta_i) , \quad \text{bzw.} \quad \mu_i = \mu_i(\eta_i(\boldsymbol{\beta})),$$

zum Ausdruck gebracht.

3. Nach I 3.2 bzw. 1.1 gilt der Zusammenhang

$$\mu_i \equiv \mathbb{E}(Y_i) = b'(\theta_i) , \quad \sigma_i^2 \equiv \mathrm{Var}(Y_i) = \tau^2 b''(\theta_i) .$$

Nach Voraussetzung ist also $\sigma_i^2 > 0$. Die Linkfunktion g muß nur auf dem durch die Funktion b' vermittelten Bild $b'(\Theta)$ des natürlichen Parameterraums Θ definiert sein.

1.4 Verknüpfung von θ und β

Die in Def. 1.2 noch unverknüpft nebeneinanderstehenden Parameter, nämlich

      der natürliche Parameter θ_i aus der Exponentialfamilie 1.2 (1)

und

      der Modellparameter β aus der Stukturgleichung 1.2 (2),

sollen nun funktional miteinander verbunden werden. Zunächst kann wegen $b''(\theta_i) > 0$ die Gleichung $\mu_i = b'(\theta_i)$ nach θ_i aufgelöst werden. In Tat, bezeichnet ψ die Umkehrfunktion von b', so ist

$$\theta_i = \psi(\mu_i) \qquad\qquad\qquad [\psi = b'^{-1}] \, .$$

Über (3) wird θ_i eine Funktion von η_i und somit auch Funktion vom Modellparameter β :

(4) $\qquad \theta_i = \psi(h(\eta_i)) = \psi(h(\mathbf{x}_i^T \boldsymbol{\beta}))\,.$

Damit wird auch σ_i^2 eine Funktion von η_i, $\sigma_i^2 = \sigma^2(\eta_i)$, sowie von β, nämlich

$$\sigma_i^2 = \tau^2 \cdot b''(\psi(h(\eta_i))) = \tau^2 \cdot b''(\psi(h(\mathbf{x}_i^T \boldsymbol{\beta}))).$$

Auch die Likelihoodfunktion kann als eine Funktion von β geschrieben werden:

Proposition Die log Likelihoodfunktion für eine Beobachtung $\mathbf{y} = (y_1,\dots,y_n)^T$ in Abhängigkeit von β lautet

(5) $\qquad l_n(\boldsymbol{\beta}) = \sum_{i=1}^n \frac{1}{\tau^2}[\, y_i \psi(h(\eta_i)) + a(y_i,\tau) - b(\psi(h(\eta_i)))\,]$

wobei wir $\eta_i = \mathbf{x}_i^T \boldsymbol{\beta}$ als Funktion von β betrachten.

Beweis Folgt unter Berücksichtigung von (4) aus I 3.3 oder mittels direkter Rechnung. $\square$

1.5 Scorefunktion, Informationsmatrix

Im nächsten Satz berechnen wir die Elemente

$$U_j(\boldsymbol{\beta}) = \partial l_n(\boldsymbol{\beta}) / \partial \beta_j \, ,$$
$$I_{jk}(\boldsymbol{\beta}) = \mathbb{E}_\beta (U_j(\boldsymbol{\beta}) U_k(\boldsymbol{\beta}))$$

des Scorevektors

$$\mathbf{U}_n(\boldsymbol{\beta}) \equiv \mathbf{U}(\boldsymbol{\beta}) = (U_1(\boldsymbol{\beta}), \dots, U_p(\boldsymbol{\beta}))^T$$

bzw. der $p \times p$-Fisher-Informationsmatrix

$$\mathbf{I}_n(\boldsymbol{\beta}) \equiv \mathbf{I}(\boldsymbol{\beta}) = (I_{jk}(\boldsymbol{\beta})).$$

Dabei setzen wir

$$d\mu_i/d\eta_i \equiv dh(\eta)/d\eta\big|_{\eta=\eta_i=\mathbf{x}_i^T\boldsymbol{\beta}} = (dg(\mu)/d\mu)^{-1}\big|_{\mu=\mu_i=h(\mathbf{x}_i^T\boldsymbol{\beta})}$$

und betrachten $d\mu_i/d\eta_i$ als Funktion von $\boldsymbol{\beta}$. Ferner führen wir die n×n-Diagonal-matrizen

$$\mathbf{V}(\boldsymbol{\beta}) = \mathrm{Diag}\,(\sigma_i^2(\boldsymbol{\beta})) = \tau^2 \mathrm{Diag}\big(b''(\psi(\mu_i))\big), \qquad \Big(\frac{d\boldsymbol{\mu}}{d\boldsymbol{\eta}}\Big) = \mathrm{Diag}\Big(\frac{d\mu_i}{d\eta_i}\Big),$$

ein, auch $\Big(\dfrac{d\boldsymbol{\mu}}{d\boldsymbol{\eta}}\Big)$ als Funktion von $\boldsymbol{\beta}$ betrachtet.

Satz Für ein GLM gilt

$$U_j(\boldsymbol{\beta}) = \Sigma_{i=1}^n x_{ij}(Y_i - \mu_i(\boldsymbol{\beta}))\Big(\frac{d\mu_i}{d\eta_i}\Big)\frac{1}{\sigma_i^2(\boldsymbol{\beta})},$$

$$I_{jk}(\boldsymbol{\beta}) = \Sigma_{i=1}^n x_{ij}x_{ik}\Big(\frac{d\mu_i}{d\eta_i}\Big)^2\frac{1}{\sigma_i^2(\boldsymbol{\beta})}.$$

In Matrixschreibweise

$$\mathbf{U}(\boldsymbol{\beta}) = \mathbf{X}^T\mathbf{V}^{-1}(\boldsymbol{\beta})\Big(\frac{d\boldsymbol{\mu}}{d\boldsymbol{\eta}}\Big)(\mathbf{Y} - \boldsymbol{\mu}(\boldsymbol{\beta})) \qquad\qquad [\,p\times 1\text{-Vektor}]$$

(6)

$$\mathbf{I}(\boldsymbol{\beta}) = \mathbf{X}^T\mathbf{V}^{-1}(\boldsymbol{\beta})\Big(\frac{d\boldsymbol{\mu}}{d\boldsymbol{\eta}}\Big)^2\mathbf{X} \qquad\qquad [\,p\times p\text{-Matrix}\,].$$

Beweis (i) Wir schreiben (5) in der Form $\ell_n = \Sigma_{i=1}^n\frac{1}{\tau^2}\ell^{(i)}(\theta_i)$ mit

$$\ell^{(i)}(\theta_i) = Y_i\theta_i + a(Y_i,\tau) - b(\theta_i), \qquad \theta_i = \psi\big(\mu_i(\eta_i(\boldsymbol{\beta}))\big),$$

so daß $U_j(\boldsymbol{\beta}) = \Sigma_{i=1}^n\frac{1}{\tau^2}\partial\ell^{(i)}/\partial\beta_j$. Nun ist

$$\frac{\partial}{\partial\beta_j}\ell^{(i)} = \frac{\partial\ell^{(i)}}{\partial\theta_i}\cdot\frac{\partial\theta_i}{\partial\mu_i}\cdot\frac{\partial\mu_i}{\partial\eta_i}\cdot\frac{\partial\eta_i}{\partial\beta_j}.$$

Es gilt

$$\partial\ell^{(i)}/\partial\theta_i = Y_i - b'(\theta_i) = Y_i - \mu_i$$

$$\partial\mu_i/\partial\theta_i = b''(\theta_i) = \frac{1}{\tau^2}\sigma_i^2$$

$$\partial\eta_i/\partial\beta_j = x_{ij},$$

wobei insbes. die Bem.3 in 1.3 ausgenützt wurde. Es folgt die angegebene Formel für $U_j(\boldsymbol{\beta})$ bzw. $\mathbf{U}(\boldsymbol{\beta})$.

(ii) Da wegen der Unabhängigkeit der Y_i

$$\mathbb{E}_\beta\,(Y_i - \mu_i)(Y_j - \mu_j)\;=\;\begin{cases} 0 & i \ne j \\[2mm] \sigma_i^2 & i = j \end{cases}$$

gilt, folgt sofort

$$I_{jk}(\boldsymbol\beta) = \mathbb{E}_\beta\,U_j(\boldsymbol\beta)\,U_k(\boldsymbol\beta) = \Sigma_i\,x_{ij}\,x_{ik}\Big(\frac{d\mu_i}{d\eta_i}\Big)^2 \frac{1}{\sigma_i^4}\,\mathbb{E}_\beta(Y_i - \mu_i)^2\;,$$

woraus die angegebene Formel für $I_{jk}(\boldsymbol\beta)$ bzw. $\mathbf{I}(\boldsymbol\beta)$ folgt. $\square$

1.6 Matrix der zweiten Ableitungen

Neben dem Vektor $\mathbf{U}(\boldsymbol\beta)$ der ersten Ableitungen der log Likelihoodfunktion ist auch die $p\times p$-Matrix

$$\mathbf{W}_n(\boldsymbol\beta) \equiv \mathbf{W}(\boldsymbol\beta) = (W_{jk}(\boldsymbol\beta)) = d^2 l_n(\boldsymbol\beta)\,/\,d\boldsymbol\beta\,d\boldsymbol\beta^T$$

der zweiten Ableitungen von Interesse. Dazu führen wir – mit der Schreibweise $\sigma_i^2 = \sigma^2(\eta_i)$ wie in 1.4 und mit $u = \psi \circ h$ – die Abkürzung

$$v_i(\boldsymbol\beta) = \frac{d}{d\eta}\Big(\frac{1}{\sigma^2(\eta)}\cdot\frac{dh(\eta)}{d\eta}\Big)\Big|_{\eta=\eta_i} = \frac{1}{\tau^2}\frac{d^2}{d\eta^2}u(\eta)\Big|_{\eta=\eta_i} \qquad [\,\eta_i = \mathbf{x}_i^T\boldsymbol\beta\,]$$

ein, sowie die $n\times n$-Matrix

$$\mathbf{R}(\boldsymbol\beta)\;=\;\mathrm{Diag}(v_i(\boldsymbol\beta))\,.$$

Proposition Für ein GLM gilt

$$(7)\qquad \mathbf{W}(\boldsymbol\beta) = \mathbf{X}^T\mathbf{R}(\boldsymbol\beta)\cdot\mathrm{Diag}(Y_i-\mu_i(\boldsymbol\beta))\cdot\mathbf{X}\;-\;\mathbf{I}(\boldsymbol\beta)\,,$$

Beweis Unter Benutzung von Satz 1.5 (Formel für U_j) gilt mit $v_i \equiv v_i(\boldsymbol\beta)$ für das Element (j,k) von $\mathbf{W}(\boldsymbol\beta)$

$$W_{jk}(\boldsymbol\beta) = \frac{\partial}{\partial\beta_k}U_j(\boldsymbol\beta) = \Sigma_i\,x_{ij}(Y_i - \mu_i)\,v_i\cdot\frac{\partial\eta_i}{\partial\beta_k} - \Sigma_i\,x_{ij}\Big(\frac{d\mu_i}{d\eta_i}\Big)^2\frac{\partial\eta_i}{\partial\beta_k}\cdot\frac{1}{\sigma_i^2}$$

$$= \Sigma_i\,x_{ij}\,x_{ik}(Y_i - \mu_i)\,v_i - \Sigma_i\,x_{ij}\,x_{ik}\Big(\frac{d\mu_i}{d\eta_i}\Big)^2\cdot\frac{1}{\sigma_i^2}\,,$$

woraus mit Satz 1.5 (Formel für I_{jk}) die Behauptung folgt. $\square$

1.7 Natürliche Linkfunktion

In 1.4 hatten wir die Abhängigkeit der Parameter θ_i der Exponentialfamilie von den Erwartungswerten μ_i in der Form $\theta_i = \psi(\mu_i)$ geschrieben, wobei ψ die Umkehrfunktion von b' ist.

Die Linkfunktion g heißt *natürlich*, falls g identisch ψ ist:

$$g = \psi \qquad\qquad\qquad [\psi = (b')^{-1}].$$

Bei natürlichen Linkfunktionen fallen die Parameter $\theta_i = \psi(\mu_i)$ und $\eta_i = g(\mu_i)$ zusammen, und wir haben für den Parameter θ_i der Exponentialfamilie ein "lineares Modell" vorliegen:

$$g(\mu_i) = \theta_i = \eta_i = \mathbf{x}_i^T \boldsymbol{\beta},$$

oder vektoriell
$$\begin{bmatrix} g(\mu_1) \\ \vdots \\ g(\mu_n) \end{bmatrix} = \boldsymbol{\theta} = \boldsymbol{\eta} = \mathbf{X}\boldsymbol{\beta}.$$

Für die in (5)-(7) angegebenen Größen $l_n(\boldsymbol{\beta})$, $\mathbf{U}(\boldsymbol{\beta})$, $\mathbf{I}(\boldsymbol{\beta})$, $\mathbf{W}(\boldsymbol{\beta})$ erhalten wir im Fall natürlicher Linkfunktion vereinfachte Ausdrücke:

Satz Für ein GLM mit natürlicher Linkfunktion gilt

$$l_n(\boldsymbol{\beta}) = \sum_{i=1}^n \frac{1}{\tau^2} [Y_i \eta_i + a(Y_i, \tau) - b(\eta_i)], \qquad \eta_i = \mathbf{x}_i^T \boldsymbol{\beta}$$

$$U_j(\boldsymbol{\beta}) = \sum_{i=1}^n \frac{1}{\tau^2} x_{ij}(Y_i - \mu_i(\boldsymbol{\beta})), \quad \mathbf{U}(\boldsymbol{\beta}) = \frac{1}{\tau^2} \mathbf{X}^T(\mathbf{Y} - \boldsymbol{\mu}(\boldsymbol{\beta}))$$

$$I_{jk}(\boldsymbol{\beta}) = \sum_{i=1}^n \frac{1}{\tau^4} x_{ij} x_{ik} \sigma_i^2(\boldsymbol{\beta}), \quad \mathbf{I}(\boldsymbol{\beta}) = \frac{1}{\tau^4} \mathbf{X}^T \mathbf{V}(\boldsymbol{\beta}) \mathbf{X}$$

$$W_{jk}(\boldsymbol{\beta}) = -I_{jk}(\boldsymbol{\beta}), \quad \mathbf{W}(\boldsymbol{\beta}) = -\mathbf{I}(\boldsymbol{\beta})$$

Beweis Setze $\theta_i = \psi(h(\eta_i)) = \eta_i$ in (5) ein. Wegen $\dfrac{d\mu_i}{d\eta_i} = b''(\theta_i) = \frac{1}{\tau^2}\sigma_i^2$ ist in (6) $\left(\dfrac{d\boldsymbol{\mu}}{d\boldsymbol{\eta}}\right) = \frac{1}{\tau^2}\mathbf{V}(\boldsymbol{\beta})$ einzusetzen, und wegen $u = \psi \circ h = \mathrm{Id}$ gilt in (7) $\mathbf{R} = 0$. $\square$

Bemerkungen zu GLMs mit natürlicher Linkfunktion

1. $\mathbf{W}_n(\boldsymbol{\beta})$ ist eine deterministische Matrix. Das wird sich in der asymptotischen Theorie als nützlich erweisen (vgl. 3.5 unten).

2. Aus der Darstellung von $l_n(\boldsymbol{\beta})$ folgt, daß $\sum_i Y_i \mathbf{x}_i = \mathbf{X}^T \mathbf{Y}$ wie schon in III 3.5 suffiziente Statistik für $\boldsymbol{\beta}$ ist.

3. Durch Vorgabe einer Dichte $f(y, \theta)$ aus der Exponentialfamilie ist die natürliche Linkfunktion festgelegt. Wählt man als Linkfunktion die natürliche, so ist dies die bequemste Wahl, nicht notwendig aber eine, die dem Problem angemessen ist.

MULTIVARIATE GLM

1.8 Elemente eines multivariaten GLM

Wir benötigen im folgenden auch eine multivariate Version des verallgemeinerten linearen Modell (multivariates GLM). Bausteine der folgenden Def. 1.9 sind:

☐ q-dimensionale Zufallsvektoren $\mathbf{Y}_1,...,\mathbf{Y}_n$, mit $\mathbf{Y}_i = \begin{bmatrix} Y_{i1} \\ \vdots \\ Y_{iq} \end{bmatrix}$, deren Reali-

     sationen die n×q-Datenmatrix $\mathbf{Y} = \begin{bmatrix} \mathbf{Y}_1^T \\ \vdots \\ \mathbf{Y}_n^T \end{bmatrix}$ bilden.

☐ q-dimensionale Erwartungswert-Vektoren

$$\boldsymbol{\mu}_1,...,\boldsymbol{\mu}_n , \quad \text{mit} \quad \boldsymbol{\mu}_i = \mathbb{E}\,\mathbf{Y}_i = \begin{bmatrix} \mu_{i1} \\ \vdots \\ \mu_{iq} \end{bmatrix}$$

☐ p-dimensionaler Vektor $\boldsymbol{\beta} = (\beta_1,...,\beta_p)^T$ der (unbekannten) Parameter.

☐ p×q-Matrizen $\mathbf{X}_1,...,\mathbf{X}_n$ der (bekannten) Kontroll- oder Einflußgrößen.

☐ *Linkfunktion* $\mathbf{g}$: $\mathbb{R}^q \longrightarrow \mathbb{R}^q$, die mindestens 2×stetig differenzierbar ist und $\det(d\mathbf{g}(\mathbf{x})/d\mathbf{x}) \neq 0$ erfüllt, sowie (global) invertierbar ist. Der Definitionsbereich von $\mathbf{g}$ wird in 1.10 eingeschränkt werden können. Die Umkehrfunktion von $\mathbf{g}$ wird mit $\mathbf{h}$ bezeichnet und *response* Funktion genannt.

1.9 Definition eines multivariaten GLM

Ein multivariates (oder q-variates) GLM wird durch unabhängige q-dimensionale Zufallsvektoren $\mathbf{Y}_1,...,\mathbf{Y}_n$ definiert, deren Verteilungen die folgenden zwei Eigenschaften erfüllen:

(i) Die Dichte $f(\mathbf{y},\boldsymbol{\theta}_i) = f_{\mathbf{Y}_i}(\mathbf{y},\boldsymbol{\theta}_i)$ von $\mathbf{Y}_i$ gehört einer q-parametrigen Exponentialfamilie in kanonischer Form (gemäß I 3.4) mit Störparameter τ^2 an; d.h. es ist für i=1,...,n und $\mathbf{y} \in \mathbb{R}^q$

$$f(\mathbf{y},\boldsymbol{\theta}_i) = \exp\{ \frac{1}{\tau^2}[\boldsymbol{\theta}_i^T\mathbf{y} + a(\mathbf{y},\tau) - b(\boldsymbol{\theta}_i)]\} , \quad \boldsymbol{\theta}_i \in \mathbb{R}^q .$$

(ii) Für den Erwartungswert-Vektor $\boldsymbol{\mu}_i \in \mathbb{R}^q$ gilt

(8) $g(\mu_i) = X_i^T \beta$.

Man setzt wieder zur Abkürzung

$$\eta_i \equiv \eta_i(\beta) = X_i^T \beta$$

und betrachtet auch $\mu_i = h(\eta_i)$ als Funktion von β.

Im Fall q=1 erhalten wir das (univariate) GLM 1.2 zurück, für das wir x_i^T anstelle von X_i^T geschrieben haben.

1.10 Bemerkungen zum multivariaten GLM

1. Nach I 3.4 gilt der Zusammenhang

$$\mu_i \equiv \mathbb{E} Y_i = \frac{d}{d\theta} b(\theta_i) \qquad\qquad [\,q\times 1\text{-Vektor}\,]$$

$$\Sigma_i \equiv \mathbb{V}(Y_i) = \tau^2 \frac{d^2}{d\theta d\theta^T} b(\theta_i) \qquad\qquad [\,q\times q\text{-Matrix}\,].$$

Die Linkfunktion g braucht nur auf dem -durch die Abbildung $(d/d\theta)b$ vermittelten- Bild $(d/d\theta\, b)(\Theta)$ des natürlichen Parameterraums $\Theta \subset \mathbb{R}^q$ definiert zu sein.

I.f. wird Σ_i stets als positiv-definit vorausgesetzt. Deshalb kann die obige Beziehung zwischen μ_i und θ_i "lokal" invertiert werden zu

(9) $\theta_i = \psi(\mu_i)$.

Wir setzen die (globale) Existenz einer Funktion ψ mit (9) voraus, wodurch die θ_i, und auch die Σ_i, Funktionen von η_i und damit von β werden.

2. Die Linkfunktion g heißt *natürlich*, falls $g = \psi$. Wegen $g(\mu_i) = \eta_i$ und $\psi(\mu_i) = \theta_i$ wird bei natürlichen Linkfunktionen $\eta_i = \theta_i$ für i=1,...,n.

3. In der Parametrisierung (8), in der $g_j(\mu_i) = x_{ij}^T \cdot \beta$ ist (mit x_{ij} als j-te Spalte von X_i) bekommt jede Komponente j einen eigenen Designvektor x_{ij} , aber alle den gleichen Parametervektor. Oft bevorzugt man aber - besonders in multivariaten Regressionsansätzen - eine Parametrisierung, in der jede Komponente j ihren Parametervektor β_j besitzt und alle den gleichen Designvektor x_i, d.h. man strebt eine Darstellung

$$g_j(\mu_i) = x_i^T \cdot \beta_j$$

an. Formal läßt sich dies leicht durch folgende Wahl bewerkstelligen: Setze

$$p = rq$$

$$\beta^T = (\beta_1^T, ..., \beta_q^T) \in \mathbb{R}^p$$

$$\mathbf{x}_{ij}^T = (0,...,0,\mathbf{x}_i^T,0,...,0\,) \in \mathbb{R}^p\;,$$

wobei jedes $\boldsymbol{\beta}_j^T$ und $\mathbf{x}_i^T$ ein Zeilenvektor der Länge r ist und $\mathbf{x}_i^T$ gerade den j-ten Block der Länge r in der obigen Darstellung von $\mathbf{x}_{ij}^T$ einnimmt. Dann ist

$$\mathbf{x}_{ij}^T\cdot\boldsymbol{\beta} = \mathbf{x}_i^T\cdot\boldsymbol{\beta}_j\;.$$

1.11 Likelihood und seine Ableitungen

Die log Likelihoodfunktion des q-variaten GLM lautet

$$(10) \qquad l_n(\boldsymbol{\beta}) = \Sigma_{i=1}^n \frac{1}{\tau^2}\{\boldsymbol{\theta}_i^T\mathbf{Y}_i + a(\mathbf{y}_i,\tau) - b(\boldsymbol{\theta}_i)\}\;,\quad \boldsymbol{\theta}_i = \boldsymbol{\psi}(\mathbf{h}(\boldsymbol{\eta}_i)),$$

mit $\boldsymbol{\eta}_i = \mathbf{X}_i^T\boldsymbol{\beta}$. Daraus berechnet sich der p-dimensionale Scorevektor

$$\mathbf{U}(\boldsymbol{\beta}) = dl_n(\boldsymbol{\beta})/d\boldsymbol{\beta} \equiv \Sigma_i \frac{1}{\tau^2} d l^{(i)}(\boldsymbol{\beta})/d\boldsymbol{\beta}$$

wegen

$$\frac{d\, l^{(i)}}{d\boldsymbol{\beta}} = \frac{d\boldsymbol{\eta}_i^T}{d\boldsymbol{\beta}}\cdot\frac{d\boldsymbol{\mu}_i^T}{d\boldsymbol{\eta}_i}\cdot\frac{d\boldsymbol{\theta}_i^T}{d\boldsymbol{\mu}_i}\cdot\frac{d\, l^{(i)}}{d\boldsymbol{\theta}_i}$$

und

$$\frac{d\boldsymbol{\eta}_i^T}{d\boldsymbol{\beta}} = \mathbf{X}_i\;,\quad \frac{d\boldsymbol{\mu}_i^T}{d\boldsymbol{\theta}_i} = \frac{1}{\tau^2}\boldsymbol{\Sigma}_i\;,\quad \frac{d\, l^{(i)}}{d\boldsymbol{\theta}_i} = \mathbf{Y}_i - \boldsymbol{\mu}_i$$

zu

$$(11)\quad \mathbf{U}(\boldsymbol{\beta}) = \Sigma_{i=1}^n \mathbf{X}_i\cdot\Big(\frac{d\boldsymbol{\mu}_i^T}{d\boldsymbol{\eta}_i}\Big)\cdot\boldsymbol{\Sigma}_i^{-1}(\boldsymbol{\beta})\cdot(\mathbf{Y}_i - \boldsymbol{\mu}_i(\boldsymbol{\beta}))$$

$$= \Sigma_{i=1}^n \mathbf{X}_i\cdot\Big(\frac{d\boldsymbol{\theta}_i^T}{d\boldsymbol{\eta}_i}\Big)\cdot(\mathbf{Y}_i - \boldsymbol{\mu}_i(\boldsymbol{\beta}))\;.$$

Dabei haben wir die $q\times q$-Matrizen

$$\Big(\frac{d\boldsymbol{\mu}_i^T}{d\boldsymbol{\eta}_i}\Big) = \Big(\frac{\partial h_j(\boldsymbol{\eta})}{\partial \eta_k}\Big|_{\boldsymbol{\eta}=\boldsymbol{\eta}_i}\,,\,j,k=1,...,q\Big)$$

$$\Big(\frac{d\boldsymbol{\theta}_i^T}{d\boldsymbol{\eta}_i}\Big) = \Big(\frac{\partial u_j(\boldsymbol{\eta})}{d\eta_k}\Big|_{\boldsymbol{\eta}=\boldsymbol{\eta}_i}\,,\,j,k=1,...,q\Big)\;,\;\mathbf{u} = (u_1,...,u_q)^T = \boldsymbol{\psi}\circ\mathbf{h}\,,$$

eingeführt und diese über die Beziehung $\boldsymbol{\eta}_i = \mathbf{x}_i^T\boldsymbol{\beta}$ als Funktion von $\boldsymbol{\beta}$ betrachtet. Die $p\times p$-Fisher-Informationsmatrix $\mathbf{I}(\boldsymbol{\beta})$ schreibt sich wegen

$$\mathbb{E}\,(\mathbf{Y}_i - \boldsymbol{\mu}_i)(\mathbf{Y}_j - \boldsymbol{\mu}_j)^T = \delta_{ij}\,\boldsymbol{\Sigma}_i$$

in der Form

$$(12)\qquad \mathbf{I}(\boldsymbol{\beta}) = \Sigma_{i=1}^n \mathbf{X}_i\cdot\Big(\frac{d\boldsymbol{\mu}_i^T}{d\boldsymbol{\eta}_i}\Big)\cdot\boldsymbol{\Sigma}_i^{-1}(\boldsymbol{\beta})\cdot\Big(\frac{d\boldsymbol{\mu}_i}{d\boldsymbol{\eta}_i^T}\Big)\cdot\mathbf{X}_i^T\;.$$

Ferner gilt für die $p \times p$-Hessematrix $\mathbf{W}(\boldsymbol{\beta}) = d^2 l_n(\boldsymbol{\beta})/(d\boldsymbol{\beta}\, d\boldsymbol{\beta}^T)$ von $l_n(\boldsymbol{\theta})$

(13) $\mathbf{W}(\boldsymbol{\beta}) = \mathbf{J}(\boldsymbol{\beta}) - \mathbf{I}(\boldsymbol{\beta})$,

mit

$$\mathbf{J}(\boldsymbol{\beta}) = \Sigma_{i=1}^{n}\, \Sigma_{j=1}^{q}\, \mathbf{X}_i\, \mathbf{R}_{ij}(\boldsymbol{\beta})\, \mathbf{X}_i^T\, (Y_{ij} - \mu_{ij}(\boldsymbol{\beta})), \quad \mathbf{R}_{ij}(\boldsymbol{\beta}) = \frac{1}{\tau^2}\, \frac{d^2}{d\boldsymbol{\eta}\, d\boldsymbol{\eta}^T}\, u_j(\boldsymbol{\eta})\Big|_{\boldsymbol{\eta} = \boldsymbol{\eta}_i}.$$

Im Fall einer *natürlichen* Linkfunktion ist $(d\boldsymbol{\mu}_i^T/d\boldsymbol{\eta}_i) = \frac{1}{\tau^2}\, \boldsymbol{\Sigma}_i$ und (11), (12) vereinfachen sich zu

(14) $\mathbf{U}(\boldsymbol{\beta}) = \frac{1}{\tau^2}\, \Sigma_{i=1}^{n}\, \mathbf{X}_i(\mathbf{Y}_i - \boldsymbol{\mu}_i(\boldsymbol{\beta}))$

(15) $\mathbf{I}(\boldsymbol{\beta}) = \frac{1}{\tau^4}\, \Sigma_{i=1}^{n}\, \mathbf{X}_i\, \boldsymbol{\Sigma}_i(\boldsymbol{\beta})\, \mathbf{X}_i^T$,

während für die $p \times p$-Matrix $\mathbf{W}(\boldsymbol{\beta})$ wieder wie in 1.7 gilt

$\mathbf{W}(\boldsymbol{\beta}) = -\mathbf{I}(\boldsymbol{\beta})$.

2. SPEZIELLE GLM

2.0 Nach zwei knapp dargestellten Beispielen mit quantitativer Kriteriumsvariablen Y - wie man sie von der Varianz- und Regressionsanalyse her kennt - folgen Beispiele mit qualitativer (kategorieller) Y-Variablen. Tatsächlich ist die Analyse von *kategoriellen Daten* (categorical data) die hauptsächliche Domäne der GLM. Bei diesen ist es oft möglich und sinnvoll als Linkfunktion die natürliche zu wählen, d.h. ein g zu wählen, für das $g(\mu_i) = \theta_i$ gilt (wenn μ_i der Erwartungswert und θ_i der natürliche Parameter in der Exponentialfamilie von Y_i ist). Außerdem kann hier meistens $\tau^2 = 1$ gesetzt werden, was wir bei kategorieller Y-Variable auch tun werden. Der wichtige Fall, daß die Kategorien der Y-Variablen als geordnet angesehen werden können, wird i.f. ebenfalls berücksichtigt. Das abschließende Beispiel der Kontingenztafel wird nicht im Rahmen der GLM weiter analysiert, sondern innerhalb der log-linearen Modelle (Kap. VIII).

2.1 Lineares Modell als GLM

Wir wollen das LM mit Normalverteilungsannahme (vgl. III 1.2),

$$Y_i = (\mathbf{X}\boldsymbol{\beta})_i + e_i\,, \ i=1,\dots,n\,,$$

wobei $e_1,\dots,e_n$ unabhängig sind und jedes e_i $N(0,\sigma^2)$-verteilt ist, als ein GLM darstellen. Nach I 3.5 a) kann die Dichte der $N(\mu_i,\sigma^2)$-Verteilung in der Form

$$\exp\{\frac{1}{\sigma^2}[\mu_i y + a(y,\sigma^2) - b(\mu_i)]\}, \quad b(\mu) = \mu^2/2,$$

geschrieben werden, gehört also der Exponentialfamilie in kanonischer Form an, mit $\theta_i = \mu_i$ und mit Störparameter $\tau^2 = \sigma^2$. Als Linkfunktion g wird die natürliche genommen, das ist wegen $b'(\mu) = \mu$ die identische Abbildung. Wir setzen also

$$g(\mu_i) = \mu_i = (\mathbf{X}\boldsymbol{\beta})_i$$

und erhalten aus 1.7

$$\mathbf{U}(\boldsymbol{\beta}) = \frac{1}{\sigma^2} \mathbf{X}^T(\mathbf{Y} - \mathbf{X}\boldsymbol{\beta}), \quad \mathbf{W}(\boldsymbol{\beta}) = -\frac{1}{\sigma^2} \mathbf{X}^T \mathbf{X}.$$

2.2 Nichtlineare Regressionsmodelle

Wir setzen

$$Y_i = \mu_i + e_i \, , \quad \mu_i = h(\alpha + \beta_1 x_{1i} + \dots + \beta_m x_{mi}),$$

wobei e_i $N(0,\sigma^2)$-verteilt, d.h. Y_i $N(\mu_i,\sigma^2)$-verteilt ist oder gemäß einer anderen Verteilung aus einer Exponentialfamilie verteilt ist. Dabei sind wie bei der linearen Regressionsanalyse die $x_1,\dots,x_m$ Regressorvariablen, welche den Erwartungswert von Y beeinflussen, hier allerdings in einer nichtlinearen Weise. Beispiele von Linkfunktionen g (bzw. response Funktionen $h = \bar{g}^1$) sind hier

$$h(x) = e^x \, , \quad \text{bzw. } g(y) = \log y \quad [\, y > 0, \text{"exponentielles Wachstum"}]$$

$$h(x) = \frac{e^x}{1 + e^x} \, , \text{ bzw. } g(y) = \log \frac{y}{1-y} \; [\, 0 < y < 1, \text{"logistisches Wachstum"}].$$

I.a. ist die Linkfunktion nicht natürlich. Im Fall der Gammaverteilung z.B. heißt gemäß I 3.5 b) die natürliche Linkfunktion $g(y) = 1/y$. Das braucht aber gerade nicht die Gestalt zu sein, in der der Erwartungswert von den Regressoren abhängt.

Meistens ist es vorteilhafter, nichtlineare Regressionsmodelle nicht als GLM mit nicht-natürlicher Linkfunktion, sondern mit den Methoden von V.5 zu analysieren.

2.3 Kategoriale Regression (dichotom)

Die unabhängigen Zufallsvariablen $Y_1,\dots,Y_n$ mögen nur die Werte 0 und 1 annehmen (dichotome Zufallsvariablen). Wir schreiben hier π_i anstelle von $\mu_i = \mathbb{E}Y_i$, d.h. wir setzen

$$(1) \qquad \pi_i = \mathbb{P}(Y_i = 1).$$

Die (unbekannten) Wahrscheinlichkeiten π_i hängen (nichtlinear) von dem Wertesatz

$$\mathbf{x}_i^T = (x_{1i},\dots,x_{mi})$$

der m Regressoren $x_1,\dots,x_m$ ab: mit einer Linkfunktion g wird nämlich

$$(2) \qquad g(\pi_i) = \mathbf{x}_i^T \boldsymbol{\beta}, \quad \text{vektoriell } (g(\pi_1),\dots,g(\pi_n))^T = \mathbf{X}\boldsymbol{\beta},$$

gesetzt, wobei $\mathbf{X}$ und $\boldsymbol{\beta}$ wie in 1.1 gewählt sind.

Da die Zufallsvariable Y_i eine $B(1,\pi_i)$-Verteilung besitzt, gehört sie gemäß I 3.5 c) der Exponentialfamilie in kanonischer Form an, mit einer (Zähl-)Dichte

$$f(y,\pi_i) = \exp\{\, y \ln(\tfrac{\pi_i}{1-\pi_i}) + \ln(1-\pi_i)\}\ .$$

Der natürliche Parameter lautet

$$\theta_i = \ln \frac{\pi_i}{1-\pi_i}\ ,$$

mit der Umkehrung $\qquad \pi_i = \dfrac{e^{\theta_i}}{1+e^{\theta_i}}\ .$

In dichotomen Regressionsmodellen hat man in den Formeln 1.5 und 1.6

$$(3)\qquad \sigma_i^2 = \pi_i(1-\pi_i)\ ,\qquad \pi_i \equiv \pi_i(\boldsymbol{\beta}) = h(\mathbf{x}_i^T\boldsymbol{\beta}),$$

einzusetzen (h Umkehrfunktion von g). Zur Anwendung kommen vor allem die folgenden zwei Linkfunktionen. Wählt man die natürliche Linkfunktion g mit $g(\pi_i) = \theta_i$, d.h. setzt man

$$g(\pi) = \ln \frac{\pi}{1-\pi}\ ,$$

so nennt man das durch (1) und (2) definierte GLM ein binäres (dichotomes) *logistisches* Regressionsmodell. Es wird in 2.4 ausführlicher besprochen.

Im Modell der *Probitanalyse* wählt man Φ^{-1} als Linkfunktion g (Φ Verteilungsfunktion der $N(0,1)$-Verteilung). Es ist dann

$$\pi_i = \Phi(\eta_i)\ ,\qquad \eta_i = \mathbf{x}_i^T\boldsymbol{\beta}.$$

Da es sich nicht um die natürliche Linkfunktion handelt, sind die Formeln für $l_n(\boldsymbol{\beta})$, $\mathbf{U}_n(\boldsymbol{\beta})$, $\mathbf{W}_n(\boldsymbol{\beta})$, $\mathbf{I}_n(\boldsymbol{\beta})$ gemäß 1.5, 1.6 anzugeben. Man hat in ihnen

$$d\mu_i/d\eta_i = \phi(\eta_i)$$

einzusetzen, mit der Dichte ϕ der $N(0,1)$-Verteilung.

2.4 Binäre logistische Regression

Bei dieser lautet nach 2.3 die Abhängigkeit der Wahrscheinlichkeit $\pi_i = \pi_i(\boldsymbol{\beta})$ von den Linearkombinationen $\mathbf{x}_i^T\boldsymbol{\beta}$, bzw. -als Umkehrung- die Abhängigkeit der $\mathbf{x}_i^T\boldsymbol{\beta}$ von den π_i

$$\pi_i = \frac{1}{1+e^{-\mathbf{x}_i^T\boldsymbol{\beta}}}\ ,\qquad \mathbf{x}_i^T\boldsymbol{\beta} = \ln\frac{\pi_i}{1-\pi_i}\ .$$

Die log Likelihoodfunktion und ihre Ableitungen sind gemäß 1.7 die folgenden Funktionen des Modellparameters $\boldsymbol{\beta}$

$$l_n(\boldsymbol{\beta}) = \Sigma_{i=1}^n \{Y_i\eta_i - \ln(1+e^{\eta_i})\}, \quad \eta_i = \mathbf{x}_i^T\boldsymbol{\beta}$$

$$\mathbf{U}_n(\boldsymbol{\beta}) = \mathbf{X}^T(\mathbf{Y} - \boldsymbol{\pi}), \quad \boldsymbol{\pi} = (\pi_1,\dots,\pi_n)^T, \quad \pi_i = 1/(1+e^{-\eta_i})$$

$$\mathbf{W}_n(\boldsymbol{\beta}) = -\mathbf{I}_n(\boldsymbol{\beta}) = -\mathbf{X}^T \mathrm{Diag}\big(\pi_i(1-\pi_i)\big)\mathbf{X},$$

letzteres unter Berücksichtigung von (3).

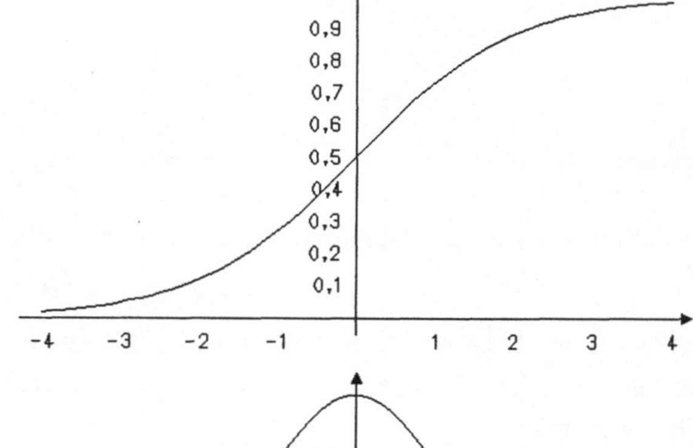

$$F(t) = e^t/(1+e^t) = 1/(1+e^{-t})$$

"logistische Verteilungsfunktion"

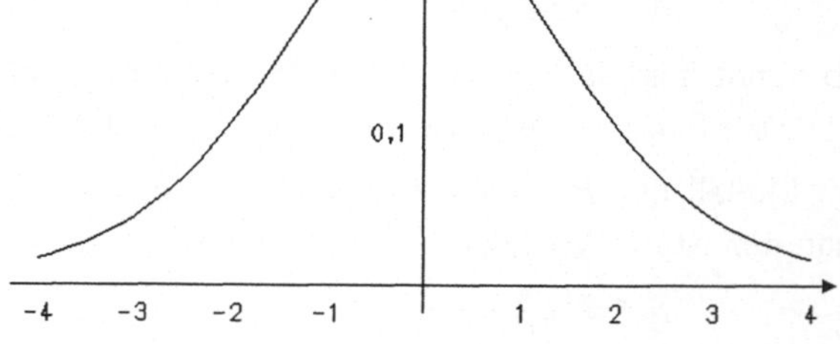

$$F'(t) = 1/(2+e^{-t}+e^t)$$
$$= F(t)\cdot(1 - F(t))$$

2.5 $\mathbb{N}_0$-wertige Kriteriumsvariablen

a) Die unabhängigen Variablen $Y_1,\dots,Y_n$ mögen $P(\lambda_i)$-verteilt sein ($\lambda_i \equiv \mu_i$, vgl. I 3.5 d)). Für den natürlichen Parameter $\theta_i = \ln\lambda_i$ machen wir den Ansatz

$$\theta_i = \mathbf{x}_i^T\cdot\boldsymbol{\beta}.$$

Das ist ein GLM mit natürlicher Linkfunktion $g(\mu) = \ln\mu$, für das gemäß 1.7 gilt

$$l_n(\boldsymbol{\beta}) = \Sigma_{i=1}^n \{Y_i\eta_i - e^{\eta_i}\} + R, \quad \eta_i = \mathbf{x}_i^T\boldsymbol{\beta}, \quad R \text{ nicht von } \boldsymbol{\beta} \text{ abhängig,}$$
$$\mathbf{U}_n(\boldsymbol{\beta}) = \mathbf{X}^T(\mathbf{Y} - \boldsymbol{\lambda}), \quad \boldsymbol{\lambda} = (\lambda_1,\dots,\lambda_n)^T, \quad \lambda_i = e^{\eta_i},$$
$$\mathbf{W}_n(\boldsymbol{\beta}) = -\mathbf{I}_n(\boldsymbol{\beta}) = -\mathbf{X}^T \mathrm{Diag}\big(e^{\eta_i}\big)\mathbf{X},$$

letzteres wegen

$$\sigma_i^2 = \lambda_i = \exp\{\mathbf{x}_i^T\boldsymbol{\beta}\} .$$

b) Liegt anstelle der $P(\lambda_i)$- die $NB(m,p_i)$-Verteilung vor, für die gemäß I 3.5 e)

$\mu_i = m(1-p_i)/p_i$ gilt, so setzt man für den natürlichen Parameter $\theta_i = \ln(1-p_i)$ wieder $\theta_i = \mathbf{x}_i^T \boldsymbol{\beta}$ und erhält ein GLM mit natürlicher Linkfunktion $g(\mu) = \ln(\frac{\mu}{\mu+m})$. Für dieses gilt

$$\sigma_i^2 \;=\; m\,\frac{1-p_i}{p_i^2} \;=\; m\,\frac{e^{\theta_i}}{\left(1-e^{\theta_i}\right)^2} \;=\; m\,\frac{1}{e^{\theta_i}-2+e^{-\theta_i}} \;,$$

mit $\theta_i = \eta_i = \mathbf{x}_i^T \boldsymbol{\beta}$.

2.6 Kategorielle Regression (multivariat)

Gegeben seien n unabhängige q-dimensionale Zufallsvektoren $\mathbf{Y}_1,...,\mathbf{Y}_n$, wobei $\mathbf{Y}_i$ $M_q(1,\boldsymbol{\pi}_i)$-verteilt ist, mit

$$\boldsymbol{\pi}_i = (\pi_{i1},...,\pi_{iq})^T, \quad \pi_{ij} > 0, \quad \Sigma_{j=1}^q \pi_{ij} < 1.$$

Für jedes $\mathbf{Y}_i = (Y_{i1},...,Y_{iq})^T$ gilt mit den Einheitsvektoren $\mathbf{e}_j \in \mathbb{R}^q$

$$\mathbb{P}(\mathbf{Y}_i = \mathbf{e}_j) = \pi_{ij}, \quad j=1,...,q;$$

ferner

$$\boldsymbol{\mu}_i \equiv \mathbb{E}\,\mathbf{Y}_i = \boldsymbol{\pi}_i.$$

Führt man noch

$$Y_{i,q+1} = 1 - \Sigma_{j=1}^q Y_{ij}, \quad \pi_{i,q+1} = 1 - \Sigma_{j=1}^q \pi_{ij}, \quad Y_i = \Sigma_{j=1}^{q+1} j \cdot Y_{ij}$$

ein, so läßt sich auch

$$\mathbb{P}(Y_i = j) = \pi_{ij}, \quad j=1,...,q+1,$$

schreiben. Die Wahrscheinlichkeiten $\boldsymbol{\pi}_i$ seien mit dem (unbekannten) Koeffizientenvektor $\boldsymbol{\beta}$ über

$$(4) \qquad g_j(\boldsymbol{\pi}_i) = \eta_{ij} \,, \quad \eta_{ij} = (\mathbf{X}_i^T \boldsymbol{\beta})_j \quad \left\{ \begin{array}{l} i=1,...,n \\ j=1,...,q \end{array} \right.,$$

verknüpft, wobei $\mathbf{g} = (g_1,...,g_q)^T$ eine noch festzulegende Linkfunktion bedeutet.

Dabei kann neben $\eta_{ij} = \mathbf{x}_{ij}^T \cdot \boldsymbol{\beta}$ ($\mathbf{x}_{ij}$ j-te Spalte von $\mathbf{X}_i$) auch $\eta_{ij} = \mathbf{x}_i^T \cdot \boldsymbol{\beta}_j$ wie in 1.10, Bem.3. als Form des Regressionsterms gewählt werden.

Gemäß I 3.6 f) gehört der Zufallsvektor $\mathbf{Y}_i$ einer q-parametrigen Exponentialfamilie in kanonischer Form an, mit einem natürlichem Parameter $\boldsymbol{\theta}_i = (\theta_{i1},...,\theta_{iq})^T$, der die Gleichung

$$\theta_{ij} \;=\; \ln \frac{\pi_{ij}}{\pi_{i,q+1}}$$

erfüllt. Die Umkehrformel lautet

$$\pi_{ij} = \frac{\exp(\theta_{ij})}{1 + \sum_{k=1}^{q} \exp(\theta_{ik})} \quad .$$

2.7 Multivariate logistische Regression

Im Modell 2.6 der multivariaten kategoriellen Regression wählen wir nun die natürliche Linkfunktion $\mathbf{g}$. Für diese ist per definitionem $\mathbf{g}(\boldsymbol{\pi}_i) = \boldsymbol{\theta}_i$; d.h. wir wählen

$$g_j(\boldsymbol{\pi}) = \ln \frac{\pi_j}{\pi_{q+1}} \quad \text{bzw.} \quad h_j(\boldsymbol{\eta}) = \frac{\exp(\eta_j)}{1 + \sum_{k=1}^{q} \exp(\eta_k)} \quad ,$$

mit $\boldsymbol{\pi} = (\pi_1,...,\pi_q)$, $\pi_{q+1} = 1 - (\pi_1 + ... + \pi_q)$, $\boldsymbol{\eta} = (\eta_1,...,\eta_q)$. Wir sprechen dann von einem multikategoriellen (mehrkategoriellen, multivariaten, polytomen) logistischen Regressionsmodell. Für dieses ist also

$$(5) \qquad \ln \frac{\pi_{ij}}{\pi_{i,q+1}} = \eta_{ij} \, ,$$

$$(6) \qquad \pi_{ij} = \frac{\exp(\eta_{ij})}{1 + \sum_{k=1}^{q} \exp(\eta_{ik})}$$

$$\left. \right\} \qquad \eta_{ij} = (\mathbf{X}_i^{T} \cdot \boldsymbol{\beta})_j \, .$$

Mit dem Regressionsterm $\boldsymbol{\eta}_i = (\eta_{i1},...,\eta_{iq})^{T} = \mathbf{X}_i^{T} \cdot \boldsymbol{\beta}$ erhalten wir gemäß 1.11

$$l_n(\boldsymbol{\beta}) = \sum_{i=1}^{n} \{ \boldsymbol{\eta}_i^{T} \cdot \mathbf{Y}_i - \ln(1 + \sum_{j=1}^{q} \exp(\eta_{ij})) \}$$

$$\mathbf{U}_n(\boldsymbol{\beta}) = \sum_{i=1}^{n} \mathbf{X}_i (\mathbf{Y}_i - \boldsymbol{\pi}_i(\boldsymbol{\beta})) \, .$$

Die Kovarianzmatrix $\boldsymbol{\Sigma}_i = V(\mathbf{Y}_i)$ lautet unter Benutzung der $q \times q$-Diagonalmatrix $\mathbf{D}_{\pi_i} = \mathrm{Diag}(\pi_{ij}, j=1,...,q)$

$$\boldsymbol{\Sigma}_i(\boldsymbol{\beta}) = \mathbf{D}_{\pi_i} - \boldsymbol{\pi}_i \cdot \boldsymbol{\pi}_i^{T} \, , \qquad \boldsymbol{\pi}_i \text{ Funktion von } \boldsymbol{\beta} \text{ gemäß (6),}$$

so daß mit diesem $\boldsymbol{\Sigma}_i(\boldsymbol{\beta})$ gilt

$$\mathbf{W}_n(\boldsymbol{\beta}) = -\mathbf{I}_n(\boldsymbol{\beta}) = -\sum_{i=1}^{n} \mathbf{X}_i \, \boldsymbol{\Sigma}_i(\boldsymbol{\beta}) \, \mathbf{X}_i^{T} \, .$$

2.8 Regressionsmodelle im ordinalen Fall

a) Im Fall geordneter Kategorien $j=1,2,...,q,q+1$ geben wir zwei Möglichkeiten an, eine geeignete Linkfunktion $\mathbf{g}$ (bzw. response Funktion $\mathbf{h}$) festzulegen. Mit einer (kumulativen) Verteilungsfunktion F, z.B. der logistischen Verteilungsfunktion $F(t) = e^t/(1+e^t)$, setzt man für $\boldsymbol{\eta} = (\eta_1,...,\eta_q)$ zunächst $h_1(\boldsymbol{\eta}) = F(\eta_1)$ und für $j \geq 2$

1. $\qquad h_j(\boldsymbol{\eta}) = F(\eta_j) \cdot \prod_{k=1}^{j-1} (1 - F(\eta_k))$ $\qquad\qquad$ [*sequential* model]

oder

2. $\qquad h_j(\boldsymbol{\eta}) = F(\eta_j) - F(\eta_{j-1})$ $\qquad\qquad\qquad$ [*cumulative* model].

Im Beispiel 2, welches in b) ausführlicher besprochen wird, werden die η_j als aufsteigend geordnet vorausgesetzt. In keinem der beiden Fälle liegt eine natürliche Linkfunktion vor.

b) Kumulatives logistisches Regressionsmodell

Gemäß Bsp. 2 wird die response Funktion

(7) $\qquad \pi_{ij} \equiv h_j(\boldsymbol{\eta}_i) = F(\eta_{ij}) - F(\eta_{i,j-1})$ $\qquad\qquad$ [$j \geq 2$, $h_1(\boldsymbol{\eta}_i) = F(\eta_{i1})$]

eingeführt, wobei F eine festzulegende Verteilungsfunktion bezeichnet, die als 2× stetig differenzierbar vorausgesetzt wird. Dabei unterliegt der Regressionsterm η_{ij} $= (\mathbf{X}_i^T \cdot \boldsymbol{\beta})_j$ für jedes i = 1,2,...,n der Ordnungsrelation $\eta_{i,j-1} < \eta_{ij}$. Diese Relation ist z.B. erfüllt, falls p = q+r für ein r $\geq$ 1 sowie

$$\mathbf{X}_i^T = \left(I_q \begin{matrix} -\mathbf{z}_i^T \\ \vdots \\ -\mathbf{z}_i^T \end{matrix} \right) , \quad \boldsymbol{\beta} = \left(\begin{matrix} \boldsymbol{\alpha} \\ \boldsymbol{\gamma} \end{matrix} \right) , \quad \text{mit } \boldsymbol{\alpha} \in \mathbb{R}^q, \quad \alpha_1 < \alpha_2 < ... < \alpha_q ,$$

sowie $\boldsymbol{\gamma} \in \mathbb{R}^r$ und $\mathbf{z}_i \in \mathbb{R}^r$ für jedes i. In der Tat, mit dieser Festlegung gilt

(8) $\qquad \eta_{ij} \equiv (\mathbf{X}_i^T \cdot \boldsymbol{\beta})_j = \alpha_j - \mathbf{z}_i^T \cdot \boldsymbol{\gamma} .$

Man führt J = {1,2,...,q+1} ein und, mit $Y_{i,q+1} = 1 - \sum_{j=1}^q Y_{ij}$, die J-wertige Variable $Y_i = \sum_{j=1}^{q+1} j \cdot Y_{ij}$.

Für einen Wahrscheinlichkeitsvektor $(p_1,...,p_{q+1})$ über J definiert man kumulative Wahrscheinlichkeiten

$$p_{(j)} = p_1 + ... + p_j$$

wobei $p_{(1)} = p_1$ und $p_{(q+1)} = 1$ gilt. Mit dieser Notation kann man (7) und (8) in die folgende Form bringen

(9) $\qquad \pi_{i(j)} \equiv \mathbb{P}(Y_i \leq j) = F(\alpha_j - \mathbf{z}_i^T \boldsymbol{\gamma}) .$

Das kumulative Modell (9) läßt sich als ein Modell mit *latenten* Variablen schreiben (McCullagh, 1980). In der Tat, X_i, i=1,2,..., mögen kontinuierliche Variablen sein, welche einem linearen Modell

$$X_i = \mathbf{z}_i^T \boldsymbol{\gamma} + e_i, \quad i=1,2,...,$$

unterliegen, wobei die $e_1, e_2,...$ unabhängig und identisch verteilte Zufallsvariablen sind mit Verteilungsfunktion F. Dann wird eine J-wertige Variable Y_i durch die

Vorschrift

$$Y_i \leq j \text{ genau dann, wenn } X_i \leq \alpha_j \qquad [Y_i = q+1, \text{ falls } X_i > \alpha_q]$$

definiert. Für diese gilt

$$\mathbb{P}(Y_i \leq j) = \mathbb{P}(\mathbf{z}_i^T \boldsymbol{\gamma} + e_i \leq \alpha_j) = F(\alpha_j - \mathbf{z}_i^T \boldsymbol{\gamma}),$$

das ist die Gleichung (9).

Abschließend wollen wir die in 1.11 auftretenden $q \times q$-Matrizen $\boldsymbol{\Sigma}_i$, $\boldsymbol{\Sigma}_i^{-1}$ und $\left(d\boldsymbol{\mu}_i^T / d\boldsymbol{\eta}_i\right)$ explizit angeben. Es ist mit $\boldsymbol{\mu}_i = \boldsymbol{\pi}_i = (\pi_{i1}, ..., \pi_{iq})^T$

$$\boldsymbol{\Sigma}_i = \mathbf{D}_{\pi_i} - \boldsymbol{\pi}_i \cdot \boldsymbol{\pi}_i^T, \quad \boldsymbol{\Sigma}_i^{-1} = \mathbf{D}_{\pi_i}^{-1} + \mathbf{1} \cdot \mathbf{1}^T / \pi_{i,q+1},$$

$$\left(\frac{d\boldsymbol{\mu}_i^T}{d\boldsymbol{\eta}_i}\right) = \begin{bmatrix} f(\eta_{i1}) & -f(\eta_{i1}) & & 0 \\ & f(\eta_{i2}) & -f(\eta_{i2}) & \\ & & \ddots & \ddots \\ 0 & & & f(\eta_{iq}) \end{bmatrix},$$

wobei $\mathbf{D}_\pi = \text{Diag}(\pi_j)$ wie in 2.7, $\mathbf{D}_\pi^{-1} = \text{Diag}\left(\frac{1}{\pi_j}\right)$, $\mathbf{1} = (1, ..., 1)^T \in \mathbb{R}^q$ und $f(\eta) = F'(\eta)$ gesetzt wurde. Im Fall der logistischen Verteilungsfunktion $F(\eta)$ ist

$$f(\eta) = 1/(2 + e^{-\eta} + e^{\eta}) \qquad\qquad\qquad [\text{Abb. } 2.4].$$

2.9 Zweidimensionale Kontingenztafel (Poisson-Schema)

Gegeben seien $I \cdot J$ unabhängige $\mathbb{N} \cup \{0\}$-wertige Zufallsvariablen

(10)
$$Y_{ij}, \quad i=1,...,I, \quad j=1,...,J,$$

$$\text{jedes } Y_{ij} \ P(\lambda_{ij})\text{-verteilt mit Parameter } \lambda_{ij} = \mu_{ij} = \mathbb{E} Y_{ij}.$$

Jedes Y_{ij} gehört gemäß I 3.5 d) einer Exponentialfamilie in kanonischer Form an, mit der Dichte

$$f(y, \lambda_{ij}) = \exp\{\ln \lambda_{ij} \cdot y - \ln y! - \lambda_{ij}\}$$

wobei $\theta_{ij} = \ln \lambda_{ij}$ der natürliche Parameter ist. Wir wählen die natürliche Linkfunktion g mit $g(\lambda_{ij}) = \theta_{ij}$, d.h.

$$g(\lambda) = \ln \lambda,$$

sowie einen $p \times 1$-Vektor $\boldsymbol{\beta}$ und eine $IJ \times p$-Matrix $\mathbf{X}$ nach Art der zweifachen Varianzanalyse IV 2.1 Modell b):

$$p = (I + 1)(J + 1)$$

$$\beta = (\lambda, \lambda_1^A, ..., \lambda_I^A, \lambda_1^B, ..., \lambda_J^B, \lambda_{11}^{AB}, ..., \lambda_{IJ}^{AB})^T$$

$\mathbf{X}$ wie in IV 2.1 b) mit $K = 1$

(die $\lambda^A, \lambda^B, \lambda^{AB}$ ersetzen die α, β, γ der zweifachen VA, unterliegen den üblichen Nebenbedingungen und sind zu unterscheiden von den $\lambda_{ij} = \mu_{ij}$ aus (10)). Die Gleichungen $g(\lambda_{ij}) = (\mathbf{X} \cdot \boldsymbol{\beta})_{ij}$ lauten nach dieser Wahl von $g, \boldsymbol{\beta}$ und $\mathbf{X}$

$$(11) \qquad \ln \lambda_{ij} = \lambda + \lambda_i^A + \lambda_j^B + \lambda_{ij}^{AB}, \quad i=1,...,I, \; j=1,...,J,$$

und werden auch die Gleichungen eines *log-linearen* Modells genannt. Durch (10) und (11) wird ein (univariates) GLM mit natürlicher Linkfunktion definiert, wobei das n aus 1.1 hier den Wert $I \cdot J$ hat (die Voraussetzung $p < n$ allerdings verletzt ist).

Die Realisation der Zufallsvariablen Y_{ij} werden üblicherweise mit n_{ij} bezeichnet und in der Form einer zweidimensionalen *Kontingenztafel* aufgetragen, vgl. VIII 1.0. Die Summen $n_{i \cdot} = \Sigma_j n_{ij}$ und $n_{\cdot j} = \Sigma_i n_{ij}$ nennt man Zeilen- bzw. Spaltensummen oder *Randhäufigkeiten*, $n_{\cdot \cdot} = \Sigma_i \Sigma_j n_{ij}$ heißt *Gesamthäufigkeit*.

2.10 Höherdimensionale Kontingenztafel (Poisson-Schema)

In analoger Weise entstehen höher-dimensionale Kontingenztafeln. Bei dreidimensionalen Tafeln z.B. liegen $I \cdot J \cdot K$ unabhängige $P(\lambda_{ijk})$-verteilte Zufallsvariablen Y_{ijk} zugrunde. Die Gleichungen des log-linearen Modells (das sind die Gleichungen $g(\lambda_{ijk}) = (\mathbf{X} \cdot \boldsymbol{\beta})_{ijk}$ mit der natürlichen Linkfunktion $g = \ln$ und den der dreifachen VA entnommenen $\boldsymbol{\beta}$ und $\mathbf{X}$) lauten

$$\ln \lambda_{ijk} = \lambda + \lambda_i^A + \lambda_j^B + \lambda_k^C + \lambda_{ij}^{AB} + \lambda_{ik}^{AC} + \lambda_{jk}^{BC} + \lambda_{ijk}^{ABC} .$$

Die Realisationen n_{ijk} der Zufallsvariablen Y_{ijk} ordnet man in einer dreidimensionalen Kontingenztafel an (siehe VIII 5.1).

Bemerkungen 1. In der Praxis entstehen Kontingenztafeln selten durch das hier verwendete Schema von Poissonverteilungen, sondern mehr durch Erhebungsschemata gemäß einer Multinomialverteilung. Bei diesen sind Randhäufigkeiten vorgegeben und nicht - wie hier - zufällige Größen. Kontingenztafeln, die aus Multinomialschemata entstehen, werden in Kap. VIII analysiert. Das Poissonschema wird uns dort aber als eine Art Referenzmodell von Nutzen sein.

2. Es gibt noch einen anderen Grund dafür, daß die Analyse von Kontingenztafeln außerhalb des Kapitels über GLM stattfindet. Während bei der asymptotischen Behandlung von GLM die Anzahl n unabhängiger Variablen gegen ∞ geht, bleibt diese hier konstant (IJ oder IJK), und es ist die (zufallsabhängige) Gesamtsumme der Zufallsvariablen Y_{ij} oder Y_{ijk} (d.h. $n_{..}$ oder $n_{...}$), die wächst.

3. SCHÄTZEN UND TESTEN

3.0 Der unbekannte Parametervektor $\boldsymbol{\beta}$ eines GLM wird mit der ML-Methode geschätzt. Im Unterschied zu den linearen Modellen stoßen wir bei der Berechnung der Schätzung $\hat{\boldsymbol{\beta}}$ für $\boldsymbol{\beta}$ auf nichtlineare Gleichungssysteme, die nur mit Hilfe iterativer Methoden gelöst werden können. Wir werden ein Newton-Verfahren mit Fisher-Scoring vorstellen. Das Testen von Hypothesen und das Aufstellen von Konfidenzintervallen geschieht mit Hilfe von asymptotischen Verfahren, d.h. also - im Sinne der Praxis - mit Hilfe approximativer Verfahren, die für große Stichprobenumfänge n gültig sind. Hier finden die Ergebnisse des Kap. VI über die asymptotische statistische Theorie direkte Anwendung. Die Schätzfunktion $l_n(\boldsymbol{\beta})$ ist hier mit der log-Likelihoodfunktion, die Schätzgleichung $\mathbf{U}_n(\boldsymbol{\beta}) = 0$ mit der ML-Gleichung identisch. Wir werden uns ab 3.5 auf univariate GLM mit natürlicher Linkfunktion beschränken. Nicht-natürliche Linkfunktionen werden dann erst wieder in 4.4 zugelassen.

BERECHNUNG DES ML-SCHÄTZERS

3.1 ML-Schätzung für $\boldsymbol{\beta}$

Bezeichnet $\mathbf{U}(\boldsymbol{\beta})$ wieder den $p\times1$-Scorevektor, so berechnen wir den ML-Schätzer $\hat{\boldsymbol{\beta}}_n$ für $\boldsymbol{\beta}$ aus der ML-Gleichung $\mathbf{U}(\boldsymbol{\beta}) = 0$, die im *univariaten* Fall nach 1.5 lautet

MLG
$$\mathbf{X}^T\mathbf{V}^{-1}(\boldsymbol{\beta})\left(\frac{d\boldsymbol{\mu}}{d\boldsymbol{\eta}}(\boldsymbol{\beta})\right)(\mathbf{y} - \boldsymbol{\mu}(\boldsymbol{\beta})) = 0 \ .$$

Dabei ist $\mathbf{y} = (y_1,\dots,y_n)^T$ der Beobachtungsvektor (die vorgegebene Stichprobe vom Umfang n) und

$$\mathbf{V}(\boldsymbol{\beta}) = \mathrm{Diag}(\sigma_i^2(\boldsymbol{\beta})), \quad \text{mit } \sigma_i^2(\boldsymbol{\beta}) = \tau^2 b''(\psi(\mu_i)) \qquad [\psi = b'^{-1}]$$

$$(d\boldsymbol{\mu}/d\boldsymbol{\eta}) = \mathrm{Diag}(d\mu_i/d\eta_i) = \mathrm{Diag}(dh/d\eta\,(\eta_i)),$$

wobei die μ_i und η_i über $\mu_i = h(\eta_i)$ und $\eta_i = \mathbf{x}_i^T\boldsymbol{\beta}$ von $\boldsymbol{\beta}$ abhängen. Im Fall einer natürlichen Linkfunktion vereinfacht sich MLG gemäß 1.7 zu

$$\text{MLG}_n \qquad \mathbf{X}^T(\mathbf{y} - \boldsymbol{\mu}(\boldsymbol{\beta})) = 0 \ ,$$

was gegenüber MLG den Vorteil hat, daß die Größen σ_i^2 weggefallen sind.

Für ein q-variates GLM mit den n Beobachtungen $\mathbf{y}_1,...,\mathbf{y}_n$ der Dimension q lauten die ML-Gleichungen mit den Bezeichnungen von 1.11

$$(1) \qquad \mathbf{U}(\boldsymbol{\beta}) = \Sigma_{i=1}^n \, \mathbf{X}_i \cdot \Big(\frac{d\boldsymbol{\mu}_i^T}{d\boldsymbol{\eta}_i}\Big) \cdot \boldsymbol{\Sigma}_i^{-1}(\boldsymbol{\beta}) \cdot (\mathbf{y}_i - \boldsymbol{\mu}_i(\boldsymbol{\beta})) = 0 \ ,$$

die sich im Fall natürlicher Linkfunktion vereinfachen zu

$$\Sigma_{i=1}^n \, \mathbf{X}_i (\mathbf{y}_i - \boldsymbol{\mu}_i(\boldsymbol{\beta})) = 0 \ .$$

3.2 Bemerkungen zur ML-Gleichung

1. Der Störparameter τ^2 taucht in den ML Gleichungen nicht mehr auf. Die ML-Gleichungen lassen sich nämlich (nach Multiplikation mit τ^2) auch mit der Matrix

$$\text{Diag}\big(1/b''(\psi(\mu_i))\big) \quad \text{anstelle von } \mathbf{V}^{-1} \qquad \text{[univariat]}$$
$$\big(d^2/d\boldsymbol{\theta}^2\, b(\boldsymbol{\psi}(\boldsymbol{\mu}_i))\big)^{-1} \quad \text{anstelle von } \boldsymbol{\Sigma}_i^{-1} \qquad \text{[multivariat]}$$

schreiben. Seine Schätzung erfolgt "von außen" nach anderen Prinzipien. Mit Hilfe der Schätzer

$$\hat{\boldsymbol{\mu}} = \boldsymbol{\mu}(\hat{\boldsymbol{\beta}}_n) \quad \text{und} \quad \hat{\phi}_i = b''(\psi(\hat{\mu}_i)) \quad \text{für} \ \boldsymbol{\mu} \ \text{bzw.} \ \sigma_i^2/\tau^2$$

bildet z.B.

$$\hat{\tau}^2 = \frac{1}{n-p} \Sigma_{i=1}^n \frac{(y_i - \hat{\mu}_i)^2}{\hat{\phi}_i}$$

im univariaten Fall einen gängigen Schätzer für τ^2.

2. Natürliche Linkfunktion, univariater Fall: Da wir alle $\sigma_i^2 > 0$ und den vollen Rang von $\mathbf{X}$ vorausgesetzt haben, ist die Hessematrix von $\ell_n(\boldsymbol{\beta})$, d.i. $\mathbf{W}_n(\boldsymbol{\beta}) = -(1/\tau^4)\,\mathbf{X}^T\mathbf{V}(\boldsymbol{\beta})\,\mathbf{X}$, negativ definit, so daß eine Lösung von MLG_n - falls vorhanden - einzige ML-Schätzung für $\boldsymbol{\beta}$ ist. Zur Frage der Existenz der Lösungen der ML-Gleichung siehe die Literaturhinweise in I 4.6 und Wedderburn (1976), Fahrmeir und Hamerle (1984), S. 271 f, Kaufmann (1988).

3. Das lineare Modell (NLM, vgl. 2.1) hat die Identität als natürliche Linkfunktion und damit $\boldsymbol{\mu}(\boldsymbol{\beta}) = \mathbf{X}\boldsymbol{\beta}$, so daß MLG_n sich hier in der Form

$$\mathbf{X}^T(\mathbf{y} - \mathbf{X}\boldsymbol{\beta}) = 0 \ , \quad \text{d.h.} \ \mathbf{X}^T\mathbf{X}\boldsymbol{\beta} = \mathbf{X}^T\mathbf{y} \ ,$$

schreibt und sich damit auf das System NG der Normalgleichungen aus III 3.2 reduziert. Wie schon in III 3.3 bemerkt, sind MQ-Schätzung und ML-Schätzung für β im NLM identisch. Weil hier $b'' = 1$ und damit $\hat{\phi}_i = 1$ gilt, ist der Schätzer $\hat{\tau}^2$ aus Bem.1 mit dem Varianzschätzer $\hat{\sigma}^2$ aus III 3.5 identisch.

4. In die ML Gleichung (1) aus 3.1 gehen die Erwartungswert-Vektoren $\mu_i = \mathbb{E}\,\mathbf{Y}_i$, die Kovarianz-Matrizen $\boldsymbol{\Sigma}_i = V(\mathbf{Y}_i)$ und die Form $\mu_i(\beta) = \mathbf{h}(\mathbf{X}_i^T \cdot \beta)$ der funktionalen Abhängigkeit der Erwartungswerte μ_i vom Modellparameter β ein. Dabei ist $\boldsymbol{\Sigma}_i$ die (mit einem Faktor τ^2 multiplizierte) Hessematrix der Funktion b, welche im Exponenten der Dichte der Exponentialfamilie auftritt. Verzichtet man auf die explizite Angabe einer solchen Dichte und setzt irgendeine (positiv-definite) Matrix $\boldsymbol{\Sigma}_i$ ein, welche eine (mit τ^2 multiplizierte) Funktion von $\mu_i(\beta)$ ist, so stellt (1) weiterhin eine Schätzgleichung für β dar (*Quasi*-Likelihood Methode nach Wedderburn, 1974). Viele der asymptotischen Ergebnisse, die i.f. gebracht werden, bleiben in modifizierter Form gültig (Fahrmeir, 1990).

Ein solcher Ansatz ist vor allem im Bereich von *Longitudinal*-Daten (oder Panel-Daten) von großer Bedeutung (vgl. Liang & Zeger, 1986). Bei diesen Daten stellt die Sequenz $Y_{i1}, \ldots, Y_{iq}$ der Komponenten der i-ten Beobachtung $\mathbf{Y}_i$ eine "Zeitreihe" der Länge q dar und $\boldsymbol{\Sigma}_i$ beschreibt ihre serielle Korrelationsstruktur.

Verwandt zur Methode des Quasi-Likelihoods ist die des Pseudo-Likelihoods nach Gourieroux, Montfort & Trognon (1984), vgl. die Zusammenschau in Ziegler (1994).

3.3 Iterationsverfahren zur Berechnung von $\hat{\beta}_n$

a) Newton Verfahren

Wir wollen nun die Maximum-Likelihood Gleichung MLG mit Hilfe des *Newton*-Verfahrens lösen. Dabei bezeichnen $\mathbf{b}^{(0)}$, $\mathbf{b}^{(1)}$, $\mathbf{b}^{(2)}$, ... die iterierten Lösungen, wobei $\mathbf{b}^{(0)}$ ein vorgegebener Startvektor aus $\mathbb{R}^p$ ist.

Die (m+1)-te Iterierte $\mathbf{b}^{(m+1)}$ berechnet sich aus $\mathbf{b}^{(m)}$ gemäß

$$\mathbf{U}(\mathbf{b}^{(m)}) + \mathbf{W}(\mathbf{b}^{(m)}) \cdot (\mathbf{b}^{(m+1)} - \mathbf{b}^{(m)}) = 0 \;.$$

Man beachte, daß die linke Seite die ersten zwei Glieder der Taylorentwicklung von $\mathbf{U}(\mathbf{b}^{(m+1)})$ an der Stelle $\mathbf{b}^{(m)}$ darstellt. Setzen wir die p×p-Matrix $\mathbf{W}(\beta)$ als invertierbar voraus, dann folgt

$$(2) \qquad \mathbf{b}^{(m+1)} = \mathbf{b}^{(m)} - \mathbf{W}^{-1}(\mathbf{b}^{(m)}) \cdot \mathbf{U}(\mathbf{b}^{(m)}) \;.$$

Das Iterationsverfahren (2) konvergiert gegen $\hat{\mathbf{b}}$, falls $\hat{\mathbf{b}}$ Lösung von $\mathbf{U}(\mathbf{b}) = 0$ ist und falls $\mathbf{b}^{(0)}$ genügend nahe bei $\hat{\mathbf{b}}$ gelegen ist, vgl. Schwarz (1986, 5.4.2), Stoer (1976, 5.3).

Bei der sog. *Scoring*-Methode nach Fisher, einer Variante des Newton-Verfahrens, die nun angewendet werden soll, wird die (unter Umständen indefinite) Matrix $-\mathbf{W}(\boldsymbol{\beta})$ durch ihre (positiv-semidefinite) Erwartungswert-Matrix ersetzt.

b) Fisher Scoring, univariat

Gemäß 1.5, 1.6 ist

$$\mathbb{E}_{\boldsymbol{\beta}}\,\mathbf{W}(\boldsymbol{\beta}) = -\mathbf{X}^T\mathbf{Z}(\boldsymbol{\beta})\,\mathbf{X}$$

mit der $n \times n$-Diagonalmatrix

$$\mathbf{Z}(\boldsymbol{\beta}) = \mathbf{V}^{-1}(\boldsymbol{\beta})\left(\tfrac{d\boldsymbol{\mu}}{d\boldsymbol{\eta}}\right)^2 \,.$$

Setzen wir

$$\mathbf{Z}^{(m)} = \mathbf{Z}(\mathbf{b}^{(m)}), \quad \mathbf{V}^{(m)} = \mathbf{V}(\mathbf{b}^{(m)}) \quad \text{und entsprechend} \quad \left(\tfrac{d\boldsymbol{\eta}}{d\boldsymbol{\mu}}\right)^{(m)}, \ \boldsymbol{\mu}^{(m)},$$

wobei $(d\boldsymbol{\eta}/d\boldsymbol{\mu}) = (d\boldsymbol{\mu}/d\boldsymbol{\eta})^{-1}$, so lautet bei der Scoring-Methode die Iterationsgleichung anstelle von (2)

$$(3) \qquad \mathbf{b}^{(m+1)} = \mathbf{b}^{(m)} + (\mathbf{X}^T\mathbf{Z}^{(m)}\mathbf{X})^{-1}\left(\mathbf{X}^T\mathbf{Z}^{(m)}\left(\tfrac{d\boldsymbol{\eta}}{d\boldsymbol{\mu}}\right)^{(m)}(\mathbf{y} - \boldsymbol{\mu}^{(m)})\right) \,.$$

Dabei haben wir ausgenützt, daß $\mathbf{X}^T\mathbf{Z}(\boldsymbol{\beta})\mathbf{X}$ invertierbar ist. Dies ist nämlich der Fall, weil wir den vollen Rang von $\mathbf{X}$ und $(d\mu_i/d\eta_i) \neq 0$ vorausgesetzt haben. Wir können (3) so umformen, daß eine Ähnlichkeit mit den sogenannten gewichteten Normalgleichungen

$$(\mathbf{X}^T\mathbf{S}^{-1}\mathbf{X})\boldsymbol{\beta} = \mathbf{X}^T\mathbf{S}^{-1}\mathbf{y}, \quad \mathbf{S} = \mathbb{V}(\mathbf{e})/\sigma^2 \,,$$

aus III 3.11 entsteht. Mit Hilfe der sog. "GLM observations"

$$(4) \qquad \mathbf{z}(\boldsymbol{\beta},\mathbf{y}) = \mathbf{X}\boldsymbol{\beta} + \left(\tfrac{d\boldsymbol{\eta}}{d\boldsymbol{\mu}}\right)(\mathbf{y} - \boldsymbol{\mu}(\boldsymbol{\beta}))$$

(auch pseudo observations genannt) schreibt sich nämlich (3) in der Form

$$(5) \qquad (\mathbf{X}^T\mathbf{Z}^{(m)}\mathbf{X})\,\mathbf{b}^{(m+1)} = \mathbf{X}^T\mathbf{Z}^{(m)}\,\mathbf{z}^{(m)}(\mathbf{y})\,.$$

In (5) hängen $\mathbf{Z}^{(m)}$ und $\mathbf{z}^{(m)}(\mathbf{y}) = \mathbf{z}(\mathbf{b}^{(m)},\mathbf{y})$ allerdings vom (iterierten) Parametervektor $\mathbf{b}^{(m)}$ ab, während dies bei $\mathbf{S}$ und $\mathbf{y}$ in den gewichteten Normalgleichungen nicht der Fall ist.

c) Fisher Scoring, multivariat

Im Fall des multivariaten GLM führen wir die i-te q-variate GLM observation

$$(6) \qquad \mathbf{z}_i(\boldsymbol{\beta},\mathbf{y}_i) = \mathbf{X}_i^T\boldsymbol{\beta} + \left(\tfrac{d\boldsymbol{\mu}_i}{d\boldsymbol{\eta}_i^T}\right)^{-1}\cdot(\mathbf{y}_i - \boldsymbol{\mu}_i(\boldsymbol{\beta})), \qquad \left[\left(\tfrac{d\boldsymbol{\mu}_i}{d\boldsymbol{\eta}_i^T}\right)^{-1} = \left(\tfrac{d\boldsymbol{\eta}_i}{d\boldsymbol{\mu}_i^T}\right)\right],$$

ein. Damit lauten die gewichteten Normalgleichungen

$$(7) \qquad \left(\Sigma_{i=1}^n \mathbf{X}_i\mathbf{Z}_i^{(m)}\mathbf{X}_i^T\right)\mathbf{b}^{(m+1)} = \Sigma_{i=1}^n \mathbf{X}_i\,\mathbf{Z}_i^{(m)}\,\mathbf{z}_i^{(m)}(\mathbf{y}_i)$$

mit

$$Z_i(\beta) = \left(\frac{d\mu_i^T}{d\eta_i}\right) \cdot \Sigma_i^{-1}(\beta) \cdot \left(\frac{d\mu_i}{d\eta_i^T}\right)$$

und

$$Z_i^{(m)} = Z_i(b^{(m)}), \quad z_i^{(m)}(y) = z_i(b^{(m)},y).$$

3.4 Bemerkungen zum Iterationsverfahren, Residuen

1. Natürliche Linkfunktion

Im Fall natürlicher Linkfunktion vereinfachen sich die obigen Gleichungen.

(a) Im *univariaten* Fall ist (bei natürlicher Linkfunktion) $d\mu_i/d\eta_i = \sigma_i^2/\tau^2$ und

$$Z(\beta) = \frac{1}{\tau^4}\,V(\beta) = \frac{1}{\tau^4}\,\mathrm{Diag}(\sigma_i^2),$$

so daß wir hier mit der Abkürzung $V^{(m)} = V(b^{(m)})$ aus (2) bis (5) erhalten

$(2)_n = (3)_n \qquad b^{(m+1)} = b^{(m)} + \tau^2 (X^T V^{(m)} X)^{-1}(X^T(y - \mu^{(m)}))$,

sowie, mit der GLM observation

$(4)_n \qquad z(\beta,y) = X\beta + \tau^2 (V(\beta))^{-1}(y - \mu(\beta))$, $z^{(m)}(y) = z(b^{(m)},y)$,

die gewichteten Normalgleichungen

$(5)_n \qquad\qquad (X^T V^{(m)} X)\, b^{(m+1)} = X^T V^{(m)} z^{(m)}(y)$.

Man beachte, daß in $(2)_n$ bis $(5)_n$ die Abhängigkeit von $b^{(m)}$ sowohl in $\mu^{(m)}$ als auch in $V^{(m)}$ steckt. Schreibt man $V/\tau^2 = \mathrm{Diag}(b''(\eta_i))$ (ähnlich wie in Bem.1 in 3.2), so taucht der Störparameter in den Iterationsgleichungen nicht mehr auf.

(b) Im *multivariaten* Fall ist (bei natürlicher Linkfunktion) $\left(\frac{d\mu_i^T}{d\eta_i}\right) = \frac{1}{\tau^2}\Sigma_i$, also $Z_i = \Sigma_i/\tau^4$, so daß die i-te GLM observation und die gewichteten Normalgleichungen lauten

$(6)_n \qquad z_i(\beta,y_i) = X_i^T\beta + \tau^2\Sigma_i^{-1}\cdot(y_i - \mu_i(\beta))$

$(7)_n \qquad (\sum_{i=1}^n X_i \Sigma_i^{(m)} X_i^T)\, b^{(m+1)} = \sum_{i=1}^n X_i \Sigma_i^{(m)} z_i^{(m)}(y_i)$,

mit

$$z_i^{(m)}(y) = z_i(b^{(m)},y), \quad \Sigma_i^{(m)} = \Sigma_i(b^{(m)}).$$

2. Residuen

(a) GLM-Residuen: Interpretiert man die Gleichung der GLM observation $z(\beta,y)$ als eine Modellgleichung der Bauart "Strukturteil + Residuum", so kommen wir zu GLM-Residuen $\hat{e}$ der Form univariat $\qquad \hat{e}_i = \big(\frac{d\eta_i}{d\mu_i}(\hat{\boldsymbol{\beta}}_n)\big)(y_i - \mu_i(\hat{\boldsymbol{\beta}}_n))$, $\quad i = 1,2,...,n$,

multivariat $\qquad \hat{\mathbf{e}}_i = \big(\frac{d\boldsymbol{\mu}_i}{d\boldsymbol{\eta}_i^T}(\hat{\boldsymbol{\beta}}_n)\big)^{-1} \cdot (\mathbf{y}_i - \boldsymbol{\mu}_i(\hat{\boldsymbol{\beta}}_n))$, $\quad i = 1,2,...,n$.

Im Fall natürlicher Linkfunktion geht $\big(\frac{d\eta_i}{d\mu_i}(\hat{\boldsymbol{\beta}}_n)\big)$ in $\tau^2/\sigma_i^2(\hat{\boldsymbol{\beta}}_n)$ und $\big(\frac{d\boldsymbol{\mu}_i}{d\boldsymbol{\eta}_i^T}(\hat{\boldsymbol{\beta}}_n)\big)^{-1}$ in $\tau^2 \boldsymbol{\Sigma}_i^{-1}(\hat{\boldsymbol{\beta}}_n)$ über.

Im Beispiel 2.1 des NLM erhalten wir wie in III 3.5

$$\hat{e}_i = y_i - \mu_i(\hat{\boldsymbol{\beta}}_n) = y_i - (\mathbf{X}\hat{\boldsymbol{\beta}}_n)_i\,,$$

im Beispiel 2.4 des binären logistischen Regressionsmodells ergibt sich

(8) $\qquad \hat{e}_i = (y_i - \hat{\pi}_i)/(\hat{\pi}_i(1-\hat{\pi}_i))$, $\quad \hat{\pi}_i = \pi_i(\hat{\boldsymbol{\beta}}_n)$ wie in 2.4.

GLM-Residuen sind vor allem im Bereich der partiellen Residuenbildung nützlich, vgl. Landwehr et al. (1984), Pruscha (1994 b).

(b) Pearson-Residuen: Üblicherweise zieht man in (8) einen Nenner $\sqrt{\hat{\pi}_i(1-\hat{\pi}_i)}$ vor. Ein solcher wird von den sog. Pearson-Residuen geliefert, welche wie folgt definiert sind:

univariat: $\qquad \hat{r}_i = (y_i - \mu_i(\hat{\boldsymbol{\beta}}_n))/\hat{\sigma}_i$, $\quad \hat{\sigma}_i = \sqrt{\sigma_i^2(\hat{\boldsymbol{\beta}}_n)}$

multivariat: $\qquad \hat{\mathbf{r}}_i = \boldsymbol{\Sigma}_i^{-1/2}(\hat{\boldsymbol{\beta}}_n)\cdot(\mathbf{y}_i - \boldsymbol{\mu}_i(\hat{\boldsymbol{\beta}}_n))$

Anstelle von (8) haben wir jetzt im binären (dichotomen) logistischen Regressionsmodell 2.4

$$\hat{r}_i = (y_i - \hat{\pi}_i)/\sqrt{\hat{\pi}_i(1-\hat{\pi}_i)}\,.$$

Im Beispiel 2.7 des mehrkategoriellen (multivariaten) logistischen Regressionsmodells ist

$$\hat{\mathbf{r}}_i = [\mathbf{D}_{\hat{\boldsymbol{\pi}}_i} - \hat{\boldsymbol{\pi}}_i\cdot\hat{\boldsymbol{\pi}}_i^T]^{-1/2}\cdot(\mathbf{y}_i - \hat{\boldsymbol{\pi}}_i)\,, \qquad \hat{\boldsymbol{\pi}}_i = \boldsymbol{\pi}_i(\hat{\boldsymbol{\beta}}_n) \text{ wie in 2.7}\,.$$

A S Y M P T O T I S C H E   M L - T H E O R I E

3.5 Hauptsatz für GLM mit natürlicher Linkfunktion

Wir betrachten von nun an bis einschließlich 4.3 nur den Fall des univariaten GLM mit natürlicher Linkfunktionen. Als Schätzfunktion l_n setzen wir die log Likelihoodfunktion an, wobei nicht von $\boldsymbol{\beta}$ abhängige Terme weggelassen werden. Die zugehörigen Größen $l_n(\boldsymbol{\beta})$, $\mathbf{U}_n(\boldsymbol{\beta})$, $\mathbf{W}_n(\boldsymbol{\beta})$ lauten dann gemäß Satz 1.7

$$l_n(\boldsymbol{\beta}) = \tfrac{1}{\tau^2} \Sigma_{i=1}^n \{ Y_i\, \mathbf{x}_i^T \boldsymbol{\beta} - b(\mathbf{x}_i^T \boldsymbol{\beta}) \}$$

$$(9) \qquad \mathbf{U}_n(\boldsymbol{\beta}) = \tfrac{1}{\tau^2} \mathbf{X}^T (\mathbf{Y} - \boldsymbol{\mu}(\boldsymbol{\beta}))$$

$$-\mathbf{W}_n(\boldsymbol{\beta}) = \mathbf{I}_n(\boldsymbol{\beta}) = \tfrac{1}{\tau^4} \mathbf{X}^T \mathbf{V}(\boldsymbol{\beta})\, \mathbf{X} = \tfrac{1}{\tau^4} \left(\Sigma_{i=1}^n x_{ij}\, x_{ik}\, \sigma_i^2(\boldsymbol{\beta}),\ 1 \le j,k \le p \right).$$

Beachte, daß $\mathbf{W}_n(\boldsymbol{\beta})$ deterministisch ist, daß die $n \times p$-Matrix $\mathbf{X} = \mathbf{X}_n$ elementweise von n und die $n \times n$-Diagonalmatrix $\mathbf{V} = \mathrm{Diag}(\sigma_i^2)$ von $\boldsymbol{\beta}$ abhängt. Wir nehmen an, daß es eine offene Teilmenge $B \subset \mathbb{R}^P$ gibt mit $(\mathbf{X}_n \boldsymbol{\beta})_i \in \Theta$ [$(\mathbf{X}_n \boldsymbol{\beta})_i \in g(b'(\Theta))$ ab 4.4 im Fall nicht-natürlicher Linkfunktionen] für alle $n \ge 1$, $\boldsymbol{\beta} \in B$, $i=1,...,n$.

Die folgende Bedingung formulieren wir mit invertierbaren $p \times p$-Matrizen $\boldsymbol{\Gamma}_n$, welche $\boldsymbol{\Gamma}_n \to 0$ ($n \to \infty$) erfüllen (und vom zugrundeliegenden Parameter $\boldsymbol{\beta}$ abhängen können), und mit einer positiv-definiten $p \times p$-Matrix $\boldsymbol{\Sigma}(\boldsymbol{\beta})$, die stetig in $\boldsymbol{\beta}$ ist und mit der Matrix $\boldsymbol{B}(\boldsymbol{\beta})$ aus Kap. VI zusammenfällt. Die Bedingung W_1^* aus VI 5.1 lautet im Fall deterministischer Matrix $\mathbf{W}_n(\boldsymbol{\beta})$:

$$W_1^* \qquad \begin{array}{l} \text{Für alle } b > 0 \text{ und } s > 0 \text{ gibt es ein } n_0 \ge 1 \text{, so daß für alle } n \ge n_0 \\[4pt] |\boldsymbol{\Gamma}_n \mathbf{I}_n(\boldsymbol{\beta}^*)\, \boldsymbol{\Gamma}_n^T - \boldsymbol{\Sigma}(\boldsymbol{\beta})| \le b \ \text{ für alle } \boldsymbol{\beta}^* \in \mathcal{U}_{n,s}(\boldsymbol{\beta}). \end{array}$$

Dabei ist $\mathcal{U}_{n,s}(\boldsymbol{\beta}) = \{ \boldsymbol{\beta}^* \in \mathbb{R}^P :\ |\boldsymbol{\Gamma}_n^{-T}(\boldsymbol{\beta}^* - \boldsymbol{\beta})| \le s \}$ wie in VI 1.1 .

Satz Für ein GLM mit natürlicher Linkfunktion, welches W_1^* erfüllt, sind die Bedingungen U^* und W^* aus VI 1.4 erfüllt, wobei $\boldsymbol{\Sigma}(\boldsymbol{\beta}) = \boldsymbol{B}(\boldsymbol{\beta})$ gilt. Insbesondere gilt für $n \to \infty$

(i) $\qquad$ Es existiert ein konsistenter ML-Schätzer $\hat{\boldsymbol{\beta}}_n$ für $\boldsymbol{\beta}$ i.S. von VI 1.0 oder VI 1.5 Bem.6.

$$(ii) \qquad \boldsymbol{\Gamma}_n^{-T}(\hat{\boldsymbol{\beta}}_n - \boldsymbol{\beta}) \xrightarrow{\ \mathcal{D}_\beta\ } N_p(0, \boldsymbol{\Sigma}^{-1}(\boldsymbol{\beta}))$$

$$(iii) \qquad 2\{ l_n(\hat{\boldsymbol{\beta}}_n) - l_n(\boldsymbol{\beta}) \} \xrightarrow{\ \mathcal{D}_\beta\ } \chi_p^2$$

$$(iv) \qquad 2\{ l_n(\hat{\boldsymbol{\beta}}_n) - l_n(\mathbf{q}(\hat{\boldsymbol{\delta}}_n)) \} \xrightarrow{\ \mathcal{D}_{h(\eta)}\ } \chi_{p-c}^2\ ,$$

letzteres, falls Γh^* erfüllt ist und $\boldsymbol{\beta} = \mathbf{q}(\boldsymbol{\delta})$, $\boldsymbol{\delta} \in \mathbb{R}^C$, hier an die Stelle der Notation $\boldsymbol{\theta} = \mathbf{h}(\boldsymbol{\eta})$ von VI 2.3-2.5 tritt.

Beweis Die Sätze 1.2, 1.6, 2.1 und 2.5 aus Kap. VI sind anwendbar, weil Prop. VI 5.2 a) die Gültigkeit von W^* und Satz VI 5.6 die Gültigkeit von U^* garantiert. $\square$

Bemerkungen 1. Die Aussagen (i)-(iii) des Satzes findet man bei Haberman

(1977, 3.1, 3.2), Fahrmeir & Kaufmann (1985, 3.1) und Fahrmeir (1987), ebenso den Typ der in 3.7 unten angegebenen Bedingung S_0^*.

2. Die Aussagen (iii) und (iv) bleiben richtig, wenn man das τ^2 in l_n (siehe (9)) durch einen konsistenten Schätzer $\hat{\tau}_n^2$ ersetzt.

3. Das in W_1^* enthaltene W_0^* (vgl. VI 5.1) erzwingt die Invertierbarkeit von $I_n(\boldsymbol{\beta})$ ab einem n_0 und die Konvergenz $I_n^{-1}(\boldsymbol{\beta}) \to 0$ $(n \to \infty)$.

3.6 Asymptotische Tests und Konfidenzintervalle

a) Konfidenzintervall für β_j: Unter der Annahme eines invertierbaren $\mathbf{W}_n(\hat{\boldsymbol{\beta}}_n)$ setze

$$1/a_{nj}^2 = [-\mathbf{W}_n^{-1}(\hat{\boldsymbol{\beta}}_n)]_{jj} \qquad\qquad \text{[j-tes Diagonalelement]}.$$

Nach VI 1.9 b) ist $1/a_{nj}$ ein Schätzer für den standard error $se(\hat{\beta}_{nj})$ von $\hat{\beta}_{nj}$, und

$$\hat{\beta}_{nj} - u_{1-\alpha/2}/a_{nj} \le \beta_j \le \hat{\beta}_{nj} + u_{1-\alpha/2}/a_{nj}$$

stellt ein approximatives Konfidenzintervall für β_j zum Niveau $1-\alpha$ dar.

Ein asymptotisches Konfidenzellipsoid für den Vektor $\boldsymbol{\beta}$ lautet nach VI 1.9 a)

$$\mathcal{E}_n(\hat{\boldsymbol{\beta}}_n) = \{\mathbf{b} \in \mathbb{R}^p : -(\mathbf{b} - \hat{\boldsymbol{\beta}}_n)^T \mathbf{W}_n(\hat{\boldsymbol{\beta}}_n)(\mathbf{b} - \hat{\boldsymbol{\beta}}_n) \le \chi_{p,1-\alpha}^2\}.$$

Ein asymptotisches Konfidenzintervall zum Niveau $\ge 1-\alpha$, welches simultan für alle Komponenten $\beta_1,...,\beta_p$ von $\boldsymbol{\beta}$ gilt, ist nach VI 1.9 c)

$$\hat{\beta}_{nj} - c_\alpha/a_{nj} \le \beta_j \le \hat{\beta}_{nj} + c_\alpha/a_{nj} \quad j=1,...,p \qquad [c_\alpha^2 = \chi_{p,1-\alpha}^2].$$

b) Test der einfachen Hypothese $H_0: \boldsymbol{\beta} = \boldsymbol{\beta}_0$: Gemäß VI 2.2 führen wir die folgenden Teststatistiken ein:

$$T_n(\boldsymbol{\beta}) = 2\{l_n(\hat{\boldsymbol{\beta}}_n) - l_n(\boldsymbol{\beta})\}$$

mit

$$l_n(\boldsymbol{\beta}) = \frac{1}{\tau^2} \Sigma_{i=1}^n \{(y_i \mathbf{x}_i^T \boldsymbol{\beta} - b(\mathbf{x}_i^T \boldsymbol{\beta})\}.$$

Ferner

$$T_n^{(W)}(\boldsymbol{\beta}) = -(\hat{\boldsymbol{\beta}}_n - \boldsymbol{\beta})^T \mathbf{W}_n(\hat{\boldsymbol{\beta}}_n)(\hat{\boldsymbol{\beta}}_n - \boldsymbol{\beta}),$$

$$T_n^{(S)}(\boldsymbol{\beta}) = -\mathbf{U}_n^T(\boldsymbol{\beta}) \mathbf{W}_n^{-1}(\boldsymbol{\beta}) \mathbf{U}_n(\boldsymbol{\beta}),$$

mit

$$\mathbf{U}_n(\boldsymbol{\beta}) = \mathbf{X}^T(\mathbf{y} - \boldsymbol{\mu})/\tau^2,$$

$$\mathbf{W}_n(\boldsymbol{\beta}) = -\mathbf{X}^T \mathbf{V}(\boldsymbol{\beta}) \mathbf{X}/\tau^4 = -\mathbf{X}^T \text{Diag}\big(b''((\mathbf{X}\boldsymbol{\beta})_i)\big) \mathbf{X}/\tau^2.$$

Man beachte dabei, daß $\mathbf{W}_n(\boldsymbol{\beta})$ nach Voraussetzung über $\mathbf{X}$ und b'' invertierbar ist und daß in die Formeln für T_n, $T_n^{(W)}$, $T_n^{(S)}$ eine konsistente Schätzung $\hat{\tau}_n$ für τ einzutragen ist.

Dann verwirft man H_0, falls $T_n(\boldsymbol{\beta}_0)$ [oder $T_n^{(W)}(\boldsymbol{\beta}_0)$, $T_n^{(S)}(\boldsymbol{\beta}_0)$] das Quantil $\chi^2_{p,1-\alpha}$ übersteigt (großes n vorausgesetzt).

c) Test der zusammengesetzten Hypothese $(c < p)$

$H_0:\qquad \beta_{c+1} = \beta^0_{c+1}, ..., \beta_p = \beta^0_p \qquad\qquad [\beta^0_{c+1},...,\beta^0_p \text{ vorgegebene Werte}].$

Gemäß VI 2.5 und 2.6 stellen wir die Teststatistik

$$T_n = 2\{l_n(\hat{\boldsymbol{\beta}}_n) - l_n(\tilde{\boldsymbol{\beta}}_n)\}$$

auf, wobei $\tilde{\boldsymbol{\beta}}_n = (\tilde{\beta}_1,...,\tilde{\beta}_c,\beta^0_{c+1},...,\beta^0_p)^T$ ist und $(\tilde{\beta}_1,...,\tilde{\beta}_c)$ die ML-Schätzung für $(\beta_1,...,\beta_c)$ im Modell unter H_0 darstellt. Man verwirft H_0, falls $T_n > \chi^2_{p-c,1-\alpha}$. Im Spezialfall der Hypothese $H_0: \beta_p = 0$ (in welchem $p-c = 1$ ist) kann man von einem χ^2-*to-enter* Test sprechen. Anstelle der Teststatistik T_n lassen sich gemäß VI 3.3, 3.6 auch

$$T_n^{(S)} = \mathbf{U}_{n,2}^T(\tilde{\boldsymbol{\beta}}_n)\,\mathbf{L}_{n,22}(\tilde{\boldsymbol{\beta}}_n)\,\mathbf{U}_{n,2}(\tilde{\boldsymbol{\beta}}_n),$$

$$T_n^{(W)} = (\hat{\boldsymbol{\beta}}_{n,2} - \boldsymbol{\beta}^0_2)^T\,[\mathbf{L}_{n,22}(\hat{\boldsymbol{\beta}}_n)]^{-1}(\hat{\boldsymbol{\beta}}_{n,2} - \boldsymbol{\beta}^0_2)$$

verwenden, wobei $\boldsymbol{\beta}^0_2 = (\beta^0_{c+1},...,\beta^0_p)^T$ ist, $\mathbf{U}_{n,2}$ und $\hat{\boldsymbol{\beta}}_{n,2}$ die letzten p-c Komponenten von $\mathbf{U}_n$ bzw. $\hat{\boldsymbol{\beta}}_n$ bedeuten und $\mathbf{L}_{n,22}$ die rechte untere $(p-c)\times(p-c)$-Teilmatrix von $-\mathbf{W}_n^{-1}$ darstellt.

3.7 Eine weitere hinreichende Bedingung

Wir führen eine weitere Bedingung ein, nämlich

$S_0^*\qquad$ Für alle $b > 0$, $s > 0$ gibt es ein $n_0 \geq 1$ mit
$$|\sigma_i^2(\boldsymbol{\beta}^*) - \sigma_i^2(\boldsymbol{\beta})| \leq b\,\sigma_i^2(\boldsymbol{\beta})$$
für alle $i \geq n_0$ und alle $\boldsymbol{\beta}^* \in \mathcal{U}_{n,s}(\boldsymbol{\beta})$, $n \geq n_0$.

Lemma Für ein GLM mit natürlicher Linkfunktion, welches S_0^* und W_0^* erfüllt, gilt auch die Bedingung W_1^*.

Beweis Es genügt gemäß Prop. VI 5.2 b) die Bedingung W_2^* aus VI 5.1 nachzuweisen. Wir werden dabei die Formel

$$\mathbf{W}_n(\boldsymbol{\beta}) = -\Sigma_{i=1}^n \sigma_i^2(\boldsymbol{\beta})\, \mathbf{x}_i \mathbf{x}_i^T / \tau^4$$

ausnützen, wobei $\mathbf{x}_i^T$ wie immer die i-te Zeile der Matrix $\mathbf{X}$ bezeichnet. Seien b, s > 0 und n_0 gemäß S_0^* gewählt. Für $n \geq n_0$ gilt dann für jedes $\mathbf{y} \in \mathbb{R}^p$, $|\mathbf{y}| = 1$ und $\boldsymbol{\beta}^* \in \mathcal{U}_{n,s}(\boldsymbol{\beta})$, mit einer Nullfolge κ_n,

$$|\mathbf{y}^T \boldsymbol{\Gamma}_n \{\mathbf{W}_n(\boldsymbol{\beta}^*) - \mathbf{W}_n(\boldsymbol{\beta})\} \boldsymbol{\Gamma}_n^T \mathbf{y}| = \frac{1}{\tau^4} |\mathbf{y}^T \boldsymbol{\Gamma}_n \{\Sigma_{i=1}^n \mathbf{x}_i (\sigma_i^2(\boldsymbol{\beta}^*) - \sigma_i^2(\boldsymbol{\beta})) \mathbf{x}_i^T\} \boldsymbol{\Gamma}_n^T \mathbf{y}|$$

$$\leq b \frac{1}{\tau^4} \Sigma_{i=1}^n \mathbf{y}^T \boldsymbol{\Gamma}_n \sigma_i^2(\boldsymbol{\beta})\, \mathbf{x}_i \mathbf{x}_i^T \boldsymbol{\Gamma}_n^T \mathbf{y} + \kappa_n = -b\, \mathbf{y}^T \boldsymbol{\Gamma}_n \mathbf{W}_n(\boldsymbol{\beta}) \boldsymbol{\Gamma}_n^T \mathbf{y} + \kappa_n$$

$$\leq 2b |\boldsymbol{\Sigma}(\boldsymbol{\beta})| + \kappa_n,$$

wobei das letzte $\leq$ Zeichen wegen W_0^* für alle n ab einem n_1 richtig ist. Damit ist auch W_2^* gültig. $\square$

Bemerkung Bei natürlicher Linkfunktion und unter S_0^* bleibt also nach diesem Lemma nur noch W_0^* nachzuweisen, um die asymptotischen Aussagen (i)-(iv) des Satzes 3.5 zu garantieren. Ist aber die schon in VI 5.7, Bem.2, erwähnte Bedingung

$$(10) \qquad \mathbf{I}_n(\boldsymbol{\beta}) \text{ positiv-definit}, \quad \mathbf{I}_n^{-1}(\boldsymbol{\beta}) \longrightarrow 0 \quad (n \to \infty)$$

erfüllt, so ist W_0^* gültig, wenn man nur $\boldsymbol{\Gamma}_n = \mathbf{I}_n^{-1/2}(\boldsymbol{\beta})$ setzt (in W_0^* tritt dann an die Stelle von $\boldsymbol{\Sigma}(\boldsymbol{\beta}) = \boldsymbol{B}(\boldsymbol{\beta})$ die Einheitsmatrix). Eigenschaft (10) ist äquivalent mit $0 < \lambda_{\min}(\mathbf{I}_n(\boldsymbol{\beta})) \longrightarrow \infty$, und Bedingungen K_1^*, K_2^* aus 4.1, 4.4 unten sind wiederum hinreichend für (10), vgl. Lemma 4.4.

4. STATISTISCHE ANALYSE SPEZIELLER GLM

4.0 In diesem Abschnitt werden die Ergebnisse aus Abschnitt 3 in speziellen Situationen angewandt. In 4.1 - 4.3 wird dabei ein GLM mit natürlicher Linkfunktion vorausgesetzt. Es wird sich zeigen, daß im Fall eines kompakten Regressorbereiches allein die Bedingung W_0^* (die ja gemäß Bemerkung 3.7 bei gegen Null gehender Matrix $\mathbf{I}_n^{-1}(\boldsymbol{\beta})$ durch geeignete Wahl von $\boldsymbol{\Gamma}_n$ erfüllt werden kann) ausreicht, um die asymptotischen Aussagen (i)-(iv) des Satzes 3.5 zu garantieren. Ist auch der Wertebereich der Kriteriumsvariablen beschränkt, wie bei der logistischen Regression, so können die Regressorwerte sogar gegen ∞ gehen, wenn auch mit einer sehr langsamen Wachstumsrate.

Dieser Abschnitt, der zu wesentlichen Teilen auf den Arbeiten Fahrmeir & Kaufmann (1985, 1986) basiert, enthält auch ein Ergebnis über spezielle GLM mit nicht-natürlicher Linkfunktion (vgl. 4.4, 4.5). Hier werden stärkere Einschränkungen an die Designmatrix $\mathbf{X}_n$ bei wachsendem n gefordert. Das Kapitel wird durch die Fortführung der Fallstudie V 1.12 abgeschlossen.

4.1 Kompakter Regressorbereich

Wir führen die Bedingung

K_1^* Es gibt ein Kompaktum $K \subset \mathbb{R}^P$ mit $\mathbf{x}_i \in K$ für alle $i=1,2,\ldots$

ein und setzen stillschweigend voraus, daß K eine zulässige Menge in dem Sinne ist, daß der Parameter $\theta = \eta = \mathbf{x}^T\boldsymbol{\beta}$ für alle $\boldsymbol{\beta} \in B$ und $\mathbf{x} \in K$ aus dem natürlichen Parameterraum Θ ist.

Satz Sind für ein GLM mit natürlicher Linkfunktion die Bedingungen K_1^* und W_0^* erfüllt, so auch die Bedingungen U^* und W^* aus VI 1.4. Insbesondere gelten die Aussagen (i)-(iv) des Satzes 3.5.

Beweis Gemäß Lemma 3.7 reicht der Nachweis von S_0^* aus. Dazu stellen wir zunächst mit Hilfe von 1.4 fest, daß

$$(1) \qquad \sigma_i^2 = \sigma^2(\eta_i) = \tau^2 \, b''(\eta_i)$$

stetig differenzierbare Funktion von η_i ist, und zwar für jedes i dieselbe Funktion. Wegen K_1^* gibt es dann Konstante $K', K'' < \infty$, so daß mit $\eta_i^* = \mathbf{x}_i^T\boldsymbol{\beta}^*$

$$(2) \qquad |\sigma^2(\eta_i^*) - \sigma^2(\eta_i)| \leq K'|\eta_i^* - \eta_i| \leq K''|\boldsymbol{\beta}^* - \boldsymbol{\beta}|$$

gilt. Für $\delta > 0$, $s > 0$ existiert gemäß Lemma VI 1.1 ein n_0 mit

$$(3) \qquad K''|\boldsymbol{\beta}^* - \boldsymbol{\beta}| \leq \delta \qquad \text{für alle } \boldsymbol{\beta}^* \in \mathcal{U}_{n,s}(\boldsymbol{\beta}) \, , \, n \geq n_0.$$

Da ferner nach Voraussetzung $b''(\eta) > 0$ für alle $\eta = \mathbf{x}^T\boldsymbol{\beta}$, $\mathbf{x} \in K$, so existieren wegen (1) und K_1^* Konstanten $0 < K_1 < K_2 < \infty$, so daß

$$(4) \qquad K_1 \leq \sigma_i^2(\boldsymbol{\beta}) \leq K_2 \qquad \text{für } i=1,2,\ldots$$

Aus (2) bis (4) folgt aber S_0^*. $\square$

4.2 Beispiel Negativ-binomialverteilte Kriteriumsvariable

Wie in 2.5 b) behandeln wir nun eine

$NB(m,p_i)$-verteilte Kriteriumsvariable Y_i $(i=1,2,\ldots)$

mit $0 < p_i < 1$, $p_i = 1 - e^{\eta_i}$, $\eta_i = \mathbf{x}_i^T\boldsymbol{\beta}$, und

$$\sigma_i^2 = \frac{m}{e^{\eta_i} - 2 + e^{-\eta_i}} \, .$$

Als Beispiel für einen kompakten Regressorbereich betrachten wir wie in V 2.4 einen reziproken Trend. Wir setzen

$$x_{ij} = i^{\gamma(j)}, \quad -\frac{1}{2} < \gamma(j) < 0, \quad j=1,\dots,q, \quad \gamma(0) = 0 ,$$

wobei alle $\gamma(j)$ verschieden sein sollen, und haben den Ansatz ($p = q + 1$)

$$(5) \qquad \eta_i = \beta_0 + \Sigma_{j=1}^q \beta_j \, i^{\gamma(j)} .$$

Für die Fisher-Informationsmatrix erhalten wir

$$(\mathbf{I}_n(\boldsymbol{\beta}))_{jk} = \Sigma_{i=1}^n i^{\gamma(j)+\gamma(k)} \sigma_i^2(\boldsymbol{\beta}), \quad 0 \le j,k \le q .$$

Wegen $\eta_i \to \beta_0$, $\sigma_i^2 \to \dfrac{m}{e^{\beta_0} - 2 + e^{-\beta_0}} \equiv \lambda_0$ bei $i \to \infty$ und wegen

$$\frac{1}{n^{s+1}} \Sigma_{i=1}^n i^s \;\longrightarrow\; \frac{1}{s+1} \qquad\qquad [n \to \infty , \, s > -1]$$

folgt

$$\frac{1}{n^{\gamma(j)+\gamma(k)+1}} (\mathbf{I}_n(\boldsymbol{\beta}))_{jk} \;\longrightarrow\; \frac{\lambda_0}{\gamma(j)+\gamma(k)+1} .$$

Daraus ergibt sich W_0^*, und zwar mit den $p \times p$-Matrizen

$$\boldsymbol{\Gamma}_n = \mathrm{Diag}\left(\frac{1}{n^{\gamma(j)+1/2}}, \, 0 \le j \le q\right) , \qquad \boldsymbol{\Sigma}(\boldsymbol{\beta}) = \left(\frac{\lambda_0}{\gamma(j)+\gamma(k)+1}, \, 0 \le j,k \le q\right).$$

Als asymptotische Kovarianzmatrix des ML-Schätzers $\hat{\boldsymbol{\beta}}_n$ können wir nach VI 1.9 b) approximativ $\mathbf{I}_n^{-1}(\hat{\boldsymbol{\beta}}_n)$ wählen, aber auch $\boldsymbol{\Gamma}_n^T \boldsymbol{\Sigma}^{-1}(\hat{\boldsymbol{\beta}}_n) \boldsymbol{\Gamma}_n$ ist hier wegen bekannter Grenzmatrix $\boldsymbol{\Sigma}$ eine mögliche Wahl.

Die Teststatistik zum Prüfen der Hypothese $\beta_q = 0$ (χ^2-to-enter Test, entsprechend dem F-to-enter Test V 1.4 bei der linearen Regression) lautet gemäß 3.6 c)

$$T_n = 2 \Sigma_{i=1}^n \left\{ y_i \mathbf{x}_i^T(\hat{\boldsymbol{\beta}} - \tilde{\boldsymbol{\beta}}) + m \ln \frac{1 - \exp(\mathbf{x}_i^T \hat{\boldsymbol{\beta}})}{1 - \exp(\mathbf{x}_i^T \tilde{\boldsymbol{\beta}})} \right\} ,$$

wobei $\hat{\boldsymbol{\beta}}$ und $\tilde{\boldsymbol{\beta}} = (\tilde{\beta}_0,\dots, \tilde{\beta}_{q-1}, 0)^T$ die ML-Schätzer für $\boldsymbol{\beta}$ im Modell (5) mit $\beta_q i^{\gamma(q)}$ bzw. $\beta_{q-1} i^{\gamma(q-1)}$ als letzten Term bedeuten. T_n ist unter H_0 asymptotisch χ_1^2-verteilt.

4.3 Beispiel Logistische Regression

a) binär (dichotom). Wie in 2.4 betrachten wir eine

$$B(1,\pi_i)\text{-verteilte Kriteriumsvariable } Y_i \quad (i=1,2,\dots) ,$$

mit

$$\pi_i(\boldsymbol{\beta}) = 1/(1 + e^{-\eta_i})$$

und

$$\sigma_i^2(\boldsymbol{\beta}) = \pi_i(1 - \pi_i) = \frac{1}{2 + e^{\eta_i} + e^{-\eta_i}} \quad , \quad \eta_i = \mathbf{x}_i^T \boldsymbol{\beta} \ .$$

Im Fall eines kompakten Regressorbereiches haben wir über Satz 4.1 Anschluß an die asymptotische Schätz- und Testtheorie. Wie im Bsp. 4.2 wählen wir $\mathbf{I}_n^{-1}(\hat{\boldsymbol{\beta}}_n)$ als (approximative) Kovarianzmatrix des ML-Schätzers $\hat{\boldsymbol{\beta}}_n$. Gemäß 3.6 c) führen wir den χ^2-to-enter Test auf $\beta_p = 0$ mit Hilfe der Teststatistik

$$T_n = 2\Sigma_{i=1}^n \left\{ y_i \mathbf{x}_i^T (\hat{\boldsymbol{\beta}} - \tilde{\boldsymbol{\beta}}) - \ln \frac{1 + \exp(\mathbf{x}_i^T \hat{\boldsymbol{\beta}})}{1 + \exp(\mathbf{x}_i^T \tilde{\boldsymbol{\beta}})} \right\}$$

durch, wobei $\hat{\boldsymbol{\beta}}$ und $\tilde{\boldsymbol{\beta}} = (\tilde{\beta}_1 \ \ldots \ , \tilde{\beta}_{p-1}, 0)^T$ die ML-Schätzer für $\boldsymbol{\beta}$ im Modell

$$\eta_i = \Sigma_{j=1}^p x_{ij} \beta_j \quad \text{bzw.} \quad \eta_i = \Sigma_{j=1}^{p-1} x_{ij} \beta_j$$

sind $\left(\eta_i = \ln \frac{\pi_i}{1 - \pi_i} \right)$.

Im logistischen Regressionsmodell, bei dem ja (im Unterschied zum Bsp. 4.2) die Kriteriumsvariable beschränkt ist, kann auch ein Anwachsen der Regressorenwerte x_{ij} (bei wachsendem i) zugelassen werden, ohne den Anschluß an die asymptotische Schätz- und Testtheorie zu verlieren. Allerdings ist nur ein "sublogarithmisches" Anwachsen erlaubt, wie die nächste Proposition aussagt. Polynomansätze wie $x_{ij} = i^j$, $j \in \mathbb{N}$, werden dadurch ausgeschlossen.

Proposition Gilt für die Regressorenwerte $\mathbf{x}_i$ eines logistischen Regressionsmodells

$$|\mathbf{x}_i| / \ln i \longrightarrow 0 \qquad\qquad\qquad [i \to \infty]$$

und

$$\lambda_{\min}(\mathbf{X}^T \mathbf{X}) \geq cn^\delta \qquad\qquad\qquad [c > 0, \ \delta > 0] \ ,$$

so sind S_0^* und W_0^* erfüllt (und damit die Aussagen (i)-(iv) des Satzes 3.5).

Beweis Fahrmeir & Kaufmann (1986, p. 195). $\square$

b) mehrkategoriell (multivariat).

Ist die q-dimensionale Kriteriumsvariable $\mathbf{Y}_i$ wie in 2.7 $M_q(1, \boldsymbol{\pi}_i)$-verteilt, so gilt

$$\mathbf{I}_n(\boldsymbol{\beta}) = \Sigma_{i=1}^n \mathbf{X}_i \boldsymbol{\Sigma}_i(\boldsymbol{\beta}) \mathbf{X}_i^T$$

mit

$$\Sigma_i(\boldsymbol{\beta}) \;=\; \mathbf{D}_{\pi_i} - \boldsymbol{\pi}_i \cdot \boldsymbol{\pi}_i^{\mathrm T} \,, \qquad\qquad \mathbf{D}_{\pi_i} \;=\; \begin{bmatrix} \pi_{i1} & & 0 \\ & \cdots & \\ 0 & & \pi_{iq} \end{bmatrix}$$

Das in a) Gesagte über die Themen: approximative Kovarianzmatrix für $\hat{\boldsymbol{\beta}}_n$, Teststatistik zum Prüfen von $\beta_p = 0$, sublogistisches Wachstum der Regressorenwerte, gilt hier entsprechend.

4.4 Bedingungen im Fall nicht-natürlicher Linkfunktion

Um die gewohnten asymptotischen Aussagen auch im Fall nicht-natürlicher Linkfunktionen zu erhalten, werden wir die Bedingungen K_1^* aus 4.1 und die unten folgende Bedingung K_2^* an die Regressoren stellen.

Als Folge der Kompaktheitsbedingung K_1^* erhalten wir nicht nur wieder die Ungleichungen (4) aus 4.1, d.i. $0 < K_1 \leq \sigma_i^2(\boldsymbol{\beta}) \leq K_2 < \infty$ f.a. $i \geq 1$, sondern mit ähnlicher Argumentation auch die folgenden Aussagen (6) über die Kriteriumsvariable Y_i und die Aussage (7) über die Responsefunktion $h = \bar{g}^1$. Mit Konstanten $L,\ G < \infty$ und $0 < g_0 < G$ berechnet man nämlich

$$(6) \qquad \mathbb{E}(Y_i - \mu_i)^4 \;\leq\; L \qquad\qquad \text{f.a. } i \geq 1$$

$$(7) \qquad g_0 \leq |\,\mathrm{d}\,h(\eta)/\mathrm{d}\eta\,| \;\leq\; G \quad \text{und} \quad |\,\mathrm{d}^2 h(\eta)/\mathrm{d}\eta^2\,| \leq G \quad \text{f.a. } \eta = \mathbf{x}^{\mathrm T}\boldsymbol{\beta}\,,\ \mathbf{x} \in K\,.$$

In der folgenden Bedingung K_2^* fordern wir, daß sich die Zeilen von $\mathbf{X}_n$ bei wachsendem n nicht zu stark auf einen echten linearen Teilraum von $\mathbb{R}^p$ konzentrieren:

$$K_2^* \qquad \lambda_{\min}(\mathbf{X}_n^{\mathrm T}\mathbf{X}_n) \;\geq\; c\,n \quad \text{für alle } n \geq 1 \qquad\qquad [c > 0]\,.$$

Hinreichend für K_2^* ist die Konvergenz der (positiv-definiten) Matrix $\frac{1}{n}\mathbf{X}_n^{\mathrm T}\mathbf{X}_n$ gegen eine positiv-definite Matrix, vgl ANHANG A 1.4, Bem. 3.

Lemma Aus K_1^*, K_2^* folgt
$$c_0/\sqrt{n} \;\leq\; |\mathbf{I}_n^{-1/2}(\boldsymbol{\beta})| \;\leq\; C_0/\sqrt{n}$$
mit Konstanten $0 < c_0 < C_0 < \infty$.

Beweis Setze gemäß 1.5
$$\mathbf{I}_n(\boldsymbol{\beta}) = \mathbf{X}^{\mathrm T}\mathbf{B}\mathbf{B}\mathbf{X}, \quad \text{mit } \mathbf{X} = \mathbf{X}_n \text{ und } \mathbf{B} = \mathrm{Diag}\left(\frac{1}{\sigma_i} \cdot \frac{\mathrm{d}\mu_i}{\mathrm{d}\eta_i}\right) = \mathrm{Diag}(b_i)\,.$$
Gemäß K_1^* und (7) gibt es Konstanten $0 < b_0 < B_0 < \infty$ mit
$$b_0 \leq |b_i| \leq B_0 \quad \text{für alle } i \geq 1\,.$$

Mit positiven (endlichen) Konstanten c, c', c'' schätzen wir $|I_n^{-1/2}(\boldsymbol{\beta})|$ wie folgt nach oben und nach unten ab:

(i) $\qquad \lambda_{min}(I_n(\boldsymbol{\beta})) = \min_{\mathbf{a},|\mathbf{a}|=1} |\mathbf{BXa}|^2 = \min_{\mathbf{a},|\mathbf{a}|=1} \Sigma_i\, b_i^2 (\Sigma_j\, x_{ij}\, a_j)^2$

$$\geq b_0^2 \min_{\mathbf{a},|\mathbf{a}|=1} \mathbf{a}^T\mathbf{X}^T\mathbf{X}\mathbf{a} = b_0^2\, \lambda_{min}(\mathbf{X}^T\mathbf{X}) \geq b_0^2\, cn\, ,$$

also auch

$$|I_n^{-1/2}(\boldsymbol{\beta})| \leq c'\lambda_{max}(I_n^{-1/2}(\boldsymbol{\beta})) = c'\frac{1}{\lambda_{min}(I_n^{1/2}(\boldsymbol{\beta}))} \leq \frac{c_0}{\sqrt{n}}\ .$$

(ii) $\qquad |I_n(\boldsymbol{\beta})| \leq |\mathbf{BX}|^2 = \Sigma_i \Sigma_j\, (b_i x_{ij})^2 \leq c''n\, ,$

also auch mit der $p\times p$-Einheitsmatrix I_p

$$|I_n^{-1/2}(\boldsymbol{\beta})|^2 \geq |I_p|\,/\,|I_n(\boldsymbol{\beta})| \geq c_0^2\,/\,n \quad \square$$

4.5 Spezielles GLM mit nicht-natürlicher Linkfunktion

Satz Gegeben ein GLM mit (nicht notwendig natürlicher) Linkfunktion g, welches K_1^* und K_2^* erfüllt. Dann gelten U* und W* aus VI 1.4, so daß Aussagen (i)-(iv) aus Satz 3.5 gültig sind.

Beweis

ad U*: Gemäß Proposition VI 5.7 genügt der Nachweis von V_0^*-V_2^* , U_1^* (mit den dortigen Bezeichnungen) sowie von

(8) $\qquad \boldsymbol{\Gamma}_n I_n(\boldsymbol{\beta})\, \boldsymbol{\Gamma}_n^T \longrightarrow \boldsymbol{\Sigma}(\boldsymbol{\beta}) \qquad\qquad$ [positiv-definit, $n \to\infty$].

Dabei werden wir benutzen, daß es für

$$a_i \equiv (1/\sigma_i^2)(d\mu_i/d\eta_i)$$

wegen K_1^* und (7) Konstanten $0 < a < A < \infty$ gibt mit

(9) $\qquad a \leq |a_i| \leq A \quad$ für alle $i \geq 1$.

Zunächst ist für

$$\mathbf{u}_i(\boldsymbol{\beta}) = d\log f(Y_i,\boldsymbol{\beta})/d\boldsymbol{\beta} = a_i(Y_i - \mu_i)\cdot\mathbf{x}_i$$

wegen (6) die Bedingung V_0^* erfüllt. V_1^* und V_2^* sind Eigenschaften der Exponentialfamilie von Verteilungen. Setzen wir

(10) $\qquad \boldsymbol{\Gamma}_n = I_n^{-1/2}(\boldsymbol{\beta})$, symmetrische Wurzel aus $I_n^{-1}(\boldsymbol{\beta})$

$\qquad\qquad \boldsymbol{\Sigma}(\boldsymbol{\beta}) = I_p$, $p\times p$-Einheitsmatrix,

so ist Bedingung (8) erfüllt. Die Ljapunoff-Bedingung (und damit U_1^*) folgt aus den

Ungleichungen

$$\Sigma_1^n \, \mathbb{E}\,|\boldsymbol{\Gamma}_n \mathbf{u}_i|^{2+\delta} \;\le\; |\boldsymbol{\Gamma}_n|^{2+\delta}\,\Sigma_1^n\,\mathbb{E}\,|\mathbf{u}_i|^{2+\delta}$$

$$\le\; \frac{(C_0 K A)^{2+\delta}}{n\cdot n^{\delta/2}}\,\Sigma_1^n\,\mathbb{E}\,|Y_i - \mu_i|^{2+\delta} \;\le\; \frac{C}{n^{\delta/2}}\;,$$

wobei Lemma 4.4, K_1^* (alle $|\mathbf{x}_i| \le K$), (6) und (9) ausgenützt wurden.

ad W^*: Wir weisen W_0^* und W_2^* nach, mit $\boldsymbol{\Gamma}_n$ und $\boldsymbol{\Sigma}(\boldsymbol{\beta})$ wie in (10). Gemäß 1.6 ist

$$\mathbf{W}_n(\boldsymbol{\beta}) = \mathbf{W}_n^{(1)}(\boldsymbol{\beta}) - \mathbf{I}_n(\boldsymbol{\beta})\;,\qquad \mathbf{W}_n^{(1)}(\boldsymbol{\beta}) = \mathbf{X}_n^T\,\mathrm{Diag}\{v_i(\boldsymbol{\beta})(Y_i - \mu_i(\boldsymbol{\beta}))\}\,\mathbf{X}_n$$

mit

$$v_i(\boldsymbol{\beta}) = \frac{d}{d\eta_i}\Big(\frac{1}{\sigma_i^2}\,\frac{d\mu_i}{d\eta_i}\Big)\;.$$

Dabei gilt

$$|v_i(\boldsymbol{\beta}^*)| \le V_0 < \infty \quad \text{für alle } i \ge 1 \text{ und } \boldsymbol{\beta}^* \in \mathcal{U}_\delta(\boldsymbol{\beta})$$

wegen K_1^* und (7) ($\delta > 0$ hinreichend klein). Aufgrund von Lemma 4.4 gilt

$$|(\mathbf{X}_n\,\boldsymbol{\Gamma}_n)_{ij}| \le c_1/\sqrt{n}\;,$$

wobei c_1 und i.f. auch $c_2, c_3, \dots$ positive (endliche) Konstanten sind. Schreibt man

$$A_{i,jk} = (\mathbf{X}_n\,\boldsymbol{\Gamma}_n)_{ij}\cdot(\mathbf{X}_n\,\boldsymbol{\Gamma}_n)_{ik}$$

und

$$w_{n,jk}^{(1)} = (\boldsymbol{\Gamma}_n\,\mathbf{W}_n^{(1)}(\boldsymbol{\beta})\,\boldsymbol{\Gamma}_n)_{jk} = \Sigma_{i=1}^n A_{i,jk}\,v_i(\boldsymbol{\beta})\,(Y_i - \mu_i(\boldsymbol{\beta}))\;,$$

so gelten wegen $A_{i,jk}^2 \le c_2/n^2$ die Ungleichungen

$$\mathrm{Var}(w_{n,jk}^{(1)}) \;\le\; \frac{c_3}{n^2}\,\Sigma_{i=1}^n \mathrm{Var}(Y_i) \;\le\; \frac{c_4}{n}\;,$$

so daß die Tschebyscheffsche Ungleichung W_0^* liefert. W_2^* schließlich ist eine Folge der Ungleichungen

$$(w_{n,jk}^{(1)}(\boldsymbol{\beta}^*) - w_{n,jk}^{(1)}(\boldsymbol{\beta}))^2 \;\le\; \frac{c_5}{n}\,\sum_{i=1}^n \Big\{ Y_i^2\,(v_i(\boldsymbol{\beta}^*) - v_i(\boldsymbol{\beta}))^2 + (\mu_i(\boldsymbol{\beta}^*)\,v_i(\boldsymbol{\beta}^*)$$

$$- \mu_i(\boldsymbol{\beta})\,v_i(\boldsymbol{\beta}))^2 \Big\}$$

$$\mathbb{E}_\beta\Big(\frac{1}{n}\sum_{i=1}^n Y_i^2\Big) \;\le\; c_6$$

$$|\boldsymbol{\Gamma}_n(\mathbf{I}_n(\boldsymbol{\beta}^*) - \mathbf{I}_n(\boldsymbol{\beta}))\boldsymbol{\Gamma}_n|^2 \;\le\; \frac{c_7}{n}\,\sum_{i=1}^n (b_i^2(\boldsymbol{\beta}^*) - b_i^2(\boldsymbol{\beta}))^2\;,$$

$$\text{mit}\quad b_i(\boldsymbol{\beta}) = \frac{1}{\sigma_i}\cdot\frac{d\mu_i}{d\eta_i}\,,$$

$$|a_i(\boldsymbol{\beta}^*) - a_i(\boldsymbol{\beta})| \le c_8\,\delta \quad\text{für}\quad \boldsymbol{\beta}^* \in \mathcal{U}_\delta(\boldsymbol{\beta})\,,$$

wobei für $a_i(\boldsymbol{\beta})$ nacheinander die Größen $v_i(\boldsymbol{\beta})$, $\mu_i(\boldsymbol{\beta})\cdot v_i(\boldsymbol{\beta})$ oder $b_i^2(\boldsymbol{\beta})$ eingesetzt werden können $(\delta > 0$ hinreichend klein, beachte Lemma VI 1.1). $\square$

4.6 Anwendungshinweise

Mit Hilfe des Programmpakets GLIM lassen sich GLM zur Datenanalyse heranziehen. An den Universitäten Regensburg und München (L. Fahrmeir und Mitarbeiter) wurde ein sehr umfangreiches Programmpaket GLAMOUR zu diesem Zweck entwickelt. Weitere Implementierungen:

> BMDP, LR (logistische Regression), 3R, AR (nichtlineare Regression)
>
> PR (mehrkategorielle logistische Regression)
>
> SPSS^X PROBIT (logistische und Probit-Regression)
>
> SAS PROC NLIN (nichtlineare Regression)

4.7 Anwendungsbeispiel Blaikenerosion auf Almen

In die lineare Regressionsanalyse V 1.12 hatten wir diejenigen 100 Fälle (Probeflächen) der Gesamtdatei (mit 150 Fällen) einbezogen, die einen Blaikenschaden > 0 aufwiesen. Es wurde also die Frage nach der Bestimmung der "Größe des Schadens" untersucht. Nun soll eine logistische Regressionsanalyse mit der *dichotomen* Kriteriumsvariablen

$$Y = 0 \ \ (\text{falls BLAIKE} = 0), \ \ Y = 1 \ \ (\text{falls BLAIKE} > 0)$$

Auskunft darüber geben, welchen Einfluß die Regressorvariablen auf die Frage "Schaden ja oder nein" ausüben (einen Datenauszug gibt TAFEL 7a). Bezeichnen wir mit $\pi_i = \mathbb{E}Y_i$ die (theoretische) Wahrscheinlichkeit, daß Probefläche Nr. i einen Blaikenschaden aufweist, so können wir den Ansatz der binären logistischen Regression in der Form

$$\pi_i = 1/(1+\exp\{-(\beta_0 + \Sigma_{j=1}^m \beta_j x_{ji})\})\,, \ \ i=1,\dots,n,$$

schreiben $(n = 150$ Cases).

Die Prozedur der *schrittweisen forward selection* wählt auf dem step p, bei welchem die Variablen $x_1,\dots,x_{p-1}$ bereits im Ansatz sind, diejenige Variable x_p aus, für welche der χ^2-to-enter Test (zum Prüfen der Hypothese $\beta_p = 0$, vgl. 4.3 a)) maximalen T_n-Wert aufweist. TAFEL 7b bietet für step p= 1,...,7 die Teststatistik T_n, zusammen mit der tail probability P, sowie die ML-Schätzung $\hat{\beta}_i$ für die 7 aufgenommenen Variablen $x_1,...,x_7$ (nur Variablen mit einem P < 0.5 wurden aufgenommen).

Im Vergleich zu TAFEL 4d, V 1.12, fehlen hier die Variablen NUTZUNG und WI2, während MI1 dort nicht zu finden war. Der χ^2-to-enter Wert von WI2 fällt durch die Aufnahme von NEIGUNG drastisch, während NUTZUNG von step 0 ab nur kleine χ^2-to-enter Werte aufweist und - anders als bei der Frage nach der Schadensgröße - bei der Frage nach "Blaikenschaden ja oder nein" keine Rolle zu spielen scheint. Als einen relevanten Regressorensatz können wir hier

NEIGUNG, MI1, MEERESHO, SIN

ansehen (alle P-values < 0.10). Die Richtung maximaler Wahrscheinlichkeit (für die Entstehung eines Blaikenschadens) berechnet sich hier zu 123°, d.i. SO (vgl. V 1.12, wo NO bis O die Richtung maximal erwarteter Schadensgröße war).

Auf der Grundlage der Schätzungen $\hat{\beta}_0,...,\hat{\beta}_p$ berechnen wir pro Probekreis die *predicted probability*

$$\hat{\pi}_i = 1/\left(1 + \exp\left\{-\left(\hat{\beta}_0 + \Sigma_{j=1}^{P} \hat{\beta}_j x_{ji}\right)\right\}\right), \quad i=1,...,n.$$

Ein Histogramm für diese $\hat{\pi}$-Werte ist in TAFEL 7c, getrennt nach Probeflächen mit bzw. ohne Blaikenschaden, erstellt. Man erkennt, daß die Prädiktion für die Probeflächen mit Schaden erheblich besser ist als für diejenigen ohne Schaden. Legen wir bei $\hat{\pi} = 0.5$ einen Schnittpunkt und sprechen wir bei Fällen mit $\hat{\pi} \geq 0.5$ [$\hat{\pi} < 0.5$] von "Schaden vorhergesagt" ["keinen Schaden vorhergesagt"], so drückt die Klassifikationstafel 7d aus, daß 81 % der Fälle richtig vorhergesagt werden.

TAFEL 7 Blaikenerosion auf Almen

a) Daten: E.M. Mößmer (vgl. Tafel 4a, V 1.12)

N U T Z	M E E R	N E I G	E X P O	M I K R	W I E S R	Ü B T E R	S T U F	B L A I		
2	1350	12	250	1	0	0	0	0	BLAIKE = 0	ohne Blaikenschaden
2	1320	15	260	1	0	2	2	0	BLAIKE = 1	mit Blaikenschaden
2	1245	33	360	1	2	1	1	0		
1	1200	18	31	1	0	4	1	0		
1	1425	19	130	0	3	0	0	0		
1	1320	16	10	1	0	2	1	0		
1	1440	12	108	4	3	0	0	0		
1	1480	12	145	1	0	0	0	0		
1	1343	42	54	1	2	1	1	0		
2	1515	14	204	1	2	1	1	0		
...								...		

```
1 1680 24 230 0 3 4 3    1
1 1405 18 212 1 2 2 3    1
1 1575 00 160 0 0 1 2    1
1 1205 36 210 1 0 1 1    1
1 1535 19 240 4 0 0 0    1
1 1100 46 180 0 0 1 2    1
1 1310 30  72 1 0 2 2    1
1 1359 31 120 4 0 1 1    1
1 1480 27 230 1 0 2 3    1
1 1650 33 185 1 0 1 1    1
...              ...          n = 150  Probeflächen (Cases)
```

b) Schrittweise logistische Regression. Die Schritte p = 1,...,7 (mit einem P-to-enter < 0.5) sind aufgelistet, jeweils mit log Likelihood, χ^2-to-enter Wert T_n (T_n = 2∗Differenz des log-Likelihoods) und zugehöriger P Wert. Nach Schritt 7 weisen die 7 Regressoren die angegebenen Koeffizienten $\hat{\beta}_j$ und Quotienten $\hat{\beta}_j/se(\hat{\beta}_j)$ auf (bez. $se(\hat{\beta}_j)$ vgl. 3.6 a). BMDP LR.

SUMMARY TABLE   (Statistics at step p)   (statistics after step 7)

STEP NO p	VARIABLE ENTERED	LOG LIKELI-HOOD	χ^2-TO-ENTER T_n	P-VALUE	COEFF. $\hat{\beta}_j$	$\dfrac{\hat{\beta}_j}{se(\hat{\beta}_j)}$
0	CONSTANT	-95.48			-4.527	
1	NEIGUNG	-80.13	30.70	0.000	0.133	5.22
2	MI1	-76.15	7.96	0.005	-1.375	-2.23
3	MEERESHO	-74.04	4.22	0.040	0.0021	2.01
4	SIN	-72.58	2.92	0.088	0.668	1.95
5	COS	-71.42	2.32	0.128	-0.430	-1.50
6	WI3	-70.46	1.92	0.166	1.122	1.41
7	STUFIGK	-70.22	0.48	0.489	0.332	1.22

c) Histogramm der predicted probabilities $\hat{\pi}_i$ (Modell mit 7 Regressoren) für die 100 Probeflächen mit Blaike (Y = 1) und für die 50 Probeflächen ohne Blaike (Y = 0) (jedes **×** stellt 1 Probefläche dar)

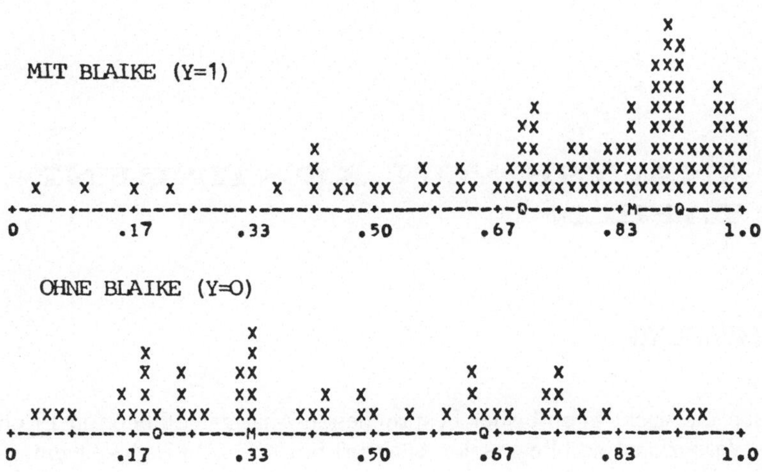

d) Klassifikationstafel für das Modell mit 7 Regressoren bei einem Schnittpunkt $\hat{\pi}$ = 0.5. Es werden $(89+32)/150 \cdot 100 = 80{,}7\ \%$ der Fälle richtig vorhergesagt.

	PREDICTED		
ACTUAL	mit Blaike	ohne Blaike	
mit Blaike	89	11	100
ohne Blaike	18	32	50
	107	43	150

VIII ANALYSE VON KONTINGENZ-TAFELN

0. VORBEMERKUNG

Rufen wir uns die wichtigsten bisher besprochenen Analysemethoden in Erinnerung zurück. Die Varianzanalyse [Regressionsanalyse] prüft die Abhängigkeit einer quantitativen Kriteriumsvariablen von kategoriellen Faktoren [quantitativen Regressoren], während die Korrelationsanalyse die wechselseitige, ungerichtete Abhängigkeit mehrerer quantitativer Variablen untersucht. Die logistische Regression behandelt das Regressionsproblem im Fall einer kategoriellen Kriteriumsvariablen. Offen bleibt das varianz-(bzw. regressions-)analytische und das korrelationsanalytische Problem in solchen Fällen, in denen ausschließlich kategorielle Variablen im Spiel sind. Eine Lösung bieten die nun folgenden Methoden in Kontingenztafeln.

Zunächst behandeln wir zwei Probleme in zweidimensionalen Kontingenztafeln: das Prüfen der Unabhängigkeit (vergleichbar mit dem Prüfen der Unkorreliertheit zweier quantitativer Variablen) und der Homogenität (vergleichbar mit dem Mehr-Gruppen-Vergleich der einfachen Varianzanalyse). Beide Probleme können als Spezialfälle der Theorie der log-linearen Modelle formuliert werden, aber aus Gründen der Anschaulichkeit haben wir diese beiden Spezialfälle vorangestellt. Log-lineare Modelle werden -im dritten Abschnitt- als lineare Modelle mit Linkfunktion eingeführt. Zu ihrer asymptotischen statistischen Analyse werden wir Ergebnisse des Kap. VI heranziehen. Anwendung finden die log-linearen Modelle bei den Tafeln mit strukturellen Nullen und bei höher-dimensionalen Kontingenztafeln (im vierten bzw. im fünften Abschnitt).

Während die log-linearen Modelle der varianzanalytischen Begriffswelt entstammen, sind die sog. Logit-Modellen, die sich sehr einfach aus den log-linearen Modellen ableiten lassen, den regressionsanalytischen Modellen zuzurechnen.

1. UNABHÄNGIGKEITSPROBLEM

1.0 In VII 2.9 traten zweidimensionale Häufigkeitstafeln, auch *Kontingenztafeln* genannt, als Realisationen von $I \cdot J$ unabhängigen Poissonvariablen auf. Ein solches *Poisson*-Erhebungsschema ist jedoch mehr von theoretischer Bedeutung. Für die

Praxis wichtiger sind Erhebungsschemata gemäß einer Multinomialverteilung. (Wir werden aber sehen, daß die Multinomialschemata bedingte Poissonschemata sind). Ist die *Gesamthäufigkeit* $n \equiv n_{..} = \sum_i \sum_j n_{ij}$ der Tafel vorgegeben, so sprechen wir von einem *Multinomial*-Schema. Diese Situation, die auch unter dem Titel "Unabhängigkeitsproblem" firmiert, wird in diesem Abschnitt behandelt. Im nächsten Abschnitt wenden wir uns dem "Homogenitätsproblem" zu, welches beim *Produkt-Multinomial*-Schema entsteht. Bei diesem sind die sog. *Randhäufigkeiten* $n_{1.}, ..., n_{I.}$, $n_{i.} = \sum_j n_{ij}$, vorgegeben; die Gesamtsumme n ist dann ebenfalls festgelegt.

Kontingenztafel $(n_{ij},\ i=1,...,I,\ j=1,...,J)$		1	2	....	J	
	1	n_{11}	n_{12}	$\cdots$	n_{1J}	$n_{1.}$
	2	n_{21}	n_{22}	$\cdots$	n_{2J}	$n_{2.}$
	$\vdots$	$\vdots$	$\vdots$		$\vdots$	$\vdots$
	I	n_{I1}	n_{I2}	$\cdots$	n_{IJ}	$n_{I.}$
		$n_{.1}$	$n_{.2}$		$n_{.J}$	$n_{..}=n$

1.1 Multinomiales Erhebungsschema

I.f. mögen die natürlichen Zahlen n, I, J stets

$$n \geq 1,\ I \geq 2,\ J \geq 2$$

erfüllen. Setze $d = I \cdot J - 1$. Einen d-dimensionalen Zufallsvektor

$$\mathbf{X}^{(n)} = (X_{ij}^{(n)},\ 1 \leq i \leq I,\ 1 \leq j \leq J,\ (i,j) \neq (I,J))$$

nennen wir ein *Multinomial-Schema*, wenn $\mathbf{X}^{(n)}$

(1) $\quad$ $M_d(n, \boldsymbol{\pi})$-verteilt ist, wobei
$$\boldsymbol{\pi} = (\pi_{ij},\ 1 \leq i \leq I,\ 1 \leq j \leq J,\ (i,j) \neq (I,J))\ .$$

Wir setzen $T^- = \{(i,j): 1 \leq i \leq I,\ 1 \leq j \leq J,\ (i,j) \neq (I,J)\}$ und

(2) $\quad$
$$\pi_{IJ} = 1 - \sum_{(i,j) \in T^-} \pi_{ij}$$
$$X_{IJ}^{(n)} = n - \sum_{(i,j) \in T^-} X_{ij}^{(n)}\ .$$

Eine Realisation von $\mathbf{X}^{(n)}$, d.h.

(3) $\quad$ $X_{ij}^{(n)} = n_{ij}$, $\quad$ $i=1,...,I,\ j=1,...,J$

bildet dann gerade eine $I \times J$-Häufigkeits-(Felder-)Tafel der Form 1.0.

Den Zusammenhang mit dem Poissonschema stellt her:

Lemma Gegegeben $I \cdot J$ unabhängige Zufallsvariablen

(4) Y_{ij} , $i=1,...,I$, $j=1,...,J$, wobei Y_{ij} $P(\lambda_{ij})$-verteilt ist

($\lambda_{ij} > 0$ vorgegebene reelle Zahlen). Dann ist die bedingte Verteilung der (Y_{ij}), gegeben die Gesamtsumme $Y.. = n$, gleich einer $M_d(n,\boldsymbol{\pi})$-Verteilung, wobei

$$\boldsymbol{\pi} = (\pi_{ij}, (i,j) \in T^-), \quad \pi_{ij} = \lambda_{ij} / \lambda..$$

und

$$Y.. = \Sigma_i \Sigma_j Y_{ij} , \quad \lambda.. = \Sigma_i \Sigma_j \lambda_{ij} .$$

Beweis Die gemeinsame Zähldichte der Y_{ij} lautet

(5) $$f(\mathbf{y},\boldsymbol{\lambda}) = \prod_{i=1}^{I} \prod_{j=1}^{J} \lambda_{ij}^{y_{ij}} \, e^{-\lambda_{ij}} / y_{ij}! \; ,$$

mit $\mathbf{y} = (y_{11},...,y_{IJ})^T$, $\boldsymbol{\lambda}$ entsprechend. Da die Variable $Y..$ Poissonverteilt ist mit Parameter $\lambda..$, lautet ihre Dichte

$$f_{Y..}(y,\lambda..) = \lambda..^{y} \, e^{-\lambda..} / y! .$$

Mit Hilfe von (5) folgt daraus für die bedingte Dichte von (Y_{ij}), gegeben $Y.. = n$

(6) $$f(\mathbf{y},\boldsymbol{\lambda}) / f_{Y..}(n,\lambda..) = n! \prod_i \prod_j \pi_{ij}^{y_{ij}} / y_{ij}! \; ,$$

wobei wir $\pi_{ij} = \lambda_{ij} / \lambda..$ gesetzt haben ($\Sigma_i \Sigma_j \pi_{ij} = 1$). Nach I 3.6 f) gehört die Dichte (6) einer $M_d(n,(\pi_{ij}))$-Verteilung an. $\square$

Die log Likelihoodfunktion der Beobachtung (3) lautet

(7) $$l_n(\boldsymbol{\pi}) = \Sigma_{i=1}^{I} \Sigma_{j=1}^{J} n_{ij} \log \pi_{ij} + \log C_n,$$

wobei C_n den Multinomialkoeffizienten bezeichnet. Unter Beachtung von (2) führt dies auf den ML-Schätzer

$$\hat{\pi}_{ij} = n_{ij} / n .$$

für π_{ij}.

1.2 Unabhängigkeitshypothese

Zur anschaulichen Formulierung der Unabhängigkeitshypothese führt man Zufallsvariablen

$$A = \Sigma_i \Sigma_j i \cdot X_{ij}^{(1)} , \quad B = \Sigma_i \Sigma_j j \cdot X_{ij}^{(1)}$$

ein, welche

$$\mathbb{P}(A = i, B = j) \;=\; \pi_{ij} \;, \quad i=1,\dots,I,\; j=1,\dots,J$$

erfüllen. Verwenden wir für π_{ij} die gleiche Punktnotation, wie wir es in 1.0 für n_{ij} getan haben, so ist

$$\mathbb{P}(A = i) = \pi_{i\cdot} \;, \quad \mathbb{P}(B = j) = \pi_{\cdot j} \;, \quad \pi_{\cdot\cdot} = 1 \;.$$

Die Hypothese

$$H_0 : \qquad \pi_{ij} = \pi_{i\cdot}\cdot\pi_{\cdot j} \;, \quad i=1,\dots,I,\; j=1,\dots,J,$$

postuliert die Unabhängigkeit der Variablen A und B. Um einen Test für die Unabhängigkeitshypothese H_0 abzuleiten, führen wir gemäß VI 2.3 Parameterräume

$$\Theta = \Big\{ \boldsymbol{\pi} = (\pi_{ij}) \in \mathbb{R}^d : \pi_{ij} > 0, \sum_{(i,j)\in T^-} \pi_{ij} < 1 \Big\} \subset \mathbb{R}^d$$

$$\Delta = \Big\{ \boldsymbol{\eta} = (\pi_1,\dots,\pi_{I-1},\pi_1',\dots,\pi_{J-1}') \in \mathbb{R}^c : \pi_i > 0 \;,\; \pi_j' > 0 \;,$$
$$\Sigma_1^{I-1}\,\pi_i < 1 \;,\; \Sigma_1^{J-1}\,\pi_j' < 1 \Big\} \subset \mathbb{R}^c$$

ein, wobei

$$d = I\cdot J - 1 \quad \text{und} \quad c = (I-1) + (J-1)$$

ist. Wir definieren die Abbildung

$$(8) \qquad \mathbf{h} : \Delta \to \Theta \;,\; h_{ij}(\boldsymbol{\eta}) = \pi_i \cdot \pi_j' \;,$$

wobei wir

$$\pi_I = 1 - \Sigma_{i=1}^{I-1}\,\pi_i \;, \quad \pi_J' = 1 - \Sigma_{j=1}^{J-1}\,\pi_j'$$

gesetzt haben. Nun ist die Hypothese H_0 äquivalent mit

$$H_0 : \qquad \boldsymbol{\pi} \in \mathbf{h}(\Delta) \;.$$

1.3 Unabhängigkeitstest

Wir erhalten aus (7) und (8)

$$\ell_n(\mathbf{h}(\boldsymbol{\eta})) = \Sigma_{i=1}^{I}\, n_{i\cdot} \log \pi_i + \Sigma_{j=1}^{J}\, n_{\cdot j} \log \pi_j' + \log C_n$$

sowie die ML-Schätzung $\hat{\boldsymbol{\eta}} = (\hat{\pi}_i, \hat{\pi}_j')$ mit

$$\hat{\pi}_i = n_{i\cdot}/n \;, \quad \hat{\pi}_j' = n_{\cdot j}/n$$

für $\boldsymbol{\eta}$. Die sog. *erwarteten* Häufigkeiten

$$e_{ij} \equiv \mathbb{E}_{h(\hat{\eta})}\, X_{ij}^{(n)} = n\cdot h_{ij}(\hat{\boldsymbol{\eta}})$$

lauten

$$e_{ij} = n_{i\cdot}\cdot n_{\cdot j}/n \;.$$

. Da die $d\times c$-Matrix $(\partial h_{ij}(\boldsymbol{\eta})/\partial \eta_k)$ c linear unabhängige Spalten aufweist, ist Satz VI 4.6 anwendbar und führt wegen

$$d - c = (I-1)(J-1)$$

zu folgendem Resultat.

Satz Für einen $M_d(n,(\pi_{ij}))$-verteilten Zufallsvektor $(X_{ij}^{(n)})$ gilt mit der Abbildung $h(\eta)$ aus (8) für $n \to \infty$

$$\sum_{i=1}^{I} \sum_{j=1}^{J} \frac{(X_{ij}^{(n)} - E_{ij}^{(n)})^2}{E_{ij}^{(n)}} \xrightarrow{\mathcal{D}_{h(\eta)}} \chi^2_{(I-1)(J-1)}$$

(9)

$$2 \sum_{i=1}^{I} \sum_{j=1}^{J} X_{ij}^{(n)} \log\left(\frac{X_{ij}^{(n)}}{E_{ij}^{(n)}}\right) \xrightarrow{\mathcal{D}_{h(\eta)}} \chi^2_{(I-1)(J-1)} \quad ,$$

wobei wir $E_{ij}^{(n)} = X_{i.}^{(n)} \cdot X_{.j}^{(n)}/n$ gesetzt haben.

1.4 Anwendung des Tests

Mit den Bezeichnungen (n_{ij}) der Kontingenztafel 1.0 lauten die Teststatistiken (9)

$$\hat{\chi}_n^2 = \sum_{i=1}^{I} \sum_{j=1}^{J} \frac{(n_{ij} - e_{ij})^2}{e_{ij}} \quad , \quad e_{ij} = \frac{n_{i.} n_{.j}}{n}$$

$$T_n = 2 \sum_{i=1}^{I} \sum_{j=1}^{J} n_{ij} \log\left(\frac{n_{ij}}{e_{ij}}\right) .$$

Für großes n (vgl. die Anwendungsregeln II 3.4) verwirft man die Unabhängigkeits-hypothese H_0, falls

$$\hat{\chi}_n^2 > \chi^2_{(I-1)(J-1),1-\alpha}$$

bzw.

$$T_n > \chi^2_{(I-1)(J-1),1-\alpha}$$

gilt .

Die Verwerfung von H_0 führt zu der Frage, welche Ausprägungen von A und B für die Verwerfung verantwortlich sind. Eine Antwort können simultane statistische Verfahren für die cross-product ratios geben, die nun abgeleitet werden sollen.

1.5 Cross-product ratios

Aus der folgenden $I \times J$-Feldertafel (π_{ij})

$$
(\pi_{ij}) \qquad
\begin{array}{c|cccc|c}
 & \multicolumn{5}{l}{\text{B}} \\
\text{A} & 1 & 2 & \ldots & \text{J} & \Sigma \\
\hline
1 & \pi_{11} & \pi_{12} & \cdots & \pi_{1J} & \pi_{1\cdot} \\
2 & \pi_{21} & \pi_{22} & \cdots & \pi_{2J} & \pi_{2\cdot} \\
\vdots & \vdots & & & \vdots & \vdots \\
\text{I} & \pi_{I1} & \pi_{I2} & \cdots & \pi_{IJ} & \pi_{I\cdot} \\
\hline
 & \pi_{\cdot 1} & \pi_{\cdot 2} & \cdots & \pi_{\cdot J} & 1
\end{array}
$$

der Wahrscheinlichkeiten $\pi_{ij} = \mathbb{P}(A = i, B = j)$, die wir *alle als positiv* voraussetzen, blenden wir alle 2×2-Untertafeln

$$
\begin{array}{c|cc}
 & \multicolumn{2}{l}{\text{B}} \\
\text{A} & j & j' \\
\hline
i & \pi_{ij} & \pi_{ij'} \\
i' & \pi_{i'j} & \pi_{i'j'}
\end{array}
\qquad
\begin{aligned}
1 &\le i < i' \le I \\
1 &\le j < j' \le J
\end{aligned}
$$

aus und definieren für jede Untertafel das Verhältnis

$$
\beta_{ij,i'j'} \;=\; \frac{\pi_{ij}\cdot\pi_{i'j'}}{\pi_{i'j}\cdot\pi_{ij'}}
$$

der *Kreuzprodukte* (cross-product ratio). Logarithmieren liefert

$$
\delta_{ij,i'j'} \;\equiv\; \log\beta_{ij,i'j'} \;=\; \log\pi_{ij} + \log\pi_{i'j'} - \log\pi_{i'j} - \log\pi_{ij'} \,.
$$

Man beachte, daß unter H_0 alle β's $= 1$ bzw. δ's $= 0$ sind. Einen Minimalsatz von δ's umfaßt der Spaltenvektor

$$
\boldsymbol{\Delta} = (\delta_{11,ij};\ i=2,\ \ldots,I,\ j=2,\ldots,J) \in \mathbb{R}^t
$$

mit $t = (I-1)(J-1)$. In der Tat, ist der Spaltenvektor $\mathbf{h} \in \mathbb{R}^t$ wie $\boldsymbol{\Delta}$ indiziert und besteht er aus

(10)
$$
\begin{aligned}
&1 \text{ an den Stellen } ij \text{ und } i'j' \\
&-1 \text{ an den Stellen } i'j \text{ und } ij'
\end{aligned}
$$

und 0 sonst $(2 \le i < i' \le I,\ 2 \le j < j' \le J)$, so erhält man $\delta_{ij,i'j'} = \mathbf{h}^T\boldsymbol{\Delta}$.

Ein konsistenter Schätzer für $\delta_{ij,i'j'}$ ist auf der Grundlage einer Realisation (3) (alle $n_{ij} > 0$ vorausgesetzt)

$$
\hat{\delta}_{ij,i'j'} \;=\; \log n_{ij} + \log n_{i'j'} - \log n_{i'j} - \log n_{ij'} \,.
$$

Entsprechend schreiben wir $\hat{\boldsymbol{\Delta}}_n$ für den konsistenten Schätzer von $\boldsymbol{\Delta}$.

Eine Konsequenz aus dem Korollar 3.8 unten, das wir hier vorwegnehmen, ist

Lemma Für $n \to \infty$ gilt $\sqrt{n}\,(\hat{\boldsymbol{\Delta}}_n - \boldsymbol{\Delta}) \xrightarrow{\; \mathcal{D}_\pi \;} N_t(0,\mathbf{V})$,

wobei die Diagonalelemente der positiv-definiten $t \times t$-Matrix $\mathbf{V}$ lauten:

$$v_{11,ij} = \frac{1}{\pi_{11}} + \frac{1}{\pi_{ij}} + \frac{1}{\pi_{i1}} + \frac{1}{\pi_{1j}} \; .$$

1.6 Simultane Konfidenzintervalle für cross-product ratios

Aus Lemma 1.5, Satz 1 in I 2.5 und aus dem continuous mapping Theorem (AN-HANG B 3.8) folgt für die quadratische Form

$$Q_n = n(\hat{\boldsymbol{\Delta}}_n - \boldsymbol{\Delta})^T \mathbf{V}^{-1} (\hat{\boldsymbol{\Delta}}_n - \boldsymbol{\Delta}) \; ,$$

daß

$$\mathbb{P}_\pi(Q_n \le a^2) \longrightarrow 1-\alpha \; ,$$

wenn wir

(11) $a^2 = \chi^2_{t,1-\alpha}$, $t = (I-1)(J-1)$

setzen. Eine Anwendung des Projektionslemmas von Scheffé (ANHANG A 2.2) liefert $\mathbb{P}_\pi(\mathcal{E}_n) \longrightarrow 1-\alpha$, wobei

$$\mathcal{E}_n = \left\{ |\mathbf{h}^T(\hat{\boldsymbol{\Delta}}_n - \boldsymbol{\Delta})| \le a\sqrt{\mathbf{h}^T \mathbf{V} \mathbf{h}/n} \quad \text{für alle } \mathbf{h} \in \mathbb{R}^t \right\} \; .$$

Wählen wir speziell Vektoren $\mathbf{h} \in \mathbb{R}^t$ gemäß (10), so ist

$$\mathbf{h}^T(\hat{\boldsymbol{\Delta}}_n - \boldsymbol{\Delta}) = \hat{\delta}_{ij,i'j'} - \delta_{ij,i'j'} \; ,$$

und $\mathbf{h}^T \mathbf{V} \mathbf{h}$ die zugehörige asymptotische Varianz, die wir $v_{ij,i'j'}$ nennen wollen. Lemma 1.5 - indiziert man dort so, daß die Indizes (i,j), (i',j') an die Stelle von $(1,1)$, (i,j) treten - liefert die Formel

$$(12) \quad v_{ij,i'j'} = \frac{1}{\pi_{ij}} + \frac{1}{\pi_{i'j'}} + \frac{1}{\pi_{i'j}} + \frac{1}{\pi_{ij'}} \; .$$

Eine konsistente Schätzung für (12) lautet

$$(13) \quad \hat{v}_{ij,i'j'} = \frac{n}{n_{ij}} + \frac{n}{n_{i'j'}} + \frac{n}{n_{i'j}} + \frac{n}{n_{ij'}} \; .$$

Setzen wir

$$\hat{\mathcal{E}}_n = \left\{ |\hat{\delta}_{ij,i'j'} - \delta_{ij,i'j'}| \le a\sqrt{\hat{v}_{ij,i'j'}/n} \quad \text{für alle } (i,j),(i',j'),\, i<i',j<j' \right\}$$

so haben wir bewiesen

Satz $\varliminf_{n\to\infty} \mathbb{P}_\pi(\hat{\mathcal{E}}_n) \ge 1-\alpha$.

In Worten besagt dies: Die Intervalle

$$(14) \qquad \hat{\delta}_{ij,i'j'} - a \cdot se(\hat{\delta}_{ij,i'j'}) \;\leq\; \delta_{ij,i'j'} \;\leq\; \hat{\delta}_{ij,i'j'} + a \cdot se(\hat{\delta}_{ij,i'j'}) \;,$$

wobei

$$(se(\hat{\delta}_{ij,i'j'}))^2 = 1/n_{ij} + 1/n_{i'j'} + 1/n_{i'j} + 1/n_{ij'}$$

und das Quantil a in (11) erklärt ist, bilden simultane asymptotische Konfidenzintervalle zum Niveau $\geq 1-\alpha$ für sämtliche cross-product ratios.

Bemerkungen

1. Die Konfidenzintervalle (14) - mitsamt der Beweisidee über das Projektionslemma von Scheffé - stammen von L.A. Goodman (1964 a).

2. Bei der Berechnung von (14) können nach Goodman Häufigkeiten $n_{ij} = 0$ durch $\frac{1}{2}$ ersetzt werden.

3. Das Gleichheitszeichen im Satz erhält man bei Benutzung aller linearen Kontraste $\nu_c = \sum_1^I \sum_1^J c_{ij} \log \pi_{ij}$, $\sum_i c_{ij} = \sum_j c_{ij} = 0$, anstelle der Beschränkung auf die speziellen linearen Kontraste $\delta_{ij,i'j'}$. In der Tat, eine lineare Funktion $\mathbf{h}^T \boldsymbol{\Delta}$ stellt einen linearen Kontrast ν_c dar und umgekehrt.

4. Schließt das Intervall (14) für $\delta_{ij,i'j'}$ die Null nicht ein, so kann auf eine signifikante Abhängigkeit zwischen den Alternativen i, i' der Variablen A und den Alternativen j, j' der Variablen B geschlossen werden.

1.7 Kontingenzkoeffizienten

In Analogie zum gewöhnlichen (Pearsonschen) Korrelationskoeffizienten einer bivariaten Stichprobe (vgl. V 3.1) definiert man für eine $I \times J$-Kontingenztafel (n_{ij}) sog. Kontingenzkoeffizienten C und V als empirische Meßgrößen des Grades der "Abhängigkeit von A und B".

Der eigentliche *Kontingenzkoeffizient* C wird definiert als die Wurzel aus

$$C^2 = \hat{\chi}_n^2 / (\hat{\chi}_n^2 + n) \;,$$

wobei $\hat{\chi}_n^2$ die in 1.4 aufgeführte Testgröße der Unabhängigkeitshypothese ist. Setzen wir $k = \min(I, J)$, so gilt

$$(15) \qquad 0 \leq C^2 \leq (k-1)/k \;.$$

In der Tat: Aufgrund von $n_{ij} \leq n_{\cdot j}$ gilt

$$\hat{\chi}_n^2 = n\left(\sum_i \sum_j \frac{n_{ij}^2}{n_{i\cdot} n_{\cdot j}} - 1 \right) \leq n\left(\sum_i \sum_j \frac{n_{ij}}{n_{i\cdot}} - 1 \right) = n(I-1) \;,$$

und wegen $n_{ij} \leq n_{i.}$ analog

$$\hat{\chi}_n^2 \leq n(J-1) ,$$

so daß $\hat{\chi}_n^2 \leq n(k-1)$, woraus die Behauptung folgt.

Die Werte des Koeffizienten C hängen gemäß (15) von der Dimension $I \times J$ der Tafel ab. Dies vermeidet *Cramérs* V, das definiert ist als die Wurzel aus

$$V^2 = \frac{\hat{\chi}_n^2}{n(k-1)} .$$

Es gilt $0 \leq V \leq 1$. Cramérs V ist eine konsistente Schätzfunktion für den Parameter $\phi / \sqrt{k-1}$ der Tafel (π_{ij}) der zugrundeliegenden Wahrscheinlichkeiten, wobei

$$\phi^2 = \Sigma_i \Sigma_j (\pi_{ij} - \pi_{i.} \pi_{.j})^2 / (\pi_{i.} \pi_{.j}) , \quad 0 \leq \phi^2 \leq k-1 .$$

1.8 Bemerkungen zu den Extremwerten von V

Sind alle Randhäufigkeiten größer 0, dann nimmt Cramérs V den maximalen Wert 1 genau dann an, wenn

(16)   jede Spalte (falls $J \geq I$) bzw. jede Zeile (falls $I \geq J$) der Tafel (n_{ij}) an einer einzigen Stelle eine von 0 verschiedene Häufigkeit aufweist.

Man beachte, daß (16) gerade den Fall maximaler Korrelation in einer Kontingenztafel (n_{ij}) beschreibt. Bei der (in praktischer Hinsicht irrelevanten) Charakterisierung des Falles V = 0 kann man einen - mehr Spaßes halber hier aufgeführten - Zusammenhang mit dem Primzahlenbegriff herstellen: V = 0 ist äquivalent mit $n_{ij} \cdot n = n_{i.} n_{.j}$ für alle i,j. Sind sämtliche Randhäufigkeiten $n_{i.}$ und $n_{.j}$ größer 0, so kann dieser Fall gar nicht auftreten, wenn die Gesamthäufigkeit n eine *Primzahl* ist.

1.9 Anwendungshinweise

(i) Der χ^2-Unabhängigkeitstest 1.3, wie auch der nachfolgende χ^2-Homogenitätstest 2.2, ist implementiert in

BMDP 4F , SPSS CROSSTABS , SAS FREQ ,

ohne ein simultanes Verfahren wie in 1.6 für *alle* cross-product-ratios [bzw. für alle lineare Kontraste, vgl. 2.5] zu unterstützen. Neben den Kontingenzkoeffizienten C und V werden noch einige weitere ausgedruckt, die in einer informationstheoretischen Sprechweise *uncertainty coefficients* U genannt werden.

assymmetrisches $U_{B|A}$ (relative Reduktion der Unsicherheit):

$$U_{B|A} = U_{AB} / U_B$$

mit

$$U_{AB} = (1/n) \sum_i \sum_j n_{ij} \log[n_{ij} \cdot n / (n_{i.} n_{.j})] = T_n / (2n)$$

$$U_B = -(1/n) \sum_j n_{.j} \log[n_{.j} / n]$$

symmetrisches U:

$$U = 2 U_{AB} / (U_A + U_B)$$

mit U_A analog zu U_B . Beide U-Koeffizienten ($U_{B|A}$ und U) variieren zwischen 0 und 1, wobei der maximale Wert 1 wieder den Fall (16) maximaler Korrelation in einer Kontingenztafel (n_{ij}) beschreibt.

(ii) Anders als im Fall des Tests V 3.4 auf Unkorreliertheit zweier metrischer Variablen x und y wird hier die Schätzgröße V (bzw. U) aus der Teststatistik $\hat{\chi}_n^2$ (bzw. T_n) abgeleitet (und nicht umgekehrt). Das verleitet dazu, allein die Testentscheidung und nicht den Kontingenzkoeffizienten zu würdigen. Da aber Kontingenztafeln oft auf einem großen n basieren (Fragebögen, Zensus), ist in solchen Fällen die Verwerfung von H_0 (Unabhängigkeit von A und B) wegen der großen Testschärfe weit weniger interessant als die Schätzgröße V für die Größe der Abhängigkeit von A und B. In einem Beispiel von H. Cramér (1954, sec. 30.5), in welchem die Abhängigkeit der Variablen Einkommensklasse (A) und Kinderzahl (B) untersucht wird, ergeben

$$n = 25263, \quad \hat{\chi}_n^2 = 568.5, \quad k = \min(I,J) = 4$$

eine "hochsignifikante Abhängigkeit" von A und B (genauer: Verwerfung von H_0 auf einem Signifikanzniveau $\alpha < 0.001$), während das eigentlich Interessante der kleine Wert V = 0.087 ist, der eine sehr geringe Abhängigkeit der beiden Variablen signalisiert.

1.10 Anwendungsbeispiel Sendertier × Verhaltensweise

In einem Verhaltensexperiment mit Primaten wird über einen gewissen Zeitraum hinweg ausgezählt, wie oft jedes Tier (Sendertier) einzelne Verhaltensweisen ausführt (TAFEL 8a). Die Variable A mit 3 Ausprägungen steht für das Sendertier, die Variable B - ebenfalls 3 Ausprägungen - für die Verhaltensweise (tatsächlich handelt es sich um 3 Klassen von Verhaltensweisen, vgl. Pruscha & Maurus (1976)). Der Unabhängigkeitstest führt wegen

$$\hat{\chi}_n^2 = 980.30 > \chi_{4,0.999}^2 = 18.47$$

zur Verwerfung der Hypothese der Unabhängigkeit der Variablen A und B (gewisse Tiere bevorzugen oder vermeiden gewisse Verhaltensweisen, vgl. beobachtete mit erwarteten Häufigkeiten in TAFEL 8a). Cramérs V weist mit dem Wert V = 0.43 auf eine mittlere Stärke der Abhängigkeit zwischen A und B hin.

Welche speziellen Paare von Tieren auf der einen und von Verhaltensweisen auf
der anderen Seite sind für die Verwerfung der Unabhängigkeitshypothese verantwortlich? Dazu berechnen wir die (approximativen) simultanen Konfidenzintervalle
(14) für alle cross-product ratios $(1-\alpha = 0.999)$ und notieren unter Signifikanz
'nein' ['ja'], ob die Null im Intervall liegt [nicht liegt], vgl. TAFEL 8b. Alle vier signifikanten Untertafeln enthalten das Tier $i = 1$ und die Verhaltensweise $j' = 3$ (vgl.
die graphische Darstellung in TAFEL 8c).

TAFEL 8 Sendertier × Verhaltensweise

a) Daten: Max-Planck-Institut für Psychiatrie, München, Pruscha & Maurus (1976,
Tab. 4)

A = Sendertier (3 Tiere gemäß ihres Ranges: 1,2,3), B = Verhaltensweisen (3 Ver-
haltensklassen: 1 weak dominance gesture, 2 strong dominance gesture, 3 genital
related gesture). Die Tafel beinhaltet die beobachteten Häufigkeiten n_{ij} (obere
Zahlen) und die erwarteten Häufigkeiten $e_{ij} = n_{i.} n_{.j} / n$ (untere Zahlen).

	B	1	2	3	
A	1	1002	383	49	1434
		750.4	278.0	405.6	
	2	296	122	560	978
		511.8	189.6	276.6	
	3	73	3	132	208
		108.8	40.3	58.8	
		1371	508	741	2620

b) Alle neun (approximativen simultanen) Konfidenzintervalle für cross-product ratios zum Niveau $1 - \alpha = 0.999$ $[a = (\chi^2_{4,0.999})^{1/2} = 4.297]$.

i i'	j j'	$\hat{\delta}$	$(\text{se}(\hat{\delta}))^2$	$a \cdot \text{se}(\hat{\delta})$	$\hat{\delta} - a \cdot \text{se}(\hat{\delta})$	$\hat{\delta} + a \cdot \text{se}(\hat{\delta})$	Signifikanz
1 2	1 2	0.0754	0.0152	0.530	-0.455	0.605	nein
1 2	1 3	3.656	0.0266	0.701	2.955	4.357	ja
1 2	2 3	3.580	0.0330	0.781	2.799	4.361	ja
1 3	1 2	-2.230	0.3506	2.545	-4.775	0.315	nein
1 3	1 3	3.610	0.0427	0.888	2.722	4.498	ja
1 3	2 3	5.840	0.3639	2.593	3.247	8.433	ja
2 3	1 2	-2.306	0.3586	2.574	-4.880	0.268	nein
2 3	1 3	-0.045	0.0264	0.698	-0.743	0.653	nein
2 3	2 3	2.260	0.3510	2.546	-0.286	4.806	nein

c) Graphische Darstellung der 4 signifikanten
2×2-Untertafeln. Die vier Felder jeder signifikanten Untertafel sind miteinander verbunden.

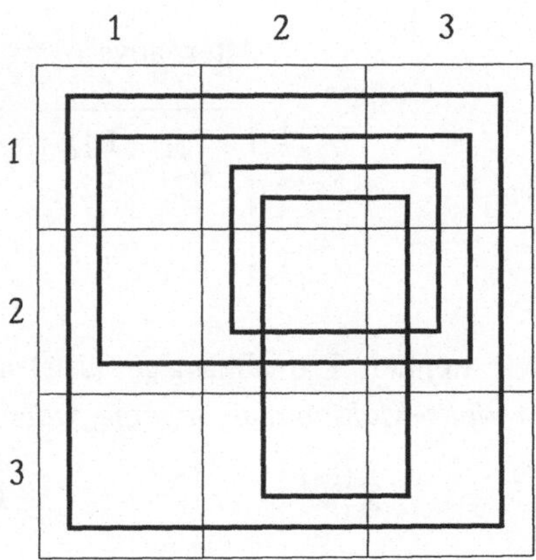

2. HOMOGENITÄTSPROBLEM

2.0 Wir greifen nun das schon in 1.0 erwähnte Homogenitätsproblem auf. Bei diesem betrachtet man die I Stufen (Ausprägungen) der Variablen A als I Gruppen
bzw. Stichproben. In jeder der I Gruppen liegt ein Wahrscheinlichkeitsvektor vor,
der das Auftreten einer der J Alternativen $1,...,J$ reguliert. Wir behandeln zunächst
das Testen der sog. Homogenitätshypothese, d.i. die Hypothese, daß die Wahrscheinlichkeitsvektoren in allen I Gruppen identisch sind. Dann werden wir uns -
wie schon in Abschnitt 1 - Fragen der simultanen statistischen Inferenz zuwenden.

Man beachte, daß hier beim Homogenitätsproblem I Zahlen $n_1,...,n_I$ (Gruppen-
oder Stichprobenumfänge) vorgegeben sind, während es beim Unabhängigkeitsproblem nur der Gesamt-Stichprobenumfang n war.

2.1 Produkt-Multinomiales Erhebungsschema

I.f. sind die natürlichen Zahlen

$$I \geq 2, \ J \geq 2, \ n_1,...,n_I \geq 1,$$

vorgegeben sowie I Multinomial-Verteilungen

$$(1) \qquad M_{J-1}(n_i,\mathbf{p}_i) \ , \quad \mathbf{p}_i = (p_{i1},...,p_{i,J-1}) \ , \quad i=1,...,I.$$

Setzt man für jedes i

$$(2) \qquad p_{iJ} = 1 - \sum_{j=1}^{J-1} p_{ij} \ ,$$

so liegt die folgende Tafel von Wahrscheinlichkeiten zugrunde

Alternative

$$
(p_{ij}) \qquad
\begin{array}{c|cccc|c}
\text{Gruppe} & 1 & 2 & \dots & J & \Sigma \\
\hline
1 & p_{11} & p_{12} & \cdots & p_{1J} & 1 \\
2 & p_{21} & p_{22} & \cdots & p_{2J} & 1 \\
\vdots & \vdots & & & \vdots & \vdots \\
I & p_{I1} & p_{I2} & \cdots & p_{IJ} & 1
\end{array}
$$

Wir nennen I unabhängige (J-1)-dimensionale Zufallsvektoren $\mathbf{X}_1^{(n_1)},\dots,\mathbf{X}_I^{(n_I)}$ ein *Produkt-Multinomial-Schema*, wenn jeder Vektor

$$ \mathbf{X}_i^{(n_i)} = (X_{ij}^{(n_i)}, \ j=1,\dots,J\text{-}1) $$

die Verteilung (1) besitzt. Setzen wir für jedes i

$$ X_{iJ}^{(n_i)} = n_i - \Sigma_{j=1}^{J-1} X_{ij}^{(n_i)} , $$

so läßt sich eine Realisation

$$ (3) \qquad X_{ij}^{(n_i)} = n_{ij} , \quad i=1,\dots,I, \ j=1,\dots,J, $$

in Form einer I×J-Felder-(Häufigkeits-)Tafel der Form 1.0 beschreiben, wobei die Zeilensummen $n_{i\cdot}$ gerade gleich den vorgegebenen Stichprobenumfängen n_i sind.

Auch das Produkt-Multinomial-Schema ist ein bedingtes Poisson-Schema:

Lemma Gegeben I·J unabhängige, $P(\lambda_{ij})$-verteilte Zufallsvariablen Y_{ij}, $i=1,\dots,I$, $j=1,\dots,J$. Dann ist die bedingte Verteilung der (Y_{ij}) , gegeben die I Variablen
$$ Y_{i\cdot} \equiv \Sigma_{j=1}^{J} Y_{ij} = n_i \qquad (i=1,\dots,I) , $$
das (unabhängige) Produkt von I $M_{J-1}(n_i,\mathbf{p}_i)$-Verteilungen, wobei
$$ \mathbf{p}_i = (p_{i1},\dots,p_{i,J-1}) , \quad p_{ij} = \lambda_{ij}/\lambda_{i\cdot} . \qquad [\lambda_{i\cdot} = \Sigma_{j=1}^{J} \lambda_{ij}] . $$

Beweis Da die Dichte von $Y_{i\cdot}$
$$ f_{Y_{i\cdot}}(y,\lambda_{i\cdot}) = \lambda_{i\cdot}^{y}\, e^{-\lambda_{i\cdot}}/y! $$
lautet, folgt für die bedingte Dichte von (Y_{ij}), gegeben die $Y_{i\cdot} = n_{i\cdot}$, mit Hilfe von 1.1, Gleichung (5)
$$ f(\mathbf{y},\boldsymbol{\lambda}) \Big/ \prod_{i=1}^{I} f_{Y_{i\cdot}}(n_{i\cdot},\lambda_{i\cdot}) = \prod_{i=1}^{I} C(i) \prod_{j=1}^{J} p_{ij}^{y_{ij}} , $$

wobei wir $p_{ij} = \lambda_{ij}/\lambda_{i\cdot}$ $(\Sigma_j p_{ij} = 1)$ und $C(i) = n_{i\cdot}!/(y_{i1}!\cdots y_{iJ}!)$ gesetzt haben. Diese Dichte gehört aber zu einem Produkt von I $M_{J-1}(n_i,\mathbf{p}_i)$-Verteilungen. $\square$

Die log-Likelihoodfunktion

(4) $l_n(\mathbf{p}_1,...,\mathbf{p}_I) = \Sigma_{i=1}^{I}\left\{\Sigma_{j=1}^{J} n_{ij} \log p_{ij} + \log C(i)\right\}$

der Beobachtung (3) führt unter Berücksichtigung von (2) auf den ML-Schätzer

$$\hat{p}_{ij} = n_{ij}/n_i$$

für p_{ij}.

2.2 Homogenitätstest

Ist $\mathbf{p} = (p_1,...,p_J)$ ein vorgegebener Wahrscheinlichkeitsvektor $(p. = 1;$ alle $p_j > 0$ vorausgesetzt), so beschreibt die Homogenitätshypothese

H_0 : $p_{ij} = p_j$, $i=1,...,I$, $j=1,...,J$,

gerade die Tatsache identischer Wahrscheinlichkeitsvektoren in allen I Gruppen. Setze

$$d = I(J-1), \quad c = J-1$$

und definiere die Parameterräume

$$\Theta = \left\{(\mathbf{p}_1,...,\mathbf{p}_I) \in \mathbb{R}^d : p_{ij} > 0 , \Sigma_{j=1}^{J-1} p_{ij} < 1\right\} \subset \mathbb{R}^d$$

$$\Delta = \left\{\boldsymbol{\eta} = (p_1,...,p_{J-1}) \in \mathbb{R}^c : p_j > 0 , \Sigma_{j=1}^{J-1} p_j < 1\right\} \subset \mathbb{R}^c .$$

Wir setzen neben (2) auch noch $p_J = 1 - \Sigma_{j=1}^{J-1} p_j$ und führen die Abbildung

(5) $\mathbf{h} : \Delta \to \Theta$, $h_{ij}(\boldsymbol{\eta}) = p_j$

ein. Dann ist die Hypothese H_0 äquivalent mit

H_0 : $(\mathbf{p}_1,...,\mathbf{p}_I) \in \mathbf{h}(\Delta)$.

Aus (4) und (5) folgt

$$l_n(\mathbf{h}(\boldsymbol{\eta})) = \Sigma_{j=1}^{J} n_{.j} \log p_j + c ,$$

so daß sich unter Berücksichtigung von $p. = 1$ die ML-Schätzungen für $\boldsymbol{\eta} = (p_1,...,p_{J-1})$ in der Form

$$\hat{p}_j = n_{.j}/n$$

ergeben. Die sog. *erwarteten* Häufigkeiten $e_{ij} = n_i \cdot h_{ij}(\hat{\boldsymbol{\eta}})$ ergeben sich wie in 1.3 zu $e_{ij} = n_{i.}n_{.j}/n$. Die $d \times c$-Matrix $(\partial h_{ij}(\boldsymbol{\eta})/\partial \eta_k)$ hat vollen Rang c, so daß Satz VI 4.6 anwendbar ist (geeignet erweitert für unabhängige, multinomialverteilte Zufallsvektoren) und wegen $d - c = (I-1)(J-1)$ das folgende Ergebnis liefert.

Satz Für I unabhängige, $M_{J-1}(n_i, \mathbf{p}_i)$-verteilte Zufallsvektoren $\mathbf{X}_i^{(n_i)}$, i=1,...,I, gelten unter H_0 mit der Abbildung $h(\boldsymbol{\eta})$ aus (5) für $n_i \to \infty$ die beiden asymptotischen Verteilungsaussagen (9) aus Satz 1.3, mit

$$X_{ij}^{(n_i)} \text{ statt } X_{ij}^{(n)} \text{ und mit } E_{ij}^{(n)} = n_i \, \Sigma_i \, X_{ij}^{(n_i)} / n \ .$$

Bemerkungen 1. Mit den Realisierungen (n_{ij}) aus (3) lauten die Teststatistiken $\hat{\chi}_n^2$ und T_n wie in 1.4, nämlich

$$\hat{\chi}_n^2 \ = \ \Sigma_{i=1}^I \Sigma_{j=1}^J \frac{(n_{ij} - e_{ij})^2}{e_{ij}}$$
$$T_n \ = \ 2 \, \Sigma_{i=1}^I \Sigma_{j=1}^J \, n_{ij} \log \left(\frac{n_{ij}}{e_{ij}} \right) \qquad\qquad [\, e_{ij} = \frac{n_i. \, n._j}{n} \,].$$

2. Obwohl im Satz 1.3 und im Satz oben unterschiedliche Ausgangssituationen vorliegen, gelangt man zu denselben Testverfahren mit Hilfe derselben Prüfgröße $\hat{\chi}_n^2$ oder T_n. Das ist vom praktischen Standpunkt aus zu begrüßen, denn oft verschwimmen in der Anwendung die Unterschiede zwischen den beiden zugrundeliegenden Erhebungs-Schemata.

3. Nach Verwerfung der Homogenitätshypothese stellt sich die Frage, welche der I Gruppen bezüglich welcher der J Alternativen für die Verwerfung verantwortlich sind. Dieser Frage soll nun nachgegeangen werden.

2.3 Lineare Kontraste

Um sämtliche Gruppenvergleiche für alle Alternativen simultan prüfen zu können, bildet man - von der Tafel (p_{ij}) der zugrundeliegenden Wahrscheinlichkeiten (vgl. 2.1) ausgehend, lineare Kontraste

$$\psi_c = \Sigma_{i=1}^I \Sigma_{j=1}^J c_{ij} \, p_{ij} \, , \quad \Sigma_{i=1}^I c_{ij} = 0 \quad \text{für } j=1,..,J.$$

Die Koeffizienten (c_{ij}) mit $\Sigma_i c_{ij} = 0$ nennen wir wie schon in der Varianzanalyse *Kontrastkoeffizienten*. Besteht die $I \times J$-Matrix (c_{ij}) der Kontrastkoeffizienten aus lauter gleichen Spalten (d.h. $c_{ij} = c_{iJ}$ f.a. i,j), so folgt $\psi_c \equiv 0$. Solche Kontraste können wir durch Beschränkung auf die Menge

$$C_o = \left\{ (c_{ij}) \in \mathbb{R}^{IJ} : \Sigma_i c_{ij} = 0 \, , \ c_{ij} \neq c_{iJ} \ \text{für ein } (i,j) \right\}$$

ausschließen. Die speziellen linearen Kontraste

$$\psi_{ij} = p_{ij} - p_{Ij} \, , \quad i < I \, ,$$

beschreiben den Vergleich zwischen Gruppe i und I bezüglich der Alternativen j. Setzen wir wieder $t = (I-1)(J-1)$ und führen wir den Vektor

$$\boldsymbol{\Psi} = (\psi_{ij}, \quad i=1,\dots,I\text{-}1, \ j=1,\dots,J\text{-}1) \ \epsilon \ \mathbb{R}^t$$

ein, so gilt, wenn $\mathbf{h} \ \epsilon \ \mathbb{R}^t$ genauso wie $\boldsymbol{\Psi}$ indiziert wird:

Lemma (i) Für jeden linearen Kontrast ψ_c, $(c_{ij}) \ \epsilon \ C_0$, gibt es einen Vektor $\mathbf{h} \ \epsilon$ $\mathbb{R}^t$, $\mathbf{h} \neq 0$, mit $\psi_c = \mathbf{h}^T \boldsymbol{\Psi}$.

(ii) Umgekehrt bildet jede Linearkombination $\mathbf{h}^T \boldsymbol{\Psi}$, $\mathbf{h} \ \epsilon \ \mathbb{R}^t$, $\mathbf{h} \neq 0$, einen linearen Kontrast ψ_c mit $(c_{ij}) \ \epsilon \ C_0$.

Beweis (i) Setze $h_{ij} = c_{ij} - c_{iJ}$. Dann ist $\mathbf{h} = (h_{ij}) \neq 0$ wegen $(c_{ij}) \ \epsilon \ C_0$ und es gilt

$$\mathbf{h}^T \boldsymbol{\Psi} = \Sigma_{i=1}^{I-1} \Sigma_{j=1}^{J-1} (c_{ij} - c_{iJ})(p_{ij} - p_{Ij}) = \Sigma_{i=1}^{I} \Sigma_{j=1}^{J} c_{ij} \, p_{ij} = \psi_c \ .$$

(ii) Setze $c_{iJ} = 0$ für $i=1,\dots,I$; ferner

$$c_{ij} = h_{ij} \quad \text{für } i \leq I\text{-}1, \ j \leq J\text{-}1$$

$$c_{Ij} = -h_{.j} \quad \text{für } j \leq J\text{-}1, \ h_{.j} = \Sigma_{i=1}^{I-1} h_{ij} \ .$$

Dann gilt gemäß Konstruktion und wegen $\mathbf{h} \neq 0$ gerade $(c_{ij}) \ \epsilon \ C_0$ und eine ähnliche Rechnung wie in (i) führt wieder zu $\psi_c = \mathbf{h}^T \boldsymbol{\Psi}$. $\square$

2.4 Schätzung linearer Kontraste

Eine konsistente und erwartungstreue Schätzung des linearen Kontrasts

$$\psi_c = \Sigma_i \Sigma_j \, c_{ij} p_{ij}, \qquad \Sigma_i c_{ij} = 0$$

lautet

$$\hat{\psi}_c = \Sigma_i \, \Sigma_j \, c_{ij} \, \hat{p}_{ij} \ , \qquad \hat{p}_{ij} = n_{ij}/n_i \ .$$

Wegen

$$\text{Var}(\hat{p}_{ij}) = p_{ij}(1 - p_{ij})/n_i$$

$$\text{Cov}(\hat{p}_{ij}, \hat{p}_{ij'}) = -p_{ij} p_{ij'}/n_i \quad (j \neq j')$$

berechnet sich die Varianz von $\hat{\psi}_c$ zu

$$(6) \qquad \text{Var}(\hat{\psi}_c) = \Sigma_i \frac{1}{n_i} \left\{ \Sigma_j \, c_{ij}^2 \, p_{ij} - (\Sigma_j \, c_{ij} p_{ij})^2 \right\} \ .$$

Ein Schätzung für $\text{Var}(\hat{\psi}_c)$, d.i. $[\text{se}(\hat{\psi}_c)]^2$, erhält man durch Einsetzen von $\hat{p}_{ij}$ in (6) an die Stelle der p_{ij}. Setzen wir für $n_i \to \infty$, $n \to \infty$

$$(7) \qquad n_i/n \longrightarrow \rho_i > 0 \quad \text{für alle } i=1,\dots,I,$$

voraus, so konvergieren $n \cdot \text{Var}(\hat{\psi}_c)$ und $n \cdot [\text{se}(\hat{\psi}_c)]^2$ fast sicher.

2.5 Simultane Konfidenzintervalle für lineare Konstraste

Setze wieder d = I(J-1) und t = (I-1)(J-1).
Für die d-dimensionalen Vektoren

$$\mathbf{Y}^{(n)} = (\mathbf{X}_1^{(n_1)}/n_1,\ldots,\mathbf{X}_I^{(n_I)}/n_I) \ , \quad \mathbf{p} = (\mathbf{p}_1,\ldots,\mathbf{p}_I)$$

gilt gemäß ANHANG B, Beispiel 3.11, unter der Voraussetzung (7)

$$\sqrt{n}\,(\mathbf{Y}^{(n)} - \mathbf{p}) \ \xrightarrow{\ \mathcal{D}_P\ } \ N_d(0,\boldsymbol{\Sigma}),$$

mit einer (leicht anzugebenden) positiv-definiten Matrix $\boldsymbol{\Sigma}$. Führen wir die Abbildung $\mathbf{g} = (\mathbf{g}_1,\ldots,\mathbf{g}_{I-1}): \ \mathbb{R}^d \to \mathbb{R}^t$ gemäß

$$g_{ij}(\mathbf{p}) = p_{ij} - p_{Ij} \ , \quad i=1,\ldots,I-1, \ j=1,\ldots,J-1$$

ein, deren Ableitungsmatrix Höchstrang hat, so liefert die δ-Methode B 3.12

$$(8) \qquad \sqrt{n}\,(\hat{\boldsymbol{\psi}}_n - \boldsymbol{\psi}) \ \xrightarrow{\ \mathcal{D}_P\ } \ N_t(0,\mathbf{V}) \ .$$

Hierbei ist $\boldsymbol{\psi} \equiv (\psi_{ij}) = \mathbf{g}(\mathbf{p})$ wie in 2.3,

$$\hat{\boldsymbol{\psi}}_n = (\hat{\psi}_{ij} \ , \ i=1,\ldots,I-1; \ j=1,\ldots,J-1) \ \epsilon \ \mathbb{R}^t, \quad \hat{\psi}_{ij} = \hat{p}_{ij} - \hat{p}_{Ij} \ ,$$

und $\mathbf{V}$ eine Kovarianzmatrix, die nicht näher spezifiziert werden braucht. Wie in 1.6 gelangt man von (8) aus bei $n \to \infty$ zu

$$\mathbb{P}_p(Q_n \leq a^2) \ \longrightarrow \ 1 - \alpha$$

mit

$$Q_n = n\,(\hat{\boldsymbol{\psi}}_n - \boldsymbol{\psi})\,\mathbf{V}^{-1}(\hat{\boldsymbol{\psi}}_n - \boldsymbol{\psi}) \ , \quad a^2 = \chi^2_{t,1-\alpha},$$

und nach Anwendung des Projektionslemmas A 2.2 von Scheffé zu

$$\mathbb{P}_p(\mathcal{E}_n) \ \longrightarrow \ 1 - \alpha$$

mit

$$\mathcal{E}_n = \left\{ \, |\mathbf{h}^T(\hat{\boldsymbol{\psi}}_n - \boldsymbol{\psi})| \ \leq \ a\sqrt{\mathbf{h}^T\mathbf{V}\mathbf{h}/n} \quad \text{für alle } \mathbf{h} \ \epsilon \ \mathbb{R}^t \right\} \ .$$

Gemäß Lemma 2.3 ist $\mathbf{h}^T\boldsymbol{\psi} = \psi_c$ ein linearer Kontrast, und $\mathbf{h}^T\hat{\boldsymbol{\psi}}_n = \hat{\psi}_c$ ist der zugehörige Schätzer. Einen konsistenten Schätzer für $\mathbf{h}^T\mathbf{V}\mathbf{h}$ bildet $n[se(\hat{\psi}_c)]^2$, wobei

$$(9) \qquad [se(\hat{\psi}_c)]^2 \ \equiv \ s_c^2 \ = \ \Sigma_{i=1}^I \frac{1}{n_i} \left\{ \Sigma_{j=1}^J c_{ij}^2\, \hat{p}_{ij} - (\Sigma_{j=1}^J c_{ij}\, \hat{p}_{ij})^2 \right\} \ .$$

In der Tat, da $\hat{\boldsymbol{\psi}}_n$ in der Form normierter Summen von unabhängigen, identisch verteilten Zufallsvektoren dargestellt werden kann, gilt

$$V = \lim_{n \to \infty} n \cdot V(\hat{\boldsymbol{\psi}}_n)$$

(vgl. Korollar 1 in ANHANG B 3.11; $\lim_n$ bezieht sich auf den Grenzübergang (7)). Deshalb ist

$$\mathbf{h}^T \mathbf{V} \mathbf{h} = \lim_n n \cdot V(\mathbf{h}^T \hat{\boldsymbol{\psi}}_n) = \lim_n n \cdot \mathrm{Var}(\hat{\psi}_c) \,,$$

woraus wegen (6) die Formel (9) folgt.

Insgesamt haben wir für das Ereignis

$$\hat{\mathcal{E}}_n = \left\{ |\hat{\psi}_c - \psi_c| \leq a\, s_c \quad \text{für alle linearen Kontraste} \right\}$$

gefunden:

Satz Unter der Voraussetzung (7) gilt $\displaystyle \lim_{n \to \infty} \mathbb{P}_p(\hat{\mathcal{E}}_n) = 1 - \alpha$.

2.6 Bemerkungen zu den Konfidenzintervallen

1. Der Satz 2.5 besagt, daß die Intervalle

$$(10) \qquad \hat{\psi}_c - a\,s_c \leq \psi_c \leq \hat{\psi}_c + a\,s_c \qquad\qquad [a = \sqrt{\chi^2_{t,1-\alpha}}\,]$$

simultane asymptotische Konfidenzintervalle für sämtliche lineare Kontraste bilden, wobei s_c in (9) definiert ist.

2. Die Konfidenzintervalle (10) und die Beweismethode über Scheffé's Projektionslemma stammen von Goodman (1964 b).

3. Schließt das Intervall (10) die Null nicht ein, so ist der lineare Kontrast $\hat{\psi}_c$ signifikant von Null verschieden (die Hypothese $\psi_c = 0$ also abzulehnen).

4. Im Spezialfall des Paarvergleiches

$$\psi = p_{ij} - p_{i'j}$$

zwischen Gruppe i und i′ bezüglich der Alternativen j lautet (10), in Kurzschreibweise,

$$(11) \qquad p_{ij} - p_{i'j} \;\epsilon\; (\hat{p}_{ij} - \hat{p}_{i'j}) \pm a\sqrt{(\hat{p}_{ij} - \hat{p}_{ij}^2)/n_i + (\hat{p}_{i'j} - \hat{p}_{i'j}^2)/n_{i'}} \;.$$

2.7 Anwendungsbeispiel Verhaltensaktivität

In drei verschiedenen Experimenten mit derselben Tiergruppe, die sich jeweils durch den Auslösemodus der Verhaltensaktivität unterschieden, wurde ausgezählt, wie oft die einzelnen Tiere (numeriert mit 1, 2 oder 3) als Ausführende einer (sozial relevanten) Verhaltensweise auftraten (TAFEL 9a, in die auch die relativen Häufigkeiten $\hat{p}_{ij} = n_{ij}/n_i$ eingetragen sind). Der χ^2-Homogenitätstest führt uns wegen

$$\hat{\chi}_n^2 = 68.71 > \chi^2_{4,0.99} = 13.28$$

zu der Annahme, daß in den drei Experimenten die Aktivitätsmuster innerhalb der Tiergruppe variieren. Um die Datei genauer zu analysieren, vergleichen wir die Häufigkeiten eines jeden Tieres zwischen je zwei Experimenten mit Hilfe der simultanen Paarvergleiche. Signifikanz 'ja' zeigt an, daß die relativen Häufigkeiten signifikant verschieden sind (der Wert 0 liegt nicht im Konfidenzintervall (11); vgl. TAFEL 9b). Bezüglich der Aktivitäten von Tier 1 und Tier 2 gibt es nur zwischen den Experimenten 2 und 3 einen signifikanten Unterschied, bezüglich der Aktivität von Tier 3 ist dies nur zwischen Experimenten 1 und 2 der Fall. Zwischen den Experimenten 1 und 3 gibt es keine signifikanten Unterschiede.

TAFEL 9 Verhaltensaktivität

a) Daten: Max-Planck-Institut für Psychiatrie, München (1976).

In der Tafel stehen die Häufigkeiten n_{ij} der Verhaltensäußerungen des Tieres j im Experiment i . Ferner sind die nach b) ermittelten signifikanten Unterschiede für jedes der drei Tiere eingetragen.

Experiment	Tier 1	Tier 2	Tier 3	Σ
1	266 0.368	436 0.603	21 0.029	723 1.0
2	669 0.449	817 0.548	4 0.003	1490 1.0
3	459 0.342	874 0.650	11 0.008	1344 1.0
	1394	2127	36	3557

b) Alle (approximativen simultanen) Konfidenzintervalle für paarweise Experiment-Vergleiche pro Tier zum Niveau $1-\alpha = 0.99$ [$a = (\chi^2_{4,0.99})^{1/2} = 3.644$].

Vergleich	Tier	$\hat{\psi}$	s_c	$b = a\, s_c$	$\hat{\psi} - b$	$\hat{\psi} + b$	Signifikanz
Exp. 1 vs. Exp. 2	1	-0.081	0.022	0.081	-0.162	0.000	nein
	2	0.055	0.022	0.081	-0.026	0.136	nein
	3	0.026	0.0064	0.023	0.003	0.049	ja
Exp. 1 vs. Exp. 3	1	0.026	0.022	0.081	-0.055	0.107	nein
	2	-0.047	0.022	0.081	-0.128	0.034	nein
	3	0.021	0.0067	0.024	-0.003	0.045	nein
Exp. 2 vs. Exp. 3	1	0.107	0.018	0.067	0.040	0.174	ja
	2	-0.102	0.018	0.067	-0.169	-0.035	ja
	3	-0.005	0.0028	0.010	-0.015	0.005	nein

3. LOG-LINEARE MODELLE

3.0 Für ein weiterführendes Studium von Kontingenztafeln, z.B. für die Analyse
unvollständiger oder mehrdimensionaler Tafeln, ist das log-lineare Modell von Nutzen, das nun eingeführt werden soll. Wir werden uns dabei Methoden bedienen,
die z.T. aus der Theorie der linearen Modelle (Kap. III) und der GLM (Kap. VII)
her bekannt sind, z.T. aber auch eigens für log-lineare Modelle entwickelt wurden.
Ein - im Vergleich zur Einfachheit des Häufigkeitsbegriffes - recht komplizierter
Formalismus ist vonnöten, um sowohl die drei uns bekannten Stichproben-Erhe-
bungsschemata abzudecken, als auch zu Anwendungen in unvollständigen oder höher-dimensionalen Kontingenztafeln zu kommen. Zur asymptotischen statistischen
Analyse log-linearer Modelle werden wir uns der Ergebnisse des Kap. VI bedienen.

3.1 Indizierung

Zur Formulierung des log-linearen Modells denken wir uns alle Zellen der zur Dis-
kussion stehenden Tafel mit Hilfe einer Indexmenge T, welche $|T| = t$ Indizes um-
fasse, durchnumeriert. So ist im Fall einer $I \times J$-Feldertafel $t = IJ$, und $i \in T$ weist auf
ein Durchzählen der Menge

$$\{1,\dots,I\} \times \{1,\dots,J\}$$

hin. Fixieren wir ein Element $\in T$ und nennen es o.E. t (im Abschnitt 1 etwa war
dies (I,J)), so schreiben wir für die um das Element t verkleinerte Menge T

$$T^- = T \setminus \{t\}.$$

Ist nun $(Y_i^{(n)}, i \in T^-)$ ein $M_{t-1}(n, \boldsymbol{\pi}^-)$-verteilter Zufallsvektor, $\boldsymbol{\pi}^- = (\pi_i, i \in T^-)$, so setzen wir wie üblich

$$Y_t^{(n)} = n - \Sigma_{i \in T^-} Y_i^{(n)}$$

$$\pi_t = 1 - \Sigma_{i \in T^-} \pi_i$$

und nennen i.f. den t-dimensionalen Zufallsvektor $\mathbf{Y}^{(n)} = (Y_i^{(n)}, i \in T)$

$$M_t^*(n, \boldsymbol{\pi})\text{-verteilt} , \quad \boldsymbol{\pi} = (\pi_i, i \in T) .$$

Beachte, daß

$$\Sigma_{i \in T} Y_i^{(n)} = n , \quad \Sigma_{i \in T} \pi_i = 1 .$$

3.2 Einheitliche Notation in den 3 Schemata

I.f. werden wir bei den drei verschiedenen Erhebungsschemata einheitliche Bezeichnungen für die Vektoren $\boldsymbol{\pi}$ und $\boldsymbol{\mu}$ der Zellen-Wahrscheinlichkeiten bzw. -Mittelwerte benutzen, als auch eine Matrix $\mathbf{J}$ einführen, welche die *Randbedingungen* des Schemas beschreibt. $\mathbf{Y}^{(n)}$ bezeichnet stets den t-dimensionalen Beobachtungsvektor.

Poisson-Schema (Schema P)

Der Vektor $\mathbf{Y}^{(n)} = (Y_i, i \in T)$ besteht aus t unabhängigen, poissonverteilten Zufallsvariablen. Mit $\mu_i = \mathbb{E} Y_i$ schreibt man

$$\boldsymbol{\mu} = (\mu_i, i \in T)$$

$$\boldsymbol{\pi} = (\pi_i, i \in T) , \quad \pi_i = \mu_i / n ,$$

wobei n eine (in der Asymptotik benötigte) natürliche Zahl ist.

Entsprechend der Tatsache, daß die μ_i keine Randbedingung zu erfüllen haben, setzen wir

$$\mathbf{J} = 0 .$$

Multinomial-Schema (Schema M)

Der Vektor $\mathbf{Y}^{(n)} = (Y_i^{(n)}, i \in T)$ ist $M_t^*(n, \boldsymbol{\pi})$-verteilt, wobei

$$\boldsymbol{\pi} = (\pi_i, i \in T) .$$

Mit $\mu_i = \mathbb{E} Y_i^{(n)} = n \pi_i$ setzen wir

$$\boldsymbol{\mu} = (\mu_i, i \in T) .$$

Ferner sei

$$\mathbf{J} = (1, ..., 1)^T \in \mathbb{R}^t$$

in Hinblick auf die Randbedingung $\boldsymbol{\mu}^T \mathbf{J} = n$ (äquivalent zu $\boldsymbol{\pi}^T \mathbf{J} = 1$).

Produkt-Multinomial-Schema (Schema PM)

Hier liegt eine Aufteilung

$$T = T_1 \cup T_2 \cup \dots \cup T_q, \qquad |T_i| = t_i \;,$$

der Indexmenge T in q disjunkte Mengen vor $(t_1 + \dots + t_q = t)$. Im Spezialfall des Homogenitätsproblems in einer $I \times J$-Tafel ist $q = I$ und T_i umfaßt die J Indizes der i-ten Zeile. Der Vektor

$$\mathbf{Y}^{(n)} = (\mathbf{Y}_1^{(N_1)}, \dots, \mathbf{Y}_q^{(N_q)}) \;, \quad N_1 + \dots + N_q = n,$$

umfaßt q unabhängige Zufallsvektoren

$$\mathbf{Y}_i^{(N_i)} = (Y_j^{(N_i)}, j \in T_i) \;, \quad i = 1, \dots, q,$$

die $M_{t_i}^*(N_i, \mathbf{p}_i)$-verteilt sind, wobei $\mathbf{p}_i = (\pi_j, j \in T_i)$ ist. Setze

$$\boldsymbol{\pi} = (\pi_i, i \in T) = (\mathbf{p}_1, \dots, \mathbf{p}_q) \;,$$

und mit

$$\mu_j = \mathbb{E}\, Y_j^{(N_i)} = N_i \pi_j \quad \text{für } j \in T_i$$

definiere

$$\boldsymbol{\mu} = (\mu_i, i \in T) \equiv (\boldsymbol{\mu}_1, \dots, \boldsymbol{\mu}_q) \;.$$

Ferner führen wir die $t \times q$-Matrix $\mathbf{J}$ ein,

$$\mathbf{J} = (J_{ij}, i \in T, j = 1, \dots, q) \;,$$

die in der j-ten Spalte eine 1 in den Zeilen $i \in T_j$ hat und sonst eine 0,

$$J_{ij} = \begin{cases} 1 & i \in T_j \\ 0 & \text{sonst} \end{cases} \;.$$

Damit können die Randbedingungen an $\boldsymbol{\mu}$ in der Form

$$\boldsymbol{\mu}^T \mathbf{J} = (N_1, \dots, N_q) \quad \text{(äquivalent zu } \boldsymbol{\pi}^T \mathbf{J} = (1, \dots, 1))$$

geschrieben werden.

In allen drei Fällen werden $\boldsymbol{\pi}$ und $\boldsymbol{\mu}$ als $t \times 1$-Spaltenvektoren aufgefaßt und vorausgesetzt, daß *alle* Komponenten π_i von $\boldsymbol{\pi}$ (dann auch μ_i von $\boldsymbol{\mu}$) *positiv* sind. Wir haben die Beziehung

$$\boldsymbol{\mu} = \mathbf{D}^{(n)} \boldsymbol{\pi}, \quad \mathbf{D}^{(n)} = \mathrm{Diag}(d_i^{(n)}, i \in T) \;,$$

wobei

$$d_i^{(n)} = n \quad \text{im Fall der Schemata P und M,}$$

$$d_i^{(n)} = N_j \quad \text{für } i \in T_j \text{ im Fall des Schemas PM,}$$

sowie die folgende einheitliche Schreibweise der Randbedingungen

$$(1) \qquad \boldsymbol{\mu}^T \mathbf{J} = (\mathbf{Y}^{(n)})^T \mathbf{J} = \begin{cases} 0 & \text{Schema P} \\ n & \text{Schema M} \\ (N_1, \dots, N_q) & \text{Schema PM} \end{cases}$$

3.3 Modellgleichung

Mit dem Vektor $\pi \in \mathbb{R}^t$ aus einem der drei Schemata setzen wir

$$\theta_i = \log \pi_i \, , \quad \boldsymbol{\theta} = (\theta_i \, , \, i \in T) \in \mathbb{R}^t \, .$$

Gegeben sei $p \leq t$ [Schema P], $p \leq t-1$ [M], $p \leq t-q$ [PM], eine $t \times p$-Matrix

$$\mathbf{X} = (x_{ij}) = \begin{bmatrix} \mathbf{x}_1^T \\ \vdots \\ \mathbf{x}_t^T \end{bmatrix}$$

der (bekannten) Kontroll- oder Einflußgrößen vom vollen Rang p (*Designmatrix* genannt) und ein $p \times 1$-Spaltenvektor $\boldsymbol{\beta} = (\beta_1,...,\beta_p)^T$ der (unbekannten) *Modellparameter*. Die Modellgleichung des *log-linearen Modells* lautet dann

$$(2) \qquad \boldsymbol{\theta} = \mathbf{X} \boldsymbol{\beta} \, , \quad \text{d.h.} \quad \theta_i = \mathbf{x}_i^T \boldsymbol{\beta}, \quad i \in T,$$

oder einfach $\boldsymbol{\theta} \in \mathcal{L}(\mathbf{X})$, wenn $\mathcal{L}(\mathbf{X})$ wie in III 1.3 der von den Spalten von $\mathbf{X}$ aufgespannte lineare Teilraum des $\mathbb{R}^t$ ist. Man kann auch in einem "koordinatenfreien" Ansatz einen p-dimensionalen linearen Teilraum L des $\mathbb{R}^t$ vorgeben und

$$(3) \qquad \boldsymbol{\theta} \in L$$

als Modellgleichung schreiben. Bildet man mit p Basisvektoren von L eine $t \times p$-Matrix $\mathbf{X}$, so gelangt man über $L = \mathcal{L}(\mathbf{X})$ wieder zum Ansatz (2). Wenn keine Modellforderung an $\boldsymbol{\theta}$ (bzw. π) gestellt wird, die π_i's also - bis auf die Randbedingung (1)- frei variieren, sprechen wir von einem *saturiertem* Modell.

Man beachte, daß wir -in Hinblick auf (3) ohne Einschränkung- den vollen Rang von $\mathbf{X}$ annehmen können. Es wird vorausgesetzt, daß

$$J \qquad \mathcal{L}(\mathbf{J}) \subset \mathcal{L}(\mathbf{X}) \quad [\text{beim Schema P:} \quad \mathbf{1} = (1,...,1)^T \in \mathcal{L}(\mathbf{X})] \, ,$$

gilt, wobei $\mathbf{J}$ die in 3.2 eingeführte Matrix zur Bestimmung der Randbedingungen ist. Wir erwähnen noch den Zusammenhang

$$(4) \qquad \begin{aligned} \pi_i &= e^{\theta_i} = \exp(\mathbf{x}_i^T \boldsymbol{\beta}) \\[2mm] \mu_i &= d_i^{(n)} e^{\theta_i} = d_i^{(n)} \exp(\mathbf{x}_i^T \boldsymbol{\beta}) \end{aligned}$$

zwischen π (bzw. μ) und $\boldsymbol{\beta}$. Wegen der Randbedingung (1) kann $\boldsymbol{\theta}$ bei den Schemata M und PM nicht in ganz L variieren. Es wird sich herausstellen, daß dies für die Anwendung des Modells nicht störend ist.

Bemerkung

Im Sinne von Kap. VII beschreibt (2) im Falle des Schemas P ein GLM, das univariat ist und natürliche Linkfunktion besitzt (vgl. VII 2.5 a)). Asymptotische Resultate bei GLMs können aber nicht übernommen werden, denn bei ihnen geht die Dimension des Vektors μ (bzw. θ) gegen ∞ , während diese hier konstant t bleibt und der Wert von n über alle Schranken wächst.

3.4 Likelihoodfunktion

Mit einer Realisation

$$\mathbf{n} = (n_i, i \in T) \in \mathbb{R}^t$$

des t-dimensionalen Zufallsvektors $\mathbf{Y}^{(n)} = (Y_i^{(n)}, i \in T)$ stellen wir die folgenden log Likelihoodfunktionen auf. Dabei bezeichnen $R_1, R_2, \ldots$ Terme, die nicht von π (bzw. μ) abhängen.

$$\text{Schema P:} \quad l_n^P \;=\; \log \prod_{i \in T} \frac{\mu_i^{n_i}}{n_i!}\, e^{-\mu_i} \;=\; \sum_{i \in T} \{ n_i \log \pi_i - \mu_i \} + R_1$$

$$\text{Schema M:} \quad l_n^M \;=\; \log \left(n! \prod_{i \in T} \frac{1}{n_i!}\, \pi_i^{n_i} \right) \;=\; \sum_{i \in T} n_i \log \pi_i + R_2$$

$$\text{Schema PM:} \quad l_n^{PM} \;=\; \log \prod_{i=1}^{q} \left\{ N_i! \prod_{j \in T_i} \frac{1}{n_j!}\, \pi_j^{n_j} \right\} \;=\; \sum_{i=1}^{q} \sum_{j \in T_i} n_j \log \pi_j + R_3 \quad ,$$

wobei für $\mu = \mathbf{D}^{(n)} \pi$ noch die Randbedingungen (1) aus 3.2 hinzukommen. Das folgende Lemma - zusammen mit dem Lemma 3.6 unten - sagt aus, daß wir uns auf eine Funktion der Form l_n^P beschränken können.

Lemma Die log Likelihoodfunktionen l_n^M und l_n^{PM} lassen sich in der Form $l_n^P + R$ schreiben, wobei R nicht von π (bzw. μ) abhängt.

Beweis Schema M: Wegen $\pi. = 1$ ist

$$l_n^M = \sum_{i \in T} \{ n_i \log \pi_i - (n \pi_i - n) \} + R_2 = l_n^P + nt + R_2$$

Schema PM: Mit $\sum_{j \in T_i} \pi_j = 1$ gilt

$$l_n^{PM} = \sum_{i=1}^{q} \sum_{j \in T_i} \{ n_j \log \pi_j - (N_i \pi_j - N_i) \} + R_3 = l_n^P + \sum_{i=1}^{q} N_i t_i + R_3$$

$\square$

Bemerkungen 1. Für l_n^P können wir auch schreiben

$$(5) \qquad l_n^P = \Sigma_{i \in T}(n_i \theta_i - \mu_i) + R_1 \, , \quad \mu_i = d_i^{(n)} e^{\theta_i} \, .$$

Obwohl wir meistens an dem Parameter $\boldsymbol{\beta}$ gar nicht ausdrücklich interessiert sein werden, schreiben wir in (5) $l_n^P = l_n^P(\boldsymbol{\beta})$, damit die Modellforderung $\boldsymbol{\theta} = \mathbf{X}\boldsymbol{\beta}$ und die daraus folgenden Einschränkungen für $\boldsymbol{\mu}$ (bzw. $\boldsymbol{\pi}$) betont werden. Der Begriff der ML-Schätzung für $\boldsymbol{\beta}$ bezieht sich auf die log-Likelihoodfunktion $l_n^P(\boldsymbol{\beta})$.

2. Gleichung (5) stellt die log Likelihoodfunktion eines t-variaten GLM mit natürlicher Linkfunktion und nur einer Meßwiederholung dar (vgl. VII 1.11), was aber i.f. keine Rolle spielen wird.

3.5 Scorefunktion und ihre Ableitung

Für den p-dimensionalen Scorevektor $\mathbf{U}_n^P(\boldsymbol{\beta}) = d\,l_n^P(\boldsymbol{\beta})/d\boldsymbol{\beta}$ erhalten wir gemäß VII 1.11 - oder direkt aus (5) -

$$(6) \qquad \mathbf{U}_n^P(\boldsymbol{\beta}) = \mathbf{X}^T(\mathbf{n} - \boldsymbol{\mu}) \, ,$$

wobei man sich $\boldsymbol{\mu}$ hier und i.f. über die Formel (4) als Funktion von $\boldsymbol{\beta}$ denken muß. Daraus folgen die ML-Gleichungen in $\boldsymbol{\beta}$

$$\text{MLG} \qquad \mathbf{X}^T \boldsymbol{\mu} = \mathbf{X}^T \mathbf{n}$$

bzw. (mit Zufallsvektoren geschrieben) $\mathbf{X}^T \mathbb{E}_\beta \mathbf{Y}^{(n)} = \mathbf{X}^T \mathbf{Y}^{(n)}$. Diese werden, zusammen mit der Modellforderung (4), zur Berechnung der ML-Schätzung $\hat{\boldsymbol{\mu}}$ für $\boldsymbol{\mu}$ verwendet. Über die Gleichungen

$$(7) \qquad \pi_i = \mu_i / d_i^{(n)} \, , \quad \theta_i = \log \pi_i \, ,$$

werden dann die ML-Schätzungen für $\boldsymbol{\pi}$ und $\boldsymbol{\theta}$ berechnet.
Für die $p \times p$-Matrix $\mathbf{W}_n^P(\boldsymbol{\beta}) = d^2 l_n^P(\boldsymbol{\beta})/(d\boldsymbol{\beta}\,d\boldsymbol{\beta}^T)$ folgt

$$\mathbf{W}_n^P(\boldsymbol{\beta}) = -\mathbf{X}^T \mathrm{Diag}\big(\mu_i(\boldsymbol{\beta})\big)\mathbf{X}$$

3.6 Existenz und Eindeutigkeit der ML-Schätzung

Der nächste Satz, den man bei Haberman (1974, p. 37) oder Christensen (1987, p. 306) findet, gibt erschöpfend über Existenz und Eindeutigkeit Auskunft.

Satz Für ein log-lineares Modell (2) gilt:

(i) Falls es eine Lösung $\hat{\beta}$ der ML-Gleichung MLG gibt, so ist sie eindeutig und ist die ML-Schätzung für β .

(ii) Falls es ein $\nu \in \mathbb{R}^t$ mit

$$\nu \perp \mathcal{L}(\mathbf{X}) \quad \text{und} \quad \nu_i + n_i > 0 \quad \text{f.a. } i \in T$$

gibt, dann ist MLG (eindeutig) lösbar.

Beweis (i) folgt unmittelbar aus der Tatsache, daß $\mathbf{W}_n^P(\beta)$ negativ definit ist (voraussetzungsgemäß sind alle $\mu_i > 0$ und hat $\mathbf{X}$ vollen Rang).

(ii) Da nach Voraussetzung $\nu^T \theta = 0$ für $\theta \in \mathcal{L}(\mathbf{X})$ gilt, haben wir

$$l_n^P(\beta) = \Sigma_i\{n_i\theta_i - \mu_i\} = \Sigma_i\{(n_i + \nu_i)\theta_i - \mu_i\}$$

mit $\mu_i = d_i^{(n)} e^{\theta_i}$. Da alle $n_i + \nu_i > 0$ vorausgesetzt werden, so folgt $l_n^P(\beta) \longrightarrow -\infty$, wenn $\theta_i \to \pm \infty$ für eine Komponente von θ, d.h. auch, wenn $\beta_i \to \pm \infty$ für eine Komponente von β. Also nimmt $l_n^P(\beta)$ sein Maximum an, und es existiert eine (dann eindeutige) Lösung der ML-Gleichung. $\square$

Bemerkungen

1. Unter der Bedingung

N   alle $n_i > 0$,

die für genügend große n (f.s.) erfüllt ist, gibt es also einen eindeutigen ML-Schätzer $\hat{\beta}$ für β , der (einzige) Lösung von MLG ist. Gleichzeitig gibt es dann eindeutige ML-Schätzungen $\hat{\mu}$ für μ, $\hat{\pi}$ für π und $\hat{\theta}$ für θ. In abgekürzter Sprechweise heißt das:

(8)   Unter N sind die ML-Schätzer für μ (bzw. π) eindeutig festgelegt durch

ML-Gleichung MLG und Modellgleichung (2) bzw. (4).

2. Die Aussage (8) bleibt auch richtig, wenn man mit einer $t \times \tilde{p}$-Matrix $\tilde{\mathbf{X}}$ ($p \leq \tilde{p}$), für welche $\mathcal{L}(\mathbf{X}) = \mathcal{L}(\tilde{\mathbf{X}})$ gilt, die ML-Gleichungen in der Form $\tilde{\mathbf{X}}^T\mu = \tilde{\mathbf{X}}^T n$ schreibt. In der Tat, die Gleichungen $\mu^T\mathbf{X} = n^T\mathbf{X}$ und $\mu^T\tilde{\mathbf{X}} = n^T\tilde{\mathbf{X}}$ lassen sich durch Multiplikation von rechts mit geeigneten Matrizen ineinander überführen.

3. Das nächste Lemma sagt aus, daß die ML-Schätzung $\hat{\mu}$ (die ja aus der log Likelihoodfunktion l_n^P des Schemas P gewonnen wird) automatisch die richtigen Randbedingungen (1) aus 3.2 der Schemata M und PM erfüllt.

Lemma In einem log-linearen Modell, das Voraussetzung J aus 3.3 erfüllt, sei $\hat{\boldsymbol{\mu}}$ der (eindeutige) ML-Schätzer für $\boldsymbol{\mu}$. Dann gilt

$$\hat{\boldsymbol{\mu}}^T J = n^T J \ .$$

Beweis Es gelte $X^T \hat{\boldsymbol{\mu}} = X^T n$. Da $J = XB$ für eine p-zeilige Matrix B gemäß Voraussetzung J, folgt über $B^T X^T \hat{\boldsymbol{\mu}} = B^T X^T n$ die Behauptung. $\square$

3.7 Hinreichende Bedingungen U^*, W^*

Es wird nun die Gültigkeit der für die Asymptotik hinreichenden Bedingungen U^*, W^* aus VI 1.4 nachgewiesen (bezüglich des Grenzübergangs $n \to \infty$). Dazu sei

$$(9) \qquad \mathbf{Y}^{(n)} = (Y_i^{(n)}, \ i \in T)$$

ein Zufallsvektor gemäß einer der drei Schemata in 3.2 und, mit $\theta_i = \log \pi_i$,

$$\boldsymbol{\theta} = X \boldsymbol{\beta}$$

die Modellgleichung. Wir führen die folgende Voraussetzung ein

$$\Pi \qquad \begin{array}{l} \boldsymbol{\pi} = (\pi_i, \ i \in T) \text{ hängt funktional nicht von n ab} \\[4pt] N_i / n \longrightarrow \rho_i > 0 \quad (n \to \infty) \ \text{ im Schema PM} \end{array}$$

Mit Hinblick auf Π werden wir i.f. auch voraussetzen, daß die Designmatrix X nicht von n abhängt. Mit T^- [bzw. T_j^-] bezeichnen wir wie in 3.1 die um ein Element verminderte Indexmenge T [bzw. T_j]. Um den Anschluß an Kap. VI zu gewinnen, werden wir ein "reduziertes" Modell betrachten, mit einer Designmatrix X^-, deren vollen Rang p wir stillschweigend voraussetzen werden (vgl. Bem. 2 unten).

Lemma Unter Voraussetzung Π sind für den Zufallsvektor (9) und für den Parameter $\boldsymbol{\beta} \in \mathbb{R}^p$ die Bedingungen U^*, W^* erfüllt. Dabei können wir die $p \times p$-Matrizen

$$\boldsymbol{\Gamma}_n = \text{Diag}\,(1/\sqrt{n})$$

$$\boldsymbol{\Sigma} = \boldsymbol{B} = (X^-)^T V X^-$$

wählen, mit einer $s \times p$-Matrix X^- und $s \times s$-Matrix V gemäß

Schema P: $s = t$, $\quad X^- = X$, $\quad V = \text{Diag}(\pi_i, \ i \in T)$

Schema M: $s = t-1$, $\quad X^- = (x_{ij}, \ i \in T^-, \ j = 1,\dots,p)$,

$$V = [\text{Diag}(1/\pi_i, \ i \in T^-) - \mathbf{1} \cdot \mathbf{1}^T]^{-1} \ , \quad \mathbf{1}^T = (1,\dots,1) \in \mathbb{R}^{t-1}$$

Schema PM: $s = t - q, \quad \mathbf{X}^- = (x_{ik},\ i \in \bigcup_{j=1}^{q} T_j^-,\ k=1,...,p)$

$$\mathbf{V} = \text{Diag}\big\{\rho_j\,[\text{Diag}(1/\pi_i,\ i \in T_j^-) - \mathbf{1}_j \cdot \mathbf{1}_j^T]^{-1}\big\}, \quad \mathbf{1}_j^T = (1,...,1) \in \mathbb{R}^{t_j-1}$$

Beweis Schema P: Der Parameter $\boldsymbol{\beta}$ durchläuft hier die (offene) Menge $\mathbb{R}^P$. Gemäß 3.5 haben wir

$$\mathbf{U}_n^P(\boldsymbol{\beta}) = \mathbf{X}^T(\mathbf{Y}^{(n)} - \boldsymbol{\mu})$$

$$\mathbf{W}_n^P(\boldsymbol{\beta}) = -\mathbf{X}^T \text{Diag}(\mu_i)\,\mathbf{X}\,,$$

so daß nach B 3.11, Korollar 1,

$$\mathbf{U}_n^P(\boldsymbol{\beta})/\sqrt{n} \xrightarrow{\ \mathcal{D}\ } N_t(0,\mathbf{X}^T\mathbf{V}\mathbf{X})$$

gilt (also U*). Wegen $\mu_i = n\pi_i$ ist $\mathbf{W}_n^P(\boldsymbol{\beta})/n = -\mathbf{X}^T\mathbf{V}\mathbf{X}$, so daß auch W* erfüllt ist.

Schema M: In der reduzierten Parametrisierung

$$\boldsymbol{\pi}^- = (\pi_i,\ i \in T^-)\,, \quad \boldsymbol{\theta}^- = (\theta_i,\ i \in T^-) = \mathbf{X}^-\boldsymbol{\beta} \qquad\qquad [\theta_i = \log\pi_i]$$

gibt es eine offene Teilmenge B des $\mathbb{R}^P$, so daß $\boldsymbol{\pi}^-$ innerhalb der Menge $\{\pi_i > 0,\ \Sigma_{T^-}\,\pi_i < 1\}$ läuft, wenn $\boldsymbol{\beta}$ die Menge B durchläuft. Aus der Formel für $l_n^M(\boldsymbol{\beta})$ in 3.4 folgt, den Hochindex '-' bei $\mathbf{X}$, $\mathbf{n}$ und $\boldsymbol{\pi}$ einfachheitshalber weglassend, daß

$$\mathbf{U}_n^M(\boldsymbol{\beta}) = \mathbf{X}^T(\mathbf{n} - n_t\,\boldsymbol{\pi}/\pi_t)\,,$$

wobei $\mathbf{n} = (n_i,\ i \in T^-)\,,\quad n_t = n - \Sigma_{T^-}n_i\,,\quad \pi_t = 1 - \Sigma_{T^-}\,\pi_i$ gesetzt wurde. Ferner haben wir

$$\mathbf{W}_n^M(\boldsymbol{\beta}) = -n_t\,\mathbf{X}^T\mathbf{V}\mathbf{X}/\pi_t\,,$$

wobei

$$\mathbf{V} \equiv \mathbf{V}(\boldsymbol{\pi}) = \text{Diag}(\pi_i) + \boldsymbol{\pi}\cdot\boldsymbol{\pi}^T/\pi_t$$

eine $(t-1)\times(t-1)$-Matrix ist, für deren Inverses man

$$\mathbf{V}^{-1} = \text{Diag}\,(1/\pi_i) - \mathbf{1}\cdot\mathbf{1}^T$$

nachrechnet. Es folgt nun ähnlich wie in VI 4.3

$$\mathbf{U}_n^M(\boldsymbol{\beta})/\sqrt{n} \xrightarrow{\ \mathcal{D}\ } N_{t-1}(0,\mathbf{X}^T\mathbf{V}\mathbf{X})$$

$$\mathbf{W}_n^M(\boldsymbol{\beta}^*)/n = -\mathbf{X}^T\mathbf{V}(\boldsymbol{\pi}^*)\mathbf{X}\,n_t/(n\pi_t^*) \xrightarrow{\ \mathbb{P}\ } -\mathbf{X}^T\mathbf{V}(\boldsymbol{\pi})\mathbf{X}\,,$$

wenn $\boldsymbol{\beta}^* \equiv \boldsymbol{\beta}_n^* \xrightarrow{\ \mathbb{P}\ } \boldsymbol{\beta}$, d.h. $\boldsymbol{\pi}^* \equiv \boldsymbol{\pi}_n^* \xrightarrow{\ \mathbb{P}\ } \boldsymbol{\pi}$ $[n \to \infty]$.

Schema PM: Analog zum Schema M, aber notationsmäßig etwas komplizierter. □

Bemerkungen 1. Die *Reduzierung* der Dimension t in den Schemata M und PM geschah zunächst aus dem Grund, für β einen offenen Parameterraum (in Kap. VI wurde er Θ genannt) zu erhalten. Die $s \times s$-Matrix **V** erweist sich dann in jedem Schema als invertierbar (nicht dagegen z.B. die -zum Schema M gehörende- $t \times t$-Matrix $[\text{Diag}(1/\pi_i, i \in T) - 1 \cdot 1^T]$ mit $1 \in \mathbb{R}^t$).

2. Die Auswahl der aus T bzw. T_j zu entfernenden Elemente hat so zu erfolgen, daß beim Übergang von **X** zu **X⁻** der Rang p erhalten bleibt (man beachte die Einschränkungen an p zu Beginn von 3.3)

3.8 Asymptotische Verteilung der ML-Schätzer

Der Nachweis der Bedingungen U^*, W^* in 3.7 ermöglicht den Beweis der folgenden zwei Sätze über die asymptotische Inferenz in log-linearen Modellen. Zunächst zeigen wir die asymptotische Normalität der ML-Schätzer für den Parametervektor β und für den (reduzierten) Vektor θ. In einer einheitlichen Notation schreiben wir T^o für die Indexmenge

$$T \; [\text{Schema P}], \quad T^- \; [\text{Schema M}], \quad \bigcup_{j=1}^{q} T_j^- \; [\text{Schema PM}].$$

Es gilt dann $|T^o| = s$, vgl. Lemma 3.7, und durch

$$\theta^- = (\theta_i, i \in T^o) \in \mathbb{R}^s$$

wird wieder der reduzierte θ-Vektor definiert.

Satz Unter der Voraussetzung Π gilt im log-linearen Modell für die ML-Schätzer $\hat{\beta}_n \in \mathbb{R}^p$ und $\hat{\theta}_n^- \in \mathbb{R}^s$

(i) $$\sqrt{n}(\hat{\beta}_n - \beta) \xrightarrow{\mathcal{D}_\beta} N_p(0, \Sigma^{-1})$$

(ii) $$\sqrt{n}(\hat{\theta}_n^- - \theta^-) \xrightarrow{\mathcal{D}_\theta} X^- \Sigma^{-1/2} Z, \quad Z \; N_p(0, I_p)\text{-verteilt,}$$

wobei **X⁻** und Σ im Lemma 3.7 definiert sind.

Beweis Aussage (i) folgt aus Lemma 3.7 und Satz VI 1.6, Aussage (ii) folgt aus (i) via $\theta^- = X^- \beta$, $\hat{\theta}_n^- = X^- \hat{\beta}_n$. $\square$

Bemerkung Schema M: Im Spezialfall $X^- = I_s$ kann man Aussage (ii) in der Form

(10) $$\sqrt{n}(\hat{\nu}_n^- - \nu^-) \xrightarrow{\mathcal{D}} N_s(0, S^-),$$

mit der $s \times s$-Matrix $S^- = \text{Diag}(1/\pi_i, i \in T^o) - 1 \cdot 1^T$ und mit den Vektoren

$$\hat{\nu}_n^- = (\log n_i, i \in T^o), \quad \nu^- = (\log \mu_i, i \in T^o),$$

schreiben. Das Ergebnis (10) läßt sich auch direkt mit Hilfe der δ-Methode gewinnen, vgl. Beispiel B 3.12.

Führen wir die t-dimensionalen Vektoren

$$\hat{\boldsymbol{\nu}}_n = (\log n_i,\, i \in T)\,,\quad \boldsymbol{\nu} = (\log \mu_i,\, i \in T)$$

ein sowie die (singuläre) t×t-Matrix

$$\mathbf{S} = \mathrm{Diag}(1/\pi_i,\, i \in T) - \mathbf{1}\cdot\mathbf{1}^T\,,\quad \mathbf{1}^T = (1,...,1) \in \mathbb{R}^t\,,$$

so haben wir für das Multinomial-Schema M das folgende Ergebnis, das sich für die Bildung von Konfidenzintervallen verwenden läßt (vgl. 5.12 unten).

Korollar Sei $\mathbf{C} = (c_{ij})$ eine c×t-Matrix $(c<t)$, so daß die c×c-Matrix $\mathbf{A} = \mathbf{C}\,\mathbf{S}\,\mathbf{C}^T$ invertierbar ist. Dann gilt im saturierten Modell [Schema M] unter der Voraussetzung Π

$$(11)\qquad \sqrt{n}\,(\mathbf{C}\,\hat{\boldsymbol{\nu}}_n - \mathbf{C}\,\boldsymbol{\nu}) \xrightarrow{\ \mathcal{D}_\theta\ } N_c(0,\mathbf{A})\,.$$

Insbesondere ist für c = 1

$$\sqrt{n}\,\Big\{\textstyle\sum_{i \in T} c_i(\log n_i - \log \mu_i)\Big\} \xrightarrow{\ \mathcal{D}_\theta\ } N(0,v^2),$$

mit

$$v^2 = \textstyle\sum_{i \in T} c_i^2/\pi_i - \big(\sum_{i \in T} c_i\big)^2\,.$$

Beweis Man berechnet die (t-1)×t-Matrix $d\boldsymbol{\nu}^T/d\boldsymbol{\nu}^-$ zu

$$\frac{d\boldsymbol{\nu}^T}{d\boldsymbol{\nu}^-} = \big[\mathbf{I}_{t-1},\, -\boldsymbol{\pi}^-/\pi_t\big]\,.$$

Ferner

$$\Big(\frac{d\boldsymbol{\nu}}{(d\boldsymbol{\nu}^-)^T}\Big)\cdot \mathbf{S}^-\cdot\Big(\frac{d\boldsymbol{\nu}^T}{d\boldsymbol{\nu}^-}\Big) = \mathbf{S}\,,$$

so daß (11) mit Hilfe der δ-Methode aus (10) folgt. □

3.9 Asymptotische Tests von Hypothesen

Eine Hypothese im log-linearen Modell spezifiziert man durch die Vorgabe eines r-dimensionalen Teilraums L_H $(r < p)$ oder einer t×r-Matrix $\boldsymbol{H}$ vom vollen Rang r, so daß

$$L_H = \mathcal{L}(\boldsymbol{H}) \subset L = \mathcal{L}(\mathbf{X})\,.$$

Man formuliert

$$H_0:\qquad \boldsymbol{\theta} \in L_H \quad \text{versus}\quad H_1 : \boldsymbol{\theta} \in L\backslash L_H\,.$$

Wir setzen i.f.

$$J_H \qquad\qquad \mathcal{L}(\mathbf{J}) \subset \mathcal{L}(\mathbf{H}) \ , \quad \mathbf{1} = (1,\dots,1)^T \in \mathcal{L}(\mathbf{H})$$

voraus (der zweite Teil von J_H ist im Fall der Schemata M und PM im ersten erhalten) und verwenden die log Likelihoodfunktion (5) aus 3.4, d.i.

$$l_n(\theta) = \Sigma_{i \in T}\,(n_i \theta_i - \mu_i) \ , \quad \mu_i = d_i^{(n)} e^{\theta_i} \ .$$

Wir betrachten die log LQ-Teststatistik

$$(12) \qquad T_n = 2\{l_n(\hat{\boldsymbol{\theta}}_n) - l_n(\hat{\boldsymbol{\theta}}_n^H)\} = 2\,\Sigma_{i \in T}\big\{n_i(\hat{\theta}_{ni} - \hat{\theta}_{ni}^H) - (\hat{\mu}_{ni} - \hat{\mu}_{ni}^H)\big\} \ ,$$

wobei

$$\hat{\boldsymbol{\theta}}_n \quad \text{die MLG} \quad \mathbf{X}^T(\mathbf{n} - \hat{\boldsymbol{\mu}}) = 0 \ ,$$

$$\hat{\boldsymbol{\theta}}_n^H \quad \text{die MLG} \quad \boldsymbol{H}^T(\mathbf{n} - \hat{\boldsymbol{\mu}}^H) = 0$$

erfüllt . Wegen $\mathbf{1} \in \mathcal{L}(\boldsymbol{H})$ folgt aus MLG

$$\hat{\mu}_{\textbf{.}} = n_{\textbf{.}} = n, \quad \hat{\mu}_{\textbf{.}}^H = n_{\textbf{.}} = n,$$

so daß sich (12) zu

$$T_n = 2\,\Sigma\,n_i(\hat{\theta}_{ni} - \hat{\theta}_{ni}^H)$$

reduziert, bzw., mit $\hat{\theta}_{ni} = \log \hat{\pi}_{ni}$, $\hat{\theta}_{ni}^H = \log \hat{\pi}_{ni}^H$, zu

$$(13) \qquad T_n = 2\,\Sigma_{i \in T}\,n_i \log(\hat{\pi}_{ni} / \hat{\pi}_{ni}^H) \ .$$

Satz Für ein log-lineares Modell, welches Π erfüllt, gilt unter einer Hypothese $H_0 : \boldsymbol{\theta} \in L_H$, welche J_H erfüllt,

$$T_n \xrightarrow{\ \mathcal{D}_{H_0}\ } \chi^2_{p-r} \ ,$$

wobei T_n in (13) definiert ist.

Beweis Nach Lemma 3.7 sind die Bedingungen U*, W* erfüllt. Satz VI 2.5 ist anwendbar, wenn wir noch die Bedingung Γh^* aus VI 2.3 nachweisen können. Dazu bemerken wir zunächst, daß $\mathcal{L}(\boldsymbol{H}) \subset \mathcal{L}(\mathbf{X})$ die Gleichung $\boldsymbol{H} = \mathbf{X} \cdot \mathbf{A}$ mit einer $p \times r$-Matrix $\mathbf{A}$ vom Rang r impliziert. Aus den beiden (reduzierten) Gleichungen

$$\boldsymbol{\theta}^- = \boldsymbol{H}^- \cdot \boldsymbol{\eta} \quad \text{(mit einem } \boldsymbol{\eta} \in \mathbb{R}^r) \qquad\qquad\qquad \text{[Hypothese]}$$

$$\boldsymbol{\theta}^- = \mathbf{X}^- \cdot \boldsymbol{\beta} \quad \text{(mit einem } \boldsymbol{\beta} \in \mathbb{R}^p) \qquad\qquad\qquad \text{[Modell]}$$

folgt also wegen $\mathbf{H}^- = \mathbf{X}^- \cdot \mathbf{A}$ die Beziehung $\boldsymbol{\beta} = \mathbf{A} \cdot \boldsymbol{\eta}$ (wie immer voller Rang von $\mathbf{X}^-$ vorausgesetzt). Definiert man

$$\mathbf{h}\colon \mathbb{R}^r \to \mathbb{R}^p \ , \quad \mathbf{h}(\boldsymbol{\eta}) = \mathbf{A} \cdot \boldsymbol{\eta}$$

so ist also H_0 gleichwertig mit der Forderung $\boldsymbol{\beta} = \mathbf{h}(\boldsymbol{\eta})$ für $\boldsymbol{\eta}$ aus einer offenen Teilmenge des $\mathbb{R}^r$. Mit der r×r- Matrix $\varGamma h_n = (1/\sqrt{n}) \cdot \mathbf{I}_r$ und der schon in 3.7 eingeführten p×p-Matrix $\varGamma_n = (1/\sqrt{n}) \cdot \mathbf{I}_p$ gilt

$$\varGamma_n^{-1} \left(\mathrm{d}\mathbf{h}(\boldsymbol{\eta}) / \mathrm{d}\boldsymbol{\eta}^{\mathrm{T}} \right) \varGamma h_n = \mathbf{A} \ .$$

Da ferner $\mathrm{d}^2 h_j(\boldsymbol{\eta}) / (\mathrm{d}\boldsymbol{\eta}\, \mathrm{d}\boldsymbol{\eta}^{\mathrm{T}}) = 0$, ist der Nachweis von $\varGamma h^*$ gelungen. $\square$

3.10 Bemerkungen zur asymptotischen Inferenz

1. Der Test auf $\boldsymbol{\theta} \in L_H$ versus $\boldsymbol{\theta} \in L \backslash L_H$ wird manchmal auch *konditionaler Test* genannt und die log LQ-Teststatistik T_n in der Form $T_n = T_n(L_H \mid L)$ geschrieben.

2. Im Spezialfall $L = \mathbb{R}^t$, d.h. einer Hypothese im saturierten Modell, schreibt man $T_n(L_H \mid L) = T_n(L_H)$ und hat

$$T_n(L_H) = 2 \, \Sigma_{i \in T} \, n_i \log \left(n_i / (d_i^{(n)} \hat{\pi}_i^H) \right)$$

sowie unter H_0 die Konvergenz $T_n(L_H) \xrightarrow{\ \mathcal{D}\ } \chi^2_{t-r}$. Neben $T_n(L_H)$ kann man hier auch die χ^2-Teststatistik

$$\hat{\chi}_n^2 = \Sigma_{i \in T} (n_i - e_i)^2 / e_i \ , \quad e_i = d_i^{(n)} \hat{\pi}_i^H \ ,$$

verwenden, die ebenfalls unter H_0 asymptotisch χ^2_{t-r}-verteilt ist. (Beweis wie in VI 4.6).

3. In Hinblick auf das Schätzen (s. 3.6), Testen (s. 3.9) und Aufstellen von Konfidenzintervallen (s. 3.8, Korollar), braucht die Randbedingung (1) aus 3.2 nicht ausdrücklich berücksichtigt zu werden und kann $\boldsymbol{\theta} = \mathbf{X}\boldsymbol{\beta}$ wie ein lineares Modell ohne Restriktion angewandt werden.

4. Die oben in 3.9 eingeführte Matrix $\boldsymbol{H}$ hat eine andere Funktion als die in III.6 eingeführte Matrix $\mathbf{H}$. Während $\mathbf{H}$ dort für die alternative Form $\mathbf{H}\boldsymbol{\beta} = 0$ der Hypothese verwendet wurde, spannt $\boldsymbol{H}$ hier den Hypothesenraum L_H auf (ein genauer Zusammenhang ist in VI 6.2 angegeben).

5. Asymptotische Methoden in log-linearen Modellen werden in Haberman (1974, chap. 4), Bishop et al (1975, chap. 14), Christensen (1987, chap. 15) behandelt.

4. ZWEIDIMENSIONALE LOG-LINEARE MODELLE

4.0 Die im letzten Abschnitt entwickelte Theorie der log-linearen Modell läßt sich auf Kontingenztafeln jeder Dimension anwenden. In diesem Abschnitt wird sie bei Problemen in zweidimensionalen $I \times J$-Tafeln verwendet. Zunächst reproduzieren wir kurz - gewissermaßen als erste Anwendungsübung - die in den Abschnitten 1 und 2 gewonnenen Testverfahren zum Prüfen der Unabhängigkeits- und der Homogenitätshypothese mit Hilfe der Technik der log-linearen Modelle. Dann verallgemeinern wir das Unabhängigkeitsproblem in der Weise, daß die Tafel (π_{ij}) nicht besetzbare Zellen (i,j) besitzt (in der Anwendung sind dies oft die Diagonalzellen (i,i)), so daß in der Häufigkeitstafel (n_{ij}) in diesen Zellen *strukturelle* (a priori) Nullen auftreten. Tafeln mit strukturellen Nullen nennt man auch *unvollständig*, im Gegensatz zu den vollständigen Tafeln der Abschnitte 1 und 2. Die Komponenten des Parametervektors $\boldsymbol{\beta}$ aus der Modellgleichung 3.3 werden i.f., ähnlich wie in der mehrfachen Varianzanalyse IV.3, mit λ_i^A, λ_j^B usw. bezeichnet.

VOLLSTÄNDIGE TAFELN

4.1 Saturiertes Modell

Für eine $I \times J$-Tafel mit $I, J \geq 2$ setzen wir

$$T = \{1,...,I\} \times \{1,...,J\} \ , \ t = I \cdot J \ .$$

Der t-dimensionale Zufallsvektor

$$(1) \qquad \mathbf{Y}^{(n)} = (Y_{ij}^{(n)} \ , \ (i,j) \in T) \quad \text{sei} \quad M_t^*(n,\boldsymbol{\pi})\text{-verteilt} \ ,$$

vgl. 3.1, wobei $\boldsymbol{\pi} = (\pi_{ij}, \ (i,j) \in T) \in \mathbb{R}^t$ und alle $\pi_{ij} > 0$ vorausgesetzt werden. Wir führen den Parameter

$$\theta_{ij} = \log \pi_{ij} \ , \quad \boldsymbol{\theta} = (\theta_{ij}, \ (i,j) \in T) \in \mathbb{R}^t$$

ein. Für jedes $\boldsymbol{\theta} \in \mathbb{R}^t$ gibt es eine Darstellung in der Form

$$(2) \qquad \theta_{ij} = \lambda + \lambda_i^A + \lambda_j^B + \lambda_{ij}^{AB} \quad \text{für alle } (i,j) \in T$$

(*saturiertes* Modell). Um die Darstellung (2) eindeutig zu machen, führen wir die Nebenbedingungen

$$\text{NB} \qquad \lambda_{\cdot}^A = \lambda_{\cdot}^B = \lambda_{i\cdot}^{AB} = \lambda_{\cdot j}^{AB} = 0$$

ein. Die Randbedingung $\pi_{\cdot\cdot} = \Sigma \Sigma \, e^{\theta_{ij}} = 1$ braucht explizit nicht berücksichtigt zu werden (vgl. 3.10, Bem. 3). Aus NB leiten wir die folgenden Darstellungsgleichungen ab (zugleich geben wir die üblichen Namen der λ-Terme an):

$$D \quad \begin{cases} \lambda = \theta_{..}/(IJ) & \text{[allgemeines Mittel]} \\[1ex] \lambda_i^A = \theta_{i.}/J - \lambda & \text{[\textit{Haupteffekte} Faktor A]} \\[1ex] \lambda_j^B = \theta_{.j}/I - \lambda & \text{[\textit{Haupteffekte} Faktor B]} \\[1ex] \lambda_{ij}^{AB} = \theta_{ij} - \theta_{i.}/J - \theta_{.j}/I + \lambda & \text{[\textit{Wechselwirkungen}]} \end{cases}$$

Auf der Grundlage einer Realisation $(n_{ij}, (i,j) \in T)$ des Zufallsvektors (1) erhalten wir im saturierten Modell die ML-Schätzer n_{ij}/n für π_{ij} und $\log(n_{ij}/n)$ für θ_{ij}, wobei wir alle $n_{ij} > 0$ voraussetzen.

4.2 Testen der Unabhängigkeitshypothese

Wir zeigen zunächst die Äquivalenz der beiden Hypothesen

$$H_0 : \quad \lambda^{AB} = 0 \qquad \text{[keine Wechselwirkungen]},$$
$$H_0' : \quad \pi_{ij} = \pi_{i.}\,\pi_{.j} \qquad \text{[Unabhängigkeit von A und B]},$$

wobei $\lambda^{AB} = 0$ bedeutet, daß $\lambda_{ij}^{AB} = 0$ für alle $(i,j) \in T$.

Lemma Die Aussagen H_0 und H_0' sind äquivalent.

Beweis Unter H_0' ist $\theta_{ij} = \log \pi_{i.} + \log \pi_{.j}$. Daraus folgt für $\boldsymbol{\theta}$ die Darstellung
$$\theta_{ij} = \lambda + \lambda_i^A + \lambda_j^B, \qquad \lambda_{.}^A = \lambda_{.}^B = 0,$$
(setze $\lambda = \theta_{..}/(IJ)$ usw.), also H_0. Umgekehrt liefert H_0 die Gleichung $\pi_{ij} = a_i b_j$ mit gewissen positiven a_i, b_j, woraus man
$$\pi_{i.} = a_i b_. \,, \quad \pi_{.j} = a_. b_j \,, \quad \pi_{..} = a_. b_. = 1$$
folgert, und deshalb
$$\pi_{ij} = \pi_{i.}\,\pi_{.j}/(a_. b_.) = \pi_{i.}\,\pi_{.j} \,,$$
d.h. H_0' erhält. $\square$

Die Hypothese H_0 schreiben wir nun der Form

$$H_0 : \quad \boldsymbol{\theta} \in L_H \,, \quad L_H = \{\boldsymbol{\theta} \in \mathbb{R}^t,\ \theta_{ij} = \lambda + \lambda_i^A + \lambda_j^B\} \,,$$

wobei wir der Eindeutigkeit wegen noch

$$NB \qquad \lambda_{.}^A = \lambda_{.}^B = 0$$

fordern. Es ist

$$r = \dim L_H = 1 + (I-1) + (J-1) = I + J - 1 .$$

Eine für unsere Zwecke bequeme Darstellung von L_H erhalten wir durch

$$L_H = \measuredangle(\boldsymbol{H}) \quad , \qquad \boldsymbol{H} = \begin{bmatrix} 1 & 1 & & 1 \\ \vdots & \vdots & 0 & \ddots \\ & 1 & \ddots & 1 \\ & & \ddots & \\ & 0 & 1 & 1 \\ \vdots & & \vdots & \ddots \\ 1 & & 1 & 1 \end{bmatrix}$$

mit einer $t \times (1+I+J)$-Matrix $\boldsymbol{H}$, die keinen vollen Rang besitzt. Gemäß Bem. 2 in 3.6 ist der ML-Schätzer $\hat{\boldsymbol{\theta}}$ für $\boldsymbol{\theta}$ unter H_0 eindeutig festgelegt durch

$$\hat{\boldsymbol{\theta}} \in L_H \quad \text{und} \quad \text{MLG:} \quad \hat{\boldsymbol{\mu}}^T \boldsymbol{H} = \mathbf{n}^T \boldsymbol{H} \qquad (\mu_{ij} = n e^{\theta_{ij}}) .$$

Da die Spalten von $\boldsymbol{H}$ eine Summationsvorschrift für die Zeilen und Spalten der $I \times J$-Tafeln $(\hat{\mu}_{ij})$ und (n_{ij}) beinhalten, ist MLG äquivalent zu

$$\begin{aligned} \hat{\mu}_{i.} &= n_{i.} , \quad i=1,\dots,I \\ (3) \qquad \hat{\mu}_{.j} &= n_{.j} , \quad j=1,\dots,J . \end{aligned}$$

Es folgt aus H_0 (in der äquivalenten Form H_0') unter Benutzung von (3)

$$\hat{\mu}_{ij} = \hat{\mu}_{i.} \hat{\mu}_{.j} / n = n_{i.} n_{.j} / n \equiv e_{ij} .$$

Mit diesen e_{ij} erhalten wir als log LQ- bzw. χ^2-Teststatistik

$$T_n = 2 \sum\sum n_{ij} \log(n_{ij}/e_{ij}) , \quad \hat{\chi}_n^2 = \sum\sum (n_{ij} - e_{ij})^2 / e_{ij} ,$$

die nach Satz 3.9 unter H_0 asymptotisch χ^2-verteilt sind, mit

$$t - r = (I - 1)(J - 1) \quad \text{F.G. .}$$

Dies steht in Übereinstimmung mit 1.3 .

4.3 Testen der Homogenitätshypothese

Wir gehen vom t-dimensionalen Zufallsvektor

$$\mathbf{Y}^{(n)} = (\mathbf{Y}_1^{(N_1)}, \dots , \mathbf{Y}_I^{(N_I)}) , \quad \Sigma_i N_i = n ,$$

aus, wobei die $\mathbf{Y}_i^{(N_i)}$ unabhängig und $M_J^*(N_i, \mathbf{p}_i)$-verteilt sind, mit $\mathbf{p}_i = (p_{ij}, j=1,\dots,J)$. Für den Parameter $\boldsymbol{\theta} = (\theta_{ij}, (i,j) \in T)$,

$$\theta_{ij} = \log p_{ij} \, ,$$

stellen wir wie in 4.1 das saturierte Modell (2) auf. Es ergeben sich die ML-Schätzer n_{ij} für $\mu_{ij} = N_i p_{ij}$ und $\log(n_{ij}/N_i)$ für θ_{ij} . Ähnlich wie in 4.2 weist man nach, daß die Homogenitätshypothese

$$H'_0 : p_{ij} = \pi_j \qquad [\boldsymbol{\pi} = (\pi_1,...,\pi_J) \text{ ein vorgegebener Wahrscheinlichkeitsvektor}]$$

äquivalent zu $H_0 : \lambda^{AB} = 0$ im saturierten Modell (2) ist. Demnach ergibt sich wieder unter H_0 der ML-Schätzer

$$\hat{\mu}_{ij} = n_{i.} n_{.j}/n \quad \text{für } \mu_{ij} \qquad\qquad [n_{i.} = N_i]$$

und der gleiche Test der Homogenitätshypothese wie in 2.2.

UNVOLLSTÄNDIGE TAFELN

4.4 Tafeln mit strukturellen Nullen

Wir gehen von einer $I \times J$-Tafel (π_{ij}) von Wahrscheinlichkeiten aus, für welche einige Elemente bekanntermaßen Null sind. Bezeichne

$$T = \{(i,j) : \pi_{ij} > 0, 1 \le i \le I, 1 \le j \le J\}$$

die Menge aller Indexpaare (i,j), für welche π_{ij} positiv ist, und

$$A_i = \{j : (i,j) \in T, 1 \le j \le J\}$$
$$B_j = \{i : (i,j) \in T, 1 \le i \le I\}$$

die Indizes, für welche in den einzelnen Zeilen und Spalten der Tafel (π_{ij}) jeweils positive Wahrscheinlichkeiten stehen. Wir setzen i.f. stets nicht-leere Indexmengen $A_1,...,A_I,\ B_1,...,B_J$ voraus sowie $z < (I-1)(J-1)$, wobei z die Anzahl der Elemente $\pi_{ij} = 0$ bedeutet, d.h.

$$z = IJ - |T| \, .$$

Auf der Grundlage einer Realisation $(n_{ij}, (i,j) \in T)$ des $t \times 1$-Zufallsvektors

$$(Y_{ij}^{(n)}, (i,j) \in T)$$

der $M_t^*\big(n,(\pi_{ij},(i,j) \in T)\big)$-verteilt sei $(t = |T|)$, berechnet sich die log Likelihood-funktion gemäß 3.4 zu

$$(4) \qquad \ell_n = \Sigma_{(i,j) \in T} \{n_{ij} \theta_{ij} - \mu_{ij}\} \, , \qquad\qquad [\theta_{ij} = \log \pi_{ij} \, , \ \mu_{ij} = n\, e^{\theta_{ij}}].$$

Das saturierte log-lineare Modell lautet

$$(5) \qquad \theta_{ij} = \lambda + \lambda_i^A + \lambda_j^B + \lambda_{ij}^{AB} \, , \quad (i,j) \in T \, .$$

I.f. bezeichnen $\mathbf{n} = (n_{ij})$, $\boldsymbol{\mu} = (n \cdot \pi_{ij})$ und $\hat{\boldsymbol{\mu}} = (n \cdot \hat{\pi}_{ij})$ IJ-dimensionale Vektoren, die jeweils eine (strukturelle, a priori) Null an den Stellen $(i,j) \notin T$ haben. Die Punktnotation wie $n_{i\cdot} = \Sigma_{j=1}^{J} n_{ij}$, $\hat{\mu}_{\cdot j} = \Sigma_{i=1}^{I} \hat{\mu}_{ij}$ etc. kann also für $\mathbf{n}$, $\boldsymbol{\mu}$, $\hat{\boldsymbol{\mu}}$ wie gewohnt verstanden werden.

4.5 Inseparabilität, Konnektivität

Wir können die Ergebnisse aus Abschnitt 3 nur übernehmen, wenn wir an die Verteilung der strukturellen Nullen über die $I \times J$ Zellen der Tafel die Bedingung der Inseparabilität stellen (vgl. Lemma 4.6 unten): Die unvollständige Tafel (π_{ij}) heißt *separabel*, falls sie - nach Permutation ihrer Zeilen und Spalten - in Blockdiagonalform

$$
(\pi_{ij}) \;=\; \begin{pmatrix} \Pi_1 & 0 \\ 0 & \Pi_2 \end{pmatrix}
$$

geschrieben werden kann, sonst *inseparabel*. Die Inseparabilität einer Tafel läßt sich noch in anderer Weise charakterisieren: Man nenne zwei Indexpaare (i,j), $(i',j') \in T$ verbunden, falls es eine "Kette"

$$
(i_1,j_1),\ (i_2,j_2),\dots,\ (i_N,j_N) \in T,\ (i_1,j_1) = (i,j),\ (i_N,j_N) = (i',j')
$$

von Indexpaaren gibt, so daß je zwei benachbarte Indexpaare den gleichen Zeilenindex oder den gleichen Spaltenindex besitzen (falls also z.B. für die zwei Indexpaare (i_1,j_1), (i_2,j_2) gilt: $i_1 = i_2$ oder $j_1 = j_2$). Die unvollständige Tafel (π_{ij}) besitze *Konnektivität*, falls je zwei Indexpaare aus T verbunden sind. Da Permutationen von Zeilen und Spalten die Konnektivität nicht verändern, ist der Nachweis der

$$\text{Äquivalenz von Inseparabilität und Konnektivität}$$

leicht zu führen.

4.6 Quasi-Unabhängigkeit

Wir bezeichnen die Tafel (π_{ij}) als *quasi*-unabhängig, falls es positive Zahlen $a_1,\dots,a_I, b_1,\dots,b_J$ gibt mit

$$H_0 \qquad \mu_{ij} = a_i \cdot b_j \quad \text{für alle } (i,j) \in T.$$

Die Hypothese H_0 erweist sich als äquivalent mit der Hypothese $\lambda^{AB} = 0$ im saturierten Modell (5), d.h. mit der Möglichkeit, den Vektor $\boldsymbol{\theta} \in \mathbb{R}^t$ in der Form

$$(6) \qquad \theta_{ij} = \lambda + \lambda_i^A + \lambda_j^B, \quad (i,j) \in T ,$$

zu schreiben (siehe Beweis zu Lemma 4.2). Wir führen den linearen Teilraum L_H

$\subset \mathbb{R}^t$ ein gemäß:

$\quad\quad \boldsymbol{\theta} \in L_H$ genau im Fall der Darstellung (6)

sowie die üblichen Nebenbedingungen

NB $\quad\quad \lambda_{\cdot}^A = \lambda_{\cdot}^B = 0$.

Lemma Für inseparable Tafeln ist die Darstellung (6) unter NB eindeutig. Insbesondere gilt dann

$$r \equiv \dim L_H = I + J - 1 \ .$$

Beweis Habermann (1974, p. 263); eine Beweisskizze findet man auch bei Fienberg (1970). □

Daß im Fall separabler Tafeln die Aussage des Lemmas nicht mehr richtig ist, zeigt das einfache Beispiel

$$I = J = 2, \ T = \{(1,1),(2,2)\} \ ,$$

$$\kappa_i^A = \lambda_i^A \pm c \ \ \text{für } i = \left\{ \begin{matrix} 1 \\ 2 \end{matrix} \right. , \quad \kappa_j^B = \lambda_j^B \mp c \ \ \text{für } j = \left\{ \begin{matrix} 1 \\ 2 \end{matrix} \right. .$$

Für dieses gilt nämlich, neben (6) und NB, auch

$$\theta_{ij} = \lambda + \kappa_i^A + \kappa_j^B , \quad (i,j) \in T , \quad \kappa_{\cdot}^A = \kappa_{\cdot}^B = 0 .$$

Wir setzen i.f. n als groß genug voraus, so daß

N $\quad\quad n_{ij} > 0 \quad$ für alle $(i,j) \in T$.

Dann existiert nach 3.6 unter H_0 eine eindeutige ML-Schätzung $\hat{\mu}_{ij}$ für μ_{ij} ($\hat{\mu}_{ij} = 0$ für $(i,j) \notin T$).

Proposition Die unvollständige Tafel (π_{ij}) sei inseparabel und es sei N erfüllt. Dann gilt:

(i) Die ML-Schätzung $\hat{\boldsymbol{\mu}}$ für $\boldsymbol{\mu}$ unter H_0 ist eindeutig festgelegt durch die Modellgleichungen

$$(7) \quad\quad \hat{\mu}_{ij} = \hat{a}_i \cdot \hat{b}_j \ , \quad (i,j) \in T,$$

mit positiven $\hat{a}_i$, $\hat{b}_j$ und durch die ML-Gleichungen

MLG $\quad\quad \hat{\mu}_{i\cdot} = n_{i\cdot} \ , \quad \hat{\mu}_{\cdot j} = n_{\cdot j} \ , \quad 1 \le i \le I, 1 \le j \le J.$

346   VIII KONTINGENZTAFELN

(ii) Die log LQ-Teststatistik

$$T_n = 2 \, \Sigma_{(i,j) \, \epsilon \, T} \; n_{ij} \, \log(n_{ij} \, / \hat{\mu}_{ij})$$

ist unter H_0 asymptotisch χ^2-verteilt mit $(I - 1)(J - 1) - z$ F.G.

Beweis Eine für uns bequeme Darstellung des linearen Teilraumes L_H ist $L_H = \mathcal{L}(\boldsymbol{H})$ mit der $(1+I+J)$-spaltigen Matrix $\boldsymbol{H}$ aus 4.2, von deren $I \cdot J$ Zeilen aber alle Zeilen gestrichen werden, die zu einem Indexpaar $(i,j) \notin T$ gehören. Da die Spalten dieser Matrix $\boldsymbol{H}$ eine Summationsvorschrift über die Stellen A_i bzw. B_j beinhalten (und da $\Sigma_{j \epsilon A_i} \mu_{ij} = \mu_{i.}$, $\Sigma_{i \epsilon B_j} \mu_{ij} = \mu_{.j}$, analog für n_{ij}) folgt die Behauptung (i) wie in 4.2 mit Hilfe von Bem.2 in 3.6. Die Behauptung (ii) ist eine Folge von Satz 3.9, wobei man wegen $r = \dim L_H = I+J-1$ die F.G. zu
$$t - r = (I - 1)(J - 1) - z$$
berechnet. $\square$

4.7 **Iterationsverfahren** IPF

Zur Berechnung der ML-Schätzung $\hat{\mu}_{ij} = \hat{a}_i \cdot \hat{b}_j$ unter H_0 bedient man sich eines Iterationsverfahrens (*iterative proportional fitting* procedure). Man startet mit
$$\mu_{ij}^{(0)} = n_{.j} / |B_j| \quad \text{für } (i,j) \, \epsilon \, T \quad (= 0 \text{ sonst})$$
und setzt rekursiv für eine gerade Zahl $m \geq 2$

IPF $\qquad \mu_{ij}^{(m-1)} = \mu_{ij}^{(m-2)} \dfrac{n_{i.}}{\mu_{i.}^{(m-2)}} , \qquad \mu_{ij}^{(m)} = \mu_{ij}^{(m-1)} \dfrac{n_{.j}}{\mu_{.j}^{(m-1)}} .$

Die Iterierten erfüllen "zur Hälfte" die in MLG geforderten Randbedingungen, nämlich
$$(8) \qquad \mu_{i.}^{(m-1)} = n_{i.}, \quad \mu_{.j}^{(m)} = n_{.j} .$$
Ferner erfüllen sie die Modellgleichungen (7). In der Tat, man rechnet leicht nach, daß

$$\mu_{ij}^{(m)} = \left(\frac{n_{.j}}{\mu_{.j}^{(m-1)}} \cdot \frac{n_{.j}}{\mu_{.j}^{(m-3)}} \cdot \; ... \; \cdot \frac{n_{.j}}{\mu_{.j}^{(1)}} \right) \cdot \left(\frac{n_{i.}}{\mu_{i.}^{(m-2)}} \cdot \; ... \; \cdot \frac{n_{i.}}{\mu_{i.}^{(0)}} \right) \cdot \mu_{ij}^{(0)} ,$$

so daß man auf
$$(9) \qquad \mu_{ij}^{(k)} = a_i^{(k)} \cdot b_j^{(k)} , \quad (i,j) \, \epsilon \, T$$
für jedes $k \geq 1$ schließen kann. Falls IPF konvergiert, so ist in Hinblick auf Prop. 4.6 i) nur noch zu zeigen, daß der Grenzwert sämtliche Randbedingungen in MLG erfüllt.

4.8 Ein Hilfssatz zum Konvergenzbeweis

Zunächst bringen wir ein vorbereitendes Lemma, in welchem wir mit $M_1^t \subset \mathbb{R}^t$ die Menge aller Wahrscheinlichkeitsvektoren $\mathbf{p} = (p_i) \in \mathbb{R}^t$ $(p_i \geq 0 , \Sigma p_i = 1)$ bezeichnen. Es wird stets $0 \cdot \log 0 = 0$ gesetzt.

Lemma (i) Für $\mathbf{p}, \mathbf{q} \in M_1^t$ gilt

$$\Sigma_i \, p_i \, \log q_i \ \leq \ \Sigma_i \, p_i \, \log p_i \, ,$$

mit einem Gleichheitszeichen genau im Fall $\mathbf{p} = \mathbf{q}$.

(ii) Gilt für eine Folge $\mathbf{q}^{(n)} \in M_1^t$, $n \geq 1$,

$$\Sigma_i \, p_i \, \log(q_i^{(n)}/p_i) \ \longrightarrow \ 0 \qquad\qquad [n \to \infty],$$

so folgt

$$\mathbf{q}^{(n)} \ \longrightarrow \ \mathbf{p} \, .$$

Beweis (i) Wir setzen $Q = \{i : p_i > 0 , 1 \leq i \leq t\}$ und nehmen o.E. $q_i > 0$ für $i \in Q$ an. Da $\log x$, $x \in \mathbb{R}_+$, eine konkave Funktion ist, liefert die Jensensche Ungleichung

$$\Sigma_Q \, p_i \, \log(q_i/p_i) \ \leq \ \log \Sigma_Q \, p_i(q_i/p_i) \ = \ \log \Sigma_Q \, q_i \leq 0$$

mit = Zeichen genau dann, wenn $q_i/p_i = 1$ f.a. $i \in Q$, d.h. $p_i = q_i$ f.a. i=1,...,t.

(ii) Zu einem Häufungspunkt $\mathbf{q}^* \in M_1^t$ von $\mathbf{q}^{(n)}$, $n \geq 1$, existiert eine Teilfolge $\mathbf{q}^{(n')}$ $\in M_1^t$ mit $\mathbf{q}^{(n')} \longrightarrow \mathbf{q}^*$ $[n' \to \infty]$. Aufgrund der Stetigkeit der log-Funktion folgt bei $n' \to \infty$

$$\Sigma_i \, p_i \, \log(q_i^{(n')}/p_i) \ \longrightarrow \ \Sigma_i \, p_i \, \log(q_i^*/p_i) \ = \ 0 \, ,$$

so daß (i) gerade $\mathbf{q}^* = \mathbf{p}$ und damit die Konvergenz $\mathbf{q}^{(n)} \longrightarrow \mathbf{p}$ liefert. $\square$

4.9 Konvergenzbeweis

Wir können nun den Konvergenzbeweis für das IPF-Verfahren führen (weiterhin alle $n_{ij} > 0$ vorausgesetzt).

Satz Das Iterationsverfahren IPF konvergiert gegen die (eindeutig bestimmte) ML-Schätzung $\hat{\boldsymbol{\mu}}$ von $\boldsymbol{\mu}$ unter H_0 , d.h.

$$\boldsymbol{\mu}^{(k)} \ \longrightarrow \ \hat{\boldsymbol{\mu}} \qquad\qquad [k \to \infty].$$

Beweis I.f. sei m eine gerade Zahl und für $k \geq 1$

$$D^{(k)} = (1/n) \sum_T n_{ij} \log(n_{ij}/\mu_{ij}^{(k)}) \; .$$

Unter Beachtung von $\sum_T n_{ij} = \sum_T \mu_{ij}^{(k)} = n$ für jedes $k \geq 1$ (vgl. (8)) folgt
$$D^{(k)} \geq 0$$

wegen Lemma 4.8 i). Aufgrund der Gleichung

$$\log(n_{ij}/\mu_{ij}^{(m)}) = \log(n_{ij}/\mu_{ij}^{(m-1)}) + \log(\mu_{.j}^{(m-1)}/n_{.j})$$

haben wir
$$D^{(m)} = D^{(m-1)} - D_B^{(m-1)} \; ,$$
wobei wir
$$D_B^{(m-1)} = (1/n) \sum_j n_{.j} \log(n_{.j}/\mu_{.j}^{(m-1)})$$

gesetzt haben. Analog erhalten wir

$$D^{(m-1)} = D^{(m-2)} - D_A^{(m-2)}$$
mit
$$D_A^{(m-2)} = (1/n) \sum_i n_{i.} \log(n_{i.}/\mu_{i.}^{(m-2)}) \; .$$

Da nach Lemma 4.8 i) auch $D_B^{(m-1)}$, $D_A^{(m-2)}$ nicht-negativ sind, folgt

$$0 \leq D^{(m)} \leq D^{(m-1)} \leq D^{(m-2)} \; .$$

Es ergibt sich die Konvergenz der Folge $D^{(k)}$, $k \geq 1$, und daraus

$$D_B^{(m-1)} \to 0 \; , \quad D_A^{(m)} \to 0$$

bei geradem $m \to \infty$. Für solche Grenzübergänge liefert Lemma 4.8 ii) dann

$$(10) \qquad \mu_{.j}^{(m-1)} \to n_{.j} \; , \quad \mu_{i.}^{(m)} \to n_{i.} \; .$$

Sei nun $\boldsymbol{\mu}^*$ ein Häufungspunkt der Folge $\boldsymbol{\mu}^{(k)}$, $k \geq 1$. Dann ist $\boldsymbol{\mu}^*$ ML-Schätzung $\hat{\boldsymbol{\mu}}$ von $\boldsymbol{\mu}$. In der Tat, wegen (9) ist $\boldsymbol{\mu}^*$ von der Gestalt

$$\mu_{ij}^* = a_i^* \cdot b_j^* \; , \quad (i,j) \in T,$$

der Modellgleichung. Wegen (8) und (10) erfüllt $\boldsymbol{\mu}^*$ die ML-Gleichungen

$$\mu_{i.}^* = n_{i.} \; , \quad \mu_{.j}^* = n_{.j} \; ,$$

so daß Prop. 4.6 i) gerade $\boldsymbol{\mu}^* = \hat{\boldsymbol{\mu}}$ liefert.

Wegen der Eindeutigkeit von $\hat{\boldsymbol{\mu}}$ ist dann auch die Konvergenz des Iterationsverfahrens IPF gesichert. □

5. MEHRDIMENSIONALE LOG-LINEARE MODELLE

5.0   Die Methode der log-linearen Modelle entfaltet bei höher-dimensionalen Kontingenztafeln ihre volle Wirkung. Wir werden zunächst ausführlich drei-dimensionale $I \times J \times K$-Tafeln studieren, an denen die wesentlichen Eigenschaften der Methode aufscheinen. Ein nützlicher Ableger der log-linearen Modelle ist das sog. Logit-Modell, bei dem man - i.S. des linearen Modells der Regressionsanalyse bzw. der Varianzanalyse - eine Dimension (d.h. eine der drei Hilfsvariablen A,B,C) als Kriteriumsvariable auszeichnet und die anderen als Regressoren bzw. Faktoren ansieht. Wir werden i.f. einfachheitshalber stets das multinomiale Stichprobenschema (Schema M) zugrundelegen. Das Schema PM, das in mehr als zwei Dimensionen in mehrfacher Weise auftreten kann, ist dann ähnlich wie im Beispiel 4.3 zu behandeln. Ferner werden wir nur vollständige Tafeln analysieren.

D R E I D I M E N S I O N A L E   M O D E L L E

5.1 Dreidimensionale Kontingenztafel

Wir gehen von ganzen Zahlen $I, J, K \geq 2$ aus und von einem t-dimensionalen Zufallsvektor $(t = IJK)$

$$(1) \qquad \mathbf{Y}^{(n)} = \left(Y_{ijk}^{(n)}, \ (i,j,k) \in T \right), \quad T = \{1,...,I\} \times \{1,...,J\} \times \{1,...,K\} ,$$

der $M_t^*(n, \boldsymbol{\pi})$-verteilt sein möge (wegen der Bezeichnung M_t^* siehe 3.1), wobei

$$\boldsymbol{\pi} = (\pi_{ijk}, (i,j,k) \in T), \quad \text{alle } \pi_{ijk} > 0 .$$

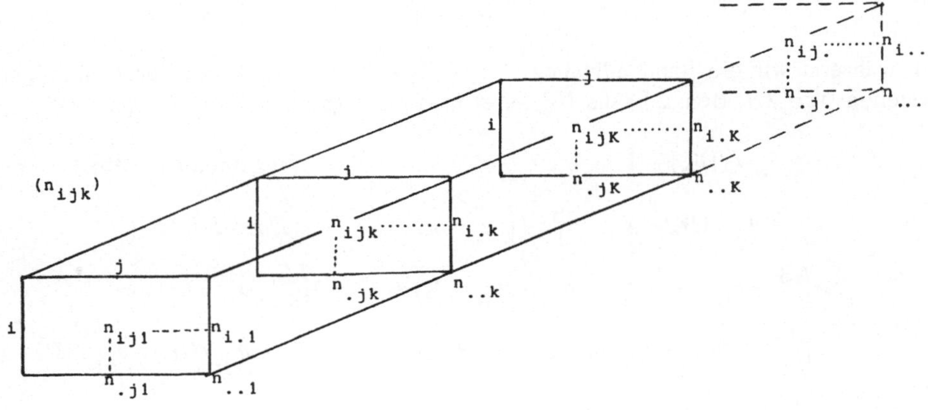

Zur Veranschaulichung der Notation führen wir wie in 1.2 Hilfsvariablen A,B,C ein mit

$$\pi_{ijk} = \mathbb{P}(A = i, B = j, C = k),$$

sowie die übliche Punktnotation für die Summation, z.B. $\pi_{i.k} = \mathbb{P}(A=i, C=k)$ etc. Eine Realisation des Zufallsvektors (1), die wir mit

$$(2) \qquad \mathbf{n} = (n_{ijk}, (i,j,k) \in T), \quad n_{...} = n,$$

bezeichnen, kann als dreidimensionaler Quader veranschaulicht werden (siehe Abb. oben)

5.2 Saturiertes Modell

Wir führen den Erwartungswert-Vektor

$$\boldsymbol{\mu} = (\mu_{ijk}, (i,j,k) \in T), \quad \mu_{ijk} = n\,\pi_{ijk} = \mathbb{E}\,Y_{ijk}^{(n)},$$

ein sowie den Parameter

$$\boldsymbol{\theta} = (\theta_{ijk}, (i,j,k) \in T), \quad \theta_{ijk} = \log \pi_{ijk} .$$

Wir können jedes $\boldsymbol{\theta} \in \mathbb{R}^t$ in der Form

$$(3) \qquad \theta_{ijk} = \lambda + \lambda_i^A + \lambda_j^B + \lambda_k^C + \lambda_{ij}^{AB} + \lambda_{ik}^{AC} + \lambda_{jk}^{BC} + \lambda_{ijk}^{ABC}$$

eines *saturierten* Modells schreiben. Um die Darstellung (3) eindeutig zu machen, führen wir Nebenbedingungen

$$NB \qquad \lambda_.^A = \lambda_.^B = \lambda_.^C = \lambda_{i.}^{AB} = ... = \lambda_{.k}^{BC} = \lambda_{ij.}^{ABC} = \lambda_{i.k}^{ABC} = \lambda_{.jk}^{ABC} = 0$$

ein, während wir die Randbedingung $\pi_{...} = \Sigma_T\, e^{\theta_{ijk}} = 1$ nicht zu berücksichtigen brauchen (vgl. 3.9, Bem. 3). Aus NB leitet man die folgenden Darstellungen ab:

$$\lambda = \theta_{...}/(IJK) \qquad\qquad\qquad \text{[allgemeines Mittel]}$$

$$\lambda_i^A = \theta_{i..}/(JK) - \lambda ; \quad \lambda_j^B, \lambda_k^C \text{ entspr.} \qquad [\textit{Haupteffekte}]$$

$$D$$

$$\lambda_{ij}^{AB} = \theta_{ij.}/K - \theta_{i..}/(JK) - \theta_{.j.}/(IK) + \lambda ; \quad \lambda_{ik}^{AC}, \lambda_{jk}^{BC} \text{ entspr.}$$

$$\lambda_{ijk}^{ABC} = \theta_{ijk} - \theta_{ij.}/K - \theta_{i.k}/J - \theta_{.jk}/I + \theta_{i..}/(JK) + \theta_{.j.}/(IK) + \theta_{..k}/(IJ) - \lambda,$$

wobei die λ_{ij}^{AB} und λ_{ijk}^{ABC} 2-*Faktoren* bzw. 3-*Faktoren Wechselwirkungen* heißen. Aus einer Stichprobe (2) errechnen sich im saturierten Modell die ML-Schätzungen für π_{ijk} und θ_{ijk} zu

$$n_{ijk}/n \quad \text{bzw.} \quad \log(n_{ijk}/n) \,.$$

5.3 Hierarchische Modelle

Spezielle Modelle werden aus dem saturierten Modell (3) abgeleitet, indem einige λ-Terme (und zwar jeweils für alle Indexwerte gleichzeitig) null gesetzt werden. Innerhalb der großen Zahl solcher Modell beschränken wir uns auf die Klasse der sog. hierarchischen Modelle, die man durch die folgende Eigenschaft definiert: Ist ein λ-Term mit einer gewissen Variablenteilmenge

$$\alpha \subset \{A,B,C\} \equiv ABC$$

im Hochindex (z.B. der Term λ^A) gleich Null, so auch alle λ-Terme mit einer α umfassenden Variablenteilmenge $\alpha\beta$ (im Beispiel die λ-Terme λ^{AB}, λ^{AC}, λ^{ABC}). Es gibt 5 verschiedene zweidimensionale und 19 verschiedene dreidimensionale hierarchische log-lineare Modelle, deren Prototypen in 5.9 zusammengestellt sind. Bei ihrer Angabe bedienen wir uns einer praktischen *Kurznotation* der Form $[\alpha_1,\alpha_2\,,\,...\,]$: Es werden nur die Variablenteilmengen α solcher λ-Terme angegeben, die unbedingt notwendig sind und sich nicht aus dem Bildungsgesetz hierarchischer Modelle von selbst ergeben. So wird das saturierte Modell durch [ABC] angegeben. Zwei weitere Beispiele:

Modellgleichung	Kurznotation
$\theta_{ijk} = \lambda + \lambda_i^A + \lambda_j^B + \lambda_{ij}^{AB}$	[AB]
$\theta_{ijk} = \lambda + \lambda_i^A + \lambda_j^B + \lambda_k^C + \lambda_{jk}^{BC}$	[A,BC] .

Wir bemerken vorausgreifend (vgl. 5.7), daß diese Kurznotation eines Modells eine nützliche Information zur Berechnung der ML-Schätzungen darstellt: Sie gibt nämlich die Typen von Randsummen an, in denen die $\mu_{ijk}'s$ und $n_{ijk}'s$ übereinstimmen müssen ("marginals to be fitted"). Es wird betont, daß i.f. *ausschließlich hierarchische* log-lineare Modelle betrachtet werden.

5.4 Hypothese $\lambda^{ABC} = 0$

Im Fall des saturierten zweidimensionalen Modells sagt $\lambda^{AB} = 0$ aus, daß die Variablen A und B unabhängig sind (vgl. 4.2). Im dreidimensionalen Fall ist die Aussage

$$\lambda^{ABC} = 0 \quad \text{(d.h. } \lambda_{ijk}^{ABC} = 0 \text{ für alle } (i,j,k) \in T \text{)}$$

schwieriger zu interpretieren. Um dies zu tun, betrachten wir zunächst einen festen Wert C = k der Variablen C und bilden die bedingten Wahrscheinlichkeiten

(4) $(\pi_{ijk}/\pi_{..k},\ \ i=1,...,I,\ j=1,...,J)$

der Variablen A und B, gegeben C = k. Mit der Abkürzung

$$v_{ij}^{(k)} \equiv \log(\pi_{ijk}/\pi_{..k}) = \theta_{ijk} - \log \pi_{..k}$$

erhalten wir als Wechselwirkungen der I×J-Tafel (4) gemäß 4.1, D,

(5) $\lambda_{ij}^{AB|C=k} = v_{ij}^{(k)} - v_{i.}^{(k)}/J - v_{.j}^{(k)}/I + v_{..}^{(k)}/(IJ)$

$$= \theta_{ijk} - \theta_{i.k}/J - \theta_{.jk}/I + \theta_{..k}/(IJ) \ .$$

Die Größe $\lambda_{ij}^{AB|C=k}$ beschreibt die bedingte 2-Faktor Wechselwirkung von A und B, gegeben C = k. Das arithmetische Mittel von (5) über alle Werte k von C lautet

(6) $\lambda_{ij}^{AB|C} \equiv \Sigma_{k=1}^{K} \lambda_{ij}^{AB|C=k}/K = \theta_{ij.}/K - \theta_{i..}/(JK) - \theta_{.j.}/(IK) + \theta_{...}/(IJK).$

Die Differenz der Größen (5) und (6) ergibt gerade λ_{ijk}^{ABC} (vgl. 5.2 D). Wir erhalten also

$$\lambda_{ijk}^{ABC} = \lambda_{ij}^{AB|C=k} - \lambda_{ij}^{AB|C} = \lambda_{ik}^{AC|B=j} - \lambda_{ik}^{AC|B} = \lambda_{jk}^{BC|A=i} - \lambda_{jk}^{BC|A} \ .$$

Daraus folgt: Im Fall $\lambda^{ABC} = 0$ nimmt $\lambda_{ij}^{AB|C=k}$ für alle k den gleichen Wert an; die bedingte 2-Faktor Wechselwirkung ist also in diesem Fall unabhängig von dem speziellen Wert der dritten.

5.5 Weitere hierarchische Hypothesen

In 5.4 haben wir die wahrscheinlichkeitstheoretische Bedeutung der Hypothese $\lambda^{ABC} = 0$ studiert. Als nächstes betrachten wir die Hypothese

$H_{A,B|C}:$ $\lambda^{AB} = \lambda^{ABC} = 0$

d.h. das log-lineare Modell

$[AC,BC]:$ $\theta_{ijk} = \lambda + \lambda_i^A + \lambda_j^B + \lambda_k^C + \lambda_{ik}^{AC} + \lambda_{jk}^{BC} \ .$

Man zeigt, daß diese Hypothese gleichbedeutend ist mit

(7) $\pi_{ijk} = \pi_{i.k}\,\pi_{.jk}/\pi_{..k} \ ,$

d.h. mit der bedingten Unabhängigkeit von A und B, gegeben den Wert C, siehe Lindeman et al (1980, p. 343) oder Andersen (1990, sec. 5.2) wegen eines Beweises.

Die Hypothese

$H_{BC,A}:$ $\lambda^{AB} = \lambda^{AC} = \lambda^{ABC} = 0$

d.i. das log-lineare Modell [A,BC], besteht genau aus den Hypothesen $H_{A,B|C}$ und $H_{A,C|B}$, ist also durch die Forderungen

(8) $$\pi_{ijk} = \pi_{i.k}\,\pi_{.jk}\,/\,\pi_{..k} \quad \text{und} \quad \pi_{ijk} = \pi_{ij.}\,\pi_{.jk}\,/\,\pi_{.j.}$$

charakterisiert. Daraus folgt $\pi_{i.k}\,/\,\pi_{..k} = \pi_{i..}$ und dann $\pi_{ijk} = \pi_{i..}\,\pi_{.jk}$, also die

(9)   Unabhängigkeit von A und (B,C).

Umgekehrt schließt man aus (9), welches ja auch die Unabhängigkeit von A und B sowie von A und C enthält, wieder auf (8), so daß sich (9) und $H_{BC,A}$ als äquivalent erweisen.

Schließlich beinhaltet die Hypothese

$$H_{A,B,C}: \qquad \lambda^{AB} = \lambda^{AC} = \lambda^{BC} = \lambda^{ABC} = 0$$

d.i. das log-lineare Modell [A,B,C], genau die drei Hypothesen $H_{AB,C}$, $H_{BC,A}$ und $H_{AC,B}$, woraus man die Unabhängigkeit von A und (B,C) sowie von B und C schließt, also die

(10)   Unabhängigkeit der drei Variablen A,B,C

erhält. Umgekehrt schließt man aus (10) wieder auf $H_{A,B,C}$ (vgl. Lindeman et al. (1980, p. 353); Bishop et al. (1975, p. 38)), so daß $H_{A,B,C}$ und (10) äquivalent sind.

5.6 ML-Schätzung im Modell [AB,AC,BC]

Als ein Beispiel für ein spezielles log-lineares Modell betrachten wir das Modell [AB,AC,BC], d.h. die Hypothese $\lambda^{ABC} = 0$ im saturierten Modell (3). Zugehörig ist der lineare Teilraum

$$L_H = \left\{ \theta \in \mathbb{R}^t:\ \theta_{ijk} = \lambda + \lambda_i^A + \lambda_j^B + \lambda_k^C + \lambda_{ij}^{AB} + \lambda_{ik}^{AC} + \lambda_{jk}^{BC} \right\}.$$

Wir setzen für den Rest des Kapitels voraus, daß in der Realisation (2) aus 5.1 *alle* $n_{ijk} > 0$ sind.

Proposition Im log-linearen Modell [AB,AC,BC] ist der ML-Schätzer $\hat{\theta}$ für θ (und damit auch $\hat{\mu}$ für μ) eindeutig bestimmt durch die Modellgleichung $\hat{\theta} \in L_H$ sowie durch

(11) $\hat{\mu}_{ij.} = n_{ij.},\quad \hat{\mu}_{i.k} = n_{i.k},\quad \hat{\mu}_{.jk} = n_{.jk}$ $[\hat{\mu}_{ijk} = n\,e^{\hat{\theta}_{ijk}}]$.

Beweis Den linearen Raum L_H kann man auch in der Form

$$L_H = \mathcal{L}(H)$$

schreiben, mit einer $t \times (1{+}I{+}J{+}K{+}IJ{+}IK{+}JK)$-Matrix H, die wir wie folgt angeben: Bezeichnen wir die Spalten von H mit $\lambda, \lambda_1^A, \ldots, \lambda_{JK}^{BC}$ und die Zeilen mit

$(1,1,1),\dots,(I,J,K)$, so steht in der Zeile (i,j,k) gerade in den Spalten

$$\lambda,\ \lambda_i^A,\ \lambda_j^B,\ \lambda_k^C,\ \lambda_{ij}^{AB},\ \lambda_{ik}^{AC},\ \lambda_{jk}^{BC}$$

eine 1 und sonst eine 0. In der ML-Gleichung

$$\text{MLG}\qquad \mathbf{n}^T\boldsymbol{H} = \hat{\boldsymbol{\mu}}^T\boldsymbol{H}$$

steht in der Spalte λ_{ij}^{AB} die Gleichung $n_{ij.} = \hat{\mu}_{ij.}$, denn die Spalte λ_{ij}^{AB} von $\boldsymbol{H}$ hat in den Zeilen $ij1,\dots,ijK$ eine 1 und sonst eine 0. Analog überzeugt man sich, daß die Spalten λ_{ik}^{AC} und λ_{jk}^{BC} von MLG die Gleichungen $n_{i.k} = \hat{\mu}_{i.k}$ bzw. $n_{.jk} = \hat{\mu}_{.jk}$ liefern. Bem. 2 in 3.6 impliziert nun die Behauptung. $\Box$

Bemerkung: Führen wir für die einzelnen Randsummen die Bezeichnungen

$$\mathbf{n}^A = (n_{1..},\dots,n_{I..}) \in \mathbb{R}^I$$
$$\mathbf{n}^{AB} = (n_{11.},\dots,n_{IJ.}) \in \mathbb{R}^{IJ}$$

usw. ein sowie die analogen Bezeichnungen $\boldsymbol{\mu}^A$, $\boldsymbol{\mu}^{AB}$ usw., so schreiben sich die ML-Gleichungen (11) in der Form

$$\hat{\boldsymbol{\mu}}^{AB} = \mathbf{n}^{AB},\quad \hat{\boldsymbol{\mu}}^{AC} = \mathbf{n}^{AC},\quad \hat{\boldsymbol{\mu}}^{BC} = \mathbf{n}^{BC} .$$

5.7 ML-Schätzung in hierarchischen Modellen

Die für den Spezialfall des Modells $[AB,AC,BC]$ gültige Proposition 5.6 soll nun für ein allgemeines hierarchisches Modell

$$H = [\alpha_1,\alpha_2,\dots] ,$$

wobei jedes α_i eine Variablenteilmenge von $ABC = \{A,B,C\}$ bezeichnet, verallgemeinert werden. L_H sei der zugehörige lineare Teilraum.

Satz Für das hierarchische log-lineare Modell $H = [\alpha_1,\alpha_2,\dots]$ ist der ML-Schätzer $\hat{\boldsymbol{\theta}}$ für $\boldsymbol{\theta}$ (und damit auch $\hat{\boldsymbol{\mu}}$ für $\boldsymbol{\mu}$) eindeutig bestimmt durch die Modellgleichung $\hat{\boldsymbol{\theta}} \in L_H$ sowie durch die Gleichungen

$$(12)\qquad \hat{\boldsymbol{\mu}}^{\alpha_1} = \mathbf{n}^{\alpha_1},\quad \hat{\boldsymbol{\mu}}^{\alpha_2} = \mathbf{n}^{\alpha_2},\ \dots\ .$$

Beweis Der Beweis verläuft wie im Spezialfall der Prop. 5.6. Ist $\boldsymbol{H}$ die zugehörige Matrix mit $L_H = \mathcal{L}(\boldsymbol{H})$, so daß die Spalten λ^{α_1} von $\boldsymbol{H}$ eine Summationsvorschrift über die restlichen - nicht in α_1 enthaltenen - Variablen bilden, so besagen die Spalten λ^{α_1} der Gleichung $\mathbf{n}^T\boldsymbol{H} = \hat{\boldsymbol{\mu}}^T\boldsymbol{H}$ gerade $\mathbf{n}^{\alpha_1} = \hat{\boldsymbol{\mu}}^{\alpha_1}$; usw. $\Box$

Bemerkungen

1. Dieser Satz begründet die schon in 5.3 angekündigte Sprechweise: Im Modell mit der Kurznotation $[\alpha_1,\alpha_2,\ldots]$ bezeichnen die Variablenteilmengen $\alpha_1,\alpha_2,\ldots$ die anzupassenden Randsummen (*marginals to be fitted*).

2. Zwei Beispiele: Für das Modell $H = [AB,AC,BC]$ (d.h. $\alpha_1 = AB$, $\alpha_2 = AC$, $\alpha_3 = BC$) aus 5.6 reduziert sich (12) auf (11), für das Modell $H = [A,BC]$ (d.h. $\alpha_1 = A$, $\alpha_2 = BC$) beläuft sich (12) auf $\hat{\mu}_{i..} = n_{i..}$, $\hat{\mu}_{.jk} = n_{.jk}$.

5.8 Testen von Hypothesen

Innerhalb des saturierten Modells $[ABC]$ kann ein spezielles (hypothetisches) log-lineares Modell H als Hypothese H_0 getestet werden. Bezeichnet $e \equiv \hat{\mu}$ die nach Satz 3.6 eindeutig existierende ML-Schätzung für μ unter H_0 , so sind nach 3.9 die Teststatistiken

$$T_n \equiv T_n(L_H) = 2\,\Sigma_i\Sigma_j\Sigma_k\, n_{ijk}\, \log\,(n_{ijk}/e_{ijk})$$

$$\hat{\chi}^2 = \Sigma_i\Sigma_j\Sigma_k\, (n_{ijk} - e_{ijk})^2/e_{ijk}$$

unter H_0 asymptotisch χ^2-verteilt. Die Anzahl der Freiheitsgrade (F.G.) ermittelt man mit Hilfe der *Regel*:

F.G. = Anzahl der Parameter im saturierten Modell minus Anzahl der Parameter im hypothetischen Modell

d.h.

(13)   F.G. = Anzahl der in der Hypothese Null gesetzten Parameter.

Dabei sind die Nebenbedingungen $\lambda^A_{\bullet} = \ldots = \lambda^{ABC}_{ij\bullet} = 0$ zu berücksichtigen.

Zur Begründung dieser Regel verwende man Satz 3.9 und eine zu IV 2.1, Bem. 2., analoge Überlegung. Das saturierte Modell hat IJK F.G. (die Randbedingung $\pi_{...} = \Sigma\Sigma\Sigma\, e^{\theta_{ijk}} = 1$ wird - wie immer - nicht berücksichtigt), die sich wie in der folgenden Tabelle in die einzelnen Bestandteile zerlegen lassen.

λ - Terme	FG	λ - Terme	FG
λ	1	λ^{AB}	$(I-1)(J-1)$
λ^A	$I-1$	λ^{AC}	$(I-1)(K-1)$
λ^B	$J-1$	λ^{BC}	$(J-1)(K-1)$
λ^C	$K-1$	λ^{ABC}	$(I-1)(J-1)(K-1)$

Zum Testen des hypothetischen Modells $[AB,AC]$ zum Beispiel, d.h. zum Prüfen der Hypothese $\lambda^{BC} = \lambda^{ABC} = 0$ im saturierten Modell, findet man also

$$(J-1)(K-1) + (I-1)(J-1)(K-1) = I(J-1)(K-1) \quad \text{F.G.}$$

Innerhalb eines log-linearen Modells L (das nun nicht mehr notwendig das saturierte zu sein braucht) läßt sich ein spezielles (hypothetisches) Modell H nach Satz 3.9 durch die (konditionale) Teststatistik

$$T_n(L_H|L) = 2 \, \Sigma_i \Sigma_j \Sigma_k \, n_{ijk} \, \log(\hat{\pi}_{ijk}/\hat{\pi}^H_{ijk})$$

prüfen, wobei $\hat{\pi} = \hat{\mu}/n$ ML-Schätzer für π im Modell L und $\hat{\pi}^H = \hat{\mu}^H/n$ ML-Schätzer im Modell H ist. Die F.G. werden nach der Regel (13) ermittelt:

F.G. = Anzahl der Parameter des Modells L, die im Modell H null gesetzt sind.

Zum Testen des (hypothetischen) Modells [AB,C] innerhalb des Modells [AB,AC, BC] zum Beispiel ermittelt man $(I-1)(K-1) + (J-1)(K-1) = (I+J-2)(K-1)$ F.G. .

5.9 Übersicht

In der folgenden Tabelle geben wir die *Prototypen* von hierarchischen (dreidimensionalen) log-linearen Modellen unter Verwendung der Kurznotation 5.3 an, zusammen mit

> der Anzahl N von Modellen dieses Prototyps (die man durch Permutieren der A,B,C erhält),
>
> der zugehörigen Hypothese im saturierten Modell [ABC],
>
> den Freiheitsgraden F.G. (vgl. 5.8),
>
> der Formel des ML-Schätzers $\hat{\mu}_{ijk}$ für $\mu_{ijk} = n\,\pi_{ijk}$ (vgl. 5.10 unten)

und z.T. auch mit einer Interpretation der Hypothese (vgl. 5.4, 5.5).

Kurznotation	N	Hypothese	F.G.	$\hat{\mu}_{ijk}$	Beschreibung
[ABC]	1	–	IJK	n_{ijk}	Saturiertes Modell
[AB,AC,BC]	1	$\lambda^{ABC}=0$	$(I-1)(J-1)(K-1)$	–	Die bedingte Zwei-Variablen Interaktion ist unabhängig von dem Wert der dritten.
[AC,BC]	3	$\lambda^{AB}=\lambda^{ABC}=0$	$K(I-1)(J-1)$	$n_{i.k}n_{.jk}/n_{..k}$	A und B sind bedingt unabhängig, wenn der Wert von C gegeben ist
[A,BC]	3	$\lambda^{AB}=\lambda^{AC}=\lambda^{ABC}=0$	$(I-1)(JK-1)$	$n_{i..}n_{.jk}/n$	A ist unabhängig vom Paar (B,C).

[A,B,C]	1	$\lambda^{AB}=\lambda^{AC}=$ $\lambda^{BC}=\lambda^{ABC}=0$	IJK-I-J-K+2	$n_{i..}\,n_{.j.}\,n_{..k}/n^2$	Die Variablen A,B,C sind unabhängig.
[BC]	3	$\lambda^{A}=\lambda^{AB}=\lambda^{AC}=$ $=\lambda^{ABC}=0$	(I-1)JK	$n_{.jk}/I$	
[B,C]	3	$\lambda^{A}=\lambda^{AB}=\lambda^{AC}=$ $\lambda^{BC}=\lambda^{ABC}=0$	IJK-J-K+1	$n_{.j.}\,n_{..k}/(In)$	
[C]	3	$\lambda^{A}=\lambda^{B}=\lambda^{AB}=$ $\lambda^{AC}=\lambda^{BC}=$ $\lambda^{ABC}=0$	K(IJ-1)	$n_{..k}/(IJ)$	
[ ]	1	$\lambda^{A}=\lambda^{B}=\lambda^{C}=\lambda^{AB}$ $=\lambda^{AC}=\lambda^{BC}=$ $\lambda^{ABC}=0$	IJK-1	$n/(IJK)$	$\pi_{ijk}=1/(IJK)$ konstant für alle i,j,k

5.10 Berechnung der direkten ML-Schätzer

Für die Modelle der Tabelle 5.9 sind - mit Ausnahme des Modells [AB,AC,BC] - Formeln für die ML-Schätzer $\hat{\mu}_{ijk}$ angegeben. Zu ihrer Herleitung nehmen wir beispielhaft das Modell H = [AC,BC]. Die ML-Gleichungen lauten gemäß 5.7

$$(14)\qquad \hat{\mu}_{i.k} = n_{i.k}\,,\quad \hat{\mu}_{.jk} = n_{.jk}\;.$$

Man prüft sofort nach, daß der Schätzer

$$(15)\qquad \hat{\mu}_{ijk} = n_{i.k}\,n_{.jk}\,/\,n_{..k}$$

die Gleichungen (14) erfüllt. Die Modellgleichung $\hat{\theta} \in L_H$ ist ebenfalls erfüllt; in der Tat:

$$\hat{\theta}_{ijk} \equiv \log(\hat{\mu}_{ijk}/n) = -\log n + \log(n_{i.k}/n_{..k}) + \log n_{.jk}$$

hat die Gestalt $\lambda + \lambda^{AC}_{ik} + \lambda^{BC}_{jk}$. Also bildet Formel (15) gemäß Satz 5.7 die (eindeutig bestimmte) ML-Schätzung für μ_{ijk}. In ähnlicher Weise verifiziert man auch die anderen Formeln in Tabelle 5.9.

5.11 Iterationsverfahren im Modell [AB,AC,BC]

Die ML-Schätzung $\hat{\mu}$ im Modell [AB,AC,BC] gewinnt man durch ein Iterationsverfahren. Wir geben das sogenannte IPF-(*iterative proportional fitting-*)Verfahren an (vgl. 4.7). Setze dazu $\mu^{(0)}_{ijk} = n/(IJK)$ (oder $\mu^{(0)}_{ijk} = n_{.jk}/I$) und mit einem m ≥ 1, das ein Vielfaches von 3 ist

$$\mu_{ijk}^{(m-2)} = \mu_{ijk}^{(m-3)} \; \frac{n_{ij.}}{\mu_{ij.}^{(m-3)}} \qquad\qquad (\text{'fitting } \mathbf{n}^{AB\,\prime})$$

$$\text{IPF} \quad \mu_{ijk}^{(m-1)} = \mu_{ijk}^{(m-2)} \; \frac{n_{i.k}}{\mu_{i.k}^{(m-2)}} \qquad\qquad (\text{'fitting } \mathbf{n}^{AC\prime})$$

$$\mu_{ijk}^{(m)} = \mu_{ijk}^{(m-1)} \; \frac{n_{.jk}}{\mu_{.jk}^{(m-1)}} \qquad\qquad (\text{'fitting } \mathbf{n}^{BC\prime})$$

Satz Das Iterationsverfahren IPF konvergiert gegen die (eindeutig bestimmte)
ML-Schätzung $\hat{\boldsymbol{\mu}}$ im Modell [AB,AC,BC]:

$$\lim_{h\to\infty} \boldsymbol{\mu}^{(h)} = \hat{\boldsymbol{\mu}} \qquad\qquad [\boldsymbol{\mu}^{(h)} = (\mu_{ijk}^{(h)})].$$

Beweis Der erste Teil des Beweises verläuft ähnlich dem in 4.9 und wird deshalb
knapp gehalten.

(i) Wir setzen

$$D^{(h)} = (1/n)\,\Sigma_i\Sigma_j\Sigma_k\; n_{ijk}\,\log(n_{ijk}/\mu_{ijk}^{(h)})$$

und erhalten für eine durch 3 teilbare Zahl m

$$D^{(m)} = D^{(m-1)} - D_{BC}^{(m-1)}$$

$$D^{(m-1)} = D^{(m-2)} - D_{AC}^{(m-2)}$$

$$D^{(m-2)} = D^{(m-3)} - D_{AB}^{(m-3)}$$

mit

$$D_{BC}^{(h)} = (1/n)\,\Sigma_j\Sigma_k\; n_{.jk}\,\log(n_{.jk}/\mu_{.jk}^{(h)})$$

und $D_{AC}^{(h)}$, $D_{AB}^{(h)}$ analog. Mit Hilfe des Lemmas 4.8 folgt, daß die Folge $D^{(h)}$, $h \ge 0$,
monoton fällt, daß

$$D_{BC}^{(m-1)} , \quad D_{AC}^{(m-2)} , \quad D_{AB}^{(m-3)} \quad \text{Nullfolgen}$$

bilden und daß deswegen für alle i,j,k

$$(16) \qquad \mu_{ij.}^{(m)} \to n_{ij.} \, , \quad \mu_{i.k}^{(m+1)} \to n_{i.k} \, , \quad \mu_{.jk}^{(m+2)} \to n_{.jk}$$

bei $m = 3h \to \infty$ gilt.

(ii) Sei nun $\left(\nu_{ijk},\, \nu_{ij}^{AB},\, \nu_{ik}^{AC},\, \nu_{jk}^{BC},\, (i,j,k)\,\epsilon\,T\right)$ ein Häufungspunkt der beschränkten Folge

$$\left(\mu_{ijk}^{(m)}, \; \mu_{ij.}^{(m)}, \; \mu_{i.k}^{(m+1)}, \; \mu_{.jk}^{(m+2)}, \; (i,j,k) \in T \right), \quad m = 3h, \; h \geq 1.$$

Wegen (16) gilt

(17) $\qquad\qquad \nu_{ij}^{AB} = n_{ij.}, \quad \nu_{ik}^{AC} = n_{i.k}, \quad \nu_{jk}^{BC} = n_{.jk}$

und $\nu_{ij.} = n_{ij.}$. Setze $\boldsymbol{\nu} \equiv (\nu_{ijk}^{(0)})$, $\nu_{ijk}^{(0)} \equiv \nu_{ijk}$ und definiere gemäß IPF-Schema

$$\boldsymbol{\nu}^{(1)} = (\nu_{ijk}^{(1)}), \quad \nu_{ijk}^{(1)} = \nu_{ijk}^{(0)} \; \frac{n_{ij.}}{\nu_{ij.}^{(0)}},$$

$$\boldsymbol{\nu}^{(2)} = (\nu_{ijk}^{(2)}), \quad \nu_{ijk}^{(2)} = \nu_{ijk}^{(1)} \; \frac{n_{i.k}}{\nu_{i.k}^{(1)}}.$$

Aus Gründen der Stetigkeit ist $\nu_{i.k}^{(1)} = \nu_{ik}^{AC}$, $\nu_{.jk}^{(2)} = \nu_{jk}^{BC}$, und es folgen über (17) die Identitäten $\boldsymbol{\nu}^{(2)} = \boldsymbol{\nu}^{(1)} = \boldsymbol{\nu}$ und

$$\nu_{ij.} = n_{ij.}, \quad \nu_{i.k} = n_{i.k}, \quad \nu_{.jk} = n_{.jk}.$$

Ferner erfüllt $\boldsymbol{\nu}$ die Modellgleichung

$$\left(\log (\nu_{ijk}/n), \; (i,j,k) \in T \right) \in L_H.$$

In der Tat, aus IPF folgt, daß jedes $\mu_{ijk}^{(m)}$ von der Form $a_{ij} \cdot b_{ik} \cdot c_{jk}$ ist, und damit auch $\boldsymbol{\nu}$ als Limes einer Teilfolge von $\boldsymbol{\mu}^{(m)}$, $m = 3h$, $h \geq 1$. Proposition 5.6 liefert nun $\boldsymbol{\nu} = \hat{\boldsymbol{\mu}}$, und wegen der Eindeutigkeit von $\hat{\boldsymbol{\mu}}$ ergibt sich schließlich die Konvergenz des IPF-Verfahrens. $\square$

5.12 Schätzen und Testen der λ-Terme

Liegt für ein log-lineares Modell der ML-Schätzer $\hat{\boldsymbol{\theta}}$ für $\boldsymbol{\theta}$ vor, so kann man ML-Schätzer $\hat{\lambda}^\alpha$ für einzelne λ^α-Terme des Modells gemäß der Formeln D aus 5.2 gewinnen (für nicht-saturierte hierarchische Modelle hat man entsprechende Teilmengen aus den Formeln D auszuwählen). Dazu stellt man den interessierenden λ_a^α-Term als Linearkombination der θ_{ijk} und seinen Schätzer $\hat{\lambda}_a^\alpha$ als entsprechende Linearkombination der $\hat{\theta}_{ijk}$ dar:

$$\lambda_a^\alpha = \Sigma_i \Sigma_j \Sigma_k \; c_{a,ijk}^\alpha \, \theta_{ijk}, \quad \hat{\lambda}_a^\alpha = \Sigma_i \Sigma_j \Sigma_k \; c_{a,ijk}^\alpha \, \hat{\theta}_{ijk}$$

(a steht für ein zu α passendes Tupel von Indizes).

Zum Beispiel ist gemäß der ersten beiden Formeln D in 5.2

$$\hat{\lambda} = \Sigma\Sigma\Sigma \; \left(\frac{1}{IJK}\right) \hat{\theta}_{ijk}, \quad \hat{\lambda}_{i_o}^A = \Sigma\Sigma\Sigma \; \left(\frac{1}{JK} \delta_{ii_o} - \frac{1}{IJK}\right) \hat{\theta}_{ijk}.$$

Zum Testen der Hypothese $\lambda^\alpha = 0$ bedient man sich des asymptotischen Standardfehlers $se\left(\hat{\lambda}_a^\alpha\right)$ von $\hat{\lambda}_a^\alpha$, den wir hier allerdings nur für das saturierte Modell angeben können (vgl. dagegen Lee, 1977). Mit $\hat{\theta}_{ijk} = \log(n_{ijk}/n)$ ist nach Korollar 3.8

$$\sqrt{n}\left[\Sigma\Sigma\Sigma c_{ijk}(\hat{\theta}_{ijk} - \theta_{ijk})\right] \xrightarrow{\mathcal{D}_\theta} N(0,v^2)$$

mit

$$v^2 = \Sigma\Sigma\Sigma\, c_{ijk}^2/\pi_{ijk} - (c_{...})^2 \ .$$

Daraus folgt

$$\left[se(\hat{\lambda}_a^\alpha)\right]^2 = \frac{1}{n}\hat{v}^2 = \Sigma\Sigma\Sigma(c_{a,ijk}^\alpha)^2/n_{ijk} - (c_{a,...}^\alpha)^2/n \ .$$

So ist zum Beispiel

$$\left[se(\hat{\lambda})\right]^2 = \left(\frac{1}{IJK}\right)^2 \Sigma\Sigma\Sigma\frac{1}{n_{ijk}} - 1/n$$

$$\left[se(\hat{\lambda}_{i_0}^A)\right]^2 = \left(\frac{1}{IJK}\right)^2 \Sigma\Sigma\Sigma\,\frac{1}{n_{ijk}} + \frac{I-2}{IJ^2K^2}\,\Sigma\Sigma\,\frac{1}{n_{i_0 jk}} \ .$$

(Asymptotische) Konfidenzintervalle für λ_a^α werden in der üblichen Bauweise

$$\hat{\lambda}_a^\alpha \pm u_{1-\alpha/2}\cdot se(\hat{\lambda}_a^\alpha)$$

konstruiert. Die (asymptotische) Verwerfungsregel der Hypothese $\lambda_a^\alpha = 0$ zum Signifikanzniveau α lautet (großes n vorausgesetzt)

$$|\hat{\lambda}_a^\alpha / se(\hat{\lambda}_a^\alpha)| > u_{1-\alpha/2} \ .$$

L O G I T - M O D E L L E

5.13 Saturiertes Logit-Modell

Das dreidimensionale log-lineare Modell behandelt die drei Variablen A,B,C prinzipiell gleichberechtigt. Ist eine von ihnen, sagen wir C, als *Kriteriumsvariable* ausgezeichnet und spielen A und B die Rolle von *Regressoren* (Faktoren), so stellt man ein sog. Logit-Modell auf. Wir wollen hier nur den Zugang über hierarchische log-lineare Modelle betrachten. Vereinfachend nehmen wir K = 2 an, so daß es für C nur die beiden Alternativen k = 1 oder 2 gibt, und bilden das sog. *Logit*

$$L_{ij} = \log\frac{\pi_{ij1}}{\pi_{ij2}} = \log\frac{\mathbb{P}(C=1\,|\,A=i,B=j)}{1 - \mathbb{P}(C=1\,|\,A=i,B=j)} \ .$$

Damit lautet das saturierte Logit-Modell

$$(18) \qquad L_{ij} = \nu + \nu_i^A + \nu_j^B + \nu_{ij}^{AB} \ .$$

Die Terme ν^A, ν^B heißen wieder *Haupteffekte* und die Terme ν^{AB} *Wechselwir-kungen*; der Eindeutigkeit halber führen wir die üblichen Nebenbedingungen

$$\text{NB} \qquad \nu^A_{\bullet} = \nu^B_{\bullet} = \nu^{AB}_{\bullet j} = \nu^{AB}_{i\bullet} = 0$$

ein. Die ν-Terme aus dem Logit-Modell (18) können aus den λ-Termen des satu-rierten log-linearen Modells (3) berechnet werden. Es ist nämlich

$$L_{ij} = \theta_{ij1} - \theta_{ij2} = (\lambda^C_1 - \lambda^C_2) + (\lambda^{AC}_{i1} - \lambda^{AC}_{i2}) + (\lambda^{BC}_{j1} - \lambda^{BC}_{j2}) + (\lambda^{ABC}_{ij1} - \lambda^{ABC}_{ij2}),$$

so daß wir aufgrund der Nebenbedingungen der λ-Terme die Formeln

$$\nu = 2\lambda^C_1, \quad \nu^A_i = 2\lambda^{AC}_{i1}, \quad \nu^B_j = 2\lambda^{BC}_{j1}, \quad \nu^{AB}_{ij} = 2\lambda^{ABC}_{ij1}$$

erhalten. Die Bauart dieser Formeln ist

$$(19) \qquad \nu^\alpha_a = 2\lambda^{\alpha C}_{a1}, \quad \alpha \subset \{A,B\} \equiv AB.$$

Mit Hilfe der ML-Schätzer $\hat{\lambda}^{\alpha C}$ schätzt man die ν-Terme gemäß

$$(20) \qquad \hat{\nu}^\alpha_a = 2\hat{\lambda}^{\alpha C}_{a1}.$$

5.14 Spezielle Logit-Modelle

Ein spezielles (hypothetisches) Logit-Modell wird durch Nullsetzen einzelner ν-Terme definiert, wobei das hierarchische Bildungsgesetz 5.3 eingehalten wird. So lautet das Logit-Modell ohne Wechselwirkungs-Term

$$(21) \qquad L_{ij} = \nu + \nu^A_i + \nu^B_j.$$

Die Parameter des Modells (21) schätzt man mit Hilfe der ML-Schätzer $\hat{\lambda}^{\alpha C}$ des log-linearen Modells [AB,AC,BC] gemäß Formel (20) zu

$$\hat{\nu} = 2\hat{\lambda}^C_1, \quad \hat{\nu}^A_i = 2\hat{\lambda}^{AC}_{i1}, \quad \hat{\nu}^B_j = 2\hat{\lambda}^{BC}_{j1}.$$

Man beachte, daß man nicht nur vom log-linearen Modell [AB,AC,BC] aus zu Mo-dell (21) gelangt, sondern auch vom Modell [AC,BC] aus (wobei die Schätzungen für die ν^α-Terme dann natürlich verschieden ausfallen). Aufgrund der folgenden *Regel* von Bishop (1969) (die gleich für beliebig-dimensionale Modelle formuliert wird) entscheidet man sich aber im Fall des Logit-Modells (21) für die Herleitung aus [AB,AC,BC]:

Leite das Logit-Modell aus demjenigen (hierarchischen) log-linearen Modell ab (und zwar über Formeln vom Typ (19)), welches neben den $\lambda^{\alpha C}$-Termen auch die Wechselwirkungs-Terme aller Regressorvariablen enthält.

Nach dieser Regel erhält man also die Logit-Modelle

[ ] , [A] , [A,B] , [AB]

der Reihe nach aus den log-linearen Modellen

[C, AB] , [AC,AB], [AC,BC,AB] , [ABC] .

Diese Regel garantiert, daß die Schätzungen (20) dann auch ML-Schätzungen für die ν^α-Terme darstellen (vgl. Christensen (1987, p. 319)). Spezielle (hypothetische) Logit-Modelle werden getestet, indem man die zugehörigen log-linearen Modell gemäß 5.8 testet. Den (asymptotischen) Standardfehler von $\hat{\nu}^\alpha$ berechnet man mit

$$ se\left(\hat{\nu}_a^\alpha\right) = 2\,se\left(\hat{\lambda}_{a1}^{\alpha C}\right) , $$

und die Signifikanz einzelner ν^α-Terme prüft man wie in 5.12.

VIERDIMENSIONALE MODELLE

5.15 Vierdimensionale log-lineare Modelle

Als Beispiel für höher-dimensionale Kontingenztafeln sollen nur die vierdimensionalen behandelt werden. Mit den vier ganzen Zahlen $I,J,K,L \geq 2$ setzt man

$$ t = IJKL , $$
$$ T = \{1,\dots,I\}\times\dots\times\{1,\dots,L\} . $$

Sei $\mathbf{Y}^{(n)} = \left(Y_{ijkl}^{(n)}, (i,j,k,l) \in T \right)$ ein t-dimensionaler,

$M_t^*(n,\boldsymbol{\pi})$-verteilter Zufallsvektor, $\boldsymbol{\pi} = (\pi_{ijkl}, (i,j,k,l) \in T)$,

und $\mathbf{n} = (n_{ijkl}, (i,j,k,l) \in T)$ eine Realisation. Es werden wieder Hilfsvariablen A, B,C,D eingeführt, welche

$$ \pi_{ijkl} = \mathbb{P}(A = i, B = j, C = k, D = l) $$

erfüllen. Mit $\theta_{ijkl} = \log \pi_{ijkl}$ lautet das vierdimensionale saturierte Modell [ABCD]

$$ \theta_{ijkl} = \lambda + \lambda_i^A + \dots + \lambda_l^D + \lambda_{ij}^{AB} + \dots + \lambda_{kl}^{CD} + \lambda_{ijk}^{ABC} + \dots + \lambda_{jkl}^{BCD} + \lambda_{ijkl}^{ABCD} $$

mit vier Haupteffekt-Termen, sechs 2-Faktor-Ww-Termen, vier 3-Faktor-Ww-Termen und einem 4-Faktor-Ww-Term (Ww = Wechselwirkung). Es gibt 166 hierarchische vierdimensionale Modelle, von denen einige eine direkte Schätzung zulassen (d.h. eine geschlossene Formel zur Berechnung der ML-Schätzungen $\hat{\mu}$ zulassen), andere das - hier viergliedrige - Iterationsverfahren IPF wie in 5.11 benötigen.

Einige Beispiele:

Modell	F.G.	$\hat{\mu}_{ijkl}$
[A,B,C,D]	IJKL$-$I$-$J$-$K$-$L$+3$	$n_{i\ldots}\,n_{.j..}\,n_{..k.}\,n_{...l}/n^3$
[AB,C,D]	IJKL$-$IJ$-$K$-$L$+2$	$n_{ij..}\,n_{..k.}\,n_{...l}/n^2$
[ABC,D]	(IJK-1)(L-1)	$n_{ijk.}\,n_{...l}/n$
[AB,AC,BC,D]	IJKL$-$IJ$-$JK$-$IK$-$L$+$I$+$J$+$K	IPF
[ABC,BD,CD]	IJKL$-$IJK$-$JL$-$KL$+$J$+$K$+$L-1	IPF
[ABC,ABD,BCD]	(IJ$-$J$+1$)(K-1)(L-1)	IPF

Das Testen eines speziellen (hypothetischen) Modells erfolgt wie in 5.8, mit 4-fach Summen in den Teststatistiken und mit der Regel (13) zur Bestimmung der Freiheitsgrade.

5.16 Logit - Modelle

Die Kriteriumsvariable D habe nur L = 2 Alternativen. Dann lautet das saturierte vierdimensionale Logit-Modell

$$L_{ijk} \equiv \log \frac{\pi_{ijk1}}{\pi_{ijk2}} = \nu + \nu_i^A + \nu_j^B + \nu_k^C + \nu_{ij}^{AB} + \nu_{ik}^{AC} + \nu_{jk}^{BC} + \nu_{ijk}^{ABC} .$$

Die Schätzer der ν-Terme werden aus denen des zugehörigen log-linearen Modells nach der Formel

$$\hat{\nu}_a^\alpha = 2\,\hat{\lambda}_{a1}^{\alpha D} , \quad \alpha \subset \{A,B,C\} \equiv ABC,$$

berechnet. Die Regel von Bishop (vgl. 5.14) leitet z.B. die Logit-Modelle

$$[\;] , \quad [A] , \quad [A,B] , \quad [A,B,C] , \quad [AB,C] , \quad [ABC]$$

der Reihe nach aus den log-linearen

$$[D,ABC], \quad [AD,ABC], \quad [AD,BD,ABC], \quad [AD,BD,CD,ABC],$$

$$[ABD,CD,ABC], \quad [ABCD]$$

ab.

5.17 Anwendungshinweise

Drei- und höherdimensionale Tafeln sowie Tafeln mit strukturellen Nullen werden im Rahmen hierarchischer log-linearer Modelle in

$$\text{BMDP 4F , \quad SAS PROC CATMOD , \quad SPSS}^{\text{X}} \text{ (HI)LOGLINEAR}$$

analysiert (bei den beiden letzteren Prozeduren auch im Rahmen von Logit-Modellen). In dreidimensionalen Tafeln lassen sich alle 17 hierarchischen Modelle [A], [B],..., [AB,AC,BC] innerhalb des saturierten Modells testen (vgl. Tabelle 5.9 und TAFEL 10 b unten). Diese Methode ist in höher-dimensionalen Tafeln wegen der großen Zahl von Modellen nicht zu empfehlen. Dort spezifiziert man besser ein bestimmtes Startmodell M_1 und untersucht alle Modelle M'_2, die sich von M_1 durch einen zusätzlichen "multiplen Effekt" (s.u.) unterscheiden. Im ersten Schritt wird unter allen M'_2 dasjenige Modell M_2 ausgewählt, für welches der konditionale Test $T_n(M_1|M_2)$ den klein sten P-Wert (tail probability) aufweist. Im zweiten Schritt spielt das Modell M_2 die Rolle des Startmodells, usw. Dieses stepwise-Verfahren zur Auffindung eines "besten" Modells wird von BMDP 4F durch einen automatischen Algorithmus unterstützt. Modell M_2 unterscheidet sich dabei um einen zusätzlichen *multiplen Effekt* von M_1, falls M_2 durch Anfügen einer Variable (A,B,...) an die Variablenteilmenge α eines Terms λ^α des Modells M_1 entsteht (und dabei das hierarchische Bildungsgesetz befolgt wird). So gelangt man z.B. vom

$$\text{Startmodell } M_1 = [AB,AC,AD]$$

aus zu den Modellen

$$M'_2 = \text{[AB,AC,AD,BC], [AB,AC,AD,BD], [AB,AC,AD,CD], [ABC,AD],}$$
$$\text{[ABD,AC], [AB,ACD].}$$

Zu einem geeignetem *Startmodell* M_1 kommt man durch Anwendung von "Assoziationstests" (vgl. BMDP 1981, p. 178)).

5.18 Anwendungsbeispiel   Qualität pflanzlicher Nahrungsmittel

In einer Untersuchungsreihe der VDLUFA wurden Nahrungsmittelproben auf Rückstände an Pflanzenschutzmitteln hin analysiert. Dabei wurden die Proben, aufgeschlüsselt nach Anbieter und Lebensmittelform, dem Nahrungsmittelhandel entnommen, vgl. Vetter, Kampe & Ranfft (1983), insbes. die "Ergänzende Auswertung" von Prof. Ranfft, Tab. 1-4. Die drei Dimensionen der Kontingenztafel (TAFEL 10 a) bestehen demnach aus den Variablen

      A   ANBIETER (I=3 Ausprägungen: a, b, c)

      L   LEBENSMITTEL (J=5: Brot, Kartoffel, Kopfsalat, Möhre, Apfel)

      B   BEFUND (K=2: 1 = mit, 2 = ohne Rückstand).

Bezüglich der n = 360 analysierten Proben erweist sich ANBIETER b als rückstandsfreiester; unter den LEBENSMITTELn sind Brot und Apfel am stärksten belastet.

Innerhalb des saturierten log-linearen Modells [ALB] wurden gemäß 5.8 die 17 hierarchischen log-linearen Modelle [A], ..., [AL,AB,LB] getestet (TAFEL 10b): allenfalls das Modell [AL,AB,LB] - also das Modell ohne 3-Faktor-Wechselwirkung - erweist sich als akzeptabel ($\hat{\chi}^2$, α = 0.05). Von den auszugsweise aufgelisten λ-Schätzungen sind

$$\hat{\lambda}^{AB}_{b,1}, \quad \hat{\lambda}^{AB}_{c,1}, \quad \hat{\lambda}^{LB}_{Kartoffel,1}, \quad \hat{\lambda}^{LB}_{Apfel,1}$$

signifikant von 0 verschieden (TAFEL 10c).

Da die vorgegebene Fragestellung die Variable BEFUND als eine Kriteriumsvariable auszeichnet, leiten wir vom log-linearen Modell [AL,AB,LB] das Logit-Modell

$$\log(\pi_{ij1}/\pi_{ij2}) = \nu + \nu^A_i + \nu^L_j , \quad i=1,2,3 , \quad j=1,...,5 ,$$

ab, in welchem ANBIETER und BEFUND die Rolle von Regressoren übernommen haben (siehe TAFEL 10d für die Schätzungen $\hat{\nu}$, die aus denen der TAFEL 10c durch Verdoppelung gewonnen werden).

Die große Rückstandsfreiheit von ANBIETER b kommt im großen negativen Wert $\hat{\nu}^A_b$ zum Ausdruck. Die ANBIETER a und c werden durch die Koeffizienten $\hat{\nu}$ viel stärker getrennt, als dies durch die relativen Häufigkeiten der TAFEL 10a geschieht.

Besonders interessant ist ein Vergleich der LEBENSMITTEL Brot und Apfel in Bezug auf Rückstandsfreiheit. Nach Aussage der relativen Häufigkeiten (TAFEL 10a) steht Apfel etwas besser da als Brot; die Koeffizienten $\hat{\nu}$ jedoch kehren diese Relation um und weisen dem Apfel eine deutlich stärkere Rückstands-Tendenz zu als dem Brot. Hier berücksichtigt das Logit-Modell die Tatsache, daß vom "guten" ANBIETER b 20 Brote und 35 Äpfel in den Proben sind, vom "schlechten" ANBIE-TER c dagegen etwa gleichviel Brote und Äpfel. Einen ähnlichen (wenn auch nicht so drastischen) Effekt beobachtet man auch bei Kopfsalat und Möhre.

TAFEL 10 Qualität pflanzlicher Nahrungsmittel

a) Daten: Prof. Dr. Ranfft, "Ergänzende Auswertung" zur VDLUFA-Studie (1983), Tabellen 1-4.

Die n=360 Proben sind aufgeschlüsselt nach ANBIETER × LEBENSMITTEL × BEFUND (links) bzw. nach ANBIETER × BEFUND und LEBENSMITTEL × BEFUND (rechts, diese auch mit relativen Häufigkeiten des Befunds "mit" Rückstand).

AN BIE TER	LEBENS MITTEL	BEFUND MIT RUECK	OHNE RUECK	TOTAL
a	BROT	21	5	26
	KARTOF	1	9	10
	KOPFS	10	7	17
	MOEHRE	6	7	13
	APFEL	8	1	9
	TOTAL	46	29	75
b	BROT	3	17	20
	KARTOF	2	43	45
	KOPFS	4	32	36
	MOEHRE	9	31	40
	APFEL	7	28	35
	TOTAL	25	151	176
c	BROT	20	6	26
	KARTOF	10	7	17
	KOPFS	17	2	19
	MOEHRE	16	3	19
	APFEL	28	0	28
	TOTAL	91	18	109

AN BIE TER	BEFUND MIT RUECK		OHNE RUECK	TOTAL
a	(0.61)	46	29	75
b	(0.14)	25	151	176
c	(0.83)	91	18	109

LEB ENS MIT	BEFUND MIT RUECK		OHNE RUECK	TOTAL
BROT	(0.61)	44	28	72
KARTOF	(0.18)	13	59	72
KOPFS	(0.43)	31	41	72
MOEHRE	(0.43)	31	41	72
APFEL	(0.60)	43	29	72
TOTAL		162	198	360

b) Hierarchische log-lineare Modelle werden gegen das saturierte log-lineare Modell getestet. Für jedes Modell sind die Teststatistiken T_n und $\hat{\chi}_n^2$ aufgeführt sowie Freiheitsgrade (D.F.) und tail probabilities (PROB). BMDP 4F.

MODEL	D.F.	LIKELIHOOD RATIO T_n	PROB	PEARSON CHISQ $\hat{\chi}_n^2$	PROB
B	28	270.09	0.0000	278.22	0.0000
L	25	273.69	0.0000	293.33	0.0000
A	27	230.34	0.0000	217.56	0.0000
B,L	24	270.09	0.0000	278.22	0.0000
L,A	23	230.34	0.0000	217.36	0.0000
A,B	26	226.73	0.0000	218.07	0.0000
B,L,A	22	226.73	0.0000	218.07	0.0000
BL	20	232.77	0.0000	232.76	0.0000
BA	24	72.89	0.0000	67.13	0.0000
LA	15	203.29	0.0000	172.73	0.0000
B,LA	14	199.69	0.0000	170.84	0.0000
L,BA	20	72.89	0.0000	67.13	0.0000
A,BL	18	189.42	0.0000	170.27	0.0000
BL,BA	16	35.57	0.0033	33.22	0.0069
BA,LA	12	45.84	0.0000	40.83	0.0001
LA,BL	10	162.37	0.0000	148.53	0.0000
BL,BA,LA	8	16.15	0.0403	14.73	0.0647

c) Log-lineares Modell [AL, AB, LB]. Maximum-Likelihood-Schätzungen $\hat{\lambda}$ der Koeffizienten λ, λ_{i1}^{AB}, λ_{j1}^{LB} (in Klammern die Quotienten $\hat{\lambda}/se(\hat{\lambda})$)

KOEFFIZIENTEN [$\hat{\lambda}$ = -3.813]

ANBIETER	a	b	c
λ_{i1}^{AB}	0.176 (1.66)	-0.996 (-9.61)	0.820 (7.31)

LEBENSM	Brot	Kartof.	Kopfs.	Möhre	Apfel
λ_{j1}^{LB}	0.170 (1.21)	-0.766 (-4.58)	0.009 (0.07)	0.103 (0.73)	0.484 (3.27)

d) Logit-Modell [A,L], Schätzungen $\hat{\nu}$ der Koeffizienten ν, ν_i^A, ν_j^L (Quotienten $\hat{\nu}/se(\hat{\nu})$ wie in c).

KOEFFIZIENTEN [$\hat{\nu}$ = 0.056]

ANBIETER	a	b	c
ν_i^A	0.352	-1.922	1.640

LEBENSM	Brot	Kartof.	Kopfs.	Möhre	Apfel
ν_j^L	0.340	-1.532	0.018	0.206	0.968

A N H Ä N G E

A   ERGÄNZUNGEN   AUS   DER   MATRIZENLEHRE

1. SYMMETRISCHE MATRIZEN

1.1   Eigenwerte symmetrischer Matrizen

Ist $\mathbf{A}$ eine symmetrische $m \times m$-Matrix, so existieren m reelle Eigenwerte

$$(1) \qquad \lambda_1 \geq \lambda_2 \geq \ldots \geq \lambda_m \qquad \text{(Mehrfachnennung gemäß Vielfachheit)} ,$$

während die zugehörigen Eigenvektoren $\mathbf{x}_1,\ldots,\mathbf{x}_m$ normiert und paarweise orthogonal gewählt werden können. Definieren wir die $m \times m$-Matrizen

$$\mathbf{X} = (\mathbf{x}_1,\ldots,\mathbf{x}_m) , \quad \Lambda = \text{Diag}(\lambda_i) ,$$

so ist $\mathbf{X}^T\mathbf{X} = \mathbf{I}_m$ ($m \times m$ Einheitsmatrix) und die Eigenwertgleichung lautet

$$(2) \qquad \mathbf{A} \cdot \mathbf{X} = \mathbf{X} \cdot \Lambda \quad \text{bzw.} \quad \mathbf{A} = \mathbf{X} \cdot \Lambda \cdot \mathbf{X}^T .$$

Es gilt

$$\det \mathbf{A} = \lambda_1 \cdot \ldots \cdot \lambda_m , \quad \text{Spur } \mathbf{A} = \lambda_1 + \ldots + \lambda_m ,$$

$$\text{Rang } \mathbf{A} = \text{Anzahl der } \lambda_i \text{ ungleich } 0 .$$

1.2   Positiv-definite Matrizen

Eine symmetrische $m \times m$-Matrix $\mathbf{A}$ heißt positiv-definit [positiv-semidefinit], falls ihre Eigenwerte (1) sämtlich positiv sind [sämtlich nichtnegativ sind]. Die symmetrische Matrix $\mathbf{A}$ ist genau dann positiv-definit [positiv-semidefinit], falls die quadratische Form

$$Q(\mathbf{x}) = \mathbf{x}^T\mathbf{A}\,\mathbf{x}$$

für alle $\mathbf{x} \neq 0$ positiv [nicht-negativ] ist. In der Tat, wegen (2) gilt mit $\mathbf{y} = \mathbf{X}^T\mathbf{x}$

$$(3) \qquad Q(\mathbf{x}) = \sum_{i=1}^{m} \lambda_i y_i^2 .$$

Ist $\mathbf{A}$ eine positiv-definite $m \times m$-Matrix und $\mathbf{B}$ eine $m \times p$-Matrix mit Rang $\mathbf{B} = p$, so ist die p×p-Matrix

$$\mathbf{B}^T\mathbf{A}\mathbf{B}$$

positiv-definit. Ausgehend von der Gleichung (2) definieren wir für jedes $s \in \mathbb{R}$ die s-te Potenz

$$\mathbf{A}^s = \mathbf{X}\,\boldsymbol{\Lambda}^s\,\mathbf{X}^T \;, \quad \boldsymbol{\Lambda}^s = \mathrm{Diag}(\lambda_i^s) \;,$$

einer positv-definiten Matrix $\mathbf{A}$. Es gilt:

$\mathbf{A}^s$ ist positiv-definit mit den Eigenwerten $\lambda_1^s\,,...,\lambda_m^s$,

$$\mathbf{A}^s\cdot\mathbf{A}^t = \mathbf{A}^{s+t}\;.$$

Im Fall $s = 1/2$ nennt man $\mathbf{A}^{1/2}$ die *symmetrische Wurzel* aus $\mathbf{A}$.

Innerhalb dieses Buches schließt der Begriff der Definitheit die Symmetrie stets mit ein.

1.3 Matrizennormen

Für eine beliebige m×n-Matrix $\mathbf{A} = (a_{ij})$ ist die *Euklidische Norm* $|\mathbf{A}|$ durch

$$|\mathbf{A}|^2 \;=\; \textstyle\sum_{i=1}^{m}\sum_{j=1}^{n} a_{ij}^2 \;=\; \mathrm{Spur}\;\mathbf{A}^T\mathbf{A}$$

definiert. Es gilt die Ungleichung $|\mathbf{A}\cdot\mathbf{B}| \le |\mathbf{A}|\cdot|\mathbf{B}|$, insbesondere

$$|\mathbf{A}\cdot\mathbf{x}| \le |\mathbf{A}|\,|\mathbf{x}| \quad \text{für jeden n×1-Vektor } \mathbf{x}\;.$$

Von nun an sei $\mathbf{A}$ eine *symmetrische* m×m-Matrix. Dann gilt

$$|\mathbf{A}|^2 = \mathrm{Spur}\;\mathbf{A}^2 = \lambda_1^2 + ... + \lambda_m^2\;.$$

Eine weitere Norm (*Spektralnorm, Operatornorm*) für symmetrische m×m-Matrizen ist

$$\|\mathbf{A}\| = \max\{|\mathbf{x}^T\mathbf{A}\,\mathbf{x}| : \mathbf{x} \in \mathbb{R}^m \,,\, |\mathbf{x}| = 1\}$$

für welche wegen $|\mathbf{x}^T\mathbf{A}\mathbf{x}| \le |\mathbf{x}|^2|\mathbf{A}|$ die Abschätzung

$$\|\mathbf{A}\| \le |\mathbf{A}|$$

gilt. Mit Hilfe von Gleichung (3) erhalten wir

$$(4) \qquad \substack{\max \\ \min}\; \{\mathbf{x}^T\mathbf{A}\,\mathbf{x} : |\mathbf{x}| = 1\} = \begin{cases} \lambda_{\max}(\mathbf{A}) \\ \lambda_{\min}(\mathbf{A}) \end{cases}$$

wobei wir hier und i.f. mit $\lambda_{\max}(\mathbf{A})$ und $\lambda_{\min}(\mathbf{A})$ den größten bzw. kleinsten Eigenwert einer symmetrischen Matrix $\mathbf{A}$ bezeichnen. Aus (4) folgt

$$\|\mathbf{A}\| = \max_j |\lambda_j|\;, \qquad \|\mathbf{A}\| = \max\{|\mathbf{A}\mathbf{x}| : \mathbf{x} \in \mathbb{R}^m, |\mathbf{x}| = 1\}$$

vgl. Zurmühl (1964, 16.3), sowie die Abschätzung

$$|\mathbf{A}| \leq \sqrt{m}\, \|\mathbf{A}\| .$$

1.4 Matrizenkonvergenz

Sei nun $\mathbf{A}_n$, $n \geq 1$, eine Folge von symmetrischen $m \times m$-Matrizen, wobei wir die Eigenwerte von $\mathbf{A}_n$ mit $\lambda_{n1},...,\lambda_{nm}$ bezeichnen. Leicht beweist man

Proposition 1 Die folgenden fünf Konvergenzaussagen ($n \to \infty$) sind äquivalent

$$\mathbf{A}_n \longrightarrow 0 \quad \text{(elementweise)}$$
$$|\mathbf{A}_n| \longrightarrow 0$$
$$\mathbf{x}^T \mathbf{A}_n \mathbf{x} \longrightarrow 0 \quad \text{für alle } \mathbf{x} \in \mathbb{R}^m$$
$$\|\mathbf{A}_n\| \longrightarrow 0$$
$$\max_j |\lambda_{nj}| \longrightarrow 0 .$$

Folglich sind auch die folgenden vier Aussagen äquivalent

$$\mathbf{A}_n \to \mathbf{A} \quad \text{(elementweise)}$$
$$|\mathbf{A}_n - \mathbf{A}| \to 0$$
$$\mathbf{x}^T \mathbf{A}_n \mathbf{x} \to \mathbf{x}^T \mathbf{A} \mathbf{x} \quad \text{für alle } \mathbf{x} \in \mathbb{R}^m$$
$$\|\mathbf{A}_n - \mathbf{A}\| \to 0 .$$

Proposition 2 Ist $\mathbf{A}_n$, $n \geq 1$, eine Folge positiv-definiter Matrizen, so sind die folgenden, jeweils in einer Zeile stehenden drei Aussagen äquivalent:

a) $\lambda_{max}(\mathbf{A}_n) \to \infty$, $|\mathbf{A}_n| \to \infty$, $\|\mathbf{A}_n\| \to \infty$

b) $\lambda_{min}(\mathbf{A}_n) \to \infty$, $|\mathbf{A}_n^{-1}| \to 0$, $\|\mathbf{A}_n^{-1}\| \to 0$.

Beweis a) folgt aus $\lambda_{max}(\mathbf{A}_n) = \|\mathbf{A}_n\| \leq |\mathbf{A}_n| \leq \sqrt{m} \cdot \lambda_{max}(\mathbf{A}_n)$,
b) folgt aus $\lambda_{max}(\mathbf{A}_n^{-1}) = (\lambda_{min}(\mathbf{A}_n))^{-1}$ und Prop. 1 $\square$

Bemerkungen zu positiv definiten Matrizen:

1. Aus $|\mathbf{A}_n| \to \infty$ (bzw. aus einer anderen Aussage in a) folgt nicht notwendigerweise $|\mathbf{A}_n^{-1}| \to 0$ (man nehme $\mathbf{A}_n = \begin{bmatrix} n & 0 \\ 0 & 1 \end{bmatrix}$), wohl aber erzwingt $|\mathbf{A}_n| \to 0$ die Konvergenzen $|\mathbf{A}_n^{-1}| \to \infty$, $\|\mathbf{A}_n^{-1}\| \to \infty$.

2. Nicht einmal aus $\mathbf{A}_n \to \infty$ (elementweise) folgt $|\mathbf{A}_n^{-1}| \to 0$, wie das Beispiel

$$\mathbf{A}_n = n^\alpha \left[\begin{array}{cc} 1 & p_n \\ p_n & 1 \end{array} \right], \quad p_n = \sqrt{1-\tfrac{1}{n}}, \quad \alpha > 0,$$

bei einer Fallunterscheidung ($0 < \alpha < 1$, $\alpha = 1$, $\alpha > 1$) zeigt (im ersten der drei Fälle ist $|\mathbf{A}_n^{-1}| \to \infty$!)

3. Es gibt noch das folgende Ergebnis für eine Folge $\mathbf{A}_n$ von positiv-definiten Matrizen mit $\mathbf{A}_n \longrightarrow \mathbf{A}$, vgl. Kaufmann (1983, Anhang),

$$\lambda_{max}(\mathbf{A}_n) \longrightarrow \lambda_{max}(\mathbf{A}), \quad \lambda_{min}(\mathbf{A}_n) \longrightarrow \lambda_{min}(\mathbf{A}).$$

1.5 Projektionsmatrizen

Ist L ein linearer Teilraum des $\mathbb{R}^n$ ($r < n$), so heißt die n×n-Matrix $\mathbf{P}$ Projektionsmatrix auf L, falls

    (i) $\mathbf{P}\mathbf{x} = \mathbf{x}$ für alle $\mathbf{x} \in L$ (ii) $\mathbf{P}\mathbf{x} = 0$ für alle $\mathbf{x} \in L^\perp$.

$\mathbf{P}$ ist eindeutig bestimmt und es gilt $L = \mathcal{L}(\mathbf{P})$ (das ist der von den Spalten von $\mathbf{P}$ aufgespannte Raum). Insbesondere ist $\mathrm{Rang}\,\mathbf{P} = \dim L$ und man kann von einer Projektionsmatrix sprechen, ohne den Zusatz "auf L" zu benutzen. Beweise zu den nachfolgenden Aussagen findet man z.B. bei Christensen (1987, App.B).

Proposition 1 $\mathbf{P}$ ist Projektionsmatrix genau dann, wenn $\mathbf{P}$ symmetrisch und idempotent ist (d.h. $\mathbf{P} = \mathbf{P}^T$ und $\mathbf{P}^2 = \mathbf{P}$ erfüllt).

Eine Projektionsmatrix $\mathbf{P}$ vom Rang r besitzt die Eigenwerte 1 (Vielfachheit r) und 0 (Vielfachheit $n-r$). Insbesondere ist $\mathrm{Spur}\,\mathbf{P} = r$. Die nächste Proposition gibt Auskunft über Darstellungen von $\mathbf{P}$ mit Hilfe einer Basis von L.

Proposition 2 Ist $\mathbf{P}$ Projektionsmatrix auf $L \subset \mathbb{R}^n$, $\dim L = r$, und bilden $\mathbf{x}_1,...,\mathbf{x}_r$ eine Basis von L, so ist mit der n×r-Matrix $\mathbf{X} = (\mathbf{x}_1,...,\mathbf{x}_r)$

$$\mathbf{P} = \mathbf{X}(\mathbf{X}^T\mathbf{X})^{-1}\mathbf{X}^T.$$

Bilden die $\mathbf{x}_1,...,\mathbf{x}_r$ eine Orthonormalbasis, so ist insbesondere

$$\mathbf{P} = \mathbf{X}\mathbf{X}^T = \sum_{i=1}^r \mathbf{x}_i\mathbf{x}_i^T.$$

Proposition 3 Sind $\mathbf{P}$ und $\mathbf{P}_0$ Projektionsmatrizen auf die linearen Teilräume L bzw. L_0, wobei $L_0 \subset L \subset \mathbb{R}^n$, so ist $\mathbf{P} - \mathbf{P}_0$ Projektionsmatrix auf das orthogonale Komplement von L_0 in L.

2. ELLIPSOIDE

2.1 Beschreibung von Ellipsoiden

Ist A eine positiv-definite m×m-Matrix und $a \in \mathbb{R}^m$, so bildet die Punktmenge

(1) $\mathcal{E} = \{x \in \mathbb{R}^m : (x - a)^T A (x - a) \leq 1\}$

ein m-dimensionales Ellipsoid mit Zentrum a. Um die *Hauptachsen*(richtungen) und zugehörigen *Halbachsen*(längen) von $\mathcal{E}$ zu bestimmen, führen wir die orthogonale m×m-Matrix X ein, deren Spalten die Eigenvektoren von A sind, sowie die Diagonalmatrix $\Lambda = \mathrm{Diag}(\lambda_i)$ der Eigenwerte von A. Wie in 1.1 gilt $A = X \Lambda X^T$, und mit $y = X^T(x - a)$ ist

$$(x - a)^T A (x - a) = y^T \Lambda y = \textstyle\sum_{i=1}^m \lambda_i y_i^2 .$$

Die Hauptachsen des im Ursprung zentrierten Ellipsoids

$$\mathcal{E}' = \{y \in \mathbb{R}^m : \textstyle\sum_1^m \lambda_i y_i^2 \leq 1\}$$

liegen entlang der Einheitsvektoren, ihre halben Längen betragen $1/\sqrt{\lambda_1},...,1/\sqrt{\lambda_m}$. Das Ellipsoid $\mathcal{E}$ geht aus $\mathcal{E}'$ durch die Transformation $x = Xy + a$ hervor. Also liegen die

Hauptachsen von $\mathcal{E}$ entlang der Eigenvektoren von A ;

die Halbachsenlängen betragen

$$1/\sqrt{\lambda_1} , ... , 1/\sqrt{\lambda_m} .$$

2.2 Projektionslemma von Scheffé

Das folgende Lemma beschreibt die *Tangential*(hyper-)ebenen an das Ellipsoids $\mathcal{E}$ aus 2.1.

Lemma Sei $h \in \mathbb{R}^m$ ein beliebiger Vektor $\neq 0$. Die beiden Tangential(hyper-)ebenen an das Ellipsoid (1), welche senkrecht zu h stehen, sind gegeben durch

$$T_h = \{x \in \mathbb{R}^m : h^T(x - a) = \pm \sqrt{h^T A^{-1} h}\} .$$

Insbesondere kann also das Ellipsoid $\mathcal{E}$ in der Form

$$\mathcal{E} = \{x \in \mathbb{R}^m : |h^T(x - a)| \leq \sqrt{h^T A^{-1} h} \quad \text{für alle } h \in \mathbb{R}^m\}$$

geschrieben werden.

Beweis Scheffé (1959, APP. III)   []

3. ABLEITUNGSVEKTOREN UND -MATRIZEN

3.1 Notationen

Im folgenden werden Funktionen

$$f\colon U \subset \mathbb{R}^n \longrightarrow \mathbb{R} \quad \text{bzw.} \quad \mathbf{f} = \begin{bmatrix} f_1 \\ \vdots \\ f_m \end{bmatrix}\colon U \subset \mathbb{R}^n \longrightarrow \mathbb{R}^m \quad (U \text{ offen},\ n,m \geq 1)$$

betrachtet, die stets als genügend oft stetig differenzierbar vorausgesetzt werden. Für

$$\mathbf{x} = \begin{bmatrix} x_1 \\ \vdots \\ x_n \end{bmatrix} \quad \text{bezeichne} \quad \frac{df}{d\mathbf{x}} = \begin{bmatrix} \partial f/\partial x_1 \\ \vdots \\ \partial f/\partial x_n \end{bmatrix} \quad \text{bzw.} \quad \frac{d\mathbf{f}^T}{d\mathbf{x}} = \begin{bmatrix} \partial f_1/\partial x_1 \dots \partial f_m/\partial x_1 \\ \vdots \qquad\qquad \vdots \\ \partial f_1/\partial x_n \dots \partial f_m/\partial x_n \end{bmatrix}$$

den $n\times 1$-Ableitungsvektor bzw. die $n\times m$-Funktionalmatrix (auch *Jacobi*matrix genannt). Im Spezialfall $\mathbf{f}\colon \mathbb{R}^n \longrightarrow \mathbb{R}^n$ heißt $\det\!\left(\dfrac{d\mathbf{f}^T}{d\mathbf{x}}\right)$ auch Jacobideterminante. Der transponierte Ableitungsvektor, d.i.

$$\frac{df}{d\mathbf{x}^T} = \left(\frac{df}{d\mathbf{x}}\right)^T = (\partial f/\partial x_1,\dots,\partial f/\partial x_n) \qquad\qquad [1\times n\text{-Vektor}]$$

heißt auch *Gradient*, die transponierte Funktionalmatrix kann auch in der Form

$$\frac{d\mathbf{f}}{d\mathbf{x}^T} = \left(\frac{d\mathbf{f}^T}{d\mathbf{x}}\right)^T = \begin{bmatrix} df_1/d\mathbf{x}^T \\ \vdots \\ df_m/d\mathbf{x}^T \end{bmatrix} \qquad\qquad [m\times n\text{-Matrix}]$$

geschrieben werden. Anstelle von $\dfrac{df}{d\mathbf{x}}$ wird auch $\dfrac{d}{d\mathbf{x}}f$, $df/d\mathbf{x}$ oder $(d/d\mathbf{x})f$ geschrieben. Eine Auswertung an der Stelle $\mathbf{x}_0$ wird durch $\dfrac{df}{d\mathbf{x}}(\mathbf{x}_0)$ kenntlich gemacht. Analoge Schreibweisen gelten für Funktionalmatrizen und für die folgende Matrix der zweiten Ableitungen. Die symmetrische $n\times n$-Matrix der zweiten Ableitungen der Funktion f lautet

$$\frac{d^2 f}{d\mathbf{x}\,d\mathbf{x}^T} = \frac{d}{d\mathbf{x}}\left(\frac{df}{d\mathbf{x}^T}\right) = \begin{bmatrix} \partial^2 f/\partial x_1 \partial x_1 \dots \partial^2 f/\partial x_1 \partial x_n \\ \vdots \qquad\qquad \vdots \\ \partial^2 f/\partial x_n \partial x_1 \dots \partial^2 f/\partial x_n \partial x_n \end{bmatrix}$$

und wird *Hesse*matrix genannt. Man schreibt für sie auch kürzer $\dfrac{d^2}{d\mathbf{x}^2}f$.

3.2 Regeln

Mit den oben eingeführten Notationen können wir die folgenden Ableitungsregeln aufstellen. Es wird stets die stetige Differenzierbarkeit auf einer offenen Menge vorausgesetzt.

Für zwei Funktionen $\mathbf{f}, \mathbf{g}: \mathbb{R}^n \to \mathbb{R}^m$ gilt die *Produktregel*

$$\frac{d}{d\mathbf{x}}(\mathbf{f}^T \cdot \mathbf{g}) = \frac{d}{d\mathbf{x}}\mathbf{f}^T \cdot \mathbf{g} + \frac{d}{d\mathbf{x}}\mathbf{g}^T \cdot \mathbf{f} \qquad [n{\times}1\text{-Vektor}].$$

Für zwei Funktionen $\mathbf{f}: \mathbb{R}^n \to \mathbb{R}^m$, $\mathbf{g}: \mathbb{R}^m \to \mathbb{R}^k$ gilt mit $\mathbf{x} \in \mathbb{R}^n$, $\mathbf{y} \in \mathbb{R}^m$ und $\mathbf{y}_0 = \mathbf{f}(\mathbf{x}_0)$ die *Kettenregel*

$$\frac{d\left(\mathbf{g}(\mathbf{f})\right)^T}{d\mathbf{x}}(\mathbf{x}_0) = \left(\frac{d\mathbf{f}^T}{d\mathbf{x}}\right)(\mathbf{x}_0) \cdot \left(\frac{d\mathbf{g}^T}{d\mathbf{y}}\right)(\mathbf{y}_0) \qquad [n{\times}k\text{-Matrix}].$$

Ist die Funktionalmatrix von $\mathbf{f}: \mathbb{R}^n \to \mathbb{R}^n$ an der Stelle $\mathbf{x}_0 \in \mathbb{R}^n$, d.i. die Matrix $\frac{d\mathbf{f}^T}{d\mathbf{x}}(\mathbf{x}_0)$, invertierbar, dann existieren Umgebungen U und V von $\mathbf{x}_0$ bzw. von $\mathbf{y}_0 = \mathbf{f}(\mathbf{x}_0)$, so daß es eine *Umkehrfunktion* $\mathbf{g}: V \to U$ von $\mathbf{f}: U \to V$ gibt mit

$$\left(\frac{d\mathbf{g}^T}{d\mathbf{y}}(\mathbf{y}_0)\right) = \left(\frac{d\mathbf{f}^T}{d\mathbf{x}}(\mathbf{x}_0)\right)^{-1}.$$

Für $\mathbf{f}: \mathbb{R}^n \to \mathbb{R}^m$ lautet der *Mittelwertsatz*

$$(1) \qquad \mathbf{f}(\mathbf{x}) = \mathbf{f}(\mathbf{x}_0) + \left(\frac{d\mathbf{f}}{d\mathbf{x}^T}(\mathbf{x}^*)\right) \cdot (\mathbf{x} - \mathbf{x}_0)$$

mit geeigneter Zwischenstelle $\mathbf{x}^* = \lambda\mathbf{x} + (1-\lambda)\mathbf{x}_0$, $0 \le \lambda \le 1$, die i.a. für jede der m Komponenten der Gleichung (1) *verschieden* ist.

Für $2\times$ stetig differenzierbares $f: \mathbb{R}^n \to \mathbb{R}$ lautet die *Taylor*entwicklung der Ordnung 2

$$(2) \qquad f(\mathbf{x}) = f(\mathbf{x}_0) + \left(\frac{df}{d\mathbf{x}^T}(\mathbf{x}_0)\right) \cdot (\mathbf{x} - \mathbf{x}_0) + \frac{1}{2}(\mathbf{x} - \mathbf{x}_0)^T \cdot \left(\frac{d^2 f}{d\mathbf{x}\,d\mathbf{x}^T}(\mathbf{x}^*)\right) \cdot (\mathbf{x} - \mathbf{x}_0)$$

mit einer geeigneten Zwischenstelle $\mathbf{x}^* = \lambda\mathbf{x} + (1-\lambda)\mathbf{x}_0$, $0 \le \lambda \le 1$.

Einige Ableitungsregeln für Matrizenprodukte (stets $\mathbf{x} \in \mathbb{R}^n$):

insbes.

$$\frac{d}{d\mathbf{x}}\left(\mathbf{x}^T\mathbf{A}\right) = \mathbf{A} \qquad [\mathbf{A}\ n{\times}m\text{-Matrix}]$$

$$\frac{d}{d\mathbf{x}}\left(\mathbf{x}^T\mathbf{a}\right) = \mathbf{a} \qquad [\mathbf{a}\ n{\times}1\text{-Vektor}]$$

$$\left.\begin{array}{l} \dfrac{d}{d\mathbf{x}}\left(\mathbf{x}^T\mathbf{A}\mathbf{x}\right) = 2\mathbf{A}\mathbf{x}\,, \\[2ex] \dfrac{d}{d\mathbf{x}d\mathbf{x}^T}\left(\mathbf{x}^T\mathbf{A}\mathbf{x}\right) = 2\mathbf{A} \end{array}\right\} \qquad [\mathbf{A}\ \text{symmetrische}\ n{\times}n\text{-Matrix}].$$

$$\frac{d}{d\mathbf{x}}\left((\mathbf{A}\mathbf{x} - \mathbf{a})^T \cdot (\mathbf{A}\mathbf{x} - \mathbf{a})\right) = 2\mathbf{A}^T(\mathbf{A}\mathbf{x} - \mathbf{a}) \qquad [\mathbf{A}\ m{\times}n\text{-Matrix}, \\ \mathbf{a}\ m{\times}1\text{-Vektor}]$$

B ERGÄNZUNGEN AUS DER STOCHASTIK

1. TESTVERTEILUNGEN

1.0 In diesem Abschnitt werden einige spezielle Verteilungen zusammengestellt, deren Bedeutung beim Testen von Hypothesen und bei der Konstruktion von Konfidenzintervallen zu Tage tritt. Auch die sogenannten nichtzentralen Versionen einiger dieser speziellen Verteilungen werden besprochen. Deren Bedeutung liegt bei der Berechnung der Güte (Schärfe) eines Tests. Mit $N(0,1)$ und u_γ werden durchweg die Standardnormalverteilung und ihr γ-Quantil ($0 < \gamma < 1$) bezeichnet.

1.1 χ^2-Verteilung

Definition Eine Zufallsvariable mit der Dichte

$$f(x) = \begin{cases} 0 & \text{falls } x \leq 0 \\ K_m x^{(m-2)/2} e^{-x/2} & \text{falls } x > 0 \end{cases}$$

wobei m eine natürliche Zahl und K_m die Konstante

$$K_m = \frac{1}{2^{m/2} \Gamma\left(\frac{m}{2}\right)} \qquad (\Gamma(x) \text{ die Gammafunktion})$$

ist, heißt χ^2-verteilt (*Chi-Quadrat*-verteilt) mit m *Freiheitsgraden* (FG, engl.: degrees of freedom) oder kurz χ_m^2-verteilt. Eine Zufallsvariable, die χ_m^2-verteilt ist, bezeichnet man oft ebenfalls mit dem Syxmbol χ_m^2 .

Den folgenden wichtigen Zusammenhang mit normalverteilten Zufallsvariablen kann man auch als Definition der χ_m^2-Verteilung benutzen.

Satz 1 Sind $Z_1, ..., Z_m$ unabhängige, $N(0,1)$-verteilte Zufallsvariable, so ist die Zufallsvariable

$$Z_1^2 + ... + Z_m^2$$

χ^2-verteilt mit m Freiheitsgraden.

Einen **Beweis** findet man bei Krickeberg & Ziezold (1977, p. 137) oder bei Wilks (1962, p. 184). Aus diesem Satz folgt auch

Satz 2 Sind χ_n^2 und χ_m^2 unabhängig, so ist $\chi_n^2 + \chi_m^2$ ein χ_{n+m}^2.

Momente $\mathbb{E}(\chi_m^2) = m$, $\mathrm{Var}(\chi_m^2) = 2m$

Sonderfälle

m = 1 : $\chi_1^2 = Z^2$, mit standard-normalverteiltem Z

m = 2 : χ_2^2 ist exponentialverteilt mit Parameter $\lambda = \frac{1}{2}$, denn die Dichte reduziert sich zu $f(x) = \frac{1}{2} e^{-x/2}$ für $x > 0$.

Quantile Das γ-Quantil der χ_m^2-Verteilung bezeichnen wir mit $\chi_{m,\gamma}^2$:
$$\mathbb{P}(\chi_m^2 \leq \chi_{m,\gamma}^2) = \gamma , \quad 0 < \gamma < 1 .$$

Sonderfälle

m = 1 : $\chi_{1,1-\alpha}^2 = (u_{1-\alpha/2})^2$

m = 2 : $\chi_{2,\gamma}^2 = -2\ln(1-\gamma)$

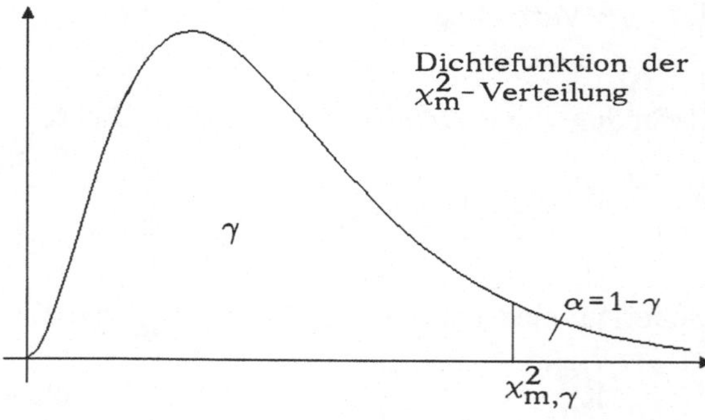

Nichtzentrales χ_m^2

Sind die Zufallsvariablen $Z_1,...,Z_m$ unabhängig und ist Z_i $N(\mu_i,1)$-verteilt (i=1,...,m), so hängt die Verteilung von
$$Z_1^2 + ... + Z_m^2$$
nur vom sogenannten *Nichtzentralitätsparameter* (NZP)
$$\delta^2 = \mu_1^2 + ... + \mu_m^2$$
ab. Sie heißt nicht-zentrale χ^2-Verteilung mit m FG und NZP δ^2 oder kurz $\chi_m^2(\delta^2)$ -Verteilung, vgl. Schach & Schäfer (1978, S. 48) oder Witting (1985, 2.2.3). Es gilt $\chi_m^2(0) = \chi_m^2$ und

$$\mathbb{E}(\chi_m^2(\delta^2)) = m + \delta^2 , \quad \mathrm{Var}(\chi_m^2(\delta^2)) = 2m + 4\delta^2 .$$

1.2 t-Verteilung

Definition Eine Zufallsvariable mit der Dichte

$$f(x) \;=\; K'_m \left(1 + \frac{x^2}{m}\right)^{-(m+1)/2}, \qquad K'_m \;=\; \frac{\Gamma\!\left(\frac{m+1}{2}\right)}{\sqrt{m\pi}\;\Gamma\!\left(\frac{m}{2}\right)}\,,$$

wobei m eine natürliche Zahl und Γ wieder die Gammafunktion ist, heißt t-verteilt (oder *Student*-verteilt) mit m Freiheitsgraden, oder kurz t_m-verteilt. Eine t_m-verteilte Zufallsvariable wird oft ebenfalls mit dem Symbol t_m bezeichnet.

Wichtig ist der folgende Zusammenhang mit normal- und χ^2-verteilten Zufallsvariablen, den man auch zur Definition der t_m-Verteilung benutzen kann.

Satz Sind die $N(0,1)$-verteilte Zufallsvariable Z und die χ^2_m-verteilte Zufallsvariable χ^2_m unabhängig, so ist die Zufallsvariable

$$\frac{Z}{\sqrt{\chi^2_m / m}}$$

t-verteilt mit m Freiheitsgraden.

Beweis Krickeberg & Ziezold (1977, S. 139); Wilks (1962, p. 184).

Momente $\mathbb{E}(t_m) = 0$ für $m \geq 2$, $\mathrm{Var}(t_m) = \dfrac{m}{m-2}$ für $m \geq 3$

Beweis Wilks (1962, p. 185).

Sonderfälle

> $m = 1$: Die t_1-Verteilung heißt auch *Cauchy*-Verteilung. Sie besitzt keinen Erwartungswert (und auch keine Varianz).

> $m = \infty$: Nach dem Gesetz der großen Zahlen gilt bei $m \to \infty$ fast sicher
>
> $$\chi^2_m / m \;=\; \frac{1}{m} \sum_{i=1}^{m} Z_i^2 \;\longrightarrow\; \mathbb{E}\, Z_1^2 \;=\; 1\,,$$
>
> wobei die Z_i unabhängige $N(0,1)$-verteilte Zufallsvariablen sind: Die t_∞-Verteilung ist also eine $N(0,1)$-Verteilung.

Quantile Das γ-Quantil der t_m-Verteilung bezeichnen wir mit $t_{m,\gamma}$:

$$\mathbb{P}(t_m \leq t_{m,\gamma}) = \gamma, \quad 0 < \gamma < 1\,.$$

Für jedes $\gamma > \frac{1}{2}$ fällt $t_{m,\gamma}$ mit wachsendem m und konvergiert für $m \to \infty$ gegen u_γ, das γ-Quantil der $N(0,1)$-Verteilung, vgl. Witting & Nölle (1970, S. 53). Wegen der Symmetrie der Dichte $f(x)$ gilt für jedes m, daß

$$t_{m,\gamma} = -t_{m,1-\gamma} \quad \text{und} \quad \mathbb{P}(|t_m| \le t_{m,1-\alpha/2}) = 1 - \alpha$$

Dichtefunktion der t_m-
Verteilung

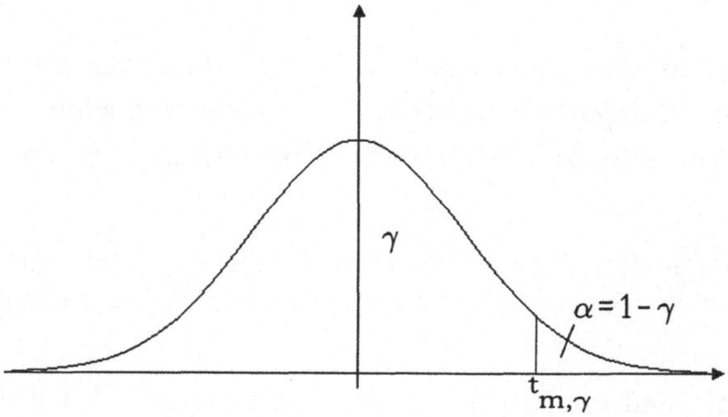

Nichtzentrales t_m

Ist Z $N(\mu,1)$-verteilt und unabhängig vom (χ_m^2-verteilten) χ_m^2 , so heißt die Verteilung von

$$\frac{Z}{\sqrt{\chi_m^2/m}}$$

(die natürlich nur von μ und m abhängt) nichtzentrale t-Verteilung mit m Freiheitsgraden und NZP μ (kurz: $t_m(\mu)$-Verteilung); siehe Witting (1985, S. 221) wegen einer Dichte. Es ist $t_m(0) = t_m$; Verteilungsfunktion $F_m(\mu,x)$ und Quantil $t_{m,\gamma}(\mu)$ der $t_m(\mu)$-Verteilung hängen monoton von μ ab:

$$F_m(\mu,x) < F_m(\mu',x) \quad \text{und} \quad t_{m,\gamma}(\mu) > t_{m,\gamma}(\mu') \quad \text{für} \quad \mu' < \mu.$$

Ferner

$$1 - F_m(\mu,x) = F_m(-\mu,-x) \quad \text{und} \quad -t_{m,\gamma}(\mu) = t_{m,1-\gamma}(-\mu) \,.$$

Es existiert die Näherungsformel

$$F_m(\mu,x) \approx F_m(x-\lambda)$$

bzw.

$$t_{m,\gamma}(\mu) \approx t_{m,\gamma} + \lambda \,,$$

wenn $F_m(x) = F_m(0,x)$ und $t_{m,\gamma} = t_{m,\gamma}(0)$ sich auf die (zentrale) t_m-Verteilung beziehen und wenn

$$\lambda = \mu \left(1 + \frac{2u_\gamma^2 + 1}{4m} + \mu \frac{u_\gamma}{4m} \right)$$

ist, gemäß van Eedem (1961). Man beachte, daß $\lambda \approx \mu$ für größere m gilt.

1.3 F-Verteilung

Definition Eine Zufallsvariable mit der Dichte

$$f(x) = \begin{cases} 0 & \text{falls } x \le 0 \\ K''_{m,n}\, x^{(m-2)/2}\, (mx+n)^{-(m+n)/2} & \text{falls } x > 0 \end{cases},$$

wobei m und n natürliche Zahlen sind und $K''_{m,n}$ die Konstante

$$K''_{m,n} = \frac{\Gamma\!\left(\frac{m+n}{2}\right)}{\Gamma\!\left(\frac{m}{2}\right)\,\Gamma\!\left(\frac{n}{2}\right)} \cdot m^{m/2}\, n^{n/2}$$

ist, heißt F-verteilt (oder *Fisher*-verteilt) mit m und n Freiheitsgraden, oder kurz $F_{m,n}$-verteilt. Eine $F_{m,n}$-verteilte Zufallsvariable bezeichnet man oft ebenfalls mit dem Symbol $F_{m,n}$.

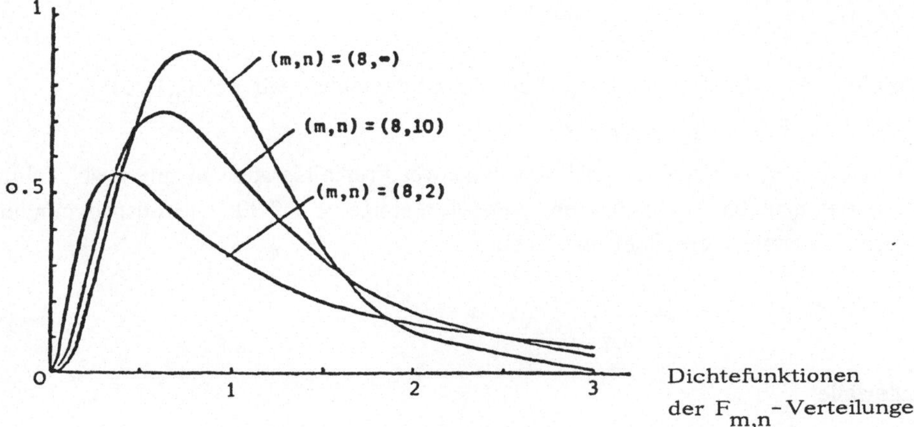

Dichtefunktionen der $F_{m,n}$-Verteilungen

Der folgende wichtige Zusammenhang mit χ^2-verteilten Zufallsvariablen kann auch zur Definition der F-Verteilung benutzt werden.

Satz Sind χ^2_m und χ^2_n zwei unabhängige, χ^2-verteilte Zufallsvariable mit m bzw. n Freiheitsgraden, so ist die Zufallsvariable

$$\frac{\chi^2_m/m}{\chi^2_n/n}$$

F-verteilt mit m und n Freiheitsgraden.

Beweis Krickeberg & Ziezold (1977, p. 138).

Momente $\mathbb{E}(F_{m,n}) = \dfrac{n}{n-2}$,   für $n \geq 3$

$$\mathrm{Var}(F_{m,n}) = \frac{2n^2(m+n-2)}{m(n-2)^2(n-4)} , \quad \text{für } n \geq 5$$

Beweis Wilks (1962, p. 187).

Sonderfälle

$m = 1:$ $F_{1,n} = \dfrac{\chi_1^2}{\chi_n^2/n} = t_n^2$

Insbesondere ist $F_{1,\infty} = Z^2$, Z $N(0,1)$-verteilt.

$n = \infty :$ $F_{m,\infty} = \chi_m^2/m$

(da $\chi_n^2/n \longrightarrow 1$ fast sicher nach dem Gesetz der großen Zahlen).

Quantile Das γ-Quantil der $F_{m,n}$-Verteilung bezeichnen wir mit $F_{m,n,\gamma}$:

$$\mathbb{P}(F_{m,n} \leq F_{m,n,\gamma}) = \gamma .$$

Es hängt von γ, $0 < \gamma < 1$, und von den zwei Freiheitsgraden m und n ab. Tabuliert findet man die γ-Quantile meistens für einige $\gamma \geq 0.90$. Die ensprechenden "unteren" Quantile berechnet man nach

$$F_{m,n,1-\gamma} = \frac{1}{F_{n,m,\gamma}} .$$

Sonderfälle

$m = 1 :$ $F_{1,n,1-\alpha} = t_{n,1-\alpha/2}^2$, $F_{1,\infty,1-\alpha} = u_{1-\alpha/2}^2$

$n = \infty :$ $F_{m,\infty,1-\alpha} = \chi_{m,1-\alpha}^2/m$

mit den Quantilen $t_{n,\gamma}$, $\chi_{m,\gamma}^2$ und u_γ der t_n-, χ_m^2- bzw. $N(0,1)$-Verteilung. Dabei kann $F_{m,\infty,\gamma}$ sowohl als γ-Quantil der Grenzverteilung $F_{m,\infty}$ als auch als Grenzwert $\lim_n F_{m,n,\gamma}$ der Quantile aufgefaßt werden, vgl. Witting & Nölle (1970, S. 53). Mit Hilfe eines Satzes über bedingte Wahrscheinlichkeiten, vgl. Gänssler & Stute (1977, S. 199) beweist man noch

$$(m-1)F_{m-1,n,\gamma} < m\, F_{m,n,\gamma} \quad (0 < \gamma < 1, \; m \geq 2).$$

Nichtzentrales $F_{m,n}$

Sind $\chi^2_m(\delta^2)$ und χ^2_n unabhängige Zufallsvariable mit den durch die Notation bezeichneten Verteilungen, so hängt die Verteilung von

$$\frac{\chi^2_m(\delta^2)/m}{\chi^2_n/n}$$

nur von m,n,δ^2 ab; siehe Witting (1985, 2.2.3) wegen einer Dichte. Sie heißt nichtzentrale $F_{m,n}$-Verteilung mit NZP δ^2 (kurz: $F_{m,n}(\delta^2)$-Verteilung). Die ersten beiden Momente lauten für $n \geq 3$ bzw. $n \geq 5$

$$\mathbb{E}\,F_{m,n}(\delta^2) \;=\; \kappa\,\frac{n}{n-2} \quad,\quad \operatorname{Var} F_{m,n}(\delta^2) = \kappa^2\,\frac{2n^2(\mu+n-2)}{\mu(n-2)^2(n-4)}$$

mit

$$\kappa \;=\; \frac{m+\delta^2}{m} \quad,\quad \mu \;=\; \frac{(m+\delta^2)^2}{m+2\delta^2} \quad,$$

vgl. Patnaik (1949). Nach Patnaik erhalten wir mit der Methode der Gleichsetzung der ersten beiden Momente die folgende Approximation für die Verteilungsfunktion $F_{m,n}(\delta^2,x)$ bzw. das Quantil $F_{m,n,\gamma}(\delta^2)$ der nichtzentralen F-Verteilung

$$F_{m,n}(\delta^2,x) \;\approx\; F_{\mu,n}(x/\kappa)$$

$$F_{m,n,\gamma}(\delta^2) \;\approx\; \kappa\,F_{\mu,n,\gamma} \;.$$

1.4 Studentisierte Variationsbreite

Es seien $Z_1,...,Z_m$, χ^2_n unabhängige N(0,1)- bzw. χ^2_n-verteilte Zufallsvariable. Dann hat die Zufallsvariable

$$Q = \frac{R}{\sqrt{\chi^2_n/n}}\;, \qquad\qquad R = \max_{1\leq i\leq m} Z_i \;-\; \min_{1\leq i\leq m} Z_i\;,$$

definitionsgemäß die Verteilung einer studentisierten Variationsbreite (engl: studentized range) mit m und n Freiheitsgraden. R heißt die *Spannweite* (range) der $Z_1,...,Z_m$. Die gemäß

$$\mathbb{P}(Q \leq q_{m,n,\gamma}) = \gamma$$

definierten Quantile $q_{m,n,\gamma}$ findet man tabuliert bei Scheffé (1959), Hartung et al (1982) .

2. GRUNDBEGRIFFE AUS DER MATHEMATISCHEN STATISTIK

2.0 Wir skizzieren im folgenden die beiden grundlegenden Verfahren der schließenden Statistik, Signifikanztest und Konfidenzintervall, und diskutieren ihren Zusammenhang. Alle relevanten Informationen über einen Signifikanztest hält die Gütefunktion bereit, die wir für einige Tests bei normalverteilten Grundgesamtheiten angeben. Der Vorspann 2.1 ruft einige geläufige Sprechweisen und Notationen für Signifikanztests in Erinnerung, während eine Diskussion der wichtigsten Grundbegriffe der Schätztheorie den Abschnitt schließt.

S I G N I F I K A N Z T E S T S   U N D   I H R E   G Ü T E F U N K T I O N

2.1 Signifikanztest

Wir gehen von der in der Statistik charakteristischen Situation aus, daß die Verteilung der Grundgesamtheit von einem reellwertigen Parameter θ abhängt (daß also z.B. eine normalverteilte Grundgesamtheit mit Erwartungswert μ vorliegt) und der wahre (zugrundeliegende) Wert von θ unbekannt ist. Der Statistiker stellt eine *Hypothese* (Behauptung, Nullhypothese)

$$H_0 : \qquad \theta = \theta_0 \quad (\theta_0 \text{ spezifizierte reelle Zahl})$$

über den Parameter θ auf und möchte sie an Hand empirischer Daten prüfen. Auf der Grundlage einer beobachteten Stichprobe

$$(x_1,...,x_n)$$

vom Umfang n , bei deren Realisation der wahre (aber unbekannte) Parameterwert θ wirksam war, berechnet er eine reellwertige *Teststatistik*

$$T = T(x_1,...,x_n) \ .$$

Eine gewisse Teilmenge C von $\mathbb{R}$ ist nun als *Verwerfungs*-(Ablehnungs-)bereich ausgezeichnet: Fällt die Teststatistik T in diesen Bereich, d.h. ist

$$T \in C \ ,$$

so lehnt der Statistiker H_0 ab (verwirft H_0) zugunsten der *Alternativ*hypothese

$$H_1 : \qquad \theta \neq \theta_0 \ .$$

Fällt T nicht in diesen Bereich, d.h. ist $T \notin C$, so wird H_0 nicht verworfen.

Der Verwerfungsbereich C wird möglichst groß gewählt, aber so, daß die Wahrscheinlichkeit für einen sogenannten *Fehler 1. Art* (d.i.: die Nullhypothese H_0 zu verwerfen, obwohl sie richtig ist) eine vorgegebene Zahl α, $0 < \alpha < 1$, nicht überschreitet. Die Zahl α, für die man gerne die Werte 0.10, 0.05, 0.01, 0.005 oder 0.001 wählt, heißt *Signifikanzniveau*.

Einen *Fehler 2. Art* begeht man, wenn man die Nullhypothese H_0 nicht verwirft, obwohl sie falsch ist. Die Wahrscheinlichkeit $\beta(\theta)$ für einen Fehler 2. Art hängt natürlich noch vom zugrundeliegenden Parameterwert θ ab.

Übersicht über die Fehlermöglichkeiten und ihre Wahrscheinlichkeiten

Entscheidung	**Wirklichkeit**	
	H_0 richtig	H_0 falsch
H_0 nicht verwerfen	richtige Entscheidung	Fehler 2. Art Wahrsch.: $\beta(\theta)$
H_0 verwerfen	Fehler 1. Art Wahrsch.: $\leq \alpha$	richtige Entscheidung

Signifikanztests werden ausführlicher in Krickeberg & Ziezold (1977), Behnen & Neuhaus (1984) und vertieft in Witting (1985), Pfanzagl (1994) behandelt.

2.2 Gütefunktion

Die Wahrscheinlichkeiten eines Fehlers 1. und 2. Art faßt man in einer einzigen Funktion, der Gütefunktion (auch Machtfunktion, engl.: power function) zusammen. Die Gütefunktion $G(\theta)$ ist eine Funktion des zugrundeliegenden Parameters θ und gibt für jeden Wert θ die Wahrscheinlichkeit an, daß der Test zur Verwerfung von H_0 führt;

$$G(\theta) = \mathbb{P}_\theta\{H_0 \text{ wird verworfen}\} .$$

Die Funktion $G(\theta)$ beschreibt also die zweite Zeile der Übersicht in 2.1:

$$G(\theta_0) \leq \alpha$$

$$G(\theta) = 1 - \beta(\theta) \quad \text{für } \theta \neq \theta_0 \qquad [\textit{Schärfe} \text{ des Tests, engl.: power}] .$$

Im allgemeinen hängt $G(\theta)$ noch vom Signifikanzniveau α, von der gewählten Hypothese H_0, von der Alternativhypothese und vom Stichprobenumfang n ab.

2.3 Die Gütefunktion des Gauß-Tests

$X_1, \dots, X_n$ seien n unabhängige, $N(\mu, \sigma^2)$-verteilte Zufallsvariablen, wobei die Varianz σ^2 bekannt sei. Für den unbekannten Erwartungswert μ formulieren wir die

Nullhypothese $H_0: \mu = \mu_0$. H_0 wird genau dann verworfen, wenn

$$\sqrt{n}\,|\overline{X} - \mu_0|/\sigma > u_{1-\alpha/2}\,, \quad \text{wobei} \ \ \overline{X} = \textstyle\sum_{i=1}^{n} X_i / n\,.$$

Schreiben wir zur Abkürzung

$$\lambda(\mu) = \sqrt{n}\,(\mu - \mu_0)\,/\,\sigma \quad \text{und} \quad u = u_{1-\alpha/2}\,,$$

so rechnen wir für die Gütefunktion des (zweiseitigen) Gauß-Tests

$$(1)\quad G(\mu) \ = \ 1 - \Phi\big(u - \lambda(\mu)\big) + \Phi\big(-u - \lambda(\mu)\big) \ = \ \Phi(\lambda(\mu) - u) + \Phi(-\lambda(\mu) - u)\,.$$

Dabei bezeichnet $\Phi(x)$ die Verteilungsfunktion der Standardnormalverteilung.

Unter Benutzung einer Tafel tabulierter $\Phi(x)$-Werte läßt sich die Gütefunktion (1) des Gauß-Tests in Einheiten von $\lambda(\mu) = \sqrt{n}\,(\mu - \mu_0)\,/\,\sigma$ auftragen.

Qualitativer Verlauf
der Gütefunktion $G(\lambda(\mu))$
für $\alpha = 0.05$ und 0.10

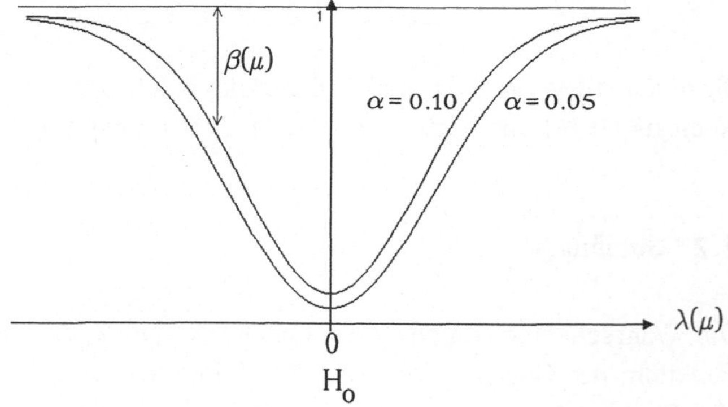

2.4 Gütefunktion der t-Tests

a) 1-Stichproben t-Test

In der Situation von 2.3 sei nun auch die Varianz σ^2 unbekannt. Die Nullhypothese $H_0 : \mu = \mu_0$ wird verworfen, falls $|T| > t_0$, wobei wir $T = \sqrt{n}(\overline{X} - \mu_0)/S$, $S^2 = \sum_{i=1}^{n}(X_i - \overline{X})^2/(n-1)$ und $t_0 = t_{n-1,\,1-\alpha/2}$ gesetzt haben (vgl. III 4.8). Gemäß 1.2 ist T unter den Parameterwerten (μ,σ^2) wie ein nichtzentrales t_{n-1} mit NZP λ verteilt, wobei $\lambda = \sqrt{n}(\mu - \mu_0)/\sigma$. Bezeichnet $F_{n-1}(\lambda,x)$ die Verteilungsfunktion dieser $t_{n-1}(\lambda)$-Verteilung, so folgt für die Gütefunktion des (zweiseitigen) t-Tests

$$(2)\qquad G(\mu) = 1 - F_{n-1}(\lambda,t_0) + F_{n-1}(\lambda,-t_0)\,.$$

$G(\mu)$ hängt von μ nur über $|\mu - \mu_0|$ ab. Unter Anwendung der Näherungsformel $F_{n-1}(\lambda,x) \approx F_{n-1}(x - \lambda)$ aus 1.2, wobei $F_{n-1}(x)$ die Verteilungsfunktion der (zentralen) t_{n-1}-Verteilung bezeichnet, kommen wir von (2) zu

(3) $G(\mu) \approx F_{n-1}(\lambda - t_0) + F_{n-1}(-\lambda - t_0)$.

Die Gütefunktion hängt über $\lambda = \lambda(\mu,\sigma)$ von beiden Parametern μ und σ^2 ab: die Abbildung in 2.3 gibt eine Vorstellung über ihren qualitativen Verlauf.

b) 2-Stichproben t-Test

Im Fall zweier normalverteilter Grundgesamtheiten mit den Parametern (μ_1,σ^2) bzw. (μ_2,σ^2) prüfen wir die Nullhypothese $H_0 : \mu_1 = \mu_2$ mit Hilfe der Teststatistik

$$T = \sqrt{\frac{n_1 n_2}{n_1 + n_2}}\ \ \frac{\overline{X}_1 - \overline{X}_2}{S} \ ,$$

wobei sich die Indizes 1 und 2 auf die erste bzw. zweite Stichprobe beziehen und

$$S^2 = [(n_1 - 1)S_1^2 + (n_2 - 1)S_2^2] / (n_1 + n_2 - 2)$$

die "pooled variance" ist (vgl. III 4.8). Gemäß 1.2 ist T ein (nicht-zentrales) $t_{n_1 + n_2 - 2}(\lambda)$, wobei

$$\lambda = \sqrt{\frac{n_1 n_2}{n_1 + n_2}}\ \ \frac{\mu_1 - \mu_2}{\sigma} \ .$$

Folglich lautet die Gütefunktion des (zweiseitigen) t-Tests

(4) $G(\mu_1,\mu_2) = 1 - F_{n_1 + n_2 - 2}(\lambda, t_0) + F_{n_1 + n_2 - 2}(\lambda, -t_0)$,

wenn $t_0 = t_{n_1 + n_2 - 2, 1 - \alpha/2}$ und $F_m(\lambda,x)$ die Verteilungsfunktion der (nichtzen-tralen) $t_m(\lambda)$-Verteilung bezeichnet. $G(\mu_1,\mu_2)$ hängt von (μ_1,μ_2) nur über den Differenzbetrag $|\mu_1 - \mu_2|$ ab. Bei Anwendung der Näherungsformel $F_m(\lambda,x) \approx F_m(x - \lambda)$ erhalten wir aus (4)

$$G(\mu_1,\mu_2) \approx F_{n_1 + n_2 - 2}(\lambda - t_0) + F_{n_1 + n_2 - 2}(-\lambda - t_0) \ ,$$

wenn $F_m(x)$ die Verteilungsfunktion der (zentralen) t_m-Verteilung ist.

2.5 Anwendungshinweise

1. Bei fast allen zur Diskussion stehenden Siginifikanztests zum Prüfen der Nullhypothese $H_0 : \theta = \theta_0$ versus $\theta \neq \theta_0$ gelten qualitativ die folgenden Aussagen, die sich aus dem Diagramm 2.3 ablesen lassen:

(a) Für jedes vorgegebene α konvergiert bei wachsendem Stichprobenumfang n die Wahrscheinlichkeit gegen 1, daß H_0 verworfen wird, falls das wirkliche θ ungleich θ_0 ist (und sei die Abweichung von θ_0 auch so klein, daß sie substanzwissenschaftlich irrelevant ist!)

(b) Für festes n wird die Wahrscheinlichkeit $\beta(\theta)$ eines Fehlers 2. Art um so größer [kleiner], je kleiner [größer] das Signifikanzniveau α ist. Führt der Anwender also einen Signifikanztest durch, um im Falle des Nicht-Verwerfens von H_0 mit dieser Hypothese weiterarbeiten zu können (etwa um mit der nicht verworfenen Hypothese $\sigma_1^2 = \sigma_2^2$ im 2-Stichproben Fall den 2-Stichproben t-Test anwenden zu können), dann sollte er diesen (also den Test auf $\sigma_1^2 = \sigma_2^2$) eher mit einem größeren α, wie $\alpha = 0.10$ oder 0.20, durchführen, statt wie üblich $\alpha = 0.05$ oder 0.01.

2. Die Programmsysteme wie BMDP, SAS, SPSS teilen i.a. keine Testentscheidung mit, sondern die sog. *tail probability* P (auch: *significance* S), welche im Fall der (zweiseitigen) t-Tests aus 2.4 wie folgt berechnet wird: P ist die Wahrscheinlichkeit, daß unter H_0 der Betrag |T| der Teststatistik größer ausfällt als der Betrag des aktuellen Wertes der Teststatistik (geeignet zu modifizieren im Fall einseitiger Tests und im Fall anderer Tests). Generell gilt: Ist P kleiner gleich [größer] dem vorausgewähltem α, so lehne H_0 ab [nicht ab] . Anders ausgedrückt: P ist der kleinste Wert des Signifikanzniveaus α, auf dem H_0 gerade noch verworfen werden kann.

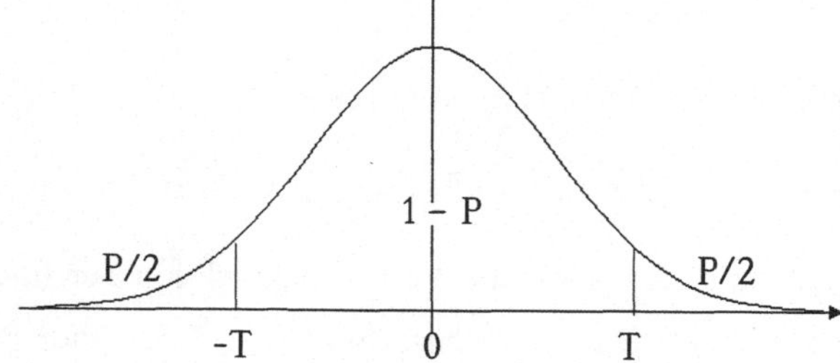

KONFIDENZINTERVALLE

2.6 Parametertest und Konfidenzintervalle

Ist $\mathbf{X} = (X_1,...,X_n)^T$ ein Zufallsvektor und $I(\mathbf{X})$ eine von X abhängende (meßbare) Teilmenge des Parameterraums Θ, so heißt $I(\mathbf{X})$ ein *Konfidenzbereich* für θ zum Niveau $\geq 1-\alpha$ [bzw. zum Niveau $= 1-\alpha$] falls er den wahren Parameterwert θ mit Wahrscheinlichkeit $\geq 1-\alpha$ [$= 1-\alpha$] überdeckt :

(5) $\mathbb{P}_\theta(\theta \in I(\mathbf{X})) \geq 1-\alpha$ [$= 1-\alpha$]   für alle $\theta \in \Theta$.

Bildet $I(\mathbf{X})$ ein Intervall, so spricht man von einem Konfidenz*intervall*.

Wir haben den folgenden allgemeinen Zusammenhang zwischen Konfidenzbereichen und parametrischen Signifikanztests, vgl. Pfanzagl, 1994, S.158:

Regel 1: Gegeben ein Parametertest zum Signifikanzniveau $\leq \alpha$ zum Prüfen von Hypothesen $\theta = \theta_0$. Ein Konfidenzbereich für den Parameter θ zum Niveau $\geq 1-\alpha$ besteht aus all denjenigen Werten θ_0, für welche die Hypothese $\theta = \theta_0$ nicht verworfen wird.

Regel 2: Aus einem Konfidenzbereich für den Parameter θ zum Niveau $\geq 1-\alpha$ gewinnt man einen Signifikanztest zum Niveau $\leq \alpha$ durch die folgenden Entscheidungsregel: Verwirf die Hypothese $\theta = \theta_0$, falls θ_0 außerhalb des Konfidenzbereiches liegt.

2.7 Duale Bedeutung der Gütefunktion

Die in 2.6 aufgezeigte *Dualität* zwischen Signifikanztest (S.T.) und Konfidenzbereich (K.B.) erstreckt sich auch auf Fragen der Schärfe. Dazu schreiben wir die Testfunktion $T(\mathbf{X})$ und die Gütefunktion $G(\theta)$ eines S.T. zum Prüfen der Hypothese $\theta = \theta_0$ in der Form

$$G(\theta) = G(\theta_0,\theta) \quad \text{und} \quad T(\mathbf{X}) = T(\theta_0,\mathbf{X}) \ .$$

Gegeben sei nun ein S.T. zum Niveau α mit Gütefunktion $G(\theta_0,\theta)$ und mit Nicht-Verwerfungsbereich A. Dann ist, mit $I(\mathbf{X}) = \{\theta : T(\theta,\mathbf{X}) \in A\}$,

$$(6) \qquad 1 - G(\theta_0,\theta) = \beta(\theta_0,\theta) = \mathbb{P}_\theta(T(\theta_0,\mathbf{X}) \in A) = \mathbb{P}_\theta(\theta_0 \in I(\mathbf{X})) \ .$$

Die Wahrscheinlichkeit $\beta(\theta_0,\theta)$ eines Fehlers 2. Art ist also auch die Wahrscheinlichkeit dafür, daß der K.B. $I(\mathbf{X})$ zum Niveau $1-\alpha$ den Wert θ_0 überdeckt, wenn θ der wahre Parameterwert ist. Ist umgekehrt ein K.B. zum Niveau $1-\alpha$ gegeben, so kann man durch

$$G(\theta_0,\theta) = 1 - \mathbb{P}_\theta(\theta_0 \in I(\mathbf{X}))$$

die Gütefunktion eines S.T. zum Niveau α für das Prüfen von $\theta = \theta_0$ definieren. Besonders anschaulich wird die Beziehung (6), wenn die Gütefunktion $G(\theta_0,\theta)$ nur über $|\theta - \theta_0|$ von θ und θ_0 abhängt - wie es bei den zweiseitigen t-Tests der Fall ist. Schreiben wir dann $\beta(h)$ für $\beta(\theta_0,\theta)$ im Fall $|\theta - \theta_0| = h$, so lautet (6)

$$\beta(h) = \mathbb{P}_\theta(\theta \pm h \in I(\mathbf{X})) \ ,$$

d.i. die Wahrscheinlichkeit, daß der K.B. $I(\mathbf{X})$ einen Wert überdeckt, der um den Betrag h vom wahren Wert entfernt ist.

PARAMETERSCHÄTZUNG

2.8 Schätzen von Parametern

In den vorangegangenen Punkten 2.1 - 2.7 haben wir uns (allein der einfacheren Notation wegen) auf 1-dimensionale Zufallsvariablen X und 1-dimensionale Parameter θ beschränkt. Nun betrachten wir die Situation, daß die gemeinsame Verteilung der q-dimensionalen Zufallsvektoren $\mathbf{X}_1,...,\mathbf{X}_n$ von einem d-dimensionalen Parameter $\boldsymbol{\theta} \in \Theta \subset \mathbb{R}^d$ abhängt, dessen wahrer Wert unbekannt ist. Auf der Grundlage einer Realisation $(\mathbf{x}_1,...,\mathbf{x}_n)$ schätzen wir den wahren Parameterwert $\boldsymbol{\theta}$ durch einen *Schätzer* $\hat{\boldsymbol{\theta}}_n$, der eine meßbare Funktion der $\mathbf{x}_1,...,\mathbf{x}_n$ ist:

$$\hat{\boldsymbol{\theta}}_n = \hat{\boldsymbol{\theta}}_n(\mathbf{x}_1,...,\mathbf{x}_n) \,, \quad \hat{\boldsymbol{\theta}}_n : \mathbb{R}^{nq} \to \mathbb{R}^d \,.$$

Der Begriff Schätzer (auch: Schätzung) beinhaltet noch keine Qualitätsaussage und - außer der Dimension d - auch keinen Bezug zum Parameter, der geschätzt werden soll (abgesehen von dem negativen Bezug, daß er funktional nicht von $\boldsymbol{\theta}$ abhängen darf). Ist $\hat{\boldsymbol{\theta}}_n$ ein Schätzer für $\boldsymbol{\theta} \in \mathbb{R}^d$ und sind $\mathbf{g}$ und $\boldsymbol{\gamma}$ beliebige (meßbare) Funktionen $\mathbb{R}^d \to \mathbb{R}^m$, so ist $\mathbf{g}(\hat{\boldsymbol{\theta}}_n)$ ein Schätzer für $\boldsymbol{\gamma}(\boldsymbol{\theta})$. Wir wollen nun einige Eigenschaften aufstellen, die einen Schätzer für $\boldsymbol{\theta}$ auszeichnen können.

2.9 Qualifizierende Eigenschaften

Im folgenden betrachten wir den Schätzer $\hat{\boldsymbol{\theta}}_n = \hat{\boldsymbol{\theta}}_n(\mathbf{X}_1,...,\mathbf{X}_n)$ als eine Zufallsvariable und listen einige qualifizierende Eigenschaften auf.

1. Erwartungstreue (Unverzerrtheit): $\hat{\boldsymbol{\theta}}_n$ heißt *erwartungstreu* (unbiased) für $\boldsymbol{\theta}$, falls

$$\mathbb{E}_{\boldsymbol{\theta}}(\hat{\boldsymbol{\theta}}_n) = \boldsymbol{\theta} \quad \text{für alle } \boldsymbol{\theta} \in \Theta \,.$$

Eine schwächere Eigenschaft ist die

2. Asymptotische Erwartungstreue: $\hat{\boldsymbol{\theta}}_n$ heißt *asymptotisch erwartungstreu* (asymptotically unbiased) für $\boldsymbol{\theta}$, falls

$$\lim_{n\to\infty} \mathbb{E}_{\boldsymbol{\theta}}(\hat{\boldsymbol{\theta}}_n) = \boldsymbol{\theta} \quad \text{für alle } \boldsymbol{\theta} \in \Theta \,.$$

Die [asymptotische] Erwartungstreue eines Schätzer $\hat{\boldsymbol{\theta}}_n$ sagt also aus, daß $\hat{\boldsymbol{\theta}}_n$ [bei großem n] im Mittel beim wahren Wert $\boldsymbol{\theta}$ liegt. Die mittlere quadratische Abweichung vom wahren Wert $\boldsymbol{\theta}$ ist ein Gütemaß für Schätzer. Die nächste Eigenschaft, die sich auf dieses Gütemaß bezieht, formulieren wir gleich für Funktionen $\boldsymbol{\gamma}(\boldsymbol{\theta})$ von $\boldsymbol{\theta}$.

3. Minimale Varianz: Ist $\boldsymbol{\gamma}$ eine meßbare Funktion $\mathbb{R}^d \to \mathbb{R}^m$ und $\hat{\mathbf{g}}_n$ ein erwar-

tungstreuer Schätzer für $\gamma(\theta)$, so heißt $\hat{\mathbf{g}}_n$ erwartungstreuer *Minimum-Varianz-*Schätzer für $\gamma(\theta)$, falls für alle erwartungstreuen Schätzer $\hat{\gamma}_n$ für $\gamma(\theta)$ gilt

$$\mathrm{Var}_\theta(\hat{g}_{nj}) \leq \mathrm{Var}_\theta(\hat{\gamma}_{nj}) \quad \text{für alle } \theta \in \Theta , \quad j=1,\dots,m$$

(dabei sind $\hat{g}_{nj}$ und $\hat{\gamma}_{nj}$ die j-ten Komponenten von $\hat{\mathbf{g}}_n$ bzw. $\hat{\gamma}_n$).

4. Suffizienz: Der Schätzer $\mathbf{T}_n$ heißt *suffizient* für θ, wenn die bedingte Verteilung von $(\mathbf{X}_1,\dots,\mathbf{X}_n)$, gegeben $\mathbf{T}_n$, nicht von θ abhängt ($\mathbf{T}_n$ und θ müssen hier nicht gleiche Dimensionen haben). Ein suffizientes $\mathbf{T}_n$ hält die gleiche Information bez. θ bereit wie die Stichprobe $(\mathbf{x}_1,\dots,\mathbf{x}_n)$ selber. Notwendig und hinreichend für die Suffizienz von $\mathbf{T}_n$ für θ ist eine Darstellung ("Faktorisierung")

$$f_\theta(\mathbf{x}_1,\dots,\mathbf{x}_n) = h(\mathbf{x}_1,\dots,\mathbf{x}_n) \cdot g_\theta(\mathbf{T}_n)$$

der gemeinsamen Dichte der $\mathbf{X}_1,\dots,\mathbf{X}_n$, wobei h nicht von θ und g_θ von den $\mathbf{x}_1,\dots,\mathbf{x}_n$ nur über $\mathbf{T}_n$ abhängt (*Neyman-Kriterium*).

Unter der zusätzlichen Voraussetzung der sog. *Vollständigkeit* hat ein für θ suffizienter d-dimensionaler Schätzer $\mathbf{T}_n$ die folgende Eigenschaft: Sind $\mathbf{g}$ und γ meßbare Funktionen $\mathbb{R}^d \rightarrow \mathbb{R}^m$ und ist $\mathbf{g}(\mathbf{T}_n)$ erwartungstreu für $\gamma(\theta)$, so ist $\mathbf{g}(\mathbf{T}_n)$ erwartungstreuer Minimum-Varianz-Schätzer für $\gamma(\theta)$ (Satz von Lehmann-Scheffé; vgl. Witting (1985, S. 354), Pfanzagl (1984, 3.2)).

2.10 Asymptotische Eigenschaften

Die folgenden zwei Eigenschaften greifen auf die für die Stochastik typischen Konvergenzbegriffe zurück, vgl. 3.2 und 3.5 unten.

1. Konsistenz: $\hat{\theta}_n$ heißt *konsistent* für θ, falls bei $n \rightarrow \infty$ stochastische Konvergenz

$$\hat{\theta}_n \xrightarrow{\ \mathbb{P}_\theta\ } \theta \quad \text{für alle } \theta \in \Theta$$

stattfindet. Die Konsistenz stellt eine Art Minimalanforderung für einen Schätzer dar und rechtfertigt das Bestreben des Anwenders, einen möglichst großen Stichprobenumfang zu erzielen. Hinreichend für die Konsistenz von $\hat{\theta}_n = (\hat{\theta}_{n1},\dots,\hat{\theta}_{nd})^T$ ist die asymptotische Erwartungstreue zusammen mit

$$\mathrm{Var}_\theta(\hat{\theta}_{nj}) \longrightarrow 0 \quad \text{für alle } \theta \in \Theta , \quad j=1,\dots,d \qquad\qquad [n \rightarrow \infty].$$

2. Asymptotische Normalität: $\hat{\theta}_n$ heißt *asymptotisch normal* für θ, falls es eine Folge Γ_n von invertierbaren d×d-Matrizen gibt mit $\Gamma_n \rightarrow 0$ (elementweise), so daß bei $n \rightarrow \infty$ Verteilungskonvergenz

$$\Gamma_n^{-1}(\hat{\theta}_n - \theta) \xrightarrow{\;\;\mathcal{D}_\theta\;\;} N_d(0,\Sigma)\,, \quad \Sigma \text{ positiv-definite } d\times d\text{--Matrix,}$$

stattfindet. Insbesondere ist $\hat{\theta}_n$ dann konsistent für θ (Argumentation via Prop. 3.5 und 3.3 ii) unten). Die asymptotische Normalität wird oft für die Konstruktion asymptotischer Signifikanztests und Konfidenzintervalle ausgenutzt.

3. GRENZWERTSÄTZE

3.0   Zur Behandlung asymptotischer statistischer Methoden (vgl. Kap. VI, aber auch II 2.2, 2.8, III 3.4, V 2.9, 3.6, 5.4) benötigen wir Begriffe und Ergebnisse zur Konvergenz einer Folge von Zufallsvariablen. Eine zentrale Rolle spielen dabei die Begriffe der stochastischen Konvergenz und der Verteilungskonvergenz, ersterer für die Schätztheorie, letzterer für die Inferenzstatistik. Der Begriff der fast sicheren Konvergenz, mit dem wir beginnen wollen, ist dagegen in der Statistik nur von marginaler Bedeutung. Es sei auch auf die zusammenfassende Darstellung in Serfling (1980, chap. 1) verwiesen. Zu einigen Resultaten, die nicht unbedingt in Einführungstexten zu finden sind, werden Beweise präsentiert, insbes. der Beweis eines multivariaten zentralen Grenzwertsatzes aus der univariaten Version heraus (vgl. 3.11). Mit der Schreibweise $\mathbb{E}X_i = \mu_i$ und $\mathrm{Var}\,X_i = \sigma_i^2$ soll auch die (Existenz und) Endlichkeit von μ_i und σ_i^2 ausgedrückt werden.

FAST SICHERE, STOCHASTISCHE KONVERGENZ

3.1 Fast sichere Konvergenz

Sind X_n, $n \ge 1$, und X Zufallsvariablen auf dem gleichen Wahrscheinlichkeitsraum, so konvergiert die Folge X_n, $n \ge 1$, mit Wahrscheinlichkeit 1 (oder $\mathbb{P}$-*fast sicher*) gegen X, falls

$$\mathbb{P}(\lim_{n\to\infty} X_n = X) = 1\,.$$

Man schreibt $X_n \to X$ $\mathbb{P}$-f.s. Im Fall von p-dimensionalen Zufallsvariablen $\mathbf{X}_n, \mathbf{X}$ versteht sich $\lim_{n\to\infty} \mathbf{X}_n = \mathbf{X}$ komponentenweise oder in der Euklidischen Norm. Da man $\left\{\lim_{n\to\infty} X_n = X\right\} = \bigcap_k \bigcup_n \bigcap_{m\ge n} \left\{|X_m - X| \le \tfrac{1}{k}\right\}$ schreiben kann, folgt

Proposition $X_n \to X$ $\mathbb{P}$-f.s genau dann, wenn für alle $\varepsilon > 0$

(1) $\lim_{n\to\infty} \mathbb{P}(\sup_{m\ge n}|X_m - X| > \varepsilon) = 0\,.$

3.2 Stochastische Konvergenz

Sind X_n, $n \geq 1$, und X Zufallsvariablen auf dem gleichen Wahrscheinlichkeitsraum, so konvergiert die Folge X_n, $n \geq 1$, *in Wahrscheinlichkeit* (oder $\mathbb{P}$-*stochastisch*) gegen X, falls für alle $\varepsilon > 0$

$$(2) \qquad \lim_{n \to \infty} \mathbb{P}(|X_n - X| > \varepsilon) = 0$$

gilt, wofür man auch $X_n \xrightarrow{\mathbb{P}} X$ schreibt. Im Fall p-dimensionaler Zufallsvariablen $\mathbf{X}_n, \mathbf{X}$ versteht sich $|\mathbf{X}_n - \mathbf{X}|$ in der Formel (2) wie üblich als Euklidische Norm des Vektors $\mathbf{X}_n - \mathbf{X}$. Man zeigt leicht, daß

$$\mathbf{X}_n \xrightarrow{\mathbb{P}} \mathbf{X} \quad \text{genau dann, wenn} \quad X_{nj} \xrightarrow{\mathbb{P}} X_j \quad \text{für alle } j=1,...,p ,$$

wobei X_{nj}, X_j die j-ten Komponenten von $\mathbf{X}_n$ und $\mathbf{X}$ bedeuten. Offenbar folgt wegen (1) aus der $\mathbb{P}$-fast sicheren Konvergenz die $\mathbb{P}$-stochastische, während die $\mathbb{P}$-stochastische Konvergenz nur die $\mathbb{P}$-fast sichere Konvergenz einer Teilfolge erzwingt. In der Tat, es gilt das folgende Kriterium (für einen Beweis siehe Bauer (1968, § 19), Gänssler & Stute (1977, S. 62)).

Lemma X_n konvergiert $\mathbb{P}$-stochastisch gegen X genau dann, wenn es zu jeder Teilfolge von X_n eine Teilteilfolge gibt, die $\mathbb{P}$-fast sicher gegen X konvergiert.

Mit Hilfe dieses Lemmas überträgt man Eigenschaften der gewöhnlichen Konvergenz reeller Zahlen auf die stochastische Konvergenz, z.B. die Eigenschaften (i) und (ii) der folgenden

Proposition Es gelte $\mathbf{X}_n \xrightarrow{\mathbb{P}} \mathbf{X}$.

(i) $\qquad$ Aus $\mathbf{X}_n \xrightarrow{\mathbb{P}} \mathbf{X}'$ folgt $\mathbb{P}(\mathbf{X} \neq \mathbf{X}') = 0$

(ii) $\qquad$ Ist $\mathbf{g} : \mathbb{R}^p \to \mathbb{R}^q$ stetig, so folgt $\mathbf{g}(\mathbf{X}_n) \xrightarrow{\mathbb{P}} \mathbf{g}(\mathbf{X})$

(iii) $\qquad$ Gilt $|\mathbf{X}_n| \leq Y$, $\mathbb{E}Y < \infty$, so folgt $\mathbb{E}|\mathbf{X}_n - \mathbf{X}| \to 0$

$\qquad$ (Satz von der *majorisierten Konvergenz*).

Bemerkungen

1. Eine Konsequenz von (ii) ist: Aus $\mathbf{X}_n - \mathbf{Y}_n \xrightarrow{\mathbb{P}} 0$ und $\mathbf{Y}_n \xrightarrow{\mathbb{P}} \mathbf{Y}$ folgt $\mathbf{X}_n \xrightarrow{\mathbb{P}} \mathbf{Y}$.

2. Für die Konvergenz $\mathbb{E}|\mathbf{X}_n - \mathbf{X}| \to 0$ in (iii) schreibt man auch $\mathbf{X}_n \xrightarrow{L_1} \mathbf{X}$ (L_1-*Konvergenz*).

Es gilt

$$\mathbf{X}_n \xrightarrow{L_1} \mathbf{X} \quad \text{genau dann, wenn} \quad X_{nj} \xrightarrow{L_1} X_j \quad \text{für alle } j=1,\dots,p \quad .$$

Aus $\mathbf{X}_n \xrightarrow{L_1} \mathbf{X}$ folgt auch $\mathbb{E}\mathbf{X}_n \to \mathbb{E}\mathbf{X}$.

3.3 Stochastische Beschränktheit

Die Folge X_n, $n \geq 1$, von Zufallsvariablen heißt beschränkt in Wahrscheinlichkeit (oder $\mathbb{P}$-*stochastisch beschränkt*, kürzer $\mathbb{P}$-beschränkt), falls es für jedes $\varepsilon > 0$ ein $M = M(\varepsilon)$ und ein $n_0 = n_0(\varepsilon)$ gibt mit

$$\mathbb{P}(|X_n| > M) \; < \; \varepsilon \quad \text{für alle } n \geq n_0 \; .$$

Äquivalent mit dieser Forderung ist

$$\lim_{M\to\infty} \ \overline{\lim_{n\to\infty}} \ \mathbb{P}(|X_n| > M) \; = \; 0 \; .$$

Im Fall p-dimensionaler $\mathbf{X}_n$ versteht sich $|\mathbf{X}_n|$ wieder als Euklidische Norm. Es ist dann

$$\mathbf{X}_n, n \geq 1 \; , \; \mathbb{P}\text{-beschränkt genau dann, wenn}$$

$$X_{nj}, n \geq 1 \; , \; \mathbb{P}\text{-beschränkt für alle } j=1,\dots,p \; .$$

Leicht beweist man die folgenden Aussagen, die noch durch die Prop. in 3.5 ergänzt wird.

Proposition

(i)   Aus $\mathbf{X}_n \xrightarrow{\mathbb{P}} \mathbf{X}$ folgt $\mathbf{X}_n$ $\mathbb{P}$-beschränkt.

(ii)   Aus $\mathbf{X}_n \xrightarrow{\mathbb{P}} 0$ und $\mathbf{Y}_n$ $\mathbb{P}$-beschränkt folgt $\mathbf{X}_n^T \cdot \mathbf{Y}_n \xrightarrow{\mathbb{P}} 0$.

(iii)   Aus $\mathbf{X}_n, \mathbf{Y}_n$ $\mathbb{P}$-beschränkt folgt $\mathbf{X}_n + \mathbf{Y}_n$ und $\mathbf{X}_n^T \cdot \mathbf{Y}_n$ $\mathbb{P}$-beschränkt.

(iv)   Aus $\mathbb{E}|\mathbf{X}_n| \leq C < \infty$ für alle n folgt $\mathbf{X}_n$ $\mathbb{P}$-beschränkt.

3.4 Gesetze der großen Zahlen

Gesetze der großen Zahlen (GdgZ) beziehen sich auf die Konvergenz der normierten Teilsummen S_n/n, $n \geq 1$, einer Folge X_n, $n \geq 1$, von Zufallsvariablen (über demselben Wahrscheinlichkeitsraum), wobei

$$S_n = \Sigma_{i=1}^n \ X_i \; .$$

Satz 1 (starkes GdgZ nach Kolmogoroff für identisch verteilte Variable)

Sind die X_n, $n \geq 1$, unabhängig und identisch verteilt mit $\mathbb{E}|X_1| < \infty$, so gilt mit $\mu = \mathbb{E}X_1$ für $n \to \infty$

$$\frac{1}{n} S_n \longrightarrow \mu \quad \mathbb{P}\text{-fast sicher} .$$

Beweis siehe Bauer (1968, § 37) oder Gänssler & Stute (1977, S. 130) ◻

Beispiel GdgZ für die Multinomialverteilung (vgl. I 3.6 f)

Für einen $M_p(1, \boldsymbol{\pi})$-verteilten Zufallsvektor $\mathbf{X}$, $\boldsymbol{\pi} = (\pi_1, \ldots, \pi_p)^T$, gilt

$$\mathbb{E}\mathbf{X} = \boldsymbol{\pi} .$$

Für eine Folge $\mathbf{X}^{(n)}$, $n \geq 1$, von $M_p(n, \boldsymbol{\pi})$-verteilten Zufallsvektoren gilt aufgrund der Darstellung

$$\mathbf{X}^{(n)} = \textstyle\sum_{i=1}^n \mathbf{X}_i , \quad \text{wobei } \mathbf{X}_1, \mathbf{X}_2, \ldots \text{ unabhängig und } M_p(1, \boldsymbol{\pi})\text{-verteilt,}$$

das starke GdgZ in der Form

$$\frac{1}{n} \mathbf{X}^{(n)} \longrightarrow \boldsymbol{\pi} \quad \mathbb{P}\text{-fast sicher} .$$

Für nicht notwendig identisch verteilte Variablen haben wir

Satz 2 (schwaches GdgZ nach Tschebyscheff)

Sind $X_1, X_2, \ldots$ paarweise unkorreliert mit Erwartungswerten $\mu_1, \mu_2, \ldots$ und Varianzen $\sigma_1^2, \sigma_2^2, \ldots$, so daß $\sum_1^n \sigma_i^2 / n^2 \to 0$, dann gilt mit $M_n = \sum_{i=1}^n \mu_i$ bei $n \to \infty$

$$\frac{1}{n} (S_n - M_n) \xrightarrow{\ \mathbb{P}\ } 0 .$$

Beweis Tschebyscheff-Ungleichung ◻.

Satz 3 (starkes GdgZ nach Kolmogoroff)

Sind $X_1, X_2, \ldots$ unabhängig mit Erwartungswerten $\mu_1, \mu_2, \ldots$ und Varianzen $\sigma_1^2, \sigma_2^2, \ldots$, so daß $\sum_{i=1}^\infty (\sigma_i^2 / i^2) < \infty$, dann gilt mit $M_n = \sum_{i=1}^n \mu_i$ bei $n \to \infty$

$$\frac{1}{n}(S_n - M_n) \longrightarrow 0 \quad \mathbb{P}\text{-fast sicher} .$$

Bemerkung Wegen des Lemmas von Kronecker, d.i.

$$\textstyle\sum_1^\infty c_i / a_i \text{ konvergiert, } a_i \uparrow \infty \;\; \Rightarrow \;\; (1/a_n)\sum_1^n c_i \to 0 \quad [n \to \infty],$$

sind die Voraussetzungen des Satzes 3 stärker als die des Satzes 2.

Beweis siehe Bauer (1968, § 37) oder Gänssler & Stute (1977, S. 128). ◻

VERTEILUNGSKONVERGENZ

3.5 Konvergenz in Verteilung

Die p-dimensionalen Zufallsvariablen X_n, $n \geq 1$, und X_0 (die nicht notwendig auf demselben Wahrscheinlichkeitsraum definiert sind) mögen die Verteilungsfunktionen $F_n(x)$, $x \in \mathbb{R}^p$, bzw. $F_0(x)$, $x \in \mathbb{R}^p$, besitzen. Die Folge X_n konvergiert *in Verteilung* gegen X_0, falls

$$(3) \qquad \lim_{n \to \infty} F_n(x) = F_0(x) \quad \text{für alle } x \in C_0,$$

wobei $C_0 \subset \mathbb{R}^p$ die Menge der Stetigkeitspunkte von $F_0(x)$ bedeutet.

Wir schreiben dann auch $X_n \xrightarrow{D} X_0$, $F_n \Rightarrow F_0$ oder in gemischter Schreibweise $X_n \xrightarrow{D} F_0$, und nennen X_n *asymptotisch* nach F_0 verteilt.

Im Fall eines $N_p(\mu, \Sigma)$-verteilten X_0 etwa schreibt man $X_n \xrightarrow{D} N_p(\mu, \Sigma)$.

Die praktische Bedeutung der Verteilungskonvergenz $X_n \xrightarrow{D} X_0$ liegt darin, daß für große n die Verteilung von X_n durch diejenige von X_0 (welche häufig einfacher zu handhaben ist) approximiert werden kann.

Proposition Falls $X_n \xrightarrow{D} X$, so ist X_n, $n \geq 1$, $\mathbb{P}$-beschränkt.

3.6 Charakterisierungen

Satz $X_0, X_1, \dots$ seien p-dimensionale Zufallsvektoren mit Verteilungsfunktionen $F_0(x), F_1(x), \dots$ und mit charakteristischen Funktionen $\Phi_0(t)$, $\Phi_1(t), \dots$. Dann sind die folgenden vier Aussagen äquivalent:

(i) $\qquad F_n \Rightarrow F_0 \quad$ (bzw. $X_n \xrightarrow{D} X_0$) $\quad$ im Sinne von (3)

(ii) $\qquad \mathbb{E}\, g(X_n) \to \mathbb{E}\, g(X_0)$ für alle beschränkten stetigen Funktionen g auf $\mathbb{R}^p$

(iii) $\qquad \Phi_n(t) \to \Phi_0(t) \quad$ für alle $t \in \mathbb{R}^p$

(iv) $\qquad a^T X_n \xrightarrow{D} a^T X \quad$ für alle $a \in \mathbb{R}^p$.

Beweis Die Äquivalenz von (i), (ii), (iii) zeigt z.B. Billingsley (1968, p. 18, 46), Gänssler & Stute (1977, S. 342, 356, 357).

Gilt nun $X_n \xrightarrow{D} X_0$, so folgt für die charakteristischen Funktionen Φ_0^*, Φ_n^* von

$\mathbf{a}^T\mathbf{X}_0$ und $\mathbf{a}^T\mathbf{X}_n$

$$\Phi_n^*(t) = \mathbb{E}\exp(it\mathbf{a}^T\mathbf{X}_n) = \Phi_n(t\mathbf{a}) \longrightarrow \Phi_0(t\mathbf{a}) = \Phi_0^*(t)$$

für alle $t \in \mathbb{R}$, woraus (iv) folgt. Gilt dagegen (iv), so haben wir für jedes $\mathbf{a} \in \mathbb{R}^p$

$$\Phi_n(\mathbf{a}) = \mathbb{E}\exp(i\mathbf{a}^T\mathbf{X}_n) = \Phi_n^*(1) \longrightarrow \Phi_0^*(1) = \Phi_0(\mathbf{a}) \, ,$$

so daß $\mathbf{X}_n \overset{D}{\longrightarrow} \mathbf{X}_0$ folgt. $\square$

Bemerkung 1. Die Äquivalenz von (i) und (iii) wird auch *Stetigkeitssatz*, die von (i) und (iv) auch *Cramér-Wold device* genannt.

2. Insbesondere folgt aus $\mathbf{X}_n \overset{D}{\longrightarrow} \mathbf{X}_0$ die Verteilungskonvergenz aller Komponenten , d.h.

$$X_{nj} \overset{D}{\longrightarrow} X_{oj} \, , \quad j=1,\dots,p \, .$$

Die Umkehrung dieser Aussage jedoch ist - anders als bei der f.s., der stochastischen und der L_1-Konvergenz - nicht richtig.

3.7 Stochastische- und Verteilungskonvergenz

Satz   (i)   Aus $\mathbf{X}_n \overset{\mathbb{P}}{\longrightarrow} \mathbf{X}$ folgt $\mathbf{X}_n \overset{D}{\longrightarrow} \mathbf{X}$.

(ii)   Aus $\mathbf{X}_n \overset{D}{\longrightarrow} \mathbf{a}$ folgt $\mathbf{X}_n \overset{\mathbb{P}}{\longrightarrow} \mathbf{a}$ $[\mathbf{a} \in \mathbb{R}^p$ konstant$]$.

Beweis (i) Es gilt für jedes $\mathbf{t} \in \mathbb{R}^p$ und $\varepsilon > 0$

$$\left| \mathbb{E}\exp(i\mathbf{t}^T\mathbf{X}_n) - \mathbb{E}\exp(i\mathbf{t}^T\mathbf{X}) \right|$$
$$\leq \mathbb{E}\left|\exp(i\mathbf{t}^T\mathbf{X}_n) - \exp(i\mathbf{t}^T\mathbf{X})\right| = \mathbb{E}\left|1 - \exp(i\mathbf{t}^T(\mathbf{X}_n - \mathbf{X}))\right|$$
$$= \mathbb{E}\left\{\left|1 - \exp(i\mathbf{t}^T(\mathbf{X}_n - \mathbf{X}))\right| 1(|\mathbf{X}_n - \mathbf{X}| < \delta)\right\}$$
$$+ \mathbb{E}\left\{\left|1 - \exp(i\mathbf{t}^T(\mathbf{X}_n - \mathbf{X}))\right| 1(|\mathbf{X}_n - \mathbf{X}| \geq \delta)\right\}$$
$$\leq \varepsilon + 2\,\mathbb{P}(|\mathbf{X}_n - \mathbf{X}| \geq \delta)\} \, ,$$

wenn $\delta = \delta(\varepsilon)$ hinreichend klein ist. Satz 3.6 iii) liefert die Behauptung (i).

(ii) Wegen Bem. 3.6 reicht es, Behauptung (ii) nur für $p = 1$ zu beweisen. Sei also $X_n \overset{D}{\longrightarrow} a$, d.h.

$$\mathbb{P}(X_n \leq x) \longrightarrow \begin{cases} 1 & \text{für } x > a \\[6pt] 0 & \text{für } x < a \end{cases} \, .$$

Dann folgt für $n \to \infty$

$$\mathbb{P}(|X_n - a| \le \varepsilon) = \mathbb{P}(X_n \le a + \varepsilon) - \mathbb{P}(X_n < a - \varepsilon) \longrightarrow 1 - 0 = 1 . \quad \square$$

Korollar Aus $X_n \xrightarrow{\;D\;} X$ und $Y_n \xrightarrow{\;\mathbb{P}\;} a$ folgt für $Z_n = \begin{bmatrix} X_n \\ Y_n \end{bmatrix}$, $Z = \begin{bmatrix} X \\ a \end{bmatrix}$ bei $n \to \infty$

$$Z_n \xrightarrow{\;D\;} Z .$$

Beweis Für den Zufallsvektor $Z_n^* = \begin{bmatrix} X_n \\ a \end{bmatrix}$ gilt $Z_n^* \xrightarrow{\;D\;} Z$. Setze $z = \binom{s}{t}$. Mit der Technik von Beweisteil (i) oben erhält man zunächst für die charakteristischen Funktionen $\Phi_n(z)$, $\Phi_n^*(z)$ und $\Phi_0(z)$ von Z_n, Z_n^* bzw. Z

$$|\Phi_n(z) - \Phi_n^*(z)| \le \mathbb{E}|e^{it^T Y_n} - e^{it^T a}| \longrightarrow 0 ,$$

so daß mit Hilfe der Dreiecksungleichung $|\Phi_n(z) - \Phi_0(z)| \to 0$, also über Satz 3.6 iii) auch $Z_n \xrightarrow{\;D\;} Z$ geschlossen werden kann. $\square$

3.8 Continuous mapping Theorem

Satz Gilt für die Folge $X_n, n \ge 1$, von p-dimensionalen Zufallsvektoren $X_n \xrightarrow{\;D\;} X$ und ist $g : \mathbb{R}^p \to \mathbb{R}^m$ stetig, so folgt

$$g(X_n) \xrightarrow{\;D\;} g(X) .$$

Beweis Bezeichne die charakteristischen Funktionen von $g(X_n)$, $g(X)$ mit $\Phi_n^*(t)$, $\Phi^*(t)$, $t \in \mathbb{R}^m$. Da $h(x) = \exp(it^T g(x))$ für jedes $t \in \mathbb{R}^m$ eine stetige und beschränkte Funktion in x ist, liefert Satz 3.6 ii)

$$\Phi_n^*(t) = \mathbb{E}\, h(X_n) \longrightarrow \mathbb{E}\, h(X) = \Phi^*(t) ,$$

so daß Satz 3.6 iii) die Behauptung erbringt. $\square$

3.9 Satz von Cramér (Slutsky)

Satz Gilt für die Folgen X_n, $n \ge 1$, und Y_n, $n \ge 1$, von p-dimensionalen Zufallsvektoren

$$X_n \xrightarrow{\;D\;} X \quad \text{und} \quad Y_n \xrightarrow{\;\mathbb{P}\;} a \qquad [a \in \mathbb{R}^p \text{ konstant}, n \to \infty] ,$$

so folgt

(i) $\qquad X_n + Y_n \xrightarrow{\;D\;} X + a$

(ii) $\qquad Y_n^T X_n \xrightarrow{\;D\;} a^T X .$

Beweis folgt unmittelbar aus Korollar 3.7 und Satz 3.8, angewandt auf die stetigen Funktionen $\mathbf{g}: \mathbb{R}^{2p} \to \mathbb{R}^p$, $\mathbf{g}\left(\genfrac{}{}{0pt}{}{\mathbf{x}}{\mathbf{y}}\right) = \mathbf{x} + \mathbf{y}$ und $h: \mathbb{R}^{2p} \to \mathbb{R}$, $h\left(\genfrac{}{}{0pt}{}{\mathbf{x}}{\mathbf{y}}\right) = \mathbf{y}^T\mathbf{x}$. $\square$

Aussage (ii) kann auch in der Form $\mathbf{A}_n\mathbf{X}_n \xrightarrow{\ \mathcal{D}\ } \mathbf{A}\mathbf{X}$ bewiesen werden, wenn für die Matrizen $\mathbf{A}_n$ von Zufallsvariablen ("Zufallsmatrizen") $\mathbf{A}_n \xrightarrow{\ \mathbb{P}\ } \mathbf{A}$ gilt und $\mathbf{A}$ eine nicht-zufällige Matrix ist. Eine gewisse Umkehrung stellt dann das folgende Ergebnis dar.

Proposition Für die Folgen $\mathbf{A}_n$, $n \geq 1$, von $p \times p$-Zufallsmatrizen und $\mathbf{X}_n$, $n \geq 1$, von p-dimensionalen Zufallsvektoren gelte bei $n \to \infty$

$$\mathbf{A}_n\mathbf{X}_n \xrightarrow{\ \mathcal{D}\ } \mathbf{X} , \quad \mathbf{A}_n \xrightarrow{\ \mathbb{P}\ } \mathbf{A} ,$$

wobei $\mathbf{A}$ nicht-zufällig und invertierbar sei. Dann haben wir

$$\mathbf{X}_n \xrightarrow{\ \mathcal{D}\ } \mathbf{A}^{-1}\mathbf{X} .$$

Beweis Zunächst folgt aus $\det \mathbf{A}_n \xrightarrow{\ \mathbb{P}\ } \det \mathbf{A}$, daß

$$1_{M_n} \xrightarrow{\ \mathbb{P}\ } 1 \quad \text{für} \quad M_n = \{\mathbf{A}_n \text{ invertierbar}\} .$$

Dann erhalten wir aus (ii) wegen $1_{M_n}\mathbf{A}_n^{-1} \xrightarrow{\ \mathbb{P}\ } \mathbf{A}^{-1}$

$$1_{M_n}\mathbf{X}_n \xrightarrow{\ \mathcal{D}\ } \mathbf{A}^{-1}\mathbf{X} .$$

Nun ist aber $\mathbf{X}_n$ $\mathbb{P}$-beschränkt, denn es gilt $\mathbb{P}(|\mathbf{X}_n| > C) \leq \mathbb{P}(|1_{M_n}\mathbf{X}_n| > C) + \mathbb{P}(1_{M_n} = 0) \leq 2\varepsilon$ für $n \geq n_0(\varepsilon)$ (Prop. 3.5), so daß

$$\mathbf{X}_n = 1_{M_n}\mathbf{X}_n + (1 - 1_{M_n})\mathbf{X}_n \xrightarrow{\ \mathcal{D}\ } \mathbf{A}^{-1}\mathbf{X}$$

wegen (i) und Prop. 3.3 ii). $\square$

ZENTRALE GRENZWERTSÄTZE

3.10 Univariater zentraler Grenzwertsatz

I.f. wird stets vorausgesetzt, daß die angegebenen Momente ($\mathbb{E}$, Var, $\mathbb{V}$) existieren und endlich sind. Es wird zuerst ein zentraler Grenzwertsatz (ZGWS) für Folgen und dann ein ZGWS für Dreiecksschemata von Zufallsvariablen bewiesen.

a) Folgen unabhängiger Zufallsvariabler

Satz 1 (ZGWS für unabhängige Zufallsvariablen)

Sei X_n, $n \geq 1$, eine Folge unabhängiger Zufallsvariabler mit

$$\mathbb{E}\,X_n = \mu_n \,, \quad \mathrm{Var}(X_n) = \sigma_n^2 > 0 \,.$$

Setze

$$s_n^2 = \Sigma_{i=1}^n \, \sigma_i^2$$

und

$$L_n(\varepsilon) \;=\; \frac{1}{s_n^2}\,\mathbb{E}\,\Sigma_{i=1}^n \, 1(|X_i - \mu_i| > \varepsilon s_n)\cdot(X_i - \mu_i)^2 .$$

Ist dann für alle $\varepsilon > 0$

$$L_n(\varepsilon) \to 0 \quad (n \to \infty) \qquad\qquad [\textit{Lindeberg}\text{-Bedingung}]$$

erfüllt, so gilt

(4) $$\frac{1}{s_n}\Sigma_{i=1}^n\,(X_i - \mu_i) \xrightarrow{\;\mathcal{D}\;} N(0,1) \qquad\qquad [n \to \infty]\,.$$

Beweis Bauer (1968, § 51); Gänssler & Stute (1977, S. 158). []

Korollar 1 (ZGWS für unabhängige, identisch verteilte Zufallsvariablen)

Ist $X_n, n \geq 1$, eine Folge unabhängiger, identisch verteilter Zufallsvariabler mit

$$\mathbb{E}\,X_n = \mu \,, \quad \mathrm{Var}(X_n) = \sigma^2 > 0 \,,$$

so gilt

$$\frac{1}{\sqrt{n}}\Sigma_{i=1}^n(X_i - \mu) \xrightarrow{\;\mathcal{D}\;} N(0,\sigma^2) \qquad\qquad [n \to \infty]\,.$$

Beweis Im Fall identisch verteilter Variabler gilt

$$L_n(\varepsilon) = \mathbb{E}\left(1(|X_1 - \mu| > \varepsilon\sqrt{n}\,\sigma)\cdot(X_1 - \mu)^2/\sigma^2 \right) ,$$

so daß wegen $1(|X_1 - \mu| > \varepsilon\sqrt{n}\,\sigma) \xrightarrow{\;\mathbb{P}\;} 0$ und wegen des Satzes 3.2 iii) von der majorisierten Konvergenz $L_n(\varepsilon) \to 0$ folgt. []

b) Dreiecksschemata

Satz 2 (ZGWS für ein Dreiecksschema)

Für jedes $n \geq 1$ seien

$$X_{n1}, \, X_{n2}, ..., \, X_{nn}, \qquad\qquad [\textit{Dreiecks}\,\text{schema}]$$

unabhängige Zufallsvariable mit $\mathbb{E}\,X_{ni} = \mu_{ni}$, $\mathrm{Var}(X_{ni}) = \sigma_{ni}^2 > 0$.

Setze

$$s_n^2 = \Sigma_{i=1}^n \, \sigma_{ni}^2$$

und

$$L_n(\varepsilon) \;=\; \frac{1}{s_n^2}\,\mathbb{E}\,\Sigma_{i=1}^n \, 1(|X_{ni} - \mu_{ni}| > \varepsilon s_n)\cdot(X_{ni} - \mu_{ni})^2 .$$

Ist dann für alle $\varepsilon > 0$

$$L_n(\varepsilon) \longrightarrow 0 \quad (n \to \infty) \qquad\qquad [\textit{Lindeberg}\text{-Bedingung}]$$

erfüllt, so gilt

(5)
$$\frac{1}{s_n} \Sigma_{i=1}^n (X_{ni} - \mu_{ni}) \xrightarrow{\;\mathcal{D}\;} N(0,1)\, . \qquad\qquad [n \to \infty\,].$$

Beweis Gänssler & Stute (1977, S. 369). $\square$

Bemerkungen 1. Falls $\gamma_n^2 s_n^2 \longrightarrow \sigma^2 > 0 \quad (n \to \infty)$ gilt, so kann man in $L_n(\varepsilon)$, (4) und (5) die Größe s_n durch σ/γ_n ersetzen.

2. Stärker (aufgrund der Hölder-Ungleichung) als die Lindeberg-Bedingung ist die sog. *Ljapunoff*-Bedingung $K_n(\varepsilon) \longrightarrow 0$ für alle $\varepsilon > 0$, wobei

$$K_n(\varepsilon) = \frac{1}{s_n^{2+\varepsilon}}\, \mathbb{E}\, \Sigma_{i=1}^n |X_{ni} - \mu_{ni}|^{2+\varepsilon}\, .$$

In der Situation von Satz 1 setzt man in diese Gleichung $X_i - \mu_i$ anstelle von $X_{ni} - \mu_{ni}$ ein.

Korollar 2 (ZGWS für gewichtete unabhängige Zufallsvariablen)

Sei $e_n, n \geq 1$, eine Folge unabhängiger, identisch verteilter Zufallsvariabler mit

$$\mathbb{E}\, e_n = 0\, , \quad \mathrm{Var}(e_n) = \sigma^2 > 0\, .$$

Sei ferner ein Dreiecksschema $w_{n1}, \ldots, w_{nn}$, $n \geq 1$, reeller Zahlen gegeben, welches

$$m_n \equiv \max_{1 \leq i \leq n} \frac{|w_{ni}|}{\sqrt{\Sigma_{i=1}^n w_{ni}^2}} \longrightarrow 0$$

bei $n \to \infty$ erfüllt. Dann gilt für $S_n = \Sigma_{i=1}^n w_{ni} e_i$

$$\frac{S_n}{\sqrt{\mathrm{Var}(S_n)}} \xrightarrow{\;\mathcal{D}\;} N(0,1) \qquad\qquad [n \to \infty]\, .$$

Beweis Es gilt $s_n^2 \equiv \mathrm{Var}(S_n) = \sigma^2 \Sigma_{i=1}^n w_{ni}^2$. Wegen

$$\{|w_{ni} e_i| > \varepsilon s_n\} \;\subset\; \{|e_i| > \varepsilon\sigma/m_n\}$$

können wir $L_n(\varepsilon)$ aus Satz 2, wenn dort $w_{ni} e_i$ für $X_{ni} - \mu_{ni}$ gesetzt wird, abschätzen zu

$$L_n(\varepsilon) \;\leq\; \frac{1}{\sigma^2 \Sigma_1^n w_{ni}^2} \Sigma_{i=1}^n w_{ni}^2 \, \mathbb{E}\left(1(|e_i| > \varepsilon\sigma/m_n)\cdot e_i^2\right)$$

$$= \frac{1}{\sigma^2}\, \mathbb{E}\left(1(|e_1| > \varepsilon\sigma/m_n)\cdot e_1^2\right) \longrightarrow 0\, . \;\square$$

3.11 Multivariater Zentraler Grenzwertsatz

a) Folgen unabhängiger Zufallsvektoren

Die Formulierung des folgenden Satzes nimmt auf die Bem.1 in 3.10 Bezug.

Satz 1 Sei $\mathbf{X}_n$, $n \geq 1$, eine Folge unabhängiger, p-dimensionaler Zufallsvektoren mit

$$\mathbb{E}\mathbf{X}_n = \boldsymbol{\mu}_n, \quad V(\mathbf{X}_n) = \boldsymbol{\Sigma}_n \quad (\text{positiv-definit}).$$

Für eine Folge $\boldsymbol{\Gamma}_n$, $n \geq 1$, von $p \times p$-Matrizen gelte bei $n \to \infty$

$$\boldsymbol{\Gamma}_n(\boldsymbol{\Sigma}_1 + \ldots + \boldsymbol{\Sigma}_n)\boldsymbol{\Gamma}_n^T \longrightarrow \boldsymbol{\Sigma}, \quad \boldsymbol{\Sigma} \text{ positiv-definit}.$$

Falls $L_n(\varepsilon) \longrightarrow 0$ für alle $\varepsilon > 0$, wobei

$$L_n(\varepsilon) = \mathbb{E} \sum_{i=1}^n 1\big(|\boldsymbol{\Gamma}_n(\mathbf{X}_i - \boldsymbol{\mu}_i)| > \varepsilon\big) \cdot |\boldsymbol{\Gamma}_n(\mathbf{X}_i - \boldsymbol{\mu}_i)|^2$$

ist, so gilt

$$\boldsymbol{\Gamma}_n \sum_{i=1}^n (\mathbf{X}_i - \boldsymbol{\mu}_i) \xrightarrow{\;\mathcal{D}\;} N_p(0, \boldsymbol{\Sigma}) \qquad\qquad [n \to \infty].$$

Beweis Wir machen von den beiden Ungleichungen

(i) $\qquad |\mathbf{y}|^2 1(|\mathbf{y}| > \delta) \geq y_j^2 1(|y_j| > \delta) \qquad\qquad$ für $\mathbf{y} = (y_1, \ldots, y_p)^T \in \mathbb{R}^p$

(ii) $\qquad y^2 1(|y| > \delta) \leq \sum_j y_j^2 1(|y_j| > \delta) \qquad$ für $y = \sum_j c_j y_j$, $\sum |c_j| \leq 1$, $\mathbf{y} \in \mathbb{R}^p$

Gebrauch (vgl. Aalen, 1977, APP.). Dabei folgt (i) aus $|\mathbf{y}|^2 \geq y_j^2$ und (ii) aus den Ungleichungen

$$|y| \leq \sum_j |c_j| |y_j| \leq \max_j |y_j|$$

$$y^2 1(|y| > \delta) \leq \max_j |y_j|^2 1(\max_j |y_j| > \delta) \leq \sum_j y_j^2 1(|y_j| > \delta).$$

Wegen (i) gilt die Lindeberg-Bedingung $L_n(\varepsilon) \longrightarrow 0$ zunächst für jede Komponente $[\boldsymbol{\Gamma}_n(\mathbf{X}_i - \boldsymbol{\mu}_i)]_j$ von $\boldsymbol{\Gamma}_n(\mathbf{X}_i - \boldsymbol{\mu}_i)$ einzeln; d.h. wir haben

$$\mathbb{E} \sum_{i=1}^n A_{n,ij} \longrightarrow 0, \quad A_{n,ij} = 1\big(|[\boldsymbol{\Gamma}_n(\mathbf{X}_i - \boldsymbol{\mu}_i)]_j| > \varepsilon\big) \cdot [\boldsymbol{\Gamma}_n(\mathbf{X}_i - \boldsymbol{\mu}_i)]_j^2.$$

Dann gilt sie -nach Summation über j- in der Form $\mathbb{E} \sum_i \sum_j A_{n,ij} \longrightarrow 0$.

Wegen (ii) ist für $\mathbf{a} \in \mathbb{R}^p$, $\sum_j |a_j| \leq 1$

$$\sum_j A_{n,ij} \geq B_{ni}, \quad B_{ni} = 1\big(|\sum_j a_j[\boldsymbol{\Gamma}_n(\mathbf{X}_i - \boldsymbol{\mu}_i)]_j| > \varepsilon\big) \cdot (\sum_j a_j[\boldsymbol{\Gamma}_n(\mathbf{X}_i - \boldsymbol{\mu}_i)]_j)^2$$

so daß die Lindebergbedingung für das Dreiecksschema

$$Y_{ni} = \mathbf{a}^T \boldsymbol{\Gamma}_n \mathbf{X}_i, \; i=1,\ldots,n, \; n \geq 1,$$

von Zufallsvariablen erfüllt ist (sogar für beliebiges $\mathbf{a} \in \mathbb{R}^p$). Nach Voraussetzung gilt

$$\sum_{i=1}^{n} \mathrm{Var}(Y_{ni}) = \mathbf{a}^{T}\boldsymbol{\Gamma}_{n}\big(\sum_{i} V(\mathbf{X}_{i})\big)\boldsymbol{\Gamma}_{n}^{T}\mathbf{a} \longrightarrow \mathbf{a}^{T}\boldsymbol{\Sigma}\,\mathbf{a}.$$

Satz 2 in 3.10 liefert

$$\mathbf{a}^{T}\sum_{i=1}^{n}\boldsymbol{\Gamma}_{n}(\mathbf{X}_{i}-\boldsymbol{\mu}_{i}) \xrightarrow{\;\mathcal{D}\;} N(0,\mathbf{a}^{T}\boldsymbol{\Sigma}\,\mathbf{a}).$$

Auf der rechten Seite steht gerade die Verteilung von $\mathbf{a}^{T}\mathbf{Z}$, wobei $\mathbf{Z}$ eine $N_{p}(0,\boldsymbol{\Sigma})$-verteilte Zufallsvariable bedeutet. Gemäß Satz 3.6 iv) erhalten wir dann die Behauptung. □

Korollar 1 Für unabhängige und identisch verteilte Zufallsvektoren $\mathbf{X}_{n}, n \ge 1$, mit $\mathbb{E}\mathbf{X}_{n} = \boldsymbol{\mu}$ und $V(\mathbf{X}_{n}) = \boldsymbol{\Sigma}$ (positiv-definit) gilt

$$\frac{1}{\sqrt{n}}\sum_{i=1}^{n}(\mathbf{X}_{i}-\boldsymbol{\mu}) \xrightarrow{\;\mathcal{D}\;} N_{p}(0,\boldsymbol{\Sigma})\,.$$

Beispiel ZGWS für die Multinomialverteilung (vgl. I 3.6 f)

Für einen $M_{p}(1,\boldsymbol{\pi})$-verteilten Zufallsvektor $\mathbf{X}$, mit $\boldsymbol{\pi} = (\pi_{1},\dots,\pi_{p})^{T}$, gilt

$$\mathbb{E}\mathbf{X} = \boldsymbol{\pi}\,, \quad \mathbf{V} \equiv V(\mathbf{X}) = \mathbf{D}_{\pi} - \boldsymbol{\pi}\cdot\boldsymbol{\pi}^{T}\,,$$

wobei $\mathbf{D}_{\pi} = \mathrm{Diag}(\pi_{i})$. Für eine Folge $\mathbf{X}^{(n)}$, $n \ge 1$, von $M_{p}(n,\boldsymbol{\pi})$-verteilten Zufallsvektoren gilt aufgrund der Darstellung $\mathbf{X}^{(n)} = \sum_{i=1}^{n}\mathbf{X}_{i}$ in Beispiel 3.4 der multivariate ZGWS in der Form

$$(6) \qquad \frac{1}{\sqrt{n}}(\mathbf{X}^{(n)} - n\boldsymbol{\pi}) \xrightarrow{\;\mathcal{D}_{\pi}\;} N_{p}(0,\mathbf{V})\,.$$

b) Mehrdimensionale Dreiecksschemata

Mit Hilfe einer leichten Modifikation des Beweises von Satz 1 zeigt man ebenso einen multivariaten ZGWS für Dreiecksschemata:

Satz 2 Für jedes $n \ge 1$ seien $\mathbf{X}_{n1},\dots,\mathbf{X}_{nn}$ unabhängige, $p\times 1$-Zufallsvektoren mit

$$\mathbb{E}\mathbf{X}_{ni} = \boldsymbol{\mu}_{ni}\,, \quad V(\mathbf{X}_{ni}) = \boldsymbol{\Sigma}_{ni} \ \ \text{(positiv-definit)}.$$

Für eine Folge $\boldsymbol{\Gamma}_{n}$, $n \ge 1$, von $p\times p$-Matrizen gelte bei $n \to \infty$

$$\boldsymbol{\Gamma}_{n}(\boldsymbol{\Sigma}_{n1} + \dots + \boldsymbol{\Sigma}_{nn})\boldsymbol{\Gamma}_{n}^{T} \longrightarrow \boldsymbol{\Sigma}\,, \quad \boldsymbol{\Sigma} \ \text{positiv-definit}.$$

Falls $L_{n}(\varepsilon) \longrightarrow 0$ für alle $\varepsilon > 0$, wobei

$$L_{n}(\varepsilon) = \mathbb{E}\sum_{i=1}^{n} 1\big(|\boldsymbol{\Gamma}_{n}(\mathbf{X}_{ni}-\boldsymbol{\mu}_{ni})| > \varepsilon\big)\cdot|\boldsymbol{\Gamma}_{n}(\mathbf{X}_{ni}-\boldsymbol{\mu}_{ni})|^{2}$$

ist, so gilt

$$\boldsymbol{\Gamma}_n \Sigma_{i=1}^n (\mathbf{X}_{ni} - \boldsymbol{\mu}_{ni}) \;\overset{\mathcal{D}}{\longrightarrow}\; N_p(0, \boldsymbol{\Sigma}) \qquad\qquad [n \to \infty] \,.$$

Korollar 2 Gegeben unabhängige und identisch verteilte Zufallsvariablen $e_1, e_2, \ldots$ mit $\mathbb{E}\,e_i = 0$, $\mathbb{E}\,e_i^2 = \sigma^2 > 0$, und, für jedes $n \ge 1$, p-dimensionale Vektoren $\mathbf{w}_{n1}, \ldots, \mathbf{w}_{nn}$. Bilde die $p \times n$-Matrix $\mathbf{M}_n^T = [\,\mathbf{w}_{n1}, \ldots, \mathbf{w}_{nn}\,]$. Für eine Folge $\boldsymbol{\Gamma}_n$, $n \ge 1$, von $p \times p$-Matrizen gelte

$$\boldsymbol{\Gamma}_n \big(\mathbf{M}_n^T \mathbf{M}_n\big)\boldsymbol{\Gamma}_n^T \;\longrightarrow\; \boldsymbol{\Sigma} \quad \text{(positiv-definit)}$$

Dann gilt
$$\max_{1 \le i \le n} |\boldsymbol{\Gamma}_n \mathbf{w}_{ni}| \;\longrightarrow\; 0\,.$$

$$\boldsymbol{\Gamma}_n \Sigma_{i=1}^n \mathbf{w}_{ni}\,e_i \;\longrightarrow\; N_p(0, \sigma^2 \boldsymbol{\Sigma})\,.$$

Beweis Es gilt $\mathbb{E}(\mathbf{w}_{ni}\,e_i) = 0$, $\boldsymbol{\Sigma}_{ni} \equiv \mathbb{V}(\mathbf{w}_{ni}\,e_i) = \sigma^2 \mathbf{w}_{ni}\mathbf{w}_{ni}^T$, so daß

$$\boldsymbol{\Gamma}_n(\boldsymbol{\Sigma}_{n1} + \ldots + \boldsymbol{\Sigma}_{nn})\boldsymbol{\Gamma}_n^T = \sigma^2 \boldsymbol{\Gamma}_n\big(\Sigma_{i=1}^n \mathbf{w}_{ni}\mathbf{w}_{ni}^T\big)\boldsymbol{\Gamma}_n^T = \sigma^2 \boldsymbol{\Gamma}_n\big(\mathbf{M}_n^T \mathbf{M}_n\big)\boldsymbol{\Gamma}_n^T \longrightarrow \sigma^2 \boldsymbol{\Sigma}.$$

Zum Nachweis der Lindebergbedingung in Satz 2: Mit Hilfe der Abkürzung
$$g_n = \max_{1 \le i \le n} |\boldsymbol{\Gamma}_n \mathbf{w}_{ni}|$$
$(g_n \to 0)$ gilt

$$L_n(\varepsilon) \;\le\; \Sigma_{i=1}^n |\boldsymbol{\Gamma}_n \mathbf{w}_{ni}|^2\, \mathbb{E}\big(e_i^2\, 1(|e_i| > \varepsilon/g_n)\big) \;\le\; \Sigma_{i=1}^n |\boldsymbol{\Gamma}_n \mathbf{w}_{ni}|^2 \cdot \mathbb{E}\big(e_1^2\, 1(|e_1| > \varepsilon/g_n)\big).$$

Wegen des Satzes 3.2 iii) von der majorisierten Konvergenz geht der rechts stehende Erwartungswert bei $n \to \infty$ gegen 0, während

$$\Sigma_{i=1}^n |\boldsymbol{\Gamma}_n \mathbf{w}_{ni}|^2 \;=\; \Sigma_{i=1}^n \Sigma_{j=1}^p [\boldsymbol{\Gamma}_n \mathbf{w}_{ni}]_j^2$$

$$=\; \Sigma_{i=1}^n \Sigma_{j=1}^p [(\boldsymbol{\Gamma}_n \mathbf{w}_{ni}) \cdot (\boldsymbol{\Gamma}_n \mathbf{w}_{ni})^T]_{jj}$$

$$=\; \Sigma_{j=1}^p [\boldsymbol{\Gamma}_n \Sigma_{i=1}^n (\mathbf{w}_{ni} \cdot \mathbf{w}_{ni}^T)\boldsymbol{\Gamma}_n^T]_{jj} \;\longrightarrow\; \Sigma_{j=1}^p \boldsymbol{\Sigma}_{jj}\,. \quad \square$$

3.12 δ-Methode

Satz Gilt für eine Folge $\mathbf{T}_n$, $n \ge 1$, von p-dimensionalen Zufallsvariablen

$$c_n(\mathbf{T}_n - \boldsymbol{\mu}) \;\overset{\mathcal{D}}{\longrightarrow}\; N_p(0, \boldsymbol{\Sigma}),$$

mit einer Zahlenfolge $c_n \to \infty$, und ist $\mathbf{g} : \mathbb{R}^p \to \mathbb{R}^m$ $(m \le p)$ eine in einer Umgebung von $\boldsymbol{\mu}$ stetig differenzierbare Abbildung, wobei die $p \times m$-Matrix

$$D = \frac{d\mathbf{g}^T}{d\mathbf{x}}(\boldsymbol{\mu}) = (\partial g_j(\mathbf{x})/\partial x_i)(\boldsymbol{\mu}) \ ,$$

d.i. die an der Stelle $\boldsymbol{\mu}$ ausgewertete Funktionalmatrix von $\mathbf{g}(\mathbf{x})$, vollen Rang m besitze. Dann gilt

$$c_n(\mathbf{g}(T_n) - \mathbf{g}(\boldsymbol{\mu})) \ \xrightarrow{D}\ N_m(0, D^T \Sigma D) \qquad\qquad [n \to \infty].$$

Bemerkung Im univariaten Fall m = p = 1 lautet der Satz:

Gilt für die Folge T_n, n ≥ 1 , von Zufallsvariablen

(7) $\qquad c_n(T_n - \mu) \ \xrightarrow{D}\ N(0,\sigma^2) \ ,$

mit einer Zahlenfolge $c_n \to \infty$, und ist g: $\mathbb{R} \to \mathbb{R}$ stetig differenzierbar in einer Umgebung von μ mit $g'(\mu) \neq 0$, so gilt

(8) $\qquad c_n(g(T_n) - g(\mu)) \ \xrightarrow{D}\ N(0,(g'(\mu))^2\sigma^2) \ .$

Beweis Wir wollen nur die univariate Aussage (8) beweisen; für den multivariaten Fall siehe Serfling (1980, p. 122) oder Brockwell & Davis (1987, p. 204).

Definiere die bei μ stetige Funktion f durch

$$f(x) = 0 \quad \text{für } x = \mu, \quad f(x) = \frac{g(x)-g(\mu)}{x-\mu} - g'(\mu) \quad \text{für } x \neq \mu.$$

Prop. 3.5 liefert die $\mathbb{P}$-Beschränktheit von $c_n(T_n - \mu)$, woraus $T_n \xrightarrow{\mathbb{P}} \mu$ folgt. Folglich gilt auch nach Prop. 3.2 ii) $f(T_n) \xrightarrow{\mathbb{P}} f(\mu) = 0$, so daß Satz 3.9 ii)

$$c_n f(T_n)(T_n - \mu) = c_n(g(T_n) - g(\mu)) - c_n g'(\mu)(T_n - \mu) \xrightarrow{\mathbb{P}} 0$$

ergibt. Mit Satz 3.9 i) endlich schließt man von (7) auf (8) . $\square$

Beispiel Multinomialverteilung

Der Zufallsvektor $\mathbf{X}^{(n)}$ sei $M_p(n,\boldsymbol{\pi})$-verteilt. Setze

$$\mathbf{g}(\mathbf{x}) = \log \mathbf{x} \equiv (\log x_1,...,\log x_p) \ .$$

Wegen $d\mathbf{g}^T/d\mathbf{x} = \text{Diag}(\frac{1}{x_i})$ folgt mit Hilfe der δ-Methode aus (6) in 3.11

$$\sqrt{n}(\log(\mathbf{X}^{(n)}/n) - \log\boldsymbol{\pi}) \ \xrightarrow{D}\ N_p(0, D_\pi^{-1} V D_\pi^{-1}) \ .$$

Man rechnet

$$D_\pi^{-1}(D_\pi - \boldsymbol{\pi}\cdot\boldsymbol{\pi}^T)D_\pi^{-1} = D_\pi^{-1} - \mathbf{1}\cdot\mathbf{1}^T \qquad [\mathbf{1}^T = (1,...,1) \in \mathbb{R}^p],$$

so daß

$$\sqrt{n}(\log \mathbf{X}^{(n)} - \log(n\boldsymbol{\pi})) \ \xrightarrow{D}\ N_p(0, D_\pi^{-1} - \mathbf{1}\cdot\mathbf{1}^T) \ .$$

LITERATURVERZEICHNIS

AALEN, O. (1977). Weak convergence of of stochastic integrals related to counting processes. Z. Wahrscheinlichkeitstheorie verw. Gebiete **38**, 261-277.

AITCHISON, J. & SILVEY, S.D. (1958). Maximum likelihood estimation of parameters subject to restraints. Ann. Math. Statist. **29**, 813-828.

AITKEN, A.C. (1935). On least squares and linear combinations of observations. Proc. Roy. Soc. Edinb. **55**, 42-48.

AMEMIYA, T. (1985). Advanced Econometrics. Harvard U.P. Cambridge Mass.

ANDERSEN, E.B. (1990). The Statistical Analysis of Categorical Data. Springer Berlin.

ANDERSON, T.W. (1958). An Introduction to Multivariate Statistical Analysis. Wiley N.Y.

ARNOLD, S.F. (1981). The Theory of Linear Models & Multivariate Analysis. Wiley N.Y.

ATKINSON, A.C. (1985). Plots, Transformations & Regressions. Claredon Oxford.

BANDEMER, H. & BELLMANN, A. (1976). Statistische Versuchsplanung. Teubner Leipzig.

BASAWA, I.V. (1991). Generalized score tests for composite hypotheses. In: Estimating Functions (Ed: V. P. GODAMBE). Claredon press, Oxford, 121-131.

BASAWA, I.V. & KOUL, H.L. (1979). Asymptotic tests for composite hypotheses for non-ergodic type stochastic processes. Stoch.Proc.Appl. **9**, 291-305.

BASAWA, I.V. & PRAKASA RAO, L.S. (1980). Statistical Inference for Stochastic Processes. Academic Press N.Y.

BASAWA, I.V. & SCOTT, D.J. (1983). Asymptotic optimal inference for non-ergodic models. Lecture Notes in Statistics, Vol. **17**. Springer N.Y.

BAUER, H. (1968). Wahrscheinlichkeitstheorie und Grundzüge der Maßtheorie. De-Gruyter Berlin.

BEHNEN, K. & NEUHAUS, G. (1984). Grundkurs Stochastik. Teubner Stuttgart.

BILLINGSLEY, P. (1961). Statistical Inference for Markov Processes. The University of Chicago Press.

BILLINGSLEY, P. (1968). Convergence of Probability Measures. Wiley N.Y.

BISHOP, Y.M.M. (1969). Full contingency tables, logits and split contingency tables. Biometrics **25**, 383-399.

BISHOP, Y.M.M., FIENBERG, S.E. & HOLLAND, P.W. (1975). Discrete Multivariate Analysis. MIT Press Cambridge.

BMDP (1981). BMDP Statistical Software 1981. Univ. of California Press, Berkeley.

BOX, G.E.P & COX, D.R. (1964). An Analysis of transformations (with discussion). J.R. Statist. Soc. B **26**, 211-246.

BROCKWELL, P.J. & DAVIS, R.A. (1987). Time Series: Theory and Methods. Springer N.Y.

CHRISTENSEN, R. (1987). Plane Answers to Complex Questions. The Theory of Linear Models. Springer N.Y.

COCHRAN, W. (1954). Some methods for strengthening the common χ^2 test. Biometrics **10**, 417-451.

CRAMER, H. (1954). Mathematical Methods of Statistics. Princeton University Press.

DAVIDSON, R.R. & LEVER, W.E. (1970). The limiting distribution of the likelihood ratio statistic under a class of local alternatives. Sankhyā Ser. A **32**, 209-224.

DOHLUS, C. (1992). Lineare Modelle für hierarchische Versuchsanordnungen mit Abhängigkeiten. Zulassungsarbeit im Fach Mathematik, LMU München.

van EEDEM, C. (1961). Some approximations to the percentage points of the noncentral t-distribution. Rev. Inst. Int. Statist. **29**, 4-31.

EUBANK, R.L. (1988). Spline Smoothing and Nonparametric Regression. Dekker N.Y.

FAHRMEIR, L. (1987). Asymptotic testing theory for generalized linear models. Statistics **18**, 65-76.

FAHRMEIR, L. (1990). Maximum likelihood estimation in misspecified generalized linear models. Statistics **21**, 487-502.

FAHRMEIR, L. & HAMERLE, A. (Hrsg.) (1984). Multivariate statistische Verfahren. DeGruyter Berlin.

FAHRMEIR, L. & KAUFMANN, H. (1985). Consistency and asymptotic normality of the maximum likelihood estimator in generalized linear models. Ann. Statist. **13**, 342-368.

FAHRMEIR, L. & KAUFMANN, H. (1986). Asymptotic inference in discrete response models. Statist. Hefte **27**, 179-205.

FAHRMEIR, L. & TUTZ, G. (1994). Multivariate Statistical Modelling Based on Generalized Linear Models. Springer N.Y.

FALK, M., BECKER, R. & MAHRON, F. (1995). Angewandte Statistik mit SAS. Springer Berlin.

FEIGIN, P.D. (1975). Maximum likelihood estimation for stochastic processes - a martingale approach. Ph. D. Thesis, Australien National University.

FELLER, W. (1971). An Introduction to Probability Theory and its Applications, Vol. II. Wiley N.Y.

FIEDLER, F. (1970). Klimawerte zur Temperatur- und Windschichtung. Wiss. Mitt. Nr. 18 des Meteor. Inst. der Univ. München.

FIENBERG, S.E. (1970). Quasi-independence and maximum likelihood estimation in incomplete contingency tables. J. Amer. Statist. Assoc. **65**, 1610-1616.

FIENBERG, S.E. (1980). The analysis of cross-classified data. MIT Press Cambridge.

FULLER, W.A. (1976). Introduction to Statistical Time Series. Wiley N.Y.

GÄNSSLER, P. & STUTE, W. (1977). Wahrscheinlichkeitstheorie. Springer Berlin.

GALLANT, A.R. (1987). Nonlinear Statistical Models. J.Wiley N.Y.

GOODMAN, L.A. (1964 a). Simultaneous confidence limits for cross-product ratios in contingency tables. J. Royal. Statist. Soc. B **26**, 86-102.

GOODMAN, L.A. (1964 b). Simultaneous confidence intervals for contrasts among multinomial populations. Ann. Math. Statist. **35**, 716-725.

GOSSET, W.S., "Student" (1908). The probable error of a mean. Biometrika **6**, 1-25.

GOURRIEROUX, C., MONFORT, A. & TROGNON, A. (1984). Pseudo maximum likelihood methods: Theory. Econometrica **52**, 681-700.

HABERMAN, S.J. (1974). The Analysis of Frequency Data. The University of Chicago Press.

HABERMAN, S.J. (1977). Maximum likelihood estimates in exponential response models. Ann. Statist. **5**, 815-841.

HÄRDLE, W. (1990). Applied Nonparametric Regression. Cambridge University Press.

HARTUNG, J., ELPELT, B. & KLÖSENER, K.H. (1982). Statistik. Oldenbourg München.

HÁJEK, J. (1960). Limiting distributions in simple random sampling from a finite population. Publ. Math. Inst. Hung. Acad. Sci. **5**, A, 361-374.

HALL, P. & HEYDE, C.C. (1980). Martingale Limit Theory and its Application. Academic Press N.Y.

HEINISCH, H. (1980). Der Ordovizische Porphyroid-Vulkanismus der Ost- und Südalpen. Dissertation Geowissenschaften, LMU München.

IBRAGIMOV, I.A. & HAS'MINSKII, R.Z. (1981). Statistical Estimation. Asymptotic Theory. Springer N.Y.

KAUFMANN, H. (1983). Mehrdimensionale Maximum Likelihood-Schätzung bei stochastischen Prozessen: Asymptotische Theorie. Dissertation Wirtschaftswissenschaften, Universität Regensburg.

KAUFMANN, H. (1988). On existence and uniqueness of maximum likelihood estimates in quantal and ordinal response models. Metrika **35**, 291-313.

KENDALL, M.R. & STUART, A. (1979). The Advanced Theory of Statistics. Vol. II. Griffin London.

KENNEL, E. (1983). Waldschadensinventur Bayern 1983. Forstl. Forschungsber. München, Nr. 57.

KÖHLER, U. (1983). Zur Wirkung des Häutungshemmstoffes Dimilin und des Pyrethroides Ambush. Dissertation Forstwissenschaften, LMU München.

KÖHLER, U. & PRUSCHA, H. (1986). Wirkung von Insektizeden auf bodenbewohnende Insekten. Eine varianzanalytische Fallstudie (unveröffentlicht).

KRAFFT, O. (1978). Lineare statistische Modelle und optimale Versuchspläne. Vandenhoeck & Ruprecht Göttingen.

KRICKEBERG, K. & ZIEZOLD, H. (1977). Stochastische Methoden. Springer Berlin.

KREUTZER, K. & BITTERSOHL, J. (1986). Untersuchungen über die Auswirkungen des sauren Regens und der kompensatorischen Kalkung im Wald. Forstw. Centralblatt **105**, 273-282.

KSHIRSAGAR, A.M. (1983). A Course in Linear Models. Dekker N.Y.

van LAAR, A. (1979) Biometrische Methoden in der Forstwissenschaft. Forschungsberichte der Forstlichen Forschungsanstalt München, Heft **44**.

LANDWEHR, J.M., PREGIBON, D. & SHOEMAKER, A.C. (1984). Graphical methods for assessing logistic regression models. J. Amer. Statist. Assoc. **79**, 61-71.

LANGER, Th.H. (1989). Ermittlung zweckmäßiger statistischer Verfahren zur genetischen Deutung von Antimon-Anomalien in der südlichen Toskana. Dissertation Geowissenschaften, LMU München.

LEE, S.K. (1977). On the asymptotic variances of the u-terms in log-linear models of multidimensional contingency tables. J. Amer. Statist. Assoc. **72**, 412-419.

LEHMANN, E.L. (1959). Testing Statistical Hypotheses. Wiley N.Y.

LIANG, K.Y. & ZEGER, S.L. (1986). Longitudinal data analysis using generalized linear models. Biometrika **73**, 13-22.

LINDEMAN, R.H., MERENDA, P.F. & GOLD, R.Z. (1980). Introduction to Bivariate and Multivariate Analysis. Scott, Foresman & Co. Glenview.

LINDER, A. & BERCHTOLD, W. (1982). Statistische Methoden, Vol. II. Birkhäuser Basel.

MARDIA, K.V., KENT, J.T. & BIBBY, J.M. (1979). Multivariate Analysis. Academic Press N.Y.

MCCULLAGH, P. (1980). Regression models for ordinal data (with discussion). J. Royal Statist. Soc. B **42**, 109-127.

MCCULLAGH, P. & NELDER, J.A. (1989). Generalized Linear Models, 2nd ed. Chapman & Hall London.

MILLER, R.G. (1981). Simultaneous Statistical Inference, 2nd ed. McGraw-Hill N.Y.

MÖSSMER, E.M. (1985). Einflußfaktoren für die Blaikenerosion auf beweideten und aufgelassenen Almflächen. Forstliche Forschungsberichte München, Nr. **63**.

NOLLAU, V. (1975). Statistische Analysen. Birkhäuser Basel.

PATNAIK, P.B. (1949). The non-central χ^2- and F-distribution and their applications. Biometrika **36**, 202-232.

PEARSON K. (1900). On a criterion that a given system of deviations from the probable in the case of a correlated system of variables is such that it can be reasonably supposed to have arisen from random sampling. Philos. Mag. Series 5, **50**, 157-172.

PFANZAGL, J. (1994). Parametric Statistical Theory. de Gruyter Berlin.

PLACKETT, R.L. (1960). Principles of Regression Analysis. Clarendon Press Oxford.

PRUSCHA, H. (1994 a). Asymptotic parametric tests of nonlinear hypotheses. Statistics & Decisions **12**, 161-171.

PRUSCHA, H. (1994 b). Partial residuals in cumulative regression models for ordinal data. Statistical Papers **35**, 273-284.

PRUSCHA, H. & MAURUS, M. (1976). The communicative function of some agonistic behaviour patterns in squirrel monkeys. Behav. Ecol. Sociobiol. **1**, 185-214.

PUKELSHEIM, F. (1993) Optimal Design of Experiments. Wiley N.Y.

RASCH, D. (1976). Einführung in die Mathematische Statistik, Vol. II. Anwendungen. Deutscher Verlag der Wissenschaften Berlin.

REITER, H., BITTERSOHL, J., SCHIERL, R. & KREUTZER, K. (1986). Einfluß von saurer Beregnung und Kalkung auf austauschbare und gelöste Ionen im Boden. Forstw. Centralblatt **105**, 300-309.

RICHTER, H. (1966). Wahrscheinlichkeitstheorie, 2. Aufl. Springer Berlin.

RÜSCHENDORF, L. (1988). Asymptotische Statistik. Teubner Stuttgart.

SCHACH, S. & SCHÄFER, T. (1978). Regressions- und Varianzanalyse. Springer Berlin.

SCHEFFÉ, H. (1959). The Analysis of Variance. Wiley N.Y.

SCHLITTGEN, R. & STREITBERG, H.J. (1984). Zeitreihenanalyse. Oldenbourg München.

SCHWARZ, H.R. (1986). Numerische Mathematik. Teubner Stuttgart.

SERFLING, R.J. (1980). Approximation Theorems of Mathematical Statistics. Wiley N.Y.

STOER, J. (1976). Einführung in die Numerische Mathematik, Vol. I. Springer Berlin.

STRASSER, H. (1985). Mathematical Theory of Experiments. De Gruyter Berlin.

SWEETING, T.J. (1980). Uniform asymptotic normality of the maximum likelihood estimator. Annals of Statistics **8**, 1375-1381.

VETTER, H., KAMPE, W. & RANFFT, K. (1983). Qualität pflanzlicher Nahrungsmittel. VDLUFA-Schriftenreihe, Nr. 7, Darmstadt.

van der WAERDEN, B.L. (1971). Mathematische Statistik. Springer Berlin.

WALD, A. (1949). Note on the consistency of the maximum likelihood estimate. Ann. Math. Statist. **20**, 595-601.

WELLISCH, U. (1995). Asymptotische Tests nichtlinearer Hypothesen, basierend auf parametrischen Schätzfunktionen. Diplomarbeit, Mathematisches Institut der Universität München.

WILKS, S.S. (1962). Mathematical Statistics. Wiley N.Y.

WITTING, H. (1985). Mathematische Statistik I. Teubner Stuttgart.

WITTING, H. & MÜLLER-FUNK, U. (1995) Mathematische Statistik II. Teubner Stuttgart.

WITTING, H. & NÖLLE, G. (1970). Angewandte mathematische Statistik. Teubner Stuttgart.

WEDDERBURN, R.W.M. (1974). Quasi-likelihood functions, generalized linear models, and the Gauss-Newton method. Biometrika **61**, 439-447.

WEDDERBURN, R.W.M. (1976). On the existence and uniqueness of the maximum likelihood estimates for certain generalized linear models. Biometrika **63**, 27-32.

ZEHNA, P.W. (1966). Invariance of maximum likelihood estimators. Ann. Math. Statist. **37**, 744.

ZIEGLER, A. (1994). Verallgemeinerte Schätzgleichungen zur Analyse korrelierter Daten. Dissertation Universität Dortmund, Fachbereich Statistik.

ZURMÜHL, R. (1964). Matrizen und ihre technischen Anwendungen. Springer Berlin

SACHVERZEICHNIS

Teubner Skripten zur Numerik

Bader/Rannacher/Wittum (Hrsg.)
Numerische Algorithmen auf Transputer-Systemen
Von Georg Bader, Cottbus, Rolf Rannacher, Heidelberg,
und Gabriel Wittum, Stuttgart
1993. 206 Seiten. (TSN) ISBN 3-519-02716-2
Kart. DM 34,– / ÖS 265,– / SFr 34,–

Griebel
**Multilevelmethoden als Iterationsverfahren über
Erzeugendensystemen**
Von Michael Griebel, München
1994. VIII, 175 Seiten. (TSN) ISBN 3-519-02718-6
Kart. DM 34,80 / ÖS 272,– / SFr 34,80

Oswald
Multilevel Finite Element Approximation
Theory and Applications
By Peter Oswald, Jena
1994. 160 pages. (TSN) ISBN 3-519-02719-4
Paper DM 34,80 / ÖS 272,– / SFr 34,80

Vandewalle
**Parallal Multigrid Waveform Relaxation for
Parabolic Problems**
By Stefan Vandewalle, Leuven
1993. 247 pages. (TSN) ISBN 3-519-02717-8
Paper DM 39,80 / ÖS 311,– / SFr 39,80

Wittum
Filternde Zerlegungen
Schnelle Löser für große Gleichheitssysteme
Von Gabriel Wittum, Stuttgart
1992. 176 Seiten. (TSN) ISBN 3-519-02715-1
Geb. DM 29,– / ÖS 226,– / SFr 29,–

B. G. Teubner Stuttgart · Leipzig